伺服驱动器维修手册

阳鸿钧　等编著

机 械 工 业 出 版 社

本书共分6章，介绍了国内外60多个品牌150多种型号（系列）伺服驱动器的故障信息与代码，以及有关伺服驱动器检修与维护的必备知识、实战技能与速查资料。

本书信息量大、携查方便、简明实用，是适合广大伺服驱动器维修人员、工业电器维修人员，职业院校电气自动化、机电工程等专业师生使用的一本速查实用读物。

图书在版编目（CIP）数据

伺服驱动器维修手册/阳鸿钧等编著. —北京：机械工业出版社，2023.1（2024.5重印）

ISBN 978-7-111-71906-9

Ⅰ.①伺… Ⅱ.①阳… Ⅲ.①伺服系统-驱动机构-维修 Ⅳ.①TP275

中国版本图书馆CIP数据核字（2022）第199455号

机械工业出版社（北京市百万庄大街22号 邮政编码100037）
策划编辑：刘星宁 责任编辑：刘星宁 闾洪庆
责任校对：张晓蓉 王明欣 封面设计：马精明
责任印制：李 昂
北京捷迅佳彩印刷有限公司印刷
2024年5月第1版第3次印刷
184mm×260mm · 24.5印张 · 605千字
标准书号：ISBN 978-7-111-71906-9
定价：99.00元

电话服务
客服电话：010-88361066
010-88379833
010-68326294

网络服务
机 工 官 网：www.cmpbook.com
机 工 官 博：weibo.com/cmp1952
金 书 网：www.golden-book.com
机工教育服务网：www.cmpedu.com

前　言

由于伺服驱动器品牌多、种类多、应用广、故障特点繁杂、涉及的元器件和配件各异、提供的代码信息繁多，因此在实际一线工作中，维修人员要全部记住这些维修信息是比较困难的，但是这又是必须要了解和掌握的。

为此，为便于读者对伺服驱动器进行维修、维护，同时达到精准快修、速修的要求，特编写了本书。

本书由6章组成，分别介绍了零件与部件、检测判断与选择、速查速用与代换、故障信息与代码、应用与维护维修、结构图与维修参考图等内容。

其中，第1章介绍了大约7种零件与部件有关特点，具体为电缆、主回路常见端子、控制信号输入/输出端子、编码器反馈信号端、控制回路端子、跳线、拨码开关等；第2章介绍了大约15种元器件的检测判断与选择；第3章介绍了大约9种分立元器件与98种集成电路有关维修速查资料；第4章介绍了国内外60多个品牌150多种型号（系列）伺服驱动器的故障信息与代码等速查资料；第5章介绍了应用与维护维修速查资料；第6章介绍了大约7类（种）结构图与维修参考图。

本书信息量大、携查方便、简明实用，是适合广大伺服驱动器维修人员、工业电器维修人员，职业院校电气自动化、机电工程等专业师生使用的一本速查实用读物。

为了保证本书的全面性、实用性和准确性，在编写过程中参考了多个厂家的相关技术资料，在此深表感谢。由于涉及品牌多、型号多，因此没有一一列出参考文献，在此特意说明。

由于厂家产品精益求精、不断改善和提升，其故障信息与代码、内容规格有时可能会修正、修改，因此，读者宜多关注厂家产品的最新版本、最新资讯。

参加本书编写工作的人员有阳鸿钧、阳育杰、阳许倩、许四一、许小菊、阳梅开、阳苟妹、许满菊、阳红珍。

由于时间有限，书中难免存在不足之处，敬请广大读者批评、指正。

编　者

目　录

前言

第 1 章　零件与部件 …… 1

1.1　配件类型与电缆 …… 1

1.1.1　伺服驱动器常见配件的类型 …… 1

1.1.2　电缆截面积的选择 …… 2

1.2　模块、接头、端子与开关 …… 2

1.2.1　伺服驱动器模块、接头（口） …… 2

1.2.2　伺服驱动器主回路常见端子的功能 …… 6

1.2.3　伺服驱动器控制信号输入/输出端子的功能 …… 7

1.2.4　伺服驱动器编码器反馈信号端的功能 …… 8

1.2.5　伺服驱动器控制回路端子的布局与连接的特点 …… 9

1.2.6　伺服驱动器跳线、拨码开关的特点 …… 10

第 2 章　检测判断与选择 …… 13

2.1　概述 …… 13

2.1.1　伺服驱动器一些电路的特点 …… 13

2.1.2　伺服驱动器板块的结构 …… 14

2.2　元器件 …… 15

2.2.1　固定电阻的检测 …… 15

2.2.2　熔断电阻的检测 …… 15

2.2.3　电位器的检测 …… 16

2.2.4　压敏电阻的检测 …… 16

2.2.5　10pF 以下固定电容的检测 …… 16

2.2.6　电解电容的检测 …… 16

2.2.7　电感的检测 …… 16

2.2.8　二极管极性的判断 …… 17

2.2.9　二极管好坏的判断 …… 17

2.2.10　开关电源中二极管的选择 …… 17

2.2.11　存储器好坏的判断 …… 17

2.2.12　比较器好坏的判断 …… 17

2.2.13　运算放大器好坏的判断 …… 17

2.2.14　光耦合器件的一般属性 …… 18

2.2.15　光电编码器的特点 …… 18

2.2.16　增量编码器好坏的判断 …… 18

2.2.17　微处理器的检查 …… 18

第 3 章　速查速用与代换 …… 19

3.1　分立元器件 …… 19

3.1.1　8050 晶体管 …… 19

3.1.2　8550 晶体管 …… 19

3.1.3　IRF2807 场效应晶体管 …… 20

3.1.4　IRF640 场效应晶体管 …… 20

3.1.5　CM100DU-24H IGBT 模块 …… 21

3.1.6　6MBP20RTA060-01 IGBT-IPM 模块 …… 22

3.1.7　MIXA60WB1200TEH IGBT 模块 …… 24

3.1.8　PS21867 IPM …… 25

3.1.9　SKM75GB128DE IGBT 模块 …… 27

3.2　集成电路 …… 28

3.2.1　25C040 存储器 …… 28

3.2.2　25LC040 存储器 …… 29

3.2.3　4052 模拟多路复用器/解复用器 …… 29

3.2.4　6N137 光耦合器 …… 30

3.2.5　74ACT04 反相器 …… 31

3.2.6　74ACT20 与非门 …… 32

3.2.7　74HC05 反相器 …… 32

3.2.8　74HC14D 六反相施密特触发器 …… 33

3.2.9　74HCT74 双 D 触发器 …… 33

3.2.10　74HCT86 异或门 …… 34

3.2.11　74VHC125 具有三态输出的 4 路缓冲器/线驱动器 …… 35

3.2.12　78L05 三端电压调节器 …… 35

3.2.13　78M15 三端正电压调节器 …… 36

3.2.14　79L15 负电压稳压器 …… 37

3.2.15　89C51 微处理器 …… 37

3.2.16　A42MX09 可编程门阵列 …… 39

3.2.17　AD7888 模-数转换器 …… 40

3.2.18 AD977A 逐次逼近型模-数转换器 ………………………… 40
3.2.19 ADM2582E/ADM2587E 隔离 RS485 接口电路 ………………………… 42
3.2.20 ADM2483 隔离 RS485 接口集成电路 ………………………… 42
3.2.21 ADM2486 高速隔离型 RS485 收发器 ………………………… 44
3.2.22 ADMC401 处理器 ………………… 45
3.2.23 ADS2181 数字信号处理器 ……… 47
3.2.24 ADS7817 模-数转换器 …………… 47
3.2.25 ADS7818 高速低功耗采样模-数转换器 ………………………… 50
3.2.26 ADS8322 并行接口 16 位模-数转换器 ………………………… 51
3.2.27 AM26LS31 差分线驱动电路……… 52
3.2.28 AM26LS32 四差动线路驱动器…… 53
3.2.29 AT24C01 存储器 ………………… 54
3.2.30 AT89S52 微控制器 ……………… 55
3.2.31 AT89S8252 单片机 ……………… 56
3.2.32 CHV-25P 霍尔电压传感器模块 … 57
3.2.33 DAC7625 数-模转换器 …………… 57
3.2.34 EPM7032 单片机 ………………… 58
3.2.35 HCPL4504 光耦合器……………… 59
3.2.36 HCPL7840 光耦合器……………… 60
3.2.37 HCPL3120 光耦合器……………… 61
3.2.38 HCPL7860 光耦合器……………… 61
3.2.39 HA17903 双比较器 ……………… 62
3.2.40 HD6417032F20 处理器…………… 62
3.2.41 IB0505LS 隔离 DC/DC 电源集成电路 ………………………… 62
3.2.42 INA133U 高速精密差分放大器 … 65
3.2.43 IR2103 驱动器 …………………… 66
3.2.44 IR2111 MOSFET/IGBT 半桥驱动电路 ………………………… 67
3.2.45 IR2130 MOS、IGBT 功率器件专用栅极驱动芯片 ………………… 68
3.2.46 IR2132 桥式驱动器 ……………… 70
3.2.47 IR2136 桥式驱动器 ……………… 71
3.2.48 IR2175 线性电流传感器 ………… 73
3.2.49 ISO122/124 精密隔离放大器 …… 74
3.2.50 LA-100P 霍尔电流传感器 ……… 75
3.2.51 LF353 运算放大器 ……………… 76
3.2.52 LM2576 降压型开关稳压器……… 76
3.2.53 LM293 电压比较器 ……………… 77
3.2.54 LM358 双运算放大器 …………… 77
3.2.55 LM393 运算放大器 ……………… 77
3.2.56 MA1010 开关电源集成电路……… 79
3.2.57 MA4810 开关电源集成电路……… 79
3.2.58 MA4820 开关电源集成电路……… 79
3.2.59 MAX232 RS232 通信接口集成电路 ………………………… 80
3.2.60 MC33035 控制器 ………………… 80
3.2.61 MC34063 电源芯片 ……………… 81
3.2.62 MC34081 运算放大器 …………… 82
3.2.63 MC3486 四 EIA-422/423 接收器 …… 82
3.2.64 MC3487 接口 RS422 四路差动线路驱动器 ………………………… 82
3.2.65 PC929 光耦合器 ………………… 83
3.2.66 PIC18C452 微处理器 …………… 83
3.2.67 PS2702 光耦合器 ………………… 85
3.2.68 PS2705 光耦合器 ………………… 85
3.2.69 PS9113 光耦合器 ………………… 86
3.2.70 PS9701 光耦合器 ………………… 86
3.2.71 SN65HVD05 高输出 RS485 收发器 ………………………… 86
3.2.72 SN74HCT14 六路施密特触发器 … 87
3.2.73 SN74HCT573 具有三态输出 D 类锁存器 ………………………… 87
3.2.74 SN74LVC14 六路施密特触发反相器 ………………………… 88
3.2.75 SN75175 四路差动线路接收器 … 88
3.2.76 TL16C550 串口接口芯片 ………… 89
3.2.77 TL431 可调分流基准芯片 ……… 90
3.2.78 TLP181 光耦合器 ………………… 91
3.2.79 TLP550 光耦合器 ………………… 92
3.2.80 TLP759 光耦合器 ………………… 92
3.2.81 TMS320C242 系列 DSP 控制器 … 92
3.2.82 TMS320F240 DSP 控制器……… 96
3.2.83 TMS320F2802 DSP 控制器 ……… 96
3.2.84 TMS320F2808 DSP 控制器 ……… 98
3.2.85 TMS320F2810 数字信号处理器和控制器 ………………………… 103
3.2.86 TMS320F2812 高速 DSP 芯片…… 104
3.2.87 TMS320LF2407A 数字信号处理器 ………………………… 108

3.2.88 TOP225 三端单片电源集成电路 … 109
3.2.89 TOP227Y 单片开关电源芯片 …… 111
3.2.90 TOP246YN 单片开关电源芯片 …… 111
3.2.91 TPS3823 电源电压监控器 ……… 112
3.2.92 TPS70351 双路输出低压降（LDO）稳压器 ……… 113
3.2.93 TPS7333Q 带集成延时复位功能的低压差稳压器 ……… 113
3.2.94 TPS767D301 双路输出、低压降稳压器 ……… 115
3.2.95 UA791 集成运算放大器 ……… 115
3.2.96 UC3844 电流模式控制器 ……… 115
3.2.97 VPC3 + C 处理器 ……… 117
3.2.98 X25163 存储器 ……… 118
第4章 故障信息与代码 ……… 119
4.1 阿尔法系列伺服驱动器 ……… 119
4.1.1 阿尔法 AS100 系列伺服驱动器 … 119
4.1.2 阿尔法 6800 系列、6810 系列伺服驱动器 ……… 119
4.2 埃斯顿系列伺服驱动器 ……… 121
4.2.1 埃斯顿 ProNet 系列伺服驱动器 … 121
4.2.2 埃斯顿 EDA 系列伺服驱动器 …… 123
4.2.3 埃斯顿 EDB 系列伺服驱动器 …… 123
4.2.4 埃斯顿 EDC 系列伺服驱动器 …… 124
4.2.5 埃斯顿 EDS 系列伺服驱动器 …… 126
4.2.6 埃斯顿 EHD 系列伺服驱动器 …… 126
4.2.7 埃斯顿 ETS 系列伺服驱动器 …… 128
4.2.8 埃斯顿 FlexDrive-S 系列伺服驱动器 ……… 129
4.3 艾默生、安川系列伺服驱动器 ……… 130
4.3.1 艾默生 MP1850A4R 系列伺服驱动器 ……… 130
4.3.2 安川 E-V 系列伺服驱动器 ……… 132
4.3.3 安川某系列伺服驱动器 ……… 135
4.4 博美德、步科系列伺服驱动器 ……… 136
4.4.1 博美德某系列伺服驱动器 ……… 136
4.4.2 步科 FD134S 系列伺服驱动器 …… 137
4.4.3 步科 Kinco CD3/FD3 系列伺服驱动器 ……… 138
4.4.4 步科 Kinco FD5 系列伺服驱动器 … 140
4.4.5 步科 OD 系列伺服驱动器 ……… 141
4.5 超同步系列伺服驱动器 ……… 141
4.5.1 超同步 GH 系列伺服驱动器 …… 141
4.5.2 超同步 GS 系列伺服驱动器 ……… 141
4.6 大成、丹佛系列伺服驱动器 ……… 142
4.6.1 大成 DCSF-C 系列伺服驱动器 … 142
4.6.2 丹佛 DSD 系列伺服驱动器 ……… 143
4.7 德力西系列伺服驱动器 ……… 145
4.7.1 德力西 CDS300 系列伺服驱动器 … 145
4.7.2 德力西 CDS500 系列伺服驱动器 … 146
4.8 递恩、东菱系列伺服驱动器 ……… 146
4.8.1 递恩 DNV516YA 系列伺服驱动器 ……… 146
4.8.2 东菱 DS2 系列伺服驱动器 ……… 149
4.8.3 东菱 EPS-B2P 系列伺服驱动器 … 150
4.9 东元系列伺服驱动器 ……… 152
4.9.1 东元 JSDE2 系列伺服驱动器 ……… 152
4.9.2 东元 JSDG2S 系列伺服驱动器 …… 153
4.9.3 东元 JSDL2 系列伺服驱动器 …… 155
4.10 富士、富凌系列伺服驱动器 ……… 156
4.10.1 富士 alpha-5-smart 系列伺服驱动器 ……… 156
4.10.2 富凌 FS110 系列伺服驱动器 …… 157
4.11 海德、合康系列伺服驱动器 ……… 157
4.11.1 海德 H2N 系列伺服驱动器 ……… 157
4.11.2 合康 HID618A-T4-132C 系列伺服驱动器 ……… 158
4.11.3 合康 HID619A-T4-55 系列伺服驱动器 ……… 159
4.12 合信系列伺服驱动器 ……… 160
4.12.1 合信 H1A 系列伺服驱动器 …… 160
4.12.2 合信 E10 系列伺服驱动器 …… 161
4.12.3 合信 A4S 系列伺服驱动器 …… 162
4.12.4 合信 A4N 系列伺服驱动器 …… 163
4.12.5 合信 A3S 系列伺服驱动器 …… 164
4.13 华中数控、汇川系列伺服驱动器 …… 165
4.13.1 华中数控 HSV-160C 系列伺服驱动器 ……… 165
4.13.2 汇川 IS580 系列伺服驱动器 …… 166
4.14 佳鸿威、金保孚系列伺服驱动器 …… 168
4.14.1 佳鸿威 DS2 系列伺服驱动器 …… 168
4.14.2 金保孚 BBF-S（H）A 系列伺服驱动器 ……… 169
4.15 京伺服、杰美康系列伺服驱动器 …… 170
4.15.1 京伺服 G 系列伺服驱动器 …… 170
4.15.2 杰美康 MCAC708 系列伺服

驱动器 ………………………… 171
4.15.3 杰美康 MCAC610/825/845 系列伺服驱动器 ……………………… 173
4.16 科伺智能、科亚系列伺服驱动器 …… 174
4.16.1 科伺智能 NV2 系列伺服驱动器 … 174
4.16.2 科亚 KYDAS48150-1E 系列交流伺服驱动器 ……………………… 176
4.16.3 科亚 KYDAS48150-2E 系列交流伺服驱动器 ……………………… 177
4.16.4 科亚 KYDAS96300-1E 系列交流伺服驱动器 ……………………… 177
4.17 开通系列伺服驱动器 ………………… 178
4.17.1 开通 KT270-H 系列伺服驱动器 … 178
4.17.2 开通 KT290-A 系列伺服驱动器 … 178
4.18 科沃系列伺服驱动器 ………………… 179
4.18.1 科沃 AS850Z 系列伺服驱动器 … 179
4.18.2 科沃 AS850 系列伺服驱动器 …… 182
4.19 蓝海华腾系列伺服驱动器 …………… 185
4.19.1 蓝海华腾 TS-I 系列伺服驱动器 … 185
4.19.2 蓝海华腾 TS-K 系列伺服驱动器 ………………………… 185
4.19.3 蓝海华腾 VA-M 系列伺服驱动器 ………………………… 186
4.19.4 蓝海华腾 VY-JY 系列伺服驱动器 ………………………… 187
4.20 乐邦、力川系列伺服驱动器 ………… 187
4.20.1 乐邦 LB90ZS-4T0750BEV 系列伺服驱动器 ……………………… 187
4.20.2 力川 A6 系列伺服驱动器 ……… 189
4.20.3 力川 A4 系列伺服驱动器 ……… 189
4.21 力士乐、迈信系列伺服驱动器 ……… 190
4.21.1 力士乐 DKC03 系列伺服驱动器 … 190
4.21.2 迈信 EP1C Plus 系列伺服驱动器 … 191
4.21.3 迈信 EP3E 系列伺服驱动器……… 194
4.21.4 迈信 EPR6-S 系列伺服驱动器 … 194
4.22 欧瑞系列伺服驱动器 ………………… 195
4.22.1 欧瑞 SD15 系列伺服驱动器 …… 195
4.22.2 欧瑞 SD20 系列伺服驱动器 …… 196
4.22.3 欧瑞 SDE20 系列伺服驱动器…… 197
4.22.4 欧瑞 SDE15 系列伺服驱动器…… 198
4.23 欧姆龙系列伺服驱动器 ……………… 199
4.23.1 欧姆龙 DRAGON 系列伺服驱动器 ………………………… 199
4.23.2 欧姆龙某系列伺服驱动器 ……… 201
4.24 日鼎系列伺服驱动器 ………………… 204
4.24.1 日鼎 FB 系列伺服驱动器 ……… 204
4.24.2 日鼎 DHE 380V 系列伺服驱动器 ………………………… 205
4.24.3 日鼎 FS-E 系列伺服驱动器 …… 205
4.25 睿能系列伺服驱动器 ………………… 206
4.25.1 睿能 RS2 系列伺服驱动器……… 206
4.25.2 睿能 RA1 系列伺服驱动器 …… 210
4.26 赛孚德系列伺服驱动器 ……………… 215
4.26.1 赛孚德 ASD630E 系列伺服驱动器 ………………………… 215
4.26.2 赛孚德 ASD620B 系列伺服驱动器 ………………………… 217
4.26.3 赛孚德 ASD660E 系列伺服驱动器 ………………………… 219
4.26.4 赛孚德 MSD200A 系列伺服驱动器 ………………………… 221
4.27 三菱系列伺服驱动器 ………………… 224
4.27.1 三菱 M60、M65、M66、M50、M520A、M500 系列伺服驱动器 … 224
4.27.2 三菱 MR-J2-B 系列伺服驱动器 ………………………… 226
4.27.3 三菱 EZMOTION MR-E 系列伺服驱动器 ………………………… 227
4.27.4 三菱 S51、S52 系列伺服驱动器 … 230
4.27.5 三菱 60/60S 系列伺服驱动器 … 231
4.27.6 三菱 MR-J2S-B 系列伺服驱动器 ………………………… 233
4.27.7 三菱 MR-J2S-Jr 系列伺服驱动器 ………………………… 237
4.27.8 三菱 MR-J2S 系列伺服驱动器 … 237
4.28 三洋、深川系列伺服驱动器 ………… 237
4.28.1 三洋 R 系列伺服驱动器………… 237
4.28.2 深川 SV20、SV30 系列伺服驱动器 ………………………… 242
4.29 盛迈系列伺服驱动器 ………………… 244
4.29.1 盛迈 SM22 系列伺服驱动器 …… 244
4.29.2 盛迈 SM30 系列伺服驱动器 …… 245
4.29.3 盛迈 SM10 系列伺服驱动器 …… 247
4.30 施耐德系列伺服驱动器 ……………… 247
4.30.1 施耐德 Lexium23 系列伺服驱动器 ………………………… 247

4.30.2 施耐德 LXM32M 系列伺服驱动器 …………………………… 248
4.31 四方系列伺服驱动器 …………………… 260
4.31.1 四方 CA150 系列伺服驱动器…… 260
4.31.2 四方 CD100P 系列伺服驱动器 … 260
4.31.3 四方 CA200-P、CA200-E 系列伺服驱动器 ………………………… 262
4.31.4 四方 VD80 系列伺服驱动器 …… 263
4.31.5 四方 CA500 系列伺服驱动器…… 264
4.32 松下系列伺服驱动器 …………………… 265
4.32.1 松下 A5 系列伺服驱动器 ……… 265
4.32.2 松下 Minas A4 系列伺服驱动器 … 266
4.32.3 松下 A6 系列伺服驱动器 ……… 270
4.32.4 松下某系列伺服驱动器 ………… 272
4.33 台达系列伺服驱动器 …………………… 273
4.33.1 台达 ASDA-A 系列伺服驱动器 … 273
4.33.2 台达 ASDA-B 系列伺服驱动器 … 276
4.33.3 台达 ASDA-M 系列伺服驱动器…… 281
4.33.4 台达 ASDA-B2 系列伺服驱动器 … 286
4.33.5 台达 ASDA-B2-F 系列伺服驱动器 ………………………………… 287
4.33.6 台达 ASDA-A2-E 系列伺服驱动器 ………………………………… 288
4.33.7 台达 ASDA-B3 系列伺服驱动器 … 289
4.33.8 台达 ASDA-A3 系列伺服驱动器 … 289
4.34 台金、西门子系列伺服驱动器 ……… 291
4.34.1 台金 TK-B/TK-D 系列伺服驱动器 ………………………………… 291
4.34.2 西门子 SIMODRIVE 611U 系列伺服驱动器 ………………………… 291
4.34.3 西门子 SINAMICS V80 系列伺服驱动器 ………………………………… 320
4.35 伟创系列伺服驱动器 …………………… 322
4.35.1 伟创 SD700-MIII 系列伺服驱动器 ………………………………… 322
4.35.2 伟创 SD710 系列伺服驱动器…… 323
4.35.3 伟创 SD700-F 系列伺服驱动器…… 325
4.36 信捷系列伺服驱动器 …………………… 325
4.36.1 信捷 DF3E 系列伺服驱动器 …… 325
4.36.2 信捷 DS5C1 系列伺服驱动器 …… 327
4.36.3 信捷 DS5E、DS5L 系列伺服驱动器 ………………………………… 327
4.37 易能、英威腾系列伺服驱动器 ……… 329
4.37.1 易能 ESS200P 系列伺服驱动器…… 329
4.37.2 英威腾 SV-DA200 系列伺服驱动器 ………………………………… 330
4.37.3 英威腾 DA180 系列伺服驱动器 331
4.37.4 英威腾 SV-DA300 系列伺服驱动器 ………………………………… 332
4.37.5 英威腾 SV-DL310 系列伺服驱动器 ………………………………… 335
4.38 正弦系列伺服驱动器 …………………… 336
4.38.1 正弦 EA350 系列伺服驱动器…… 336
4.38.2 正弦 EA180 系列伺服驱动器…… 337
4.38.3 正弦 EA200A 系列伺服驱动器…… 338
4.39 之山智控系列伺服驱动器 …………… 341
4.39.1 之山智控 SEA07CAR2-42-W01 系列伺服驱动器 ………………… 341
4.39.2 之山智控 iK2 系列 M3 系列伺服驱动器 ………………………………… 341
4.39.3 之山智控 K5 系列伺服驱动器 342
4.40 挚驱系列伺服驱动器 …………………… 343
4.40.1 挚驱 S2 系列伺服驱动器 ……… 343
4.40.2 挚驱 T 系列伺服驱动器 ………… 345
4.41 中创天勤、中控系列伺服驱动器 …… 346
4.41.1 中创天勤 MSD 系列伺服驱动器 … 346
4.41.2 中控 SUP-DL 系列伺服驱动器…… 346
4.42 众为兴系列伺服驱动器 ……………… 347
4.42.1 众为兴 QXE 系列伺服驱动器 … 347
4.42.2 众为兴 QS7 系列伺服驱动器…… 348
4.42.3 众为兴 QS8 系列伺服驱动器…… 348
4.43 ABB 系列伺服驱动器 ………………… 349
4.43.1 ABB MicroFlex 系列伺服驱动器 … 349
4.43.2 ABB MotiFlexe100 系列伺服驱动器 ………………………………… 349
4.44 FANUC 系列伺服驱动器 …………… 351
4.44.1 FANUC-0 系列伺服驱动器……… 351
4.44.2 FANUC 10/11/12 系列伺服驱动器 ………………………………… 351
4.44.3 FANUC C/α/αi 系列（SVU 型）伺服驱动器 ………………………… 352
4.44.4 FANUC S 系列伺服驱动器……… 352
4.45 MOTEC 系列伺服驱动器 …………… 353
4.45.1 MOTEC-β 系列伺服驱动器 …… 353
4.45.2 MOTEC-α 系列 SED 型伺服驱动器 ………………………………… 353

4.46 其他系列伺服驱动器 …………………… 354
4.46.1 servostar 601-620 系列伺服驱动器 …………………………… 354
4.46.2 TAC SDPLC 系列伺服驱动器…… 355
第5章 应用与维护维修 …………………… 357
5.1 应用 …………………………………… 357
5.1.1 伺服驱动参数的特点 ………… 357
5.1.2 伺服驱动器软件的特点 ………… 357
5.1.3 伺服驱动器的应用情况 ………… 358
5.1.4 伺服驱动器过电流保护的阈值 … 360
5.1.5 伺服驱动器过电压、欠电压保护的阈值 ………………………… 361
5.1.6 伺服驱动器保护温度的阈值 …… 362
5.1.7 使用伺服驱动器的注意事项 …… 363
5.2 维护与维修 ………………………… 363
5.2.1 伺服驱动器的日常检查 ………… 363
5.2.2 伺服驱动器的定期检查 ………… 364
5.2.3 伺服驱动器与电动机部件替换的周期 …………………………… 365
5.2.4 伺服驱动器的故障类型 ………… 365
5.2.5 伺服驱动器常见故障与其处理方法 ……………………………… 365
5.2.6 伺服驱动器时好时坏故障的检修 … 367
5.2.7 伺服驱动器易坏元器件与故障 … 367
5.2.8 伺服驱动器损坏异常部位与对应故障现象 ……………………… 368
5.2.9 伺服驱动器故障现象常见原因 … 370
5.2.10 伺服驱动器故障检修实例……… 372
第6章 结构图与维修参考图…………… 374
6.1 结构图 ……………………………… 374
6.1.1 伺服驱动器的构成 …………… 374
6.1.2 伺服驱动器结构图 …………… 374
6.2 维修参考图 ………………………… 375
6.2.1 FANUC SV6130 伺服驱动器维修参考线路图 ……………………… 375
6.2.2 FANUC SVM1 伺服驱动器维修参考线路图 ……………………… 377
6.2.3 FANUC 某型号伺服驱动器维修参考线路图 ……………………… 377
6.2.4 安川 SGD7S 伺服驱动器维修参考线路图 ………………………… 377
6.2.5 安川 SGDV 伺服驱动器维修参考线路图 ………………………… 381

第 1 章

零件与部件

1.1 配件类型与电缆

★★★1.1.1 伺服驱动器常见配件的类型

伺服驱动器常见配件的类型见表 1-1。

表 1-1 伺服驱动器常见配件的类型

名称	类 型
CANopen 插头、分配器、终端电阻	CANopen 插头、分配器、终端电阻的常见类型如下： 1）CANopen 终端电阻（120Ω），内置于 RJ45 插头中 2）带 PC 接口的 CANopen 插头，D9-SUB（母接头）带可更换的终端电阻与额外的 D9-SUB（公接头） 3）CANopen 插头、D9-SUB（母接头）、可更换的终端电阻、90°直角插头等
编码器电缆	编码器电缆的常见类型如下： 1）编码器电缆 1.5m，$[3\times(2\times0.14mm^2)+(2\times0.34mm^2)]$屏蔽；电动机侧 12 极圆形插头 M23，设备端 10 极插头 RJ45 2）编码器电缆 10m，$[3\times(2\times0.14mm^2)+(2\times0.34mm^2)]$屏蔽；电动机侧 12 极圆形插头 M23，设备端 10 极插头 RJ45 3）编码器电缆 50m，$[3\times(2\times0.14mm^2)+(2\times0.34mm^2)]$屏蔽；电动机侧 12 极圆形插头 M23，设备端 10 极插头 RJ45 4）编码器电缆 25m，$[3\times(2\times0.14mm^2)+(2\times0.34mm^2)]$屏蔽；电缆两端无插头等
插头	插头的常见类型如下： 1）电动机 M23 编码器插头（电缆端） 2）驱动放大器 RJ45（10 个金属针）的编码器插头（电缆端）等
带插头的 CANopen 电缆	带插头的 CANopen 电缆的常见类型如下： 1）CANopen 电缆，3m，2×RJ45 2）CANopen 电缆，1m，2×RJ45 3）2m，2×RJ45，屏蔽电缆，双绞线 4）5m，2×RJ45，屏蔽电缆，双绞线 5）CANopen 电缆，1m，D9-SUB（母接头）连接到 RJ45 6）CANopen 电缆，3m，D9-SUB（母接头），带内置终端电阻到 RJ45 7）CANopen 电缆，3m，2×D9-SUB（母接头），LSZH 标准电缆等
电动机电缆	电动机电缆的常见类型如下：$1.5mm^2$、$2.5mm^2$、$4mm^2$ 等。不同规格的电动机电缆又有不同的类型
电源扼流圈	电源扼流圈的常见类型如下： 1）电源扼流圈单相、50～60Hz、7A、5mH 2）电源扼流圈单相、50～60Hz、18A、2mH 3）电源扼流圈三相、50～60Hz、16A、2mH 4）电源扼流圈三相、50～60Hz、30A、1mH 等

（续）

名称	类型
风扇	风扇的常见类型如下： 1）风扇套件40mm×40mm、塑料外壳、带连接电缆 2）风扇套件60mm×60mm、塑料外壳、带连接电缆 3）风扇套件80mm×80mm、塑料外壳、带连接电缆等
外部电源滤波器	外部电源滤波器的常见类型如下： 1）电源滤波器单相、9A、AC 115/230V 2）电源滤波器单相、16A、AC 115/230V 3）电源滤波器三相、15A、AC 230/480V 4）电源滤波器三相、25A、AC 230/480V等

★★★1.1.2 电缆截面积的选择

保护性接地导线的电缆截面积与外部导线需要匹配，并需要满足表1-2中的要求。

表1-2 选择电缆的截面积要求

外部导线的截面积 A/mm^2	保护性接地连接的最小截面积 A_{PE}/mm^2
$A<16$	A
$16\leqslant A<35$	16
$35\leqslant A$	$A/2$

1.2 模块、接头、端子与开关

★★★1.2.1 伺服驱动器模块、接头（口）

伺服驱动器的一些模块、接头（口）如下：

1）带2×RJ45接头的CAN现场总线模块。

2）带2×RJ45接头的EtherNet/IP现场总线模块。

3）带D9-SUB（母接头）的解析编码模块。

4）带HD15D-SUB（母接头）的数字编码模块。

5）带HD15D-SUB（母接头）的模拟编码模块。

6）带D9-SUB（公接头）的CAN现场总线模块。

7）带D9-SUB（母接头）的Profibus DP现场总线模块。

8）带Open Style（母接头）的DeviceNet现场总线模块等。

不同伺服驱动器的接口有所不同，例如一款伺服驱动器的接口如图1-1所示，一些接口的引脚及其

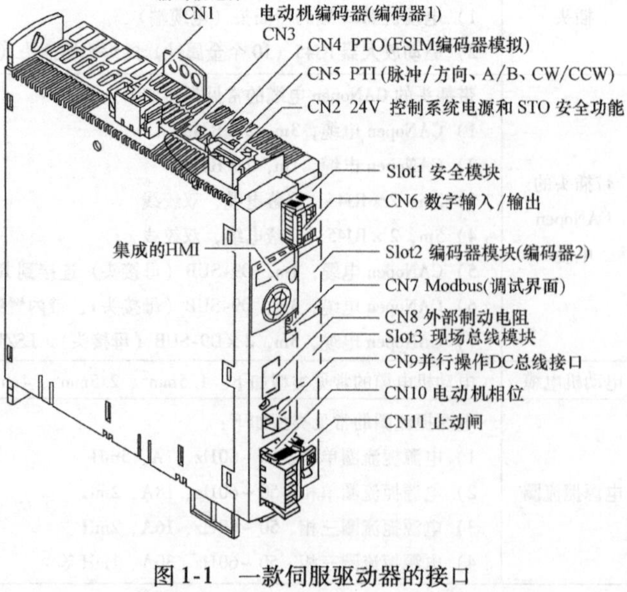

图1-1 一款伺服驱动器的接口

功能见表1-3～表1-10。

表1-3　带止动闸的电动机接线接口功能

接　线	功　能	连接电缆颜色
BR－	止动闸－	灰色电缆（GR）
BR＋	止动闸＋	白色电缆（WH）
PE	地线	绿色电缆/黄色电缆（GN/YE）
U	电动机相位	黑色电缆 L1（BK）
V	电动机相位	黑色电缆 L2（BK）
W	电动机相位	黑色电缆 L3（BK）

表1-4　电动机编码器连接接口功能

引脚	信　号	电动机引脚	线对	功　能	输入/输出
1	COS＋	9	2	余弦信号端	输入
2	REFCOS	5	2	余弦信号基准电压端	输入
3	SIN＋	8	3	正弦信号端	输入
6	REFSIN	4	3	正弦信号基准电压端	输入
4	Data	6	1	接收/发送数据端	输入/输出
5	$\overline{\text{Data}}$	7	1	接收/发送数据端，反转	输入/输出
7	reserved		4	空闲	
8	reserved		4	空闲	
A	ENC＋10V_OUT	10	5	编码器电源端	输出
B	ENC_0V	11	5	编码器电源参考电位端	
	SHLD			屏蔽	

电动机编码器连接接口图例如下：

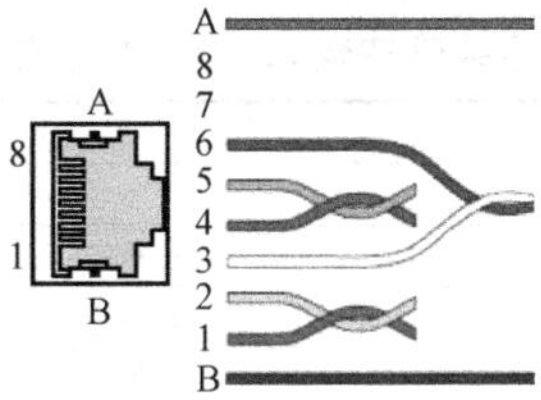

表1-5　连续脉冲输出（PTO）接线（PTO：ESIM 信号）

引　脚	信　号	线　对	功　能	输入/输出
1	ESIM_A	2	ESIM 通道 A 端	输出（5V）
2	$\overline{\text{ESIM\_A}}$	2	ESIM 通道 A 端，反转	输出（5V）
4	ESIM_B	1	ESIM 通道 B 端	输出（5V）
5	$\overline{\text{ESIM\_B}}$	1	ESIM 通道 B 端，反转	输出（5V）
3	ESIM_I	3	ESIM 标志脉冲端	输出（5V）
6	$\overline{\text{ESIM\_I}}$	3	ESIM 标志脉冲端，反转	输出（5V）
7	GND	4	接地端	
8	GND	4	接地端	

连续脉冲输出（PTO）接线图例如下：

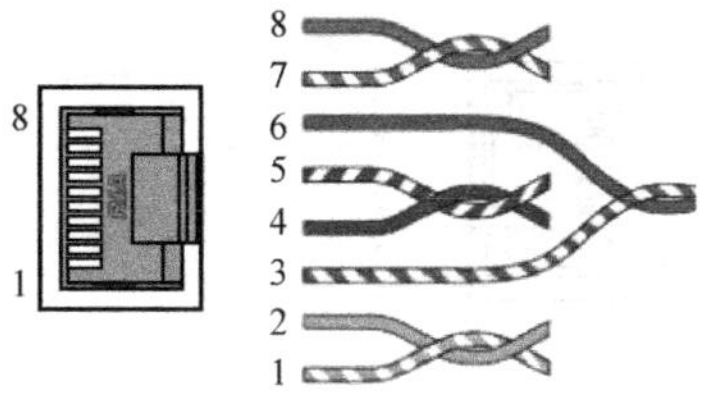

表 1-6　连续脉冲输入（PTI）接线（5V）

引　脚	信　号	线　对	功　能	输入/输出
P/D 信号 5V				
1	PULSE	2	脉冲端	输入（5V）
2	$\overline{\text{PULSE}}$	2	脉冲端，反转	输入（5V）
4	DIR	1	方向端	输入（5V）
5	$\overline{\text{DIR}}$	1	方向端，反转	输入（5V）
A/B 信号 5V				
1	ENC_A	2	编码器通道 A 端	输入（5V）
2	$\overline{\text{ENC\_A}}$	2	编码器通道 A 端，反转	输入（5V）
4	ENC_B	1	编码器通道 B 端	输入（5V）
5	$\overline{\text{ENC\_B}}$	1	编码器通道 B 端，反转	输入（5V）
CW/CCW 信号 5V				
1	CW	2	正脉冲端	输入（5V）
2	$\overline{\text{CW}}$	2	正脉冲端，反转	输入（5V）
4	CCW	1	负脉冲端	输入（5V）
5	$\overline{\text{CCW}}$	1	负脉冲端，反转	输入（5V）

连续脉冲输入（PTI）接线（5V）图例如下：

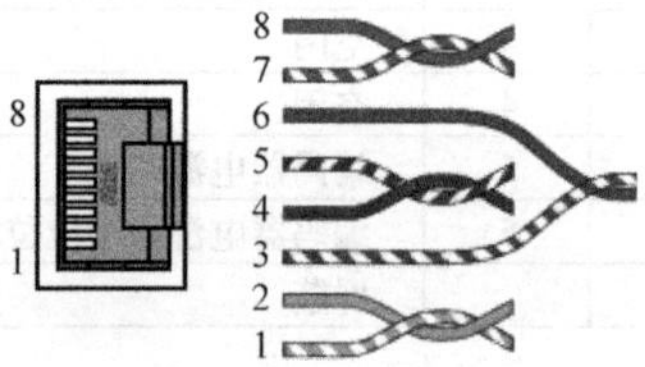

表 1-7　连续脉冲输入（PTI）接线（24V）

引　脚	信　号	线　对	功　能	输入/输出
P/D 信号 24V				
7	PULSE	A	脉冲端	输入（24V）
2	$\overline{\text{PULSE}}$	A	脉冲端，反转	输入（24V）
8	DIR	B	方向端	输入（24V）
5	$\overline{\text{DIR}}$	B	方向端，反转	输入（24V）
A/B 信号 24V				
7	ENC_A	A	编码器通道 A 端	输入（24V）
2	$\overline{\text{ENC\_A}}$	A	编码器通道 A 端，反转	输入（24V）
8	ENC_B	B	编码器通道 B 端	输入（24V）
5	$\overline{\text{ENC\_B}}$	B	编码器通道 B 端，反转	输入（24V）
CW/CCW 信号 24V				
7	CW	A	正脉冲端	输入（24V）
2	$\overline{\text{CW}}$	A	正脉冲端，反转	输入（24V）
8	CCW	B	负脉冲端	输入（24V）
5	$\overline{\text{CCW}}$	B	负脉冲端，反转	输入（24V）

连续脉冲输入（PTI）接线（24V）图例如下：

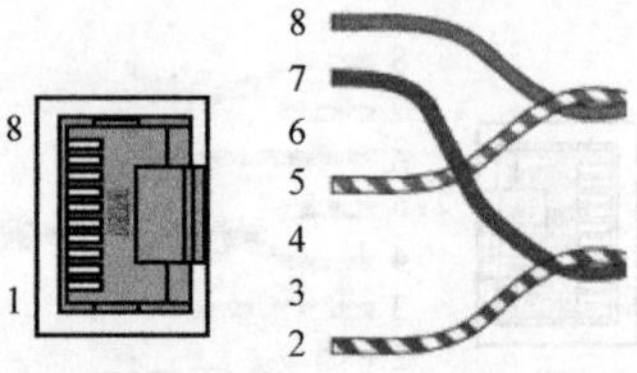

表 1-8 控制系统电源接线

引 脚	信 号	功 能
1、5	STO_A	STO 安全功能端：双通道连接，连接 A
2、6	STO_B	STO 安全功能端：双通道连接，连接 B
3、7	DC +24V	24V 控制系统电源端
4、8	DC 0V	24V 控制系统电源参考电位端；STO 参考电位

控制系统电源接线图例如下：

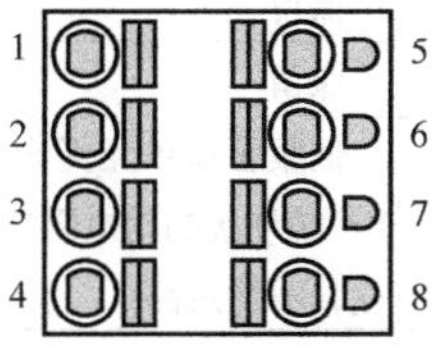

在连接器中，需要将 1 脚与 5 脚、2 脚与 6 脚、3 脚与 7 脚、4 脚与 8 脚连接在一起

表 1-9 数字输入/输出接线

引脚	信号	说 明	功 能	输入/输出
CN6. 11	DQ_COM		数字输出参考电位端	
CN6. 12	DQ0		数字输出 0 端	输出（24V）
CN6. 13	DQ1	连接器编码，X = 编码	数字输出 1 端	输出（24V）
CN6. 14	DQ2		数字输出 2 端	输出（24V）
CN6. 15	SHLD		屏蔽连接端	
CN6. 16	DI_COM		数字输入参考电位端	
CN6. 21	DI0/CAP1		数字输入 0/接触探针 0 端	输入（24V）
CN6. 22	DI1/CAP2	连接器编码，X = 编码	数字输入 1/接触探针 1 端	输入（24V）
CN6. 23	DI2		数字输入 2 端	输入（24V）
CN6. 24	DI3		数字输入 3 端	输入（24V）
CN6. 25	DI4		数字输入 4 端	输入（24V）
CN6. 26	DI5		数字输入 5 端	输入（24V）

数字输入/输出接线图例如下：

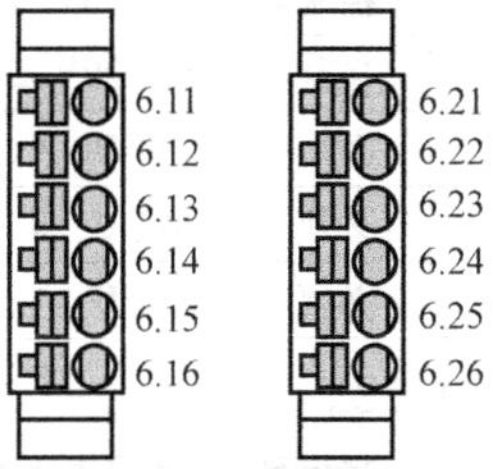

表 1-10 装有调试软件的 PC 接线

引脚	信 号	功 能	输入/输出
1	保留	保留	
2	保留	保留	
3	保留	保留	
6	保留	保留	
4	MOD_D1	双向发送信号端/接收信号端	RS485 电平
5	MOD_D0	双向发送信号端/接收信号的反转端	RS485 电平
7	MOD +10V_OUT	10V 电源端，最大电流 100mA	输出
8	MOD_0V	相对于 MOD +10V_OUT 的参考电位端	

装有调试软件的 PC 接线图例如下：

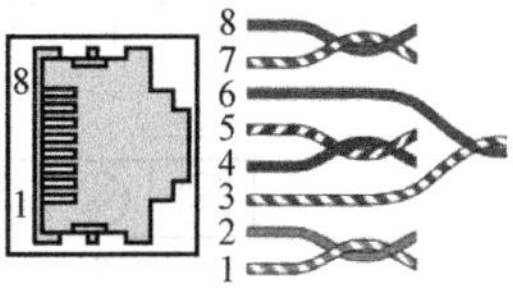

★★★1.2.2　伺服驱动器主回路常见端子的功能

不同伺服驱动器主回路端子不同，一些常见的主回路端子与功能见表1-11。

表1-11　一些常见的主回路端子与功能

端子符号	名　称	功　能
220A		保留
220B		保留
BK	外接制动电阻连接端子	伺服驱动单元无内部制动电阻，必须使用外接制动电阻，P端与BK端外接制动电阻。如果仅使用内置制动电阻，则P端与BK端悬空，不能短路
L1	主回路电源、三相输入端子	主回路电源输入端子，三相AC 380V/ 50Hz。注意：不要与电动机输出端子U、V、W连接
L2	主回路电源、三相输入端子	主回路电源输入端子，三相AC 380V/ 50Hz。注意：不要与电动机输出端子U、V、W连接
L3	主回路电源、三相输入端子	主回路电源输入端子，三相AC 380V/ 50Hz。注意：不要与电动机输出端子U、V、W连接
N	直流母线负极	P端与N端用于直流电源输入。注意：P端不能与N端短接，否则会损坏驱动单元
P	直流母线正极	P端与N端用于直流电源输入或P端与BK端用于端接外接制动电阻。注意：P端不能与BK端短接，否则会损坏驱动单元
PE	接地端子	接地端子，接地电阻小于4Ω。接主电源地、电动机外壳、控制电源地
R或者r	三相或单相主电源	控制电源AC 220V或AC 380V/50Hz不能与电动机U、V、W相连
S	三相或单相主电源	控制电源AC 220V或AC 380V/50Hz，不能与电动机U、V、W相连
T或者t	三相或单相主电源	控制电源AC 220V或AC 380V/50Hz，不能与电动机U、V、W相连
U	伺服驱动单元、三相输出端子	必须与电动机U、V、W端子对应连接
V	伺服驱动单元、三相输出端子	必须与电动机U、V、W端子对应连接
W	伺服驱动单元、三相输出端子	必须与电动机U、V、W端子对应连接

一些伺服驱动器主回路端子见表1-12。

表1-12　一些伺服驱动器主回路端子

型　号	图　例
HSV-180AD-035、050、075主回路端子	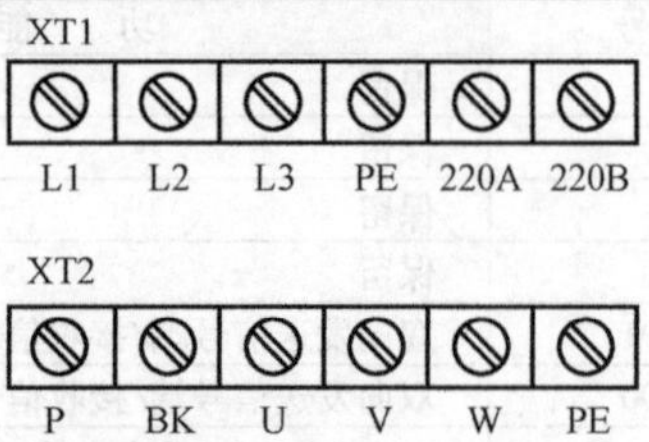
HSV-180AD-100、150主回路端子	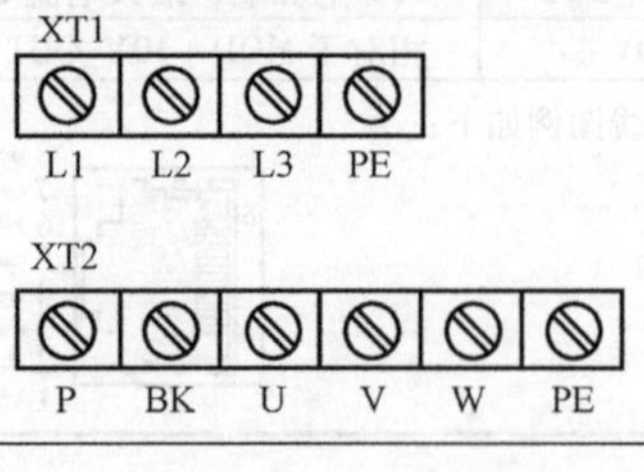

（续）

型　号	图　例
HSV-180AD-200、300、450 主回路端子	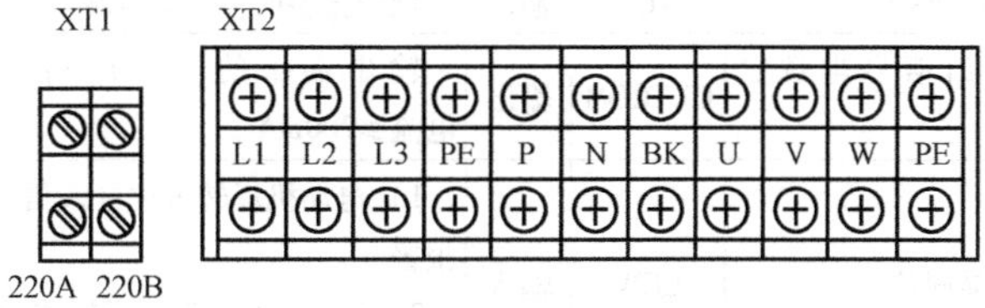

★★★1.2.3 伺服驱动器控制信号输入/输出端子的功能

不同的伺服驱动器控制信号输入/输出端子功能不同，例如鑫科瑞 DS301 系列伺服驱动器 CN3 孔座 DB25 接插件端子功能见表 1-13。

表 1-13 鑫科瑞 DS301 系列伺服驱动器 CN3 孔座 DB25 接插件端子功能

引脚	名　称	标号	I/O	功　能
1	编码器 Z 信号	OZ	输出	集电极开路输出端，地端为 OUTCOM
2	正转限位	CW	输入	1）电动机正转限位输入信号端，参数 P20 = 1 设定该功能，P20 = 2 不报警 2）P7 = 7 时电动机正转点动输入信号 3）P16 = 2 时电动机正转信号
3	编码器 A 信号正	OA +	输出	电动机编码器 A 信号输出端
4	编码器 B 信号正	OB +	输出	电动机编码器 B 信号输出端
5	编码器 Z 信号正	OZ +	输出	电动机编码器 Z 信号输出端
6	脉冲信号正	PULSE +	输入	外部位置控制指令端，参数 P14 设定方式如下： 0：Pulse + Sign 脉冲加方向 1：CW + CCW 正、反转控制 2：A + B 90°正交脉冲
7	方向信号正	SIGN +	输入	外部位置控制指令端，参数 P14 设定方式如下： 0：Pulse + Sign 脉冲加方向 1：CW + CCW 正、反转控制 2：A + B 90°正交脉冲
8	模拟输入	Vin	输入	外部速度或转矩指令 0 ~ ±10V
9	控制方式、功能选择	MODE	输入	1）位置与速度功能选择端，有效时选择速度控制，P7 = 4 设定该功能 2）内部速度选择端，有效时选择内部速度 4（P26），P31 = 1 设定该功能 3）内部脉冲方式启动信号端，P44 = 1、2 设定该功能 4）脉冲控制第 2 电子齿轮，P32 = 1 设定该功能
10	指令脉冲禁止与报警清除信号	INTH	输入	1）位置指令脉冲禁止输入端子，参数 P30 = 0、1、2 设定该功能： 0：无效，不检测 INTH 信号 1：检测 INTH 信号有效 2：检测 INTH 有效，以及清除剩余脉冲 2）伺服报警时可以输入该信号，以及清除驱动报警，伺服重新复位
11	输入信号电源正极	INCOM +	输入	输入端子的电源正极端，用来驱动输入端子的光耦合器 DC 12 ~ 24V，电流≥100mA

（续）

引脚	名　称	标号	I/O	功　能
12	伺服报警	ALM	输出	伺服报警时输出有效端
13	输出信号电源公共地	OUTCOM	输出	输出端子的电源地端，用来驱动输出端子的光耦合器电源，电流≥200mA
14	反转限位	CCW	输入	1）电动机反转限位输入信号端，参数 P20 = 1 设定该功能，P20 = 2 不报警 2）P7 = 7 时电动机反转点动输入信号端 3）P16 = 2 时电动机反转信号
15	编码器 A 信号负	OA –	输出	电动机编码器 A 信号输出端
16	编码器 B 信号负	OB –	输出	电动机编码器 B 信号输出端
17	编码器 Z 信号负	OZ –	输出	电动机编码器 Z 信号输出端
18	脉冲信号负	PULSE –	输入	外部位置控制指令端，参数 P14 设定该方式如下： 0：Pulse + Sign 脉冲加方向 1：CW + CCW 正、反转控制 2：A + B 90°正交脉冲
19	方向信号负	SIGN –	输入	外部位置控制指令端，参数 P14 设定该方式如下： 0：Pulse + Sign 脉冲加方向 1：CW + CCW 正、反转控制 2：A + B 90°正交脉冲
20	定位完成	COIN –	输出	1）定位完成输出端，当位置偏差小于设定范围时输出有效 2）内部脉冲运行完输出有效端 3）转矩到达 P50 百分比时输出，参数 P2 设定该功能
21	模拟地	Vgnd	输入	外部速度或转矩指令 0 ~ ±10V
22	制动负端信号	BRAKE –	输出	伺服使能电动机上电后输出有效端
23	伺服使能	EN	输入	伺服使能输入端，其中： EN ON：允许驱动器工作 EN OFF：驱动器关闭，停止工作 可以设 P6 = 1 屏蔽该功能
24	制动正端信号	BRAKE +	输出	伺服使能电动机上电后输出有效端
25	准备好信号输出	SRDY –	输出	伺服准备好无故障报警时输出有效端

★★★1.2.4　伺服驱动器编码器反馈信号端的功能

不同的伺服驱动器编码器反馈信号端功能不同，例如鑫科瑞 DS301 系列伺服驱动器编码器反馈信号端子（CN1 孔座的 DB15 接插件）功能见表 1-14。

表 1-14　鑫科瑞 DS301 系列伺服驱动器编码器反馈信号端子功能

引脚	名　称	标号	I/O	说　明
1	接地端	PE	接地端子	系统接地
2	电源 +5V 端	VCC	输出	电源 +5V
3	信号地端	GND	输出	信号地
4	编码器 A + 端	OA +	输入	A 脉冲正端
5	编码器 B + 端	OB +	输入	B 脉冲正端
6	编码器 Z + 端	OZ +	输入	Z 脉冲正端

（续）

引脚	名 称	标号	I/O	说 明
7	编码器 A－端	OA－	输入	A 脉冲负端
8	编码器 B－端	OB－	输入	B 脉冲负端
9	编码器 Z－端	OZ－	输入	Z 脉冲负端
10	编码器 U＋ 端	OU＋	输入	U 脉冲正端
11	编码器 V＋ 端	OV＋	输入	V 脉冲正端
12	编码器 W＋ 端	OW＋	输入	W 脉冲正端
13	编码器 U－端	OU－	输入	U 脉冲负端
14	编码器 V－端	OV－	输入	V 脉冲负端
15	编码器 W－端	OW－	输入	W 脉冲负端

★★★1.2.5 伺服驱动器控制回路端子的布局与连接的特点

不同的伺服驱动器控制回路端子的布局与连接是不同的。例如，时光科技单 PG 型 0.4～2.2kW 和 3.7～110kW 机型控制回路端子的布局与连接示意图如图 1-2 和图 1-3 所示。

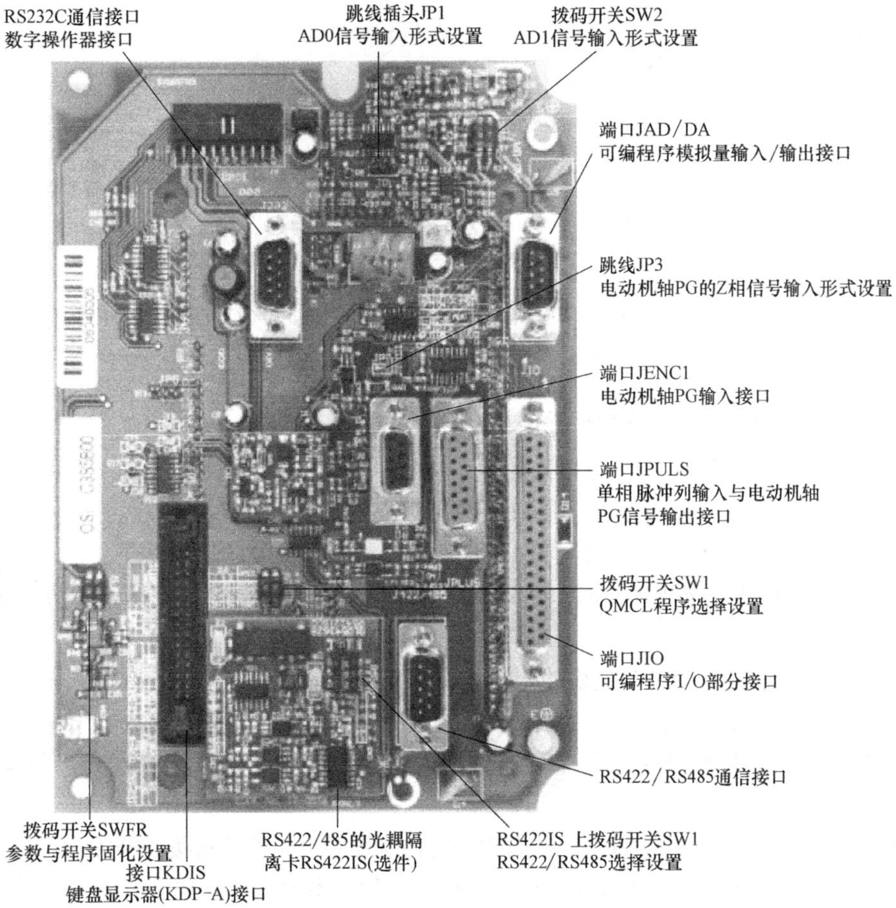

图 1-2 单 PG 型 0.4～2.2kW 机型（GC××0P4SGL～GC××2P2SGL）控制回路端子的布局与连接示意图

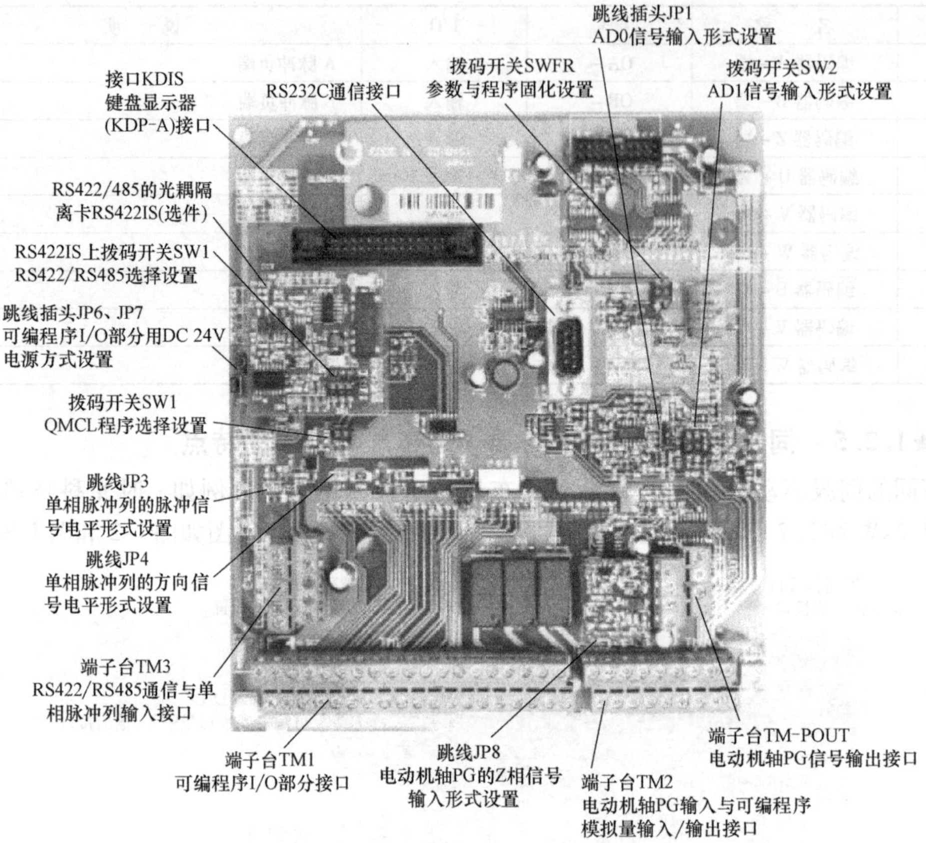

图 1-3　单 PG 型 3.7 ~ 110kW 机型（GCT43P7SGL ~ GCT4110SGL）
控制回路端子的布局与连接示意图

★★★1.2.6　伺服驱动器跳线、拨码开关的特点

不同的伺服驱动器跳线、拨码开关数量、功能、分布不同。例如，时光科技 IMS-A 系列伺服控制器各个跳线、拨码开关、接口在控制板上的分布如图 1-4 所示。

时光科技 IMS-A 系列伺服控制器 JP1、JP2 跳线、拨码开关的特点如下：

1）JP1、JP2 跳线决定 JC4、JC5 输入口的供电电源、有效电平，具体设置方法如图 1-5 所示。

2）SW1 跳线的特点。SW1 跳线的图例如图 1-6 所示。

IMS-A 系列伺服控制器提供的 4 块 QMCL 程序的存储位置分别可存放在 RAM 程序区与 3 段 ROM 程序区，具体运行哪段程序可通过拨码开关 SW1_1、SW1_2来选择。具体关系见表 1-15。

需要进行 QMCL 程序、参数固化时，首先应将控制器断电，然后将拨码开关 SW1_3、SW1_4 设置成 ON 状态，再重新上电进行固化操作。QMCL 程序、参数固化操作完成后，需要先将控制器断电，再将拨码开关 SW1_3、SW1_4 设置成 OFF 状态，再重新上电，控制器才能正常进行运行操作。具体关系见表 1-16。

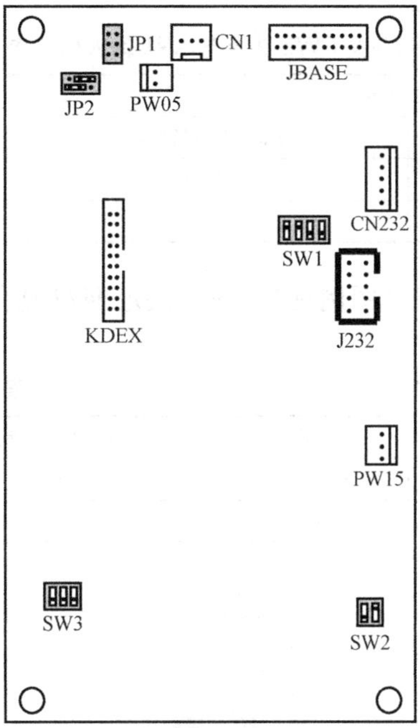

图 1-4 时光科技 IMS-A 系列伺服控制器各个跳线、拨码开关、接口在控制板上的分布

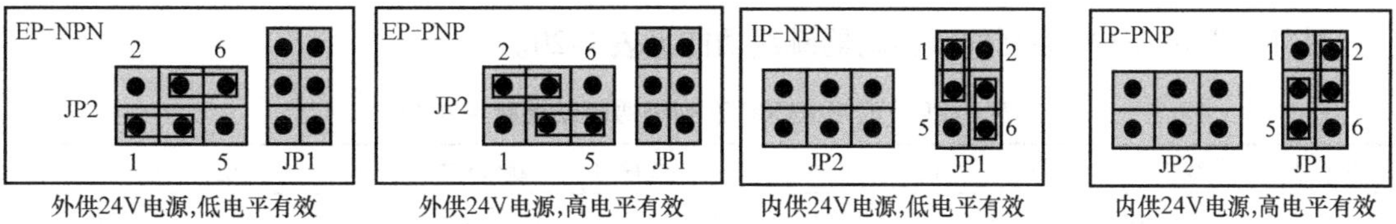

图 1-5 JP1、JP2 跳线具体设置方法

表 1-15 QMCL 运行程序选择拨码开关 SW1_1、SW1_2 的设置

设置		QMCL 程序选择
SW1_1 设置状态	SW1_2 设置状态	
OFF	OFF	ROM 中的 QMCL0
ON	OFF	ROM 中的 QMCL1
OFF	ON	ROM 中的 QMCL2
ON	ON	RAM 中的 QMCL 程序

表 1-16 QMCL 运行程序选择拨码开关 SW1_3、SW1_4 的设置

设置		工作状态
SW1_3 设置状态	SW1_4 设置状态	
OFF	OFF	允许 QMCL 程序正常运行状态
ON	ON	允许 QMCL 程序和参数的固化状态

3）SW2 跳线的特点。SW2（图例见图 1-7）的设定可以决定模拟量输入口 AN1 的信号

电平，具体设置方法见表 1-17。

表 1-17　拨码开关 SW2 选择与 AN1 输入信号电平设置关系

SW2 设置		AN1 信号电平
SW2_1 设置状态	SW2_2 设置状态	
ON	OFF	4～20mA（输入阻抗为 250Ω）
OFF	ON	0～+10V（输入阻抗为 20kΩ）

4）SW3 跳线的特点。SW3（图例见图 1-8）决定 J422 通信接口的通信模式，具体设置方法见表 1-18 和表 1-19。

表 1-18　设置方法 1

SW3_1 设置状态	SW3_2 设置状态	通信模式
OFF	OFF	RS422
ON	ON	RS485

表 1-19　设置方法 2

SW3_3 设置状态	终端电阻（120Ω）
OFF	不使用
ON	使用

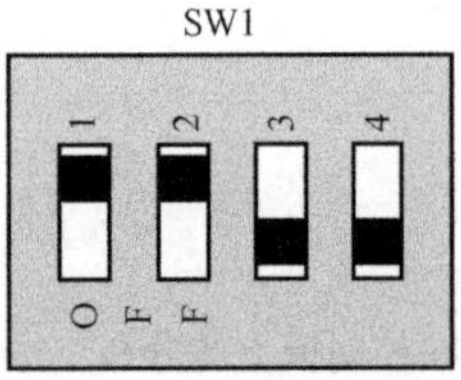

图 1-6　SW1 跳线的图例

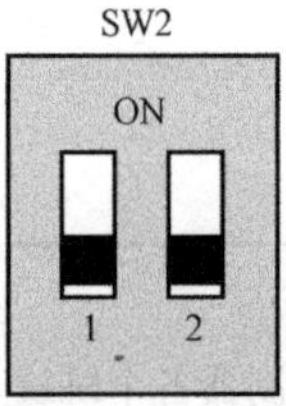

图 1-7　SW2 跳线图例

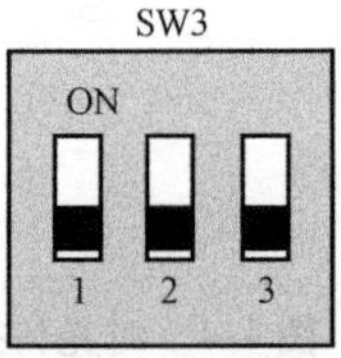

图 1-8　SW3 跳线图例

另外，汇川 IS300 系列伺服驱动器跳线功能见表 1-20。

表 1-20　汇川 IS300 系列伺服驱动器跳线功能

跳线序号	跳线位置	说　明	跳线序号	跳线位置	说　明
J2		GND 端子连接对地电容（驱动器接地良好时采用）	J6		AO2 以电压形式输出（DC 0～10V）
		GND 端子不连接对地电容（驱动器接地不良时采用）			AO2 以电流形式输出（0～20mA）
J3		COM 端子连接对地电容（驱动器接地良好时采用）	J7		内部电源驱动 DI1～DI5 输入端子
		COM 端子不连接对地电容（驱动器接地不良时采用）			外部电源驱动 DI1～DI5 输入端子
J4		AO1 以电压形式输出（DC 0～10V）	J8		CAN 通信连接终端电阻，多机通信时终端机器采用
	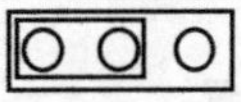	AO1 以电流形式输出（0～20mA）			CAN 通信不连接终端电阻，多机通信时中间机器采用
J5	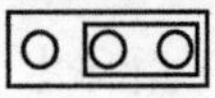	AI3 以电压形式输入（DC −10～+10V）	J9	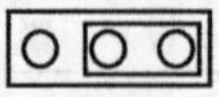	RS 485 通信连接终端电阻，多机通信时终端机器采用
		AI3 以电流形式输入（0～20mA）			RS 485 通信不连接终端电阻，多机通信时中间机器采用

注：跳线位置指面向接线端子所观察到的位置。

第 2 章

检测判断与选择

2.1 概　　述

★★★2.1.1　伺服驱动器一些电路的特点

伺服驱动器一些电路的特点见表 2-1。

表 2-1　伺服驱动器一些电路的特点

名称	解　说
电源电路	有的伺服驱动器 AC/DC 电源电路采用 UC3844 等控制器为核心电路组成。例如，从直流母线输入 AC 380V 整流电压进入 AC/DC 变换电路，然后输出几路相互隔离的直流电源。常见的电源有 +5V、+24V、+15V、-15V、IGBT 门极驱动电源等 1）5V 电源主要供单片机、逻辑芯片、放大电路、显示等用 2）3.3V 主要供伺服运算芯片 DSP 供电等用 3）12V 主要供伺服风扇供电、运放供电、A-D 转换的正电压等用 4）14V 主要供驱动光耦合器供电等用 有的伺服驱动器电源电路采用开关电源供电，外接电源为单相 AC 220V。例如，有的开关电源电路采用 TOP227Y 功率开关器件为核心组成
保护电路	短路保护包括硬件保护、软件保护。使用带短路保护的隔离门级驱动电路可以防止相线电路过载，以及通过直流母线电流保护方式实现异常电流过载保护
电流采样电路	伺服驱动控制系统中，为实现磁场定向控制，需要至少对两相电动机绕组的电流进行采样，电流采样将作为电流反馈信号使伺服驱动实现电流闭环。多数伺服驱动器使用采样电阻与线性光耦合器组建电流采样电路，也有采用隔离式闭环电流传感器组成采样电路。 1）伺服电动机正常工作时，通过采集绕组的电流信号转变为采样电阻两端电压，以及将该电压通过线性光耦合器进行隔离放大，然后经过运算放大器、A-D 转换，输送到 DSP 中进行数据分析，进而实现电流环闭环控制。由于外界条件干扰，DSP 所接收到的电流采样信号会有干扰，因此，一些电路中增加相应的滤波措施 2）采用高压线性电流传感器实现电流采样
电流前置处理电路	电流前置处理电路一般采用高精度运放电路组成
隔离驱动电路	隔离驱动电路可以实现对来自 DSP 的 6 路 PWM 输出控制信号与 IPM 的光电隔离、驱动与电平转换功能，以及 IPM 的控制极驱动信号。图例如下图： 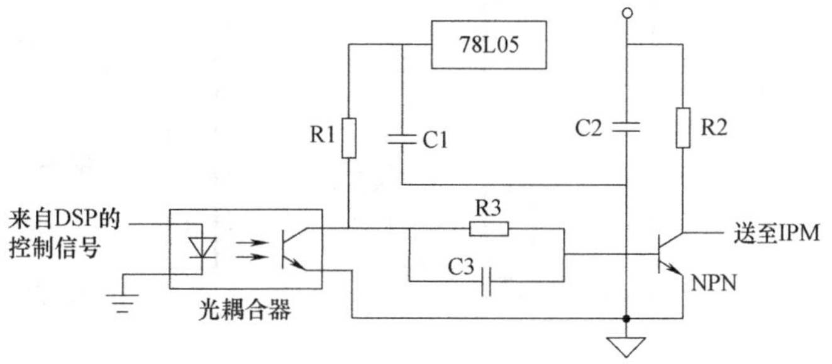
功率模块电路	伺服驱动电路包括功率模块、光耦合器隔离驱动电路。逆变电路一般是以智能功率模块（IPM）为逆变器开关器件的电路。IPM 一般由三相 6 个桥臂组成，把直流电变换成三相变压变频交流电输送到电动机。实际电路，需要经电流反馈控制后，IPM 输出的三相电流为近似对称的正弦交流电流，这样可使电动机获得圆形旋转磁场。功率主电路由整流电路、IPM、滤波电容、能耗制动回路等组成。有的为了有效保护伺服驱动，在

（续）

名称	解　说
功率模块电路	主回路中设置了过电压、欠电压、电动机过热、制动异常、编码器反馈异常、电动机超速与通信故障保护功能
交流滤波电路	交流滤波电路就是使整流后的直流更为平滑。交流滤波电路的主要元件是交流滤波电容。交流滤波电容有的采用 470μF/400V 铝电解电容
门极驱动电路	门极驱动电路实现对功率模块的驱动，有的采用了上管、下管分开的驱动方式
上位机通信方式	上位机通信方式包括模拟量速度指令输入、500kHz CCW 位置指令输入、RS485 通信、CAN 接口通信等
信号检测电路	信号检测电路是系统的反馈回路，也是闭环控制系统的重要环节。系统信号检测电路包括电流检测、电动机转速检测、方向检测等
整流电路	整流电路的功能是将输入的交流电整流成直流电，下图中的 VD1～VD6 就是整流电路 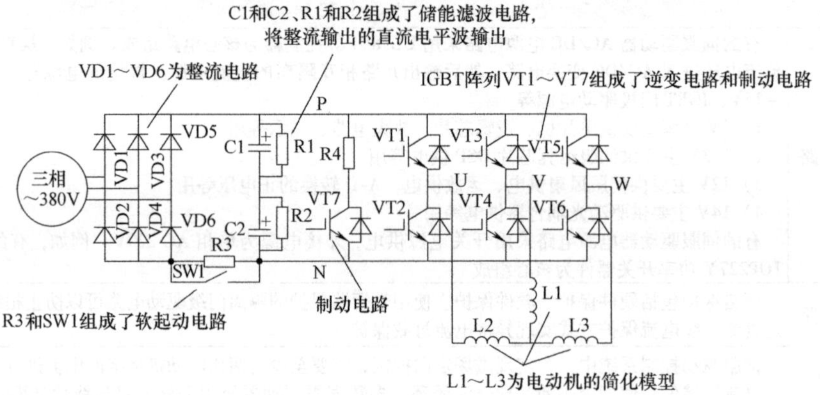

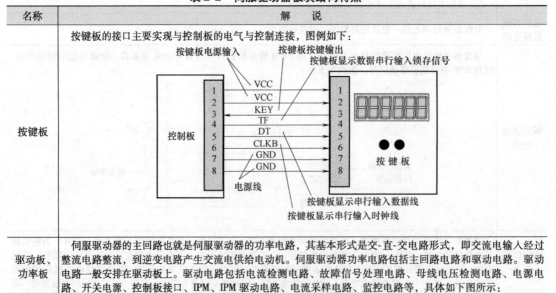

★★★2.1.2　伺服驱动器板块的结构

伺服驱动器板块结构特点见表 2-2。

表 2-2　伺服驱动器板块结构特点

名称	解　说
按键板	按键板的接口主要实现与控制板的电气与控制连接，图例如下： 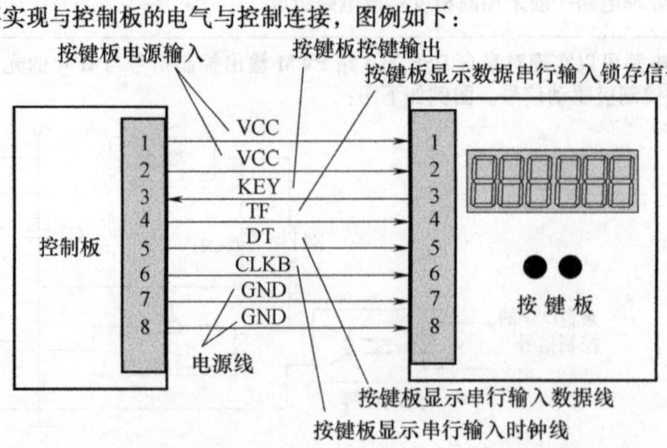
驱动板、功率板	伺服驱动器的主回路也就是伺服驱动器的功率电路，其基本形式是交-直-交电路形式，即交流电输入经过整流电路整流，到逆变电路产生交流电供给电动机。伺服驱动器功率电路包括主回路电路和驱动电路。驱动电路一般安排在驱动板上。驱动电路包括电流检测电路、故障信号处理电路、母线电压检测电路、电源电路、开关电源、控制板接口、IPM、IPM 驱动电路、电流采样电路、监控电路等，具体如下图所示：

（续）

名称	解说
驱动板、功率板	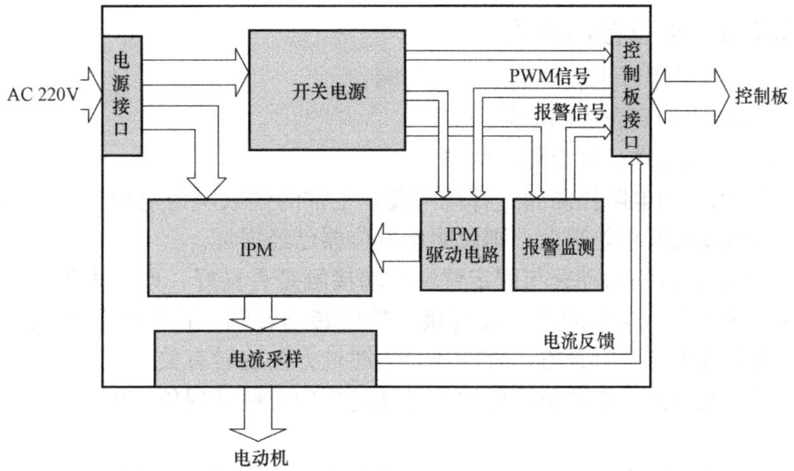
控制板	控制板有基于硬件实现数字交流伺服驱动器的设计、基于 DSP 的全数字交流伺服驱动器的设计。基于 DSP 的全数字交流伺服驱动器的电路一般具有 DSP 系统电源电路、时钟电路、ADC 模块电路、参考电路、接口电路。伺服驱动器常见的电动机控制功能电路有 PWM 输出缓冲电路、码盘信号处理电路（包括电动机转速与方向检测电路、转子磁极位置检测电路、信号隔离形成电路、码盘反馈有无检测电路）、外设扩展电路、DAC 测试电路。也就是说，控制板主要由 DSP、驱动电路、放大电路、接口电路等组成。接口常见的有 CNC、上位机接口、键盘接口、码盘反馈接口、功率板接口等。有的控制板上安装了 CMOS 集成电路，维修时，不要用手指直接触摸主控制板，以免静电感应造成主控制板损坏

2.2 元 器 件

★★★2.2.1 固定电阻的检测

固定电阻可以采用万用表的电阻挡来检测与判断：把万用表的两表笔不分正负地分别与电阻的两端引脚可靠接触，然后读出万用表检测出的指示值即可。

实际检测中，为提高测量精度，则需要根据被测电阻的标称值大小来选择量程，以便使指示值尽可能落到全刻度起始的 20% ~80% 弧度范围的刻度中段位置。另外，还要考虑电阻误差等级。如果读数与标称阻值间超出误差范围，则说明该电阻值变值或者损坏了。

检测时需要注意的一些事项如下：

1）测几十千欧以上阻值的电阻时，手不要触及表笔与电阻的导电部分。

2）检测在线电阻时，应从电路上把电阻一端引脚从电路上焊开，以免电路中的其他元器件对测试产生影响，造成测量误差。

★★★2.2.2 熔断电阻的检测

熔断电阻可以采用万用表的电阻挡来检测与判断：首先选择万用表的 R×1 挡，然后把万用表的两表笔不分正负地分别与电阻的两端引脚可靠接触，最后读出万用表检测出的指示值即可。如果测得的阻值为无穷大，则说明该熔断电阻已经开路。如果测得的阻值与标称值相差很大，则说明该电阻变值。

如果在线检测电阻，则应把熔断电阻一端引脚从电路上焊开，以免电路中的其他元器件对测试产生影响，造成测量误差。

另外，对于过电流比较严重的熔断电阻可以通过观察法来检测与判断：如果熔断电阻表面发黑、烧焦，一般说明该熔断电阻已经损坏了。

★★★2.2.3 电位器的检测

电位器可以采用万用表的电阻挡来检测：

1）把万用表调到合适的电阻挡。

2）认准活动臂端、固定臂端两端。

3）用万用表的电阻挡测固定臂端两端，正常的读数应为电位器的标称阻值。如果万用表的指针不动或阻值相差很大，则说明该电位器已经损坏。

4）检测电位器的活动臂与固定臂端两端接触是否良好，即一表笔与活动臂端连接，一表笔分别与固定臂两端中的任一端连接，然后转动转轴，这时电阻值也随旋转慢慢逐渐变化，增大还是减小与逆时针方向旋转还是顺时针方向旋转有关。

如果万用表的指针在电位器的轴柄转动过程中有跳动现象，则说明活动触点有接触不良的现象。

另外，电位器的检测也可以通过听声音与感觉法来判断：首先转动旋柄，感觉旋柄转动是否平滑、是否灵活，以及电位器开关通、断时"咔嗒"声是否清脆，如果有"沙沙"声，则说明该电位器质量不好。

★★★2.2.4 压敏电阻的检测

压敏电阻可以采用万用表的 R×1k 挡来检测：调好挡位后，把两表笔分别接触压敏电阻两引脚，然后检测正、反向绝缘电阻。正常情况一般为无穷大。不为无穷大但有一定较大的阻值，说明压敏电阻存在漏电流现象。如果检测的阻值很小，则说明压敏电阻已经损坏。

★★★2.2.5 10pF 以下固定电容的检测

10pF 以下固定电容可以采用检测电容定性来判断，也就是说，用万用表只能定性地检查其是否有漏电、内部短路或击穿现象。用万用表检测的主要要点如下：首先把万用表调到 R×10k 挡，然后用两表笔分别任意接电容的两引脚端，此时，检测的阻值正常情况一般为无穷大。如果此时检测的阻值为 0，则说明该电容内部击穿或者漏电损坏。

★★★2.2.6 电解电容的检测

电解电容可以采用指针式万用表来检测，具体方法如下：

1）把万用表调到 R×10k 挡或 R×1k、R×100 挡（1～47μF 的电容，可以采用 R×1k 挡来测量；大于 47μF 的电容可以采用 R×100 挡来测量）。

2）检测脱离线路的电解电容的漏电电阻阻值，正常一般大于几百千欧。指针应有一顺摆动与一回摆动：采用万用表 R×1k 挡，当表笔刚接通时，指针向右摆一个角度，然后指针缓慢地向左回摆，最后停下来。指针停下来所指示的阻值就是该电容的漏电电阻。该漏电电阻阻值越大，则说明该电容质量越好。如果漏电电阻为几十千欧，则说明该电解电容漏电严重。

3）在线检测。在线检测电容主要是检测开路、击穿两种故障。如果指针向右偏转后所指示的阻值很小（几乎接近短路），则说明电容已击穿、严重漏电。测量时如果指针只向右偏转，则说明电解电容内部断路。如果指针向右偏后无回转，但所指示的阻值不是很小，则说明电容开路的可能性很大，应断开电路进一步检测。

★★★2.2.7 电感的检测

可以采用万用表来检查电感的好坏：首先选择指针式万用表的 R×1 挡，然后测电感的电阻值，如果电阻极小，则说明电感基本正常；如果电阻为∞，则说明电感已经开路损坏。电感量相同的电感，R 越小，Q 越高。

★★★2.2.8 二极管极性的判断

二极管极性的判断可以采用指针式万用表来判断：首先把万用表调到 R×100 或 R×1k 挡，然后任意测量二极管的两引脚端，如果量出的电阻只有几百欧姆（正向电阻），则与万用表内电池正极相连的黑表笔所接的引脚端为二极管的正极，与万用表内电源负极相连的红表笔所接的引脚端为二极管的负极。

★★★2.2.9 二极管好坏的判断

可以采用万用表来判断二极管的好坏，具体方法如下：

1）选择万用表的 R×100 或 R×1k 挡。

2）测正向电阻：测量硅管时，指针指示位置在中间或中间偏右一点；测量锗管时，指针指示在右端靠近满刻度的地方，则说明所检测的二极管正向特性是好的。如果指针在左端不动，则说明所检测的管子内部已经断路。

3）测反向电阻：测量硅管时，指针在左端基本不动；测量锗管时，指针从左端起动一点，但不应超过满刻度的 1/4，则说明所检测的二极管反向特性是好的。如果指针指在 0 位置，则说明检测的二极管内部已短路。

★★★2.2.10 开关电源中二极管的选择

开关电源中二极管的选择方法见表 2-3。

表 2-3 开关电源中二极管的选择方法

类型	解 说
整流二极管	1）一般需要选择反向恢复时间快的二极管 2）可以选择肖特基二极管。肖特基二极管的反向恢复时间在 5μs 左右，但反向耐压一般在 100V 以下 3）超快恢复二极管。超快恢复二极管的反向恢复时间在 25μs 左右，反向耐压一般在 200V 以上 4）快恢复二极管。快恢复二极管的反向恢复时间一般 5）整流桥中的二极管：对于 380V 额定电源来说，一般二极管的反向耐压选择 1200V，二极管的正向电流为电动机额定电流的 1.414～2 倍
一般二极管	一选择反向耐压值，二选择正向额定电流值，三选择反向恢复时间，四选择正向压降

★★★2.2.11 存储器好坏的判断

驱动器存储器的主要作用是把更改后的参数存储起来。驱动器出厂值参数一般是存储在 CPU 里面。对存储器好坏的简单判断：参数改变后，关机再启动时，改变的参数又恢复到出厂值，则说明存储器可能损坏了。

★★★2.2.12 比较器好坏的判断

一个比较器当其“+”端比“-”端电压高时，其 OUT 输出端为高电平；当其“+”端比“-”端电压低时，其 OUT 输出端为低电平。当其输出为高电平时，其 V_0 一定要等于 V_{CC1}；当输出为低电平时，其 V_0 一定要等于 V_{CC2}。如果检测时与此不相符合，则说明所检测的比较器可能损坏了。

注意：当 V_{CC2} 接地时，要是输出电压为低电平，实际上测量有零点几伏或者更大的电压时，该种情况下，比较器不一定是损坏了。

★★★2.2.13 运算放大器好坏的判断

运算放大器的“+”端与“-”端电压是相等的，即 $V_1=V_2$。如果检测 V_1 不等于 V_2，则说明所检测的运算放大器可能损坏了。

★★★2.2.14　光耦合器件的一般属性

光耦合器件的一般属性如下：

1）光耦合器件基本功能是对信号实现电—光—电的转换与传输。

2）一般是输入侧采用发光二极管，输出侧采用光敏晶体管、集成电路等形式。

3）光耦合器件输入、输出侧间有光的传输，而无电的直接联系。输入信号的有无、强弱控制了发光二极管的发光强度。输出侧接收光信号，根据感光强度，输出电压或电流信号。

4）输入、输出侧有较高的电气隔离度。

5）输入、输出侧需要相互隔离的独立供电电源，即需两路无共地点的供电电源。

6）光耦合器件可以应用于下列情况：要求电气隔离、电路与强电有联系需要隔离、运放电路等高阻抗型器件需要隔离噪声干扰等。

★★★2.2.15　光电编码器的特点

光电编码器的一些特点如下：

1）可以实现捕捉电动机的转子位置、转速，以及实时检测的功能。

2）编码器常见参数有分辨率等。

3）编码器输出信号包括 A、B、Z 脉冲信号。其中，A、B 信号互差 90°（电角度）。DSP 可以通过判断 A、B 的相位与个数，从而可以得到电动机的转向、速度。Z 信号每转 1 圈出现 1 次，其主要用于位置信号的复位。

4）光电编码盘脉冲信号送入 DSP 后，经内部电路实现倍频。因此，电动机每圈的脉冲数增多。输出信号送入处理器后，即可通过位置的微分运算得到转速信号。

5）采用磁平衡式霍尔电流传感器采样 A、B 两相电流反馈 i_a、i_b，可以获得实时的电流检测信号。

★★★2.2.16　增量编码器好坏的判断

首先给增量编码器通电，然后测量 A、B、Z 相的输出电压。如果都没有电压，则说明电源部分损坏或主芯片损坏。如果某相有电压，则缓慢转动编码器的轴，正常 A、B 相应是轮流电压，并且高电平到低电压。Z 相是一圈有一次高电平，高电平的电压一般比输入电压低。如果某相始终不出现高电平或输出的电平很低，则说明该相已经损坏。

★★★2.2.17　微处理器的检查

同一故障现象可能是由很多不同故障原因引起的，加上微处理器引脚多，因此，判断微处理器应从表 2-4 所示的几个关键入手检查。

表 2-4　判断微处理器的几个关键

方法	解　说
查电源	检查电源，从而可以判断微处理器是否工作
查晶振	检查晶振有没有起振，从而可以判断微处理器是否工作
查复位	检查复位信号是不是正常，复位脉冲有没有正确送到微处理器复位脚
查总线	数据总线、地址总线、控制总线的任何一根开路或短路都可引发故障
查相关接口芯片	微处理器相关接口芯片可以采用代换法、专用仪器检测来判断其是否损坏

第 3 章

速查速用与代换

3.1　分立元器件

★★★3.1.1　8050 晶体管

8050 晶体管的外形如图 3-1 所示，参数见表 3-1。

表 3-1　8050 参数

符号	最小值	典型值	最大值	单　　位	测试条件
H_{FE1}	85		300		$I_c=100mA$　$V_{ce}=1V$
H_{FE2}	40				$I_c=800mA$　$V_{ce}=1V$
$V_{CE(SAT)}$		0.2	0.5	V	$I_c=800mA$　$I_b=80mA$
$V_{BE(SAT)}$		0.92	1.2	V	$I_c=800mA$　$I_b=80mA$
LV_{ceo}	25			V	$I_c=10mA$　$I_b=0$
BV_{cbo}	30			V	$I_c=100\mu A$　$I_e=0$
BV_{ebo}	6			V	$I_e=100\mu A$　$I_c=0$
I_{cbo}			0.1	μA	$V_{cb}=20V$　$I_e=0$
h_{fe}	1.0				$I_c=50mA$　$V_{ce}=10V$ $f=100MHz$
C_{cb}			40	pF	$V_{cb}=10V$　$I_c=0$ $f=1MHz$

8050 的最大值：V_{cbo}为 30V；V_{ceo}为 25V；V_{ebo}为 6V；I_c 为 1.5A。

MPS8050S（TSM）参考代换型号为 2SC5784 等。

★★★3.1.2　8550 晶体管

8550 晶体管外形如图 3-2 所示，参数见表 3-2。

表 3-2　8550 参数

符号	最小值	典型值	最大值	单　　位	测试条件
H_{FE1}	85		300		$I_c=100mA$　$V_{ce}=1V$
H_{FE2}	40				$I_c=800mA$　$V_{ce}=1V$
$V_{CE(SAT)}$		0.2	0.5	V	$I_c=800mA$　$I_b=80mA$
$V_{BE(SAT)}$		0.92	1.2	V	$I_c=800mA$　$I_b=80mA$
LV_{ceo}	25			V	$I_c=10mA$　$I_b=0$
BV_{cbo}	30			V	$I_c=100\mu A$　$I_e=0$
BV_{ebo}	6			V	$I_e=100\mu A$　$I_c=0$
I_{cbo}			0.1	μA	$V_{cb}=20V$　$I_e=0$
h_{fe}	1.0				$I_c=50mA$　$V_{ce}=10V$ $f=100MHz$
C_{cb}			40	pF	$V_{cb}=10V$　$I_c=0$ $f=1MHz$

8550 的最大值：V_{cbo}为 30V；V_{ceo}为 25V；V_{ebo}为 6V；I_c 为 1.5A。

MPS8550S（TSM）参考代换型号有 2SA2065 等。KTC8550S（SOT-346）参考代换型号有 2SA1621 等。

★★★3.1.3　IRF2807 场效应晶体管

IRF2807 为功率 MOSFET、功率开关器件。IRF2807 外形与内部示意图如图 3-3 所示。

图 3-1　8050 晶体管外形

图 3-2　8550 晶体管外形

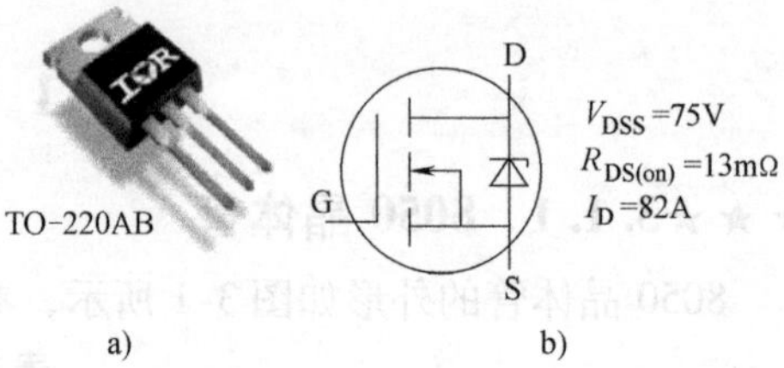

图 3-3　IRF2807 外形与内部示意图

IRF2807 的绝对最大额定值见表 3-3。

表 3-3　IRF2807 的绝对最大额定值

符　号	参　数	最大值	单　位
ID（TC = 25℃）	连续漏极电流，条件：VGS = 10V	82	A
ID（TC = 100℃）	连续漏极电流，条件：VGS = 10V	58	A
IDM	脉冲漏极电流	280	A
PD（TC = 25℃）	功耗	230	W
VGS	栅-源电压	±20	V

IRF2807 电气特性（TJ = 25℃，除非另有指定）参数见表 3-4。

表 3-4　IRF2807 电气特性参数

符　号	最小值	典型值	最大值	单　位
V（BR）DSS	75			V
ΔV（BR）DSS/ΔTJ		0.074		V/℃
RDS（on）			13	m
VGS（th）	2.0		4.0	V
gfs	38			S
IDSS			25	μA
IGSS			100	nA
Qg			160	nC
Qgs			29	nC
Qgd			55	nC
td（on）		13		ns
tr		64		ns
td（off）		49		ns
tf		48		ns
Ciss		3820		pF
Coss		610		pF

★★★3.1.4　IRF640 场效应晶体管

IRF640 引脚分布、外形与内部示意图如图 3-4 所示。IRF640 参数见表 3-5。

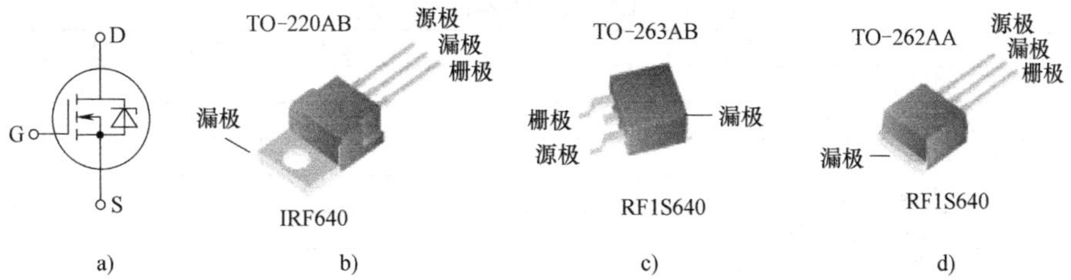

图 3-4 IRF640 引脚分布、外形与内部示意图

表 3-5 IRF640 参数

符 号	最小值	典型值	最大值	单 位
BVDSS	200			V
VGS (TH)	2		4	V
IDSS			25	A
ID (ON)	18			A
IGSS			±100	nA
rDS (ON)		0.14	0.18	Ω
gfs	6.7	10		S
td (ON)		13	21	ns
tr		50	77	ns
td (OFF)		46	68	ns
tf		35	54	ns
Qg (TOT)		43	64	nC
Qgs		8		nC
Qgd		22		nC
CISS		1275		pF
COSS		400		pF
CRSS		100		pF

IRF640 参考代换型号有 2SK2136、STP19NB20、BUK455-200B、RFP12N20、FQP19N20C、2SK2918-01、BUZ30A、FQP18N20V2、HUF75939P3、2SK2382 等。

★★★3.1.5 CM100DU-24H IGBT 模块

CM100DU-24H 为 1200V(VCES)/100A 双 IGBT 模块。CM100DU-24H 可以应用交流电动机控制、运动/伺服控制、焊接电源 UPS 等。CM100DU-24H 外形与内部结构如图 3-5 所示，CM100DU-24H 绝对最大额定值见表 3-6。

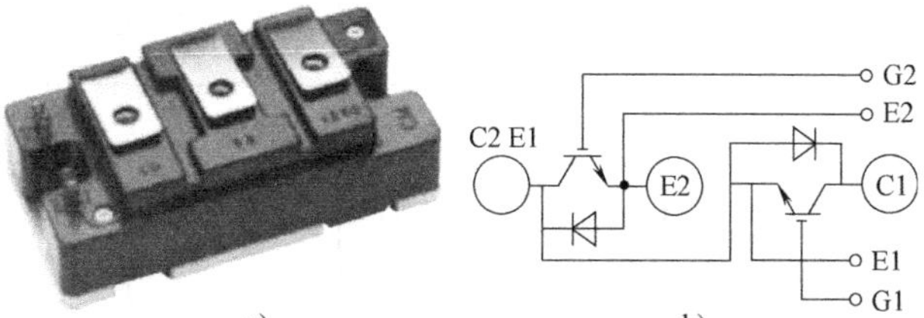

图 3-5 CM100DU-24H 外形与内部结构

表 3-6 CM100DU-24H 绝对最大额定值

符号	参数	单位	符号	参数	单位
Tj	-40 ~ 150	℃	ICM	200	A
Tstg	-40 ~ 125	℃	IE	100	A
VCES	1200	V	IEM	200	A
VGES	±20	V	Pc	600	W
IC	100	A	Viso	2500	V

CM100DU-24H 电气参数见表 3-7。

表 3-7　CM100DU-24H 电气参数

符号	测试条件	最小值	典型值	最大值	单位
Cies	$V_{CE}=10V$，$V_{GE}=0V$			15	nF
Coes	$V_{CE}=10V$，$V_{GE}=0V$			5	nF
Cres	$V_{CE}=10V$，$V_{GE}=0V$			3	nF
ICES	$V_{CE}=V_{CES}$，$V_{GE}=0V$			1	mA
IGES	$V_{GE}=V_{GES}$，$V_{CE}=0V$			0.5	A
QG	$V_{CC}=600V$，$I_C=100A$，$V_{GE}=15V$		375		nC
td（off）	$V_{CC}=600V$，$I_C=100A$，$V_{GE1}=V_{GE2}=15V$，$R_G=3.1V$			300	ns
td（on）	$V_{CC}=600V$，$I_C=100A$，$V_{GE1}=V_{GE2}=15V$，$R_G=3.1V$			100	ns
tf	$V_{CC}=600V$，$I_C=100A$，$V_{GE1}=V_{GE2}=15V$，$R_G=3.1V$			350	ns
tr	$V_{CC}=600V$，$I_C=100A$，$V_{GE1}=V_{GE2}=15V$，$R_G=3.1V$			200	ns
trr	$I_E=100A$，$di_E/dt=-200A/\mu s$			300	ns
VCE（sat）	$I_C=100A$，$V_{GE}=15V$，$T_j=25℃$		2.9	3.7	V
VEC	$I_E=100A$，$V_{GE}=0V$			3.2	V
VGE（th）	$I_C=10mA$，$V_{CE}=10V$	4.5	6	7.5	V

★★★3.1.6　6MBP20RTA060-01　IGBT-IPM 模块

6MBP20RTA060-01 为 IGBT-IPM 模块，其内部结构如图 3-6 所示。

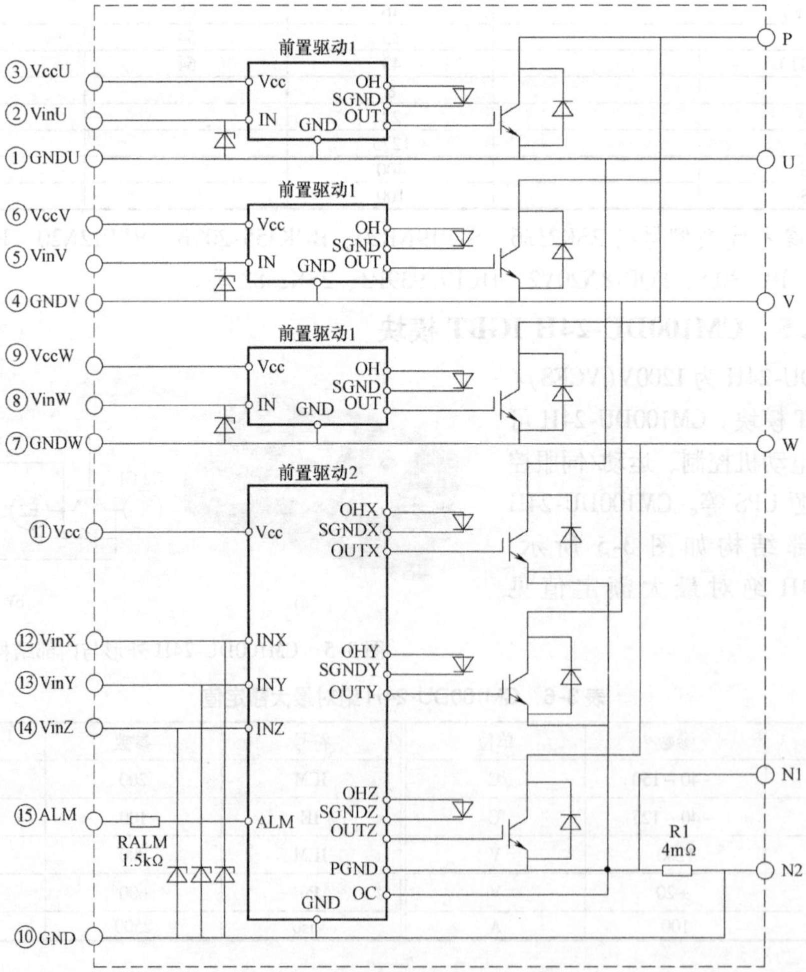

图 3-6　6MBP20RTA060-01 内部结构

6MBP20RTA060-01 的最大极限参数见表 3-8。

表 3-8　6MBP20RTA060-01 的最大极限参数

符号	最小值	最大值	单位	符号	最小值	最大值	单位
V_{DC}	0	450	V	V_{in}	-0.5	V_{CC} +0.5	V
$V_{DC(surga)}$	0	500	V	I_{in}	—	1	mA
V_{sc}	200	400	V	V_{ALM}	-0.5	V_{CC}	V
V_{ces}	0	600	V	I_{ALM}	—	20	mA
I_c	—	20	A	T_j	—	150	℃
I_{cp}	—	40	A	T_{opr}	-20	100	℃
$-I_c$	—	20	A	T_{stg}	-40	125	℃
P_c	—	103	W	T_{sol}	—	260	℃
V_{CC}	-0.5	20	V	V_{iso}	—	AC2500	V

6MBP20RTA060-01 的主回路电参数见表 3-9。

表 3-9　6MBP20RTA060-01 的主回路电参数

符号	条　件		最小值	典型值	最大值	单位
I_{ces}	V_{ce} =600V		—	—	1.0	mA
$V_{CE(sat)}$	I_c =20A	终端	—	—	2.2	V
		版	—	1.75	—	V
V_F	$-I_c$ =20A	终端	—	—	2.6	V
		版	—	1.6	—	V
t_{on}	V_{DC} =300V、T_j =125℃		1.2	—	—	μs
t_{off}	I_c =20A		—	—	3.6	μs
t_{rr}	V_{DC} =300V I_F =20A		—	—	0.3	μs
PAV			20	—	—	mJ

6MBP20RTA060-01 的制动回路电参数见表 3-10。

表 3-10　6MBP20RTA060-01 的制动回路电参数

符号	条　件	最小值	典型值	最大值	单位
I_{ccp}	F =0 ~6kHz	0.5	—	9	mA
I_{ccn}	T_c = -20 ~100℃	0.8	—	28	
$V_{in(th)}$	ON	1.00	1.35	1.70	V
	OFF	1.25	1.60	1.95	
V_z	R_{in} =20kΩ	—	8.0	—	V
t_{ALM}	T_c = -20℃	1.1	—	—	ms
	T_c =25℃	—	2.0	—	
	T_c =125℃	—	—	4.0	
R_{ALM}	报警终端	1425	1500	1575	Ω
R_1	终端 N1 和 N2 之间	—	4.0	—	mΩ

6MBP20RTA060-01 的保护电路电参数见表 3-11。

表 3-11　6MBP20RTA060-01 的保护电路电参数

符号	条　件	最小值	典型值	最大值	单位
I_{oc}	$T_j=125℃$	30	40	—	A
t_{doc}	$T_j=125℃$	—	5	—	μs
T_{jOH}		150	—	—	℃
T_{jH}		—	20	—	
V_{UV}		11.0	—	12.5	V
V_H		0.2	0.5	—	

注：$V_{CC}=15V$。

★★★3.1.7　MIXA60WB1200TEH IGBT 模块

MIXA60WB1200TEH 为 XPT IGBT，其外形与内部结构如图 3-7 所示。

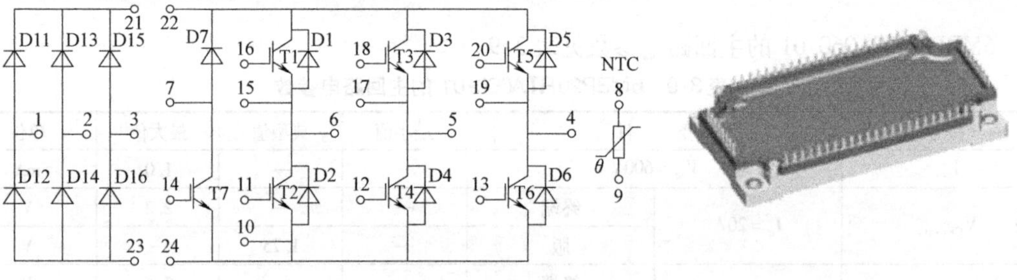

a)　　b)

图 3-7　MIXA60WB1200TEH 外形与内部结构

MIXA60WB1200TEH 内部 T1 ~ T6 的参数见表 3-12。

表 3-12　MIXA60WB1200TEH 内部 T1 ~ T6 的参数

符　号	最小值	典型值	最大值	单　位
VCES			1200	V
VGES			±20	V
VGEM			±30	V
IC25			85	A
Ptot			290	W
VCE（sat）		1.8	2.1	V
VGE（th）	5.4	6.0	6.5	V
ICES			0.5	mA
td（on）		70		ns
tr		40		ns
Eon		4.5		mJ
Eoff		5.5		mJ

MIXA60WB1200TEH 内部 D1 ~ D6 的参数见表 3-13。

表 3-13　MIXA60WB1200TEH 内部 D1 ~ D6 的参数

符　号	最小值	典型值	最大值	单　位
VRRM			1200	V
IF25			88	A
VF		1.95	2.2	V

★★★3.1.8 PS21867 IPM

PS21867 为 20A/600V 的 IPM，其控制端口定义如下：

1：UP——U 组信号输入端。

2：VP1——U 组控制电源正极端。

3：VUFB——U 组驱动电源正极端。

4：VUFS——U 组驱动电源地端。

5：VP——V 组信号输入端。

6：VP1——V 组控制电源正极端。

7：VVFB——V 组驱动电源正极端。

8：VVFS——V 组驱动电源地端。

9：WP——W 组信号输入端。

10：VP1——W 组控制电源输入端。

11：VPC——W 组控制电源地端。

12：VWFB——W 组驱动电源正极端。

13：VWFS——W 组驱动电源地端。

14：VN1——下三桥控制电源正极端。

15：VNC——下三桥控制电源地端。

16：CIN——短路电压采样端。

17：CFO——故障输出脉宽设置端。

18：FO——故障输出端。

19：UN——U 组下桥信号输入端。

20：VN——V 组下桥信号输入端。

21：WN——W 组下桥信号输入端。

22：P——直流母线正极端。

23：U——U 组输出端。

24：V——V 组输出端。

25：W——W 组输出端。

26：N——直流母线地端。

27～41：NC——不接端。

PS21867 最大额定值见表 3-14。

表 3-14 PS21867 最大额定值

参 数	符 号	最大额定值	单 位
功率器件的结温	Tj	-20～125	℃
储存温度	Tstg	-40～125	℃
环境温度	Tc	-20～100	℃
过电压保护值	Vcc（prot）	400	V
绝缘耐压	Viso	2500	V
IGBT 变频侧			
集电极-发射极电压	Vces	600	V

（续）

参数	符号	最大额定值	单位
IGBT 变频侧			
直流母线浪涌电压	Vcc（surge）	500	V
集电极电流（T_c=25℃）	±Ic	30	A
集电极峰值电流（T_c=25℃）	±Icp	60	A
集电极功耗（T_c=25℃）	Pc	52.6	W
控制侧			
控制电压	VD	20	V
驱动电压	VDB	20	V
输入信号	Vin	DV-0.5~V±0.5	V
故障输出信号电压	VFO	DV-0.5~V±0.5	V
故障输出信号电流	IFO	1	mA
电流采样输入电压	Vsc	DV-0.5~V±0.5	V

PS21867 机械与电气特性参数见表 3-15。

表 3-15　PS21867 机械与电气特性参数

参数	符号	测试条件	最小值	典型值	最大值	单位
IGBT 变频侧						
集电极-发射极关断电流	I_{ces}	$V_{CE}=V_{CES}$、$V_D=15V$、$T_j=25℃$	—	—	1.0	mA
		$V_{CE}=V_{CES}$、$V_D=15V$、$T_j=125℃$	—	—	10	mA
二极管正向电压	V_{EC}	$I_c=25A$、$V_{cin}=15V$、$V_D=15V$	—	1.5	2.0	V
饱和压降	V_{sat}	V_D = 15V、V_{CIN} = 0V、I_c = 25A、$T_j=25℃$	—	1.6	2.1	V
		V_D = 15V、V_{CIN} = 0V、I_c = 25A、$T_j=125℃$	—	1.7	2.2	V
开关时间	Ton	$V_D=15V$、$V_{CIN}=0\sim15V$、$I_c=25A$、$T_j=125℃$、$V_{cc}=600V$	0.7	1.3	1.9	μs
	trr		—	0.3	—	μs
	tc（on）		—	0.4	0.6	μs
	toff		—	1.7	2.4	μs
	tcoff		—	0.5	0.8	μs
控制侧						
控制电压	VD	电压加在：Vp1-Vpc、Vn1-Vnc 上	13.5	15	16.5	V
驱动电压	VDB	电压加在：VFB-VFS 上	13.5	15	18.5	V
短路保护值	VSC	$V_D=15V$、$T_j=25℃$	0.43	0.48	0.53	V
驱动电压欠电压保护值	UV	触发式测试、$T_j=125℃$	10	—	12	V
	UV	复位测试、$T_j=125℃$	10.5	—	12.5	V
	UV	触发式测试、$T_j=125℃$	10.3	—	12.5	V
	UV	复位测试、$T_j=125℃$	10.8	—	13	V
驱动电流	ID	$V_D=V_{DB}=15V$、$V_{CIN}=5V$、WN-VNC（下三桥总耗电流）	—	—	5	mA
		$V_D=V_{DB}=15V$、$V_{CIN}=0V$、Vp1-Vpc、Vn1-Vnc（下三桥总耗电流）	—	—	7	mA
		$V_D=V_{DB}=15V$、$V_{CIN}=5V$，上三桥驱动电压电流	—	—	0.4	mA
		$V_D=V_{DB}=15V$、$V_{CIN}=0V$，上三桥驱动电压电流	—	—	0.55	mA

（续）

参 数	符号	测试条件	最小值	典型值	最大值	单位
控制侧						
输入打开阈值	V_{on}	加在输入信号端与地间的电压	2.1	2.3	2.6	V
输入关闭阈值	V_{off}	加在输入信号端与地间的电压	0.8	1.4	2.1	V
故障输出电压	VH	$V_{SC}=0V$，如果上拉10kΩ电阻到5V	4.9	—	—	V
故障输出电压	VL	$V_{sc}=1V$、$I=+1mA$	—	—	0.9	V
故障输出脉宽	tfo	$C_{FO}=22nF$	1.0	1.8	—	ms
热阻特性						
变频部分瞬态热组	Rth	每只IGBT部分	—	—	1.9	C/W
变频部分瞬态热组	Rth	续流二极管部分	—	—	3.0	C/W
推荐工作参数						
直流母线电压	Vcc	加在P-N间的电压		300	400	V
驱动电压	VD	加在驱动电源侧	13.5	15.0	16.5	V
控制电压	VDB	加在驱动电源侧	13.5	15	18.5	V
载波频率	fpwm	输入信号的频率		≤20		kHz
死区时间	Td	防止上下臂直接短路		≥2.0		μs

★★★3.1.9 SKM75GB128DE IGBT模块

SKM75GB128DE为SPT IGBT模块，其内部结构如图3-8所示。

SKM75GB128DE最大额定值见表3-16。

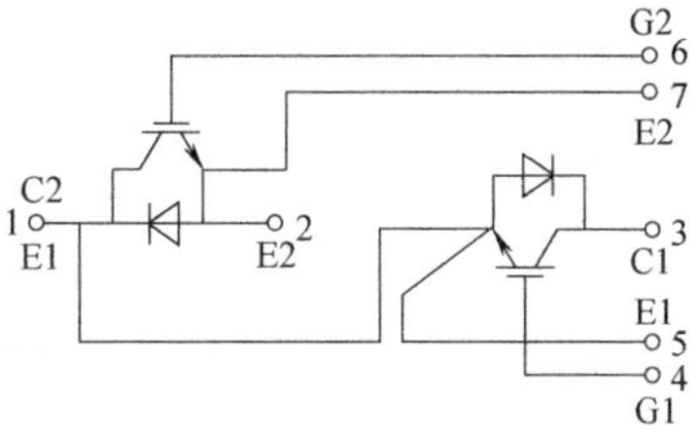

图3-8 SKM75GB128DE内部结构

表3-16 SKM75GB128DE最大额定值

符 号	测试条件	数 值	单 位
IGBT			
V_{CES}		1200	V
I_C	$T_c=25$（80）℃	100（70）	A
I_{CRM}	$t_p=1ms$	100	A
V_{CES}		±20	V
T_{vj}，（T_{stg}）	$T_{OPERATION}\leq T_{stg}$	-40～+150（125）	℃
V_{isol}	AC，1min	4000	V
反向二极管			
I_F	$T_c=25$（80）℃	75（50）	A
I_{FRM}	$t_p=1ms$	100	A
I_{FSM}	$t_p=10ms$；$T_j=150$℃	550	A

SKM75GB128DE 电气特性参数见表 3-17。

表 3-17　SKM75GB128DE 电气特性参数

符　　号	测 试 条 件	最小值	典型值	最大值	单位
IGBT					
$V_{GE(th)}$	$V_{GE}=V_{CE}$，$I_C=2mA$	4.5	5.5	6.5	V
I_{CES}	$V_{GE}=0$，$V_{CE}=V_{CES}$，$T_j=25$（125）℃		0.1	0.3	mA
$V_{CE(TO)}$	$T_j=25$（125）℃		1（0.9）	1.15（1.05）	V
r_{CE}	$V_{GE}=15V$，$T_j=25$（125）℃		18（24）	24（30）	mΩ
$V_{CE(sat)}$	$I_{Cnom}=50A$，$V_{GE}=15V$		1.9（2.1）	2.35（2.55）	V
C_{ies}			4.5		nF
C_{oes}	$V_{GE}=0$，$V_{CE}=25V$，$f=1MHz$		0.6		nF
C_{res}			0.55		nF
L_{CE}				30	nH
$R_{CC'+EE'}$	$T_c=25$（125）℃		0.75（1）		mΩ
$t_{d(on)}$	$V_{CC}=600V$，$I_{Cnom}=50A$		160		ns
t_f	$R_{Gon}=R_{Goff}=6\Omega$，$T_j=125$℃		35		ns
$t_{d(off)}$	$V_{GE}=\pm15V$		310		ns
t_f			65		ns
E_{on}（E_{off}）			6（5）		mJ
反向二极管					
$V_F=V_{EC}$	$I_{Fnom}=50A$，$V_{GE}=0V$，$T_j=25$（125）℃		2（1.8）	2.5	V
$V_{(TO)}$	$T_j=25$（125）℃		1.1	1.2	V
r_T	$T_j=25$（125）℃		18	26	mΩ
I_{RRM}	$I_{Fnom}=50A$，$T_j=25$（125）℃		55		A
Q_{rr}	$di/dt=2100A/\mu s$		7.3		μC
E_{rr}	$V_{GE}=0V$		2.6		mJ

3.2　集成电路

★★★3.2.1　25C040 存储器

25C040 是 4KB SPI 总线串行的 EEPROM。25C040 相关型号选型见表 3-18。

表 3-18　25C040 相关型号选型

型　　号	VCC 范围/V	最大时钟频率/MHz	温度范围/℃
25AA040	1.8~5.5	1	-40 ~ +85
25LC040	2.5~5.5	2	-40 ~ +85
25C040	4.5~5.5	3	-40 ~ +85、-40 ~ +125

25C040 引脚功能如图 3-9 所示。

25C040 内部框图如图 3-10 所示。

25C040 参考代换型号有 IS25C04、CAT25040PI 等。

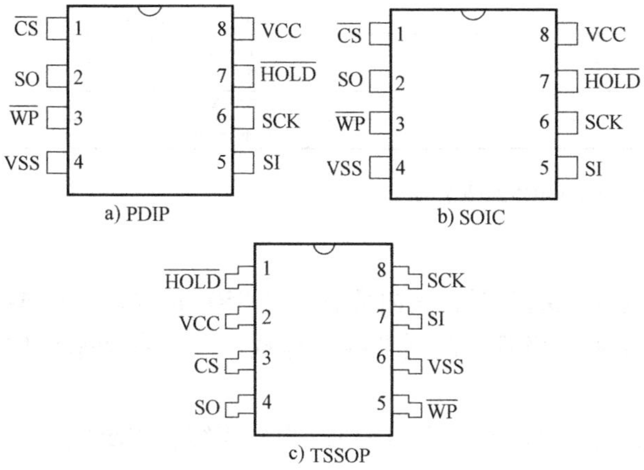

图 3-9　25C040 引脚功能

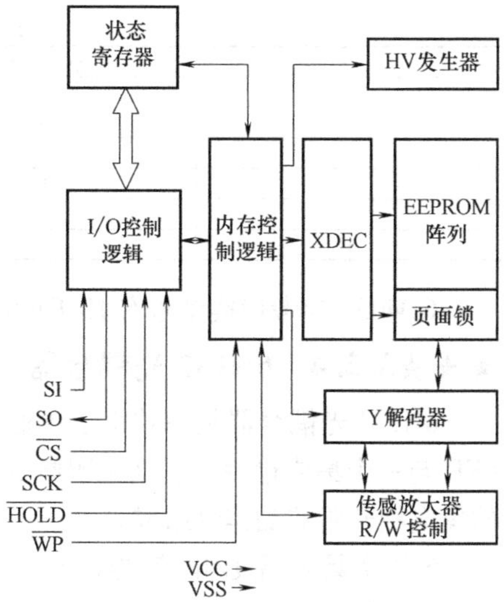

图 3-10　25C040 内部框图

★★★3.2.2　25LC040 存储器

25LC040 为存储器，其引脚功能见表 3-19。

表 3-19　25LC040 引脚功能

名称	功能	名称	功能	名称	功能	名称	功能
$\overline{CS}$	芯片选择输入端	SI	串行数据输入端	$\overline{WP}$	写保护端	VCC	电源端
SO	串行数据输出端	SCK	串行时钟输入端	VSS	接地端	$\overline{HOLD}$	保持输入端

25LC040 引脚分布如图 3-11 所示。

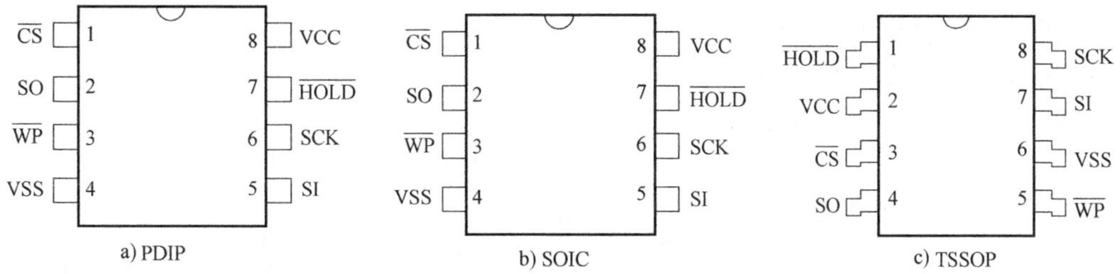

图 3-11　25LC040 引脚分布

25LC040 参考代换型号有 IS25C04、M95040-WMN6TDENG 等。

★★★3.2.3　4052 模拟多路复用器/解复用器

4052 是一种省略的标注，下面以 CD4052 为例进行介绍。CD4052 为单 8 通道模拟多路复用器/解复用器，也就是双 4 通道模拟多路复用器/解复用器、双四路模拟开关。CD4052 的引脚分布如图 3-12所示。

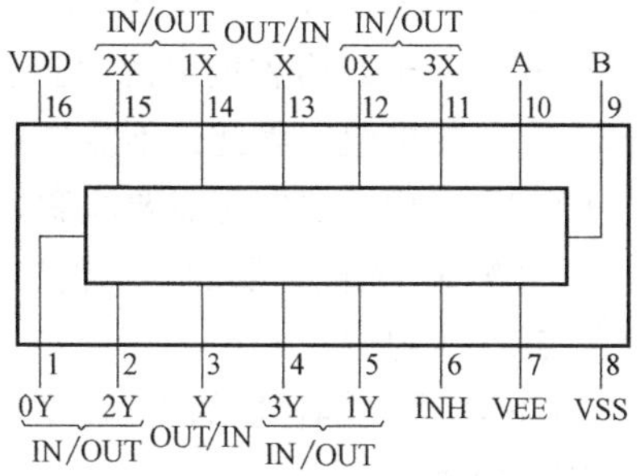

图 3-12　CD4052 的引脚分布

CD4052 相当于一个双刀四掷开关，具体接通哪一通道，由输入地址码 AB 来决定。CD4052 的真值见表 3-20。

表 3-20　CD4052 的真值

输入状态			接通通道
INH	B	A	
0	0	0	“0” X、“0” Y
0	0	1	“1” X、“1” Y
0	1	0	“2” X、“2” Y
0	1	1	“3” X、“3” Y
1	—	—	均不接通

CD4052 参考代换型号有 HCF4052BM1、HCF4052BEY 等。

★★★3.2.4　6N137 光耦合器

6N137 光耦合器是一款用于单通道的高速光耦合器，其内部有一个 850nm 波长 AlGaAs LED 与一个集成检测器。该检测器由一个光敏二极管、高增益线性运放、一个肖特基钳位的集电极开路的晶体管组成。

6N137 具有温度/电流/电压补偿、高的输入/输出隔离、LSTTL/TTL 兼容、逻辑电平输出、集电极开路输出等特点。

6N137 的一些参数如下：

1）摆率高达 10kV/μs。

2）转换速率高达 10Mbit/s。

3）工作温度范围为 −40 ~ +85℃。

4）最大输入电流（低电平）：250μA。

5）最大输入电流（高电平）：15mA。

6）最大允许低电平电压（输出高）：0.8V。

7）最大允许高电平电压：Vcc。

8）最大电源输出电压：5.5V。

9）扇出（TTL 负载）：8 个（最多）。

6N137 光耦合器的真值见表 3-21。

表 3-21　6N137 光耦合器的真值

输入	使能	输出	输入	使能	输出
H	H	L	L	L	H
L	H	H	H	NC	L
H	L	H	L	NC	H

6N137 引脚分布如图 3-13 所示。

6N137 光耦合器的电源脚一般设计有一个 0.1μF 的去耦电容。维修代换该电容时，应选择高频特性好的电容器，以及尽量靠近 6N137 光耦合器的电源引脚。6N137 输入使能脚在芯片内部已有上拉电阻，因此，不需要再外接上拉电阻。

6N137 光耦合器使用需要注意如下两点：

1）6N137 光耦合器的 6 脚输出电路属于集电极开路电路，需要上拉一个电阻。

2）6N137 光耦合器的 2 脚、3 脚间是一个 LED，需要串接一个限流电阻。

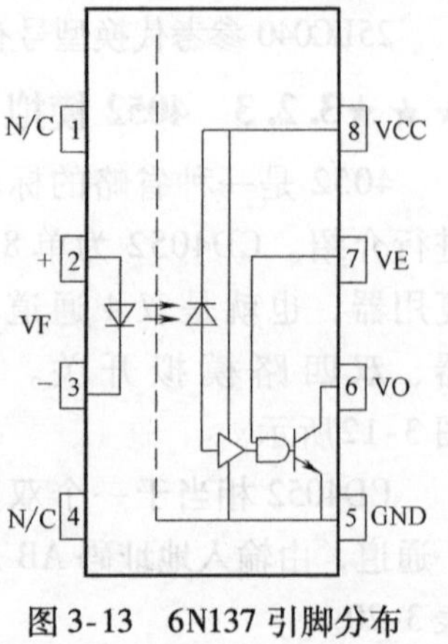

图 3-13　6N137 引脚分布

6N137 在驱动器指令脉冲信号处理电路中的应用，如

图 3-14所示。

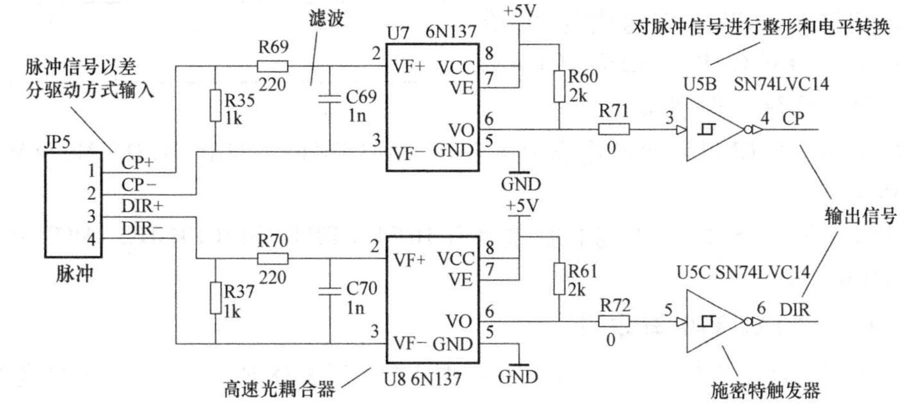

图 3-14　6N137 在驱动器指令脉冲信号处理电路中的应用

6N137 在驱动器 PWM 信号输出电路中的应用，如图 3-15 所示。

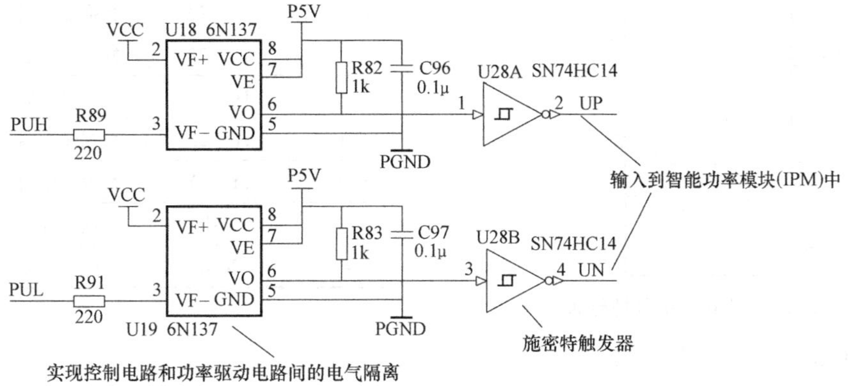

图 3-15　6N137 在驱动器 PWM 信号输出电路中的应用

6N137 参考代换型号有 TLPN137、HCPL-2601、HCPL-260L、PS9617-A 等。

★★★3.2.5　74ACT04 反相器

74ACT04 为反相器，其引脚分布如图 3-16 所示。

74ACT04 的 IEC 逻辑符号如图 3-17 所示。

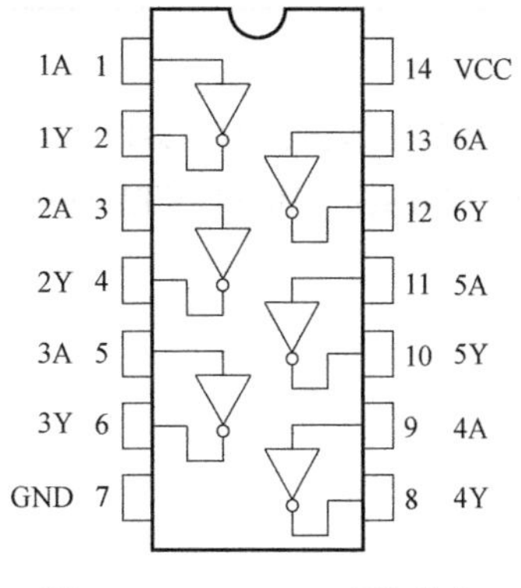

图 3-16　74ACT04 引脚分布

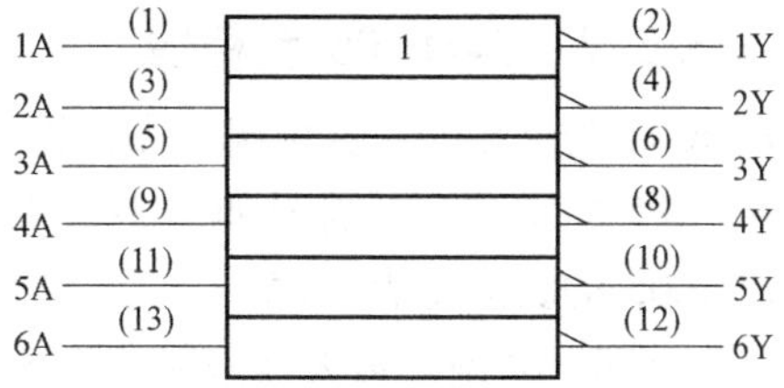

图 3-17　74ACT04 的 IEC 逻辑符号

74ACT04 的真值见表 3-22。

表 3-22　74ACT04 的真值

A	Y
L	H
H	L

TC74ACT04P（DIP14）参考代换型号有 HD74ACT04P、74ACT04PC、CD74ACT04E、MC74ACT04N、SN74ACT04N 等。

TC74ACT04F（SOP14）参考代换型号有 HD74ACT04FP、74ACT04SJ、MC74ACT04M、SN74ACT04NS 等。

TC74ACT04FT（TSSOP14）参考代换型号有 HD74ACT04T、74ACT04MTC、MC74ACT04DT、SN74ACT04PW 等。

★★★3.2.6　74ACT20 与非门

74ACT20 为双 4 输入与非门。74ACT20 引脚分布如图 3-18 所示，引脚功能见表 3-23。

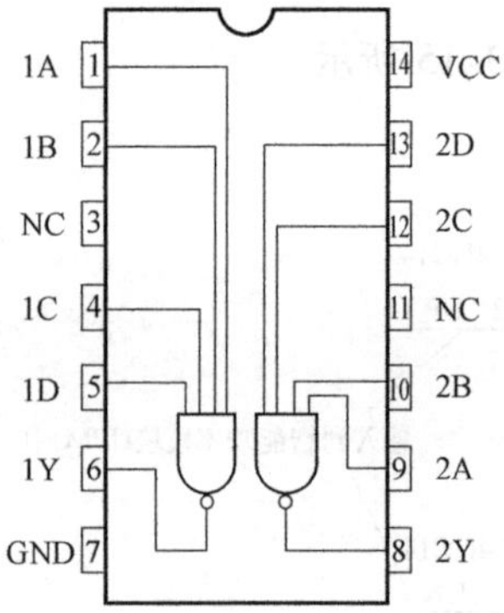

图 3-18　74ACT20 引脚分布

表 3-23　74ACT20 引脚功能

引脚	符号	名称与功能
1、9	1A、2A	数据输入端
2、10	1B、2B	数据输入端
4、12	1C、2C	数据输入端
5、13	1D、2D	数据输入端
6、8	1Y、2Y	数据输出端
7	GND	接地端（0V）
14	VCC	供电电源端

74ACT20 的真值见表 3-24。

表 3-24　74ACT20 的真值

A	B	C	D	Y
L	X	X	X	H
X	L	X	X	H
X	X	L	X	H
X	X	X	L	H
H	H	H	H	L

注：X 为任意值。

74ACT20B 为 DIP 封装，74ACT20M、74ACT20MTR 为 SOP 封装，74ACT20TTR 为 TSSOP 封装。74ACT20 的参考代换型号有 CD74ACT20M96、MC74ACT20DR2、MC74ACT20D 等。

★★★3.2.7　74HC05 反相器

74HC05 为反相器，其引脚分布如图 3-19 所示。

74HC05 的 IEC 逻辑符号如图 3-20 所示。

74HC05 的真值见表 3-25。

TC74HC05AP 绝对最大极限值见表 3-26。

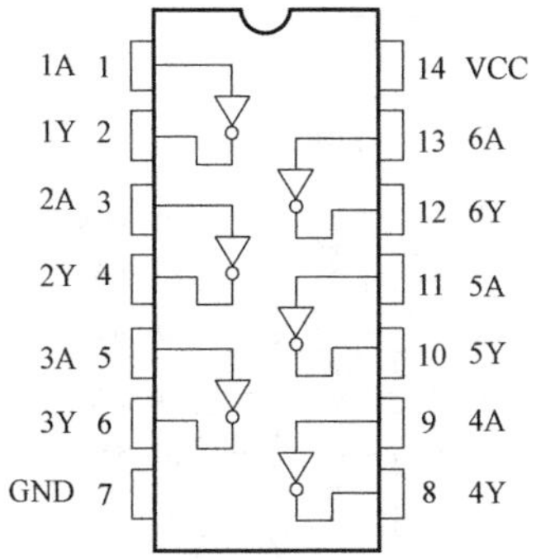

图 3-19 74HC05 引脚分布

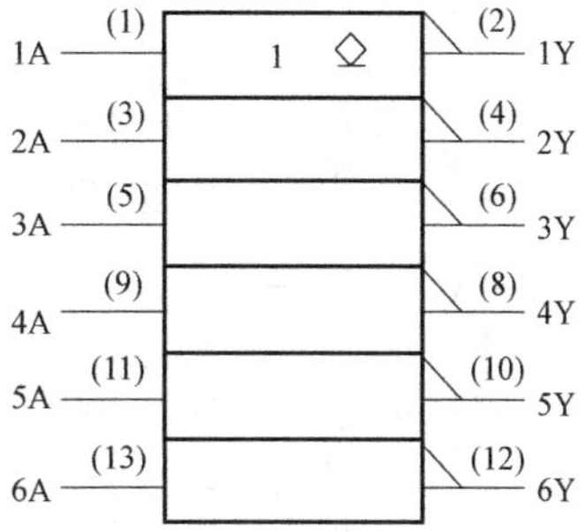

图 3-20 74HC05 的 IEC 逻辑符号

表 3-25 74HC05 的真值

A	Y
L	Z
H	L

注：Z 为高阻抗。

表 3-26 TC74HC05AP 绝对最大极限值

符号	极 限 值	单 位
V_{CC}	-0.5 ~ 7	V
V_{IN}	-0.5 ~ V_{CC} +0.5	V
V_{OUT}	-0.5 ~ V_{CC} +0.5	V
I_{IK}	±20	mA
I_{OK}	±20	mA
I_{OUT}	+25	mA
I_{CC}	±50	mA
P_D	500（DIP）/180（SOP）	mW
T_{stg}	-65 ~ 150	℃

TC74VHC05FT（TSSOP14）的参考代换型号有 HD74HC05T、SN74HC05APW、SN74HC05PW 等。

TC74HC05AF（SOP14）的参考代换型号有 HD74HC05FP、HD74HC05FP、SN74HC05ANS、SN74HC05NS 等。

TC74HC05AP（DIP14）的参考代换型号有 HD74HC05P、SN74HC05AN、SN74HC05N 等。

★★★3.2.8 74HC14D 六反相施密特触发器

74HC14D 六反相施密特触发器应用电路如图 3-21 所示。

★★★3.2.9 74HCT74 双 D 触发器

TC74HCT74AP 为带置位与复位的上升沿有效双 D 触发器，TC74HCT74AP 引脚分布如图 3-22 所示。

TC74HCT74AP 的真值见表 3-27。

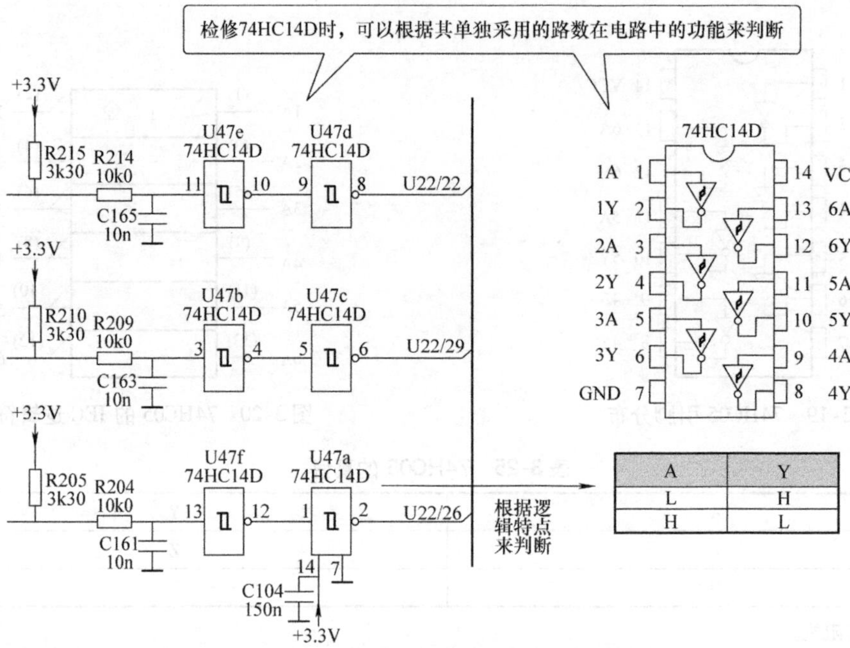

图 3-21　74HC14D 六反相施密特触发器应用电路

表 3-27　TC74HCT74AP 的真值

输入				输出		函数
$\overline{CLR}$	$\overline{PR}$	D	CK	Q	$\overline{Q}$	
L	H	X	X	L	H	清除
H	L	X	X	H	L	预置
L	L	X	X	H	H	—
H	H	L	↑	L	H	—
H	H	H	↑	H	L	—
H	H	X	↓	Qn	$\overline{Qn}$	无变化

注：X 为任意值。

TC74VHCT74AFT(TSSOP14) 的参考代换型号有 HD74-HCT74T、74HCT74PW、MM74HCT74MTC、SN74HCT74APW、SN74HCT74PWR 等。

TC74VHCT74AF（SOP14）的参考代换型号有 HD74-HCT74FP、MM74HCT74SJ、SN74HCT74ANS、SN74HCT74NS 等。

TC74HCT74AP(DIP14) 的参考代换型号有 HD74HCT74P、74HCT74N、MM74HCT74N、SN74HCT74AN 等。

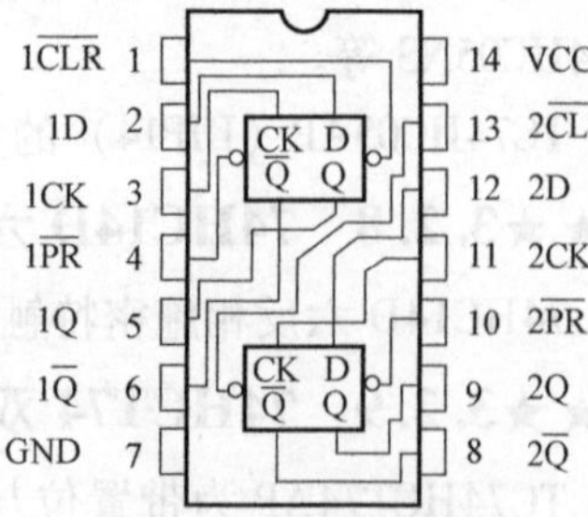

图 3-22　TC74HCT74AP 引脚分布

★★★3.2.10　74HCT86 异或门

TC74HCT86AP 为四异或门，其引脚分布如图 3-23 所示。

TC74HCT86AP 的真值见表 3-28。

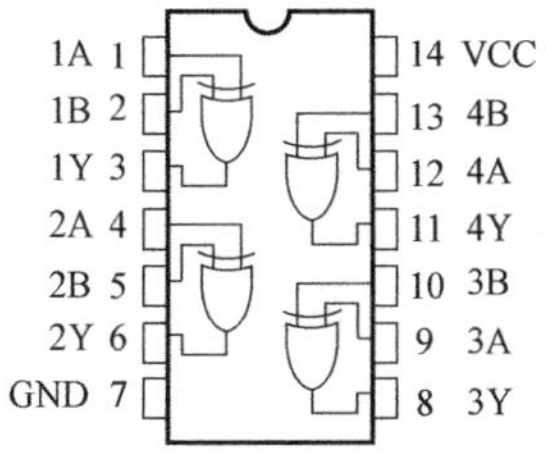

图 3-23 TC74HCT86AP 引脚分布

表 3-28 TC74HCT86AP 的真值

A	B	Y
H	H	L
L	H	H
H	L	H
L	L	L

TC74VHCT86AFT（TSSOP14）的参考代换型号有 HD74HCT86T、74HCT86PW 等。

TC74VHCT86AF（SOP14）的参考代换型号有 HD74HCT86FP 等。

TC74HCT86AP（DIP14）的参考代换型号有 HD74HCT86P、74HCT86N 等。

★★★3.2.11 74VHC125 具有三态输出的 4 路缓冲器/线驱动器

74VHC125 具有三态输出的 4 路缓冲器/线驱动器应用电路如图 3-24 所示。

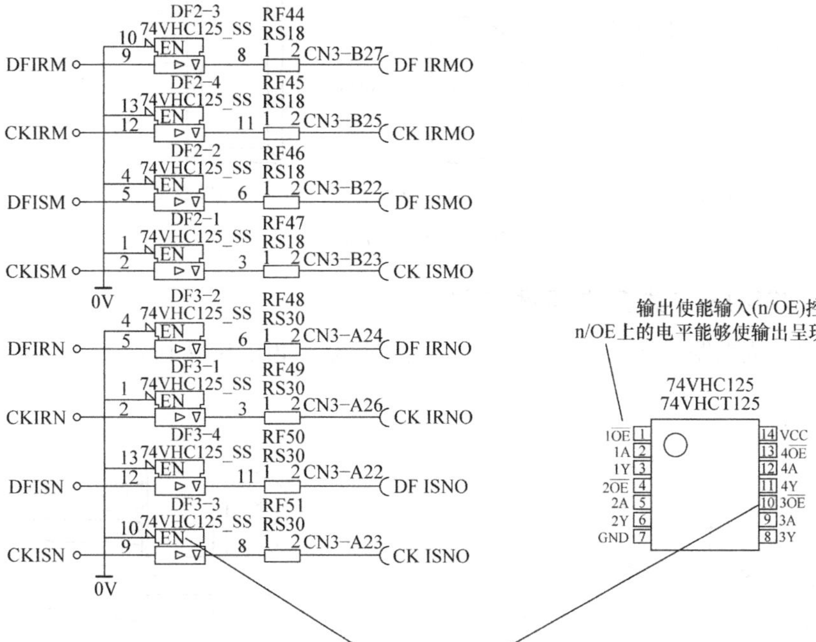

图 3-24 74VHC125 具有三态输出的 4 路缓冲器/线驱动器应用电路

★★★3.2.12 78L05 三端电压调节器

78L05 为线性集成电路三端电压调节器。其输入电压为 7～20V，输出电流最大值为 100mA。78L05 的内部电路如图 3-25 所示。78L05 的引脚分布如图 3-26 所示。

TA78L05F（PW-Mini）的参考代换型号有 NJM78L05UA、AN78L05M、L78L05ABU、L78L05ACUTR、KIA78L05F 等。

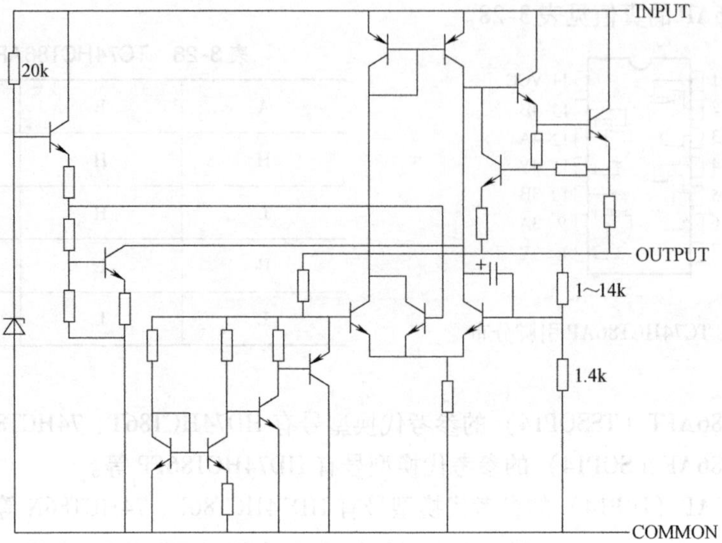

图 3-25　78L05 的内部电路

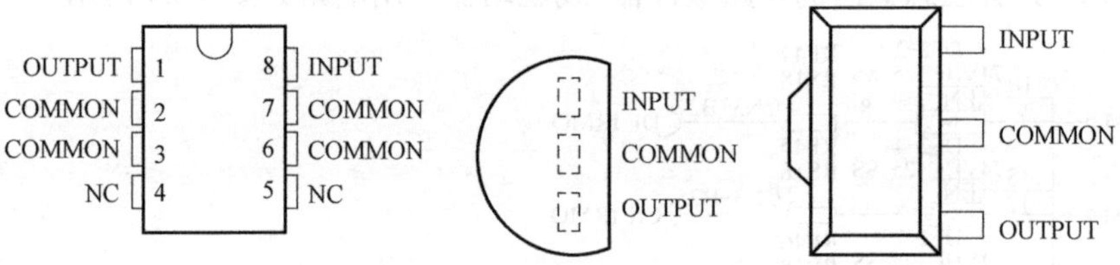

a) D封装　b) LP封装　c) PK封装

图 3-26　78L05 的引脚分布

★★★3.2.13　78M15 三端正电压调节器

78M15 为线性集成电路三端正电压调节器，其内部电路如图 3-27 所示，其引脚分布如图 3-28 所示。

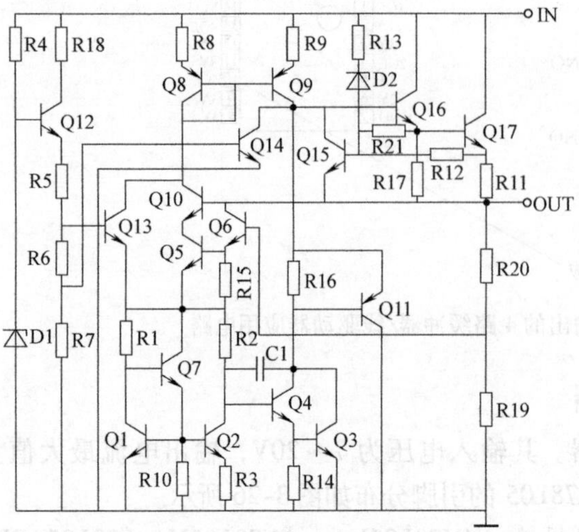

图 3-27　78M15 内部电路

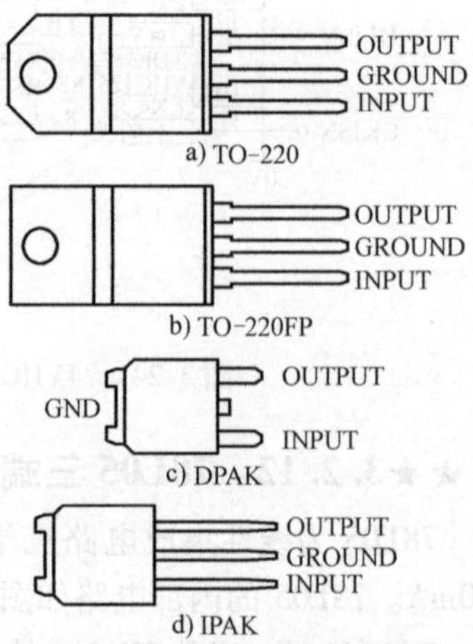

图 3-28　78M15 引脚分布

78M15 的参数见表 3-29。

表 3-29 78M15 的参数

符号	参数	测试条件	最小值	典型值	最大值	单位
VO	输出电压		4.8	5	5.2	V
Id	静态电流				6	mA
SVR	供电电压抑制	$V_I=8\sim18V$、$f=120Hz$、$I_O=300mA$	62			dB
eN	输出噪声电压	$B=10Hz\sim100kHz$		40		μV
Isc	短路电流	$V_I=35V$		300		mA

TA78M15F（New PW-Mold）的参考代换型号有 KIA78M15F、BA178M15FP、NJM78M15DL1A、AN78M15NSP、MC78M15BDTRKG 等。

★★★3.2.14 79L15 负电压稳压器

79L15 为负电压稳压器，即为输出负电压稳压器。79L15 的引脚分布如图 3-29 所示。

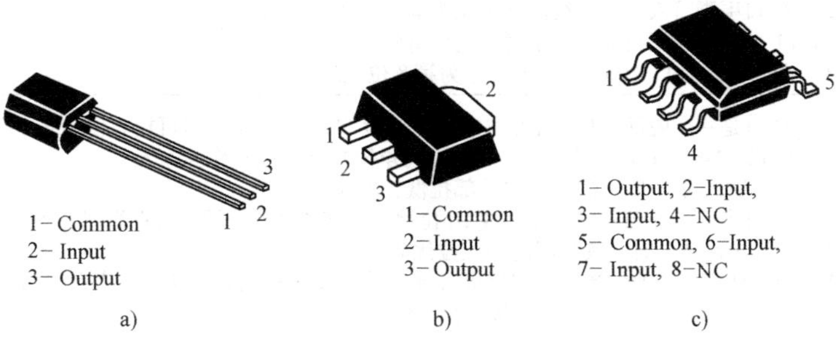

图 3-29 79L15 的引脚分布

★★★3.2.15 89C51 微处理器

89C51 是 AT89C51 等一类集成电路的简称。AT89C51 是一种带 4KB 闪存可编程可擦除只读存储器（Flash Programmable and Erasable Read Only Memory，FPEROM）的低电压、高性能 CMOS 8 位微处理器。

AT89C2051 是一种带 2KB 闪存可编程可擦除只读存储器的微处理器。微处理器的可擦除只读存储器可以反复擦除 100 次。

AT89C51 微处理器采用 ATMEL 高密度非易失存储器制造技术制造，与工业标准的 MCS-51 指令集与输出引脚相兼容。由于将多功能 8 位 CPU 与闪存存储器组合在单个芯片中，ATMEL 的 AT89C51 是一种高效微控制器，AT89C2051 是它的一种精简版本。

AT89C51 引脚功能见表 3-30。

表 3-30 AT89C51 引脚功能

符号	解　说
$\overline{EA}$/VPP	1）当$\overline{EA}$保持低电平时，在此期间外部程序存储器（0000H～FFFFH）不管是否有内部程序存储器 2）加密方式 1 时，$\overline{EA}$将内部锁定为 RESET；当$\overline{EA}$端保持高电平时，在此期间执行内部程序存储器 3）在 Flash 编程期间，该引脚也用于施加 12V 编程电源（VPP）
$\overline{PSEN}$	1）该引脚为外部程序存储器的选通信号 2）在由外部程序存储器取指令期间，每个机器周期两次$\overline{PSEN}$有效 3）访问外部数据存储器时，两次有效的$\overline{PSEN}$信号将不出现

（续）

<table>
<tr><th>符号</th><th>解　说</th></tr>
<tr><td>ALE/PROG</td><td>1）当访问外部存储器时，地址锁存允许的输出电平用于锁存地址的低 8 位字节
2）在 Flash 编程期间，该引脚用于输入编程脉冲
3）平时，ALE 端以不变的频率周期输出正脉冲信号，该频率为振荡器频率的 1/6
4）该引脚用作对外部输出的脉冲或用于定时目的
5）每当用作外部数据存储器时，将跳过一个 ALE 脉冲。如果想禁止 ALE 的输出可在 SFR8EH 地址上置 0。此时，只有在执行 MOVX、MOVC 指令时 ALE 才起作用
6）如果微处理器在外部执行状态 ALE 禁止，置位无效</td></tr>
<tr><td>GND</td><td>接地端</td></tr>
<tr><td>P0 口</td><td>1）P0 口为一个 8 位漏极开路双向 I/O 端口，每脚可吸收 8 个 TTL 门电流
2）当 P1 口的引脚第一次写 1 时，被定义为高阻输入端
3）P0 能够用于外部程序存储器，可以被定义为数据/地址的第 8 位
4）在 Flash 编程时，P0 口作为原码输入口端；当 Flash 进行校验时，P0 口作为原码输出端，此时 P0 外部必须被拉高</td></tr>
<tr><td>P1 口</td><td>1）P1 口是一个内部提供上拉电阻的 8 位双向 I/O 端口，P1 口缓冲器能够接收输出 4 个 TTL 门电流
2）P1 口引脚写入 1 后，被内部上拉为高，可用作输入端
3）P1 口被外部下拉为低电平时，输出电流
4）在 Flash 编程、校验时，P1 口作为第 8 位地址接收</td></tr>
<tr><td>P2 口</td><td>1）P2 口是一个内部上拉电阻的 8 位双向 I/O 口，P2 口缓冲器可接收输出 4 个 TTL 门电流
2）当 P2 口被写 1 时，其引脚被内部上拉电阻拉高，以及作为输入
3）作为输入时，P2 口的引脚被外部拉低，将输出电流
4）P2 口当用于外部程序存储器或 16 位地址外部数据存储器进行存取时，P2 口输出地址的高 8 位
5）在给出地址 1 时，其利用内部上拉优势
6）当对外部 8 位地址数据存储器进行读写时，P2 口输出其特殊功能寄存器的内容
7）P2 口在 Flash 编程与校验时接收高 8 位地址信号和控制信号</td></tr>
<tr><td>P3 口</td><td>1）P3 口引脚是 8 个带内部上拉电阻的双向 I/O 口，可接收输出 4 个 TTL 门电流
2）P3 口写入 1 后，它被内部上拉为高电平，以及用作输入。作为输入，由于外部下拉为低电平，P3 口将输出电流（I_{LL}）
3）P3 口也可作为 AT89C51 的一些特殊功能口，如下所示：
<table>
<tr><th>引脚</th><th>备选功能</th></tr>
<tr><td>P3.0 RXD</td><td>串行输入口</td></tr>
<tr><td>P3.1 TXD</td><td>串行输出口</td></tr>
<tr><td>P3.2 $\overline{\text{INT0}}$</td><td>外部中断 0</td></tr>
<tr><td>P3.3 $\overline{\text{INT1}}$</td><td>外部中断 1</td></tr>
<tr><td>P3.4 T0</td><td>计时器 0 外部输入</td></tr>
<tr><td>P3.5 T1</td><td>计时器 1 外部输入</td></tr>
<tr><td>P3.6 $\overline{\text{WR}}$</td><td>外部数据存储器写选通</td></tr>
<tr><td>P3.7 $\overline{\text{RD}}$</td><td>外部数据存储器读选通</td></tr>
</table>
4）P3 口同时为 Flash 编程与编程校验接收一些控制信号</td></tr>
<tr><td>RST</td><td>1）为复位输入端
2）振荡器复位时，要保持 RST 脚两个机器周期的高电平时间</td></tr>
<tr><td>VCC</td><td>供电电压端</td></tr>
<tr><td>XTAL1</td><td>反相振荡放大器的输入与内部时钟工作电路的输入端</td></tr>
<tr><td>XTAL2</td><td>1）来自反相振荡器的输出
2）XTAL1 与 XTAL2 分别为反向放大器的输入、输出端
3）该反相放大器可以配置为片内振荡器
4）石晶振荡和陶瓷振荡均可采用。如果采用外部时钟源驱动器件，XTAL2 应不接
5）由于输入到内部时钟信号要通过一个二分频触发器，因此对外部时钟信号的脉宽没有任何要求，但必须保证脉冲的高低电平要求的宽度</td></tr>
</table>

89C51 引脚分布如图 3-30 所示。

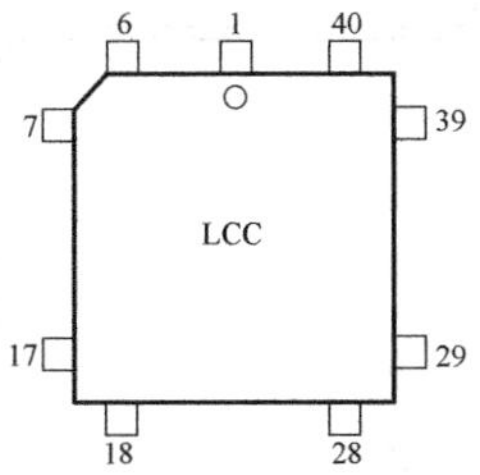

引脚	功能	引脚	功能	引脚	功能
1	NIC	16	P3.4/T0	31	P2.7/A15
2	P1.0/T2	17	P3.5/T1	32	$\overline{PSEN}$
3	P1.1/T2EX	18	P3.6/$\overline{WR}$	33	ALE
4	P1.2	19	P3.7/$\overline{RD}$	34	NIC
5	P1.3	20	XTAL2	35	$\overline{EA}$/VPP
6	P1.4	21	XTAL1	36	P0.7/AD7
7	P1.5	22	VSS	37	P0.6/AD6
8	P1.6	23	NIC	38	P0.5/AD5
9	P1.7	24	P2.0/A8	39	P0.4/AD4
10	RST	25	P2.1/A9	40	P0.3/AD3
11	P3.0/RxD	26	P2.2/A10	41	P0.2/AD2
12	NIC	27	P2.3/A11	42	P0.1/AD1
13	P3.1/TxD	28	P2.4/A12	43	P0.0/AD0
14	P3.2/$\overline{INT0}$	29	P2.5/A13	44	VCC
15	P3.3/$\overline{INT1}$	30	P2.6/A14		

a)

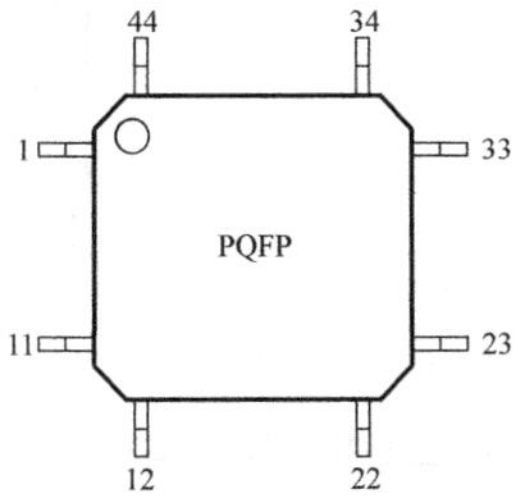

引脚	功能	引脚	功能	引脚	功能
1	P1.5	16	VSS	31	P0.6/AD6
2	P1.6	17	NIC	32	P0.5/AD5
3	P1.7	18	P2.0/A8	33	P0.4/AD4
4	RST	19	P2.1/A9	34	P0.3/AD3
5	P3.0/RxD	20	P2.2/A10	35	P0.2/AD2
6	NIC	21	P2.3/A11	36	P0.1/AD1
7	P3.1/TxD	22	P2.4/A12	37	P0.0/AD0
8	P3.2/$\overline{INT0}$	23	P2.5/A13	38	VCC
9	P3.3/$\overline{INT1}$	24	P2.6/A14	39	NIC
10	P3.4/T0	25	P2.7/A15	40	P1.0/T2
11	P3.5/T1	26	$\overline{PSEN}$	41	P1.1/T2EX
12	P3.6/$\overline{WR}$	27	ALE	42	P1.2
13	P3.7/$\overline{RD}$	28	NIC	43	P1.3
14	XTAL2	29	$\overline{EA}$/VPP	44	P1.4
15	XTAL1	30	P0.7/AD7		

b)

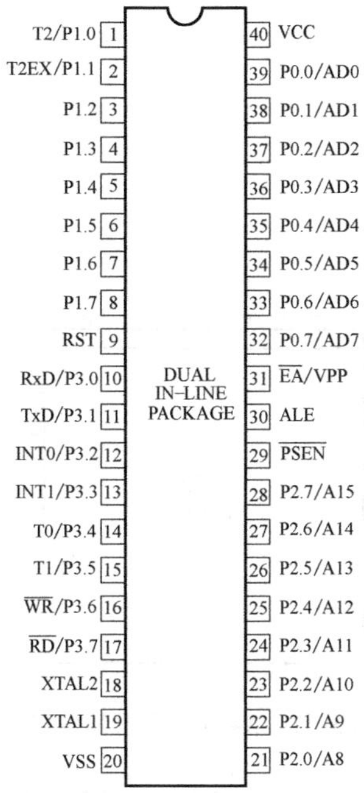

c)

图 3-30　89C51 引脚分布

★★★3.2.16　A42MX09 可编程门阵列

A42MX09 为 FPGA 可编程门阵列，其引脚分布如图 3-31 所示。

A42MX09 的 84 脚 PLCC 引脚功能见表 3-31。

表 3-31　A42MX09 的 84 脚 PLCC 引脚功能

引　脚	符　号	引　脚	符　号
1	I/O	44 ~ 48	I/O
2	CLKB，I/O	49	GND
3	I/O	50、51	I/O
4	PRB，I/O	52	SDO，I/O
5	I/O	53 ~ 62	I/O
6	GND	63	LP
7 ~ 9	I/O	64	VCCA
10	DCLK，I/O	65	VCCI
11	I/O	66 ~ 69	I/O
12	MODE	70	GND
13 ~ 21	I/O	71 ~ 75	I/O
22	VCCA	76	SDI，I/O
23	VCCI	77 ~ 80	I/O
24 ~ 27	I/O	81	PRA，I/O
28	GND	82	I/O
29 ~ 42	I/O	83	CLKA，I/O
43	VCCA	84	VCCA

另外，A42MX09 还有 100 脚 PQFP、160 脚 PQFP 等封装结构，如图 3-32 所示。

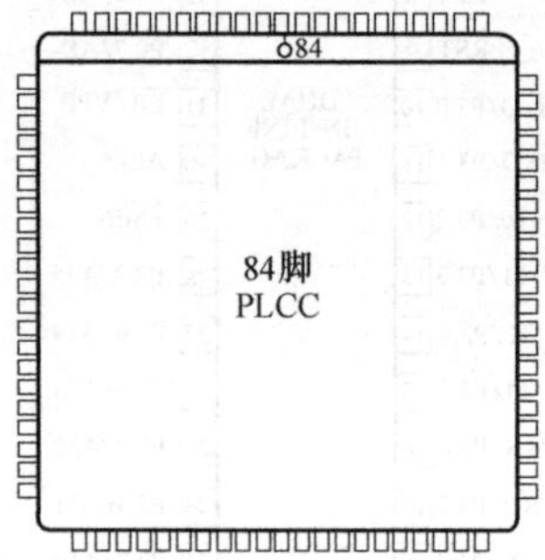

图 3-31　A42MX09 引脚分布

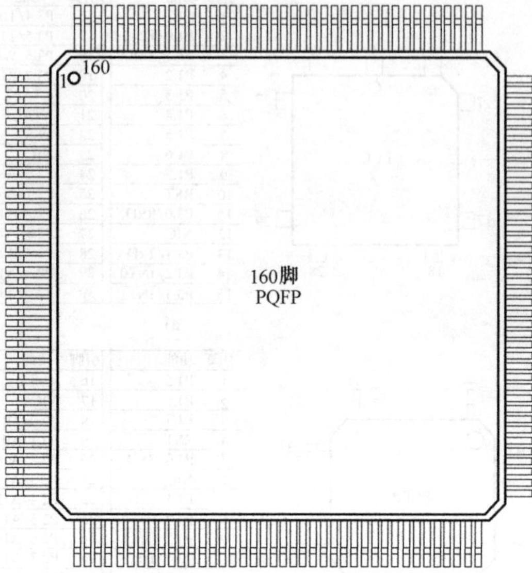

图 3-32　A42MX09 160 脚 PQFP 封装结构

★★★3.2.17　AD7888 模-数转换器

AD7888 为 2.7 ~ 5.25V、微功耗、8 通道、125kS/s 的 12 位模-数转换器。它的一些特点如下：

1）单电源工作，电压范围为 2.7 ~ 5.25V。

2）转换速率高达 125kS/s。

3）输入跟踪-保持信号宽度最小为 500ns。

4）单端采样方式。

5）包含有 8 个单端模拟输入通道，每一通道的模拟输入范围均为 0 ~ V_{ref}。

6）转换满功率信号可至 3MHz。

7）具有片内 2.5V 电压基准，可用于模-数转换器的基准源，引脚 REF IN/REF OUT 允许用户使用这一基准，也可以反过来驱动这一引脚，向 AD7888 提供外部基准，外部基准的电压范围为 1.2V ~ V_{DD}。

8）CMOS 结构确保正常工作时的功率消耗为 2mW（典型值），省电模式下为 3μW。

AD7888 引脚分布如图 3-33 所示。

AD7888 的参考代换型号有 MAX149 等。

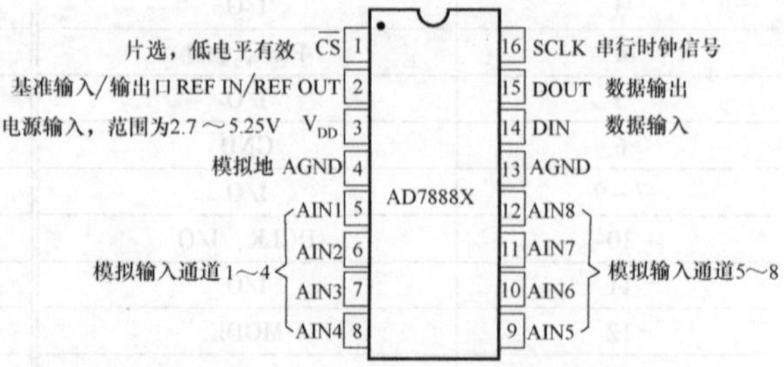

图 3-33　AD7888 引脚分布

★★★3.2.18　AD977A 逐次逼近型模-数转换器

AD977A 为逐次逼近型模-数转换器，它的特点如下：

1）可以在 SPI 模拟量转换数字信号电路中应用。

2）单电源 5V 供电。

3）最高采样速率为200kS/s。

4）内部2.5V参考电源可选。

5）高速串行数据接口。

6）内部时钟可选。

7）低功耗，最大功耗100mW，省电模式下50μW。

8）输入电压范围：单极性0～4V、0～5V、0～10V；双极性-3.3～+3.3V、-5～+5V、-10～+10V。

9）采用20针DIP或SOIC封装。

AD977A内部功能框图与引脚分布如图3-34和图3-35所示。

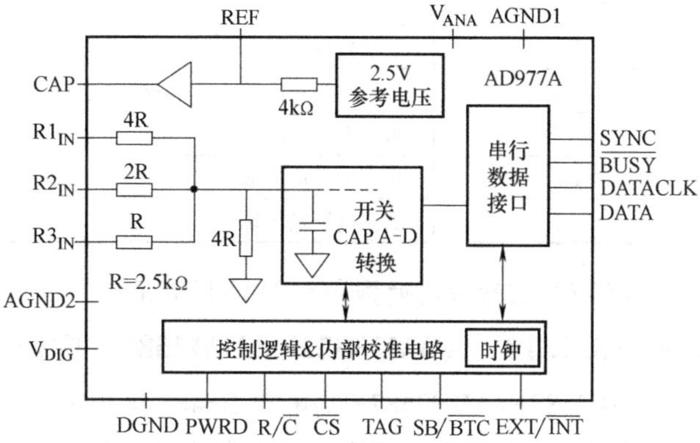

图3-34　AD977A内部功能框图

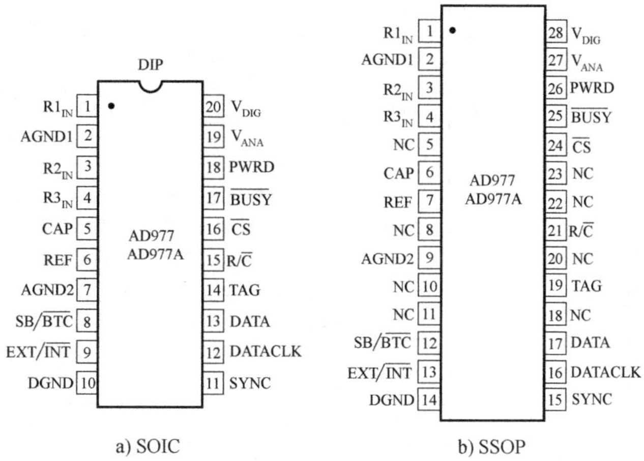

图3-35　AD977A引脚分布

AD977A的控制引脚的功能见表3-32。

表3-32　AD977A的控制引脚的功能

引　脚	功　能
$R1_{IN}$、$R2_{IN}$、$R3_{IN}$	模拟信号输入端
AGND1、AGND2	模拟地端
DGND	数字地端
CAP	缓冲输出参考端
REF	基准电压端
SB/$\overline{BTC}$	用于选择输出数据格式端，高电平为二进制码，低电平为二进制补码
EXT/$\overline{INT}$	用于选择DATACLK时钟模式端，高电平选择外部时钟，低电平选择内部时钟
SYNC	外部时钟模式下帧同步信号输出端
DATACLK	串行数据时钟端
DATA	用于输出转换结果
TAG	级联输入端
R/$\overline{C}$	用于读取/转换控制信号端，低电平时启动A-D转换，高电平时读取A-D转换结果

（续）

引　脚	功　能
$\overline{CS}$	片选信号端
$\overline{BUSY}$	工作状态输出端，当 AD977A 进行 A-D 转换时为低电平，转换结束后恢复高电平
PWRD	低电平输入端
V_{ANA}	模拟电压输出端
V_{DIG}	数字电压输出端

AD977A 的参考代换型号有 MAX195 等。

★★★3.2.19　ADM2582E/ADM2587E 隔离 RS485 接口电路

ADM2582E/ADM2587E 为隔离 RS485 接口电路，其引脚功能分布如图 3-36 所示。ADM2582E/ADM2587E 引脚功能见表 3-33。

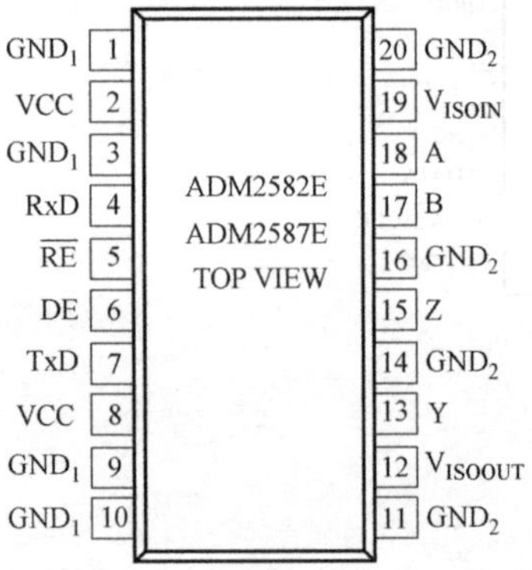

图 3-36　ADM2582E/ADM2587E 引脚功能分布

表 3-33　ADM2582E/ADM2587E 引脚功能

引脚	符号	功　能
1	GND_1	接地端，逻辑侧
2	VCC	逻辑侧电源端。一般使用一个 0.1μF 与一个 10μF 去耦电容接在引脚 1、2 间
3	GND_1	接地端，逻辑侧
4	RxD	接收器输出数据端。当 $(A-B)$ >200mV 时输出为高电平，当 $(A-B)$ < -200mV 时输出为低电平。当接收器被禁用时输出为三态，也就是$\overline{RE}$为高电平时
5	$\overline{RE}$	接收器使能输入端。低电平有效输入。输入为低电平时使能接收器，输入高电平时禁用接收器
6	DE	驱动器使能输入端。输入为高电平时使能接收器，输入低电平时禁用接收器
7	TxD	驱动器输入端。传输数据从该引脚输入
8	VCC	逻辑侧电源端。推荐使用一个 0.1μF 与一个 0.01μF 去耦电容接在引脚 7、8 间
9	GND_1	接地端，逻辑侧
10	GND_1	接地端，逻辑侧
11	GND_2	接地端，逻辑侧
12	V_{ISOOUT}	隔离电源输出端。该引脚需要从外部连接到 V_{ISOIN}
13	Y	驱动器同相输出端
14	GND_2	接地端，总线侧
15	Z	驱动器反相输出端
16	GND_2	接地端，总线侧
17	B	接收器反相输入端
18	A	接收器同相输入端
19	V_{ISOIN}	隔离电源输入端。该引脚需要从外部连接到 V_{ISOOUT}，推荐使用一个 0.1μF 与一个 0.01μF 去耦电容接在引脚 20、19 间
20	GND_2	接地端，总线侧

★★★3.2.20　ADM2483 隔离 RS485 接口集成电路

ADM2483 为 ADI 公司的内部集成了磁隔离通道与 RS485 收发器的集成电路，其内部集成的磁隔离通道原理与光耦合器不同，在输入/输出端分别有编码解码电路、施密特整形电路，从而确保了输出波形的质量。另外，磁隔离功耗只为光耦合器的 1/10，传输延时为 ns 级。

ADM2483 内部集成了三通道的数字隔离器、带三态输出的差分驱动器、带三态输入的 RS485 差分接收器。其节点数可允许多达 256 个，最高传输速率可达 500kbit/s。ADM2483 内部结构与引脚分布如图 3-37 和图 3-38 所示。

ADM2483 引脚功能见表 3-34。

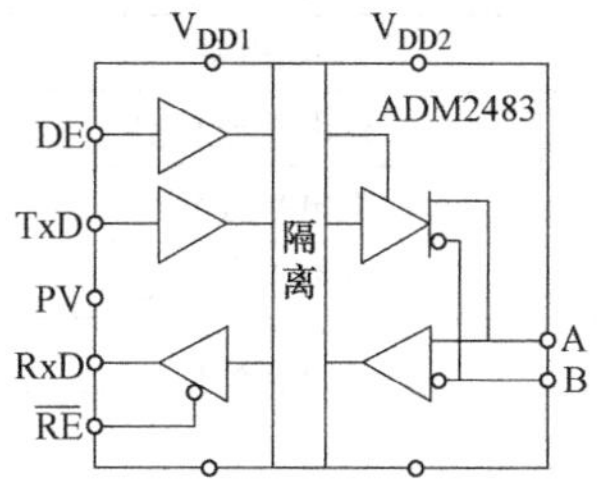

图 3-37 ADM2483 内部结构

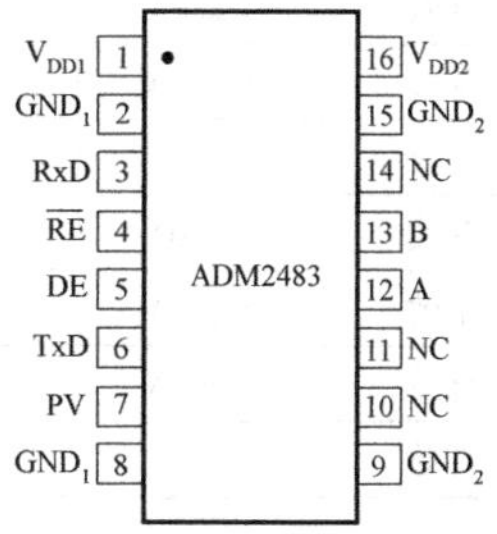

图 3-38 ADM2483 引脚分布

表 3-34 ADM2483 引脚功能

引脚	名称	功 能
1	V_{DD1}	逻辑端供电电源端（2.7～5.5V）
2、8	GND_1	逻辑端电源地端（2 脚、8 脚内部已连接）
3	RxD	接收输出端，当$\overline{RE}$（接收使能）为高电平时，该脚禁止输出
4	$\overline{RE}$	接收使能控制端，低电平有效
5	DE	发送使能控制端，高电平有效
6	TxD	发送输入端，当 DE（发送使能）为低电平时，该脚无效
7	PV	电源监控端，当该脚电平高于 2.0V 时，芯片工作；低于 2.0V 时，芯片不工作
9、15	GND_2	总线端电源地端（9 脚、15 脚内部已连接）
10、11、14	NC	无电气连接端
12	A	输入/输出同相端
13	B	输入/输出反相端
16	V_{DD2}	总线供电电源端（4.75～5.25V）

ADM2483 驱动真值见表 3-35。

表 3-35 ADM2483 驱动真值

电源状态			输 入		输 出	
V_{DD1}	V_{DD2}	PV	DE	TxD	A	B
有效	有效	>2.0V	高电平	高电平	高电平	低电平
有效	有效	>2.0V	高电平	低电平	低电平	高电平
有效	有效	>2.0V	低电平	任意值	高阻	高阻
有效	无效	>2.0V	任意值	任意值	高阻	高阻
无效	有效	>2.0V	任意值	任意值	高阻	高阻
无效	无效	>2.0V	任意值	任意值	高阻	高阻
有效	有效	<2.0V	任意值	任意值	高阻	高阻
有效	有效	<2.0V	任意值	任意值	高阻	高阻

ADM2483 接收真值见表 3-36。

表 3-36　ADM2483 接收真值

电源状态			输　入		输出
V_{DD1}	V_{DD2}	PV	$A-B$	RE	RxD
有效	有效	>2.0V	≥ -0.03V	低电平或悬空	高电平
有效	有效	>2.0V	≤ -0.2V	低电平或悬空	低电平
有效	有效	>2.0V	$-0.2V < A-B < -0.03V$	低电平或悬空	不确定
有效	有效	>2.0V	开路/短路	低电平或悬空	高电平
有效	有效	>2.0V	任意值	高电平	高阻
有效	无效	>2.0V	任意值	低电平或悬空	高电平
无效	有效	>2.0V	任意值	低电平或悬空	高电平
无效	无效	>2.0V	任意值	低电平或悬空	低电平
有效	有效	<2.0V	高阻	任意值	高阻
有效	有效	<2.0V	高阻	任意值	高阻

★★★3.2.21　ADM2486 高速隔离型 RS485 收发器

ADM2486 为高速隔离型 RS485 收发器，其在 RS485 驱动电路中有应用。ADM2486 引脚分布如图 3-39 所示，引脚功能见表 3-37。

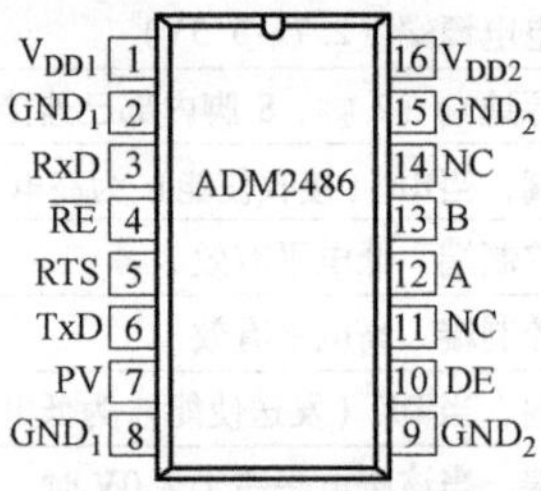

图 3-39　ADM2486 引脚分布

表 3-37　ADM2486 引脚功能

引脚	名称	功　能
1	V_{DD1}	逻辑端供电电源（2.7~5.5V）
2，8	GND_1	逻辑端电源地（2 脚、8 脚内部已连接）
3	RxD	接收输出，当$\overline{RE}$（接收使能）为高电平时，此脚禁止输出
4	$\overline{RE}$	接收使能控制，低电平有效
5	RTS	请求发送输入，高电平有效，低电平禁止
6	TxD	发送输入，当 RTS 为低电平时，此脚无效
7	PV	电源监控，当此脚电平高于 2.0V 时，芯片工作；低于 2.0V 时，芯片不工作
9，15	GND_2	总线端电源地（9 脚、15 脚内部已连接）
10	DE	驱动器使能状态输出，为总线上其他设备提供使能或禁止状态，DE 为高时有效，为低时禁止
11，14	NC	无电气连接
12	A	输入/输出同相端
13	B	输入/输出反相端
16	V_{DD2}	总线端供电电源（4.75~5.25V）

ADM2486 驱动真值见表 3-38，ADM2486 接收真值见表 3-39。

表 3-38　ADM2486 驱动真值

电源状态			输入部分		输出部分		
V_{DD1}	V_{DD2}	PV	RTS	TxD	A	B	DE
有效	有效	>2.0V	高电平	高电平	高电平	低电平	高电平
有效	有效	>2.0V	高电平	低电平	低电平	高电平	高电平
有效	有效	>2.0V	低电平	任意值	高阻	高阻	低电平
有效	无效	>2.0V	任意值	任意值	高阻	高阻	低电平
无效	有效	>2.0V	任意值	任意值	高阻	高阻	低电平
无效	无效	>2.0V	任意值	任意值	高阻	高阻	低电平
有效	有效	<2.0V	任意值	任意值	高阻	高阻	低电平
有效	有效	<2.0V	任意值	任意值	高阻	高阻	低电平

表 3-39　ADM2486 接收真值

电源状态			输入部分		输出部分
V_{DD1}	V_{DD2}	PV	A-B	$\overline{RE}$	RxD
有效	有效	>2.0V	>0.2V	低电平或悬空	高电平
有效	有效	>2.0V	< -0.2V	低电平或悬空	低电平
有效	有效	>2.0V	$-0.2V < A-B < 0.2V$	低电平或悬空	不确定
有效	有效	>2.0V	开路/短路	低电平或悬空	高电平
有效	有效	>2.0V	任意值	高电平	高阻
有效	无效	>2.0V	任意值	低电平或悬空	高电平
无效	有效	>2.0V	任意值	低电平或悬空	高电平
无效	无效	>2.0V	任意值	低电平或悬空	低电平
有效	有效	<2.0V	高阻	任意值	高阻
有效	有效	<2.0V	高阻	任意值	高阻

ADM2486 的应用电路如图 3-40 所示。

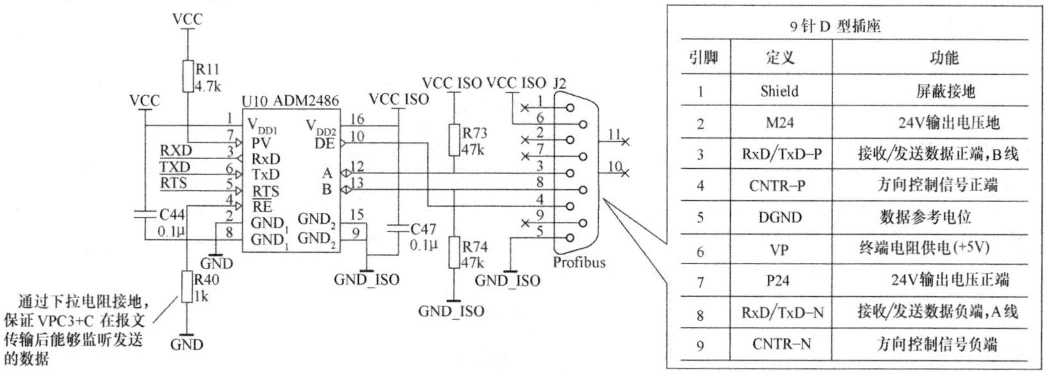

图 3-40　ADM2486 的应用电路

ADM2486 的参考代换型号有 IL3485、IL3585、IL485 等。

★★★3.2.22　ADMC401 处理器

ADMC401 为单片数字信号处理高性能电动机控制器，其引脚分布如图 3-41 所示。

ADMC401 引脚功能见表 3-40。

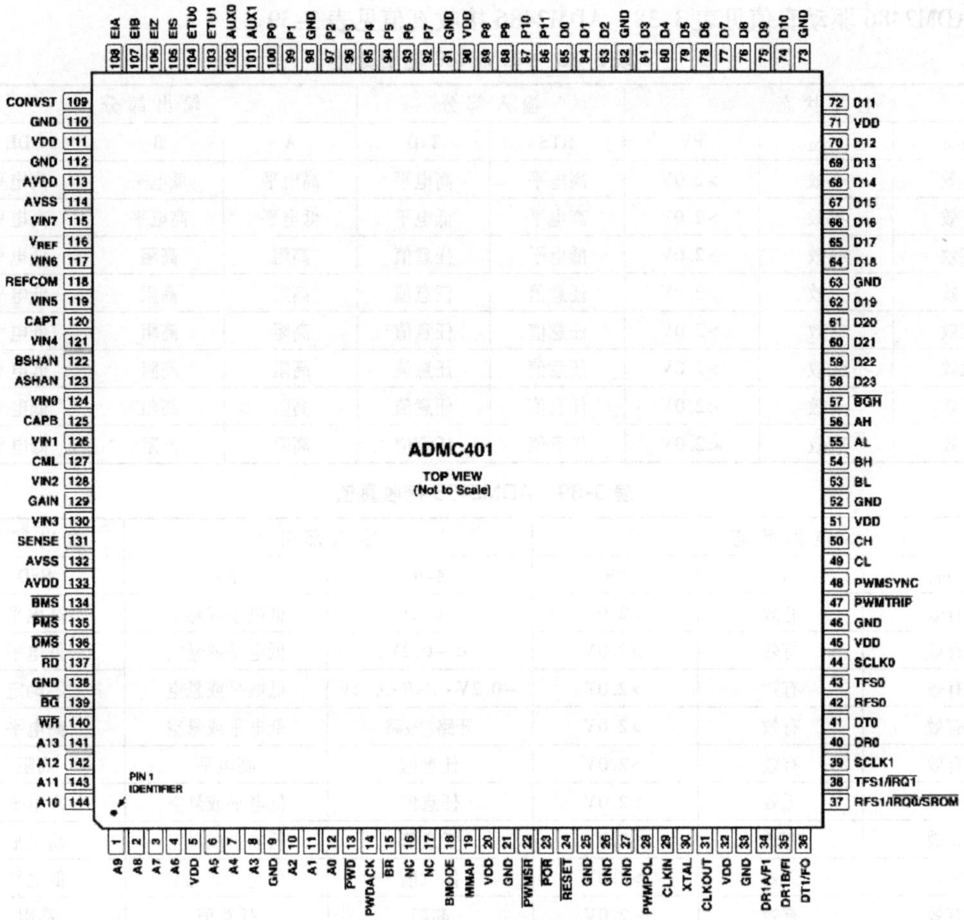

图 3-41　ADMC401 引脚分布

表 3-40　ADMC401 引脚功能

引脚	引脚数	输入（I）/输出（O）	功　能
A13 ~ A0	14	O	地址线端
D23 ~ D0	24	I/O	数据线端
PMS、DMS、BMS	3	O	外部存储器选择线端
RD、WR	2	O	外部存储器读/写允许端
MMAP	1	I	存储器地址映射选择端
POR	1	O	内部上电复位输出端
RESET	1	I	处理器复位输入端
CLKOUT	1	O	处理器时钟输出端
CLKIN、XTAL	2	I、O	外部时钟或晶振输入端
BR	1	I	总线请求端
BG、BGH	2	O	总线授权和总线悬挂控制端
BMODE	1	I	引导程序方式选择端
PWD、PWDACK	2	I、O	低功耗与低功耗应答端

（续）

引脚	引脚数	输入（I）/输出（O）	功　能
SPORT0	5	I/O	串行口 0 端（TFS0、RFS0、DT0、DR0、SCLK0）
SPORT1	6	I/O	串行口 1 端（TFS1/IRQ1、RFS1/IRQ0/SROM、DT1/FO、DR1A/FI、DR1B/FI、SCLK1）
VIN0 ~ VIN7	8	I	模拟输入端
ASHAN、BSHAN	2	I	采样保持放大器反相端输入
GAIN	1	I	增益校正模拟输入
VREF	1	I/O	参考电压输入/输出
REFCOM	1	GND	公共参考地
CML	1	O	共模电平（中点电源）
CAPT、CAPB	2	O	噪声抑制
SENSE	1	I	电压参考选择
CONVST	1	I	外部转换启动
AH-CL	6	O	PWM 输出
PWMTRIP	1	I	PWM 封锁信号
PWMPOL	1	I	PWM 极性控制
PWMSYNC	1	O	PWM 同步输出
PWMSR	1	I	PWM 开关磁阻模式控制
PIO0 ~ PIO11	12	I/O	数字输入/输出口
ETU0、ETU1	2	I	事件定时器输入
AUX0 ~ AUX1	2	O	辅助 PWM 输出
EIA、EIB、EIZ、ZIS	4	I	编码器接口输入和外部寄存器输入
NC	2		不接
AVDD	2	SUP	模拟电源
AVSS	2	GND	模拟地
VDD	8	SUP	数字功率电源
GND	16	GND	数字地

★★★3.2.23　ADS2181 数字信号处理器

ADS2181 为数字信号处理芯片，其 128 脚 TQFP 外形如图 3-42 所示。ADS2181 的 128 脚 PQFP 外形如图 3-43 所示。

★★★3.2.24　ADS7817 模-数转换器

驱动 ADS7817 模拟输入有两种方式：单端输入和差分输入。单端输入方式，IN－输入保持在固定电压，IN＋输入围绕该电压摆动，峰-峰幅度为 2V REF。差分输入方式，输入幅度是 IN＋和 IN－的输入差。ADS7817 模-数转换器应用电路如图 3-44 和图 3-45 所示。

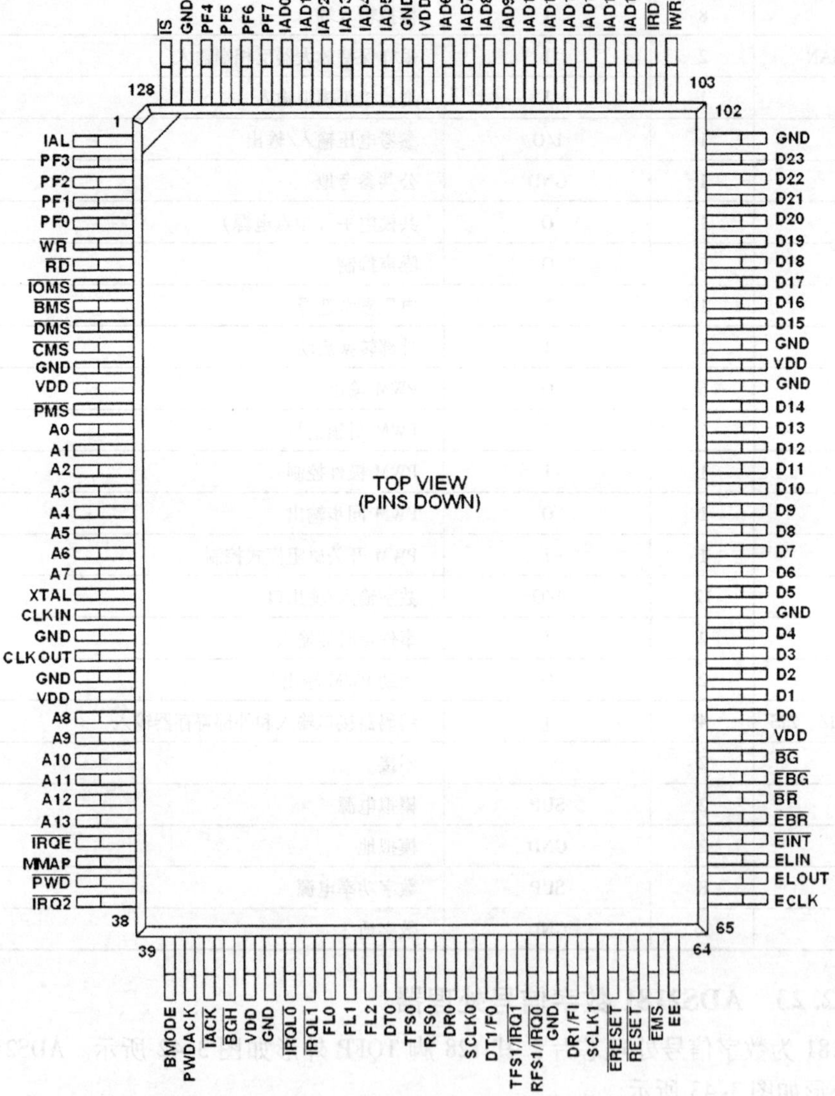

图 3-42　ADS2181 的 128 脚 TQFP 外形

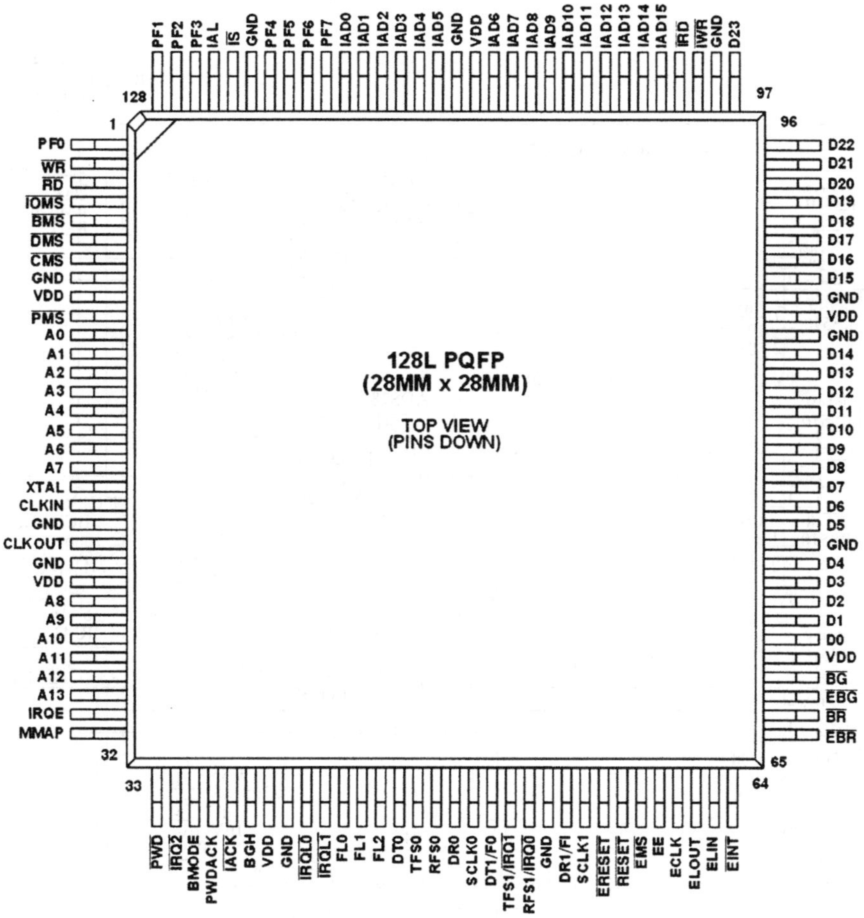

图 3-43　ADS2181 的 128 脚 PQFP 外形

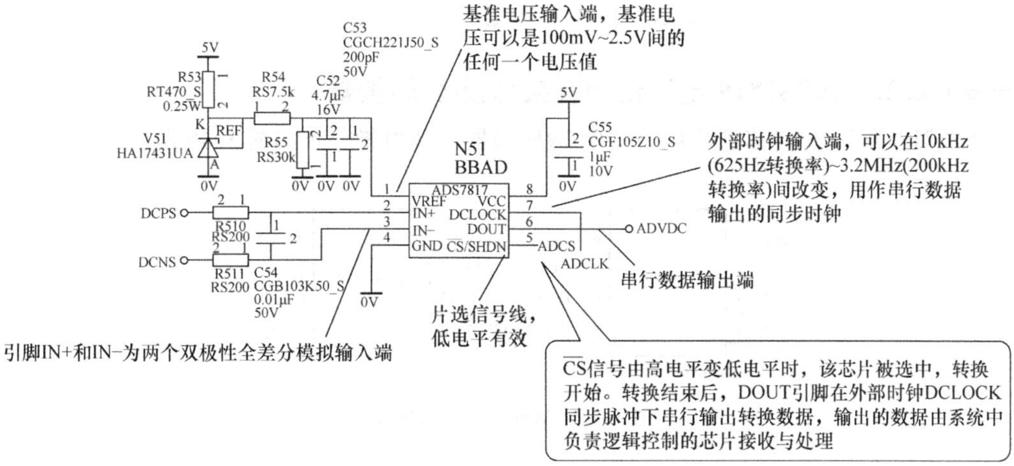

图 3-44　ADS7817 模-数转换器应用电路 1

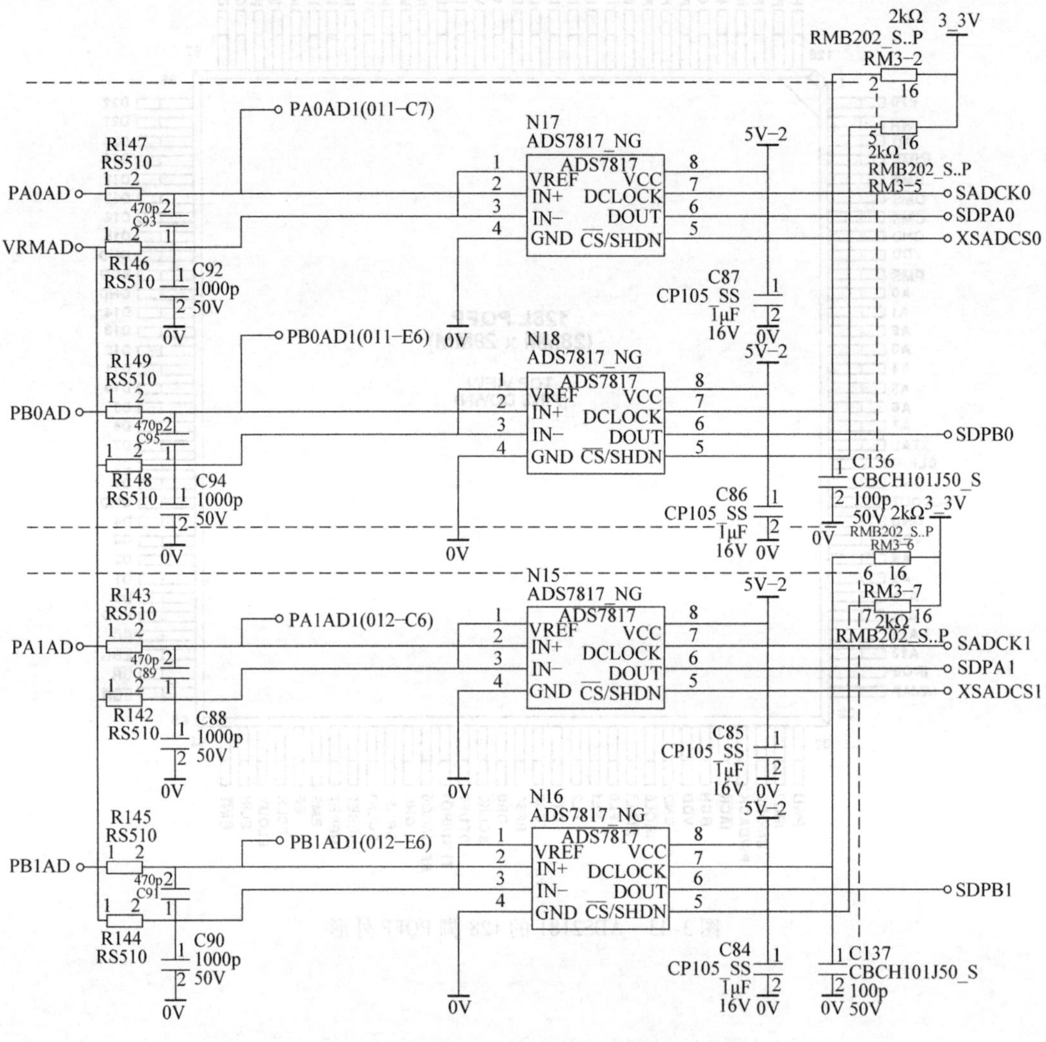

图 3-45　ADS7817 模-数转换器应用电路 2

★★★3.2.25　ADS7818 高速低功耗采样模-数转换器

ADS7818 为 12 位高速低功耗采样模-数转换器，其引脚分布如图 3-46 所示。

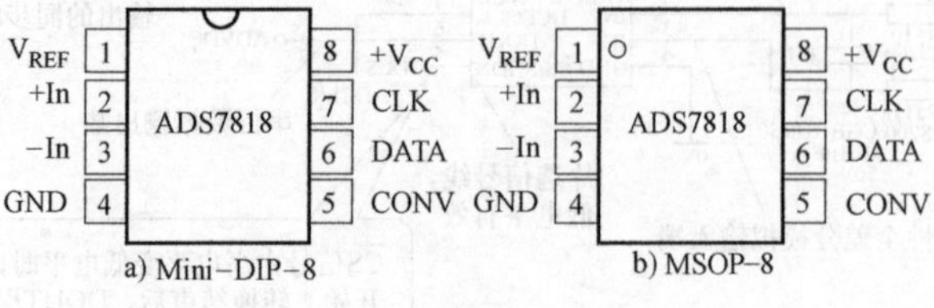

图 3-46　ADS7818 引脚分布

ADS7818 引脚功能见表 3-41。

表 3-41　ADS7818 引脚功能

引脚	符号	解　说
1	V_{REF}	参考电源输出端 1）ADS7818 内部包含一个 2.5V 的参考电源 2）在使用内部参考电源时，输入模拟电压的范围为 GND - 200mV ~ V_{CC} + 200mV 3）在 V_{REF} 可以加入外部参考电源 4）输入外部参考电源的电压范围为 2.00 ~ 2.55V，这时输入模拟电压的范围为 4.0 ~ 5.1V 5）由于参考电源与稳定对模-数转换的结果有影响，因此，在引脚 1（V_{REF}）与接地线间需要并列一个 0.1μF 的瓷片电容与一个 2.2μF 的电解电容。另外，瓷片电容应尽可能地靠近该引脚
2	+ In	模拟输入端。在使用内部参考电源的情况下，输入模拟电压的范围为 GND - 200mV ~ V_{CC} + 200mV
3	- In	1）该引脚可以直接接地，也可以与传感器的另一个输出端相连接（可以克服传感器输出中的共模信号） 2）该引脚的输入模拟电压范围为 - 200 ~ + 200mV
4	GND	接地端
5	CONV	转换信号输入端 1）加到该引脚的脉冲信号下跳边沿开始模拟信号的采样、保持、模-数转换与数字结果的串行输出 2）该引脚还可以控制芯片进入掉电模式与改变数据的串行输出格式
6	DATA	串行数据输出端。在串行时钟的上跳边沿 DAC 的转换结果 12 位数字量从 ADS7818 移出
7	CLK	串行时钟输入端。同步串行时钟决定了转换速度
8	+ V_{CC}	电源端。一般用 0.1μF 的瓷片电容与 10μF 的电解电容并联接地滤波

ADS7818 的参考代换型号有 MAX144/5 等。

★★★3.2.26　ADS8322 并行接口 16 位模-数转换器

ADS8322 为单通道并行接口 16 位模-数转换器，其引脚功能与分布如图 3-47 所示。

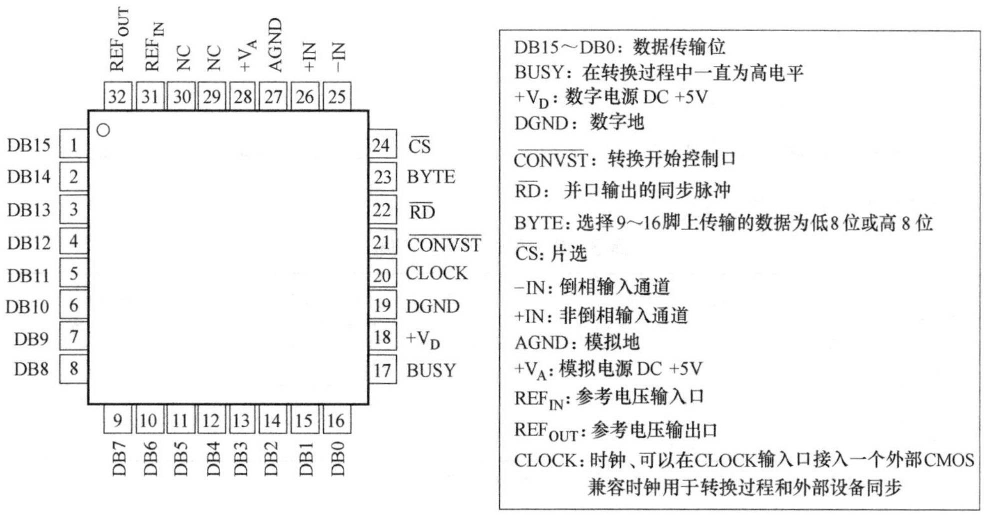

a)　　　　b)

图 3-47　ADS8322 引脚功能与分布

ADS8322 内部电路框图如图 3-48 所示。

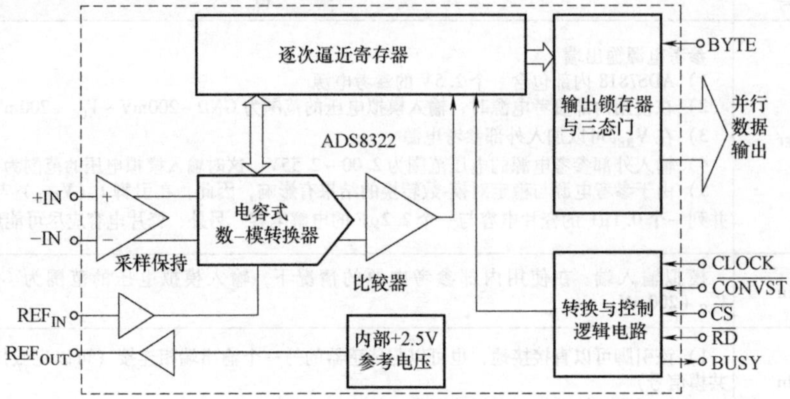

图 3-48　ADS8322 内部电路框图

★★★3.2.27　AM26LS31 差分线驱动电路

AM26LS31 为双列 16 脚封装、四重线差分线驱动电路。AM26LS31、MC3487 均为类似的 RS422 线驱动器。AM26LS31 的引脚分布如图 3-49 所示，内部框图如图 3-50 所示。

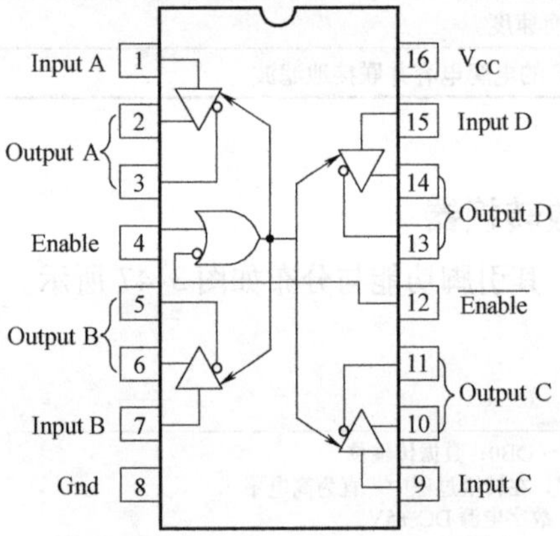

图 3-49　AM26LS31 的引脚分布

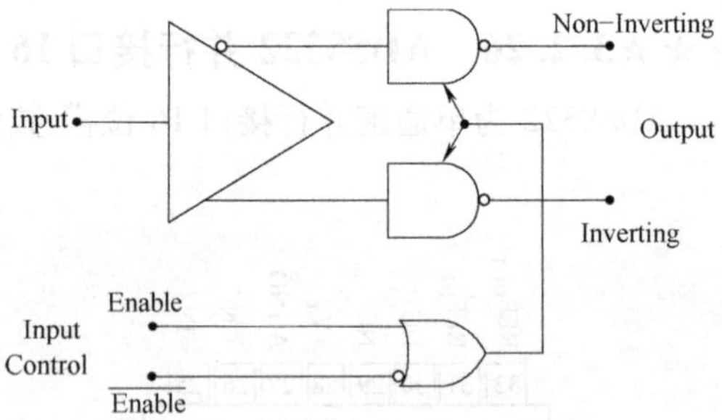

图 3-50　AM26LS31 内部框图

AM26LS31 真值见表 3-42。

表 3-42　AM26LS31 真值

Input（输入）	Input Control [输入控制（E/$\overline{E}$）]	Non-Inverting Output （非反相输出）	Inverting Output （反相输出）
H	H/L	H	L
L	H/L	L	H
X	L/H	Z	Z

注：L = 低逻辑状态；H = 高逻辑状态；X = 无关；Z = 高阻抗状态。

AM26LS31 的互换兼容型号有 AM26LS31C、M5A26LS31FP、AM26LS31P、AM26LS31、DS26LS31N 等。

★★★3.2.28 AM26LS32 四差动线路驱动器

AM26LS32 为四差动线路驱动器，可以实现码盘转速输出的差分信号 CN2A 和 CN2AN、CN2B 和 CN2BN、CN2Z 和 CN2ZN 转换为 PA、PB、PZ 信号。AM26LS32 的引脚分布如图 3-51所示，内部框图如图 3-52 所示。

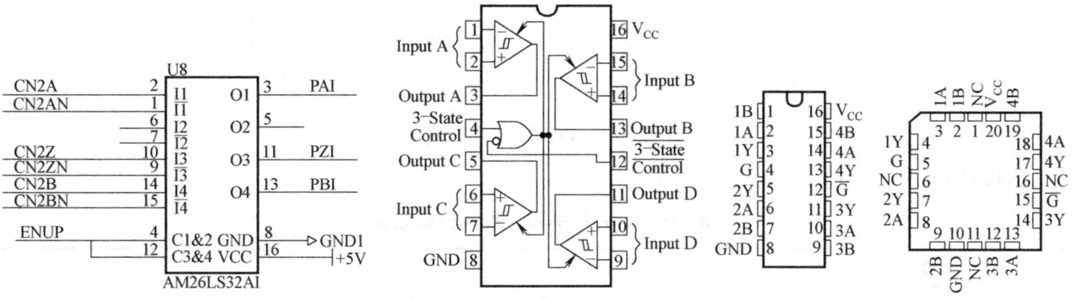

图 3-51 AM26LS32 的引脚分布

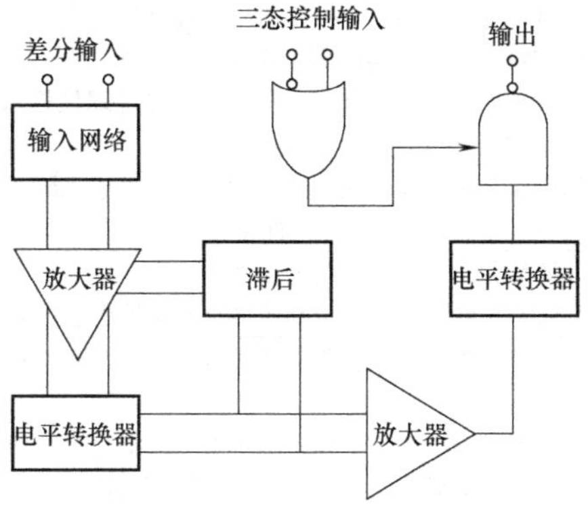

图 3-52 AM26LS32 内部框图

AM26LS32 应用电路如图 3-53 所示。

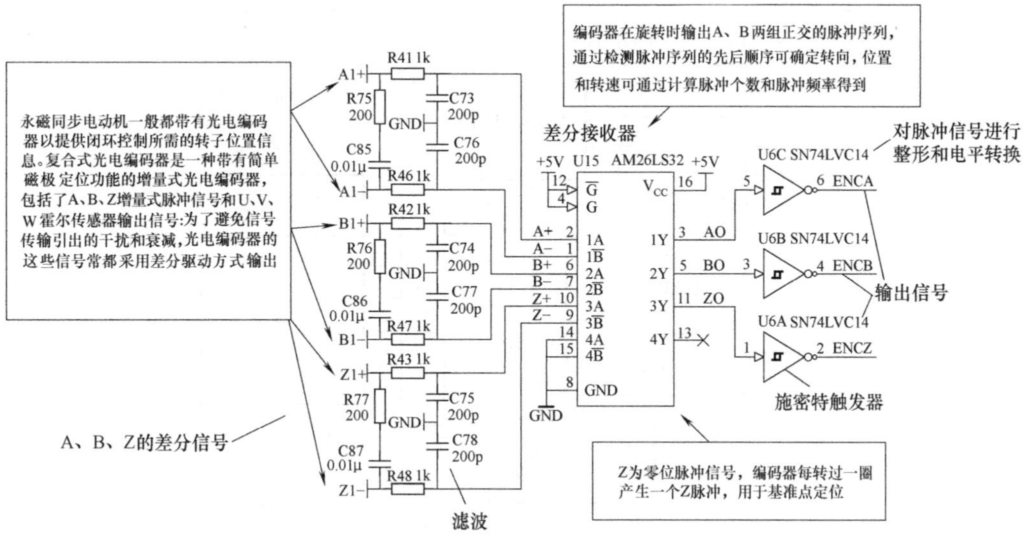

图 3-53 AM26LS32 应用电路

★★★3.2.29　AT24C01 存储器

AT24C01 为存储器，其引脚分布如图 3-54 所示。

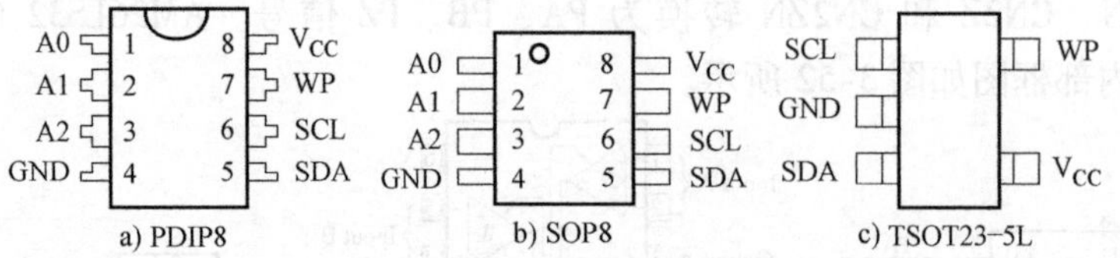

图 3-54　AT24C01 引脚分布

AT24C01 系列引脚功能见表 3-43。

表 3-43　AT24C01 系列引脚功能

引脚	功能	解　说
A0 ~ A2	地址输入端	1）A2、A1 与 A0 引脚为 AT24C01、AT24C02 的地址输入引脚 2）AT24C01 在一个总线上最多可寻址 8 个 1KB 器件，AT24C02 在一个总线上最多可寻址 8 个 2KB 器件。A2、A1 和 A0 内部必须连接 3）AT24C04 仅使用 A2、A1 作为硬件连接的器件地址输入引脚，在一个总线上最多可寻址 4 个 4KB 器件。A0 引脚内部未连接 4）AT24C08 仅使用 A2 作为硬件连接的器件地址输入引脚，在一个总线上最多可寻址 2 个 8KB 器件。A0 和 A1 引脚内部未连接 5）AT24C16 未使用作为硬件连接的器件地址输入脚，在一个总线上最多可连接一个 16KB 器件。A0、A1 和 A2 引脚内部未连接
SDA	串行数据输入输出端	1）该引脚可实现双向串行数据传输 2）该引脚为开漏输出，可与其他多个开漏输出器件或开集电极器件相连接
SCL	串行时钟输入端	在 SCL 输入时钟信号的上升沿将数据送入 EEPROM 器件，以及在时钟的下降沿将数据读出
WP	写保护	1）AT24C01/02/04/08/16 具有用于硬件数据写保护功能的引脚端 2）当该引脚接 GND 时，允许正常的读/写操作 3）当该引脚接 VCC 时，芯片启动写保护功能
V_{CC}	电源	工作电压为 1.8 ~ 5.5V
GND	接地	

AT24C01 的内部结构如图 3-55 所示。

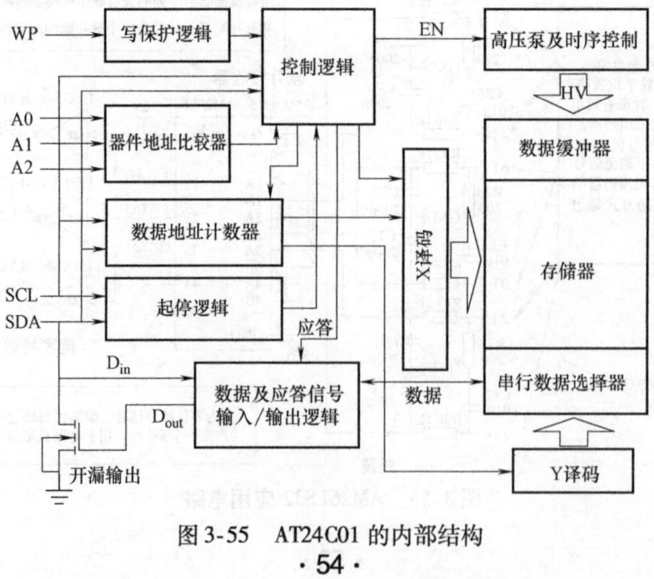

图 3-55　AT24C01 的内部结构

AT24C01 的参考代换型号有 CAT24C01BR、M24C01-RBN6、M24C02-WMN3/W 等。

★★★3.2.30　AT89S52 微控制器

AT89S52 是一种低功耗、高性能 CMOS 的 8 位微控制器，其具有 8KB 可编程 Flash 存储器。AT89S52 与工业 80C51 产品指令、引脚完全兼容。

AT89S52 引脚功能见表 3-44。

表 3-44　AT89S52 引脚功能

<table>
<tr><th>引脚</th><th>功　能</th></tr>
<tr><td>P0 口</td><td>1）P0 口是一个 8 位漏极开路的双向 I/O 口
2）作为输出口，每位能驱动 8 个 TTL 逻辑电平
3）对 P0 口写 1 时，引脚用作高阻抗输入
4）当访问外部程序、数据存储器时，P0 口也被作为低 8 位地址/数据复用。在这种模式下，P0 不具有内部上拉电阻
5）在 Flash 编程时，P0 口也可以用来接收指令字节。在程序校验时，输出指令字节。程序校验时，需要外部上拉电阻</td></tr>
<tr><td>P1 口</td><td>1）P1 口是一个具有内部上拉电阻的 8 位双向 I/O 口
2）P1 输出缓冲器能够驱动 4 个 TTL 逻辑电平
3）对 P1 口写 1 时，内部上拉电阻把端口拉高，此时可以作为输入口使用
4）P1 口作为输入使用时，被外部拉低的引脚由于内部电阻的原因，将输出电流（I_{IL}）
5）P1.0 与 P1.1 分别作定时器/计数器 2 的外部计数输入（P1.0/T2）与定时器/计数器 2 的触发输入（P1.1/T2EX）
6）Flash 编程与校验时，P1 端口接收低 8 位地址字节
7）引脚第二功能如下：
P1.0 T2——定时器/计数器 T2 的外部计数输入，时钟输出
P1.1 T2EX——定时器/计数器 T2 的捕捉/重载触发信号与方向控制
P1.5 MOSI——系统编程用
P1.6 MISO——系统编程用
P1.7 SCK——系统编程用</td></tr>
<tr><td>P2 口</td><td>1）P2 口是一个具有内部上拉电阻的 8 位双向 I/O 口
2）P2 输出缓冲器能驱动 4 个 TTL 逻辑电平
3）对 P2 口写 1 时，内部上拉电阻把端口拉高，此时可以作为输入口使用
4）P2 口作为输入使用时，被外部拉低的引脚由于内部电阻的原因，将输出电流（I_{IL}）
5）在访问外部程序存储器或用 16 位地址读取外部数据存储器时，P2 口送出高 8 位地址。在这种应用中，P2 口使用很强的内部上拉发送 1
6）在使用 8 位地址访问外部数据存储器时，P2 口输出 P2 锁存器的内容
7）在 Flash 编程与校验时，P2 口也接收高 8 位地址字节与一些控制信号</td></tr>
<tr><td>P3 口</td><td>1）P3 口是一个具有内部上拉电阻的 8 位双向 I/O 口
2）P3 输出缓冲器能驱动 4 个 TTL 逻辑电平
3）对 P3 口写 1 时，内部上拉电阻把端口拉高，此时可以作为输入口使用
4）P3 口作为输入使用时，被外部拉低的引脚由于内部电阻的原因，将输出电流（I_{IL}）
5）P3 口也可以作为 AT89S52 特殊功能（即第二功能）使用：
<table>
<tr><th>端口引脚</th><th>第二功能</th></tr>
<tr><td>P3.0 RXD</td><td>串行输入口</td></tr>
<tr><td>P3.1 TXD</td><td>串行输出口</td></tr>
<tr><td>P3.2 INT0</td><td>外中断 0</td></tr>
<tr><td>P3.3 INT1</td><td>外中断 1</td></tr>
<tr><td>P3.4 T0</td><td>定时/计数器 0</td></tr>
<tr><td>P3.5 T1</td><td>定时/计数器 1</td></tr>
<tr><td>P3.6 WR</td><td>外部数据存储器写选通</td></tr>
<tr><td>P3.7 RD</td><td>外部数据存储器读选通</td></tr>
</table>
6）P3 口还接收一些用于 Flash 闪存编程与程序校验的控制信号</td></tr>
</table>

（续）

引脚	功　能
RST	复位输入端。当振荡器工作时，RST 引脚出现两个机器周期以上高电平将使单片机复位
ALE/$\overline{\text{PROG}}$	1）当访问外部程序存储器或数据存储器时，ALE（地址锁存允许）输出脉冲用于锁存地址的低 8 位字节 2）一般情况下，ALE 以时钟振荡频率的 1/6 输出固定的脉冲信号，因此，它可对外输出时钟或用于定时目的 3）每当访问外部数据存储器时将跳过一个 ALE 脉冲 4）对 Flash 存储器编程期间，该引脚还用于输入编程脉冲（PROG） 5）也可以通过对特殊功能寄存器（SFR）区中的 8EH 单元的 D0 位置位，可禁止 ALE 操作。该位置位后，只有一条 MOVX 与 MOVC 指令才能够将 ALE 激活 6）该引脚被微弱拉高，单片机执行外部程序时，应设置 ALE 禁止位无效
$\overline{\text{PSEN}}$	1）程序储存允许（PSEN）输出的是外部程序存储器的读选通信号 2）当 AT89S52 由外部程序存储器取指令（或数据）时，每个机器周期两次 PSEN 有效，即输出两个脉冲。该期间，当访问外部数据存储器，将跳过两次 PSEN 信号
$\overline{\text{EA}}$/VPP	1）该引脚为外部访问允许端 2）欲使 CPU 仅访问外部程序存储器（地址为 0000H～FFFFH），EA 端必须保持低电平（接地） 3）如果加密位 LB1 被编程，复位时内部会锁存 EA 端状态 4）如果 EA 端为高电平（接 Vcc 端），CPU 则执行内部程序存储器的指令 5）Flash 存储器编程时，该引脚加上 +12V 的编程允许电源 Vpp
XTAL1	振荡器反相放大器与内部时钟发生电路的输入端
XTAL2	振荡器反相放大器的输出端

AT89S52 引脚分布如图 3-56 所示。

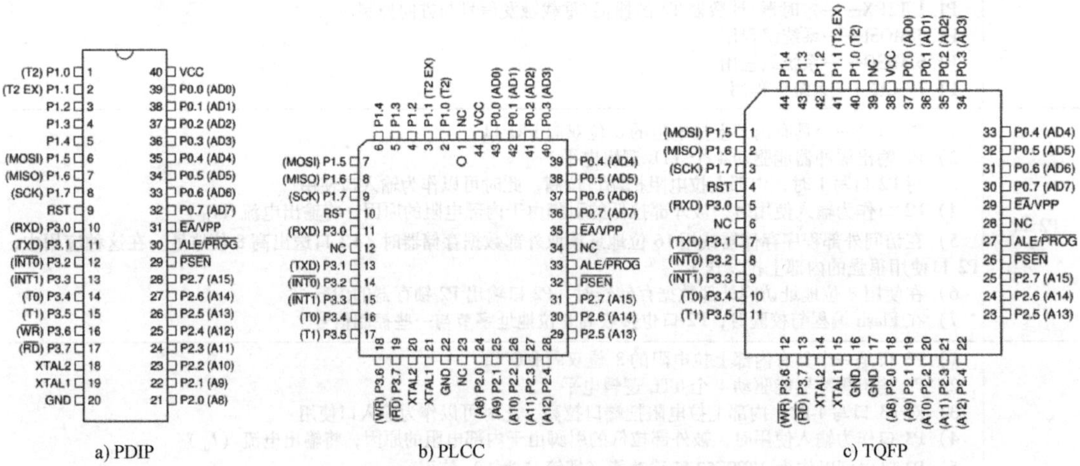

图 3-56　AT89S52 引脚分布

★★★3.2.31　AT89S8252 单片机

AT89S8252 是 Atmel 公司生产的 ISP Flash 存储器（In-System reProgrammable Downloadable Flash Memory，在系统可重复编程、可下载 Flash 存储器）系列 MCS-51 兼容的单片机。

AT89S8252 具有与 Intel 80C52 兼容的内核，除了拥有 80C52 单片机的所有功能外，还具有一些新的功能，属于 80C52 的增强型号。

AT89S8252 引脚分布如图 3-57 所示。

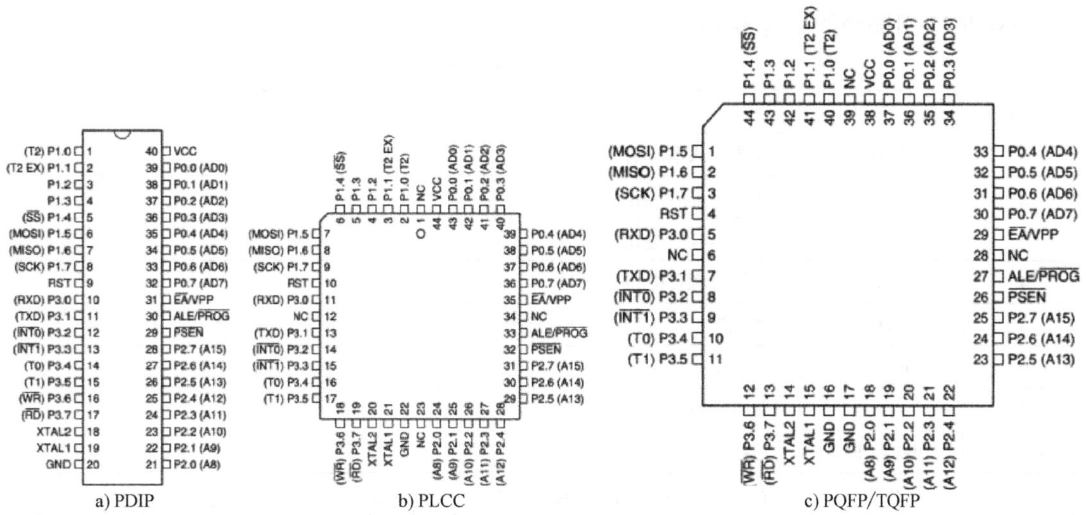

图 3-57 AT89S8252 引脚分布

★★★3.2.32 CHV-25P 霍尔电压传感器模块

CHV-25P 为霍尔电压传感器模块。CHV-25P 引脚分布如图 3-58 所示。

CHV-25P 系列的一些参数如下：

1）CHV-25P 输出电压为 0 ~ 5V，精度 ±1.0%。

2）CHV-25P/50 额定电压 V_N 为 50V，CHV-25P/100 额定电压 V_N 为 100V，CHV-25P/200 额定电压 V_N 为 200V，CHV-25P/400 额定电压 V_N 为 400V 等。

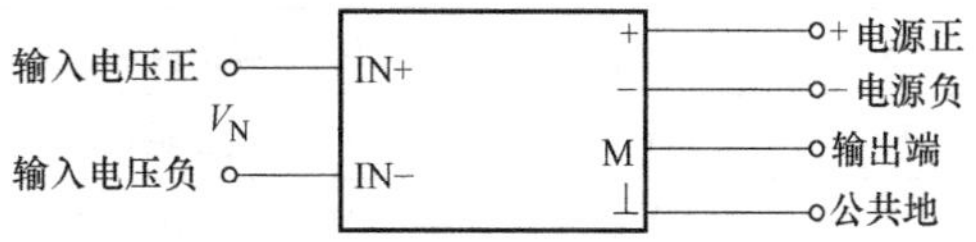

图 3-58 CHV-25P 引脚分布

★★★3.2.33 DAC7625 数-模转换器

DAC7625 为数-模转换器，在 DAC 测试电路中有应用。DAC7625 引脚分布如图 3-59 所示。

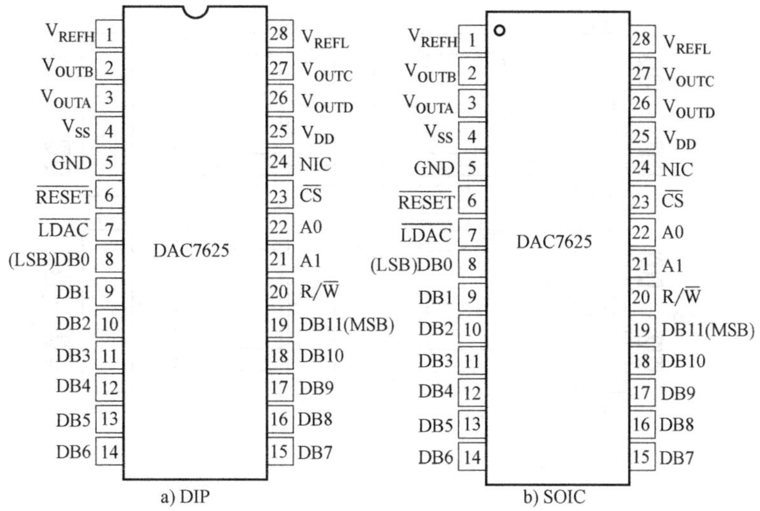

图 3-59 DAC7625 引脚分布

DAC7625 引脚功能见表 3-45。

表 3-45　DAC7625 引脚功能

引脚	符号	解　说
1	V_{REFH}	参考输入电压端（高）
2	V_{OUTB}	DAC B 电压输出端
3	V_{OUTA}	DAC A 电压输出端
4	V_{SS}	模拟电源负极端
5	GND	接地端
6	$\overline{RESET}$	复位端
7	$\overline{LDAC}$	负载 DAC 输入端
8～19	DB0～DB11	数据位 0～11 端
20	R/$\overline{W}$	读/写控制输入端（读取＝高电平，写＝低电平）
21	A1	缓存器/DAC 选择端（C 或 D＝高电平，A 或 B＝低电平）
22	A0	缓存器/DAC 选择端（B 或 D＝高电平，A 或 C＝低电平）
23	$\overline{CS}$	芯片选择输入端
24	NIC	没有内部连接
25	V_{DD}	模拟电源正极端，为＋5V 电源
26	V_{OUTD}	DAC D 电压输出端
27	V_{OUTC}	DAC C 电压输出端
28	V_{REFL}	参考输入电压端（低）

★★★3. 2. 34　EPM7032 单片机

EPM7032 单片机的内部结构与引脚分布如图 3-60 和图 3-61 所示。

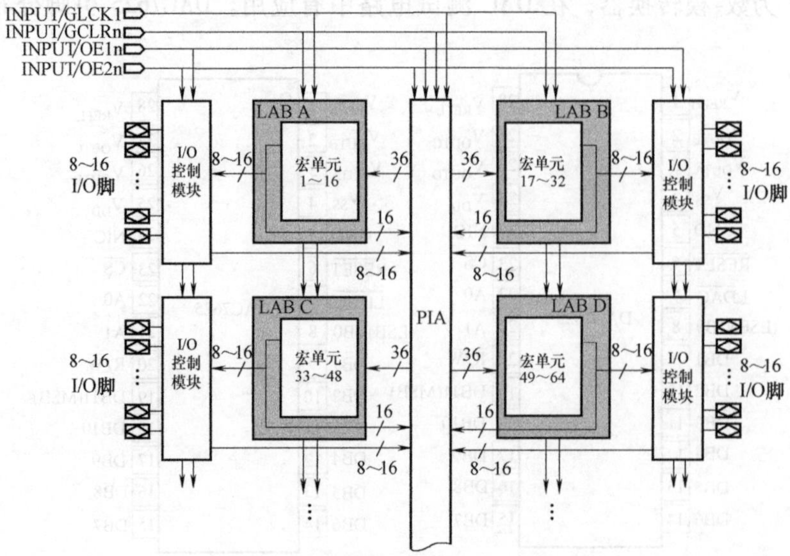

图 3-60　EPM7032 单片机的内部结构

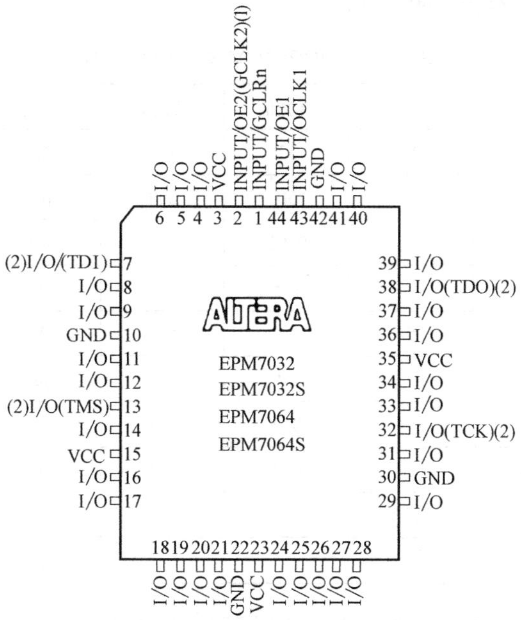

图 3-61　EPM7032 单片机引脚分布

★★★3.2.35　HCPL4504 光耦合器

HCPL4504 为高速光耦合器，其引脚功能分布如图 3-62 所示，真值见表 3-46。

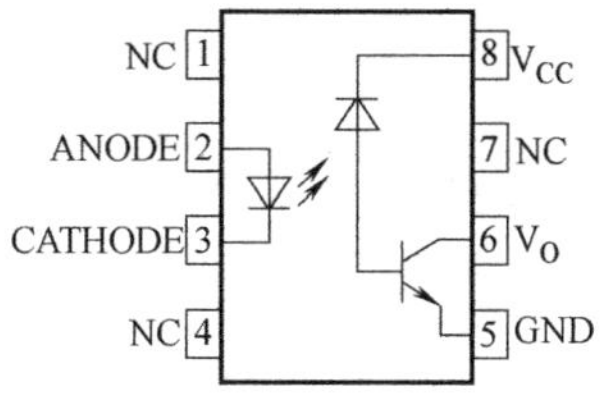

图 3-62　HCPL4504 引脚功能分布

表 3-46　HCPL4504 真值

发光二极管状态	6 脚输出状态
开	低电平
关	高电平

HCPL4504 最大额定值见表 3-47。

表 3-47　HCPL4504 最大额定值

参数	符号	最小值	最大值	单位
储存温度	T_S	-55	125	℃
工作温度	T_A	-55	100	℃
控制电压（8-5 脚）	V_{CC}	0.5	30	V
输出电流	I_O		8	mA
输出电压（6-5 脚）	V_O	0.5	20	V
输出峰值电流	I_{OF}		16	mA
输出功率	P_O		100	mW
输入电流峰值（1ms）	I_{F1}		50	mA
输入电流峰值（<1μs）	I_{F2}		1	A
输入功率	P_{IN}		45	mW
输入信号电压（3-2 脚）	V_R		5	V
正向输入电流	I_F		25	mA

HCPL4504 电气特性参数见表 3-48。

表 3-48　HCPL4504 电气特性参数

参数	符号	最小值	典型值	最大值	单位	测试条件
电流传输比	CTR	25	32	60	%	$I_F=16mA$，$V_{cc}=4.5V$
低电平时电源	I_{CCL}		50	200	μA	$I_F=16mA$，$V_{cc}=15V$
高电平时电源	I_{CCH}		0.02	1	μA	$I_F=0mA$，$V_{cc}=15V$
输入正向压降	V_F		1.5	1.7	V	$I_F=16mA$
输入反向电压	BV_R	5			V	$I_R=10\mu A$
输入电容	C_{in}		60		pF	$F=1MHz$，$V_F=0V$
下降沿延时	T_{PHL}		0.2	0.3	μs	$F=20kHz$，$I_F=16mA$
上升沿延时	T_{PLH}		0.3	0.5	μs	$F=20kHz$，$I_F=16mA$
隔离耐压	V_{ISO}	2500			V	
隔离电阻	R_{IO}	1012			Ω	

HCPL4504（DIP8）的参考代换型号有 TLP754、PS8602-A 等。

★★★3.2.36　HCPL7840 光耦合器

HCPL7840 为光耦合器，其可以应用于电流采样电路中，如图 3-63 所示，其引脚分布如图 3-64 所示。

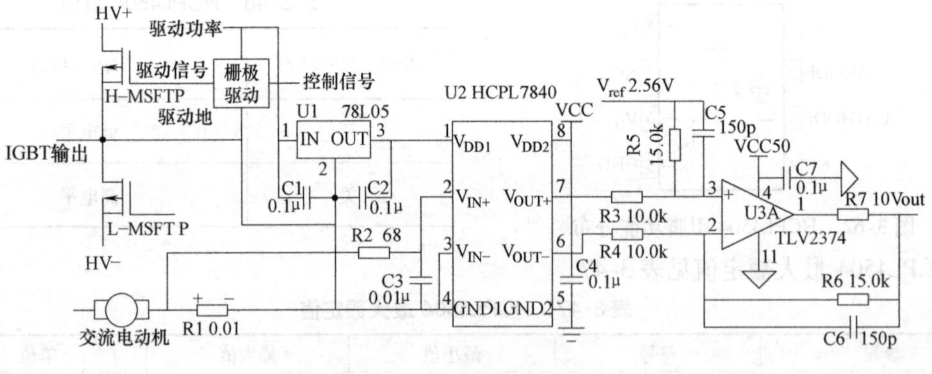

图 3-63　HCPL7840 的应用电路

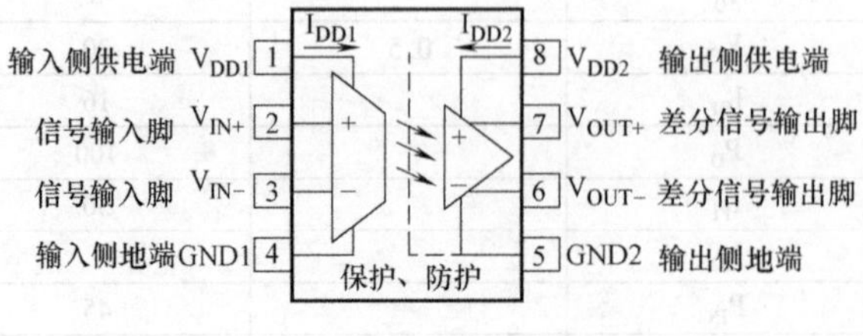

图 3-64　HCPL7840 引脚分布

★★★3.2.37 HCPL3120 光耦合器

HCPL3120 为 2.0A 输出电流 IGBT 栅极驱动光耦合器。HCPL3120 的真值见表 3-49。

表 3-49 HCPL3120 的真值

LED	V_{CC}-V_{EE}(正)(开启)/V	V_{CC}-V_{EE}(负)(关闭)/V	V_O
OFF	0~30	0~30	低
ON	0~11	0~9.5	低
ON	11~13.5	9.5~12	过渡
ON	13.5~30	12~30	高

HCPL3120 引脚分布如图 3-65 所示。

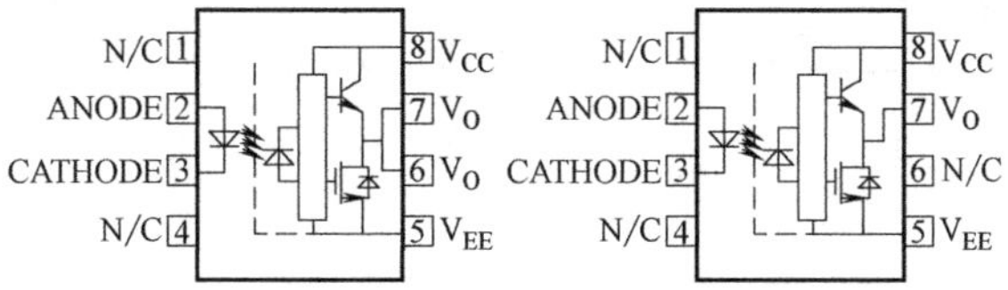

a) HCPL3120/J312　　b) HCNW3120

图 3-65 HCPL3120 引脚分布

HCPL3120（DIP8）的参考代换型号有 HCNW3120、TLP352F、TLP352 等。

★★★3.2.38 HCPL7860 光耦合器

HCPL7860 光耦合器，检修时，通过检测其输入部分与输出部分的情况来判断，HCPL7860 应用电路如图 3-66 所示。

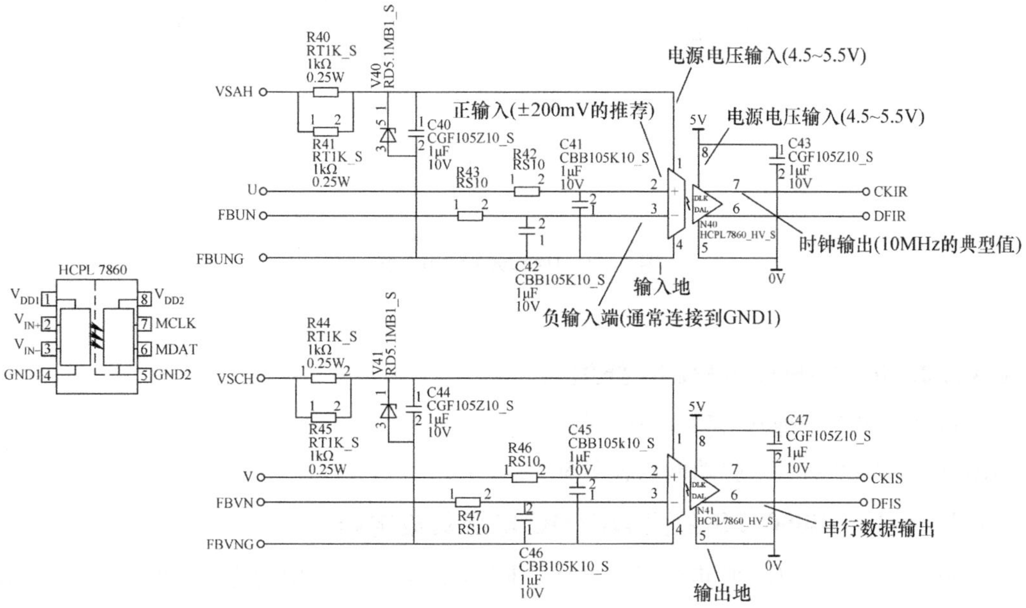

图 3-66 HCPL7860 应用电路

★★★3.2.39 HA17903 双比较器

HA17903 双比较器是对两个模拟电压比较其大小，以及根据判断情况，决定其输出端输出高电平或者低电平。HA17903 应用电路如图 3-67 所示。

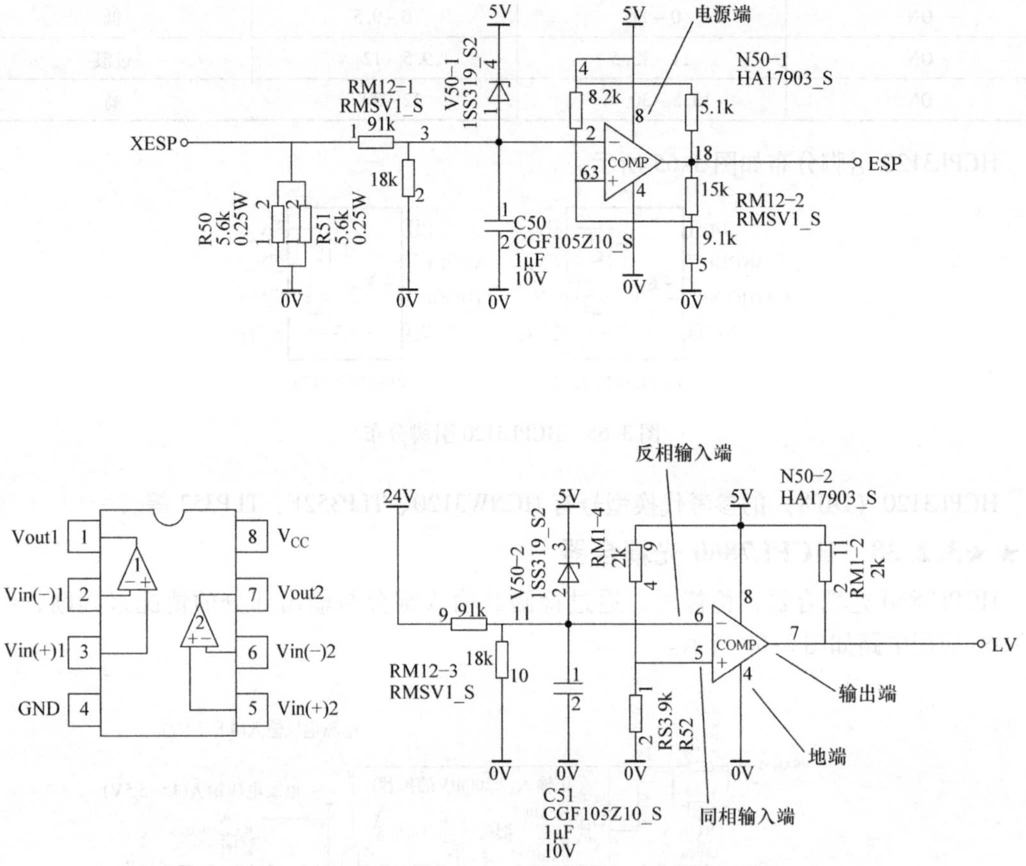

图 3-67 HA17903 应用电路

★★★3.2.40 HD6417032F20 处理器

HD6417032F20 处理器引脚分布如图 3-68 所示。

HD6417032F20 有关引脚功能见表 3-50。

★★★3.2.41 IB0505LS 隔离 DC/DC 电源集成电路

IB0505LS 为隔离 DC/DC 电源集成电路，其在隔离电源电路中的应用，如图 3-69 所示。

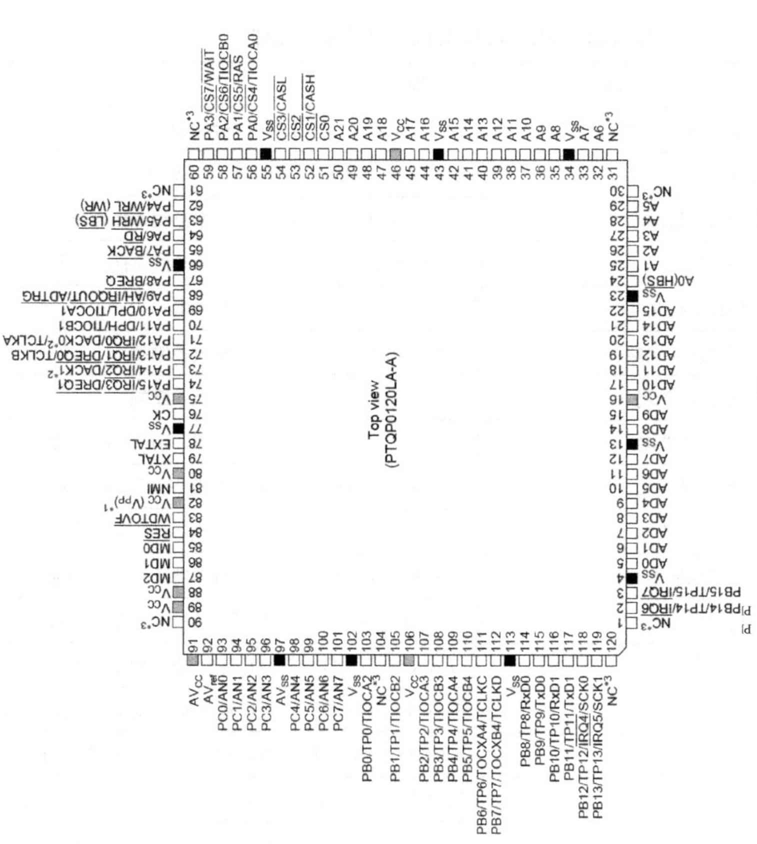

b)

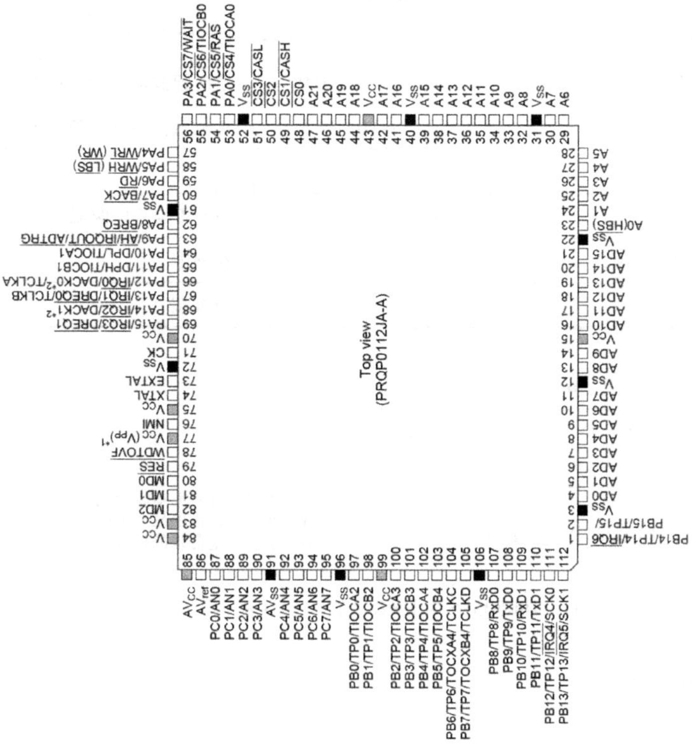

a)

图 3-68 HD6417032F20 处理器引脚分布

表 3-50 HD6417032F20 有关引脚功能

符　号	功　能	符　号	功　能
$\overline{\text{ADTRG}}$	A-D 触发器输入端	CK	系统时钟端
$\overline{\text{AH}}$	地址保持端	DACK0、DACK1	DMA 传送确认端
$\overline{\text{BACK}}$	总线请求确认端	DPH	高位数据总线奇偶校验端
$\overline{\text{BREQ}}$	总线请求端	DPL	低位数据总线奇偶校验端
$\overline{\text{CASH}}$	高位列地址控制端	EXTAL	外部时钟端
$\overline{\text{CASL}}$	低位列地址控制端	MD2、MD1、MD0	操作模式控制端
$\overline{\text{CS0}}$ ~ $\overline{\text{CS7}}$	芯片选择 0 ~ 7 端	NMI	不可屏蔽中断端
$\overline{\text{DREQ0}}$、$\overline{\text{DREQ1}}$	DMA 传输请求端	PA15 ~ PA0	端口 A 端：16 位输入/输出引脚
$\overline{\text{HBS}}$、LBS	高/低字节选通端	PB15 ~ PB0	端口 B 端：16 位输入/输出引脚
$\overline{\text{IRQ0}}$ ~ $\overline{\text{IRQ7}}$	中断请求 0 ~ 7 端	PC7 ~ PC0	端口 C 端：8 位输入引脚
$\overline{\text{IRQOUT}}$	从中断请求输出端	RxD0、RxD1	接收数据端（通道 0 与通道 1）
$\overline{\text{RAS}}$	行地址控制端	SCK0、SCK1	串行时钟端（通道 0 与通道 1）
$\overline{\text{RD}}$	读取端	TCLKA ~ TCLKD	ITU 计时器时钟输入端
$\overline{\text{RES}}$	复位端	TIOCA0、TIOCB0	ITU 输入捕获/输出比较端（通道 0）
$\overline{\text{WAIT}}$	等待端	TIOCA1、TIOCB1	ITU 输入捕获/输出比较端（通道 1）
$\overline{\text{WDTOVF}}$	看门狗定时器溢出端	TIOCA2、TIOCB2	ITU 输入捕获/输出比较端（通道 2）
$\overline{\text{WR}}$	写端	TIOCA3、TIOCB3	ITU 输入捕获/输出比较端（通道 3）
$\overline{\text{WRH}}$	写端（高位）	TIOCA4、TIOCB4	ITU 输入捕获/输出比较端（通道 4）
$\overline{\text{WRL}}$	写端（低位）	TOCXA4、TOCXB4	ITU 输出比较端（通道 4）
A21 ~ A0	地址总线端	TP15 ~ TP0	定时模式输出 15 ~ 0 端
AD15 ~ AD0	数据总线端	TxD0、TxD1	传输数据端（通道 0 与通道 1）
AN7 ~ AN0	模拟输入端	VCC	电源端
AVCC	模拟电源端	VPP	PROM 编程电源端
AVref	模拟参考电源端	VSS	接地端
AVSS	模拟接地端	XTAL	时钟端

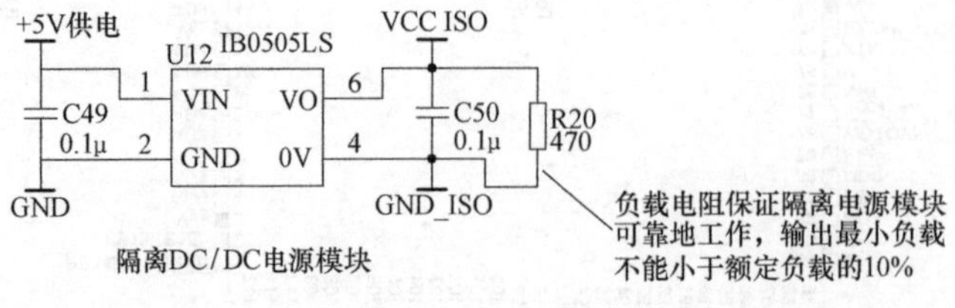

图 3-69 IB0505LS 在隔离电源电路中的应用

IB0505LS 的参数见表 3-51。

表3-51　IB0505LS的参数

型　号	输　入		输　出			效率（%，典型值）	封装
	电压/V（DC）		电压/V（DC）	电流/mA			
	标称	范围		最大值	最小值		
IB0505LD-W75	5	4.75～5.25	5	150	15	68	DIP
IB0505LD-1W	5	4.75～5.25	5	200	20	67	DIP
IB0512LD-1W	5	4.75～5.25	12	83	9	71	DIP
IB0515LD-1W	5	4.75～5.25	15	67	7	73	DIP
IB0505LS-W75	5	4.75～5.25	5	150	15	68	SIP
IB0505LS-1W	5	4.75～5.25	5	200	20	66	SIP
IB0509LS-1W	5	4.75～5.25	9	111	12	70	SIP
IB0512LS-1W	5	4.75～5.25	12	83	9	71	SIP
IB0515LS-1W	5	4.75～5.25	15	67	7	73	SIP
IB0524LS-1W	5	4.75～5.25	24	42	5	68	SIP

IB0505LS应用电路如图3-70所示，外接电容的选择见表3-52。

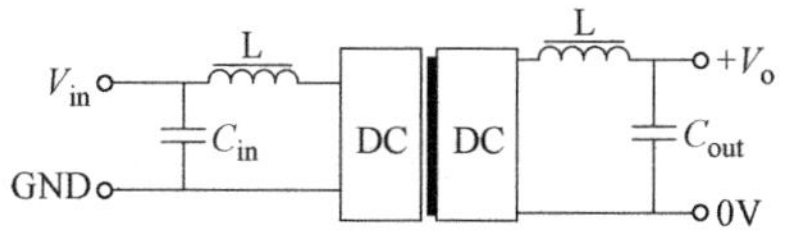

图3-70　IB0505LS应用电路

表3-52　IB0505LS应用电路外接电容

V_{in}/V（DC）	C_{in}/μF	V_{out}/V（DC）	C_{out}/μF
—	—	24	0.47
5	4.7	5	10
12	4.7	9	4.7
15	2.2	12	2.2
24	1	15	1

★★★3.2.42　INA133U高速精密差分放大器

INA133U为高速精密差分放大器，其在SPI模拟量给定输入电路中有应用。INA133U引脚分布与内部等效电路如图3-71所示。

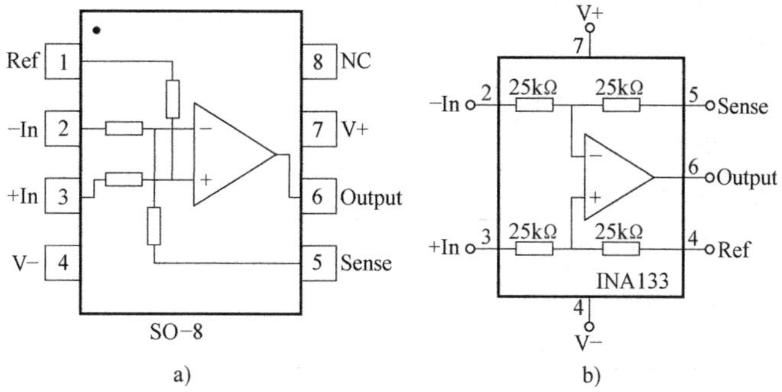

图3-71　INA133U引脚分布与内部等效电路

★★★3.2.43 IR2103 驱动器

IR2103 为功率半导体驱动专用芯片，IR2103S 为 SOIC8 封装结构，IR2103 为 PDIP8 封装结构。

IR2103 的功能框图如图 3-72 所示，其引脚分布如图 3-73 所示。

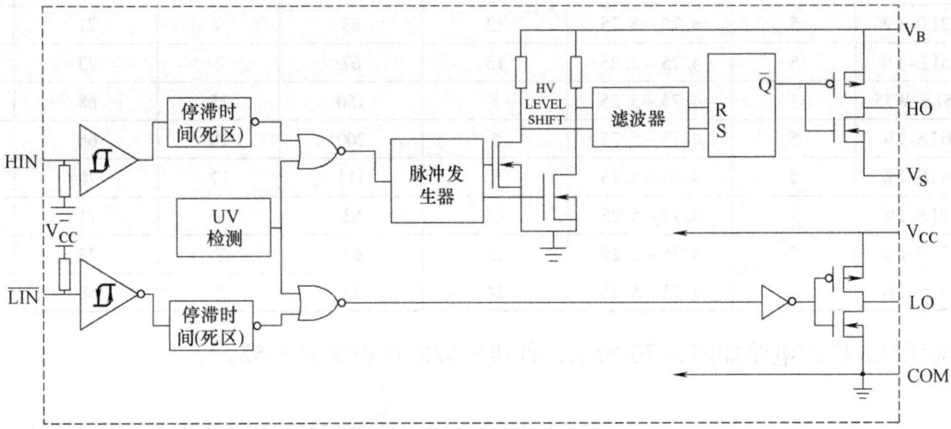

图 3-72 IR2103 的功能框图

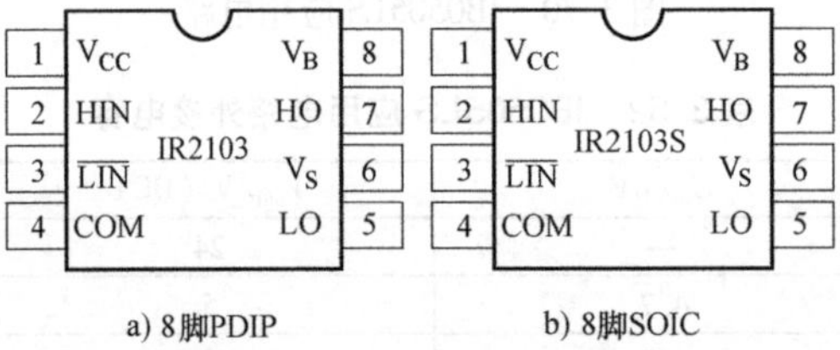

图 3-73 IR2103 引脚分布

IR2103 引脚功能见表 3-53。

表 3-53 IR2103 引脚功能

符号	功能
$\overline{LIN}$	逻辑输入低压侧栅极驱动器输出端（LO）
COM	低压侧返回端
HIN	逻辑输入高压侧栅极驱动器输出端（HO）
HO	高压侧栅极驱动输出端
LO	低压侧栅极驱动输出端
V_B	高压侧浮动电源端
V_{CC}	低压侧与逻辑固定电源端
V_S	高压侧浮动电源返回端

IR2103 的应用电路如图 3-74 所示。

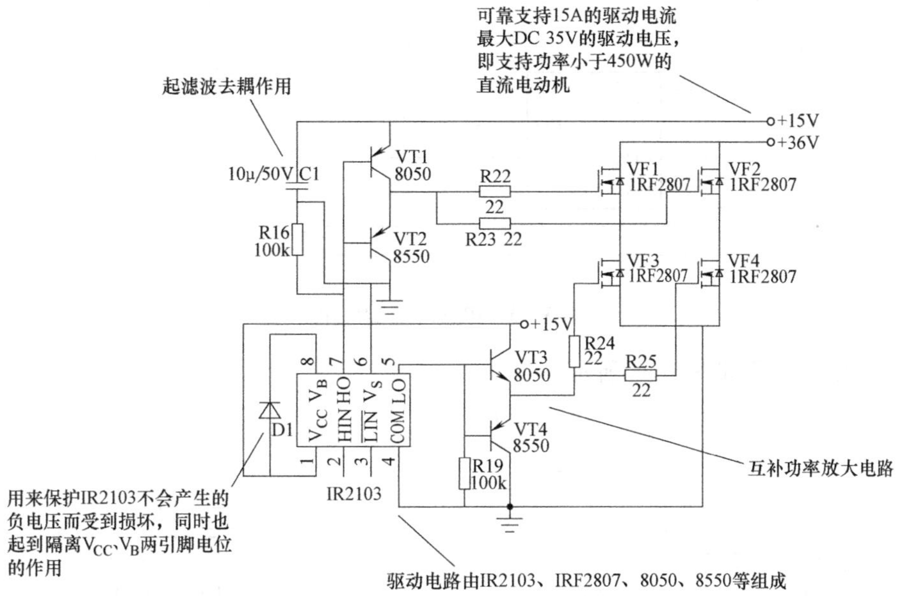

图 3-74 IR2103 的应用电路

★★★3.2.44 IR2111 MOSFET/IGBT 半桥驱动电路

IR2111 为 MOSFET/IGBT 半桥驱动电路。其驱动电压 10 ~ 20V、电流（$I_{O+/-}$）200mA/420mA。

IR2111 引脚功能如图 3-75 所示。

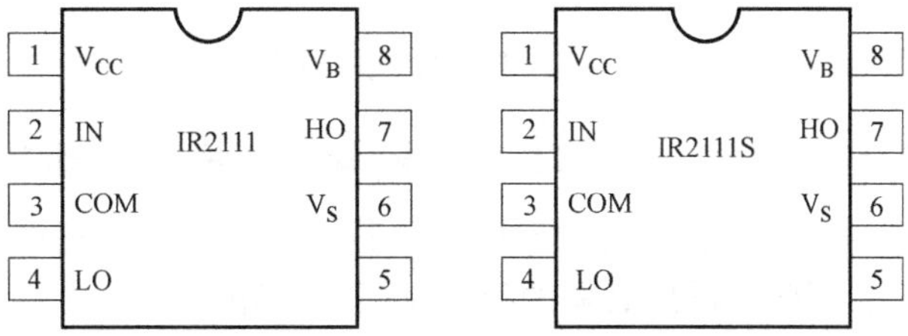

a) 8脚 DIP　　b) 8脚 SOIC

图 3-75 IR2111 引脚功能

IR2111 引脚介绍如下：

1 脚——V_{CC}为给 IR2111 供电的电源，一般为 15V。

2 脚——IN 为控制信号的输入端，输入等效电阻很高，可直接连接来自前面触发电路的 PWM 波。

3 脚—— COM 为接地端。

4、7 脚——HO、LO 分别为上、下管控制逻辑输出端。

6 脚——V_S为高压侧悬浮地。

8 脚——V_B为高压侧悬浮电源端。

IR2111 典型应用如图 3-76 所示。

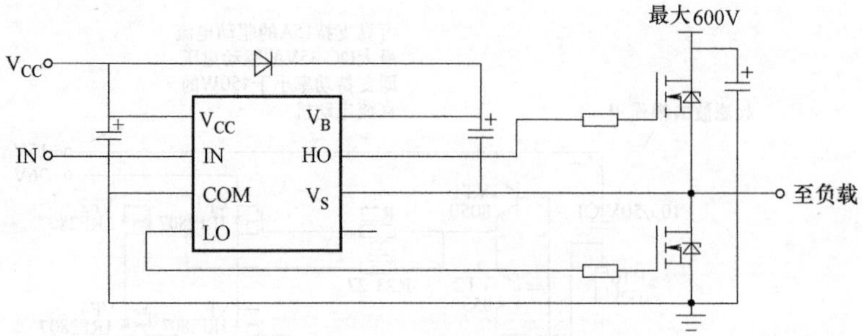

图 3-76　IR2111 典型应用

IR2111 实际应用如图 3-77 所示。

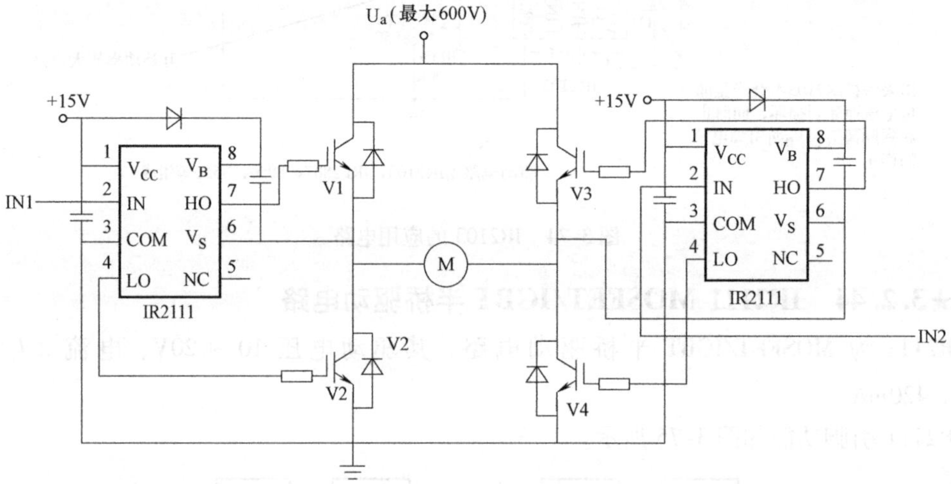

图 3-77　IR2111 实际应用

★★★3.2.45　IR2130 MOS、IGBT 功率器件专用栅极驱动芯片

IR2130 为 MOS、IGBT 功率器件专用栅极驱动芯片。IR2130 的特点如下：

1）自动产生成上、下侧驱动所必需的死区时间（2.5μs）。

2）具有欠电压锁定功能并能及时关断六路输出。

3）可以直接驱动高达 600V 电压的高压系统，输出端具有 dV/dt 抑制功能。

4）最大正向峰值驱动电流为 200mA，反向峰值驱动电流为 420mA。

5）具有电流放大和过电流保护功能，同时关断六路输出。

6）2.5V 逻辑信号输入兼容。

IR2130 内部结构如图 3-78 所示；IR2130 应用电路如图 3-79 所示。IR2130 引脚介绍如下：

V_{CC}——输入电源。

HIN1、HIN2、HIN3、LIN1、LIN2、LIN3——输入端。

FAULT——故障输出端。

ITRIP——电流比较器输入端。

CAO——电流放大器输出端。

CA－——电流放大器反相输入端。

V_{SS}——电源地。

VSD——驱动地。

LO1、LO2、LO3——三路低压侧输出端。

VB1、VB2、VB3——三路高压侧电源端。

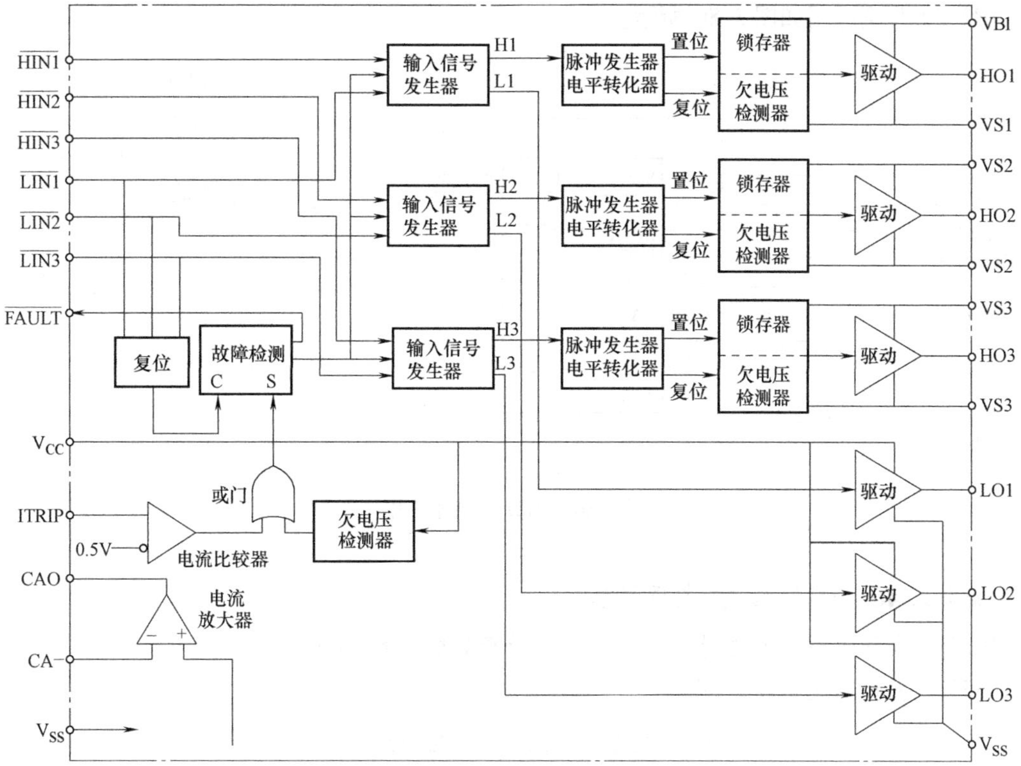

图 3-78　IR2130 内部结构

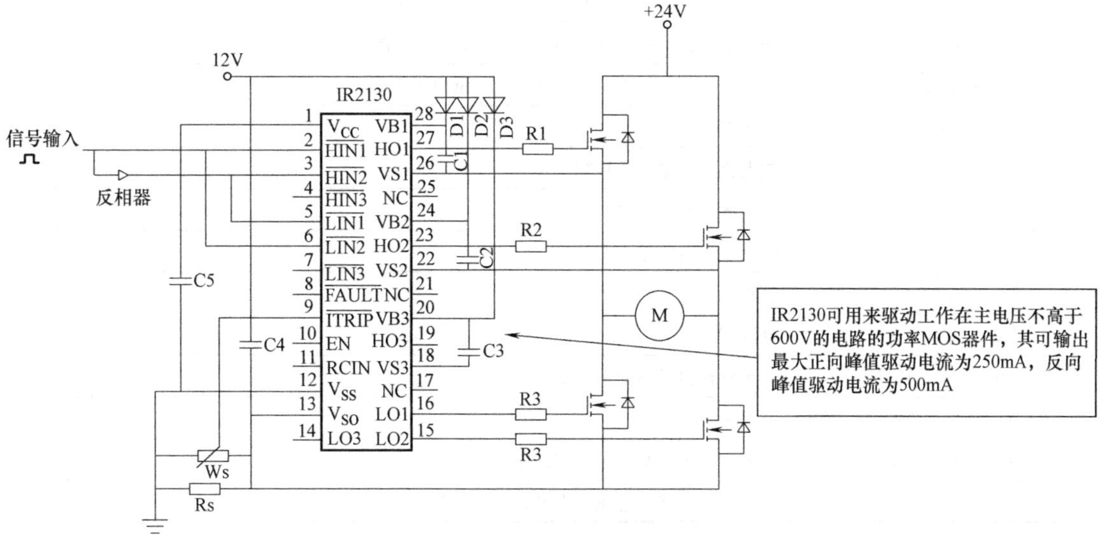

图 3-79　IR2130 应用电路

HO1、VS1，HO2、VS2，HO3、VS3——三路高压侧输出端。

IR2112、IR2113、IR2110 特点差不多，区别在于最大 V_{OFFSET}不同：IR2110 最大 500V，IR2112 和 IR2113 最大 600V。

IR2112、IR2113、IR2110 延迟匹配也不一样：IR2110 最大 10ns，IR2112 最大 30ns，IR2113 最大 20ns。

IR2130 典型应用如图 3-80 所示。

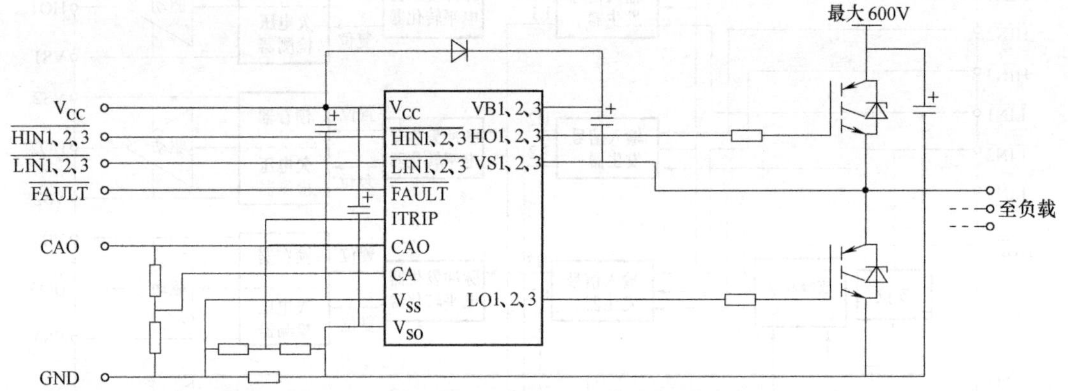

图 3-80　IR2130 典型应用

★★★3.2.46　IR2132 桥式驱动器

IR2132 为三相桥式驱动器。IR2132 引脚分布如图 3-81 所示。

IR2132 引脚功能见表 3-54。

表 3-54　IR2132 引脚功能

符　号	功　能
$\overline{HIN1}$、$\overline{HIN2}$、$\overline{HIN3}$	栅极驱动器 HO1、HO2、HO3 对应输入信号端
$\overline{LIN1}$、$\overline{LIN2}$、$\overline{LIN3}$	栅极驱动器 LO1、LO2、LO3 对应输入信号端
$\overline{FAULT}$	过电流、欠电压锁定指示信号端，低电平有效
V_{CC}	电源端
ITRIP	过电流关断输入信号端
CAO	电流放大器输出端
CA -	电流放大器负输入端
V_{SS}	逻辑地端
V_{B1}、V_{B2}、V_{B3}	电源端
HO1、HO2、HO3	上半桥臂栅极驱动信号输出端
V_{S1}、V_{S2}、V_{S3}	返回端
LO1、LO2、LO3	下半桥臂栅极驱动信号输出端
V_{SO}	上半桥返回端、电流放大器正极输入端

IR2132 在伺服驱动器中的应用如图 3-82 所示。

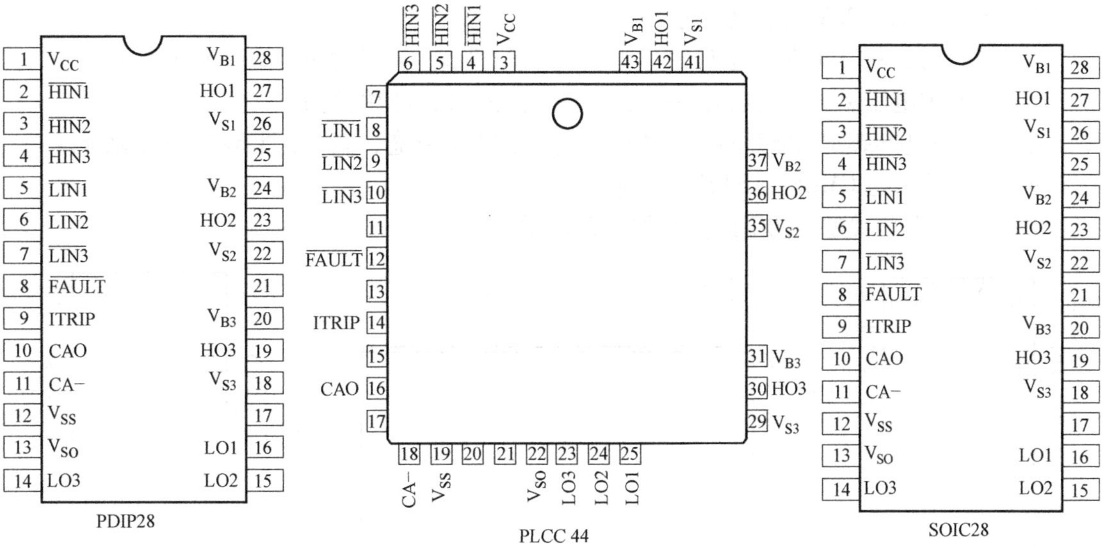

a) IR2130/IR2132　b) IR2130J/IR2132J　c) IR2130S/IR2132S

图 3-81　IR2132 引脚分布

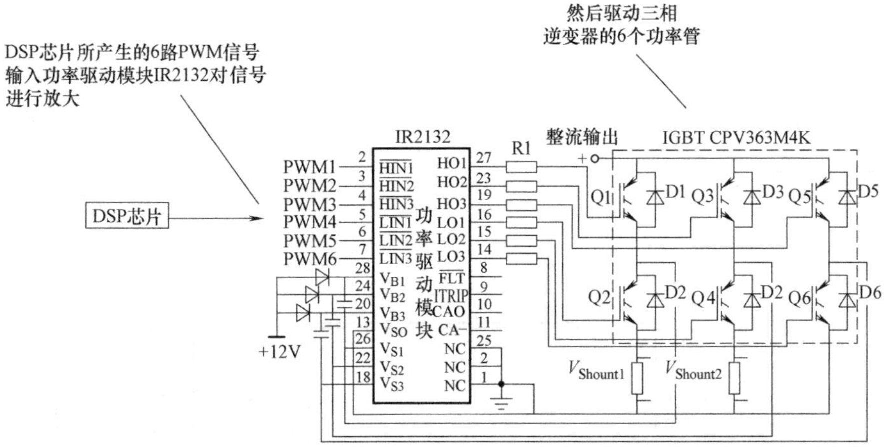

图 3-82　IR2132 在伺服驱动器中的应用

★★★3.2.47　IR2136 桥式驱动器

IR2136 为三相桥式驱动器，它的一些特点如下：

1）IR2136 是功率 MOSFET 与 IGBT 专用栅极驱动集成电路。

2）IR2136 独有的 HVIC（High Voltage Integrated Circuit，高压集成电路）技术使得它可用作驱动工作在母线电压高达 600V 的电路中的功率 MOS 器件。

3）IR2136 内部采用自举技术，使得功率驱动电路仅需一个直流电源，使其实现对功率 MOSFET、IGBT 的最优驱动。

4）具有高端驱动的浮地输出。

5）能产生 10 ~20V 的驱动信号。

6）开通与关断时间典型值 T_{on}/T_{off} 为 0.4μs/0.38μs，死区时间典型值为 0.29μs。

7）具有欠电压保护与过电流保护功能，产生驱动信号使能关闭。

8）具有欠电压锁定功能并能指示欠电压、过电流故障状态，输入端具有噪声抑制功能。

9）逻辑输入与 CMOS、LSTTL 输出兼容。

IR2136 以及相关型号的引脚分布如图 3-83 所示。

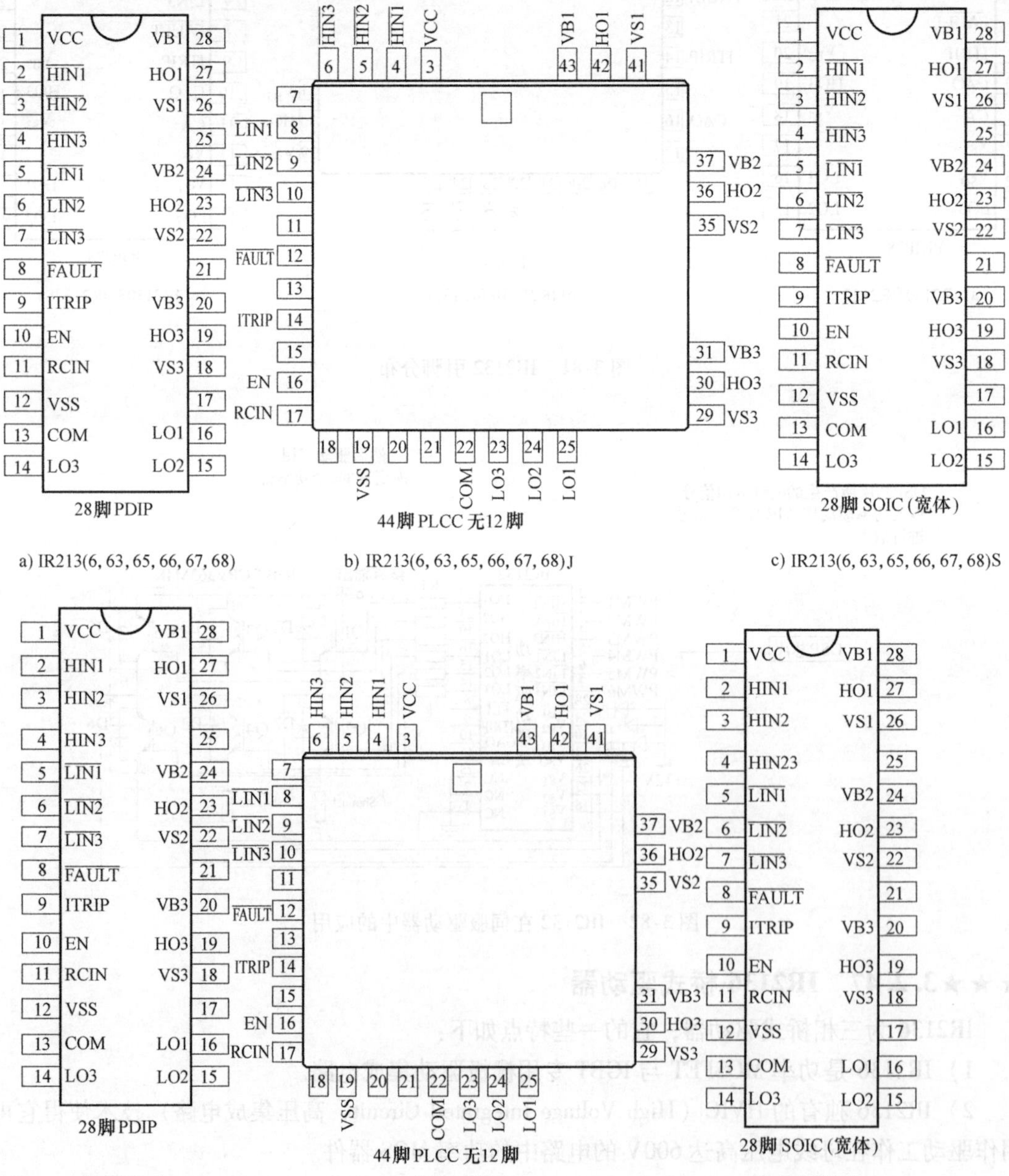

a) IR213(6, 63, 65, 66, 67, 68)　b) IR213(6, 63, 65, 66, 67, 68)J　c) IR213(6, 63, 65, 66, 67, 68)S

d) IR21362　e) IR21362J　f) IR21362S

图 3-83　IR2136 以及相关型号的引脚分布

IR2136 主要引脚功能见表 3-55。

表 3-55 IR2136 主要引脚功能

符　号	功　能
COM	低压侧开关器件射极输出端
FAULT	过电流或欠电压故障输出端。该脚信号可接发光二极管进行故障报警
HIN1、HIN2、HIN3	对应三个高压侧驱动的逻辑信号输入端
HO1、HO2、HO3	对应三个高压侧驱动信号输出端
LO1、LO2、LO3	对应三个低压侧驱动信号输出端
RCIN	清除 FAULT 信号端。该脚电压升高到 8V 时，FAULT 引脚恢复高电平，因此，该脚可接 RC 阻容网络，设定 FAULT 维持有效的时间

符　号	功　能
VB1、VB2、VB3	高压侧基极浮动电压输出端
VCC	输入电源端，最高接 25V，可为低压侧提供电源，为高压侧提供悬浮电源
ITRIP	过电流关断信号输入端。该脚有效时，关断所有逻辑输出并使 FAULT、RCIN 变为有效低电平
LIN1、LIN2、LIN3	对应三个低压侧驱动的逻辑信号输入端
VS1、VS2、VS3	高压侧浮动射极输出端

★★★3.2.48 IR2175 线性电流传感器

IR2175 是交流或直流无刷电动机驱动应用的高压线性电流传感器。其内置了电流检测与保护电路，可以通过串联在绕组回路的采样电阻来进行电流采样。IR2175 的一些特点如下：

1）IR2175 能够自动将输入的模拟信号转换成数字 PWM 信号，该信号可以直接输入处理器进行数据处理。

2）IR2175 带有电压高达 600V 的浮置输入通道。

3）IR2175 可以通过采样电阻获得线性电流反馈。

4）IR2175 带有直接数字 PWM 输出接口。

5）IR2175 低 IQBS 允许支持自举电源供电。

6）IR2175 采用开漏输出方式。

7）IR2175 有独立的快速过电流输出信号。

8）IR2175 有很强的共模信号干扰抑制能力。

9）IGBT 短路条件下具有过电压保护功能。

IR2175 引脚分布如图 3-84 所示。

IR2175 引脚功能见表 3-56。

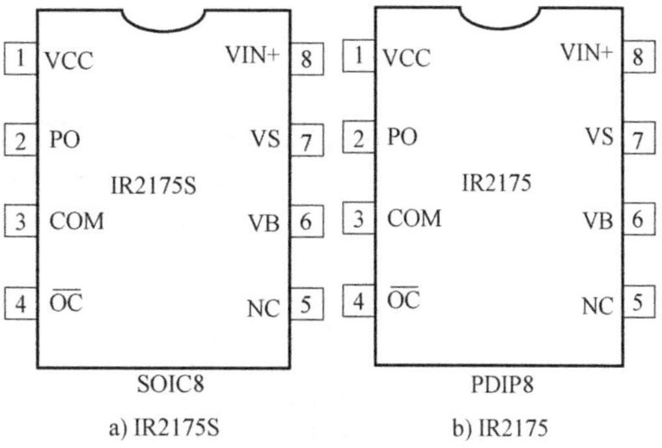

图 3-84 IR2175 引脚分布

表 3-56 IR2175 引脚功能

引　脚	符　号	功　能
1	VCC	低压端电源端
2	PO	数字 PWM 输出端
3	COM	低压端地端
4	$\overline{OC}$	过电流信号输出端，低电平有效
5	NC	空脚端
6	VB	高压端浮置电源电压端
7	VS	高压端浮置电源偏压端
8	VIN +	采样电压正相输入端

IR2175 的应用电路如图 3-85 和图 3-86 所示。

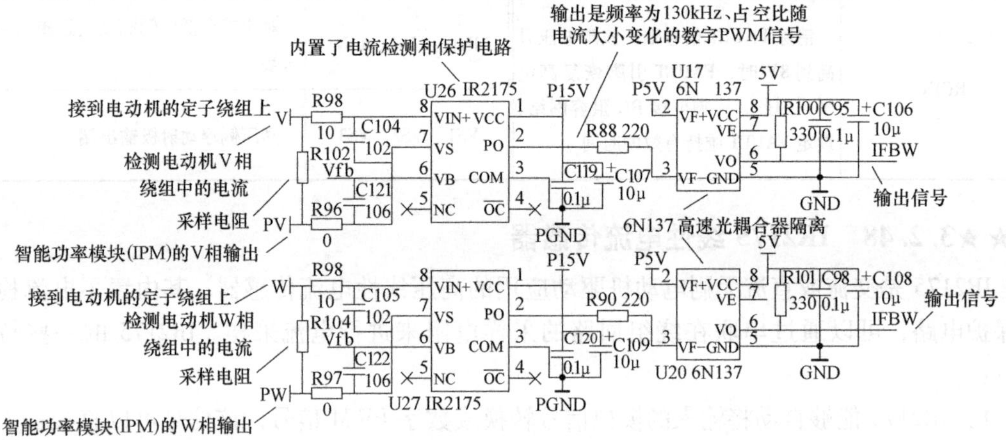

图 3-85　IR2175 的应用电路 1

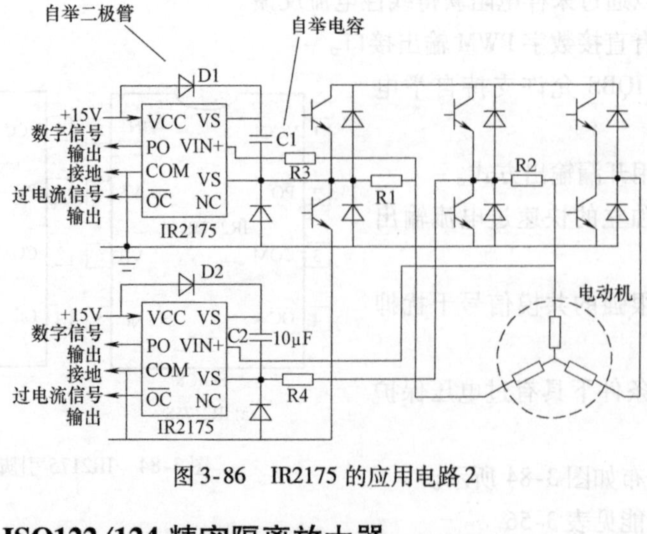

图 3-86　IR2175 的应用电路 2

★★★3.2.49　ISO122/124 精密隔离放大器

ISO122、ISO124 为精密隔离放大器，在 SPI 模拟量给定输入电路中有应用。ISO122、

ISO124 的一些特点如下：

1）具有新颖工作循环的调制-解调技术。

2）发送信号时，数字通过一个 2pF 的差动电容隔离栅，具有数字调制特性的隔离栅不会影响信号的完整性。因此，ISO122、ISO124 具有极好的可靠性、高频瞬态抑制。

3）ISO122、ISO124 两个栅电容封装在同一个塑料封装内。

4）ISO122、ISO124 工作时无须外部元器件，具有 0.02% 的非线性度（最大值）、50kHz 的信号带宽和 200μV/℃（最大值）的 V_{os}漂移。

5）ISO122、ISO124 电源供电范围为 ±4.5 ~ ±18V，小的静态电流 V_{S1} 时为 ±5.0mA、V_{S2}时为 ±5.5mA。

ISO122、ISO124 的引脚分布如图 3-87 所示。

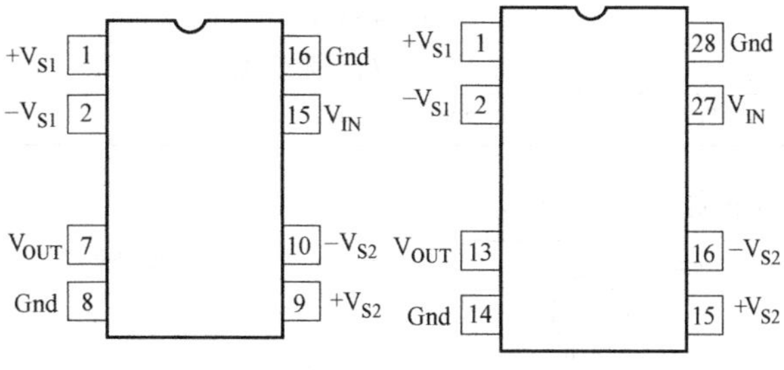

a)　　　b)

图 3-87　ISO122、ISO124 的引脚分布

ISO122 内部等效电路如图 3-88 所示。

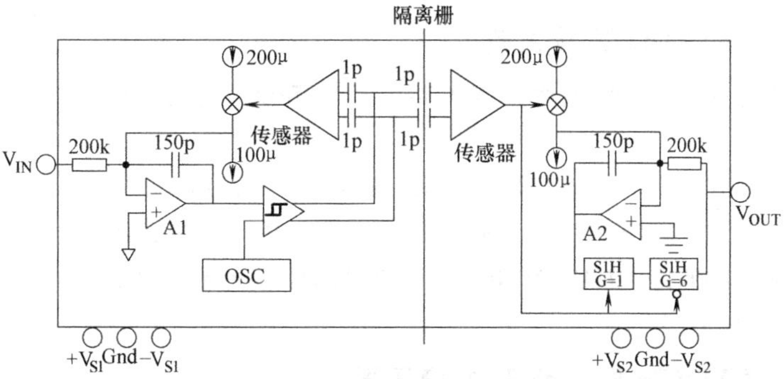

图 3-88　ISO122 内部等效电路

ISO122 的参考代换型号有 AD290A 等。

★★★3.2.50　LA-100P 霍尔电流传感器

LA-100P 为霍尔电流传感器。LA-100P 的参数见表 3-57。

表 3-57　LA-100P 的参数

符号	参　数	数　值
IN	额定电流	100A（RMS）
Ip	测量范围	0 ~ ±150A
RM	测量电阻	$R_{M\ min}$（0Ω）、$R_{M\ max}$（110Ω）
IM	测量电流（输出电流）	额定值 50mA，对应一次电流 100A

（续）

符号	参数	数值
kN	匝数比	1：2000
X	精度（T_a = +25℃）	I_N 的 ±0.5%
Vc	电源电压	±15V（±5%）
Vi	绝缘电压	一次与二次电路间：2kV 有效值/50Hz/1min
Ioff	失调电流（T_a = +25℃）	一次电流 I_N = 0 时，最大值：±0.3mA
Td	温漂（T_a = -25 ~ +85℃）	典型值：±0.35mA，最大值：±0.6 mA
L	线性度	<0.1%
Tr	反应时间	<1μs
f	频率范围	0 ~ 100kHz
Ta	工作温度	-25 ~ +85℃
Ic	耗电	10mA + I_M（测量电流）
Rs	二次内阻（T_a = +70℃）	70Ω

LA-100P 的引脚分布如图 3-89 所示。

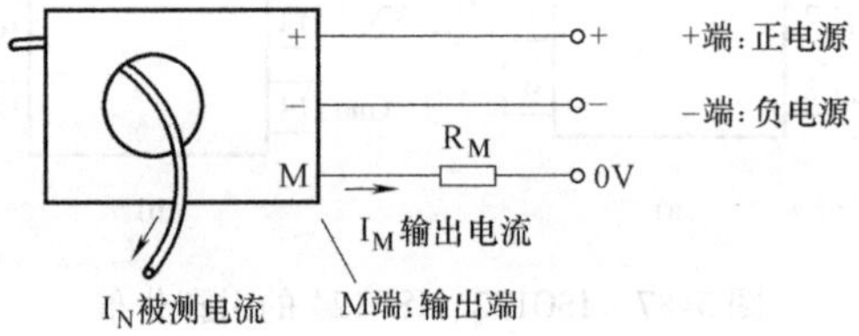

图 3-89　LA-100P 的引脚分布

★★★3.2.51　LF353 运算放大器

LF353 为双路通用 JFET 输入运算放大器，其引脚分布与功能框图如图 3-90 所示。

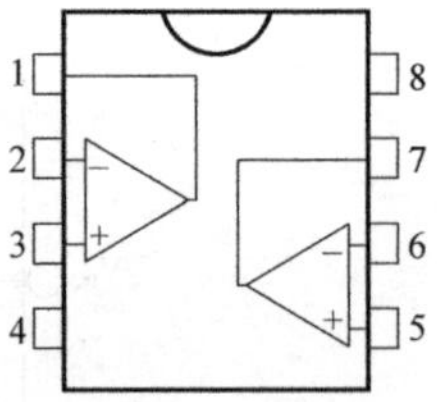

图 3-90　LF353 引脚分布与功能框图

LF353 的参考代换型号有 ECG858M、HA5062-5、LF353N、MC34002P、NJM072D、NTE858M、SK7641、TL072CP、TL082CP、UA772ARC、UA772ATC、UA772BRC、UA772BTC、UA772RC、UA772TC、XR082CP 等。

★★★3.2.52　LM2576 降压型开关稳压器

LM2576 为降压型开关稳压器，其应用电路如图 3-91 所示。

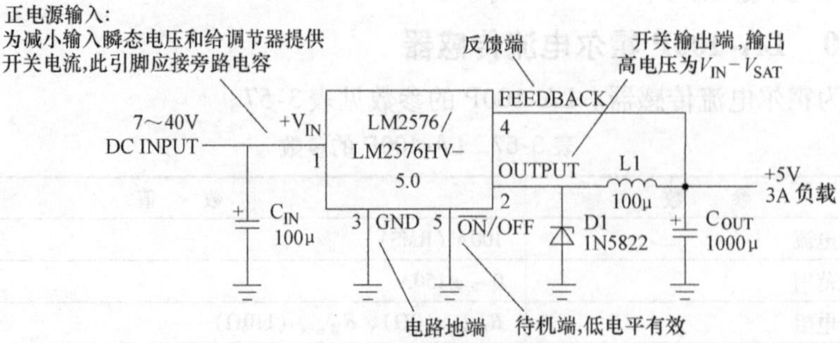

图 3-91　LM2576 应用电路

LM2576 的参考代换型号有 UC2576 等。

★★★3.2.53　LM293 电压比较器

LM293 为双路电压比较器，往往用于宽电压范围内使用单电源供电。LM293 只要两个电源间的电压差为 2～36V，并且 VCC 的正电压至少比输入共模电压高 1.5V，就可以使用双电源供电。LM293 应用电路如图 3-92 所示。

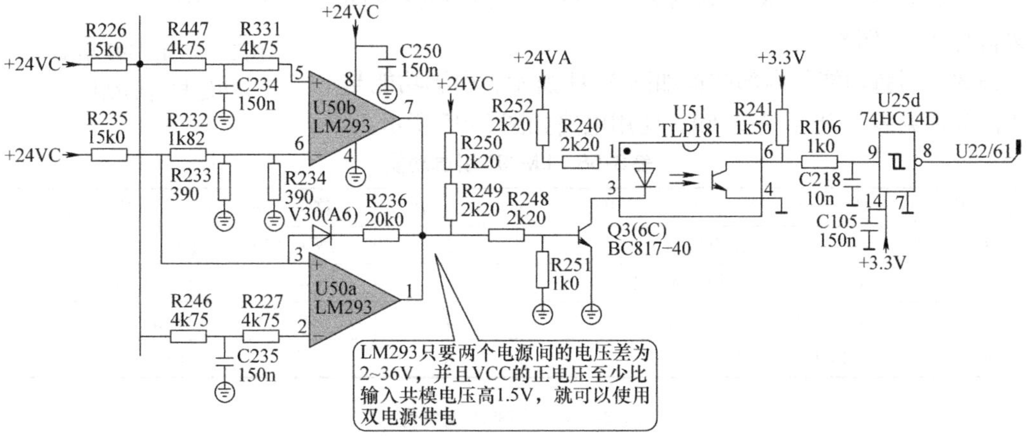

图 3-92　LM293 应用电路

★★★3.2.54　LM358 双运算放大器

LM358 为双运算放大器。LM358 内部包括两个独立的、高增益、内部频率补偿的双运算放大器。LM358 适合于电源电压范围很宽的单电源使用，也适用于双电源工作模式。LM358 的封装形式有塑封 8 引线双列直插式、贴片式、圆筒式。LM358 的引脚分布如图 3-93所示。

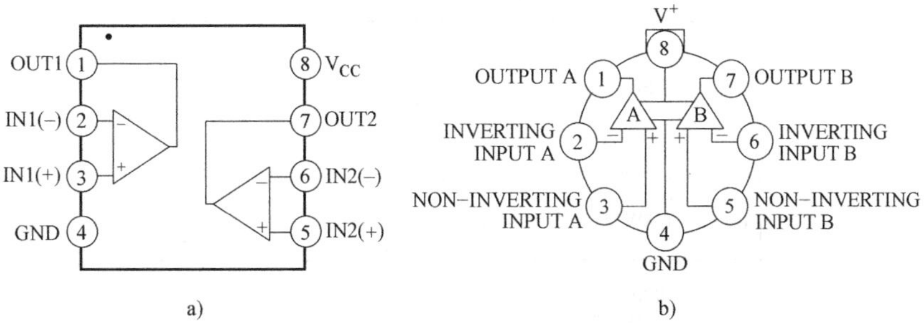

图 3-93　LM358 的引脚分布

LM358 的参考代换型号有 HA17358A、OP221、OP290、OPA1013、OP295、OPA2237、HA17358A、LM358AD、UPC358G 等。

★★★3.2.55　LM393 运算放大器

LM393 为运算放大器，其可以作为双电压比较器。LM393 的一些特点如下：

1）工作电源电压范围宽，单电源、双电源均可工作，单电源为 2～36V，双电源为 ±1～±18V。

2）消耗电流小，$I_{CC}=0.8mA$。

3）输入失调电压小，$V_{IO}=\pm 2mV$。

4）共模输入电压范围宽，$V_{IC}=0\sim V_{CC}-1.5V$。

5）输出与 TTL、DTL、MOS、CMOS 等兼容。

6）输出可以用开路集电极连接或门。

7）采用双列直插 8 脚塑料封装（DIP8）与微型的双列 8 脚塑料封装（SOP8）。

LM393 引脚功能与内部结构如图 3-94 所示，引脚功能与电特性分别见表 3-58 和表 3-59，应用电路如图 3-95 所示。

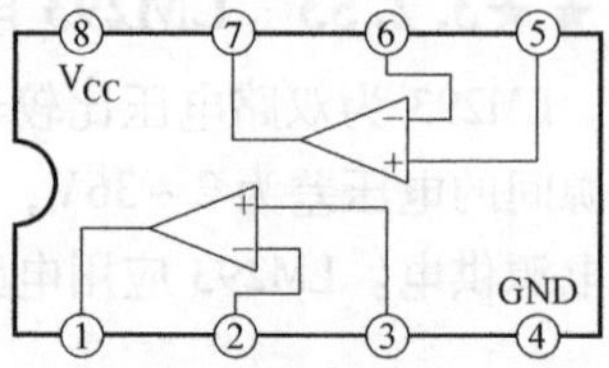

图 3-94　LM393 引脚功能与内部结构

表 3-58　LM393 引脚功能

引　脚	符　号	功　能	引　脚	符　号	功　能
1	OUT1	输出端 1	5	IN+（2）	正相输入端 2
2	IN-（1）	反相输入端 1	6	IN-（2）	反相输入端 2
3	IN+（1）	正相输入端 1	7	OUT2	输出端 2
4	GND	地	8	V_{CC}	电源

表 3-59　LM393 电特性

参　数	符号	测试条件	最小值	典型值	最大值	单位
输入失调电压	V_{IO}	$V_{CM}=0\sim V_{CC}-1.5$，$V_{O(P)}=1.4V$，$R_s=0$		±1.0	±5.0	mV
输入失调电流	I_{IO}			±5	±50	nA
输入偏置电流	I_b			65	250	nA
共模输入电压	V_{IC}		0		$V_{CC}-1.5$	V
静态电流	I_{CCQ}	$R_L=\infty$，$V_{cc}=30V$		0.8	2.5	mA
电压增益	AV	$V_{CC}=15V$，$R_L>15k\Omega$		200		V/mV
灌电流	I_{sink}	$V_{i(-)}>1V$，$V_{i(+)}=0V$，$V_{o(p)}<1.5V$	6	16		mA
输出漏电流	I_{OLE}	$V_{i(-)}=0V$，$V_{i(+)}=1V$，$V_O=5V$		0.1		nA

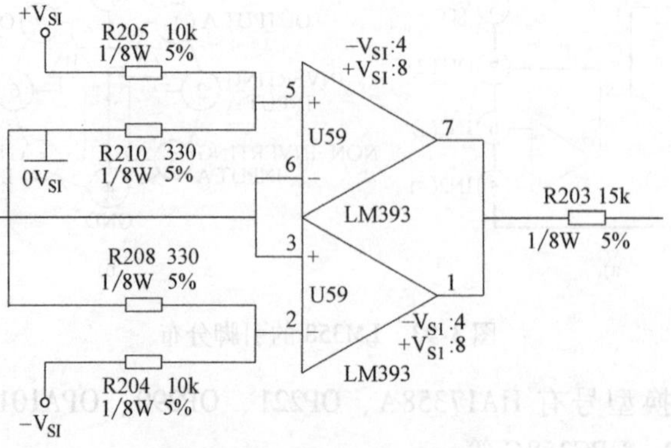

图 3-95　LM393 应用电路

除非特别说明，$V_{CC}=5.0V$，$T_{amb}=25℃$。

LM393 的参考代换型号有 AN1393、AN6914、BA6993、C393C、CA3290AE、CA3290E、EAS00-12900、ECG943M、EW84X196、HA17393、IR9393、LA6393D、LM393JG、LM393N、LM393NB、LM393P、M5233P、NJM2901、NJM2901D、NJM2903D、NTE943M、PC393C、

RC2403NB、SK9721、SK9993、TA75393、TA75393P、TCG943M、TDB0193DP、UPC373C、UPC393、UPC393C 等。

★★★3.2.56 MA1010 开关电源集成电路

MA1010 为开关电源集成电路。MA1010 极限参数见表 3-60。

表 3-60 MA1010 极限参数

符号	P Class 参数	N Class 参数	单位
Tstg	-30～125	-30～125	℃
Top	-20～125	-20～125	℃
Vin	500	500	V
Iin	6	6	A
f (max)	200	200	kHz

MA1010 电气参数见表 3-61。

表 3-61 MA1010 电气参数

类型	符号	P Class 参数	N Class 参数	单位
Q1	ICEX	MAX 0.1	MAX 0.1	mA
	hFE	15～30	10～20	
	VCE (sat)	MAX 1.0	MAX 1.0	V
	θjc	MAX 4.17	MAX 4.17	℃/W
D1	IR	MAX 10	MAX 10	μA
	VF	MAX 1.7	MAX 1.7	V

★★★3.2.57 MA4810 开关电源集成电路

MA4810 为开关电源集成电路。MA4810 的极限参数见表 3-62。

表 3-62 MA4810 的极限参数

符号	参数	单位
Tstg	-30～125	℃
Top	-20～125	℃
Vin	800	V
Iin	3	A

MA4810 的电气参数见表 3-63。

表 3-63 MA4810 的电气参数

类型	符号	参数	单位
Q1	IDSS	MAX 250	A
	RDS (on)	MAX 5	
	jc	MAX 2.9	℃/W
D1	IR	MAX 10	A
	VF	MAX 1.7	V

★★★3.2.58 MA4820 开关电源集成电路

MA4820 为开关电源集成电路。MA4820 极限参数见表 3-64。

表 3-64　MA4820 极限参数

符　　号	参　　数	单　　位
Tstg	-30～125	℃
Top	-20～125	℃
Vin	800	V
Iin	5	A

MA4820 的电气参数见表 3-65。

表 3-65　MA4820 的电气参数

类　　型	符　　号	参　　数	单　　位
Q1	IDSS	MAX 250	A
	RDS（on）	MAX 3	
	jc	MAX 2.3	℃/W
D1	IR	MAX 10	A
	VF	MAX 1.7	V

★★★3.2.59　MAX232 RS232 通信接口集成电路

MAX232 为 RS232 通信接口集成电路。MAX232 的引脚分布如图 3-96 所示。

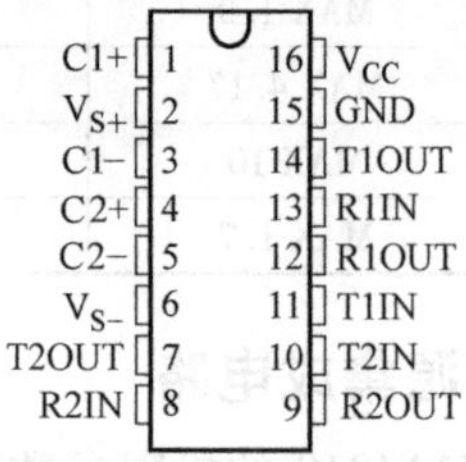

图 3-96　MAX232 的引脚分布

MAX232 的引脚功能见表 3-66。

表 3-66　MAX232 的引脚功能

引　　脚	解　　说
1、2、3、4、5、6	电荷泵电路由 1、2、3、4、5、6 脚和电容构成。电荷泵电路的功能是产生 +12V、-12V 两个电源，满足 RS232 串口电平的需要
7、8、9、10、11、12、13、14	数据转换通道由 7、8、9、10、11、12、13、14 脚构成两个数据通道。其中，13 脚（R1IN）、12 脚（R1OUT）、11 脚（T1IN）、14 脚（T1OUT）为第一数据通道，8 脚（R2IN）、9 脚（R2OUT）、10 脚（T2IN）、7 脚（T2OUT）为第二数据通道 TTL/CMOS 数据从 11 脚（T1IN）、10 脚（T2IN）输入转换成 RS232 数据从 14 脚（T1OUT）、7 脚（T2OUT）送到计算机 DB9 插头；DB9 插头的 RS232 数据从 13 脚（R1IN）、8 脚（R2IN）输入转换成 TTL/CMOS 数据后从 12 脚（R1OUT）、9 脚（R2OUT）输出
15、16	供电端，其中 15 脚为 GND，16 脚为 V_{CC}（即 +5V）

MAX232 的参考代换型号有 ADM202E、SP232A、LT1080、SP240、ADM232、ADM1181A 等。

★★★3.2.60　MC33035 控制器

MC33035 是 ON Semiconductor（安森美半导体）公司的第二代单片无刷直流电动机控

制器。

MC33035 包含实现一个全性能三相或四相电动机开环控制系统所需的全部功能。MC33035 可以用于传感器电气相位为 60°/300°或 120°/240°的无刷直流电动机运行，也可有效地控制有刷直流电动机。其工作电压为 10 ~ 30V。

MC33035 的引脚分布如图 3-97 所示。

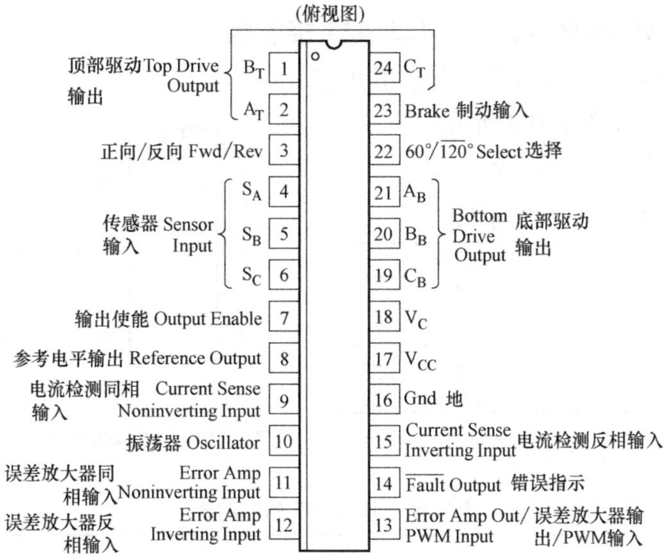

图 3-97 MC33035 的引脚分布

MC33035 的参考代换型号有 UDN2936W120、CP1205HD、ML33035 等。

★★★3.2.61 MC34063 电源芯片

MC34063 包含了 DC/DC 变换器所需要的主要功能的单片控制电路。MC34063 输入电压范围为 2.5 ~ 40V，输出电压范围为 1.25 ~ 40V。检修 MC34063 的应用电路时，主要通过检测其输入端输入电压、输出端输出电压是否正常来判断。

MC34063 应用电路如图 3-98 所示。

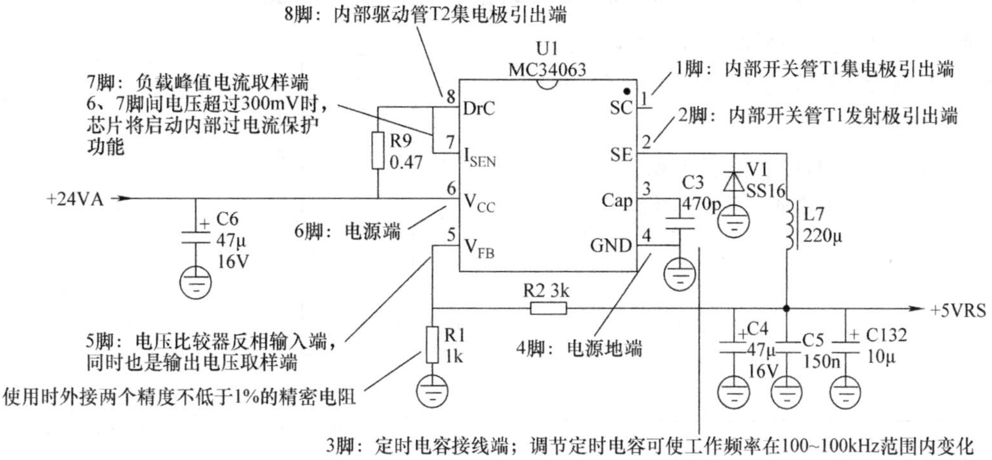

图 3-98 MC34063 应用电路

★★★3.2.62　MC34081 运算放大器

MC34081 为运算放大器。MC34081 的引脚分布如图 3-99所示。

MC34081 的参考代换型号有 AD542、OPA132、AD744、OPA602、AD711 等。

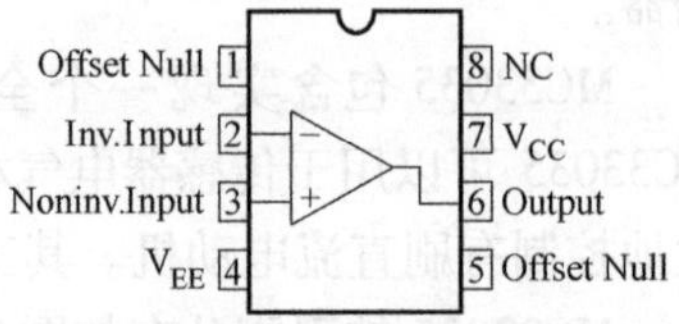

图 3-99　MC34081 的引脚分布

★★★3.2.63　MC3486 四 EIA-422/423 接收器

MC3486 为四 EIA-422/423 接收器，其内部等效电路与引脚分布如图 3-100 所示。

MC3486 的引脚功能见表 3-67。

表 3-67　MC3486 的引脚功能

引　脚	功　能
A	输入端
B	反相输入端
Y	输出端
EN	允许端

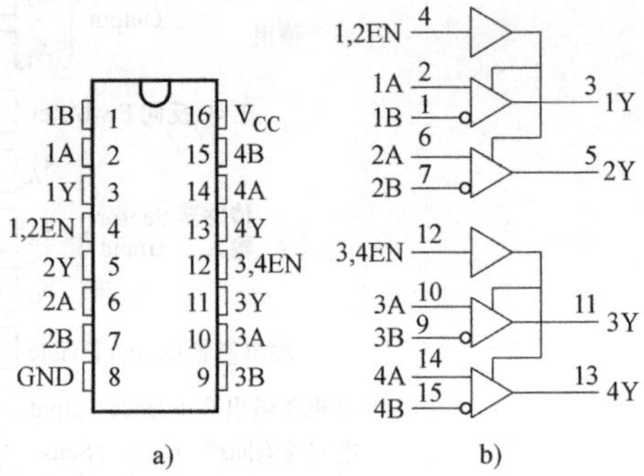

图 3-100　MC3486 内部等效电路与引脚分布

MC3486 的功能表见表 3-68。

表 3-68　MC3486 的功能表

差动输入 A－B	允　许	输出 Y
$V \geqslant 0.2V$	H	H
$-0.2V < V < 0.2V$	H	?
$V \leqslant -0.2V$	H	L
不相关	L	Z
开路	H	?

注：H＝高电平；L＝低电平；Z＝高阻态；？＝不确定。

MC3486 的参考代换型号有 SP489 等。MC3486D 的参考代换型号有 SP489CT 等。

★★★3.2.64　MC3487 接口 RS422 四路差动线路驱动器

MC3487 为接口 RS422 四路差动线路驱动器，其内部等效电路与引脚分布如图 3-101所示。

MC3487 的引脚功能见表 3-69。

表 3-69　MC3487 的引脚功能

引　脚	功　能
A	输入端
EN	允许端
Y	输出端
Z	反相输入端

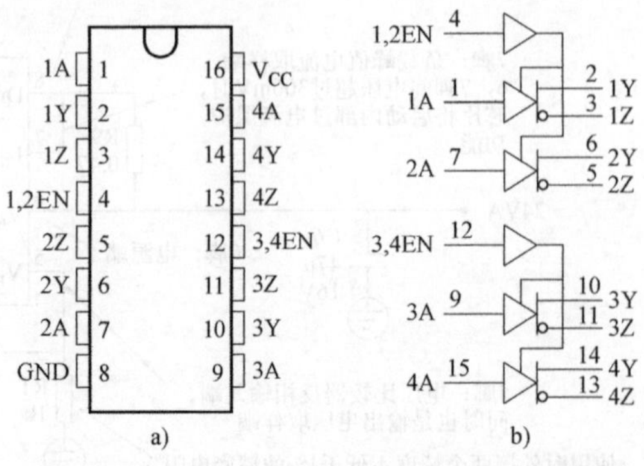

图 3-101　MC3487 内部等效电路与引脚分布

MC3487 的功能表见表 3-70。

表 3-70 MC3487 的功能表

输 入	输出允许	输出 Y	输出 Z
H	H	H	L
L	H	L	H
X	L	Z	Z

注：H＝高电平；L＝低电平；Z＝高阻态；X＝不相关。

MC3487 的参考代换型号有 SP487 等。

★★★3.2.65 PC929 光耦合器

PC929 为光耦合器，其引脚功能见表 3-71。

表 3-71 PC929 的引脚功能

引脚	功 能	引脚	功 能
1	内部发光二极管阴极端	9	IGBT 管压降信号检测端，一般 9、10 脚经外电路并联于 IGBT 的 C、E 极上。IGBT 在额定电流下的正常管压降仅为 3V 左右。异常管压降的产生表征了 IGBT 运行在危险的过电流状态下。9 脚故障报警阈值为 7V
2	内部发光二极管阴极端	10、14	输出侧供电负端
3	发光二极管阳极端。1、3 脚构成信号输入端。在正常状态下，变频器无论处于待机或运行状态，2、3 脚输入脉冲信号电流，11 脚相继产生 +15V 与 -7.5V 的输出驱动电压信号	11	驱动信号输出端，一般经栅极电阻接 IGBT 或后置功率放大电路
4、5、6、7	空脚端	12	输出级供电端，一些应用电路中将 13、12 脚短接
8	IGBT 的 OC（过电压、过电流、短路）信号输出端一般由外接光耦合器将故障信号返回 CPU	13	输出侧供电正端

PC929 驱动集成电路与 PC923 相比，参数与 PC923 相接近，在电路结构上要复杂一些。PC929 除内部有一个脉冲信号传输通道外，还含有 IGBT 管压降检测电路（又称 IGBT 保护电路）和 OC/SC 故障报警电路。IGBT 保护电路不是通过电流采样对 IGBT 实施保护的，而是通过对 IGBT 管压降的检测，来实施保护动作的。IGBT 在额定电流运行状态下，导通管压降一般在 3V 以内。

PC929 可以与 TLP520、A3120 等互为代换。其上电检测方法也与 TLP250 相同。

★★★3.2.66 PIC18C452 微处理器

PIC18C452 为微处理器、单片机，其应用电路如图 3-102 所示。

PIC18C4X2 引脚功能分布如图 3-103 所示。

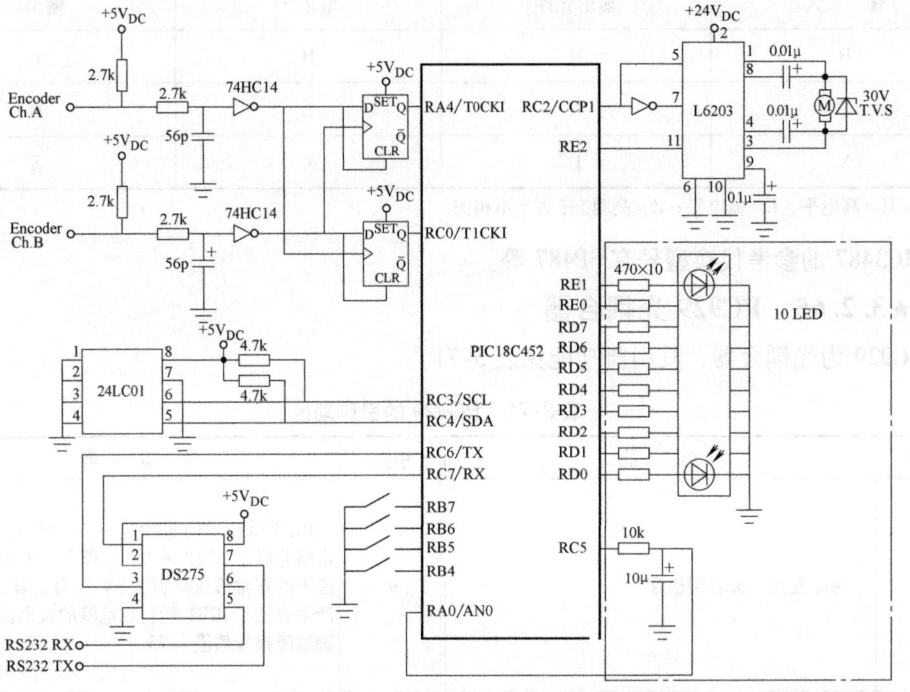

图 3-102　PIC18C452 应用电路

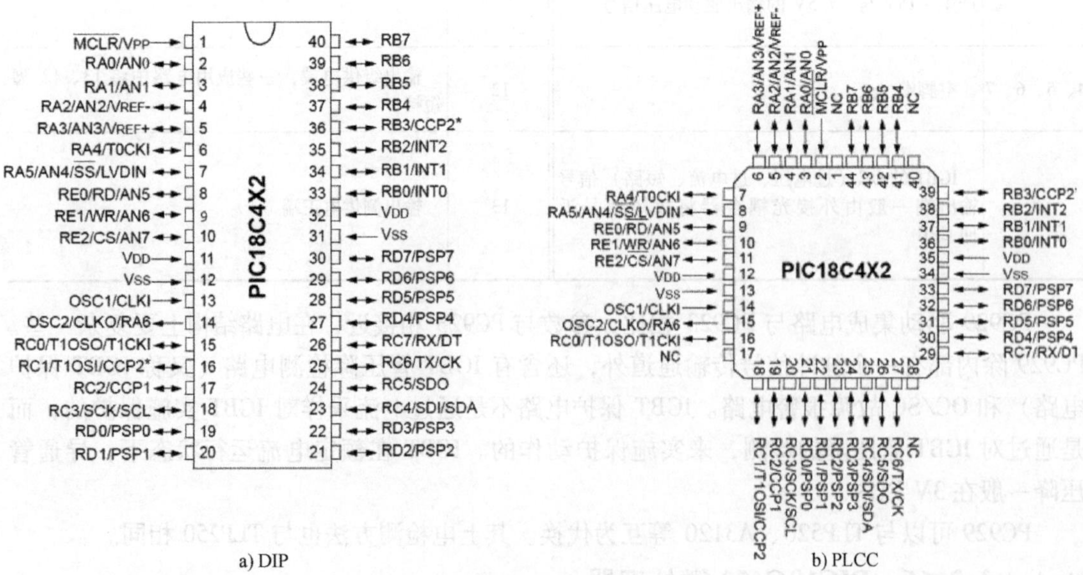

图 3-103　PIC18C4X2 引脚功能分布

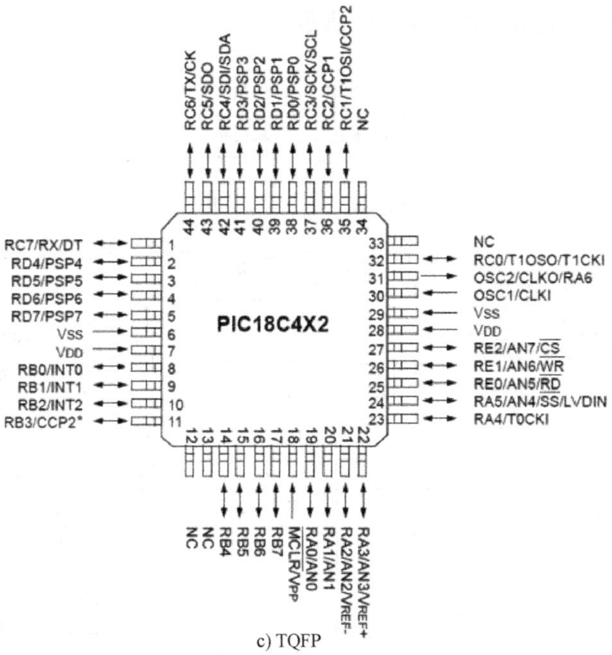

c) TQFP

图 3-103 PIC18C4X2 引脚功能分布（续）

★★★3.2.67 PS2702 光耦合器

PS2702 为光耦合器，其引脚分布如图 3-104 所示。

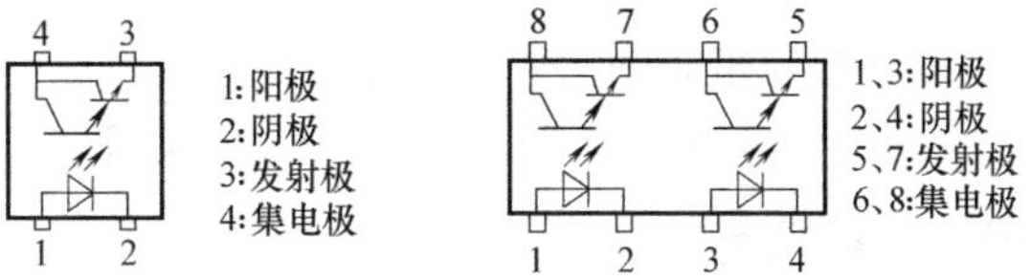

a) PS2702-1　　b) PS2702-2

图 3-104 PS2702 引脚分布

PS2702-1（SO6）的参考代换型号有 TLP187、H24A1、LTV355T、PC365 等。

★★★3.2.68 PS2705 光耦合器

PS2705 为光耦合器，其引脚分布如图 3-105 所示。

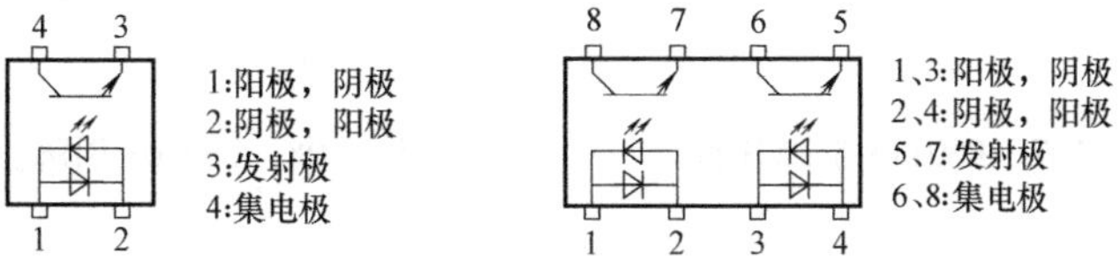

a) PS2705-1　　b) PS2705-2

图 3-105 PS2705 引脚分布

PS2705-1（4 脚 SO6）的参考代换型号有 TLP184 等。

PS2705A-1（4 脚 SO6）的参考代换型号有 TLP184 等。

光耦合器 PS2705 的应用，如图 3-106 所示。

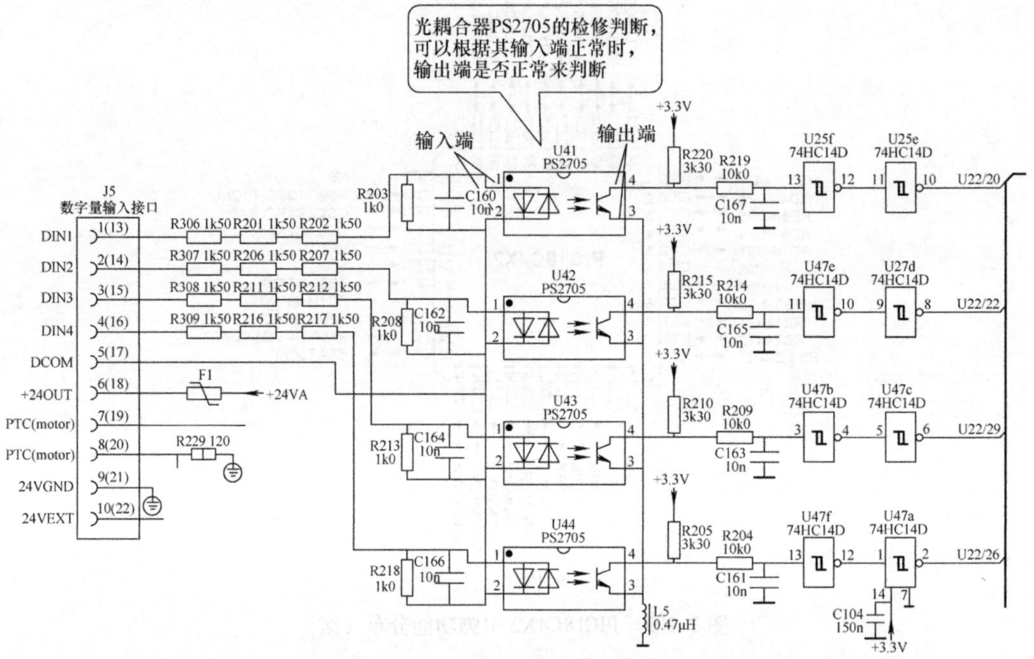

图 3-106　光耦合器 PS2705 的应用

★★★3.2.69　PS9113 光耦合器

PS9113 为光耦合器，其引脚分布如图 3-107 所示。

PS9113（5 脚 SO6）的参考代换型号有 TLP2358、TLP104 等。

★★★3.2.70　PS9701 光耦合器

PS9701 为光耦合器，其可以应用于信号隔离整形电路中。PS9701 引脚分布如图 3-108 所示。

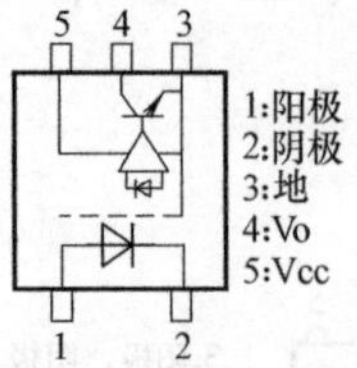

图 3-107　PS9113 引脚分布

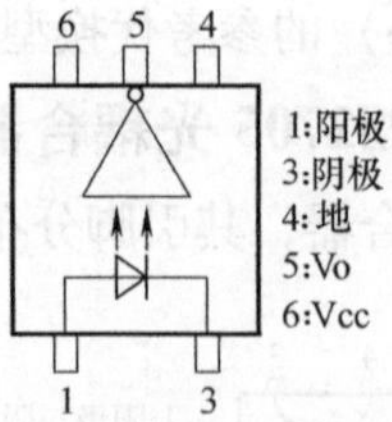

图 3-108　PS9701 引脚分布

PS9701（5 脚 SO6）的参考代换型号有 TLP2362 等。

★★★3.2.71　SN65HVD05 高输出 RS485 收发器

SN65HVD05 为高输出 RS485 收发器，其引脚分布如图 3-109 所示。

SN65HVD05 的逻辑图（正逻辑）如图 3-110 所示。

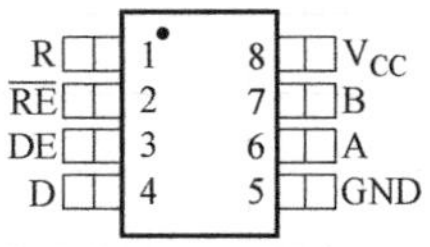

图 3-109 SN65HVD05 引脚分布

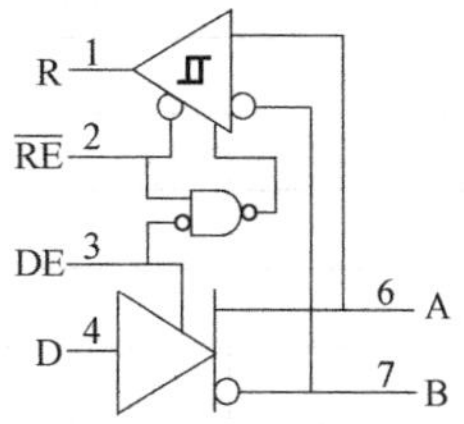

图 3-110 SN65HVD05 的逻辑图（正逻辑）

SN65HVD05 的参考代换型号有 ISL4486IB 等。

★★★3.2.72 SN74HCT14 六路施密特触发器

SN74HCT14 为六路施密特触发器，其引脚分布如图 3-111 所示。

SN74HCT14 的功能见表 3-72。

表 3-72 SN74HCT14 的功能

输入 A	输出 Y
H	L
L	H

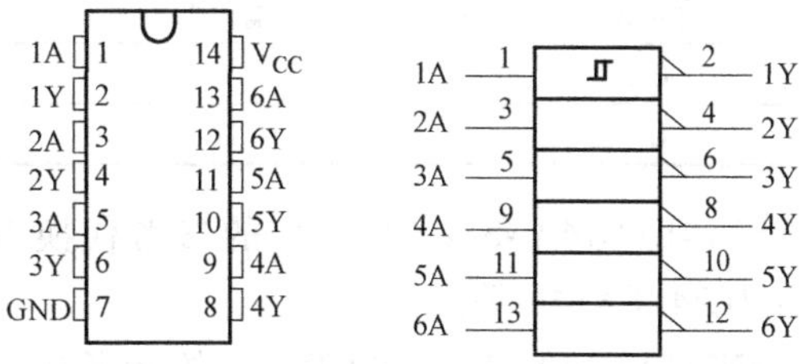

图 3-111 SN74HCT14 引脚分布

TC74VHCT14AFT（TSSOP14）的参考代换型号有 HD74HCT14T、MC74HCT14ADT、SN74HCT14PW、SN74HCT14PWR 等。

TC74VHCT14AF（SOP14）的参考代换型号有 HD74HCT14FP、MC74HCT14AF 等。

★★★3.2.73 SN74HCT573 具有三态输出 D 类锁存器

SN74HCT573 为具有三态输出的八路 D 类锁存器。有的应用电路是利用 SN74HCT573 作为 PWM 输出的缓冲器，这样可以增加驱动能力以及隔离保护作用。SN74HCT573 引脚分布如图 3-112 所示。

SN74HCT573 的逻辑图（正逻辑）如图 3-113 所示。

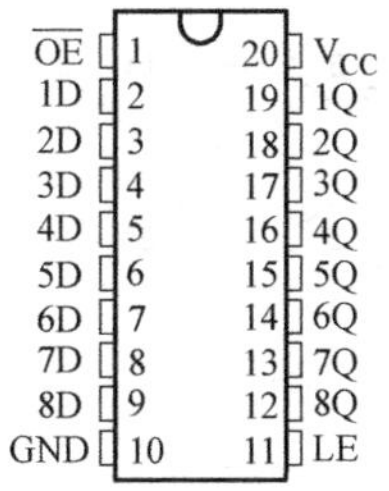

图 3-112 SN74HCT573 引脚分布

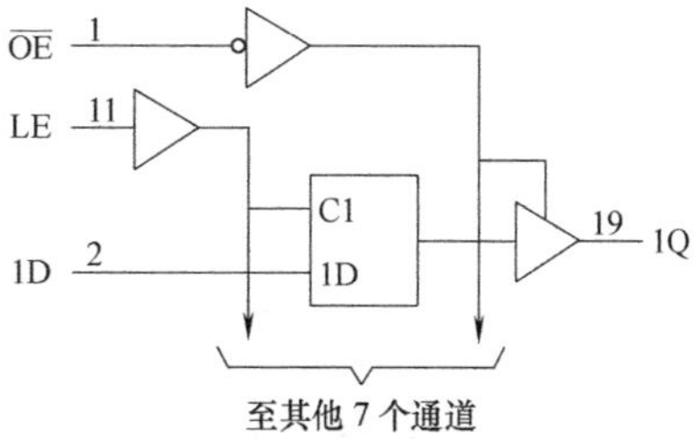

图 3-113 SN74HCT573 的逻辑图（正逻辑）

SN74HCT573 的功能（每个闩锁）见表 3-73。

TC74HCT573AP（DIP20）的参考代换型号有 SN74HCT573AN、SN74HCT573N 等。

TC74HCT573AF（SOP20）的参考代换型号有 SN74HCT573ANS、SN74HCT573NS 等。

TC74VHCT573AFT（TSSOP20）的参考代换型号有 SN74HCT573APW、SN74HCT573PW 等。

表 3-73　SN74HCT573 的功能（每个闩锁）

输　入			输出 Q
$\overline{OE}$	LE	D	
L	H	H	H
L	H	L	L
L	L	X	Q0
H	X	X	Z

★★★3.2.74　SN74LVC14 六路施密特触发反相器

SN74LVC14 为六路施密特触发反相器，其引脚分布如图 3-114 所示。

SN74LVC14 的功能见表 3-74。

表 3-74　SN74LVC14 的功能

输入 A	输出 Y
H	L
L	H

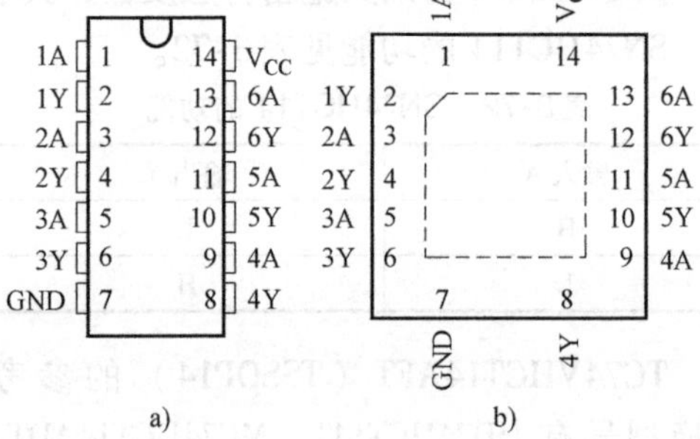

图 3-114　SN74LVC14 引脚分布

SN74LVC14ANS（SOP14）的参考代换型号有 TC74LCX14F 等。

SN74LVC14APW（TSSOP14）的参考代换型号有 TC74LCX14FT 等。

SN74LVC14APWRG4（TSSOP14）的参考代换型号有 TC74LCX14FT 等。

★★★3.2.75　SN75175 四路差动线路接收器

SN75175 为四路差动线路接收器，其引脚分布如图 3-115 所示。

SN75175 的逻辑图（正逻辑）如图 3-116 所示。

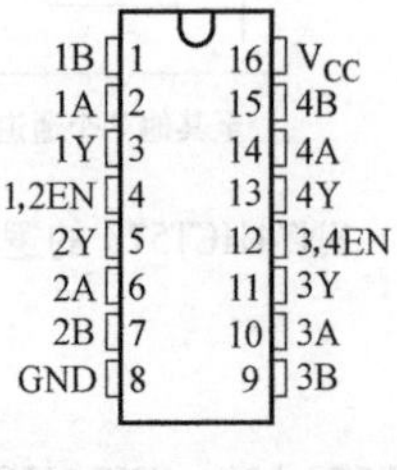

图 3-115　SN75175 引脚分布

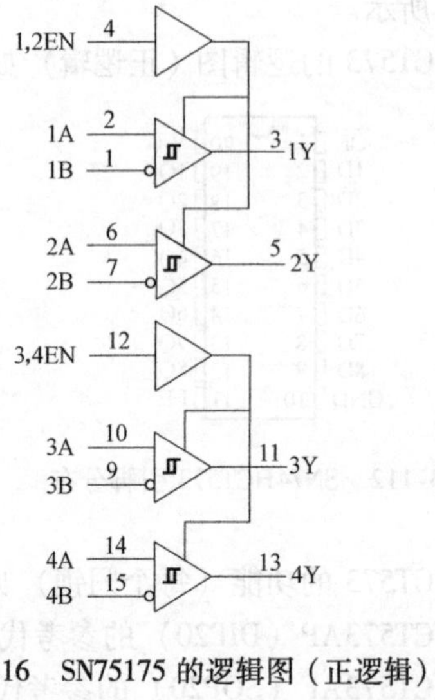

图 3-116　SN75175 的逻辑图（正逻辑）

SN75175 的功能见表 3-75。

表 3-75　SN75175 的功能

差分 A-B	启　用	输出 Y
$V_{ID} \geq 0.2V$	H	H
$-0.2V < V_{ID} < 0.2V$	H	?
$V_{ID} \leq -0.2V$	H	L
X	L	Z
开路	H	?

注：H = 高电平；L = 低电平；？= 不确定；X = 不相干；Z = 高阻抗（关闭）。

SN75175 的参考代换型号有 SP489 等。

★★★3.2.76　TL16C550 串口接口芯片

TL16C550 是 TI 公司的异步通信器件，其是标准的串口接口芯片。它的一些特点如下：

1）供电电压为 5V 或 3.3V。

2）时钟频率可达 16MHz，通信时波特率可达 1Mbit/s，可以通过软件设置设定波特率发生器。

3）具有标准的异步通信位，可选 5、6、7、8 位串行数据位，可设置奇偶检验模式或无奇偶校验模式，停止位长度为 1、1.5、2。

4）独立控制发送、接收、线状态以及中断的设置。

5）软件设置 FIFO，可以减少 CPU 中断。

TL16C550 的引脚功能见表 3-76。

表 3-76　TL16C550 的引脚功能

引　脚	解　说
A0 ~ A2	片内寄存器的选择信号端，用于选择读出或写入 TL16C550 寄存器的数值
D0 ~ D7	双向 8 位数据总线端
$\overline{\text{ADS}}$	地址选通信号。该引脚有效时，可将 CS0、CS1、A0、A1、A2 锁存在 TL16C550 内部
XIN、XOUT	外部时钟输入/输出端，可接晶体振荡器或外部时钟信号
CS0、CS1、$\overline{\text{CS2}}$	片选信号端。当 CS0 = CS1 = 1 且 $\overline{\text{CS2}}$ = 0 时，TL16C550 才被选通
$\overline{\text{WR1}}$、WR2、$\overline{\text{RD1}}$、RD2	读、写信号端
$\overline{\text{BAUDOUT}}$	波特率输出端，可直接连接到 RCLK 引脚上
MR	主机复位端
INTRPT	中断输出端，高电平有效
$\overline{\text{RXRDY}}$	接收准备端
$\overline{\text{TXRDY}}$	传送准备端

TL16C550 的引脚分布如图 3-117 所示。

TL16C550AN、TL16C550AFN、TL16C550 的参考代换型号有 Ei16C550 等。

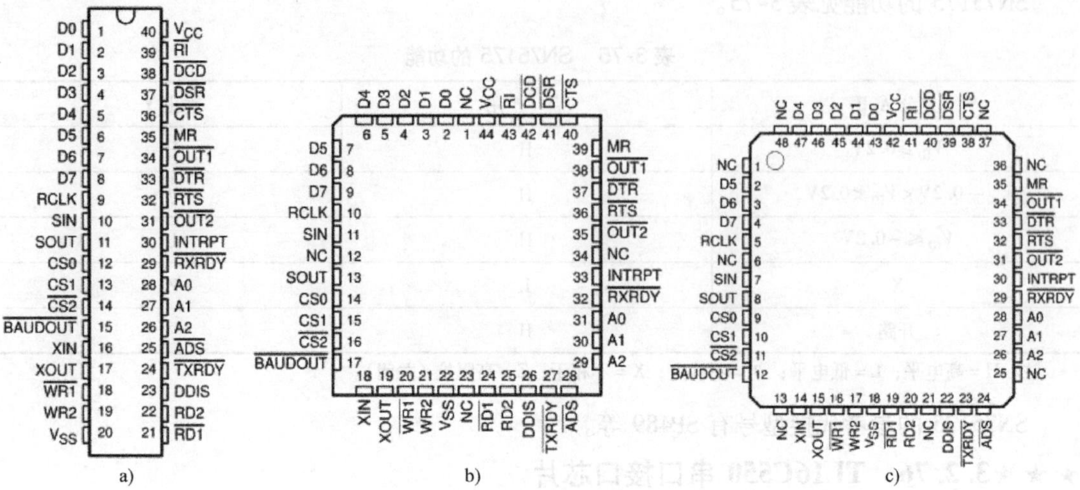

图 3-117 TL16C550 的引脚分布

★★★3.2.77 TL431 可调分流基准芯片

TL431 为可调分流基准芯片，它的一些特点如下：

1）能提供稳定、精确的 2.5V 参考电压。

2）稳压值在 2.5 ~ 36V 连续可调。

3）参考电压原误差为 ±1.0%。

4）低动态输出电阻，典型值为 0.22Ω。

5）输出电流为 1.0 ~ 100mA。

6）全温度范围内温度特性平坦，典型值为 50×10^{-6}/℃。

7）低输出电压噪声。

TL431 封装与引脚分布如图 3-118 所示，TL431 符号如图 3-119 所示，内部结构如图 3-120所示，原理图如图 3-121 所示。

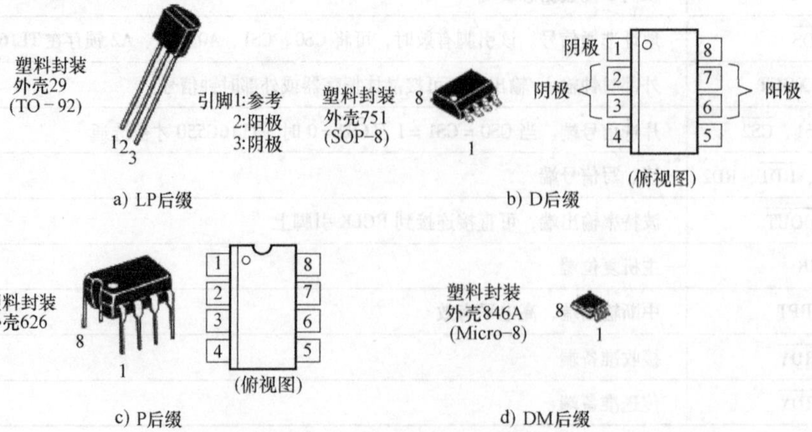

图 3-118 TL431 封装与引脚分布

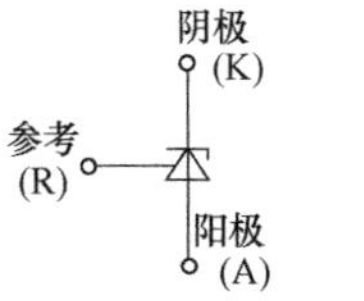

图 3-119　TL431 符号

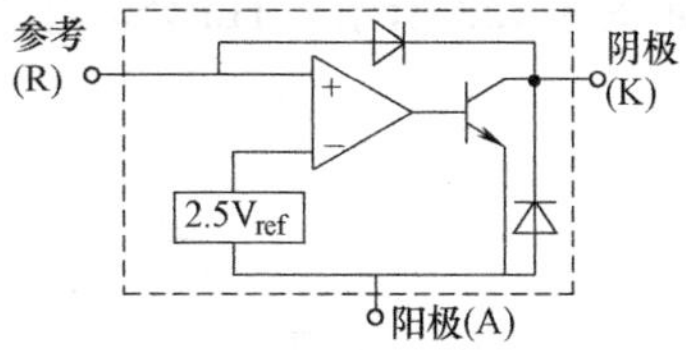

图 3-120　TL431 内部结构

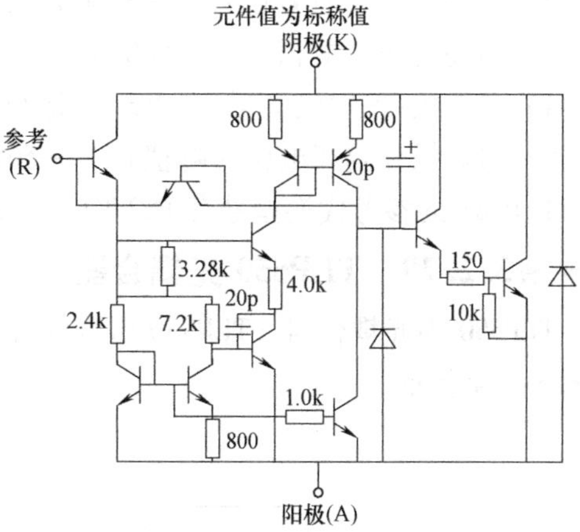

图 3-121　TL431 原理图

TL431 的参考代换型号有 ECG999SM、KA431CD、SK10516、TL431ACD、TL431CD、TA76L431FT 等。

★★★3.2.78　TLP181 光耦合器

TLP181（P181）为 TOSHIBA 小型光耦合器。TLP181（P181）包含一个光晶体管，该晶体管可以把光耦合到砷化镓红外发光二极管上，从而达到隔离、转换等作用。其应用电路如图 3-122 所示，型号分类见表 3-77。

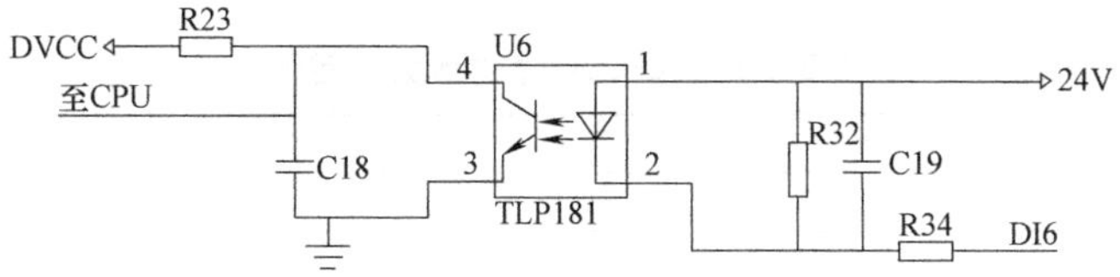

图 3-122　TLP181 应用电路

表 3-77　TLP181 型号分类

型号与分类	电流传输比（I_C/I_F）（%）	
	I_F =5mA，V_{CE} =5V，T_a =25℃	
	最小值	最大值
TLP181	50	600
TLP181Y	50	150
TLP181GR	100	300
TLP181BL	200	600
TLP181GB	100	600
TLP181YH	75	150
TLP181GRL	100	200
TLP181GRH	150	300
TLP181BLL	200	400

TLP181 主要的一些参数如下：

1）电流转换率——50%（最小）。

2）隔离电压（有效值）——3750V（最小）。

3）最高耐压（峰值）——6000V。

4）集电极-发射极电压——80V（最小）。

5）最大操作隔离电压（峰值）——565V。

TLP181 的参考代换型号有 PS2701、PC357 等。

★★★3.2.79 TLP550 光耦合器

TLP550 为光耦合器，TLP550 引脚配置（俯视图）如图 3-123 所示。TLP550 内部示意图如图 3-124 所示。

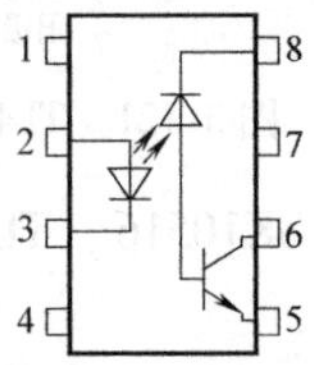

图 3-123 TLP550 引脚配置（俯视图）

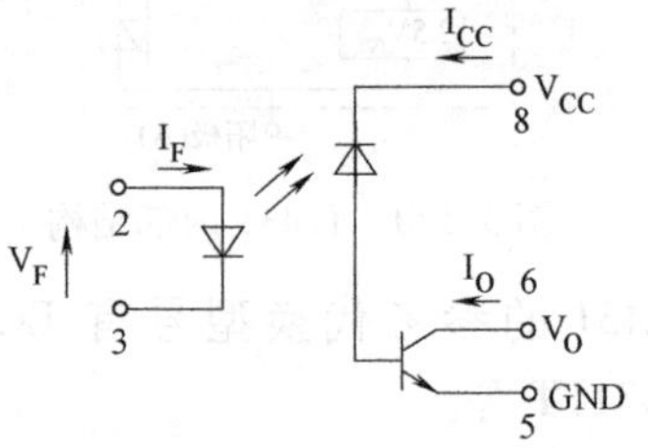

图 3-124 TLP550 内部示意图

TLP550 主要引脚功能为：1—N. C；2—阳极；3—阴极；4—N. C.；5—发射极；6—集电极；7—N. C；8—阴极。

TLP550 绝对最大额定值（T_a=25℃）见表 3-78。

表 3-78 TLP550 绝对最大额定值

类型	符号	参数	单位
LED	IF	25	mA
LED	IFP	50	mA
LED	IFPT	1	A
LED	VR	5	V
LED	PD	45	mW
接收侧	IO	8	mA
接收侧	IOP	16	mA
接收侧	VCC	-0.5~15	V
接收侧	VO	-0.5~15	V
接收侧	PO	100	mW

TLP550 的参考代换型号有 PS8602-A 等。

★★★3.2.80 TLP759 光耦合器

TLP759 光耦合器应用电路如图 3-125 所示。

★★★3.2.81 TMS320C242 系列 DSP 控制器

TMS320C242 系列为 DSP 控制器。TMS320C24X 系列 DSP 分为 5V 和 3.3V 供电两类。TMS320C24X 的一些特点如下：

1）内部带 Flash 的为 TMS320F243/241/240 芯片。

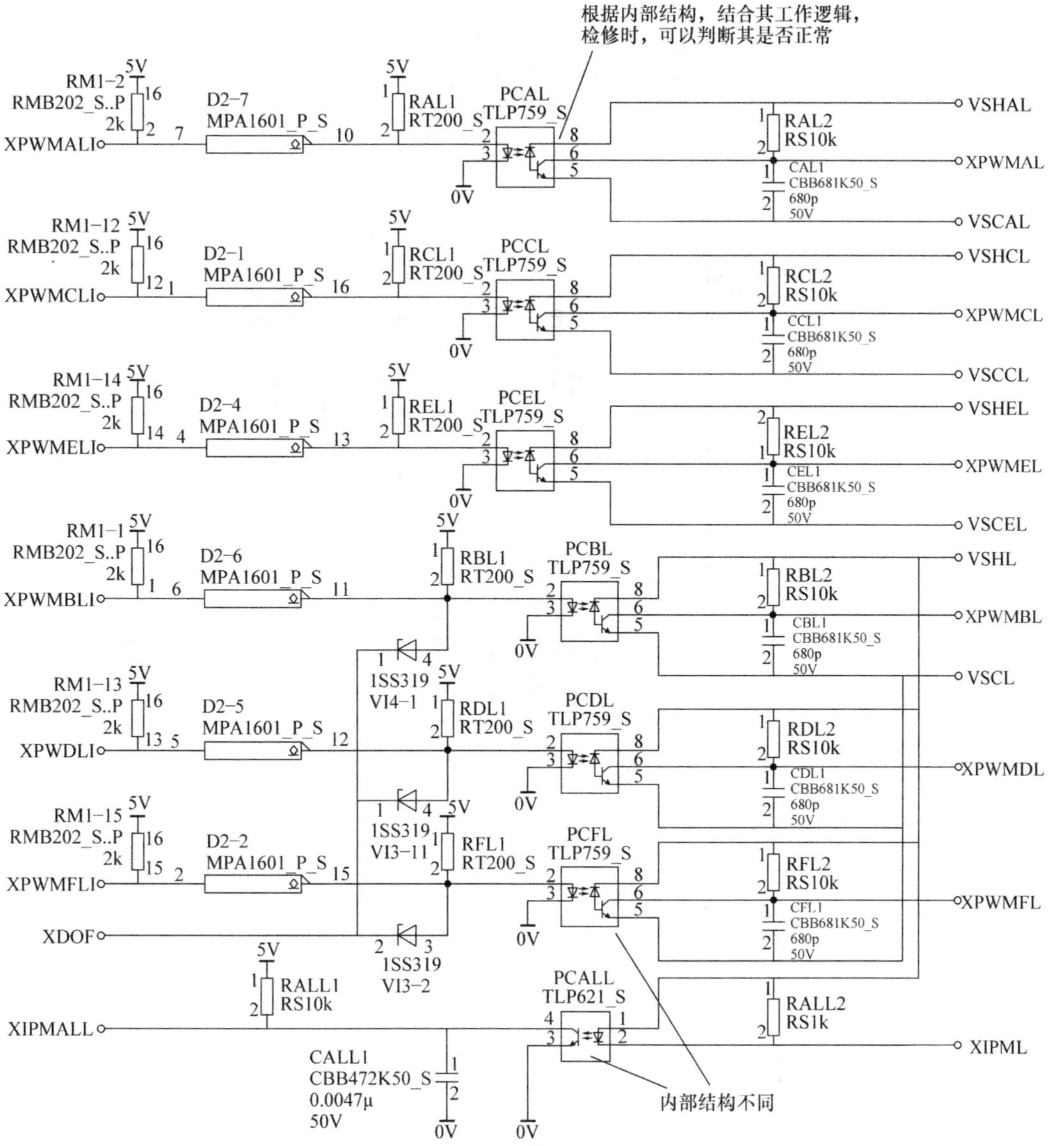

图 3-125 TLP759 光耦合器应用电路

2）内部带 ROM 的为 TMS320C242 芯片。

3）该系列芯片采用 5V 电源供电，运算速度为 20MIPS，内部有 544B 的双存取 RAM（DARAM），16KB 的 Flash 存储器或 4KB 的 ROM。

4）该系列中的 TMS320F243、TMS320F240 有外部存储器接口。

5）TMS320F243、TMS320F240 系列芯片内部有 2～3 个通用定时器与看门狗定时器，有 8/12 个通道的脉冲宽度调制与 8/16 个通道的 10 位 A-D 转换，内部还集成有串行外设接口、串行通信接口以及局域网控制接口模块。

6）TMS320LF/LC240XA 是 TMS320F/C24X 的改进型。其采用 3.3V 电压，最高运算达 40MIPS。其他改进的地方有：增加了片内存储器（RAM、Flash、ROM）、增加了外设数量等。

TMS320C242 系列的引脚分布如图 3-126 所示。

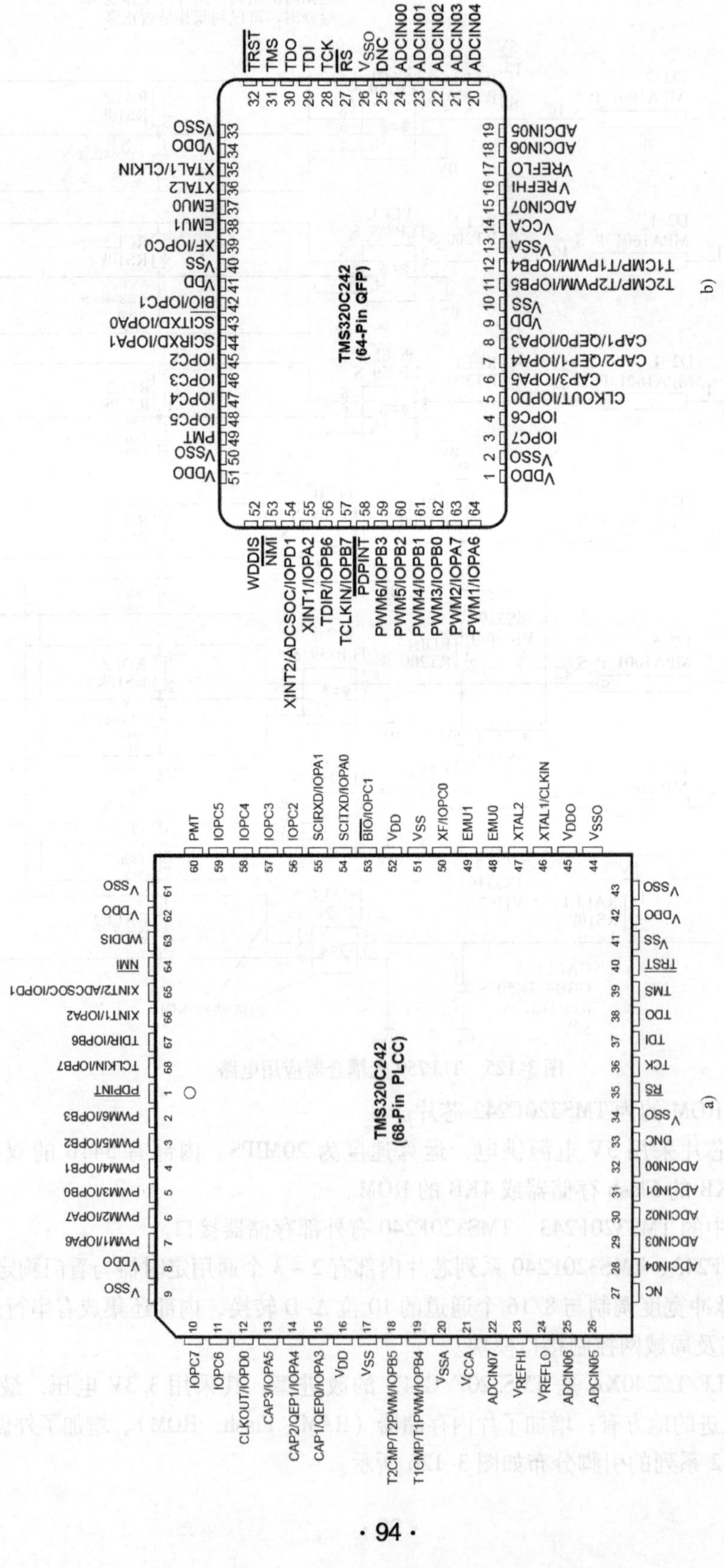

图 3-126 TMS320C242 系列的引脚分布

TMS320C242 系列有关引脚功能见表 3-79。

表 3-79　TMS320C242 系列有关引脚功能

引　脚	功　能
事件管理器 A（EVA）端	CAP1/QEP1/IOPA3——捕捉输入 1/正交编码脉冲输入端 PWM1/IOPA6——比较 PWM 输出或通用 IO 端 TDIRA/IOPB6——通用计数器方向选择端，1：加计数；0：减计数 TCLKINA/IOPB7——通用计数器外部时钟输入端 另外，还有其他引脚 CAP2/QEP2/IOPA4/CAP3/IOPA5；PWM2/IOPA7；PWM3/IOPB0；PWM4/IOPB1；PWM5/IOPB2；PWM6/IOPB3；T1PWM/T1CMP/IOPB4/T2PWM/T2CMP/IOPB5 等
事件管理器 B（EVB）端	TDIRB/IOPF4——通用计数器方向选择端（EVB），1：加计数；0：减计数 TCLKINB/IOPF5——通用计数器（EVA）外部时钟输入端 另外，还有其他引脚 CAP4/QEP3/IOPE7；CAP5/QEP4/IOPF0；CAP6/IOPF1；PWM7/IOPE1 ~ PWM12/IOPE6；T3PWM/T3CMP/IOPF2；T4PWM/T4CMP/IOPF3
A-D（模-数转换器）端	ADCIN00 ~ ADCIN15——ADC 的模拟输入端 V_{REFHI}——ADC 的模拟参考电压高电平输入端 V_{REFLO}——ADC 的模拟参考电压低电平输入端 V_{CCA}——ADC 模拟供电电压端（3.3V） V_{SSA}——ADC 模拟地端
通用模块 CAN/SCI/SPI 端	CANRX/IOPC7——CAN 接收数据端或 IO 脚 ANTX/IOPC6——CAN 发送数据端或 IO 脚 SCITXD/IOPA0——SCI 发送数据端或 IO 脚 SCIRXD/IOPA1——SCI 接收数据端或 IO 脚 SPICLK/IOPC4 ——SPI 时钟端或 IO 脚 SPISIMO/IOPC2——SPI 从输入主输出端或 IO 脚 SPISOMI/IOPC3——SPI 从输出主输入端或 IO 脚 SPISTE * /IOPC5——SPI 从发送使能端或 IO 脚
外部中断、时钟端	RS——复位端，当 RS 为高电平时，从程序存储器的 0 地址开始执行程序。当 WD 定时器溢出时，在 RS * 端产生一个系统复位脉冲 PDPINTA * ——功率驱动保护中断输入端，当电动机驱动不正常时，该中断有效，将 PWM 脚 EVA 置为高阻态 XINT1/IOPA2——外中断 1 端或通用 IO 脚，极性可编程 XINT2/ADCSOC/IOPD0——外中断 2 端，可做 A-D 转换开始输入端或通用 IO 脚，极性可编程 CLKOUT/IOPE0——时钟输出端或通用 IO 脚 PDPINTB * ——功率驱动保护中断输入端，当电动机驱动不正常时，该中断有效，将 PWM 脚 EVB 置为高阻态
振荡器/锁相环/闪存/引导及其他端	XTAL1/CLKIN——PLL 振荡器输入端 XTAL2——PLL 振荡器输出端 PLLVCCA——PLL 电压端（3.3V） IOPF6——通用 IO 端 BOOT_EN * /XF——引导 ROM 使能端，通用 IOXF 脚 PLLF1——PLL 外接滤波器输入 1 端 PLLF2——PLL 外接滤波器输入 2 端 VCCP（5V）——闪存编程电压输入端，在硬件仿真时，该引脚可为 5V 或 0V。运行时，该引脚必须接地 TP1（Flash）——Flash 阵列测试引脚端，悬空 TP2（Flash）—— Flash 阵列测试引脚端，悬空 BIO * /IOPC1——分支控制输入端或通用 IO 脚，0：执行分支程序。如不用该引脚，必须为高电平。复位时，配置为分支控制输入
仿真和测试端	包括 EMU0、EMU1/OFF * 、TCK、TDI、TDO、TMS、TMS2、TRST * 等

（续）

引　脚	功　能
地址、数据、存储器控制信号端	DS＊——数据空间选通端 PS＊——程序空间选通端 IS＊——I/O空间选通端 R/W＊——读写选通端，指与外围器件信号的传送方向 W/R＊/IOPC0——读写选择信号端 WE＊——对外部3个空间写端 RD＊——对外部3个空间读端 STRB＊——外部存储器选通端 READY——插入等待状态端 MP/MC＊——微处理器/微计算机（控制器）方式选择端 ENA_144——为1时，使能外部信号；为0时，无外部存储器 VIS_OE＊——可视输出可能端。可视输出的方式下，外部数据总线为输出时，该引脚有效，可用作外部编码逻辑，以防止数据总线冲突 另外，还包括A0-A15、D0-D15等
电源电压端	V_{DD}——内核电源电压+3.3V，为数字逻辑电源电压 V_{DDO}——IO缓冲器电源电压+3.3V，为数字逻辑与缓冲器电源电压 V_{SS}——内核电源地，为数字参考地 V_{SSO}——IO缓冲器电源地，为数字逻辑与缓冲器电源地

★★★3.2.82　TMS320F240 DSP 控制器

TMS320F240为DSP控制器，其引脚分布如图3-127所示。

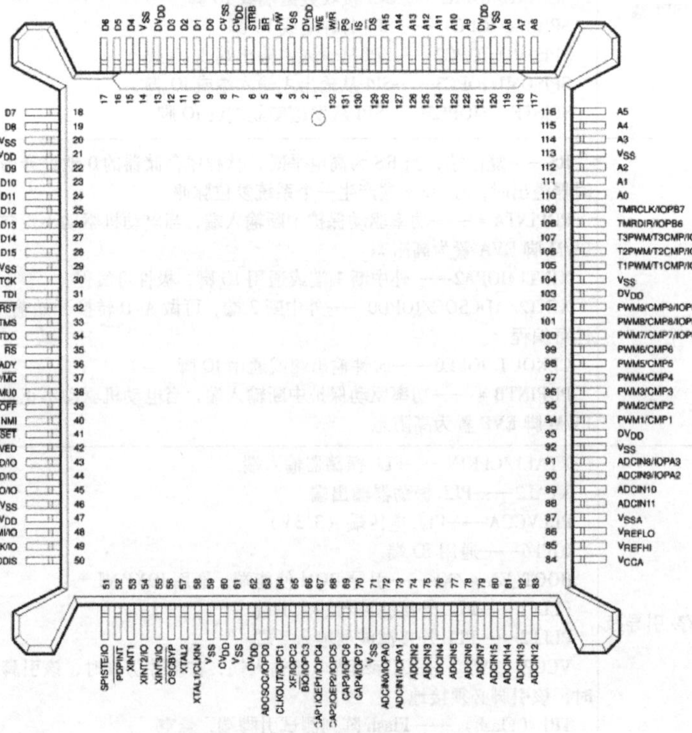

图3-127　TMS320F240引脚分布

★★★3.2.83　TMS320F2802 DSP 控制器

TMS320F2802为DSP控制器，其引脚分布如图3-128所示，应用框图如图3-129所示。

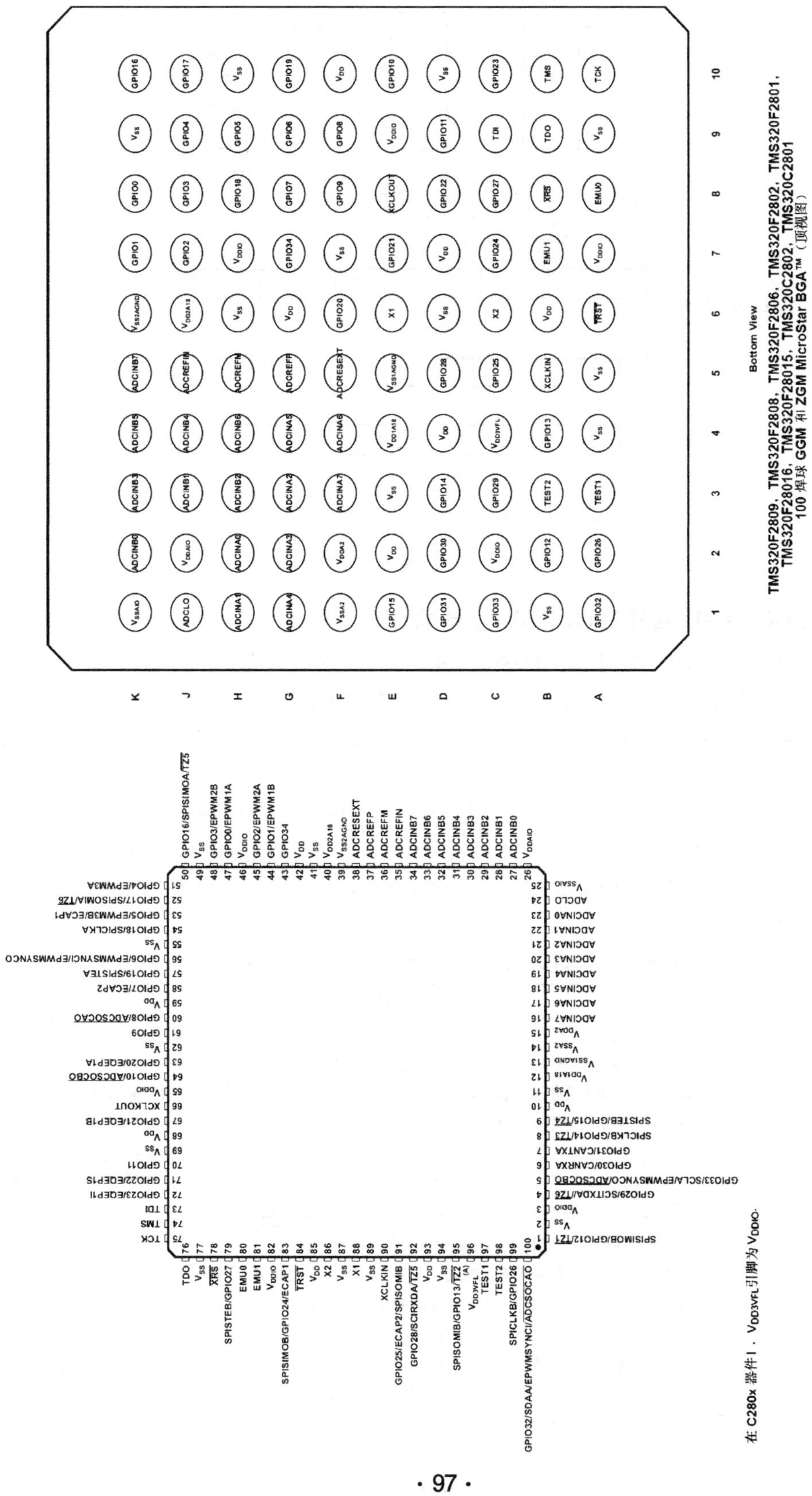

a)　　b)

在 C280x 器件I，V_{DD3VFL}引脚为V_{DDIO}.

图 3-128 TMS320F2802 引脚分布

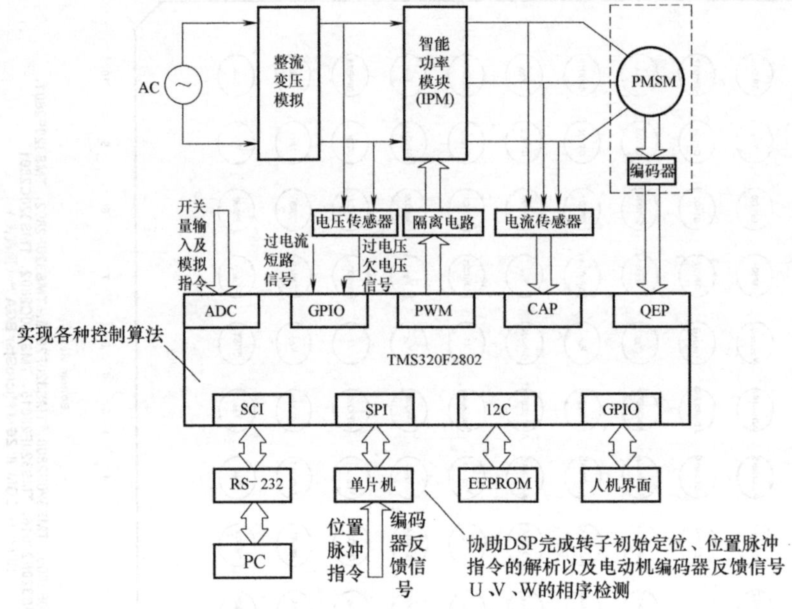

图 3-129　TMS320F2802 应用框图

★★★3. 2. 84　TMS320F2808 DSP 控制器

TMS320F2808 为 DSP 控制器。TMS320F2808 是一款高性能 32 位数字信号处理器。TMS320F2808 是 TMS320C28××系列中的一种。TMS320F2808 的最高运行速度可达到 100 MIPS，可以满足一些控制算法、信号处理算法等实时运算的需求。TMS320F2808 的引脚分布如图 3-130 所示。

TMS320F28××与 TMS320C28××数字信号控制器（DSC）包括时钟电路、内部晶振、外部晶振电路等，具有高性能的 CPU（时钟性能超过 100MHz）与高速先进外围设备，通过 CMOS 处理技术，DSP 芯片的功耗低。TMS320F28××与 TMS320C28××内部结构如图 3-131 所示。

TMS320F28××与 TMS320C28××引脚功能见表 3-80。

表 3-80　TMS320F28××与 TMS320C28××引脚功能

引　脚	解　说
$\overline{TRST}$	1）使用内部下拉进行 JTAG 测试复位端 2）当被驱动为高电平时，使系统获得运行的控制权 3）如果该信号没有连接或者被驱动到低电平，该器件在功能模式下运转，并且测试复位信号被忽略 4）不要在$\overline{TRST}$上使用上拉电阻器，它有一个内部下拉器件 5）$\overline{TRST}$是一个高电平有效测试脚，并且需要在正常器件运行期间一直保持低电平 6）在该引脚上需要一个外部下拉电阻器，该电阻器的值需要基于适用于设计的调试器推进源代码的驱动强度。通常情况下，一个 2.2kΩ 电阻器可提供足够的保护
$\overline{XRS}$	1）器件复位输入端、安全装置复位输出端 2）器件复位，$\overline{XRS}$使器件终止执行。PC 将指向包含在位置 03×FFFC0 内的地址 3）当$\overline{XRS}$被置为高电平时，在 PC 指向的位置开始执行 4）当一个安全装置复位发生时，该引脚被 DSP 驱动到低电平 5）安全装置复位期间，在 512 个 OSCCLK 周期的安全装置复位持续时间内，$\overline{XRS}$端被驱动为低电平 6）该引脚的输出缓冲器是一个有内部上拉电阻的开漏器件 7）建议由一个开漏器件驱动该引脚

（续）

引 脚	解 说
ADCINA0	ADC 组 A，通道 0 输入端（I）
ADCINA1	ADC 组 A，通道 1 输入端（I）
ADCINA2	ADC 组 A，通道 2 输入端（I）
ADCINA3	ADC 组 A，通道 3 输入端（I）
ADCINA4	ADC 组 A，通道 4 输入端（I）
ADCINA5	ADC 组 A，通道 5 输入端（I）
ADCINA6	ADC 组 A，通道 6 输入端（I）
ADCINA7	ADC 组 A，通道 7 输入端（I）
ADCINB0	ADC 组 B，通道 0 输入端（I）
ADCINB1	ADC 组 B，通道 1 输入端（I）
ADCINB2	ADC 组 B，通道 2 输入端（I）
ADCINB3	ADC 组 B，通道 3 输入端（I）
ADCINB4	ADC 组 B，通道 4 输入端（I）
ADCINB5	ADC 组 B，通道 5 输入端（I）
ADCINB6	ADC 组 B，通道 6 输入端（I）
ADCINB7	ADC 组 B，通道 7 输入端（I）
ADCLO	低基准端（连接到模拟接地）
ADCREFIN	外部基准输入端
ADCREFM	1）内部基准中输出端 2）要求将一个低等效串联电阻（ESR）（低于 1.5Ω）的 2.2μF 陶瓷旁通电容接到模拟接地
ADCREFP	1）内部基准正输出端 2）要求将一个低等效串联电阻（ESR）（低于 1.5Ω）的 2.2μF 陶瓷旁通电容接到模拟接地
ADCRESEXT	ADC 外部电流偏置电阻端，一般需要将一个 22kΩ 电阻接到模拟接地
EMU0	1）仿真器引脚 0 端 2）当$\overline{TRST}$被驱动至高电平时，该引脚被用作一个到仿真器系统的中断，以及在 JTAG 扫描过程中被定义为输入/输出 3）该引脚也可以被用于将器件置于边界扫描模式中 4）在 EMU0 脚处于逻辑高电平状态，以及 EMU1 脚处于逻辑低电平状态时，$\overline{TRST}$脚的上升沿将把器件锁存在边界扫描模式 5）一般在该引脚上连接一个外部上拉电阻，通常一个 2.2～4.7kΩ 的电阻可以满足要求
EMU1	1）仿真器引脚 1 端 2）当$\overline{TRST}$被驱动到高电平时，该引脚被用作一个到（或者来自）仿真器系统的中断，以及在 JTAG 扫描过程中被定义为输入/输出 3）该引脚也可以被用于将器件置于边界扫描模式中 4）在 EMU0 脚处于逻辑高电平状态，以及 EMU1 脚处于逻辑低电平状态时，$\overline{TRST}$脚的上升沿将把器件锁存在边界扫描模式 5）常在该引脚上连接一个外部上拉电阻，通常一个 2.2～4.7kΩ 的电阻已可以满足要求
GPIO0 EPWM1A	通用输入/输出 0 端、增强型 PWM1 输出 A 与 HRPWM 通道端
GPIO1 EPWM1B SPISIMOD	通用输入/输出 1 端、增强型 PWM1 输出端、SPI-D 从器件输入端、主器件输出（I/O）（在 2801、2802 上不适用）
GPIO10 EPWM6A CANRXB $\overline{ADCSOCBO}$	通用输入/输出 10 端、增强型 PWM6 输出 A 端与 HRPWM 通道端（不适用于 2801、2802）、增强型 CAN-B 发送端（不适用于 2801、2802、F2806）、ADC 转换开始 B 端

（续）

引　脚	解　说
GPIO11 EPWM6B SCIRXDB ECAP4	通用输入/输出 11 端、增强型 PWM6 输出 B 端（不适用于 2801、2802）、70 D9 SCI-B 接收数据端（不适用于 2801、2802）、增强型 CAP 输入/输出 4 端（不适用于 2801、2802）
GPIO12 $\overline{TZ1}$ CANTXB SPISIMOB	通用输入/输出 12 端、触发区输入 1 端、增强型 CAN-B 发送端（不适用于 2801、2802、F2806）、SPI-B 从器件输入/主器件输出端
GPIO13 $\overline{TZ2}$ CANRXB SPISOMIB	通用输入/输出 13 端、触发区输入 2 端、增强型 CAN-B 接收端（不适用于 2801、2802、F2806）、SPI-B 从器件输出/主器件输入端
GPIO14 $\overline{TZ3}$ SCITXDB SPICLKB	通用输入/输出 14 端、触发区输入 3 端、SCI-B 发送端（不适用于 2801、2802）、SPI-B 时钟输入/输出端
GPIO15 $\overline{TZ4}$ SCIRXDB SPISTEB	通用输入/输出 15 端、触发区输入 4 端、SCI-B 接收端（不适用于 2801、2802）、SPI-B 从器件发送使能端
GPIO16 SPISIMOA CANTXB $\overline{TZ5}$	通用输入/输出 16 端、SPI-A 从器件输入/主器件输出端、增强型 CAN-B 发送端（不适用于 2801、2802、F2806）、触发区输入 5 端
GPIO17 SPISOMIA CANRXB $\overline{TZ6}$	通用输入/输出 17 端、SPI-A 从器件输出/主器件输出端、增强型 CAN-B 接收端（不适用于 2801、2802、F2806）、触发区输入 6 端
GPIO18 SPICLKA SCITXDB	通用输入/输出 18 端、SPI-A 时钟输入/输出端、SCI-B 发送端（不适用于 2801、2802）
GPIO19 SPISTEA SCIRXDB	通用输入/输出 19 端、SPI-A 从器件发送使能输入/输出端、SCI-B 接收端（不适用于 2801、2802）
GPIO2 EPWM2A	通用输入/输出 2 端、增强型 PWM2 输出 A 端与 HRPWM 通道端
GPIO20 EQEP1A SPISIMOC CANTXB	通用输入/输出 20 端、增强型 QEP1 输入 A 端、SPI-C 从器件输入/主器件输出端（不适用于 2801、2802）、增强型 CAN-B 发送端（不适用于 2801、2802、F2806）
GPIO21 EQEP1B SPISOMIC CANRXB	通用输入/输出 21 端、增强型 QEP1 输入 A 端、SPI-C 主器件输入/从器件输出端（不适用于 2801、2802）、增强型 CAN-B 接收端（不适用于 2801、2802、F2806）
GPIO22 EQEP1S SPICLKC SCITXDB	通用输入/输出 22 端、增强型 QEP1 选通端、SPI-C 时钟端（不适用于 2801、2802）、SCI-B 发送端（不适用于 2801、2802）
GPIO23 EQEP1I SPISTEC SCIRXDB	通用输入/输出 23 端、增强型 QEP1 索引端、SPI-C 从器件发送使能端（不适用于 2801、2802）、SCI-B 接收端（不适用于 2801、2802）

（续）

引　脚	解　说
GPIO24 ECAP1 EQEP2A SPISIMOB	通用输入/输出 24 端、增强型捕捉 1 端、增强型 QEP2 输入 A 端（不适用于 2801、2802）、SPI-B 从器件输入/主器件输出端
GPIO25 ECAP2 EQEP2B SPISOMIB	通用输入/输出 25 端、增强型捕捉 2 端、增强型 QEP2 输入 B 端（不适用于 2801、2802）、SPI-B 主器件输入/从器件输出端
GPIO26 ECAP3 EQEP2I SPICLKB	通用输入/输出 26 端、增强型捕捉 3 端（不适用于 2801、2802）、增强型 QEP2 索引端（不适用于 2801、2802）、SPI-B 时钟端
GPIO27 ECAP4 EQEP2S SPISTEB	通用输入/输出 27 端、增强型捕捉 4 端（不适用于 2801、2802）、增强型 QEP2 选通端（不适用于 2801、2802）、SPI-B 从器件发送使能端
GPIO28 SCIRXDA TZ5	通用输入/输出 28 端。该引脚有一个 8mA（典型值）的输出缓冲器。SCI 接收数据端、触发区输入 5 端
GPIO29 SCITXDA TZ6	通用输入/输出 29 端。该引脚有一个 8mA（典型值）的输出缓冲器。SCI 发送数据端、触发区输入 6 端
GPIO3 EPWM2B SPISOMID	通用输入/输出 3 端、增强型 PWM2 输出端 、SPI-D 从器件输出/主器件输入端（在 2801、2802 上不适用）
GPIO30 CANRXA	通用输入/输出 30 端。该引脚有一个 8mA（典型值）的输出缓冲器。增强型 CAN-A 接收数据端
GPIO31 CANTXA	通用输入/输出 31 端。该引脚有一个 8mA（典型值）的输出缓冲器。增强型 CAN-A 发送数据端
GPIO32 SDAA EPWMSYNCI $\overline{\mathrm{ADCSOCAO}}$	通用输入/输出 32 端、I2C 数据开漏双向端口端、增强型 PWM 外部同步脉冲输入端、ADC 转换开始端
GPIO33 SCLA EPWMSYNCO $\overline{\mathrm{ADCSOCBO}}$	通用输入/输出 33 端、I2C 时钟开漏双向端口端、增强型 PWM 外部同步脉冲输出端、ADC 转换开始端
GPIO34	通用输入/输出 34 端
GPIO4 EPWM3A	通用输入/输出 4 端、增强型 PWM3 输出 A 端与 HRPWM 通道端
GPIO5 EPWM3B SPICLKD ECAP1	通用输入/输出 5 端、增强型 PWM3 输出端、SPI-D 时钟端（不适用于 2801、2802）、增强型捕捉输入/输出 1 端
GPIO6 EPWM4A EPWMSYNCI EPWMSNCO	通用输入/输出 6 端、增强型 PWM4 输出 A 端与 HRPWM 通道端（不适用于 2801、2802）、外部 ePWM 同步脉冲输入端、外部 ePWM 同步脉冲输出端

（续）

引　　脚	解　　说
GPIO7 EPWM4B SPISTED ECAP2	通用输入/输出7端、增强型PWM4输出端（不适用于2801、2802）、SPI-D从器件发送使能端（不适用于2801、2802）、增强型捕捉输入/输出2端
GPIO8 EPWM5A CANTXB、 ADCSOCAO	通用输入/输出8端、增强型PWM5输出A端和HRPWM通道端（不适用于2801、2802）、60F9增强型CAN-B发送端（不适用于2801、2802、F2806）、ADC转换开始A端
GPIO9 EPWM5B SCITXDB ECAP3	通用输入/输出9端、增强型PWM5输出B端（不适用于2801、2802）、SCI-B发送数据端（不适用于2801、2802）、增强型捕捉输入/输出端（不适用于2801、2802）
TCK	带有内部上拉电阻的JTAG测试时钟端
TDI	1）带有内部上拉电阻的JTAG测试数据输入（TDI）端 2）TDI在TCK的上升沿上所选择的寄存器（指令或者数据）内计时
TDO	1）JTAG扫描输出端，测试数据输出（TDO）端 2）所选寄存器（指令或者数据）的内容被从TCK下降沿上的TDO移出
TEST1	测试端，为TI预留。必须被保持没有连接
TEST2	测试端，为TI保留。必须被保持没有连接
TMS	1）带有内部上拉电阻的JTAG测试模式选择（TMS）端 2）该串行控制输入在TCK上升沿上的TAP控制器中计时
VDD	CPU与逻辑数字电源端（1.8V）
VDD1A18	ADC模拟电源端（1.8V）
VDD2A18	ADC模拟电源端（1.8V）
VDD3VFL	1）3.3V闪存内核电源端 2）该引脚需要一直被连接到3.3V 3）在ROM部件上（C280x），该引脚应该被连接到VDDIO
VDDA2	ADC模拟电源端（3.3V）
VDDAIO	ADC模拟I/O电源端（3.3V）
VDDIO	数字I/O电源端（3.3V）
VSS	数字接地端
VSS1AGND	ADC模拟接地端
VSS2AGND	ADC模拟接地端
VSSA2	ADC模拟接地端
VSSAIO	ADC模拟I/O接地端
X1	1）内部/外部振荡器输入端 2）为了使用该振荡器，一个石英晶振或者一个陶瓷电容需要被连接在X1和X2上 3）X1端以1.8V内核数字电源为基准。一个1.8V外部振荡器也可以被连接到X1端。该情况下，XCLKIN端必须接地。如果一个3.3V外部振荡器与XCLKIN端一起使用，则X1需要接到GND
X2	1）内部振荡器输出端 2）可以将一个石英晶振或一个陶瓷电容连接在X1、X2 3）如果X2没有使用，它必须保持没有连接状态
XCLKIN	1）外部振荡器输入端 2）该引脚被用于从一个外部3.3V振荡器馈入一个时钟。该情况下，将X1引脚接到GND（接地）。或者，当使用一个振荡器/谐振器（或者如果一个内部1.8V振荡器被馈入X1端）时，需要将XCLKIN引脚接到GND
XCLKOUT	1）取自SYSCLKOUT的输出时钟端 2）XCLKOUT或者与SYSCLKOUT频率为同一频率，或者为SYSCLKOUT频率的1/2或1/4。这是由XCLK寄存器内的位1、0（XCLKOUTDIV）控制。复位时，XCLKOUT = SYSCLKOUT/4。通过将XCLKOUTDIV设定为3，XCLKOUT信号可被关闭 3）与其他GPIO引脚不同，复位时，不将XCLKOUT引脚置于一个高阻抗状态

注：1. GPIO0～GPIO11引脚上的上拉电阻在复位时并不启用。

2. GPIO12～GPIO34引脚上的上拉电阻复位时被启用。

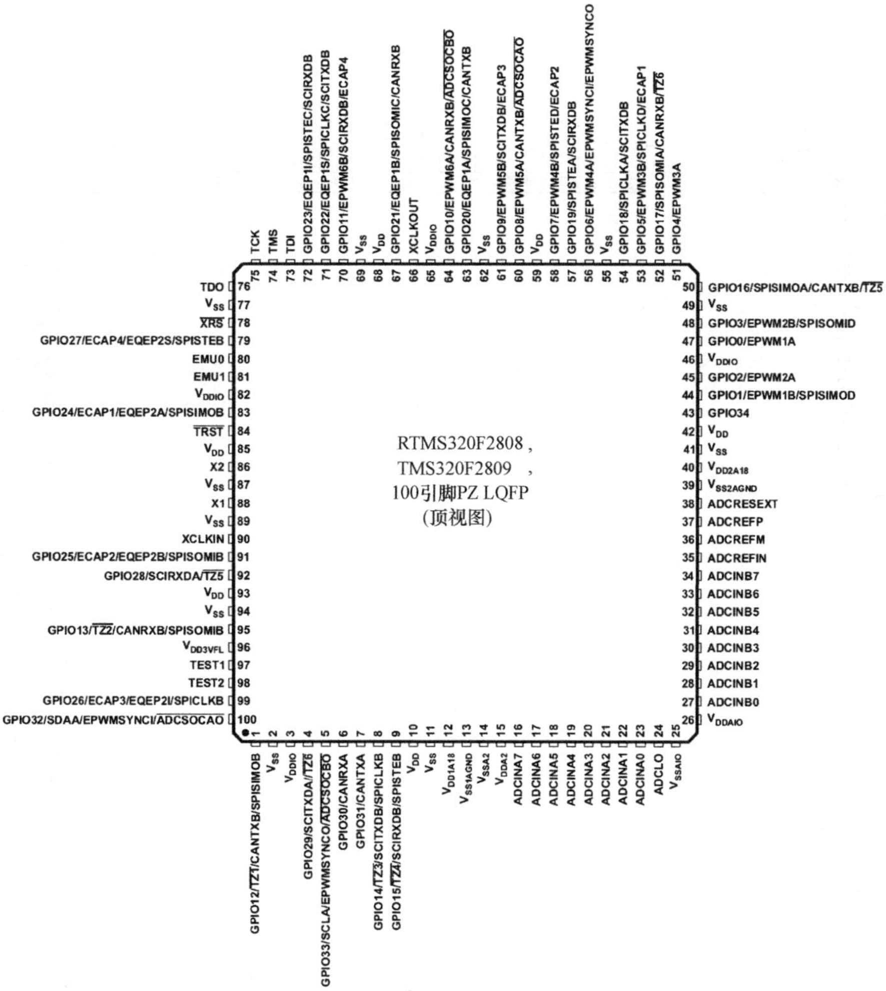

图 3-130　TMS320F2808 的引脚分布

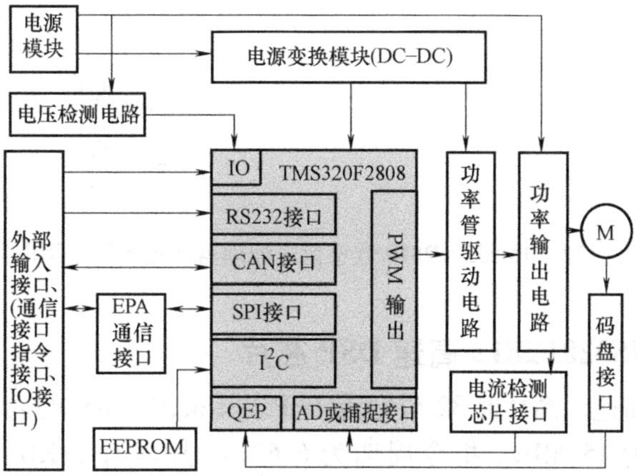

图 3-131　TMS320F28××与 TMS320C28××内部结构

★★★3.2.85　TMS320F2810 数字信号处理器和控制器

TMS320F2810 数字信号处理器和控制器应用电路如图 3-132 所示。

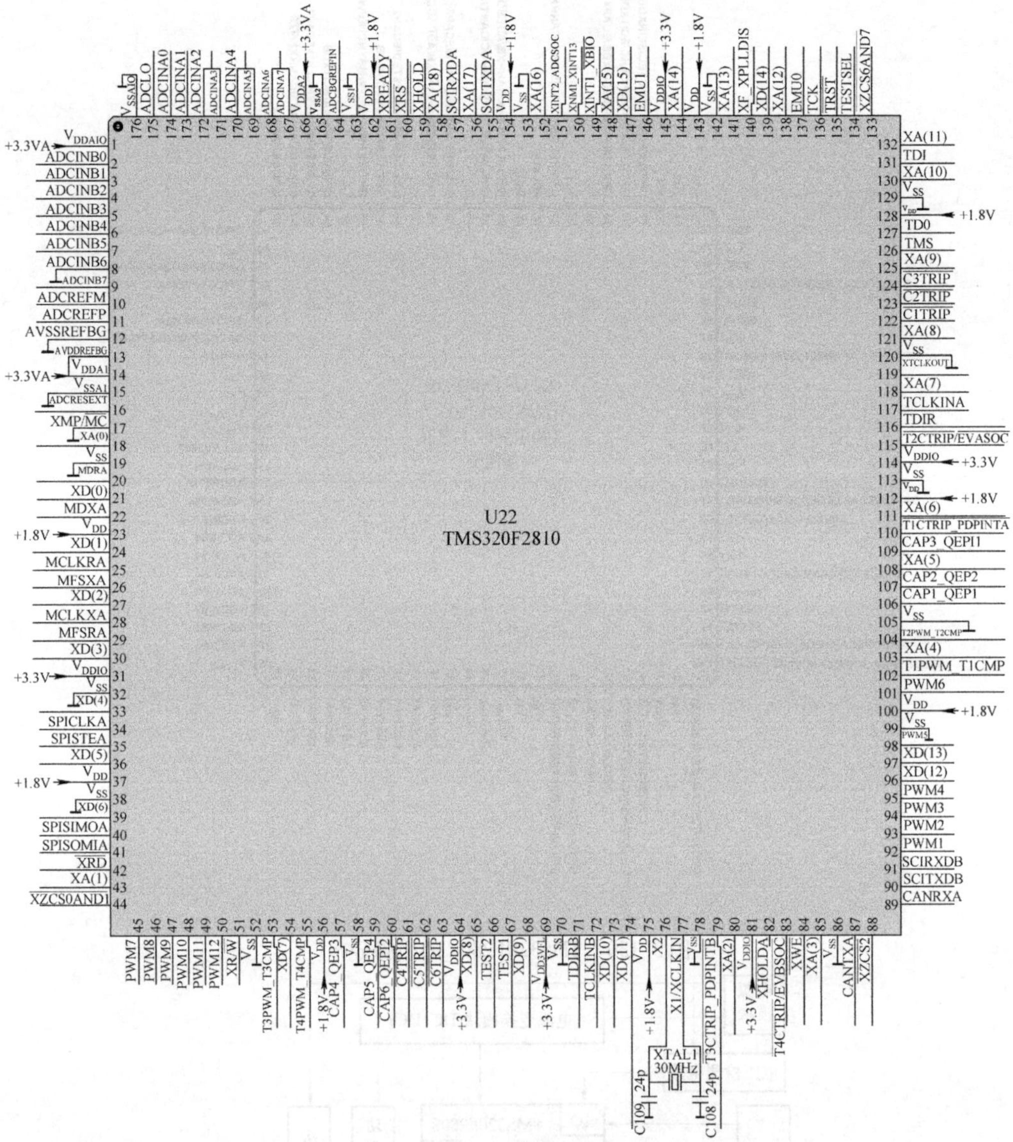

图 3-132　TMS320F2810 数字信号处理器和控制器应用电路

★★★3.2.86　TMS320F2812 高速 DSP 芯片

TMS320F2812 为高速、高性能 32 位定点 DSP。其采用 1.8V 的内核电压，3.3V 的外围接口电压，最高频率为 150MHz，指令周期为 6.67ns，片内有 18KB 的 RAM，128KB 高速 Flash，事件管理 EVA 与 EVB，包括通用时钟、PWM 信号发生器等。

TMS320F2812 采用增强的哈佛结构，芯片内部具有 6 条 32 位总线，程序存储器总线与数据存储器总线相互独立，支持并行的程序和操作数寻址。

TMS320F2812 的引脚分布如图 3-133 所示。

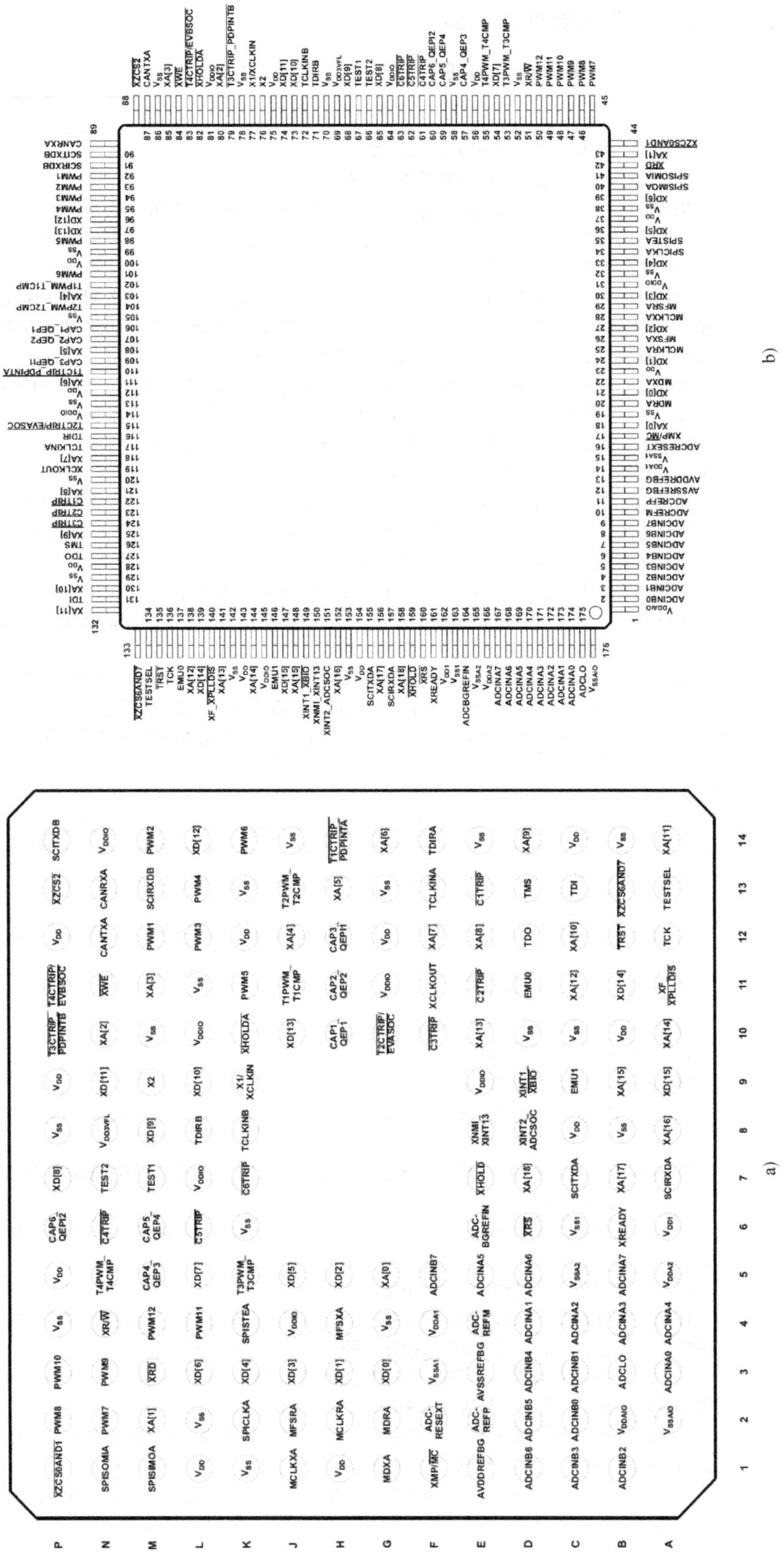

图 3-133　TMS320F2812 的引脚分布

TMS320F2812 系列引脚功能见表 3-81。

表 3-81 TMS320F2812 系列引脚功能

类　型	引脚功能
XINTF 信号	XA [0] ~ XA [18] ——19 位地址总线端 XD [0] ~ XD [15] ——16 位数据总线端 XHOLDA——外部 DMA 保持确认信号端。当 XINTF 响应 XHOLD 的请求时，XHOLDA 为低电平，所有的 XINTF 总线与选通端呈高阻态，XHOLD 与 XHOLDA 信号同时发出。当 XHOLDA 有效（低）时，外部器件只能使用外部总线 XHOLD——外部 DMA 保持请求信号端。XHOLD 为低电平时，请求 XINTF 释放外部总线，并把所有的总线与选通端置为高阻态。当对总线的操作完成且没有即将对 XINTF 进行访问时，XINTF 释放总线。该信号是异步输入并与 XTIMCLK 同步 XMP/MC——1：微处理器模式，XINCNF7 有效；0：微计算机模式，XINCNF7 无效 XR/W——通常为高电平。当为低电平时，表示处于写周期；当为高电平时，表示处于读周期 XRD——读有效端。低电平读选通。读选通信号是每个区域操作的基础，由 XTIMINGX 寄存器的前一周期、当前周期和后一周期的值确定 XREADY ——数据准备输入端，被置 1 表示外设已为访问做好准备。XREADY 可被设置为同步或异步输入。在同步模式中，XINTF 接口块在当前周期结束前的一个 XTIMCLK 时钟周期内要求 XREADY 有效。在异步模式中，在当前的周期结束前 XINTF 接口块以 XTIMCLK 的周期作为周期对 XREADY 采样 3 次。以 XTIMCLK 频率对 XREADY 的采样与 XCLKOUT 的模式无关 XWE——写有效端。有效时为低电平。写选通信号是每个区域操作的基础，由 XTIMINGX 寄存器的前一周期、当前周期和后一周期的值确定 XZCS0AND1——XINTF 区域 0 与区域 1 的片选端，当访问 XINTF 区域 0 或 1 时有效（低） XZCS2——XINTF 区域 2 的片选端，当访问 XINTF 区域 2 时有效（低） XZCS6AND7——XINTF 区域 6 和区域 7 的片选端，当访问 XINTF 区域 6 或 7 时有效（低）
JTAG 和其他信号	X1/XCLKIN ——振荡器输入/内部振荡器输入端，该引脚也可以用来提供外部时钟。C28x 能够使用一个外部时钟源，为了适应 1.8V 内核数字电源（VDD），而不是 3.3V 的 I/O 电源（VL-DIO）。可以使用一个钳位二极管去钳位时钟信号，以保证它的逻辑高电平不超过 VDD（1.8V 或 1.9V）或者使用一个 1.8V 的振荡器 X2——振荡器输出端 XCLKOUT ——源于 SYSCLKOUT 的单个时钟输出端，用来产生片内和片外等待状态，作为通用时钟源。XCLKOUT 与 SYSCLKOUT 的频率或者相等，或是它的 1/2，或是 1/4。复位时 XCLKOUT = SYSCLKOUT/4 TESTSEL——测试端，为 TI 保留，必须接地 TEST1——测试端，为 TI 保留，必须悬空 TEST2——测试端，为 TI 保留，必须悬空 TMS——JTAG 测试模式选择端，有内部上拉功能，在 TCK 的上升沿 TAP 控制器计数一系列的控制输入 TDI——带上拉功能的 JTAG 测试数据输入端，在 TCK 的上升沿，TDI 被锁存到选择寄存器、指令寄存器或数据寄存器中 TDO——JTAG 扫描输出端，测试数据输出端。在 TCK 的下降沿将选择寄存器的内容从 TDO 移出 TCK——JTAG 测试时钟端，带有内部上拉功能 TRST——有内部上拉的 JTAG 测试复位端。为高电平时，扫描系统控制器件的操作。如果信号悬空或为低电平，器件以功能模式操作，测试复位信号被忽略 EMU0——带上拉功能的仿真器 I/O 口引脚 0 端，当 TGST 为高电平时，该引脚用作中断输入。该中断来自仿真系统，以及通过 JTAG 扫描定义为输入/输出 EMU1——仿真器引脚 1 端，当 TGST 为高电平时，该引脚输出无效，用作中断输入。该中断来自仿真系统的输入，通过 JTAG 扫描定义为输入/输出 XRS——器件复位（输入）与看门狗复位输出端。器件复位，XRS 使器件终止运行，PC 指向地址 0x3FFFC0。当 XRS 为高电平时，程序从 PC 所指出的位置开始运行

（续）

类　型	引脚功能
ADC 模拟输入信号	ADCBGREFN ——测试端，为 TI 保留，必须悬空 ADCINA7 ~ ADCINA0——采样/保持 A 的 8 通道模拟输入端。在器件没有上电前 ADC 引脚不会被驱动 ADCINB7 ~ ADCINB0——采样/保持 B 的 8 通道模拟输入端。在器件没有上电前 ADC 引脚不会被驱动 ADCLO——普通低压侧模拟输入端 ADCREFM——ADC 参考电压输出端（1V）。需要在该引脚上接一个低 ESR（50mΩ ~ 1.5Ω）的 10μF 陶瓷旁路电容，另一端接到模拟地 ADCREFP——ADC 参考电压输出端（2V）。需要在该引脚上接一个低 ESR（50mΩ ~ 1.5Ω）的 10μF 陶瓷旁路电容，另一端接到模拟地 ADCRESE-XT——ADC 外部偏置电阻端 AVDDREFBG——ADC 模拟电源端（3.3V） AVSSREFBG ——ADC 模拟地端 VDD1——ADC 数字电源端（1.8V） VDDA1、2——ADC 模拟电源端（3.3V） VDDAIO——I/O 模拟电源端（3.3V） VSS1——ADC 数字地端 VSSA1、2——ADC 模拟地端 VSSAIO——I/O 模拟地端
电源信号	VDD——1.8V 或 1.9V 核心数字电源端 VDD3VL——Flash 核电源端（3.3V），上电后所有时间内都应将该引脚接到 3.3V VDDAIO——I/O 模拟电源端（3.3V） VDDIO——I/O 数字电源端（3.3V） VSS——内核和数字 I/O 地端 VSSAIO——I/O 模拟地端
GPIO 和外设共用的引脚（EV-A）	PWM1 ~ 6——PWM 信号端 C1TRIP——比较器 1 输出端 C2TRIP——比较器 2 输出端 C3TRIP——比较器 3 输出端 CAP1_QEP1——捕获输入端 CAP2_QEP2——捕获输入端 CAP3_QEP11——捕获输入端 T1CTRIP_PDPINTA——定时器 1 比较输出端 T1PWM_T1CMP——定时器 1 输出端 T2CTRIP/EVASOC——定时器 2 比较输出或 EV-A 启动外部 A-D 转换输出端 T2PWM_T2CMP——定时器 2 输出端 TCKINA——计数器时钟输入端 TDIRA——计数器方向端
GPIO 和外设共用的引脚（EV-B）	PWM7 ~ 12——PWM 信号端 C4TRIP——比较器 4 输出端 C5TRIP——比较器 5 输出端 C6TRIP——比较器 6 输出端 CAP4_QEP12——捕获输入端 CAP5_QEP4——捕获输入端 CAP6_QEP3 ——捕获输入端 T3CTRIP_PDPINTB——定时器 3 比较输出端 T3PWM_T3CMP——定时器 3 输出端 T4CTRIP/EVBSOC——定时器 4 比较输出或 EV-B 启动外部 A-D 转换输出端 T4PWM_T4CMP——定时器 4 输出端 TCKINB——计数器时钟输入端 TDIRB ——计数器方向端
GPIO 和外设共用的引脚（中断信号）	XINMI_XINT13——XNMI 或 XINT13 端 XINT_XBIO——XINT1 或 XBIO 核心输入端 XINT2_ADCSOC——XINT2 或开始 AD 转换端
SPI	SPICLKA——SPI 时钟端 SPISIMOA——SPI 从动输入/主动输出端 SPISOMIA——SPI 从动输出/主动输入端 SPISTEA——SPI 从动传送使能端

（续）

类　型	引脚功能
SCI-A，SCI-B	SCIRXDA——SCI-A 接收端 SCIRXDB——SCI-B 接收端 SCITXDA——SCI-A 发送端 SCITXDB——SCI-B 发送端
CAN	CANTXA——CAN 发送端 CANRXA——CAN 接收端
MCBSP	MCLKRA——接收时钟端 MCLKXA——发送时钟端 MDRA——接收串行数据端 MDXA——发送串行数据端 MFSXA——发送帧同步信号端 MSXRA——接收帧同步信号端
XF——CPU 输出	XF_XPLLDIS——引脚有 3 个功能： 1）XF 通用输出端 2）XPLLDIS 复位期间此引脚被采样以检查锁相环 PLL 是否被使能，如果该引脚采样为低，PLL 将被禁止。此时，不能使用 HALT 和 STANDBY 模式 3）GPIO 通用输入/输出功能

TMS320F2812 应用电路框图如图 3-134 所示。

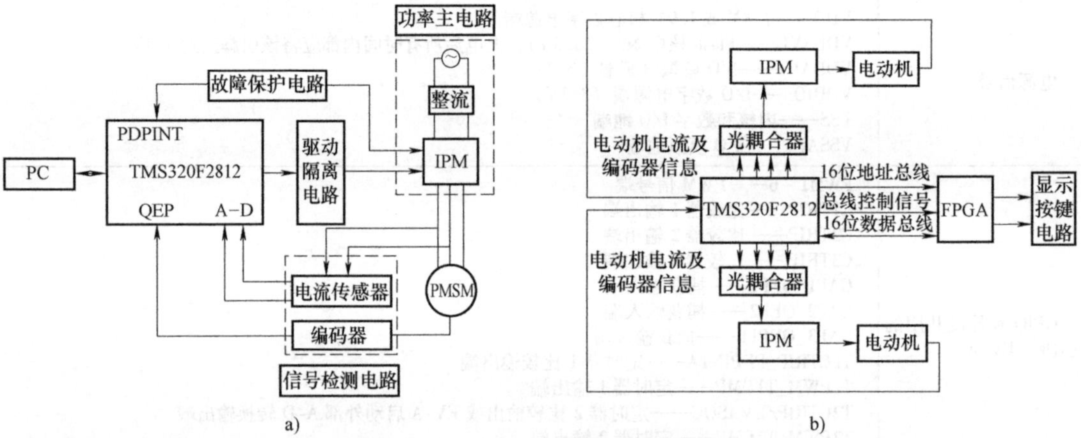

图 3-134　TMS320F2812 应用电路框图

★★★3.2.87　TMS320LF2407A 数字信号处理器

TMS320LF2407A 为 TI 公司高性能数字信号处理器（DSP），其可以组成全数字交流伺服驱动器，例如应用电路硬件结构如图 3-135 ~ 图 3-137 所示。

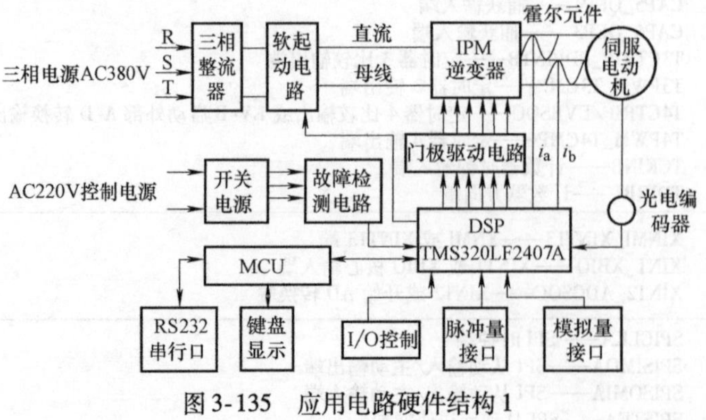

图 3-135　应用电路硬件结构 1

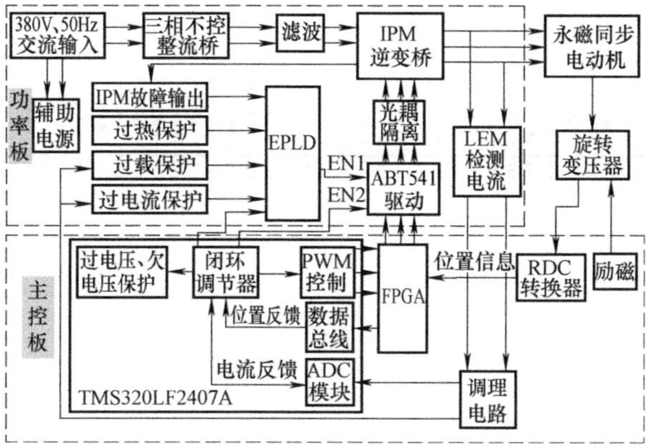

图 3-136　应用电路硬件结构 2

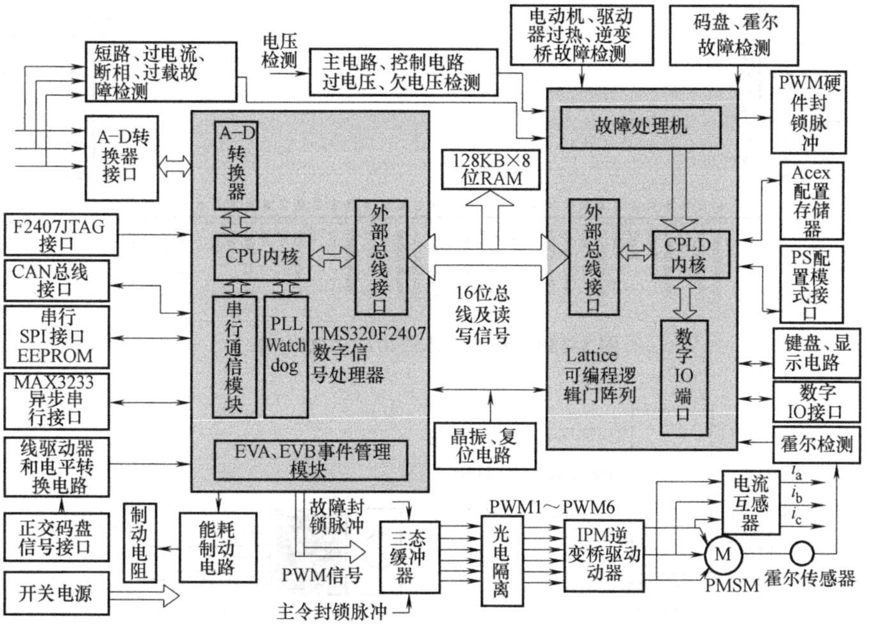

图 3-137　应用电路硬件结构 3

TMS320LF2407A 引脚分布如图 3-138 所示。

★★★3.2.88　TOP225 三端单片电源集成电路

TOP225 为三端单片电源集成电路，其引脚分布如图 3-139 所示。

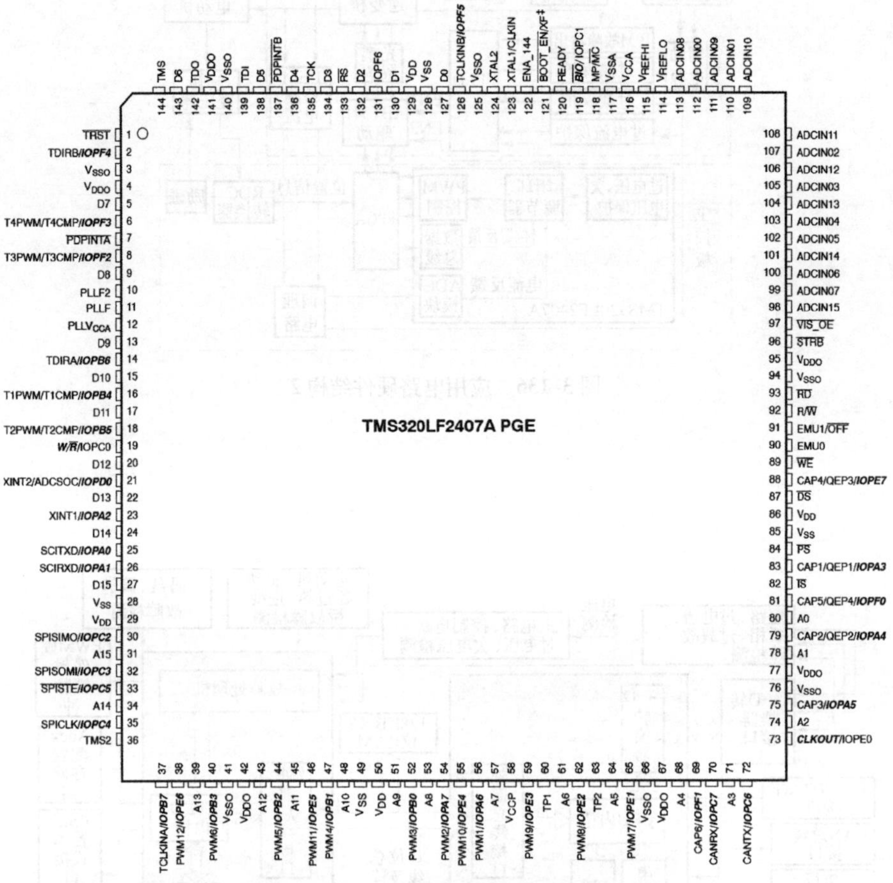

图 3-138　TMS320LF2407A 引脚分布

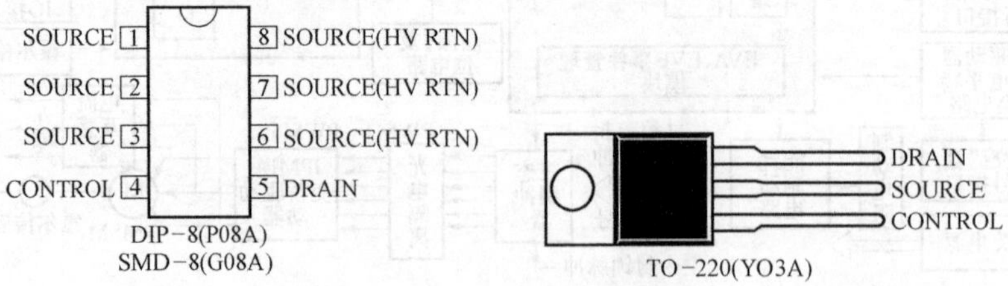

图 3-139　TOP225 引脚分布

TOP225 引脚功能见表 3-82。

表 3-82　TOP225 引脚功能

引　脚	解　说
漏极引脚	1）输出 MOSFET 的漏极连接 2）提供内部偏置目前启动运行期间，通过内部交换高电压电流源 3）内部电流检测点

（续）

引 脚	解 说
控制引脚	1）占空比的误差放大器与反馈电流的输入引脚控制 2）内部并联稳压器连接，以提供内部正常运行时的偏置电流 3）也可以被用来作为电源旁路与自动重启动/连接点补偿电容
源极引脚	1）Y 封装——输出 MOSFET 的源极连接高压电源的回路。一次侧电路公共参考点 2）P 和 G 封装——一次侧控制电路的公共参考点 3）SOURCE（HV RTN）引脚（仅 P 与 G 封装有）：输出 MOSFET 源极连接高压电源回路

★★★3.2.89 TOP227Y 单片开关电源芯片

TOP227Y 为单片开关电源芯片。它为 TOP 系列的第 2 代产品，其功率开关管耐压值高达 700V。TOP227Y 的一些特点如下：

1）将脉宽调制控制系统的全部功能集成到三端芯片中，包括脉宽调制器、功率开关场效应晶体管、自动偏置电路、保护电路、高压启动电路、环路补偿电路。

2）属于漏极开路输出，以及利用电源来线性调节占空比实现 AC /DC 变换。属于电流控制型开关电源。

3）输入交流电压与频率的范围很宽。

4）只有 3 个引出端。

5）开关频率的典型值为 100kHz，允许范围是 90 ~ 110kHz，占空比调节范围是1.7% ~67%。

6）外围电路简单，仅需要接整流滤波器、高频变压器、漏极钳位保护电路、反馈电路、输出电路就可以构成电源电路。

7）电源效率高，可达 80% 左右。

8）具有线性稳压电源稳定性好、纹波电压低等特性。

9）采用该芯片能降低开关电源所产生的电磁干扰。

10）工作温度范围是 0 ~70℃，芯片最高结温 T_{om} = 135℃。

TOP227Y 引脚分布如图 3-140 所示。

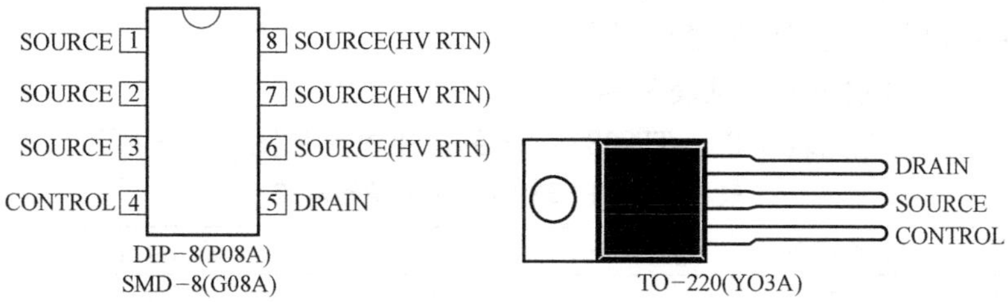

图 3-140 TOP227Y 引脚分布

★★★3.2.90 TOP246YN 单片开关电源芯片

TOP246YN 为单片开关电源芯片，其引脚分布如图 3-141 所示。

TOP246YN 引脚功能见表 3-83。

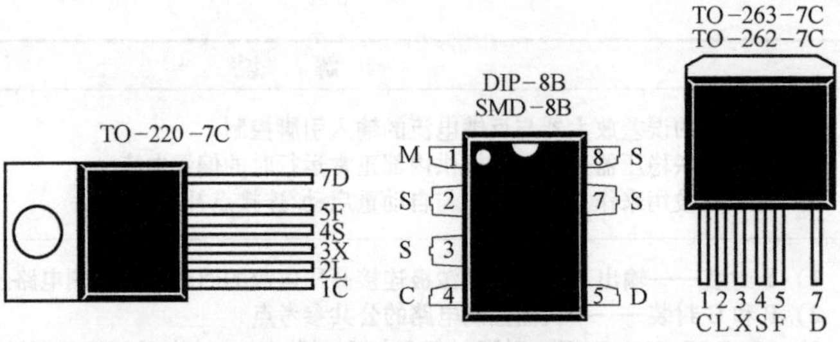

图 3-141　TOP246YN 引脚分布

表 3-83　TOP246YN 引脚功能

符号	引脚	解　说
D	漏极端	内部高压功率 MOSFET 的漏极输出端
C	控制端	误差放大器与反馈电流的输入端，用于占空比控制
L	线电压检测端	过电压、欠电压保护输入端。不需要该项保护，可将此引脚接输入电源负端
X	外部限流端	外部限流保护输入端。不需要该项保护，可将该引脚接输入电源负端
M	多功能端	过电压、过电流保护输入端。不需要该项保护，可将该引脚接输入电源负端
S	源极端	内部高压功率 MOSFET 的源极输出端。一般该引脚接输入电源负端

★★★3.2.91　TPS3823 电源电压监控器

TPS3823 为电源电压监控器，在复位电路中有应用，其引脚分布如图 3-142 所示。

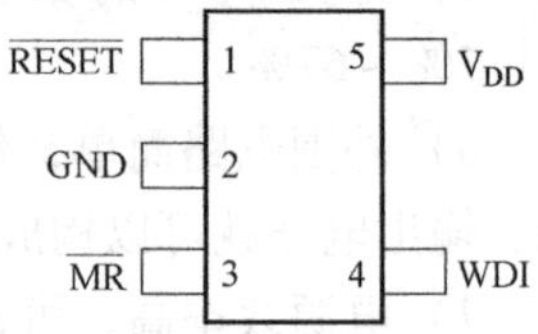

图 3-142　TPS3823 引脚分布

TPS382×系列监控器主要为 DSP 与基于处理器的系统提供电路初始化、定时监控。

TPS382×系列在上电期间，当电源电压 V_{DD} 高于 1.1V，则会产生 $\overline{RESET}$ 信号，然后电源电压监控器监视 V_{DD}，并且只要 V_{DD} 保持在门限电压 VIT- 以下，则保持 $\overline{RESET}$ 有效。

TPS3820/3/5/8 系列器件包括一个手动复位输入引脚 $\overline{MR}$，$\overline{MR}$ 为低电平时激活 $\overline{RESET}$。TPS3824/5 器件含有高电平输出 RESET 功能。TPS3820/3/4/8 带有一个看门狗定时器可定期地被 WDI 脚上的正跳变或负跳变触发。

TPS382× 系列的工作电压类型有 2.5V、3V、3.3V、5V。TPS382×系列有 SOT23-5 封装。TPS382×系列器件的工作温度范围为 -40～85℃。

TPS382× 系列的输出电压见表 3-84。

TPS382×系列功能见表 3-85。TPS3823-33 的应用电路如图 3-143 所示。

表 3-84　TPS382×系列的输出电压

型　号	输出电压/V	代　码	型　号	输出电压/V	代　码
TPS3820-25DBVR	2.25		TPS3824-33DBVR	2.93	PAVI
TPS3820-30DBVR	2.63		TPS3824-50DBVR	4.55	PAWI
TPS3820-33DBVR	2.93	PDEI	TPS3825-25DBVR	2.25	
TPS3820-50DBVR	4.55	PDDI	TPS3825-30DBVR	2.63	
TPS3823-25DBVR	2.25	PAPI	TPS3825-33DBVR	2.93	PDGI
TPS3823-30DBVR	2.63	PAQI	TPS3825-50DBVR	4.55	PDFI
TPS3823-33DBVR	2.93	PARI	TPS3828-25DBVR	2.25	
TPS3823-50DBVR	4.55	PASI	TPS3828-30DBVR	2.63	
TPS3824-25DBVR	2.25	PATI	TPS3828-33DBVR	2.93	PDII
TPS3824-30DBVR	2.63	PAUI	TPS3828-50DBVR	4.55	PDHI

表 3-85　TPS382×系列功能

输　入		输　出	
$\overline{MR}$[①]	$V_{DD}>V_{IT}$	$\overline{RESET}$	RESET[②]
L	0	L	H
L	1	L	H
H	0	L	H
H	1	H	L

① TPS3824/5。
② TPS3820/3/5/8。

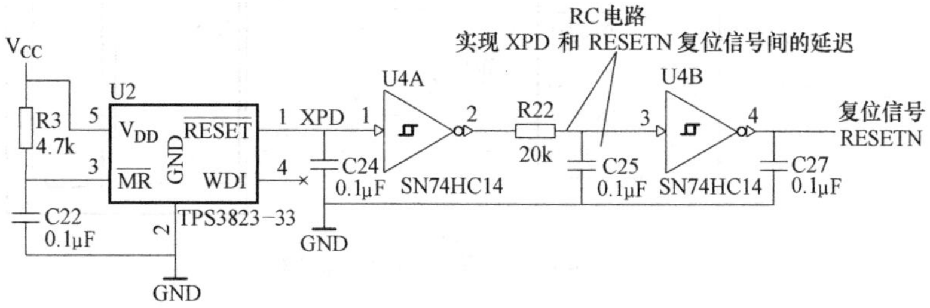

图 3-143　TPS3823-33 的应用电路

★★★3.2.92　TPS70351 双路输出低压降（LDO）稳压器

TPS70351 为双路输出低压降（LDO）稳压器，其在电源转换电路中有应用，如图 3-144 所示。TPS70351 的引脚分布如图 3-145 所示。

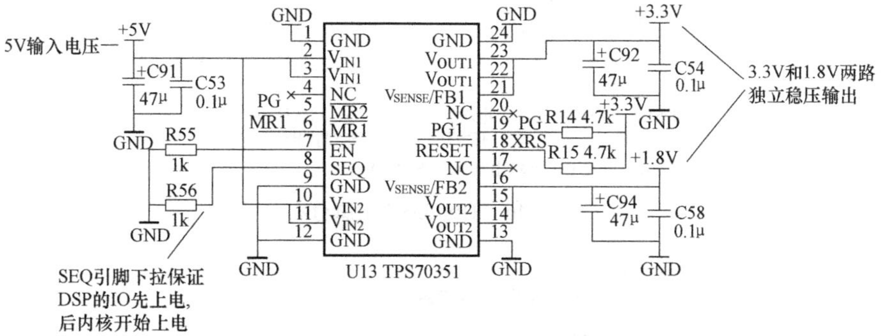

图 3-144　TPS70351 的应用电路

★★★3.2.93　TPS7333Q 带集成延时复位功能的低压差稳压器

TPS7333Q 为带集成延时复位功能的低压差稳压器，其引脚分布如图 3-146 所示。TPS7333Q 的应用电路如图 3-147 所示。

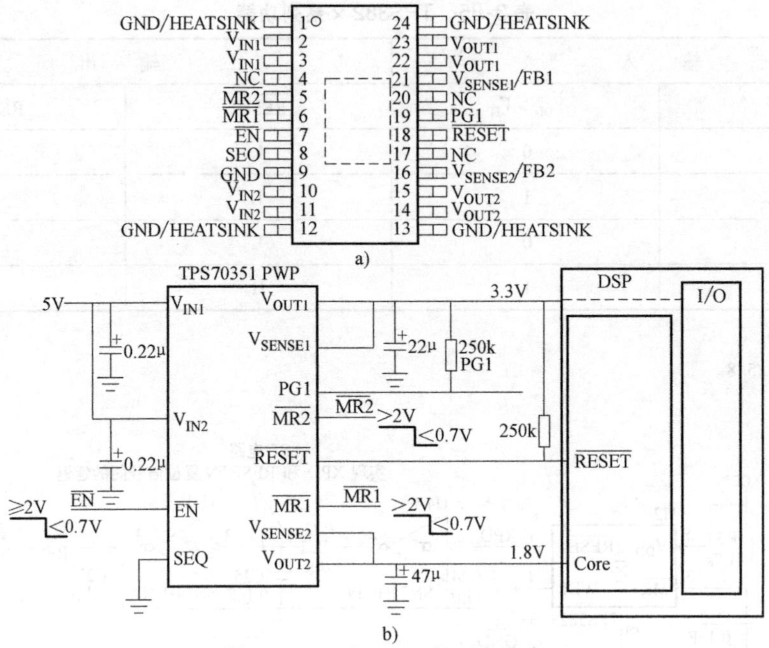

图 3-145　TPS70351 的引脚分布

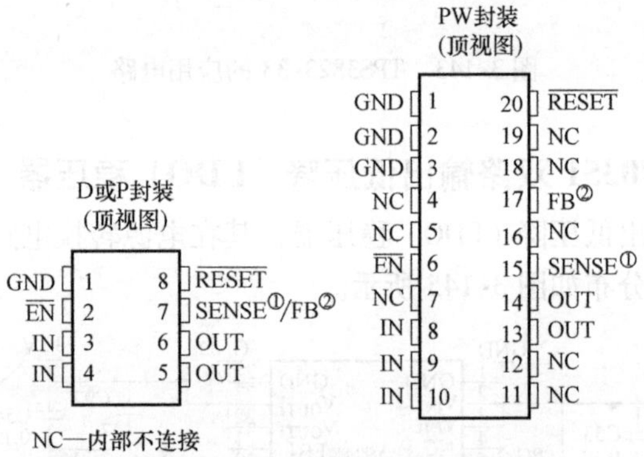

NC—内部不连接

①SENSE—仅限于固定电压器件(TPS7325、TPS7330、TPS7333、TPS7348与TPS7350)

②FB—仅限于可调输出器件(TPS7301)

图 3-146　TPS7333Q 引脚分布

TPS7325,TPS7330,TPS7333,TPS7348,
TPS7350(固定电压型器件)

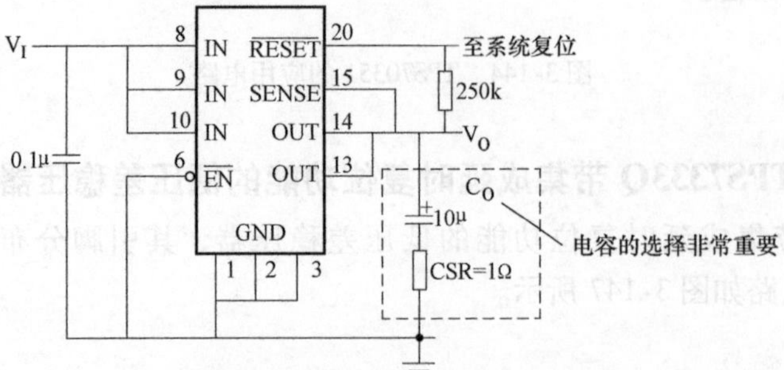

图 3-147　TPS7333Q 的应用电路

★★★3.2.94　TPS767D301 双路输出、低压降稳压器

TPS767D301 的应用电路如图 3-148 所示。TPS767D301 带有可单独供电的双路输出，一路固定输出电压为 3.3V，另一路输出电压可以调节，范围为 1.5～5.5V。TPS767D301 每路输出电流的范围为 0～1A。

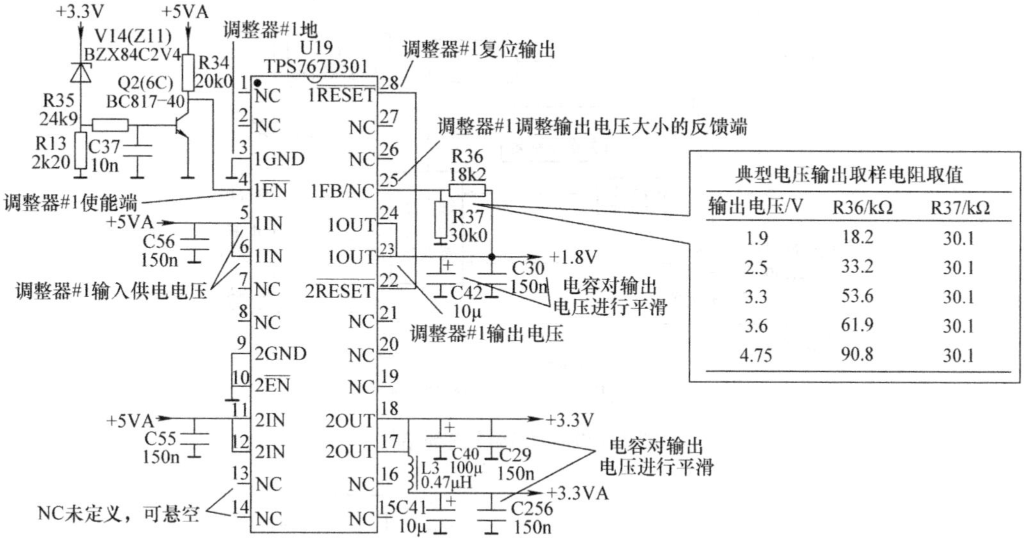

典型电压输出取样电阻取值

输出电压/V	R36/kΩ	R37/kΩ
1.9	18.2	30.1
2.5	33.2	30.1
3.3	53.6	30.1
3.6	61.9	30.1
4.75	90.8	30.1

图 3-148　TPS767D301 的应用电路

★★★3.2.95　UA791 集成运算放大器

UA791 为集成运算放大器，其输出电流可达 1A。UA791 的引脚分布如图 3-149 所示。

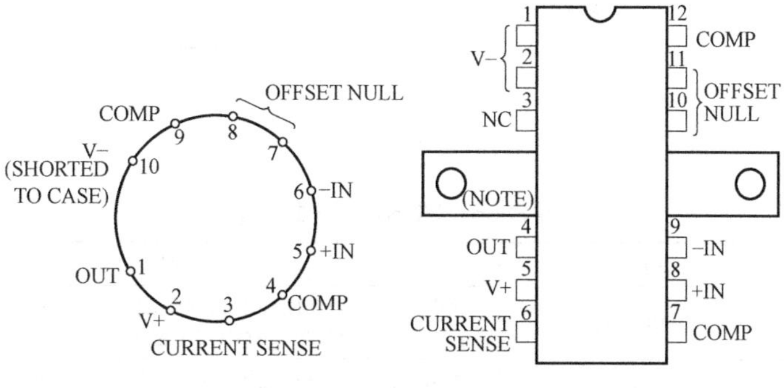

图 3-149　UA791 的引脚分布

★★★3.2.96　UC3844 电流模式控制器

UC3844 为高性能固定频率电流模式控制器，它的一些特点如下：

1）内置了可微调的振荡器、能进行精确的占空比控制、温度补偿的参考、高增益误差放大器等。

2）具有电流取样比较器与大电流图腾柱式输出。

3）输入与参考欠电压锁定，各有滞后、逐周电流限制、可编程输出静区时间和单个脉

冲测量锁存。

4）电流模式工作到500kHz。

5）输出静区时间从50%到70%可调。

UC3844内部结构如图3-150所示，引脚分布如图3-151所示，引脚功能见表3-86。

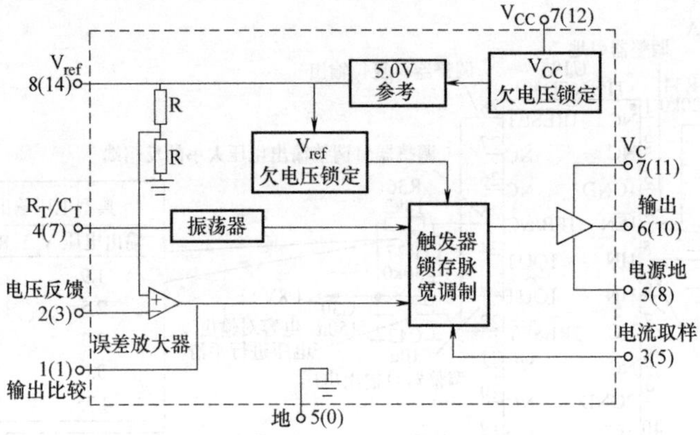

图3-150　UC3844内部结构

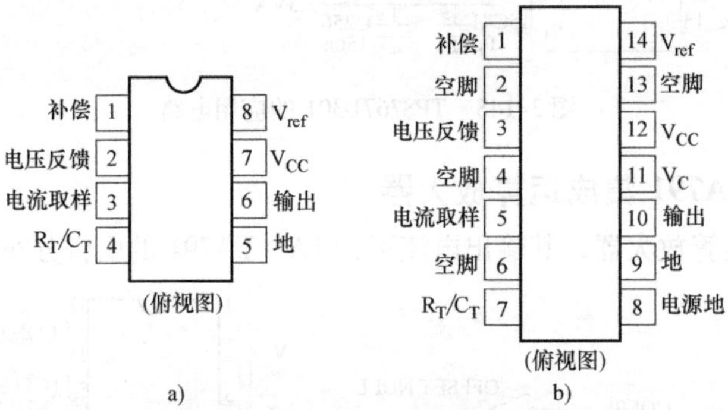

图3-151　UC3844引脚分布

表3-86　UC3844引脚功能

8引脚	14引脚	功　能	解　说
	8	电源地端	该引脚是一个连回到电源的分离电源地返回端（仅14引脚封装而言），用于减少控制电路中开关瞬态噪声的影响
	11	V_C端	输出高态（VoH）加到该引脚（仅14引脚封装而言）的电压设定。通过分离的电源连接，可以减少开关瞬态噪声对控制电路的影响
	9	地端	该引脚是控制电路地返回端（仅14引脚封装而言），并被连回到电源地
	2、4、6、13	空脚端	无连接（仅14引脚封装而言）。这些引脚没有内部连接
1	1	补偿端	该引脚为误差放大器输出端，并可以用于环路补偿
2	3	电压反馈端	该引脚是误差放大器的反相输入端，一般通过一个电阻分压器连到开关电源输出端上
3	5	电流取样端	一个正比于电感器电流的电压接到此输入端，脉宽调制器使用该信息中止输出开关的导通
4	7	R_T/C_T外接端	通过将电阻RT连接到Vref以及电容CT连接到地，使振荡器频率与最大输出占空比可调。该集成电路工作频率可达1MHz

（续）

8引脚	14引脚	功　能	解　说
5	—	地端	该引脚是控制电路与电源公共地（仅对8引脚封装而言）
6	10	输出端	该引输出直接驱动功率MOSFET栅极，高达1A的峰值电流经此引脚拉和灌，使输出开关频率为振荡器频率的1/2
7	12	V_{CC}电源端	该引脚是控制集成电路的正电源端
8	14	V_{ref}参考输出端	该引脚为参考输出端，它通过电阻RT向电容CT提供充电电流

UC3842/3/4/5应用电路中的作用主要是为开关管（MOSFEF）提供PWM信号，让开关管（MOSFET）导通或者关断。其中，UC3842/4供电电压为16V，UC3843/5供电电压为8V，即它们的7脚Vcc电压不同。

UC3844有16V（通）、10V（断）低压锁定门限。UC3845是专为低压应用设计的，低压锁定门限有8.5V（通）、7.6V（断）。

UC3844的参考代换型号有MIC38C44、IP3844、ISL6844IB等。

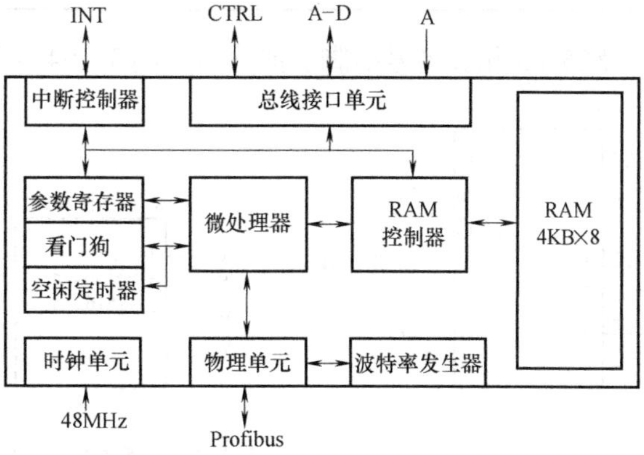

图3-152　VPC3+C内部电路

★★★3.2.97　VPC3+C处理器

VPC3+C内部电路如图3-152所示，VPC3+C应用电路如图3-153所示。

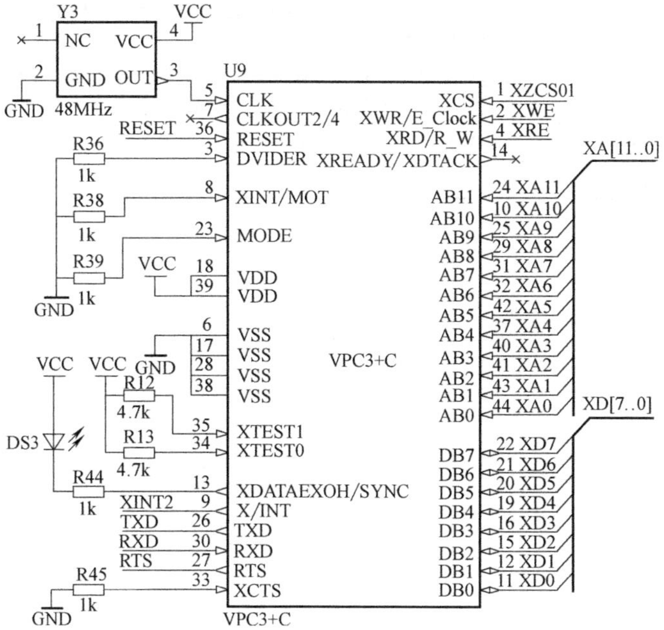

图3-153　VPC3+C应用电路

★★★3.2.98 X25163 存储器

X25163 为可编程看门狗定时器与监控电路 VCC/串行 EEPROM 。X25163 相关型号容量见表 3-87。

表 3-87 X25163 相关型号容量

型　号	容　量
X25643/45	8KB×8
X25323/25	4KB×8
X25163/65	2KB×8

X25163 相关型号引脚功能分布如图 3-154 所示。

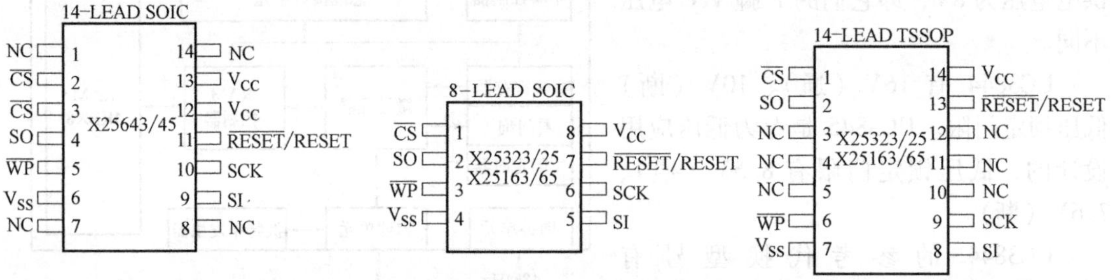

图 3-154 X25163 相关型号引脚功能分布

X25163 引脚说明见表 3-88。

表 3-88 X25163 引脚说明

符号	名　称	解　说
SO	串行输出端	SO 是一个推/拉串行数据输出端。在读周期，数据被移出该引脚。数据是在串行时钟的下降沿输出
SI	串行输入端	SI 是一个串行数据输入端。所有的操作码、字节地址、数据被写入到内存中，从引脚上输入。数据由串行时钟的上升沿被锁存
SCK	串行时钟端	串行时钟控制串行总线的数据输入与输出
$\overline{CS}$	片选端	

第4章

故障信息与代码

4.1　阿尔法系列伺服驱动器

★★★4.1.1　阿尔法 AS100 系列伺服驱动器

阿尔法 AS100 系列伺服驱动器故障信息与代码见表4-1。

表4-1　阿尔法 AS100 系列伺服驱动器故障信息与代码

故障代码	故障现象/类型
Er. 0LS	编码器 Z 脉冲丢失故障（零位信号丢失）
Er. brL	长时平均制动功率故障
Er. brS	瞬时制动功率报警
Er. ELS	编码器断线故障（编码器信号丢失）
Er. IAF	电流检测 A 通道故障
Er. IbF	电流检测 B 通道故障
Er. IPF	IPM 短路过电流或驱动电源电压过低故障
Er. LU	母线电压欠电压故障
Er. OCS	软件过电流故障
Er. OCU	硬件过电流故障
Er. OH1	散热器过热故障
Er. OPE	位置超差故障
Er. OSE	速度超差故障
Er. OU	母线电压过电压故障
Er. PoF	EEPROM 读写故障
Er. rLS	UVW 组合逻辑故障（转子信号丢失）
Er. SSr	速度调节器饱和故障

★★★4.1.2　阿尔法 6800 系列、6810 系列伺服驱动器

阿尔法 6800 系列、6810 系列伺服驱动器故障信息与代码见表4-2 和表4-3。

表4-2　阿尔法 6800 系列、6810 系列伺服驱动器故障信息与代码 1

故障代码	故障现象/类型	故障原因	故障检查
Uu1	母线欠电压故障	输入电压异常	1）需要检查电源电压 2）需要检查检测电平设置
Uu2	控制电路欠电压故障①	控制电路欠电压	
Uu3	充电回路不良故障①	接触器没有吸合	检查充电回路
OC1	加速运行过电流故障	1）加速时间太短 2）曲线不适合 3）电源电压低 4）驱动器功率过小 5）驱动器输出负载短路	1）需要加长加速时间 2）需要调整 *V/F* 曲线设置，合适的转矩提升设置 3）需要检查输入电源 4）需要选择功率大的驱动器 5）需要检查电动机线圈电阻，以及检查电动机的绝缘

（续）

故障代码	故障现象/类型	故障原因	故障检查
OC2	减速运行过电流故障	1）减速时间太短 2）负载惯性转矩大 3）驱动器功率过小 4）驱动器输出负载短路	1）需要加长减速时间 2）需要外加合适的制动组件 3）需要选择功率大的驱动器 4）需要检查电动机绕组电阻，以及检查电动机的绝缘
OC3	恒速运行过电流故障	1）负载异常 2）加/减速时间设置太短 3）电源电压低 4）驱动器功率过小 5）驱动器输出负载短路	1）需要检查负载 2）需要适当增加加/减速时间 3）需要检查输入电源 4）需要选择功率更大的驱动器 5）需要检查电动机绕组电阻，以及检查电动机的绝缘
Ou1	加速运行过电压故障	1）输入电压异常 2）加速时间设置太短	1）需要检查输入电源/检查检测电平设置 2）需要适当增加加速时间
Ou2	减速运行过电压故障	1）输入电压异常 2）减速时间设置太短 3）负载惯性转矩大	1）需要检查输入电源/检查检测电平设置 2）需要适当增加减速时间 3）需要外加合适的制动组件
Ou3	恒速运行过电压故障	1）输入电压异常 2）加/减速时间设置太短 3）负载惯性转矩大	1）需要检查输入电源 /检查检测电平设置 2）需要适当增加加/减速时间 3）需要外加合适的制动组件
GF	输出接地故障	输出侧接地电流超过规定值	1）需要检查电动机绝缘是否变差 2）需要检查驱动器和电动机间的连接线是否破损
OH1	散热器过热故障	1）环境温度过高 2）风道堵塞 3）风扇工作异常/损坏	1）需要降低环境温度 2）需要清理风道 3）需要更换风扇
OL1	电动机过载故障	1）驱动器输出超过电动机过载值 2）曲线不合适 3）电网电压过低 4）普通电动机长期低速大负载运行 5）电动机堵转或负载突变过大	1）需要减小负载 2）需要调整 V/F 曲线和转矩提升 3）需要检查电网电压 4）需要选择专用电动机 5）需要检查负载
OL2	驱动器过载故障	1）驱动器输出超过驱动器过载值 2）直流制动量过大 3）曲线不合适 4）电网电压过低 5）负载过大 6）加速时间太短	1）需要减小负载，延长加速时间 2）需要减小直流制动电流，延长制动时间 3）需要调整 V/F 曲线和转矩提升 4）需要检查电网电压 5）需要选择功率更大的驱动器 6）需要增加加速时间
SC	负载短路/输出对地短路故障	1）驱动器输出负载短路等引起的 2）输出侧对地短路	1）需要检查驱动器和电动机间的连接线是否受损 2）需要检查电动机绕组电阻
EF0	来自 RS485 串行通信的外部故障	外部控制电路产生的故障	1）需要检查外部控制电路 2）需要检查输入端子的情况等
EF1	端子 X1 ~ X8 上的外部故障等引起的		
SP1	输入断相或不平衡故障	输入 R、S、T 有断相或者三相不平衡	1）需要检查输入电压 2）需要检查输入接线

（续）

故障代码	故障现象/类型	故障原因	故障检查
SP0	输出断相或不平衡故障	输出 U、V、W 有断相或者输出三相不平衡	1）需要检查输出接线 2）需要检查电动机、电缆绝缘
CCF1	控制回路故障 0	通电 5s 内驱动器与键盘间传输仍不能建立（刚上电时）	1）需要重新插拔键盘 2）需要检查连接线 3）需要更换键盘 4）需要更换控制板
CCF2	控制回路故障 1	通电后驱动器与键盘间连通了一次，但以后传输故障连续 2s 以上（操作中）	
CCF3	EEPROM 故障	驱动器控制板的 EEPROM 故障	需要更换控制板
CCF4	A-D 转换故障	驱动器控制板的 A-D 转换故障	需要更换控制板
CCF5	RAM 故障	驱动器控制板的 RAM 故障等引起的	需要更换控制板
CCF6	CPU 干扰故障	1）严重干扰 2）控制板 MCU 读写错误 3）通信线接反或拨码开关拨错	1）STOP/RESET 键需要复位 2）电源侧需要外加电源滤波器 3）维修
PCE	参数复制故障②	1）键盘和控制板的 EEPROM 间参数复制错误 2）控制板的 EEPROM 损坏	1）需要重新进行复制操作 2）需要更换控制板
HE	电流检测故障	1）驱动器电流检测电路故障 2）霍尔器件损坏	1）需要更换驱动器 2）维修

① 对中小功率（3018Z 及以下机型）无 Uu2（含义为控制电路欠电压）、Uu3（含义为充电回路不良）故障。
② 只有选配的 LCD 键盘才具有参数复制功能，标配的 LED 键盘没有该功能（参数拷贝功能）。

表 4-3 阿尔法 6800 系列、6810 系列伺服驱动器故障信息与代码 2

故障代码	故障现象/类型	故障说明
AE1	模拟信号 1 故障	模拟输入信号通道 IS1 输入的模拟信号超过允许的最大范围 -0.2 ~ +10.2V
AE2	模拟信号 2 故障	模拟输入信号通道 IS2 输入的模拟信号超过允许的最大范围 -0.2 ~ +10.2V
CE	串行（Modbus）传输故障	设定正确的超时检测时间或将 Pb.03 超时检测时间设为 0.0s
OH2	散热器偏高故障	散热器温度高于 OH2 检测基准，检出时继续运转
OLP2	驱动器过载预告警故障	驱动器工作电流超过过载检出水平，并且保持的时间超过过载检出时间，检出时驱动器继续工作
SF1	功能码设定不合理故障	设置不全
SF2	模式选择和与端子设置不一致故障	设定的运行模式和端子（X1 ~ X8）的设定不一致
SF3	输出端子选择错误故障	根据需要，选择输出一部分控制和监视信号，并且需要注意功能定义的内容必须相同
Uu	欠电压检测故障	检测出欠电压，检出时驱动器能继续工作

4.2 埃斯顿系列伺服驱动器

★★★4.2.1 埃斯顿 ProNet 系列伺服驱动器

埃斯顿 ProNet 系列伺服驱动器故障信息与代码见表 4-4。

表 4-4 埃斯顿 ProNet 系列伺服驱动器故障信息与代码

面板操作器故障信息或代码	报警输出状态	故障现象/类型	故障检查
A. 01	×	参数破坏	可能是参数的“和数校验”结果异常造成的
A. 02	×	A-D 转换通道异常	检查 A-D 电路、更换 A-D 转换集成电路
A. 03	×	超速	可能是电动机失控引起的
A. 04	×	过载	可能是超过额定转矩连续运转引起的
A. 05	×	计数器溢出	内部位置偏差计数器溢出
A. 06	×	位置偏差脉冲溢出	可能是位置偏差脉冲超出了参数 Pn504 的值
A. 07	×	电子齿轮设置与给定脉冲频率配置不合理	针对具体原因，选择以下相应方法排除： 1）电子齿轮设置不合理 2）脉冲频率太高
A. 08	×	电流检测第一通道有问题	第一通道内部芯片异常
A. 09	×	电流检测第二通道有问题	第二通道内部芯片异常
A. 10	×	编码器异常	串行编码器通信异常
A. 12	×	过电流	IPM 电流过大
A. 13	×	过电压	电动机运转的主电路电压过高
A. 14	×	欠电压	电动机运转的主电路电压过低
A. 15	×	泄放电阻损坏	更换泄放电阻
A. 16	×	再生异常	可能是再生处理回路异常
A. 17	×	旋转变压器异常	可能是旋转变压器通信异常
A. 18	×	IGBT 过热	改善 IGBT 散热效果
A. 19	×	电动机过热	检查是否电动机异常
A. 20	×	电源线断相	主电路电源有一相没连接，需要断电连接好
A. 21	×	瞬间停电报警	在交流电中，有超过一个电源周期的停电发生，因此，需要监测交流电
A. 22	×	温度传感器断线	连接好温度传感器的连线
A. 41	×	保留	保留
A. 42	×	伺服驱动器参数与电动机不匹配	正确选择电动机型号
A. 43	×	伺服驱动器参数与电动机不匹配	正确选择伺服驱动器型号
A. 44	×	保留	保留
A. 45	×	多圈信息出错	可能是绝对值编码器多圈信息出错
A. 46	×	多圈信息溢出	可能是绝对值编码器多圈溢出
A. 47	×	多圈信息已丢	可能是电池电压低于 2. 5V
A. 48	×	电池电压偏低	说明电池电压可能低于 3. 1V
A. 50	×	串行编码器通信超时	针对具体原因，选择以下相应方法排除： 1）编码器没连接好，需要改正连接好 2）编码器信号受到干扰，需要排除干扰源 3）编码器损坏或编码器解码电路损坏，需要更换编码器或者检修编码器解码电路
A. 51	×	绝对值编码器检测到超速报警	针对具体原因，选择以下相应方法排除： 1）未接电池或电池电压不足，需要更换电池 2）电池电压正常的情况下驱动器没有接电，电动机因外部原因转动加速度过大
A. 52	×	串行编码器绝对状态出错	编码器损坏或编码器解码电路损坏，需要更换编码器或者检修编码器解码电路
A. 53	×	串行编码器计算出错	编码器损坏或编码器解码电路损坏，需要更换编码器或者检修编码器解码电路

（续）

面板操作器故障信息或代码	报警输出状态	故障现象/类型	故障检查
A. 54	×	串行编码器控制域中奇偶位、截止位错误	可能是编码器信号受干扰或编码器解码电路损坏
A. 55	×	串行编码器通信数据校验错误	可能是编码器信号受干扰或编码器解码电路损坏
A. 56	×	串行编码器状态域中截止位错误	可能是编码器信号受干扰或编码器解码电路损坏
A. 58	×	串行编码器数据为空	可能是串行编码器 EEPROM 数据为空
A. 59	×	串行编码器数据格式错	可能是串行编码器 EEPROM 数据格式不对
A. 60	×	侦测不到通信模块	可能是通信模块没插或通信模块异常
A. 61	×	与通信模块握手不成功	可能是通信模块 CPU 工作异常
A. 62	×	伺服驱动器接收不到通信模块周期性数据	可能是伺服驱动器数据接收通道或通信模块发送通道异常
A. 63	×	通信模块接收不到伺服驱动器的应答数据	可能是通信模块异常
A. 64	×	通信模块与总线无连接	可能是总线通信异常
A. 66	×	CAN 通信异常	可能是通信连接异常或者干扰等引起 CAN 通信出错
A. 67	×	接收心跳超时	可能是主站发送心跳时间超时
A. 69	×	同步信号监测周期与设定周期相比过长	可能是设置的差补时间与同步信号的周期不匹配
A. 00	○	无错误显示	显示正常动作状态

注：1. ○表示输出晶体管为通（ON）。
　　2. ×表示输出晶体管为断（报警状态）（OFF）。

★★★4. 2. 2　埃斯顿 EDA 系列伺服驱动器

埃斯顿 EDA 系列伺服驱动器故障信息与代码见表 4-5。

表 4-5　埃斯顿 EDA 系列伺服驱动器故障信息与代码

面板操作器故障信息或代码	报警输出状态	故障现象/类型	故障检查
A. 01	×	参数破坏	可能是参数的“和数校验”结果异常
A. 02	×	A-D 损坏	检查或者更换 DSP 内部的 A-D 单元
A. 03	×	超速	可能是电动机的转速超过 2000r/min
A. 04	×	过载	可能是超过额定转矩连续运转
A. 10	×	编码器 PA、PB、PC 断线	PA、PB、PC 至少有一相断线，需要重新连接
A. 11	×	编码器 PU、PV、PW 断线	PU、PV、PW 至少有一相断线，需要重新连接
A. 12	×	过电流	可能是功率晶体管电流过大
A. 13	×	过电压	可能是电动机运转的主电路电压过高
A. 14	×	欠电压	可能是电动机运转的主电路电压过低
A. 21	×	瞬间停电报警	在交流电中，有超过一个电源周期的停电发生，因此，需要监测交流电
A. 99	○	无错误显示	显示正常动作状态

注：1. ○表示输出晶体管为通（ON）。
　　2. ×表示输出晶体管为断（报警状态）（OFF）。

★★★4. 2. 3　埃斯顿 EDB 系列伺服驱动器

埃斯顿 EDB 系列伺服驱动器故障信息与代码见表 4-6。

表 4-6 埃斯顿 EDB 系列伺服驱动器故障信息与代码

故障代码	报警输出状态	故障现象/类型	故障说明
A. 01	×	参数破坏故障	参数的“和数校验”结果异常
A. 02	×	A-D 损坏故障	ADS8322 芯片损坏
A. 03	×	超速故障	电动机的转速超过 2000r/min
A. 04	×	过载故障	超过额定转矩连续运转
A. 05	×	位置偏差计数器溢出故障	内部计数器溢出
A. 06	×	位置偏差脉冲溢出故障	位置偏差脉冲超出了参数 Pn036 的值
A. 10	×	编码器 PA、PB、PC 断线故障	PA、PB、PC 至少有一相断线
A. 12	×	过电流	IPM 电流过大故障
A. 13	×	过电压故障	电动机运转的主电路电压过高
A. 14	×	欠电压故障	电动机运转的主电路电压过低
A. 15	×	泄放电阻损坏故障	泄放电阻损坏
A. 16	×	再生故障	再生处理回路异常
A. 20	×	电源线断相故障	主电路电源有一相没连接
A. 21	×	瞬间停电故障	在交流电中，有超过一个电源周期的停电发生
A. 41	×	编码器类型故障	编码器类型错误
A. 42	×	电动机类型选择故障	适配电动机型号参数选择错误
A. 70	×	刀架控制故障	刀架控制反向旋转时间或角度异常
A. 99	○	无错误显示	显示正常动作状态

注：1. ○表示输出晶体管为通（ON）。
2. ×表示输出晶体管为断（报警状态）（OFF）。

★★★4. 2. 4 埃斯顿 EDC 系列伺服驱动器

埃斯顿 EDC 系列伺服驱动器故障信息与代码见表 4-7、表 4-8。

表 4-7 埃斯顿 EDC 系列伺服驱动器故障信息与代码 1

手持器显示的故障信息或代码	报警输出状态	故障现象/类型	故障检查
A. 01	×	参数破坏	可能是 FRAM 中的参数校验和异常
A. 02	×	电流检测错误	1）可能是电缆连接错误 2）可能是 DSP 芯片 A-D 损坏
A. 03 *	×	超速	说明电动机的转速超过电动机额定速度的 1. 2 倍
A. 04 *	×	过载	说明超过额定转矩连续运转
A. 05	×	计数器溢出	可能是位置偏差计数器溢出
A. 06	×	位置偏差脉冲溢出	可能是位置偏差脉冲数超出了参数 Pn031 的值
A. 09	×	编码器 C 脉冲丢失	1）PC 断线 2）有干扰现象
A. 10	×	编码器断线	说明编码器线 PA、PB、PC、PU、PV、PW 至少有一相断线，则需要检查维修，把断线恢复正常
A. 11	×	编码器 UVW 非法编码	编码器 UVW 信号需要正确编码
A. 12	×	IPM 异常	IPM 报警，可能是 FO 信号：过电流或 VCC4 欠电压
A. 13	×	过热	IPM 温度过高

（续）

手持器显示的故障信息或代码	报警输出状态	故障现象/类型	故障检查
A. 14 *	×	电压异常	主电路过电压或者欠电压
A. 15 *	×	输入脉冲频率异常	可能是输入脉冲频率太高，超过了容许值
A. 16	×	参数错误	可能是保存在外部存储器的参数错误
A. 17	×	编码器类型不匹配	可能是把安装省线式编码器与普通增量式编码器的电动机混淆了，则需要改正过来
A. 21 *	×	瞬时掉电	可能是在交流电中，有超过一个电源周期的停电发生
A. 25	×	看门狗复位	可能是看门狗引起系统复位
A. 26 ~ A. 28	×	程序异常	可能是程序运行异常
A. 42	×	电动机与驱动器型号不匹配	可能是参数 Pn042 设置的电动机型号与驱动器不匹配，可以重新设置参数
A. 60 ~ A. 66 *	×	CAN 通信错误	1）通信连接异常 2）存在干扰等现象引起 CAN 通信出错
A. 99	○	无错误显示	显示正常动作状态

注：1. ○表示光耦合器输出为通（ON）。
2. ×表示光耦合器输出为断（报警状态）（OFF）。
3. * 表示报警可以清除。
4. 报警发生后，可以通过以下方法清除状态：使 1CN-6 信号（报警清除信号 ALM_RST）有效、通过手持器清除、通过与驱动器配套的 PC 通信软件清除、关机后重新上电等方法。
5. 当发生报警时，需要先找到报警原因，排除报警故障后，再清除报警。
6. 只有报警代码 A. 03、A. 04、A. 14、A. 15、A. 21 的报警能被清除，其他的可能不能够被清除。
7. 埃斯顿 EDC 系列交流伺服驱动器检测到异常时，其前面板的 POWER & ALM 指示灯会变成红色指示，正常运行时为绿色指示。同时，驱动器会输出伺服报警信号。此时，如果连有手持器，则可以根据手持器上显示的故障信息或代码进行维护、维修。

表 4-8　埃斯顿 EDC 系列伺服驱动器故障信息与代码 2

故障代码	故障现象/类型	故障代码	故障现象/类型
01	参数破坏	14 *	母线过电压或欠电压
02	电流检测错误	15 *	输入脉冲频率异常（指令脉冲频率大于 500kP/s）
03 *	超速		
04 *	过载	16	参数错误
05	位置偏差计数器溢出	17	编码器类型不匹配
06	位置偏差脉冲溢出	21 *	瞬时掉电
09	编码器 C 脉冲丢失	25	看门狗复位
10	编码器断线	A. 26 ~ A. 28	程序运行异常
11	编码器 UVW 非法编码	A. 42	电动机与驱动器型号不匹配
12	IPM 异常	A. 60 ~ A. 66	CAN 通信错误
13	IPM 过热		

注：1. 伺服驱动器报警后，可以根据其报警代码用手持器或 PC 通信软件进行查看。
2. EDC 伺服驱动器保存最近 8 次历史报警记录，可以用手持器或 PC 通信软件查看报警历史。
3. 表中没有带“ * ”标记的报警不能被清除，只有切断电源重新上电后，才能清除报警。
4. 清除当前报警的方法如下：①在手持操作器的状态显示模式下，长按 ENTER 键，可以清除当前伺服报警状态；②也可以用 1CN-6（ALM_RST）输入信号清除当前报警。注意：在报警清除信号 1CN-6（ALM_RST）有效期间，电动机处于自由状态，相当于伺服 OFF 状态。
5. 清除历史报警的方法如下：在手持操作器的辅助功能模式（Fn000）下，可以清除最近 8 次历史报警数据。

★★★4.2.5 埃斯顿 EDS 系列伺服驱动器

埃斯顿 EDS 系列伺服驱动器故障信息与代码见表4-9。

表4-9 埃斯顿 EDS 系列伺服驱动器故障信息与代码

面板操作器故障信息或代码	报警输出状态	故障现象/类型	故障检查
A.01	×	参数破坏	可能是参数的“和数校验”结果异常
A.03	×	超速	可能是电动机失控
A.04	×	过载	可能是超过额定转矩连续运转
A.05	×	内部计数器溢出	可能是位置偏差计数器溢出
A.06	×	位置偏差脉冲溢出	可能是位置偏差脉冲超出了参数 Pn504 的值
A.07	×	电子齿轮设置与给定脉冲频率配置不合理	可能是电子齿轮设置不合理或脉冲频率太高
A.08	×	电流检测第一通道异常	可能是第一通道内部芯片异常
A.09	×	电流检测第二通道异常	可能是第二通道内部芯片异常
A.10	×	增量编码器断线	说明增量编码器线 PA、PB、PC 至少有一相断线，需要重新连接好
A.12	×	过电流	可能是 IPM 电流过大
A.13	×	过电压	可能是电动机运转的主电路电压过高
A.14	×	欠电压	可能是电动机运转的主电路电压过低
A.15	×	泄放电阻损坏	更换泄放电阻
A.16	×	再生异常	可能是再生处理回路异常
A.20	×	电源线断相	主电路电源有一相没连接好，需要重新连接
A.21	×	瞬间停电报警	在交流电中，有超过一个电源周期的停电发生，因此，需要监测交流电
A.42	×	伺服驱动器参数与电动机不匹配	需要正确选择电动机型号
A.00	○	无错误显示	显示正常动作状态

注：1. ○表示输出晶体管为通（ON）。

2. ×表示输出晶体管为断（报警状态）（OFF）。

★★★4.2.6 埃斯顿 EHD 系列伺服驱动器

埃斯顿 EHD 系列伺服驱动器故障信息与代码见表4-10。

表4-10 埃斯顿 EHD 系列伺服驱动器故障信息与代码

面板操作器故障信息或代码	报警输出状态	故障现象/类型	故障检查
A.01	×	参数破坏	可能是参数的“和数校验”结果异常
A.02	×	A-D 转换通道异常	检查 A-D 转换电路有故障，则更换
A.03	×	超速	可能是电动机失控
A.04	×	过载	可能是超过额定转矩连续运转
A.05	×	计数器溢出	内部位置偏差计数器溢出
A.06	×	位置偏差脉冲溢出	可能是位置偏差脉冲超出了参数 Pn504 的值

（续）

面板操作器故障信息或代码	报警输出状态	故障现象/类型	故障检查
A. 07	×	电子齿轮设置与给定脉冲频率配置不合理	针对具体原因，选择以下相应方法排除： 1）电子齿轮设置不合理 2）脉冲频率太高
A. 08	×	电流检测第一通道有问题	第一通道内部芯片异常
A. 09	×	电流检测第二通道有问题	第二通道内部芯片异常
A. 10	×	编码器异常	串行编码器通信异常
A. 12	×	过电流	IPM 电流过大
A. 13	×	过电压	电动机运转的主电路电压过高
A. 14	×	欠电压	电动机运转的主电路电压过低
A. 15	×	泄放电阻损坏	更换泄放电阻
A. 16	×	再生异常	可能是再生处理回路异常
A. 17	×	旋转变压器异常	可能是旋转变压器通信异常
A. 18	×	IGBT 过热	改善 IGBT 散热效果
A. 19	×	电动机过热	检查是否电动机异常
A. 20	×	电源线断相	主电路电源有一相没连接，需要断电连接好
A. 21	×	瞬间停电报警	在交流电中，有超过一个电源周期的停电发生，因此，需要监测交流电
A. 22	×	温度传感器断线	连接好温度传感器的连线
A. 41	×	保留	保留
A. 42	×	伺服驱动器参数与电动机不匹配	正确选择电动机型号
A. 43	×	伺服驱动器参数与电动机不匹配	正确选择伺服驱动器型号
A. 44	×	保留	保留
A. 45	×	多圈信息出错	可能是绝对值编码器多圈信息出错
A. 46	×	多圈信息溢出	可能是绝对值编码器多圈溢出
A. 47	×	多圈信息已丢	可能是电池电压低于 2. 5V
A. 48	×	电池电压偏低	说明电池电压可能低于 3. 1V
A. 50	×	串行编码器通信超时	针对具体原因，选择以下相应方法排除： 1）编码器没连接好，需要改正连接好 2）编码器信号受到干扰，需要排除干扰源 3）编码器损坏或编码器解码电路损坏，需要更换编码器或者检修编码器解码电路
A. 51	×	绝对值编码器检测到超速报警	针对具体原因，选择以下相应方法排除： 1）未接电池或电池电压不足，需要更换电池 2）电池电压正常的情况下驱动器没有接电，电动机因外部原因转动加速度过大
A. 52	×	串行编码器绝对状态出错	编码器损坏或编码器解码电路损坏，需要更换编码器或者检修编码器解码电路
A. 53	×	串行编码器计算出错	编码器损坏或编码器解码电路损坏，需要更换编码器或者检修编码器解码电路
A. 54	×	串行编码器控制域中奇偶位、截止位错误	可能是编码器信号受干扰或编码器解码电路损坏

（续）

面板操作器故障信息或代码	报警输出状态	故障现象/类型	故障检查
A. 55	×	串行编码器通信数据校验错误	可能是编码器信号受干扰或编码器解码电路损坏
A. 56	×	串行编码器状态域中截止位错误	可能是编码器信号受干扰或编码器解码电路损坏
A. 58	×	串行编码器数据为空	可能是串行编码器 EEPROM 数据为空
A. 59	×	串行编码器数据格式错误	可能是串行编码器 EEPROM 数据格式不对
A. 60	×	侦测不到通信模块	可能是通信模块没插或通信模块异常
A. 61	×	与通信模块握手不成功	可能是通信模块 CPU 工作异常
A. 62	×	伺服驱动器接收不到通信模块周期性数据	可能是伺服驱动器数据接收通道或通信模块发送通道异常
A. 63	×	通信模块接收不到伺服驱动器的应答数据	可能是通信模块异常
A. 64	×	通信模块与总线无连接	可能是总线通信异常
A. 66	×	CAN 通信异常	可能是通信连接异常或者干扰等引起 CAN 通信出错
A. 67	×	接收心跳超时	可能是主站发送心跳时间超时
A. 69	×	同步信号监测周期与设定周期相比过长	可能是设置的差补时间与同步信号的周期不匹配
A. 00	○	无错误显示	显示正常动作状态

注：1. ○表示输出晶体管为通（ON）。

2. ×表示输出晶体管为断（报警状态）（OFF）。

3. A. 45、A. 46、A. 47、A. 51 需要对绝对值报警清除，才可以对报警复位。

4. 由于多圈信息已不对，因此，常需要将多圈数据清 0。

★★★4.2.7 埃斯顿 ETS 系列伺服驱动器

埃斯顿 ETS 系列伺服驱动器故障信息与代码见表 4-11。

表 4-11 埃斯顿 ETS 系列伺服驱动器故障信息与代码

故障代码	报警输出状态	故障现象/类型	故障说明
A. 01	×	参数破坏故障	参数的“和数校验”结果异常
A. 02	×	A-D 转换电路故障	ADS8322 芯片损坏
A. 03	×	超速故障	电动机的转速超过 2000r/min
A. 04	×	过载故障	超过额定转矩连续运转
A. 05	×	位置偏差计数器溢出故障	内部计数器溢出
A. 06	×	位置偏差脉冲溢出故障	位置偏差脉冲超出了参数 Pn036 的值
A. 10	×	编码器 PA、PB、PC 断线故障	PA、PB、PC 至少有一相断线
A. 12	×	过电流故障	IPM 电流过大等引起的
A. 13	×	过电压故障	为电动机运转的主电路电压过高
A. 14	×	欠电压故障	为电动机运转的主电路电压过低
A. 15	×	泄放电阻损坏故障	泄放电阻损坏
A. 16	×	再生异常故障	再生处理回路异常
A. 20	×	电源线断相故障	主电路电源有一相没连接

（续）

故障代码	报警输出状态	故障现象/类型	故障说明
A.21	×	瞬间停电故障	在交流电中，有超过一个电源周期的停电发生
A.41	×	编码器类型故障	编码器类型错误
A.42	×	电动机类型选择故障	适配电动机型号参数选择错误
A.70	×	刀架控制故障	刀架控制反向旋转时间或角度异常
A.99	○	无错误显示	显示正常动作状态

注：1. ○表示输出晶体管为通（ON）。

2. ×表示输出晶体管为断（报警状态）（OFF）。

★★★4.2.8　埃斯顿 FlexDrive-S 系列伺服驱动器

埃斯顿 FlexDrive-S 系列伺服驱动器故障信息与代码见表 4-12。

表 4-12　埃斯顿 FlexDrive-S 系列伺服驱动器故障信息与代码

故障代码	故障输出状态	故障现象/类型	故障说明
A.01	×	参数破坏故障	参数的“和数校验”结果异常
A.02	×	A-D 转换通道故障	A-D 相关电路损坏
A.03	×	超速故障	电动机失控
A.08	×	电流检测第一通道故障	第一通道内部芯片有问题
A.09	×	电流检测第二通道故障	第二通道内部芯片有问题
A.12	×	模块过电流故障	逆变模块 IGBT 模块电流过大
A.13	×	过电压故障	为电动机运转的主电路电压过高
A.42	×	电动机型号故障	伺服驱动器参数与电动机不匹配
A.43	×	伺服驱动器/编码器型号故障	伺服驱动器参数与电动机不匹配
A.44	×	写编码器超时故障	写编码器超时
A.45	×	绝对值编码器多圈信息出故障	多圈信息出错
A.46	×	绝对值编码器多圈溢出故障	多圈信息溢出
A.47	×	电池电压低于 2.5V 故障	多圈信息已丢
A.50	×	串行编码器通信超时故障	编码器没连接、编码器信号受干扰，编码器损坏或编码器解码电路损坏
A.51	×	绝对值编码器检测到超速故障	未接电池或电池电压不足，在电池电压正常的情况下驱动器未接电，电动机因外部原因转动加速度过大
A.52	×	串行编码器绝对状态故障	编码器损坏或编码器解码电路损坏
A.53	×	串行编码器计算故障	编码器损坏或编码器解码电路损坏
A.54	×	串行编码器控制域中奇偶位、截止位故障	编码器信号受干扰或编码器解码电路损坏
A.55	×	串行编码器通信数据校验故障	编码器信号受干扰或编码器解码电路损坏
A.56	×	串行编码器状态域中截止位故障	编码器信号受干扰或编码器解码电路损坏
A.58	×	串行编码器数据为空故障	串行编码器 EEPROM 数据为空
A.59	×	串行编码器数据格式故障	串行编码器 EEPROM 数据格式不正确
A.70	×	EtherCAT 同步信号故障	CSP 模式下同步时钟配置错误或同步信号抖动过大

（续）

故障代码	故障输出状态	故障现象/类型	故障说明
A. 71	×	EtherCAT 同步模块故障	CPU 与同步通信模块出错
A. 80	×	外部数据线或地址线或 RAM 故障	外部数据线或地址线或 RAM 异常
A. 00	○	无错误显示	显示正常动作状态

注：1. ○表示输出晶体管为通（ON）。
2. ×表示输出晶体管为断（报警状态）（OFF）。
3. A. 45 ~ A. 47、A. 51 需要执行绝对值编码器的初始化操作以解除警报。

4.3 艾默生、安川系列伺服驱动器

★★★4.3.1 艾默生 MP1850A4R 系列伺服驱动器

艾默生 MP1850A4R 系列伺服驱动器故障信息与代码见表 4-13。

表 4-13 艾默生 MP1850A4R 系列伺服驱动器故障信息与代码

故障代码	故障现象/类型
AOC	检测到瞬时输出过电流：峰值电流超过 225% 等
AOP	电压已经施加在电枢上，但没有检测到电流反馈等
C. ACC	智能卡故障：智能卡读/写失败等
C. BOOT	智能卡故障：菜单 0 的参数修改没有能保存在智能卡上，因为相关必要文件未在智能卡上建立
C. BUSY	智能卡故障：当应用模块访问智能卡时，智能卡没有能完成要求的功能
C. CHG	智能卡故障：数据所在区域已经含有数据
C. cPr	智能卡故障：存储在驱动器的数值与存储在智能卡数据块的数值不同
C. dAt	智能卡故障：指定的数据区域并无任何数据
C. Err	智能卡故障：智能卡数据已破坏
C. Full	智能卡故障：智能卡已满
C. OPtn	智能卡故障：源驱动器与目标驱动器间安装的应用模块不同
C. Prod	智能卡故障：智能卡上的数据块和该产品不兼容
C. rdo	智能卡故障：智能卡设置了只读位
C. rtg	智能卡故障：源驱动器和目标驱动器的电压和/或电流额定值不同
C. TyP	智能卡故障：设置的智能卡参数与驱动器不兼容
CL. bit	从控制字（Pr 6. 42）触发故障
cL2	模拟量输入 2 电流损耗（电流模式）
cL3	模拟量输入 3 电流损耗（电流模式）
dESt	两个或更多参数写入相同的目标参数
EEF	EEPROM 数据损坏—驱动器模式变为开环，驱动器 RS485 通信口与远程键盘的串行通信超时
EnC1	驱动器编码器故障：编码器电源过载
EnC10	驱动器编码器故障：端子过载
EnC2	驱动器编码器故障：断线
EnC3	驱动器编码器故障：过载
EnC9	驱动器编码器故障：从应用模块插槽选择位置反馈，该插槽没有安装速度/位置反馈应用模块

（续）

故障代码	故障现象/类型
Et	外部故障
F. OVL	磁场 I^2t 过载故障
FbL	从转速发电动机或编码器无反馈故障
Fbr	反馈转速发电动机和编码器的极性不正确
FdL	磁场供电电路无电流故障
FOC	磁场电流反馈中检测到过电流
HF01	数据处理错误：CPU 地址错误
HF02	数据处理错误：DMAC 地址错误
HF03	数据处理错误：非法指令
HF04	数据处理错误：非法插槽指令
HF05	数据处理错误：未定义异常
HF06	数据处理错误：保留异常
HF07	数据处理错误：看门狗失效
HF08	数据处理错误：4 级崩溃
HF09	数据处理错误：堆溢出
HF10	数据处理错误：路由器错误
HF11	数据处理错误：访问 EEPROM 失败
HF12	数据处理错误：主程序栈溢出
HF17	数据处理错误：功率处理器无通信
HF18	浪涌抑制电容故障
HF19	抑制器或吸收电路过热
HF20	功率级识别：标识代码错误
HF21	电源处理器：看门狗失效
HF22	电源处理器：未定义异常
HF23	电源处理器：过等级
HF27	电源电路：热敏电阻器 1 故障
HF28	功率软件和用户软件不兼容
HF29	用户处理器：电枢时序错误
It. AC	I^2t 驱动器输出电流故障
O. ht1	基于热模型，驱动器过热（晶闸管节）
O. ht2	散热器过热故障
O. ht3	外部放电电阻过温故障
O. Ld1	开关量输出过载：24V 电源以及开关量输出的总电流超过 200mA
O. SPd	电动机速度超出过速阈值故障
PAd	当驱动器正从键盘接收速度给定信号时键盘已拆除
PLL Err	锁相环不能锁定辅助电源
PS. 10V	10V 用户电源电流超过 10mA
PS. 24V	24V 内置电源过载故障
PSAVE. Er	断电时，保存于驱动器 EEPROM 中的参数丢失
S. Old	超出了过电压抑制器所能处理的最大功率
S. OV	抑制器过电压故障
SAVE. Er	EEPROM 中的用户保存参数丢失
SCL	驱动器与远程键盘的 RS485 串行通信丢失
SL	交流输入断相故障
SL. rtd	应用模块故障：驱动器模式已更改，而应用模块参数路由错误
SLX. dF	应用模块插槽 X 故障：安装在插槽 X 中的应用模块类型已更改
SLX. Er	应用模块插槽 X 故障：应用模块 X 硬件故障
SLX. nF	应用模块插槽 X 故障：应用模块已移除
SLX. tO	应用模块插槽 X 故障：应用模块看门狗超时

★★★4.3.2 安川 E-V 系列伺服驱动器

安川 E-V 系列伺服驱动器故障信息与代码见表 4-14。

表 4-14 安川 E-V 系列伺服驱动器故障信息与代码

故障代码	故障现象/类型	故障内容	警报时的停止方法	警报复位可否	警报代码输出 ALO1	警报代码输出 ALO2	警报代码输出 ALO3
A.--	非故障显示	正常动作状态	—	—	H	H	H
A.020	参数和校验故障	伺服单元内部参数的数据故障	Gr.1	否	H	H	H
A.021	参数格式故障	伺服单元内部参数的数据格式故障	Gr.1	否	H	H	H
A.022	系统和校验故障	伺服单元内部参数的数据故障	Gr.1	否	H	H	H
A.023	参数密码故障	伺服单元内部参数的数据故障	Gr.1	否	H	H	H
A.030	主电路检出部故障	主回路的各种检出数据故障	Gr.1	可	H	H	H
A.040	参数设定故障	超出设定范围故障	Gr.1	否	H	H	H
A.041	分频脉冲输出设定故障	编码器分频脉冲数（Pn212）不满足设定范围或设定条件	Gr.1	否	H	H	H
A.042	参数组合故障	多个参数的组合超出设定范围	Gr.1	否	H	H	H
A.044	半闭环/全闭环参数设定故障	选购模块与 Pn00B.3、Pn002.3 的设定不符	Gr.1	否	H	H	H
A.050	组合故障	在可组合的电动机容量范围外	Gr.1	可	H	H	H
A.051	产品不支持警报	连接了不支持的产品	Gr.1	否	H	H	H
A.0b0	伺服 ON 指令无效警报	执行了让电动机通电的辅助功能后，从上位装置输入了伺服 ON 指令	Gr.1	可	H	H	H
A.100	过电流故障	功率晶体管过电流或散热片过热故障	Gr.1	否	L	H	H
A.300	再生故障	再生类故障	Gr.1	可	L	L	H
A.320	再生过载故障	发生再生过载故障	Gr.2	可	L	L	H
A.330	主电路电源配线故障	1）AC 输入/DC 输入的设定故障 2）电源线接线故障	Gr.1	可	L	L	H
A.400	过电压故障	主回路 DC 电压异常高故障	Gr.1	可	H	H	L
A.410	欠电压故障	主回路 DC 电压不足故障	Gr.2	可	H	H	L
A.450	主回路电容器过电压、主回路电容器老化或发生了故障	主回路电容器过电压、主回路电容器老化或发生了故障	Gr.1	否	H	H	L
A.510	过速故障	电动机速度超过最高速度故障	Gr.1	可	L	H	L
A.511	分频脉冲输出过速故障	超过了设定的编码器分频脉冲数（Pn212）的电动机转速上限	Gr.1	可	L	H	L
A.520	振动警报	检出电动机异常振动故障	Gr.1	可	L	H	L
A.521	自动调谐警报故障	免调整功能自动调谐中检出了振动	Gr.1	可	L	H	L
A.710	过载故障（瞬时最大负载）	以大幅度超过额定值的转矩进行了数秒至数十秒的运行故障	Gr.2	可	L	L	L

（续）

故障代码	故障现象/类型	故障内容	警报时的停止方法	警报复位可否	警报代码输出 ALO1	警报代码输出 ALO2	警报代码输出 ALO3
A. 720	过载故障（连续最大负载）	以超过额定值的转矩进行了连续运行故障	Gr. 1	可	L	L	L
A. 730 A. 731	DB 过载	由于 DB（动态制动器）动作，旋转能量超过了 DB 电阻的容量	Gr. 1	可	L	L	L
A. 740	冲击电流限制电阻过载	主回路电源接通频率过高故障	Gr. 1	可	L	L	L
A. 7A0	散热片过热故障	伺服单元的散热片温度超过了100℃故障	Gr. 2	可	L	L	L
A. 7AB	伺服单元内置风扇停止故障	伺服单元内部的风扇停止转动故障	Gr. 1	可	L	L	L
A. 810	编码器备份警报	编码器的电源完全耗尽，位置数据被清除故障	Gr. 1	否	H	H	H
A. 820	编码器和校验警报	编码器存储器的与校验结果故障	Gr. 1	否	H	H	H
A. 830	编码器电池警报	接通控制电源，最长5s输出ALM信号后，检查电池电压4s，其结果在规定值以下	Gr. 1	可	H	H	H
A. 840	编码器数据警报	编码器内部数据故障	Gr. 1	否	H	H	H
A. 850	编码器超速	接通电源时，编码器高速旋转故障	Gr. 1	否	H	H	H
A. 860	编码器过热故障	编码器的内部温度过高故障	Gr. 1	否	H	H	H
A. 8A0	外部编码器标尺故障	外部编码器故障	Gr. 1	可	H	H	H
A. 8A1	外部编码器模块故障	串行转换单元故障	Gr. 1	可	H	H	H
A. 8A2	外部编码器传感器故障（增量型）	外部编码器故障	Gr. 1	可	H	H	H
A. 8A3	外部编码器位置故障（绝对值）	外部编码器位置异常	Gr. 1	可	H	H	H
A. 8A5	编码器超速故障	来自外部编码器的超速故障	Gr. 1	可	H	H	H
A. 8A6	编码器过热故障	来自外部编码器的过热故障	Gr. 1	可	H	H	H
A. b10	速度指令 A-D 故障	速度指令输入的 A-D 转换器故障	Gr. 2	可	H	H	H
A. b11	速度指令 A-D 转换数据故障	速度指令的 A-D 转换数据故障	Gr. 2	可	H	H	H
A. b20	转矩指令 A-D 故障	转矩指令输入的 A-D 转换器故障	Gr. 2	可	H	H	H
A. b31	电流检出故障 1	U 相电流检出回路故障	Gr. 1	否	H	H	H
A. b32	电流检出故障 2	V 相电流检出回路故障	Gr. 1	否	H	H	H
A. b33	电流检出故障 3	W 相电流检出回路故障	Gr. 1	否	H	H	H
A. bF0	系统警报 0	发生了伺服单元内部程序故障 0	Gr. 1	否	H	H	H
A. bF1	系统警报 1	发生了伺服单元内部程序故障 1	Gr. 1	否	H	H	H
A. bF2	系统警报 2	发生了伺服单元内部程序故障 2	Gr. 1	否	H	H	H
A. bF3	系统警报 3	发生了伺服单元内部程序故障 3	Gr. 1	否	H	H	H
A. bF4	系统警报 4	发生了伺服单元内部程序故障 4	Gr. 1	否	H	H	H
A. C10	失控检出故障	伺服电动机失控故障	Gr. 1	可	L	H	L

（续）

故障代码	故障现象/类型	故障内容	警报时的停止方法	警报复位可否	警报代码输出 ALO1	警报代码输出 ALO2	警报代码输出 ALO3
A. C80	编码器清除故障（多旋转圈数上限值设定异常）	绝对值编码器的多旋转量的清除或者设定不正确	Gr. 1	否	L	H	L
A. C90	编码器通信故障	编码器与伺服单元间无法通信故障	Gr. 1	否	L	H	L
A. C91	编码器通信位置数据加速度故障	在编码器位置数据的计算过程中发生了故障	Gr. 1	否	L	H	L
A. C92	编码器通信定时器故障	编码器与伺服单元间的通信用定时器发生了故障	Gr. 1	否	L	H	L
A. CA0	编码器参数故障	编码器的参数被破坏故障	Gr. 1	否	L	H	L
A. Cb0	编码器回送校验故障	与编码器的通信内容错误故障	Gr. 1	否	L	H	L
A. CC0	多旋转圈数上限值不一致故障	编码器和伺服单元的多旋转圈数上限值不一致故障	Gr. 1	否	L	H	L
A. CF1	反馈选购模块通信故障 *（接收失败）	反馈选购模块的信号接收失败故障	Gr. 1	否	L	H	L
A. CF2	反馈选购模块通信故障 *（定时器停止）	与反馈选购模块通信用的定时器发生故障	Gr. 1	否	L	H	L
A. d00	位置偏差过大故障	在伺服 ON 状态下，位置偏差超过了位置偏差过大警报值（Pn520）	Gr. 1	可	L	L	H
A. d01	伺服 ON 时位置偏差过大故障	位置偏差脉冲积累过多故障	Gr. 1	可	L	L	H
A. d02	伺服 ON 时速度限制引起的位置偏差过大故障	在位置偏差脉冲积存状态下伺服 ON，则通过伺服 ON 时速度限制值（Pn529）来限制速度。此时输入指令脉冲，不解除限制而超出位置偏差过大警报值（Pn520）的设定值	Gr. 2	可	L	L	H
A. d10	电动机-负载位置间偏差过大故障 *	电动机-负载位置间的偏差过大故障	Gr. 2	可	L	L	H
A. Eb1	安全功能用信号输入时间故障	安全功能用信号输入时间故障	Gr. 1	否	H	L	L
A. F10	电源线断相故障	在主电源 ON 状态下，R、S、T 相中的某一相电压过低的状态持续了 1s 以上	Gr. 2	可	H	L	H
CPF00	数字操作器通信故障 1	数字操作器（JUSP-OP05A）与伺服单元间无法通信（CPU 故障等）	—	否	不确定	不确定	不确定
CPF01	数字操作器通信故障 2	数字操作器（JUSP-OP05A）与伺服单元间无法通信（CPU 故障等）	—	否	不确定	不确定	不确定

注：1. Gr. 1：警报时的停止方法可以由 Pn001.0 决定。出厂设定一般为动态制动器（DB）停止。
2. Gr. 2：警报时的停止方法可以由 Pn00B.1 决定。出厂设定一般为速度指令为零的零速停止。
3. 转矩控制时，一般使用 Gr. 1 的停止方法。可以通过设定 Pn00B.1 = 1，设定与 Gr. 1 相同的停止方法。
4. 在协调使用多台电动机时，为了防止因警报时停止方法各不相同而损坏机械，可以使用该停止方法。
5. “可以”的警报，可以通过警报复位来解除。但如果仍然存在警报因素，则无法解除。
6. 不能解除“否”的警报。
7. 带 * 的表示为使用带全闭环选购模块的伺服单元时发生的警报。

★★★4.3.3 安川某系列伺服驱动器

安川某系列伺服驱动器故障信息与代码见表4-15和表4-16。

表4-15 安川某系列伺服驱动器故障信息与代码1

故障代码	故障现象/类型	故障说明
A.00	绝对值数据故障	绝对值错误或没收到
A.02	参数中断故障	用户参数检测不到
A.04	参数设置故障	用户参数设置超出允许值
A.10	过电流故障	电源变压器过电流
A.30	再生电路检查错误	再生电路检查错误
A.31	位置错误脉冲溢出	位置错误，脉冲超出参数Cn-1E设定值
A.40	主电路电压故障	主电路电压出错
A.51	过速故障	电动机转速过快
A.71	过载故障（大负载）	电动机几秒至几十秒过载运行
A.72	过载故障（小负载）	电动机过载下连续运行
A.80	绝对值编码器差错故障	绝对值编码器每转脉冲数出错
A.81	绝对值编码器失效故障	绝对值编码器电源不正常
A.82	绝对值编码器检测错误故障	绝对值编码器检测不正常
A.83	绝对值编码器电池错误故障	绝对值编码器电池电压不正常
A.84	绝对值编码器数据不对故障	绝对值编码器数据接收不正常
A.85	绝对值编码器转速过高故障	电动机转速超过400r/min后编码器打开
A.A1	过热故障	驱动器过热
A.B1	给定输入错误	伺服驱动器CPU检测给定信号错误
A.C1	伺服过运行	伺服电动机（编码器）失控
A.C2	编码器输出相位错误故障	编码器输出A、B、C相位出错
A.C3	编码器A相、B相断路故障	编码器A相、B相没接
A.C4	编码器C相断路故障	编码器C相没接
A.F1	电源断相故障	主电源一相没接
A.F3	电源失电故障	电源被切断
CPF00	手持传输故障1	通电5s后，手持与连接仍不对
CPF01	手持传输故障2	传输发生5次以上错误
A.99	无错误	操作状态不正常

表4-16 安川某系列伺服驱动器故障信息与代码2

故障代码	故障现象/类型	故障说明
A.02	参数故障	伺服单元EEPROM数据故障
A.03	主电路检测部分故障［SERVOPACK（伺服单元）为6.0kW以上时不检测］	电源电路的各种检测数据故障
A.04	参数设定故障	参数的值超出设定范围故障
A.05	配套故障	伺服电动机与伺服单元的容量不匹配故障
A.09	分频设定故障	分频设定（Pn212）的设定值为不能被设定的值（刻度之间）或超过连接编码器分辨率能力
		线性发动机连接时，从线性发动机的最大速度得到最大分频比以上的设定Pn281
A.0A	编码器种类不合故障	Σ-Ⅱ伺服范围外安装了系列编码器引起的故障
A.10	过电流或散热片过热故障	IGBT通入过电流或者伺服单元的散热片过热故障
A.30	再生故障	再生电阻断线故障 再生晶体管故障

（续）

故障代码	故障现象/类型	故障说明
A.32	再生过载故障	再生能量超过再生电阻的容量故障
A.33	主电路配线故障	主电路的供电方法与用户参数 Pn001 的设定不相符
A.40	过电压故障	主电路 DC 电压异常高故障
A.41	电压不足故障	主电路 DC 电压下降故障
A.51	超速故障	伺服电动机的转数异常高故障
A.71	过载（瞬间最大负载）故障	以大幅度超额定值的转矩进行了数秒至数十秒的运行
A.72	过载（连续最大负载）故障	以超额定值的转矩进行了连续运行
A.73	DB 过载故障（伺服单元为30W~1.0kW 时检测）	由于 DB（动态制动器）动作，旋转能量超过了 DB 电阻的容量
A.74	冲击电阻过载故障	主电路电源频繁地重复 ON/OFF 故障
A.7A	散热片过热（伺服单元为 30W~1.0kW 时检测）	伺服单元的散热片过热故障
A.81	编码器备份故障	编码器的电源完全耗尽，位置数据被清除
A.82	编码器和数校验故障	编码器存储器的和数校验结果故障
A.83	编码器电池故障	绝对值编码器备用电池电压下降故障
A.84	编码器数据故障	编码器的内部数据故障
A.85	编码器过速故障	电源 ON 时，编码器高速旋转故障
A.86	编码器过热故障	编码器的内部温度过高故障
A.b1	速度指令 A-D 故障	速度指令输入的 A-D 转换器故障
A.b2	转矩指令 A-D 故障	转矩指令输入的 A-D 转换器故障
A.b3	检测电流故障	电流检测部异常或电动机动力线断线故障
A.bF	系统故障	伺服单元发生系统故障
A.90	位置偏差过大故障	位置偏差超过 Pn51E 的设定值故障
A.91	过载故障	即将达到过载（A.71 或 A.72）警报之前的警告显示。如果继续运行，则有可能发生故障
A.92	再生过载故障	即将达到再生过载（A.32）警报之前的警告显示。如果继续运行，则有可能发生故障
A.93	绝对值编码器电池故障	绝对值编码器电池电压过低的警告显示。如果继续运行，则有可能发生故障

4.4 博美德、步科系列伺服驱动器

★★★4.4.1 博美德某系列伺服驱动器

博美德某系列伺服驱动器故障信息与代码见表4-17。

表4-17 博美德某系列伺服驱动器故障信息与代码

故障代码	故障现象/类型	故障代码	故障现象/类型
—	正常	10	电动机故障
1	系统初始化错误报警	11	电动机相电流增益故障
2	编码器 Z 脉冲丢失故障	12	EEPROM 访问错误
3	编码器 UVW 信号非法编码	13	电流过冲故障
4	编码器差分信号错误故障	14	内部制动电阻温度过高故障
5	编码器计数丢失错误故障	15	驱动禁止故障
6	IPM 故障	16	位置偏差计数器溢出故障
7	主电路继电器未连接故障	17	位置指令饱和溢出错故障
8	主电路过电压故障	18	用户转矩过载故障
9	主电路欠电压故障	19	超速或速度偏差过大故障

★★★ 4.4.2　步科 FD134S 系列伺服驱动器

步科 FD134S 系列伺服驱动器故障信息与代码见表 4-18、表 4-19。

表 4-18　步科 FD134S 系列伺服驱动器错误状态字 1 故障（报警）代码

故障代码	故障现象/类型	故障原因
000.1	扩展故障	错误状态字 2 故障、报警
000.2	编码器 ABZ 信号故障（适用于增量式编码器电动机）	编码器 ABZ 接线错误或没有连接
000.2	编码器通信故障（适用于磁电编码器电动机）	编码器接线错误或没有连接
000.4	编码器 UVW 信号故障（适用于增量式编码器电动机）	编码器 UVW 接线错误或没有连接
000.4	编码器内部故障（适用于磁电编码器电动机）	编码器内部错误或编码器损坏
000.8	编码器计数故障（适用于增量式编码器电动机）、编码器 CRC 故障（适用于磁电编码器电动机）	编码器受到干扰
001.0	驱动器温度过高故障	驱动功率模块的温度到达报警值
002.0	驱动器总线电压过高故障	电源电压超过 83V、没接制动电阻、没接外部制动装置、制动电阻不匹配
004.0	驱动器总线电压过低故障	电源电压低于 18V（默认低压报警点）
008.0	驱动器输出短路故障	驱动器 UVW 和 PE 输出端存在短路现象、ADC 电流达到饱和值
010.0	驱动器制动电阻故障	没有正确设置制动电阻参数
020.0	实际跟踪误差超过允许数值故障	电动机最大速度限制太小、最大跟随误差值太小、控制环刚性太小、目标电流限制值太小、驱动器和电动机无法满足应用要求
040.0	逻辑电压过低故障	逻辑电压低于 18V、电源电压被拉低
080.0	电动机或驱动器 I^2T 故障	机械装置被卡住或摩擦力过大、电动机 UVW 相序接线错误、电动机轴旋转时抱闸未打开或未完全打开（仅适用于抱闸电动机）、驱动器与电动机无法满足应用要求
100.0	输入脉冲频率过高故障	外部脉冲输入频率过高
200.0	电动机温度过高故障	电动机温度超过其限定值
400.0	电动机励磁故障（适用于增量式编码器电动机）	编码器没有连接、电动机 UVW 相序不正确
400.0	编码器信息故障（适用于磁电编码器电动机）	驱动器不支持当前编码器类型、编码器内部数据存储出错、编码器初始化时通信出错、编码器型号错误、连接了未知的编码器
800.0	EEPROM 数据故障	驱动器接通电源后从 EEPROM 读出数据时数据损坏

表 4-19 步科 FD134S 系列伺服驱动器错误状态字 2 故障（报警）代码

故障代码	故障现象/类型	故障原因
000.1	电流传感器故障	电流传感器信号偏移、电流传感器信号纹波太大
000.2	看门狗报错	软件看门狗异常
000.4	异常中断故障	无效的中断异常
000.8	MCU 故障	MCU 型号错误
001.0	电动机配置错误	EEPROM 无电动机数据、无法自动识别电动机型号、电动机没有正确配置
001.0	电动机断相故障	电动机线 UVW 某相未连接
010.0	预使能报警	输入口定义预使能，在驱动器使能或将要使能时，该输入口没有接收到信号
020.0	正限位报错	正限位信号被触发，正限位错误只有在“限位功能定义”被设置为 0 后才会触发
040.0	负限位报错	负限位信号被触发，正限位错误只有在“限位功能定义”被设置为 0 后才会触发
080.0	SPI 故障	内部固件在处理 SPI 时出错
200.0	全闭环故障	电动机与位置编码器方向不一致
800.0	主编码器计数故障	主编码器计数错误等

★★★ 4.4.3 步科 Kinco CD3/FD3 系列伺服驱动器

步科 Kinco CD3/FD3 系列伺服驱动器故障信息与代码见表 4-20。

表 4-20 步科 Kinco CD3/FD3 系列伺服驱动器错误状态（2601.00）故障代码

故障代码	故障现象/类型	故障原因	故障检修
000.1	其他故障	错误状态字 2 报警	按 SET 键进入错误状态字 2（D1.16），然后根据报警代码查看、判断故障
000.2	编码器未连接故障	编码器线出错、编码器未连接	1）确认驱动器与电动机间编码器接线正确，线缆连接牢固 2）通过 EA01 或上位机软件检查电动机型号（0x641001）设置是否正确。不正确，则重新输入电动机型号
000.4	编码器内部故障	多圈绝对值编码器的多圈数据无效，需复位	1）通过上位机软件修改通信式编码器数据复位数据 2）复位故障或重启驱动器、检查电池线连接情况、检查电池情况
000.8	编码器 CRC 错误故障	电动机型号设置错误、编码器接线错误、外部干扰	1）通过上位机软件检查设置的电动机代码与所连的电动机是否一致 2）检查编码器接线情况、编码器信号情况
001.0	驱动器温度过高故障	驱动功率模块的温度到达报警值	检查电动机、驱动器功率、驱动器散热风扇、驱动器内部功率电路
002.0	过电压故障	直流总线电压超过过电压报警点	检查动力电源电压范围、电源电压稳定情况，连接合适制动电阻情况
004.0	欠电压故障	直流总线电压低于低压报警点	检查动力电源电压范围、电源电压稳定情况，减小加速度

（续）

故障代码	故障现象/类型	故障原因	故障检修
008.0	过电流故障	瞬时电流超过了过电流的保护值	检查驱动器与电动机间的连接情况、驱动器情况、机械负载、动力线的 UVW 和 PE 间的情况
010.0	制动电阻故障	外部制动电阻过载	检查外部制动电阻阻值与功率情况，以及设置情况
		内部制动电阻过温	检查 DC +/RB1 与 RB-端接线情况、外部制动电阻情况
		内部制动单元损坏，制动电路短路	万用表测量 DC - 与 RB - 端导通情况，检查驱动器情况
020.0	位置跟随误差	最大跟随误差设置值太小、目标速度超过最大速度限制、电动机线接线不正确、控制环刚性太小、目标转矩限制值过小、驱动器和电动机无法满足应用要求	检查动力线 UVW 连接情况、增益情况、最大跟随误差、最大速度限制、目标转矩、目标电流限制、运行负载情况
040.0	逻辑电源过低故障	逻辑电压低于报警下限	检查逻辑电压、电源电压稳定情况
080.0	电动机或驱动器 I^2T 故障	电动机轴旋转时抱闸未松放、驱动器控制环参数设置不当、电动机动力线以及编码器接线错误、机械装置被卡住或摩擦力过大	检查线缆接线情况、抱闸电压情况、控制环参数
100.0	频率过高故障	外部脉冲输入频率过高	检查脉冲频率
200.0	电动机温度过高故障	电动机温度超过其限定值、输入口定义并触发电动机故障	检查环境温度、加速度、负载
400.0	编码器信息错误	编码器型号错误、编码器内部数据存储出错、编码器初始化时通信出错、驱动器不支持当前编码器类型	检查驱动器与电动机间编码器接线情况、电动机型号设置情况
800.0	EEPROM 故障	EEPROM 读写数据时数据损坏	检查控制环参数、导入软件文件
FFF.F	电动机型号错误	当前电动机型号与驱动器保存的电动机型号不同	1）通过按键进入 EA01 输入正确的电动机代码，设置 EA00 为 1 2）通过上位机软件的电动机型号（0x641001）输入电动机代码，以及保存电动机参数重启驱动器 3）通过上位机软件找到 EASY_MT_TYPE（0x304101）参数，确认其值，然后保存参数

★★★ 4.4.4 步科 Kinco FD5 系列伺服驱动器

步科 Kinco FD5 系列伺服驱动器故障信息与代码见表4-21。

表4-21 步科 Kinco FD5 系列伺服驱动器错误状态2（2602.00）故障代码

故障代码	故障现象/类型	故障原因	故障检修
000.1	电流传感器故障	电流传感器偏移、电流传感器纹波过大	1）驱动器与电动机良好接地 2）检修电流传感器电路
000.2	看门狗报错故障	软件看门狗异常	1）初始化控制环参数后，存储控制参数，重启驱动器 2）电动机型号写00后，存储电动机参数，重启驱动器
000.4	异常中断故障	中断异常、中断无效	1）初始化控制环参数后，存储控制参数，重启驱动器 2）电动机型号写00后，存储电动机参数，重启驱动器
000.8	MCU 故障	检测到 MCU 错误、软件程序与硬件不匹配	1）检查驱动器属性中的软件版本，更新正确的软件 2）检修、更换驱动器
001.0	电动机配置错误	电动机线缺失、动力线 UVW 某相未连接、无法自动识别电动机型号、电动机没有被正确配置、EEPROM 无电动机数据	1）通过上位机软件电动机配置界面检查当前电动机型号是否正确 2）确认电动机动力线 UVW 连接情况
010.0	预使能报警	DIN 配置了预使能功能，需确认预使能信号有效输入，再使能驱动器	用户自定义报警
020.0	正限位报错	正限位信号被触发，仅在限位功能定义设为0时才会产生故障报警	用户自定义报警
040.0	负限位报错	负限位信号被触发，仅在限位功能定义设为0时才会产生故障报警	用户自定义报警
080.0	SPI 故障	内部固件在处理 SPI 时出错	查看固件
100.0	CAN 总线故障	通信中断模式设为1时才会开启	用户自定义报警
200.0	全闭环故障	全闭环模式下，主编码器计数方向与电动机编码器计数方向相反	1）检查主编码器计数方向与电动机编码器计数方向，计数方向不一致，则更改主编码器计数方向（0x250A03） 2）主编码器速度与电动机编码器速度比例关系不一致，则检查机械安装，排除机械打滑或卡涩 3）检查设置值
400.0	主编码器 ABZ 故障	主编码器连接错误	检查主编码器信号线连接是否正确
800.0	主编码器计数错误	主编码器索引信号异常	1）正确填写主编码器周期（0x250A01），设置为0不开启检查 2）排查干扰

★★★4.4.5　步科 OD 系列伺服驱动器

步科 OD 系列伺服驱动器故障信息与代码见表 4-22。

表 4-22　步科 OD 系列伺服驱动器故障信息与代码

故障代码	故障现象/类型
000.1	电流传感器故障
000.2	看门狗报错
000.4	异常中断
000.8	MCU 故障
001.0	电动机配置错误
010.0	预使能报警
020.0	正限位报错
040.0	负限位报错
080.0	SPI 故障
200.0	全闭环故障
800.0	主编码器计数错误

4.5　超同步系列伺服驱动器

★★★4.5.1　超同步 GH 系列伺服驱动器

超同步 GH 系列伺服驱动器故障信息与代码见表 4-23。

表 4-23　超同步 GH 系列伺服驱动器故障信息与代码

故障代码	故障名称	故障代码	故障名称
E1.ou1	过电压故障	E1. EL	编码器断线故障
E1.Uu1	欠电压故障	E1. E8	编码器线数错误
E1. oc	过电流故障	E1. EC	z 信号故障
E1.oc1	过电流故障	E1. PU	电动机电缆相序错误
E1.oc2	过电流故障	E1. oS	超速报警
E1.oc3	过电流故障	E1. oP	随动误差超差
E1.oc4	过电流故障	E1.EE2	底座 EE 读取失败
E1. SE	速度误差过大报警	E1.CPU	小 CPU 故障
E1. rA	霍尔监测故障	E1. Co	通信错误
E1.oH1	模块温度过高报警	E1.oL2	过载故障
E1.oH3	电动机过热报警		

★★★4.5.2　超同步 GS 系列伺服驱动器

超同步 GS 系列伺服驱动器故障信息与代码见表 4-24。

表 4-24　超同步 GS 系列伺服驱动器故障信息与代码

故障代码	故障名称	故障代码	故障名称
E. ou	过电压故障	E. noH1	功率模块过热故障解除
E. Uu1	欠电压故障	E. oH2	驱动器内部过热故障
E. PL	断相故障	E. noH2	驱动器内部过热故障解除
E. oc3	主回路过电流故障	E. oH3	电动机过热故障
E. oL	过载故障	E. noH3	电动机过热故障解除
E. noL	过载故障解除	E. o5	电动机超速故障
E. oL2	过载 2 故障	E. Jc	驱动器接触器故障
E. cdd	自学习不成功	E. EA1	编码器 1 反馈故障
Error	模拟量标定误差报警	E. EA2	编码器 2 反馈故障
A. EF	外部故障急停警告	E. PU	电动机电缆相序错误
E. Enc	编码器转换	E. br	制动回路故障
. LEAr	自学习	E. Eo	外部故障
E. Po3	功率单元出错	E. Po	驱动器功率单元被更换
E. noL2	过载故障 2 解除	E. Po1	驱动器功率代码非法
E. oH1	功率模块过热故障	E. Po2	功率单元通信出错

4.6　大成、丹佛系列伺服驱动器

★★★4.6.1　大成 DCSF-C 系列伺服驱动器

大成 DCSF-C 系列伺服驱动器故障信息与代码见表 4-25。

表 4-25　大成 DCSF-C 系列伺服驱动器故障信息与代码

故障代码	故障现象/类型	故障说明
AL-01	模块故障	1）负载太重 2）编码器不正常 3）参数 Pr20、Pr21 太大 4）参数 Pr30、Pr31 太大 5）模块过热或损坏 6）驱动器没有接地线 7）电动机接线错
AL-02	超速故障	1）编码器不正常 2）零位角度偏离 3）速度设置过大 4）Pr02 太小

（续）

故障代码	故障现象/类型	故障说明
AL-03	编码器接线故障	1）编码器不正常 2）编码器插头松 3）编码器线超过40m
AL-04	电动机接线故障	1）电动机U、V、W接错 2）JOG模式下Pr20太大
AL-05	过电压故障	电源电压高于交流255V
AL-06	过电流故障	1）负载太重 2）编码器不正常 3）参数Pr20、Pr21太大 4）参数Pr30、Pr31太大 5）参数Pr27、Pr28太小
AL-07	调零出错编码器故障	1）编码器不正常 2）编码器插头松 3）编码器线超过40m
AL-08	调零出错电动机接线故障	1）编码器不正常 2）编码器插头松 3）编码器线超过40m 4）电动机U、V、W接错
-bbrr-	电动机正在再生制动故障	正在制动显示
AL-09	欠电压故障	电源电压太低
AL-10～12	保留	

★★★4.6.2　丹佛DSD系列伺服驱动器

丹佛DSD系列伺服驱动器故障信息与代码见表4-26。

表4-26　丹佛DSD系列伺服驱动器故障信息与代码

故障代码	故障现象/类型	故障原因
ER0-00	正常	
ER0-01	电动机转速过高	1）编码器接线故障 2）编码器损坏 3）编码器电缆过长，造成编码器供电电压偏低 4）运行速度过快 5）输入脉冲频率过高 6）电子齿轮比太大 7）伺服系统不稳定引起超调 8）电路板故障
ER0-02	直流母线电压过高	1）电源电压过高（高于规定值的120%）故障 2）制动电阻接线断开 3）内部再生制动晶体管坏 4）内部再生制动回路容量太小 5）电路板故障
ER0-03	输入AC电源电压过低或DC母线电压低	1）电源电压过低（低于规定值的80%） 2）临时停电200ms以上 3）电源启动回路故障 4）电路板故障 5）驱动器温度过高

（续）

故障代码	故障现象/类型	故障原因
ER0-04	超差报警	1）机械卡死故障 2）输入脉冲频率太高故障 3）编码器零点变动故障 4）编码器接线错误或编码器连接线断故障 5）位置环增益 P14 太小故障 6）负载过大故障 7）P43 参数设置太小故障 8）P42 =1 屏蔽此功能，将不报警
ER0-05	驱动器温度过高	1）环境温度过高故障 2）散热风机坏故障 3）温度传感器坏故障 4）电动机电流太大故障 5）内部再生制动电路故障 6）内部再生制动晶体管坏故障 7）电路板故障
ER0-06	驱动器写 EEPROM 错误	EEPROM 芯片损坏，需要更换 EEPROM 芯片
ER0-07	CWL 电动机反向限位	撞到反向限位开关，可以设置参数 P48 =0 屏蔽该功能，或者正向转动电动机或增大 P41 参数，P48 =2 时不报警
ER0-08	CCWL 电动机正向限位	撞到正向限位开关，可以设置参数 P48 =0 屏蔽该功能，或者反向转动电动机或增大 P41 参数，P48 =2 时不报警
ER0-09	编码器 UVW 故障	1）编码器损坏故障 2）编码器接线损坏或断裂故障 3）P38 =1 屏蔽该功能，将不报警 4）编码器电缆过长，造成编码器供电电压偏低故障 5）电路板故障
ER0-10	电流过大	1）电动机线 U、V、W 之间短路故障 2）接地不良故障 3）电动机绝缘损坏故障 4）负载过重故障 5）超过 300% 额定电流 100ms 以上故障 6）连续超过 30% 额定电流 15s 以上故障 7）电路板故障，1.5V 电源芯片故障 8）P27 号参数设置小，可适当增大。注意：如果太大容易损坏驱动器
ER0-11	模块故障	1）电流过大故障 2）电压过低故障 3）电动机绝缘损坏故障 4）增益参数设置不当故障 5）负载过重故障 6）温度过高故障 7）模块损坏故障 8）受到干扰故障 9）电动机电源线 U、V、W 短路故障 10）电动机电源线 U、V、W 接错位故障 11）编码器接线错误或编码器连接线断故障 12）P10 号参数设置过大，可以适当减小
ER0-12	电动机过载报警	1）P27 和 P40 号参数设置小，可适当增大。注意，如果太大容易损坏驱动器 2）负载超过电动机额定转矩的参数 P40 百分比时驱动报警 3）编码器接线错误或编码器连接线断故障 4）电动机电源线 U、V、W 线接触不良故障 5）机械卡死故障 6）负载过重故障

（续）

故障代码	故障现象/类型	故障原因
ER0-13	IPM 软保护	电流大于 IPM 的最大值时的报警
ER0-14	编码器 ABZ 故障	1）编码器损坏 2）编码器接线损坏或断裂 3）P38 =1 屏蔽此功能，将不报警 4）编码器电缆过长，造成编码器供电电压偏低 5）电路板故障

4.7 德力西系列伺服驱动器

★★★4.7.1 德力西 CDS300 系列伺服驱动器

德力西 CDS300 系列伺服驱动器故障信息与代码见表 4-27。

表 4-27 德力西 CDS300 系列伺服驱动器故障信息与代码

故障代码	故障现象/类型	故障原因
--	正常	
1	超速故障	伺服电动机速度超过设定值
10	控制电源错误	
11	IPM 故障	IPM 故障
12	过电流故障	
13	过载故障	伺服驱动器、电动机过载（瞬时过热）
14	泄放制动故障	制动电路故障
15	码盘计数器错误	
17	制动功率过载故障	
19	过热故障	温度达到温度开关检测值
2	主电路过电压故障	主电路电源电压过高
20	EEPROM 故障	EEPROM 关键字读写检测校验错误
23	A-D 电流零点采样故障	
29	用户过转矩报警	
3	主电路欠电压故障	主电路电源电压过低
30	编码器 Z 脉冲丢失故障	编码器 Z 脉冲丢失
31	编码器 UVW 信号错误	
32	编码器 UVW 信号非法编码	
34	省线式码盘读 UVW 故障	
4	位置超差	位置偏差计数器的数值超过设定值
5	电动机过热负载	电动机超过额定电流持续运行超过 15min
6	速度放大器饱和	速度放大器饱和故障
7	驱动禁止异常	
73~84	内部芯片通信故障	
8	位置偏差计数器溢出	位置偏差计数器的数值的绝对值超过 YI 定值
9	编码器故障	码盘线“异或”错误
90	EEPROM 故障	EEPROM 读写无反馈
91	EEPROM 故障	EEPROM 参数校验错误
97	绝对值编码器电池报警	电池电压低、电池失效
99	读取绝对值编码器通信故障	驱动器读取编码器出错

★★★4.7.2 德力西 CDS500 系列伺服驱动器

德力西 CDS500 系列伺服驱动器故障信息与代码见表 4-28。

表 4-28 德力西 CDS500 系列伺服驱动器故障信息与代码

故障代码	故障现象/类型	故障原因
Err01	硬件过电流故障	任意相反馈电流大于驱动器规定的过电流点
Err05	Z 信号丢失故障	增量式编码器丢失 Z 信号
Err06	电流检测故障	电流检测回路异常
Err08	编码器故障 1	增量式编码器检测异常
Err09	参数存储故障	内部存储芯片读写异常
Err10	零漂检测故障	上电零漂检测异常
Err11	主回路电欠电压故障	P+与-间直流母线电压低于故障值 220V 等级：200V 380V 等级：380V
Err12	主回路电过电压故障	P+与-间直流母线电压超过故障值 220V 等级：420V 380V 等级：760V
Err13	电动机超速故障	伺服电动机实际转速超过超速故障阈值
Err15	电动机过载故障	电动机累积热量过高，并且达到设定的故障阀值
Err16	速度环积分饱和故障	内部算法调节饱和
Err17	输入断相故障	三相驱动器断相
Err18	输出断相故障	电动机实际相电流不到额定电流的 10%，并且实际转速小，但是内部转矩指令很大
Err20	位置反馈故障	电动机运行失控
Err21	驱动器过热故障	驱动器功率模块温度高于过温保护点
Err22	原点复归超时故障	驱动器进行原点复归操作时，超过允许的时间而未找到原点
Err23	位置超差过大故障	位置控制模式下，位置偏差大于 F5.0.06
Err24	速度超差过大故障	速度控制模式下，速度偏差大于 F5.0.07，并且持续时间超过 F5.0.08 设定值
Err28	制动电阻过载故障	制动电阻累积热量大于设定值
Err29	正向超程警告	DI 功能 27 对应的 DI 端子逻辑有效
Err30	反向超程警告	DI 功能 26 对应的 DI 端子逻辑有效
Err34	CPLD/FPGA 初始化故障	
Err35	CPLD/FPGA 内部通信故障	
Err36	CPLD/FPGA 版本错误	
Err37	内部位置故障	
Err97	绝对式编码器电池故障	
Err99	绝对式编码器断线故障	

4.8 递恩、东菱系列伺服驱动器

★★★4.8.1 递恩 DNV516YA 系列伺服驱动器

递恩 DNV516YA 系列伺服驱动器故障信息与代码见表 4-29。

表 4-29　递恩 DNV516YA 系列伺服驱动器故障信息与代码

故障代码	故障现象/类型	故障原因
E. ULF	掉载故障	伺服器运行电流小于 P9.64
E. APA	累计上电时间到达故障	累计上电时间达到设定值
E. ArA	累计运行时间到达故障	累计运行时间达到设定值
E. CbC	逐波限流故障	1）负载是否过大或发生电动机堵转 2）伺服器选型偏小
E. CoF1	通信故障	1）通信线不正常 2）通信参数 PD 组设置不正确 3）通信扩展卡 P0.28 设置不正确 4）上位机工作不正常
E. CPF	控制电源故障	输入电压不在规范规定的范围内
E. EEP	EEPROM 读写故障	EEPROM 芯片损坏
E. EIOF	外部设备故障	1）通过多功能端子 DI 输入外部故障的信号 2）通过虚拟 IO 功能输入外部故障的信号
E. HALL	电流检测故障	1）检查霍尔器件异常 2）驱动板异常
E. HArd	伺服器硬件故障	1）存在过电压 2）存在过电流
E. IGbt	逆变单元故障	1）伺服器输出回路短路 2）主控板异常 3）驱动板异常 4）电动机和伺服器接线过长 5）模块过热 6）伺服器内部接线松动 7）逆变模块异常
E. ILF	输入断相故障	1）驱动板异常 2）防雷板异常 3）主控板异常 4）三相输入电源不正常
E. LU	欠电压故障	1）瞬时停电 2）整流桥及缓冲电阻不正常 3）驱动板异常 4）伺服器输入端电压不在规范要求的范围 5）母线电压不正常 6）控制板异常
E. oCAC	加速过电流故障	1）加速时间太短 2）手动转矩提升或 *V/F* 曲线不合适 3）电压偏低 4）伺服器输出回路存在接地或短路 5）控制方式为矢量且没有进行参数辨识 6）对正在旋转的电动机进行起动 7）加速过程中突加负载 8）伺服器选型偏小
E. oCCo	恒速过电流故障	1）伺服器输出回路存在接地或短路 2）运行中是否有突加负载 3）控制方式为矢量且没有进行参数辨识 4）电压偏低 5）伺服器选型偏小

（续）

故障代码	故障现象/类型	故障原因
E. oCdE	减速过电流故障	1）伺服器输出回路存在接地或短路 2）减速过程中突加负载 3）控制方式为矢量且没有进行参数辨识 4）减速时间太短 5）电压偏低 6）没有加装制动单元和制动电阻
E. oH1	模块过热故障	1）风道堵塞 2）风扇损坏 3）环境温度过高 4）模块热敏电阻损坏 5）逆变模块损坏
E. oHt	电动机过热故障	1）温度传感器接线松动 2）电动机温度过高
E. oL1	伺服器过载故障	1）伺服器选型偏小 2）负载过大或发生电动机堵转
E. oLF	输出断相故障	1）伺服器到电动机的引线不正常 2）电动机运行时伺服器三相输出不平衡 3）驱动板异常 4）模块异常
E. oLt	电动机过载故障	1）伺服器选型偏小 2）电动机保护参数 P9. 01 设定不合适 3）负载过大或发生电动机堵转
E. oSF	电动机过速度故障	1）没有进行参数辨识 2）编码器参数设定不正确 3）电动机过速度检测参数 P9. 69、P9. 60 设置不合理
E. oUAC	加速过电压故障	1）加速过程中存在外力拖动电动机运行 2）没有加装制动单元和制动电阻 3）输入电压偏高 4）加速时间过短
E. oUCo	恒速过电压故障	1）运行过程中存在外力拖动电动机运行 2）输入电压偏高
E. oUdE	减速过电压故障	1）输入电压偏高 2）减速过程中存在外力拖动电动机运行 3）减速时间过短 4）没有加装制动单元和制动电阻
E. PG1	码盘故障	1）编码器型号不匹配 2）编码器损坏 3）PG 卡异常 4）编码器连线错误
E. PID	运行时 PID 反馈丢失故障	PID 反馈小于 PA. 26 设定值
E. PoSF	初始位置错误	电动机参数与实际偏差太大
E. rECF	接触器故障	1）输入断相 2）驱动板、接触器不正常
E. SdL	速度偏差过大故障	1）编码器参数设定不正确 2）速度偏差过大检测参数 P9. 69、P9. 60 设置不合理 3）没有进行参数辨识

（续）

故障代码	故障现象/类型	故障原因
E. SHot	对地短路故障	电动机对地短路
E. tSr	运行时切换电动机故障	在伺服器运行过程中通过端子更改当前电动机选择
E. tUnE	电动机调谐故障	1）参数辨识过程超时 2）电动机参数未按铭牌设置
E. USt1	用户自定义故障 1	1）通过多功能端子 DI 输入用户自定义故障 1 的信号 2）通过虚拟 IO 功能输入用户自定义故障 1 的信号
E. USt2	用户自定义故障 2	1）通过多功能端子 DI 输入用户自定义故障 2 的信号 2）通过虚拟 IO 功能输入用户自定义故障 2 的信号

★★★4.8.2　东菱 DS2 系列伺服驱动器

东菱 DS2 系列伺服驱动器故障信息与代码见表 4-30。

表 4-30　东菱 DS2 系列伺服驱动器故障信息与代码

故障代码	故障现象/类型	故障原因
E. 020	参数和校验异常 1	伺服驱动器内部参数数据异常
E. 021	参数和校验异常 2	伺服驱动器内部参数数据异常
E. 022	参数存储器读写故障	伺服驱动器内部参数存储器读写异常
E. 030	参数数值故障	伺服驱动器参数超过范围
E. 040	参数设定故障	超出设定范围
E. 042	参数组合故障	参数组合故障
E. 0A0	组合错误	可组合的电动机容量范围外（容量不匹配）
E. 0A2	电动机与驱动器匹配故障	电动机与驱动器的电压类型等不匹配
E. 0B3	内部芯片间通信故障 1	内部芯片间的通信出错
E. 0B4	内部芯片间通信故障 2	内部芯片间的通信出错
E. 0F0	产品不支持	连接了不支持的产品
E. 100	过电流检出故障	功率晶体管过电流、散热片过热
E. 120	电动机过载故障（瞬时过载故障）	电动机以大幅度超过额定值的转矩进行了数秒到数十秒的运行
E. 121	驱动器过载故障（瞬时过载故障）	驱动器以大幅度超过额定值的转矩进行了数秒到数十秒的运行
E. 130	电动机过载故障（连续过载故障）	电动机以超过额定值的转矩进行了连续运行
E. 131	驱动器过载故障（连续过载故障）	驱动器以超过额定值的转矩进行了连续运行
E. 136	电动机碰撞故障	打开碰撞保护的情况下，电动机负载超过设定值
E. 180	过电压故障	主回路 DC 电压异常高
E. 190	欠电压故障	主回路 DC 电压不足
E. 200	母线电压检出故障	母线电压异常
E. 250	电流检出故障 1	电流检出回路异常
E. 252	电流检出故障 2	电流检出回路异常
E. 300	再生异常	再生电路异常
E. 320	再生过载故障	发生再生过载
E. 340	冲击电流限制电阻过载故障	主回路电源接通频率过高

（续）

故障代码	故障现象/类型	故障原因
E. 360	散热片过热故障	驱动器的散热片温度过高
E. 500	编码器通信故障	通信型编码器通信故障
E. 502	编码器通信多次出错	编码器通信多次出现错误
E. 504	编码器通信校验故障	通信型编码器通信数据校验异常
E. 505	编码器通信帧故障 1	通信型编码器通信帧错误（驱动器端）
E. 506	编码器通信帧故障 2	通信型编码器通信帧错误（编码器端）
E. 507	编码器通信帧故障 3	通信型编码器通信数据错误
E. 510	增量编码器断线故障	增量式编码器线缆断线
E. 512	增量编码器相位故障	增量式编码器相位错误
E. 530	编码器和校验故障	通信型编码器存储器和校验结果异常
E. 532	编码器参数故障	通信型编码器的参数异常
E. 550	编码器计数故障 1	通信型编码器计数错误 1
E. 552	多圈编码器故障	通信型多圈编码器错误
E. 554	编码器过速故障	通信型多圈编码器过速错误
E. 555	编码器计数故障 2	通信型多圈编码器计数错误
E. 556	编码器计数溢出故障	通信型多圈编码器计数溢出错误
E. 558	编码器多圈数据故障	通信型多圈编码器多圈数据错误
E. 55A	编码器电池故障	通信型多圈编码器电池电压低报警
E. 590	速度偏差保护	实际速度与给定速度不匹配
E. 594	电流偏差保护	实际电流与给定电流偏差过大
E. 600	安全功能用信号输入时间故障	安全功能用信号输入时间异常
E. A00	失控	检出伺服电动机失控
E. A10	超速故障	电动机速度超过最高速度
E. A20	振动报警	检出电动机异常振动
E. A22	自动调整报警	自动调整中检出了振动
E. F00	系统报警 0	发生了伺服驱动器内部程序故障 0
E. F01	系统报警 1	发生了伺服驱动器内部程序故障 1
E. F02	系统报警 2	发生了伺服驱动器内部程序故障 2
E. F03	系统报警 3	发生了伺服驱动器内部程序故障 3

★★★4. 8. 3　东菱 EPS-B2P 系列伺服驱动器

东菱 EPS-B2P 系列伺服驱动器故障信息与代码见表 4-31。

表 4-31　东菱 EPS-B2P 系列伺服驱动器故障信息与代码

故障代码	故障现象/类型	故障原因
A. 90	位置偏差过大故障	积存的位置偏差脉冲超过了设定的比例
A. 91	过载故障	即将达到过载报警前的警告显示
A. 92	再生过载故障	即将达到再生过载报警前的警告显示
A. 95	过电压故障	即将达到过电压报警前的警告显示
A. 96	欠电压故障	即将达到欠电压报警前的警告显示
A. 97	17 位串行编码器电池故障	电池电压低于 3. 1V，电池电压偏低

（续）

故障代码	故障现象/类型	故障原因
A. 98	增量式编码器 AB 脉冲丢失故障	增量式编码器 AB 脉冲丢失
E. 03	参数故障	参数和校验异常
E. 04	参数格式故障	伺服驱动器内部参数的数据格式异常
E. 05	电流检测第 1 通道故障	内部电路异常
E. 06	电流检测第 2 通道故障	内部电路异常
E. 08	内部通信故障	伺服驱动器内部通信错误
E. 10	编码器断线故障	省线式编码器信号线断线
E. 11	编码器 AB 脉冲丢失故障	增量型编码器 AB 脉冲丢失
E. 12	编码器 Z 脉冲丢失故障	编码器 Z 脉冲丢失
E. 13	编码器 UVW 故障	编码器 UVW 错误
E. 14	编码器状态出错故障	省线式编码器初始状态错误
E. 15	主电路电源配线故障	三相输入的主电路电源有一相没连接
E. 16	再生异常	再生处理回路异常
E. 17	再生电阻故障	再生电阻异常
E. 18	欠电压故障	主回路 DC 电压不足
E. 19	过电压故障	主回路 DC 电压异常高
E. 20	功率模块故障	功率模块报警
E. 21	过载故障	电动机以超过额定值的转矩进行了连续运行
E. 22	再生过载故障	再生电阻过载保护
E. 23	输入脉冲频率过高故障	输入脉冲频率大于电动机最高运行转速
E. 25	偏差计数器溢出故障	内部位置偏差计数器溢出
E. 26	位置超差故障	位置偏移脉冲超出用户参数设定值
E. 27	过速故障	电动机转速超过其最高转速的 1.2 倍
E. 28	电动机失速故障	电动机转速长时间与给定转速不匹配
E. 29	电动机失控故障	电动机动力线出错、编码器线出错、电动机异常、驱动器与电动机不匹配
E. 30	电子齿轮保护	电子齿轮比值设置太大
E. 31	内部数据计算保护	内部数据数值较大
E. 35	驱动禁止输入保护	有限位信号输入
E. 40	大电流报警	大电流报警
E. 44	编码器电气相位出错	编码器电气相位不符
E. 45	内部故障 1	驱动器内部出错 1
E. 46	内部故障 2	驱动器内部出错 2
E. 47	内部故障 3	驱动器内部出错 3
E. 49	无强电输入故障	主电源无电源输入
E. 50	17 位串行编码器通信故障	伺服驱动器与编码器无法进行通信
E. 51	17 位串行编码器控制域中校验错误	截止位错误、奇偶位错误、编码器信号受干扰、编码器解码电路损坏
E. 52	17 位串行编码器通信数据校验错误	编码器信号受干扰、编码器解码电路损坏
E. 53	17 位串行编码器状态域中截止位错误	编码器信号受干扰、编码器解码电路损坏

（续）

故障代码	故障现象/类型	故障原因
E. 54	17 位串行编码器 SFOME 截止位错误	编码器信号受干扰、编码器解码电路损坏
E. 55	17 位串行编码器过速故障	电源关掉后编码器高速旋转、绝对值编码器未接电池
E. 56	17 位串行编码器绝对状态出错	串行通信受到干扰、编码器损坏、编码器解码电路损坏
E. 57	17 位串行编码器计数出错	串行通信受到干扰、编码器损坏、编码器解码电路损坏
E. 58	17 位串行编码器多圈信息溢出	电动机往一个方向运行的距离超过一定圈数
E. 59	17 位串行编码器过热故障	绝对值编码器过热
E. 60	17 位串行编码器多圈信息出错	多圈信息出错
E. 61	17 位串行编码器电池报警	电池电压低于 3.1V，电池电压偏低
E. 62	17 位串行编码器电池报警	电池电压低于 2.5V，多圈位置信息丢失
E. 63	17 位串行编码器数据未初始化	17 位串行编码器存储区数据错误
E. 64	17 位串行编码器数据和数校验错误	17 位串行编码器存储区数据和数校验异常
E. 67	驱动器与电动机不匹配故障	驱动器和电动机型号不匹配
E. 68	电动机型号错误	驱动器不应匹配该型号电动机
E. 69	伺服驱动器错误	电动机不匹配该伺服驱动器
E. 70	测试出绝对值编码器计数错误	测试出绝对值编码器计数错误
E. 76	模块温度过高故障	模块温度太高
E. 77	软限位报警	运行距离超过软件设置的距离

4.9 东元系列伺服驱动器

★★★4.9.1 东元 JSDE2 系列伺服驱动器

东元 JSDE2 系列伺服驱动器故障信息与代码见表 4-32。

表 4-32 东元 JSDE2 系列伺服驱动器故障信息与代码

故障代码	故障现象/类型
AL000	目前没有警报
AL001	电源电压过低故障
AL002	电源电压过高故障
AL003	电动机过载故障
AL004	驱动器过电流故障
AL005	编码器信号故障
AL006	编码器 UVW 相信号故障
AL007	多机能接点规划故障
AL008	参数数据读写故障
AL009	紧急停止驱动
AL010	绝对型编码器电池警告
AL011	位置误差量过大故障
AL012	电动机过速度故障
AL013	电动机型号错误故障
AL014	驱动禁止故障
AL015	驱动器过热故障

（续）

故障代码	故障现象/类型
AL016	绝对型编码器圈数故障
AL017	MCU 故障 1
AL018	MCU 故障 2
AL019	MCU 故障 3
AL020	Auto tune 电动机线断线故障
AL021	通信型编码器内部故障
AL025	200V/400V 切换故障
AL028	自建电动机参数故障
AL030	Modbus 通信超时错误
AL033	驱动器芯片故障
AL034	分周频率过高故障
AL035	Auto tuning 故障
AL037	再生故障
AL038	开机电路故障
AL041	控制模式选择错误
AL042	分周设定错误
AL044	内部位置 S 曲线设定故障
AL045	通信型编码器型号故障
AL046	编码器回授数值故障
AL050	绝对型编码器位置故障

★★★4.9.2 东元 JSDG2S 系列伺服驱动器

东元 JSDG2S 系列伺服驱动器故障信息与代码见表 4-33。

表 4-33 东元 JSDG2S 系列伺服驱动器故障信息与代码

故障代码	故障现象/类型
AL. 000	目前没有警报
AL. 001	电源电压过低故障
AL. 002	电源电压过高故障
AL. 003	电动机过载故障
AL. 004	驱动器过电流故障
AL. 005	编码器信号故障
AL. 007	多机能数位接点规划异常
AL. 008	参数资料读写故障
AL. 009	紧急停止
AL. 010	绝对型编码器电池警告
AL. 011	位置误差量过大故障
AL. 012	电动机过速度故障
AL. 013	电动机型号错误
AL. 014	驱动禁止异常
AL. 015	驱动器过热故障

（续）

故障代码	故障现象/类型
AL. 016	绝对型编码器圈数异常
AL. 017	MCU 故障 1
AL. 018	MCU 故障 2
AL. 019	MCU 故障 3
AL. 020	电动机线断线故障
AL. 021	通信型编码器故障
AL. 022	电动机端与负载端 pulse 误差过大故障
AL. 023	电子凸轮功能错误
AL. 025	驱动器电压等级切换错误（200V/400V）
AL. 026	全闭环 ABZ 相信号异常
AL. 027	同步误差过大故障
AL. 028	自建电动机参数错误
AL. 029	EtherCAT/CANopen 通信断线故障
AL. 030	Modbus 通信超时错误
AL. 032	线性电动机磁极对位异常
AL. 033	驱动器晶片故障
AL. 034	分周频率过高故障
AL. 035	Auto tuning 故障
AL. 036	线性电动机尚未对位完成
AL. 037	再生异常
AL. 038	开机电路故障
AL. 039	全闭环编码器搭配错误
AL. 040	刀塔模式禁用非绝对型编码器
AL. 041	控制模式选择错误
AL. 042	分周设定错误
AL. 043	EtherCAT/CANopen 通信模式不正常故障
AL. 044	内部位置 S 曲线设定故障
AL. 045	通信型编码器型号故障
AL. 046	编码器回授数值故障
AL. 048	EtherCAT/CANopen 通信模式设定故障
AL. 049	EtherCAT 同步错误
AL. 050	绝对型编码器位置错误
AL. 051	电动机过载故障
AL. 052	外部感测器过温故障
AL. 053	EtherCAT WDT 故障
AL. 054	EtherCAT CSP、IP 位置命令增量错误
AL. 055	脉波型编码器 UVW 信号故障
AL. 056	脉波型编码器 ABZ 信号故障
AL. 057	速度 S 曲线设定错误
AL. 058	电子齿轮比设定错误
AL. 059	EtherCAT 同步管理器配置错误

（续）

故障代码	故障现象/类型
AL. 060	EtherCAT 同步信号故障
AL. 061	再生参数设定错误
AL. 062	伺服励磁指令无效
AL. 063	映射参数位址（MAb 群组）参数设定错误
AL. 064	软体极限设定错误
AL. 065	刀塔警报 1
AL. 066	刀塔警报 2
AL. 067	刀塔警报 3
AL. 068	刀塔警报 4
AL. 069	刀塔警报 5
AL. 070	刀塔警报 6
AL. 071	刀塔警报 7
AL. 072	EtherCAT/CANopen Control Word 输入错误
AL. 073	EtherCAT/CANopen 单位转换值输入错误

★★★4. 9. 3　东元 JSDL2 系列伺服驱动器

东元 JSDL2 系列伺服驱动器故障信息与代码见表 4-34。

表 4-34　东元 JSDL2 系列伺服驱动器故障信息与代码

故障代码	故障现象/类型
AL000	目前没有警报
AL001	电源电压过低故障
AL002	电源电压过高故障
AL003	电动机过载故障
AL004	驱动器过电流故障
AL005	编码器信号异常
AL006	编码器 UVW 相信号异常
AL007	多机能数位接点规划异常
AL008	参数数据读写异常
AL009	紧急停止
AL010	绝对型编码器电池警告
AL011	位置误差量过大故障
AL012	电动机过速度故障
AL013	电动机型号错误
AL014	驱动禁止异常
AL015	驱动器过热故障
AL016	绝对型编码器圈数异常
AL017	MCU 故障 1
AL018	MCU 故障 2
AL019	MCU 故障 3
AL020	电动机线断线异常
AL021	通信型编码器异常
AL028	自建电动机参数错误
AL030	Modbus 通信超时错误
AL033	驱动器芯片故障

（续）

故障代码	故障现象/类型
AL034	分周频率过高故障
AL035	Auto tuning 故障
AL037	再生异常
AL038	开机电路故障
AL040	刀塔模式禁用非绝对型编码器
AL042	分周设定错误
AL044	内部位置 S 曲线设定错误
AL045	通信型编码器型号错误
AL046	编码器回授数值异常
AL050	绝对型编码器位置错误
AL051	电动机过载故障
AL052	外部感测器过温故障
AL055	脉波型编码器 UVW 信号故障
AL056	脉波型编码器 ABZ 信号故障
AL057	速度 S 曲线设定错误
AL058	电子齿轮比设定错误
AL061	再生参数设定错误
AL062	伺服励磁指令无效
AL063	映射参数位址（MAb 群组）参数设定错误
AL064	软件极限设定错误

4.10 富士、富凌系列伺服驱动器

★★★4.10.1 富士 alpha-5-smart 系列伺服驱动器

富士 alpha-5-smart 系列伺服驱动器故障信息与代码见表 4-35。

表 4-35 富士 alpha-5-smart 系列伺服驱动器故障信息与代码

故障代码	故障现象/类型	故障代码	故障现象/类型
oc1	过电流故障 1	dE	存储器故障
oc2	过电流故障 2	cE	电动机组合故障
oS	超速故障	tH	再生晶体管过热故障
Hu	过电压故障	Ec	编码器通信故障
Et1	编码器故障 1	ctE	CONT 重复故障
Et2	编码器故障 2	oL1	过载故障 1
ct	控制电路故障	oL2	过载故障 2
LuP	主电路电压不足故障	rH1	内部再生电阻过热故障
rH2	外部再生电阻过热故障	rH3	再生晶体管故障
oF	偏差超出故障	AH	放大器过热故障
EH	编码器过热故障	dL1	ABS 数据丢失故障 1
dL2	ABS 数据丢失故障 2	dL3	ABS 数据丢失故障 3
AF	多旋转溢出故障	，E	初始化错误故障

★★★4.10.2 富凌 FS110 系列伺服驱动器

富凌 FS110 系列伺服驱动器故障信息与代码见表 4-36。

表 4-36 富凌 FS110 系列伺服驱动器故障信息与代码

故障代码	故障现象/类型	故障原因
Err--	无报警	工作正常
Err 1	超速故障	电动机速度超过最大限制值
Err 2	主电路过电压故障	主电路电源电压超过规定值
Err 4	位置超差故障	位置偏差计数器的数值超过设定值
Err 7	驱动禁止异常	CCWL、CWL 驱动禁止输入都无效
Err 8	位置偏差计数器溢出	位置偏差计数器的数值的绝对值超过规定数值
Err 9	编码器信号故障	编码器信号缺失
Err11	功率模块故障	功率模块发生故障
Err12	过电流故障	电动机电流过大
Err13	过载故障	电动机过载
Err14	制动峰值功率过载故障	制动短时间瞬时负载过大
Err15	编码器计数错误	编码器计数异常
Err16	电动机热过载故障	电动机热值超过设定值
Err17	制动平均功率过载故障	制动长时间评价负载过大
Err18	功率模块过载故障	功率模块输出评价负载过大
Err20	EEPROM 错误	EEPROM 读写时错误
Err21	逻辑电路出错	处理器外围逻辑电路故障
Err23	A-D 转换错误	电路或电流传感器错误
Err24	控制电源电压低故障	控制回路的 LDO 故障
Err29	过转矩故障	电动机负载超过用户设定的数值和持续时间
Err30	编码器 Z 信号丢失	编码器 Z 信号未出现
Err31	编码器 U/V/W 信号错误	编码器 U/V/W 信号错误、极数不匹配
Err32	编码器 U/V/W 信号非法编码	U/V/W 信号存在全高电平或全低电平
Err33	省线式编码器信号错误	上电时序中无高阻态

4.11 海德、合康系列伺服驱动器

★★★4.11.1 海德 H2N 系列伺服驱动器

海德 H2N 系列伺服驱动器故障信息与代码见表 4-37。

表 4-37 海德 H2N 系列伺服驱动器故障信息与代码

故障信息或代码	故障名称	故障内容
—	正常	
Err01	超速故障	伺服电动机速度超过设定值
Err02	母线过电压故障	主电路电源电压过高
Err03	母线欠电压故障	主电路电源电压过低
Err04	位置超差故障	位置偏差计数器的数值超过设定值
Err07	驱动禁止异常故障	CCW、CW 驱动禁止输入都 OFF

（续）

故障信息或代码	故障名称	故障内容
Err08	位置偏差计数器溢出故障	位置偏差计数器的数值的绝对值超过一定数值
Err09	编码器故障	编码器信号错误
Err11	电流响应故障	电流误差长期过大
Err12	过电流故障	电动机电流过大或有短路现象
Err13	驱动器长时间过热故障	驱动器过载，发热量较大（I^2t 检测）
Err14	制动故障	制动电路故障
Err17	速度响应故障	速度误差长期过大
Err19	热复位故障	系统被热复位
Err20	EEPROM 故障	EEPROM 错误
Err21	DI 功能设置错误故障	DI 功能设置有重复
Err23	电流传感器故障	电流传感器错误
Err29	过转矩故障	电动机过载
Err30	编码器 Z 脉冲信号丢失	编码器 Z 脉冲错误
Err32	编码器 UVW 信号非法编码故障	UVW 信号存在全高电平或全低电平
Err37	电动机瞬时过热故障	电动机瞬时负载过大
Err38	电动机长时间过热故障	电动机负载长时间过大（I^2t 检测）
Err5、Err6、Err10、Err15、Err16、Err18、Err22、Err24、Err25、Err26、Err27、Err28、Err31、Err33、Err34、Err35、Err36	保留	

★★★4.11.2 合康 HID618A-T4-132C 系列伺服驱动器

合康 HID618A-T4-132C 系列伺服驱动器故障信息与代码见表 4-38。

表 4-38 合康 HID618A-T4-132C 系列伺服驱动器故障信息与代码

故障代码	故障现象/类型	故障原因
Err01	IPM 故障	功率模块瞬时通过短路电流
Err02	过电流故障	输出电流超过驱动器允许的工作电流
Err05	直流过电压故障	检测到母线电压高于上限值
Err09	直流欠电压故障	检测到母线电压低于下限保护值
Err14	模块过温故障	伺服驱动器的散热片过热
Err16	485 通信故障	工艺指令模式为 485 给定时，485 通信异常
Err20	码盘故障	码盘检测异常
Err21	EEPROM 故障	伺服单元 EEPROM 数据异常
Err25	通信故障	键盘与驱动器通信异常
Err27	运行时间到达	试机时间到达
Err30	环境过温故障	驱动器内空气温度过高
Err31	软件故障	伺服驱动器软件运行异常
Err32	任务重入故障	软件程序调用出错
Err33	自检故障	驱动器内部硬件异常
Err34	上电超时故障	上电继电器吸合超时
Err35	整流单元故障	交流电压与直流电压检测值不匹配

（续）

故障代码	故障现象/类型	故障原因
Err36	交流过电压故障	输入交流电压过高
Err37	交流欠电压故障	输入交流电压过低
Err38	使能欠电压故障	电动机开始通电时，主电路母线电压过低
Err39	制动电阻损坏	制动电阻未接或损坏
Err40	制动电阻过载故障	温度过高
Err41	油压过电压故障	驱动器检测到实际油压值超出系统允许值
Err42	CAN 故障	多泵合流、主机与从站通信故障
Err43	电动机调谐故障	电动机调谐异常
Err44	过速故障	检测到电动机过速
Err45	电动机过温故障	伺服电动机绕组过热
Err46	压力传感器故障	驱动器检测的压力反馈值异常
Err47	从站故障	多泵时，从站出现故障，主机会报此故障

★★★4.11.3 合康 HID619A-T4-55 系列伺服驱动器

合康 HID619A-T4-55 系列伺服驱动器故障信息与代码见表 4-39。

表 4-39 合康 HID619A-T4-55 系列伺服驱动器故障信息与代码

故障代码	故障现象/类型	故障原因
ERR01	逆变单元故障	加/减速时间过短、驱动器输出侧短路、功率模块损坏、外部干扰
ERR02	加速过电流故障	加速时间过短、电网电压过低
ERR03	减速过电流故障	减速时间过短、电网电压过低
ERR04	恒速过电流故障	驱动器功率偏小、电网电压过低
ERR05	加速过电压故障	电网电压过高
ERR06	减速过电压故障	减速时间过短、再生能量过大
ERR07	恒速过电压故障	负载惯性过大、再生能量过大
ERR08	控制电源故障	输入电源异常、外部干扰、板件损坏
ERR09	欠电压故障	电网电压过低
ERR10	驱动器过载故障	负载惯性过大、电动机额定电流设置异常、驱动器功率偏小
ERR11	电动机过载故障	负载惯性过大、电动机额定电流设置异常
ERR12	输入断相故障	三相交流输入断相
ERR13	输出断相故障	三相输出侧电流不对称
ERR14	散热器过热故障	周围环境温度过高、驱动器通风不良、风扇故障、温度检测电路故障
ERR15	外部设备故障	外部故障信号输入端子动作
ERR16	通信故障	通信超时
ERR17	接触器故障	软启动电路接触器损坏
ERR18	电流检测故障	外部干扰、电流检测器件损坏
ERR19	电动机调谐故障	检测结果与理论值偏差过大、电动机参数设置不正确
ERR20	码盘故障	码盘损坏、码盘断线
ERR21	数据溢出故障	软件运行异常

（续）

故障代码	故障现象/类型	故障原因
ERR22	驱动器硬件故障	外部干扰、控制板件工作异常
ERR23	电动机对地短路故障	电动机配线异常
ERR24	扩展卡故障	扩展卡连接异常、扩展卡损坏
ERR25	面板通信故障	通信异常
ERR26	PID 反馈断线故障	PID 反馈设定值异常
ERR27	运行时间到达故障	试用时间到达
OPERR	操作错误报警	驱动器输出不关断、功能码禁止修改

4.12 合信系列伺服驱动器

★★★4.12.1 合信 H1A 系列伺服驱动器

合信 H1A 系列伺服驱动器故障信息与代码见表 4-40。

表 4-40 合信 H1A 系列伺服驱动器故障信息与代码

故障代码	故障现象/类型	故障原因	故障检查
0	正常工作	正常工作	正常工作
1	欠电压故障	主回路电压低于规格电压（整流后 120V）	1）检查电源线路连接情况 2）检查 L1、L2 间的电压范围 3）检查所用电源功率是否足够
2	过电压故障	主回路电压高于规格值（整流后 400V）	1）测量 L1、L2 间的电压，排除容性负载 2）使用内部电阻出现报警，则需要选用合适的外部电阻 3）使用外部电阻出现报警，则需要更换更大容量的电阻
3	过电流故障	主回路电流超过电动机瞬间最大电流的 1.5 倍	1）检查电动机电缆接触情况 2）消除电动机电缆 U、V、W 与地短接情况 3）消除 U、V、W 相互间短路情况 4）检查电动机型号与伺服驱动器是否存在不符现象 5）可能是电动机烧坏，则需要更换电动机
4	过热故障	IPM 温度过高（≥80℃）	1）尽量降低环境温度 2）增加冷却设备 3）减轻负载 4）将伺服驱动器安装在通风散热的地方
6	编码器反馈错误	编码器信号反馈有故障	1）查看参数绝对值编码器报警类型是否正确 2）检查编码器反馈信号线是否存在开路现象 3）检查编码器延长线是否存在错接现象
7	制动率过大故障	再生的能量超过了放电电阻的容量	更换更大容量的外部电阻
8	过载故障	驱动器过载超过一定时间后激活	1）检查电动机实际转矩值与驱动器参数设定值 2）检查增益设置情况 3）检查负载情况 4）检查电动机情况 5）检查负载情况

（续）

故障代码	故障现象/类型	故障原因	故障检查
9	位置偏差过大故障	位置控制误差量大于设定允许值时激活	1）检查位置偏差过大水平参数值是否设得太小 2）检查转矩限制值是否设得太低 3）检查负载情况
10	行程限位报警	P03（行程限位禁止输入无效设置）设为 0 时，顺时针和逆时针行程限位开关均与 COM-断开，P03 设为 2 时，顺时针与逆时针行程限位开关任一脚与 COM-断开等	1）检查行程限位情况 2）检查行程限位开关
11	过速故障	电动机实际转速超过过速水平时激活	1）检查给定的指令速度是否过高 2）检查增益设置情况
13	EEPROM 读写故障	EEPROM 存取时异常	1）尝试恢复出厂默认参数 2）检修伺服驱动器
14	RS485 通信故障	RS485 通信异常	1）检查通信超时时间 P12 设置是否有误 2）检查通信环境是否受较大干扰 3）检查通信转换器是否有故障
15	EtherCAT 通信故障	EtherCAT 通信异常	1）检查通信环境是否受较大干扰 2）检查通信长时间是否堵塞 3）检查通信线情况 4）检查主站情况
16	外部输入引脚配置故障	多个引脚配置成同一个信号	检查参数设置，是否两个或多个引脚分配相同功能
50	系统内部故障 1	系统内部发生错误 1	1）尝试报警清除或断电重启 2）检修、更换伺服驱动器
51	系统内部故障 2	系统执行超时	1）减少系统执行操作频率 2）尝试报警清除或断电重启 3）检修、更换伺服驱动器
17	系统内部故障 3	系统内部通信发生错误	1）尝试报警清除或断电重启 2）检修、更换伺服驱动器

★★★4.12.2 合信 E10 系列伺服驱动器

合信 E10 系列伺服驱动器故障信息与代码见表 4-41。

表 4-41 合信 E10 系列伺服驱动器故障信息与代码

故障代码	故障现象/类型	故障原因
0	正常工作	正常工作
1	欠电压故障	主回路电压低于规格电压（整流后 200V）
2	过电压故障	主回路电压高于规格值（整流后 395V ）
3	过电流故障	主回路电流超过电动机瞬间最大电流的 1.5 倍

（续）

故障代码	故障现象/类型	故障原因
4	过热故障	IPM 温度过高（≥80℃）
6	编码器反馈错误	编码器信号反馈有故障
7	制动率过大故障	再生的能量超过了放电电阻的容量
8	过载故障	驱动器过载超过一定时间
9	位置偏差过大故障	位置控制误差量大于设定允许值
10	行程限位报警	P03（行程限位禁止输入无效设置）设为 0 时，顺时针和逆时针行程限位开关均与 COM-断开，P03 设为 2 时，顺时针和逆时针行程限位开关任一引脚与 COM-断开
11	过速故障	电动机实际速度超过过速水平
12	模拟量输入过大故障	输入模拟量超过模拟量指令过大水平
13	EEPROM 读写故障	EEPROM 存取时出现异常
14	RS485 通信故障	RS485 通信异常
15	CANopen 通信故障	CANopen 通信异常
16	外部输入引脚配置故障	多个引脚配置成同一个信号
17	内部故障 1	系统内部通信发生错误
20	回原故障	回原位置与 Z 相信号位置相差过大
24	24V 欠电压故障	24V 欠电压

★★★4.12.3　合信 A4S 系列伺服驱动器

合信 A4S 系列伺服驱动器故障信息与代码见表 4-42。

表 4-42　合信 A4S 系列伺服驱动器故障信息与代码

故障代码	故障现象/类型	故障原因
001	欠电压故障	发生瞬间掉电、主回路电源不稳或掉电、运行中电源电压下降、伺服驱动器故障
002	过电压故障	减速过程能量释放不了、主回路电源电压过高、伺服驱动器故障
003	过电流故障	增益设置不合理、电动机振荡、伺服驱动器与电动机不匹配、伺服驱动器故障、电动机 UVW 线缆短路、电动机 UVW 线缆与地短路、电动机烧坏
004	过热故障	伺服修改了过载水平长时间超载运行、过载报警后被清掉继续运行并反复多次、伺服驱动器故障、环境温度过高、风扇损坏、伺服的安装方向与伺服间隔不合理
006	2500 线增量式编码器反馈故障	编码器接线错误、电动机编码器故障、驱动器故障、编码器线缆松动、编码器 Z 相信号受干扰
006	17 位绝对值编码器反馈故障	编码器接线错误、编码器断线、编码器被干扰、断电时没接电池、编码器电池电压过低
007	制动率过大故障	外部制动电阻选择不合理、负载惯量过大、伺服驱动器故障、外部制动电阻接线不良/脱落/断线、使用内部制动电阻短接线接触不良或制动电阻损坏、主回路电源电压过高
008	过载故障	驱动器和电动机不匹配、机械因素导致的电动机堵转、伺服驱动器故障、电动机线 UVW 线序不对或接触不良、负载太重、增益调整不合适或刚性过强
009	位置偏差过大故障	电动机线故障、电动机故障、驱动器故障、伺服增益较低跟随不上、脉冲输入频率超过电动机的最大转速、位置偏差过大报警水平（P136）设置过小
010	行程限位故障	DI 接线错误、参数设置不合理

（续）

故障代码	故障现象/类型	故障原因
011	过速故障	电动机实际转速超过最大转速、参数设置不合理、电动机线 UVW 相序接错
012	模拟量输入偏差过大故障	实际模拟量输入电压过大、参数设置不合理
013	EEPROM 读写故障	可能是更新固件后或者执行保存 EEPROM 操作过程中又去修改了参数
014	RS485 通信故障	RS485 通信中断时间超过 P12 参数设置值
015	CANopen/EtherCAT 通信故障	外因致使通信断开、网线连接被干扰、网线接触不良
016	DI 配置故障	参数设置不合理
017	伺服内部故障	伺服内部通信错误
018	绝对值编码器电动机类型不匹配故障	电动机类型不匹配
019	脉冲故障	控制模式下脉冲报警值设置不合理、DIR 信号不正常
020	回原故障	回原时漏掉 Z 相脉冲
022	主电源断相故障	伺服驱动器故障、三相输入主电源接触不良、三相电源不平衡或三相电压均过低
023	控制电源欠电压故障	控制电源不稳定、控制电源电压偏低、控制电源线缆接触不良
024	驱动内部电源欠电压故障	内部伺服驱动器故障
025	电动机飞车报警	编码器线缆接线错误、UVW 相序接线错误、电动机编码器型号错误或接线错误、上电时干扰导致电动机转子初始相位检测错误
026	PDO 组态故障	EtherCAT 通信组态 PDO 数据不对
027	编码器通信故障	电动机编码器故障、伺服驱动器故障、编码器被干扰、编码器接线错误、编码器断线
028	UVW 输出断相故障	电动机 UVW 接头或内部损坏、电动机线 UVW 接触不良、驱动器 UVW 输出损坏
030	软件过电流故障	驱动器输出给电动机的实际电流超过了驱动器规定的过电流点

★★★4.12.4　合信 A4N 系列伺服驱动器

合信 A4N 系列伺服驱动器故障信息与代码见表 4-43。

表 4-43　合信 A4N 系列伺服驱动器故障信息与代码

故障代码	故障现象/类型
1	欠电压故障
2	过电压故障
3	过电流故障
4	过热故障
6	编码器反馈错误
7	制动率过大故障
8	过载故障
9	位置偏差过大故障
10	行程限位报警
11	过速故障
12	模拟量输入偏差过大故障
13	EEPROM 读写错误

（续）

故障代码	故障现象/类型
14	RS485 通信故障
15	EtherCAT 通信故障
16	外部输入引脚配置错误
17	伺服内部故障 1
18	绝对值编码器电动机类型不匹配
19	脉冲故障
22	主电源断相故障
23	控制电源欠电压故障
24	驱动内部电源欠电压故障
25	电动机飞车报警
26	EtherCAT 通信组态错误
27	编码器通信故障
30	软件过电流故障

★★★4.12.5　合信 A3S 系列伺服驱动器

合信 A3S 系列伺服驱动器故障信息与代码见表 4-44。

表 4-44　合信 A3S 系列伺服驱动器故障信息与代码

故障代码	故障现象/类型
001	欠电压故障
002	过电压故障
003	过电流故障
004	过热故障
006	编码器反馈错误
007	制动率过大故障
008	过载故障
009	位置偏差过大故障
010	行程限位报警
011	过速故障
013	EEPROM 读写错误
014	RS485 通信故障
015	CANopen/EtherCAT 通信故障
017	伺服内部故障
018	绝对值编码器电动机类型不匹配
019	脉冲报错
020	回原错误
023	控制电源欠电压故障
024	驱动内部电源欠电压故障
025	电动机飞车报警
026	PDO 组态错误
027	编码器通信错误
028	UVW 输出断相故障

4.13　华中数控、汇川系列伺服驱动器

★★★4.13.1　华中数控 HSV-160C 系列伺服驱动器

华中数控 HSV-160C 系列伺服驱动器故障信息与代码见表 4-45。

表 4-45　华中数控 HSV-160C 系列伺服驱动器故障信息与代码

故障代码	故障现象/类型	故障原因
A 0	正常	—
A 1	主电路欠电压故障	主电路电源电压过低
A 2	主电路过电压故障	主电路电源电压过高
A 3	IPM 故障	IPM 故障
A 4	制动故障	制动电路故障
A 7	编码器信号故障	编码器信号断线
A 8	编码器 U、V、W 故障	编码器 U、V、W 信号错误
A 9	输出饱和	速度调节器输出饱和
A 10	过电流故障	电动机电流过大
A 11	电动机超速故障	伺服电动机速度超过设定值
A 12	跟踪误差过大故障	位置偏差计数器的数值超过设定值
A 13	电动机长时间热过载故障	电流超过设定值（I^2t 检测）
A 14	控制参数读错误	读 EEPROM 参数故障
A 15	指令超频	位置脉冲指令频率过高
A 16	控制板硬件故障	控制板 DSP 与 FPGA 通信故障
A 19	A-D 转换故障	A-D 转换数据通信故障或电流传感器故障
A 20	系统运行 CW 向超程故障	CW 向极限行程开关断开
A 21	系统运行 CCW 向超程故障	CCW 向极限行程开关断开

（续）

故障代码	故障现象/类型	故障原因
A22	参数自识别调整失败	电动机参数不正确、负载连接弹性太大造成惯量识别不正确
A26	电动机编码器信号通信故障	绝对式电动机编码器通信故障
A29	电动机与驱动单元匹配错误	PR-43 电动机代码错误
A31	开环运行 Z 脉冲丢失	上电开环运行，电动机编码器 Z 脉冲信号丢失
A34	电池电压低警告	适配编码器时，检查电池电压低
A35	多摩川编码器多圈位置出错	编码器多圈位置不正常
A36	多摩川编码器计数溢出	编码器计数出现溢出，位置错误

★★★4.13.2　汇川 IS580 系列伺服驱动器

汇川 IS580 系列伺服驱动器故障信息与代码见表 4-46。

表 4-46　汇川 IS580 系列伺服驱动器故障信息与代码

故障代码	故障现象/类型	故障原因
E01.00	检测回路故障	电流检测回路损坏，停机下检测出来的电流零漂过大
E02.00	加速过电流故障	制动晶体管短路、控制方式为 FVC 或者 SVC 且没有进行参数辨识、驱动器输出回路存在接地或短路、急加速工况加速时间设定太短、对正在旋转的电动机进行起动、受外部干扰
E03.00	减速过电流故障	制动晶体管短路、控制方式为 FVC 或者 SVC 且没有进行参数辨识、驱动器输出回路存在接地或短路、急减速工况减速时间设定太短、受外部干扰
E04.00	恒速过电流故障	制动晶体管短路、控制方式为 FVC 或者 SVC 且没有进行参数辨识、驱动器输出回路存在接地或短路、急减速工况减速时间设定太短、受外部干扰
E05.00	加速过电压故障	输入电压偏高、加速过程中存在外力拖动电动机运行、没有加装制动单元和制动电阻、加速时间过短
E06.00	减速过电压故障	输入电压偏高、减速过程中存在外力拖动电动机运行、减速时间过短、没有加装制动单元和制动电阻、电动机对地短路
E07.00	恒速过电压故障	输入电压偏高、运行过程中存在外力拖动电动机运行
E08.00	缓冲电阻故障	缓冲电阻短时间内频繁断开与接触
E09.00	欠电压故障	母线电压不正常、整流桥异常、缓冲电阻异常、驱动器输入端电压不在规范要求的范围、驱动板异常、控制板异常
E09.09	欠电压故障	上电长时间无法进入程序
E10.00	驱动器过载故障	负载过大、发生电动机堵转、驱动器选型偏小
E10.01	驱动器过载故障	电动机编码器故障
E12.00	输入断相故障	驱动板异常、防雷板异常、三相电源输入断相、主控板异常、整流桥异常
E13.00	输出断相故障	驱动板异常、IGBT 模块异常、电动机故障、驱动器到电动机的引线不正常、电动机运行时驱动器三相输出不平衡

（续）

故障代码	故障现象/类型	故障原因
E14.00	IGBT 过热故障	风道堵塞、风扇损坏、环境温度过高、模块热敏电阻损坏、逆变模块损坏
E15.00	外部故障	通过多功能端子 DI 输入外部故障的信号、在非键盘操作模式下按 STOP 键或者失速情况下按 STOP 键
E16.03	通信故障	上位机工作不正常、通信线不正常、通信扩展卡 F0-28 设置不正确、通信参数 FD 组设置不正确
E17.00	接触器故障	驱动板或电源板异常、接触器异常、防雷板异常、受外部干扰
E18.00	电流检测故障	UVW 电流检测电路零漂/温漂过大
E19.02	调谐故障	同步机初始磁极位置角辨识故障
E19.23	调谐故障	同步机磁极位置辨识故障
E20.03	编码器故障	编码器方向检测错误
E20.08	编码器故障	编码器角度校验错误
E21.01	EEPROM 读写故障	写功能码错误
E21.02	EEPROM 读写故障	读功能码错误
E21.03	EEPROM 读写故障	读写功能码延时错误
E21.04	EEPROM 读写故障	功能码保存个数越界
E21.05	EEPROM 读写故障	上电时写功能码错误
E21.06	EEPROM 读写故障	上电时读功能码错误
E21.07	EEPROM 读写故障	上电时保存的功能码个数越界
E23.00	电动机对地短路故障	电动机对地短路故障
E23.09	电动机对地短路故障	驱动器上电前，电动机受外力驱动仍在旋转
E24.00	输出相间短路故障	输出相间短路
E25.00	EEPROM 地址错误	EEPROM 地址越界、出现相同物理地址
E26.00	运行时间到达	累计运行时间达到设定值
E27.00	商务时间到达	商务时间到达
E30.00	输出掉载故障	输出掉载故障
E40.00	逐波限流故障	驱动器输出回路有接地或短路现象、负载过大或发生电动机堵转、驱动器选型偏小
E42.01	逐波限流故障	断线
E42.02	CAN 通信故障	严重干扰（接收错误）
E42.03	CAN 通信故障	通信上电后从未连接
E42.04	CAN 通信故障	扩展卡故障（暂不支持扩展协议卡）
E42.07	CAN 通信故障	CANopen 协议异常
E42.11	CAN 通信故障	CANopen 通信超时
E42.12	CAN 通信故障	传输 PDO 长度与映射不符
E43.00	电动机自学习过程中编码器故障	编码器参数设定不正确、没有进行参数辨识、电动机过速度检测参数设置不合理
E44.00	速度偏差过大故障	速度偏差过大
E44.01	速度偏差过大故障	驱动器参数设置错误
E44.02	速度偏差过大故障	编码器故障
E44.03	速度偏差过大故障	驱动器参数错误以及编码器故障

（续）

故障代码	故障现象/类型	故障原因
E45.00	电动机温度故障	电动机温度过高，PTC保护
E45.01	电动机温度故障	温度传感器断线、温度传感器未连接
E45.02	电动机温度故障	PTC短路或接反
E45.03	电动机温度故障	电动机温度过高，KTY保护
E45.04	电动机温度故障	PTC断线
E45.05	电动机温度故障	KTY断线
E46.00	压力传感器故障	压力传感器故障
E46.01	压力传感器故障	负载太重、电动机卡死、油泵卡死
E46.02	压力传感器故障	压力传感器零漂学习故障
E46.03	压力传感器故障	压力传感器超出上下限
E47.00	多泵合流从机故障	多泵合流从机故障
E48.00	站号冲突故障	站号冲突故障
E49.01	编码器故障	编码器断线或未连接、编码器类型选错
E49.02	编码器故障	编码器干扰
E52.00	多泵多主故障	多泵模式下多个主机
E58.00	用户参数恢复故障	在恢复用户参数前未进行参数保存
E59.00	反电动势调谐故障	动态调谐检测到电动机反电动势过低
E61.00	制动晶体管长时间保护	制动晶体管长时间制动保护
E61.01	制动晶体管长时间保护	制动电阻没接、制动电阻断线
E63.00	反转运行时间到达	油压模式下反转累计时间超过设定值
E65.00	压力传感器电压超出范围	压力传感器电压高于A3-57或低于A3-58的设定值
E66.01	制动电阻故障	制动电阻没接、制动电阻断线
E66.02	制动电阻故障	制动电阻阻值过小
E67.00	初始化参数异常	上电初始化参数异常
E69.00	电动机堵转故障	UVW接线顺序错误
E70.00	免调谐相关故障	免调谐相关功能码配置异常
E70.01	免调谐相关故障	免调谐SPI断线
E70.02	免调谐相关故障	免调谐RS485断线
E70.03	免调谐相关故障	电动机参数有误
E70.05	免调谐相关故障	免调谐功能未使能
E71.00	反馈转速异常	频率偏差大于电动机额定频率时报警
E73.00	免调谐模式编码器方向异常	UVW接线异常

4.14 佳鸿威、金保孚系列伺服驱动器

★★★4.14.1 佳鸿威DS2系列伺服驱动器

佳鸿威DS2系列伺服驱动器故障信息与代码见表4-47。

表4-47 佳鸿威 DS2 系列伺服驱动器故障信息与代码

故障代码	故障现象/类型	故障代码	故障现象/类型
E-001	程序故障	E-011	电动机 UVW 短路故障
E-002	参数故障	E-012	电动机 UVW 电流故障
E-003	母线过电压故障	E-013	编码器 UVW 断线故障
E-004	母线欠电压故障	E-014	编码器 ABZ 断线故障
E-005	再生电阻故障	E-015	速度变化过大（编码器反馈故障）
E-006	模块温度过高故障	E-016	过载故障
E-007	过电流故障	E-017	运行时停电故障
E-008	超速故障	E-018	擦除参数错误故障
E-009	模拟量输入故障	E-031	电动机代码错误故障
E-010	位置偏移过大故障	E-032	系统初始化失败故障

★★★4.14.2 金保孚 BBF-S（H）A 系列伺服驱动器

金保孚 BBF-S（H）A 系列伺服驱动器故障信息与代码见表4-48。

表4-48 金保孚 BBF-S（H）A 系列伺服驱动器故障信息与代码

故障代码	故障现象/类型	故 障 内 容
A.01	电动机过热故障	伺服电动机中的温度开关断开
A.03	光电码盘信号故障	光电码盘个别或全部信号错误
A.04	位置超差故障	位置偏差计数器的数值超过设定值
A.05	放电时间过长故障	放电电路工作的时间超过设定值
A.06	超速故障	电动机的转速超过 PA23 的 20%
A.07	驱动禁止故障	CCW、CW 驱动禁止输入都关闭
A.09	散热片过热故障（硬件检测）	伺服系统中散热片上的温度开关断开
A.11	直流侧电压过高故障（硬件检测）	HVLA =0 时，产生此报警
A.12	IGBT 过电流故障	IGBT 模块故障
A.13	直流侧电压过高故障（软件检测）	将直流母线电压转换为数字量后，检测到直流侧电压过高报警
A.14	制动电路故障 1	发出放电指令，而放电电路没有工作
A.17	EEPROM 数据和检查故障	每次上电时检测
A.18	速度误差过大或速度调节器饱和时间过长故障	速度误差过大或速度调节器饱和时间过长报警
A.19	U 相电流反馈误差过大故障	U 相电流反馈零点漂移过大（每次上电时检测）
A.20	V 相电流反馈误差过大故障	V 相电流反馈零点漂移过大（每次上电时检测）
A.21	U 相电流反馈误差过大故障	U 相电流反馈零点漂移过大（每次使能时检测）
A.22	V 相电流反馈误差过大故障	V 相电流反馈零点漂移过大（每次使能时检测）
A.23	U 相电流过大故障	软件检测电流过大
A.24	V 相电流过大故障	软件检测电流过大
A.25	W 相电流过大故障	软件检测电流过大
A.32	电动机相位信号非法故障	PU、PV、PW 三相信号有总为 0 或 1 的现象
A.33	光电编码器计数错误故障	编码器反馈信号丢失
A.35	再生制动电阻过载故障	再生制动电阻过载

（续）

故障代码	故障现象/类型	故 障 内 容
A. 36	制动电路故障 2	没有发出放电指令，而放电电路工作
A. 37	充电电路故障	充电过程结束时，直流母线电压没有达到规定值
A. 41	电动机热过载故障	电动机长时间过载运转
A. 42	电动机型号参数设置错误故障	电动机参数设置参数与型号不匹配
A. 43	驱动器过载故障	驱动器输出过载时间过长报警

4.15　京伺服、杰美康系列伺服驱动器

★★★4.15.1　京伺服 G 系列伺服驱动器

京伺服 G 系列伺服驱动器故障信息与代码见表 4-49。

表 4-49　京伺服 G 系列伺服驱动器故障信息与代码

故障代码	故障现象/类型	故 障 内 容
Err. 11	控制电源电压不足故障	控制电源（r、t）的电源电压过低： 1）输入电源发生瞬间断电 2）电源容量不足时，造成电源开启时的瞬间电流将电源电压下拉
Err. 12	过电压故障	电源电压超出容许的电压范围 AC260V 以上： 1）回生电阻不适当，回生能量无法吸收 2）回生电阻断线
Err. 13	主电源电压不足故障	主电源（L1、L2、L3）的电源电压过低： 1）输入电源发生瞬间断电 2）电源容量不足时，造成电源开启时的瞬间电流将电源电压下拉 3）电源相位不足
Err. 14	过电流故障	驱动器的输出电流超出限定值： 1）伺服电动机电源线接触不良、UVW 各线间短路或与接地线短路 2）继电器毁损 3）命令的输入与 ServoON 的时序同时或过早 4）驱动器故障或伺服电动机烧毁 5）伺服电动机与驱动器规格不符合
Err. 15	过热故障	驱动器的散热、功率组件的温度超出规定值以上：负载过大等引起的
Err. 16	过载故障	负载过重而使得实际输出转矩超出额定转矩，而且长时间的运转： 1）运转时电磁制动没有先解除制动 2）转矩命令值超出过载准位（115%）时 3）增益调整不当，导致机构产生振动、晃动 4）机构歪斜导致运转不顺畅
Err. 18	回生过载故障	当负载的惯性大时，伺服电动机在减速中的回生能量，超出回生电阻的处理能力，导致驱动器的电容电压上升： 1）外加电阻的消耗被限定在 10% 准位 2）伺服电动机在高转速运作下，在较短的减速时间内无法完全吸收回升能量

（续）

故障代码	故障现象/类型	故障内容
Err. 20	编码器A、B相故障	编码器连接线发生接触不良，导致A、B相回授的差动信号或电压准位不正确
Err. 21	编码器通信故障	驱动器在上电时，侦测出驱动器与编码器的通信中断次数过多
Err. 22	编码器通信数据故障	驱动器在上电时，虽没有通信中断，但是可能因为噪声干扰，而侦测出驱动器与编码器的通信数据不正确
Err. 24	位置偏差过大故障	伺服电动机并未追随命令而旋转
Err. 26	过速度故障	伺服电动机的旋转速度超出限定的最高转速
Err. 29	偏差计数器溢位故障	偏差计数器数值超过一定数值
Err. 36	EEPROM参数故障	电源开启，从EEPROM读取数据时，存储于EEPROM的参数数据毁损
Err. 37	EEPROM检查码故障	电源开启，从EEPROM读取数据时，存储于EEPROM的CRC检查码数据毁损
Err. 38	驱动禁止输入故障	Pr04驱动禁止输入无效设定为0时，接CCW-LIMIT（CN I/F，Pin-9）和CW-LIMIT（CN I/F，Pin-8）脚，同时对COM开路
Err. 48	编码器Z相故障	编码器连接线发生接触不良，导致Z相回授的差动信号或电压准位不正确
Err. 49	编码器Z相信号遗失故障	在光学编码器旋转一圈后，未侦测到Z相信号时产生保护
Err. 50	编码器Z相信号重复故障	在光学编码器旋转一圈内，侦测到超过一次的Z相信号时产生保护
Err. 99	驱动器硬件过电流故障	驱动器的输出电流超出限定值： 1）经常在伺服电动机旋转时使用Servo OFF/ON，导致动态制动的继电器毁损 2）伺服电动机与驱动器规格不符合 3）伺服电动机电源线接触不良、UVW各线间短路或与接地线短路 4）命令的输入与ServoON的时序同时或过早 5）驱动器故障或伺服电动机烧毁

★★★4.15.2 杰美康MCAC708系列伺服驱动器

杰美康MCAC708系列伺服驱动器故障信息与代码见表4-50。

表4-50 杰美康MCAC708系列伺服驱动器故障信息与代码

故障代码	故障现象/类型
AL. 051	EEPROM参数故障
AL. 052	可编程逻辑配置故障
AL. 053	初始化失败故障
AL. 054	系统故障
AL. 060	产品型号选择故障
AL. 061	产品匹配故障
AL. 062	参数存储故障
AL. 063	过电流故障
AL. 064	伺服上电自检发现输出对地短路故障
AL. 066	伺服单元控制电源电压低故障
AL. 070	A-D采样故障1

（续）

故障代码	故障现象/类型
AL. 071	电流采样故障
AL. 100	参数组合异常
AL. 101	AI 设定故障
AL. 102	DI 分配故障
AL. 103	DO 分配故障
AL. 105	电子齿轮设定故障
AL. 106	分频脉冲输出设定故障
AL. 110	参数设定后需重新上电
AL. 120	伺服 ON 指令无效警报
AL. 401	欠电压故障
AL. 402	过电压故障
AL.410	过载故障（瞬时最大负载）
AL. 411	驱动器过载故障
AL. 412	电动机过载故障（连续最大负载）
AL. 420	过速故障
AL. 421	失控检出故障
AL. 422	飞车故障
AL. 425	AI 采样电压过大故障
AL. 435	冲击电流限制电阻过载故障
AL. 436	DB 过载故障
AL. 440	散热器过热故障
AL. 441	电动机过热故障
AL. 500	分频脉冲输出过速故障
AL. 501	位置偏差过大故障
AL. 502	全闭环编码器位置与电动机位置偏差过大故障
AL. 505	P 命令输入脉冲故障
AL. 550	惯量辨识失败故障
AL. 551	回原点超时故障
AL. 552	角度辨识失败故障
AL. 600	编码器输出电源短路故障
AL. 610	增量式编码器脱线故障
AL. 611	增量式编码器 Z 信号丢失故障
AL. 620	总线式编码器脱线故障
AL. 621	读写电动机编码器 EEPROM 参数故障
AL. 622	电动机编码器 EEPROM 中数据校验错误
AL. 900	位置偏差过大故障
AL. 901	伺服 ON 时位置偏差过大故障
AL. 910	电动机过载故障
AL. 912	驱动器过载故障
AL. 941	需重新接通电源的参数变更
AL. 942	写 EEPROM 频繁警告
AL. 943	串口通信故障
AL. 950	超程警告提示
AL. 971	欠电压故障

★★★4.15.3 杰美康 MCAC610/825/845 系列伺服驱动器

杰美康 MCAC610/825/845 系列伺服驱动器故障信息与代码见表 4-51。

表 4-51 杰美康 MCAC610/825/845 系列伺服驱动器故障信息与代码

故障代码	故障现象/类型
AL. 051	EEPROM 参数故障
AL. 052	可编程逻辑配置故障
AL. 053	初始化失败
AL. 054	系统故障
AL. 060	产品型号选择故障
AL. 061	产品匹配故障
AL. 062	参数存储故障
AL. 063	过电流故障
AL. 064	伺服上电自检发现输出对地短路故障
AL. 066	伺服单元控制电源电压低故障
AL. 070	A-D 采样故障 1
AL. 071	电流采样故障
AL. 100	参数组合异常
AL. 101	AI 设定故障
AL. 102	DI 分配故障
AL. 103	DO 分配故障
AL. 105	电子齿轮设定错误
AL. 106	分频脉冲输出设定故障
AL. 110	参数设定后需重新上电
AL. 120	伺服 ON 指令无效警报
AL. 401	欠电压故障
AL. 402	过电压故障
AL. 410	过载故障（瞬时最大负载）
AL. 411	驱动器过载故障
AL. 412	电动机过载故障（连续最大负载）
AL. 420	过速故障
AL. 421	失控检出故障
AL. 422	飞车故障
AL. 425	AI 采样电压过大故障
AL. 435	冲击电流限制电阻过载故障
AL. 436	DB 过载故障
AL. 440	散热器过热故障
AL. 441	电动机过热故障
AL. 500	分频脉冲输出过速故障
AL. 501	位置偏差过大故障
AL. 502	全闭环编码器位置与电动机位置偏差过大故障
AL. 505	P 命令输入脉冲故障
AL. 550	惯量辨识失败故障

（续）

故障代码	故障现象/类型
AL. 551	回原点超时故障
AL. 552	角度辨识失败故障
AL. 600	编码器输出电源短路故障
AL. 610	增量式编码器脱线故障
AL. 611	增量式编码器 Z 信号丢失故障
AL. 620	总线式编码器脱线故障
AL. 621	读写电动机编码器 EEPROM 参数异常
AL. 622	电动机编码器 EEPROM 中数据校验错误
AL. 640	总线式编码器超速故障
AL. 641	总线式编码器过热故障
AL. 642	总线式编码器电池低压警报
AL. 643	总线式编码器电池低压故障
AL. 644	总线式编码器多圈故障
AL. 645	总线式编码器多圈溢出故障
AL. 646	总线式编码器通信故障 1
AL. 647	总线式编码器计数故障 2
AL. 648	总线式编码器通信故障 3
AL. 649	总线式编码器通信故障 4
AL. 650	总线式编码器通信故障 5
AL. 651	总线式编码器通信故障 6
AL. 652	总线式编码器多圈多个故障
AL. 900	位置偏差过大故障
AL. 901	伺服 ON 时位置偏差过大故障
AL. 910	电动机过载故障
AL. 912	驱动器过载故障
AL. 925	外接再生泄放电阻过小
AL. 930	绝对值编码器的电池故障
AL. 941	需重新接通电源的参数变更
AL. 942	写 EEPROM 频繁警告
AL. 943	串口通信故障
AL. 950	超程故障
AL. 951	绝对值编码器角度初始化警告
AL. 971	欠电压故障

4.16 科伺智能、科亚系列伺服驱动器

★★★4.16.1 科伺智能 NV2 系列伺服驱动器

科伺智能 NV2 系列伺服驱动器故障信息与代码见表 4-52。

表 4-52　科伺智能 NV2 系列伺服驱动器故障信息与代码

故障代码	故障现象/类型	故障原因
22.30	母线过电流故障	外围有短路现象、直流母线电压过高、伺服内部器件损坏、编码器故障
23.10	连续过电流故障	伺服内部器件损坏、外围有短路现象
23.20	输出过电流故障	伺服内部器件损坏、编码器故障、直流母线电压过高、外围有短路现象
23.40	软件过电流故障	外围有短路现象、动力输出断相、动力输出相序错误、伺服内部器件损坏
23.50	模块过载故障	电动机动力线缆故障、功率模块过载、电动机堵转
31.30	输入断相故障	主电源输入回路接线异常、主电源输入回路接线漏接或、主电源输入回路接线存在断线、伺服主电源输入端子松动
32.10	伺服过电压故障	电源电压波动过大、电源电压高于设备最高工作电压、未接制动电阻、制动电阻阻值过大
32.20	伺服欠电压故障	电源的接线端子松动、在同一电源系统中存在大启动电流的负载、瞬时停电、电源电压波动过大、电源电压低于设备最低工作电压、伺服内部器件损坏、瞬时负载过大超出额定过载功率时间限定
33.80	输出相序错误	伺服输出动力线缆线序错误
33.81	输出断相故障	三相输出不平衡、电动机与驱动器不匹配、伺服输出回路接线异常、伺服输出回路接线漏接、伺服输出回路接线断线、伺服输出端子松动
43.10	伺服过温故障	温度检测电路故障、散热系统异常、环境温度过高、内置制动电阻实际制动功率过大
52.10	PowerID 故障	PowerID 检测电路故障
52.80	内部故障 1	伺服驱动器内部故障（FPGA 故障）
52.81	内部故障 2	伺服驱动器内部故障（FPGA 配置故障）
52.82	内部故障 3	伺服驱动器内部故障（EEPOM 读写错误）
52.83	惯量辨识故障	惯量辨识频率设置过大、负载惯量比较大
52.84	参数检查故障	通电自检，伺服存储的参数超过允许范围
54.41	模块温度电阻故障	伺服内部连接故障
54.80	伺服过载故障	电动机堵转、电动机动力线缆故障、伺服输出功率超过额定功率 1.1 倍
71.80	电动机过载 I^2T	电动机动力线缆故障、电动机堵转、功率模块过载
71.82	制动电阻过载故障	制动电阻参数设置不当、制动电阻选配不当
73.80	编码器连接故障	编码器线缆故障、编码器参数有误、编码器线缆没有连接、伺服内部器件损坏
73.81	编码器电池欠电压故障	编码器电池电压过低
73.82	编码器电池断开故障	编码器电池电压过低、电池与编码器断开
73.83	编码器过热故障	编码器温度过高
73.84	编码器计数错误	编码器内部错误
73.85	编码器超速故障	指令给定错误、伺服上电前转速过高、电动机飞车、负载突变、编码器内部错误
73.86	编码器内部故障	编码器内部错误
73.87	编码器电动机信息错误	电动机配置选择参数设置错误、未进行电动机信息写入操作、电动机存储信息错误
73.88	编码器零点缺失故障	电动机编码器未零点自学习、电动机存储信息错误、匹配电动机错误
75.81	EtherCAT 通信故障	通信线缆接触不良、通信线缆断开、控制器异常

(续)

故障代码	故障现象/类型	故障原因
75.82	通信周期设置故障	控制器切换到EtherCAT通信OP状态时，设置的同步周期不是位置环/速度环周期的整数倍
75.91	ECAT硬件故障	EtherCAT板卡损坏、伺服内部器件损坏、EtherCAT通信芯片EEPROM设置信息有误
75.92	EtherCAT EEPROM故障	EtherCAT硬件错误、控制器关闭了EtherCAT从站修改EEPROM权限
84.80	速度模式同向超速	编码器故障、编码器参数有误、电动机参数有误、电动机飞车、正向负载过大、参数设置不当
84.81	速度模式反向超速	编码器故障、电动机参数有误、电动机飞车、反向负载过大、参数设置不当、编码器参数有误
84.82	超过最大转速故障	反向负载过大、电动机参数有误、编码器参数有误、编码器故障、参数设置不当、电动机飞车
84.83	速度跟踪误差过大故障	参数设置不当、负载过大、加速度过大、输出断相
84.84	加速度超差	编码器故障、编码器接口短路、加速度过大
84.85	电动机失速故障	电动机堵转、伺服内部器件损坏、电动机动力线缆故障
86.11	位置偏差过大故障	电动机堵转、参数设置不当、输出断相、负载过大、加速度过大
86.12	指令给定检测故障	回零偏差丢失、速度给定指令突变、转矩模式速度限制值差值超过额定转速、参数0x3060：11设置过大、EtherCAT通信丢帧、位置指令给定突变
86.13	正向运动禁止	正向运动禁止开关、输入功能被触发
86.14	反向运动禁止	反向运动禁止开关、输入功能被触发
no. SS	急停生效	不属于故障，正常触发急停功能

★★★4.16.2 科亚KYDAS48150-1E系列交流伺服驱动器

科亚KYDAS48150-1E系列交流伺服驱动器故障信息与代码见表4-53。

表4-53 科亚KYDAS48150-1E系列交流伺服驱动器故障信息与代码

蓝色状态指示灯闪烁次数	故障现象/类型	故障原因
0（常亮）	使能状态	无故障
1	失能状态	无故障，使能即可
2	过电压故障	供电电压高于60V（可设置）
3	硬件过电流保护300A	电动机短路、场管损坏引起过电流保护
4	EEPROM错误故障	数据保存错误
5	欠电压故障	供电电压低于30V（可设置）
6	预留	未启用
7	软件过电流保护（软件设定保护值）	相电流达到软件设定保护值停止输出
8	控制模式故障	控制模式选择错误
9	工作模式故障	速度、转矩工作模式未选择或错误
10	预留	未启用
11	温度报警故障	控制器温度超过85℃停止

（续）

蓝色状态指示灯闪烁次数	故障现象/类型	故障原因
12	霍尔故障	电动机霍尔脱落、电动机霍尔故障
13	预留	未启用
14	预留	未启用
15	CAN 断开故障	CAN 模式，无 CAN 信号输入
16	RS232 断开故障	RS232 模式，无 RS232 信号输入

注：1. 任何控制模式下，只要出现故障后，红色指示灯常亮。
2. 多功能低压交流伺服驱动器 KYDAS48150-1E，可以根据状态指示灯（蓝色）闪烁频率观察控制器状态来判断故障现象。

★★★4.16.3 科亚 KYDAS48150-2E 系列交流伺服驱动器

科亚 KYDAS48150-2E 系列交流伺服驱动器故障信息与代码见表 4-54。

表 4-54 科亚 KYDAS48150-2E 系列交流伺服驱动器故障信息与代码

指示灯闪烁次数	故障现象/类型	故障原因
常亮（指示灯）	正常	失能状态
0	通信故障码	使能状态
1	工作正常（通信故障码为 1 时，电动机失能）	使能
2	过电压故障	供电电压高于上位机设定阀值
3	硬件过电流保护 300A	电动机短路、场管损坏引起过电流保护
4	EEPROM 错误故障	处于上位机连接状态
5	欠电压故障	供电电压低于上位机设定阀值
6	未启用	预留
7	软件过电流保护（软件设定保护值）	相电流达到软件设定保护值持续 3s 停止输出
8	控制模式故障	控制模式选择错误
9	断相保护故障	电动机相线检测到断相
10	混合模式下故障	某一路输出故障
11	温度报警	温度超过 80℃停止
12	霍尔故障	电动机霍尔脱落、电动机霍尔故障
13	预留	未启用
14	电动机温度报警	电动机达到上位机设定的温度
15	CAN 断开故障	CAN 模式，1000ms 内无 CAN 信号输入
16	RS232 断开故障	RS232 未通信

注：1. CAN 返回代码，使能和失能与指示灯状态相反，其余故障与状态指示灯闪烁次数相同。
2. 科亚 KYDAS48150-2E 系列交流伺服驱动器状态指示灯（红灯—电动机2；蓝灯—电动机1）：可以根据指示灯闪烁频率观察驱动器状态。单一故障时，可以通过状态指示灯查看判断故障现象/类型、故障原因。有时会同时出现多个故障，则可以通过通信方式查看故障代码、信息，然后进行判断。

★★★4.16.4 科亚 KYDAS96300-1E 系列交流伺服驱动器

科亚 KYDAS96300-1E 系列交流伺服驱动器故障信息与代码见表 4-55。

表4-55 科亚 KYDAS96300-1E 系列交流伺服驱动器故障信息与代码

蓝色状态指示灯闪烁次数	故障现象/类型	故障原因
14	电动机温度报警	温度超过120℃停止

注：蓝色状态指示灯其他闪烁次数（1~13次、15次、16次）故障现象/类型，可以参考科亚 KYDAS48150-1E 系列交流伺服驱动器。任何控制模式下，只要出现故障后，红色指示灯常亮。

4.17 开通系列伺服驱动器

★★★4.17.1 开通 KT270-H 系列伺服驱动器

开通 KT270-H 系列伺服驱动器故障信息与代码见表4-56。

表4-56 开通 KT270-H 系列伺服驱动器故障信息与代码

故障代码	故障现象/类型	故障代码	故障现象/类型
1	超速故障	16	电动机热过载故障
2	主电路过电压故障	17	速度响应故障
3	主电路欠电压故障	18	光电编码器 UVW 信号故障
4	位置超差故障	19	热复位故障
6	速度放大器饱和故障	20	EEPROM 芯片故障
7	驱动禁止故障	21	FPGA 芯片故障
8	位置偏差计数器溢出故障	22	PLD 芯片故障
9	光电编码器 ABZ 信号故障	23	A-D 芯片故障
11	IPM 模块故障	24	RAM 芯片故障
12	过电流故障	25	外部速度模拟量零位偏差超差故障
13	过载故障	26	输出电子齿轮设置故障
14	制动故障	27	断相故障
15	编码器计数故障	28	设置参数导致计算溢出故障

★★★4.17.2 开通 KT290-A 系列伺服驱动器

开通 KT290-A 系列伺服驱动器故障信息与代码见表4-57。

表4-57 开通 KT290-A 系列伺服驱动器故障信息与代码

故障代码	故障现象/类型	故障内容
--	正常	
1	超速故障	伺服电动机速度超过设定值
2	主电路过电压故障	主电路电源电压过高
3	主电路欠电压故障	主电路电源电压过低
4	位置超差故障	位置偏差计数器的数值超过设定值
5	保留	
6	速度放大器饱和故障	速度调节器长时间饱和
7	驱动禁止故障	正转、反转行程末端输入都断开
8	位置偏差计数器溢出故障	位置偏差计数器的数值的绝对值超过230
9	编码器故障	编码器信号错误
10	保留	
11	IPM 故障	IPM 故障

（续）

故障代码	故障现象/类型	故障内容
12	过电流故障	电动机电流过大
13	过载故障	伺服驱动器及电动机过载（瞬时过热）
14	制动故障	制动电路故障
15	编码器计数错误	编码器计数异常
16	电动机热过载故障	电动机电热值超过设定值（I^2t 检测）
17	速度响应故障	速度误差长期过大
19	热复位	系统被热复位
20	EEPROM 故障	EEPROM 错误
21	FPGA 芯片故障	FPGA 芯片错误
22	PLD 芯片故障	PLD 芯片错误
23	A-D 芯片故障	A-D 芯片或电流传感器错误
24	RAM 芯片故障	RAM 芯片错误
26	输出电子齿轮设置故障	倍率分子大于分母
27	断相故障	三相输入电源断相
28	参数设置故障	内部参数设置不正确
29	旋转变压器转换芯片输入信号丢失错误	旋转变压器转换芯片输入信号丢失
30	编码器 Z 脉冲丢失故障	编码器 Z 脉冲错误
31	编码器 UVW 信号故障	编码器 UVW 信号错误或与编码器不匹配
32	编码器 UVW 信号非法编码故障	UVW 信号存在全高电平或全低电平
33	旋转变压器转换芯片输入信号电压过高故障	旋转变压器转换芯片输入信号电压过高
34	旋转变压器转换芯片输入信号跟踪故障	旋转变压器转换芯片输入信号跟踪误差过大
35	在非降速阶段，制动管也工作	主回路电源电压过高
36	操作故障	执行了不允许的操作

4.18 科沃系列伺服驱动器

★★★4.18.1 科沃 AS850Z 系列伺服驱动器

科沃 AS850Z 系列伺服驱动器故障信息与代码见表 4-58。

表 4-58 科沃 AS850Z 系列伺服驱动器故障信息与代码

故障代码	故障现象/类型	故障原因	解决方法
E001	加速过电流故障	1）加速时间太短 2）驱动器的输出接地或短路 3）矢量控制方式下没有对电动机进行参数识别 4）加速过程中有突变负载 5）手动转矩提升过大或 V/F 曲线设置不当 6）电压偏低 7）驱动器选型偏小	1）需要加速时间加长 2）需要检查电动机和电缆线的绝缘 3）需要对电动机进行参数识别 4）需要检查负载 5）需要减小转矩提升值或修改 V/F 曲线值 6）需要检查电源电压或查看母线电压 7）需要选用功率等级更大的驱动器

（续）

故障代码	故障现象/类型	故障原因	解决方法
E002	减速过电流故障	1）减速时间太短 2）驱动器的输出接地或短路 3）矢量控制方式下没有对电动机进行参数识别 4）减速过程中有突变负载 5）手动转矩提升过大或 V/F 曲线设置不当 6）电压偏低	1）需要减速时间加长 2）需要检查电动机和电缆线的绝缘 3）需要对电动机进行参数识别 4）需要检查负载 5）需要减小转矩提升值或修改 V/F 曲线值 6）需要检查电源电压或查看母线电压
E003	恒速过电流故障	1）驱动器的输出接地或短路 2）矢量控制方式下没有对电动机进行参数识别 3）运行过程中有突变负载 4）电压偏低 5）驱动器选型偏小	1）需要检查电动机和电缆线的绝缘 2）需要对电动机进行参数识别 3）需要检查负载 4）需要检查电源电压或查看母线电压 5）需要选用功率等级更大的驱动器
E004	加速过电压故障	1）输入电压偏高 2）加速时间太短 3）加速过程中存在外力拖动电动机运行 4）没有加装制动单元和制动电阻	1）需要将电压调至正常范围 2）需要增大加速时间 3）需要检查负载 4）需要加装制动单元和制动电阻
E005	减速过电压故障	1）输入电压偏高 2）减速时间太短 3）减速过程中存在外力拖动电动机运行 4）没加装制动单元和制动电阻	1）需要将电压调至正常范围 2）需要增大减速时间 3）需要检查负载 4）需要加装制动单元和制动电阻
E006	恒速过电压故障	1）输入电压偏高 2）运行过程中存在外力拖动电动机运行	1）需要将电压调至正常电压 2）需要调整负载或加装制动单元和制动电阻
E007	控制电源故障	输入电压不在规范规定的范围内	将电压调至正常范围内
E008	欠电压故障	1）输入电压偏低或接点接触不良 2）母线电压不正常 3）继电器或接触器不吸合 4）控制板异常	1）需要检查输入电源电压 2）需要检查查看母线电压 3）需要更换接触器 4）需要维修
E009	逆变单元故障	1）驱动器的输出短路 2）驱动器到电动机间的接线太长 3）模块过热 4）模块损坏 5）驱动板异常	1）需要检查电动机和电缆的绝缘，断开电动机线查看故障是否依旧 2）需要加装输出电抗器 3）需要维修 4）需要维修 5）需要维修

（续）

故障代码	故障现象/类型	故障原因	解决方法
E010	输入断相故障	1）三相输入电源断相 2）驱动板异常	1）需要检查电源 2）需要维修
E011	输出断相故障	1）驱动器到电动机的引线不正常 2）驱动器输出三相不平衡或断相 3）驱动板异常	1）需要检查电动机和电缆 2）需要维修 3）需要维修
E012	对地短路故障	电动机对地短路	需要检查电动机和电缆
E013	驱动器硬件故障	1）存在过电流情况 2）存在过电压情况	1）需要按过电流故障处理 2）需要按过电压故障处理
E014	驱动器过载故障	1）负载过大或电动机堵转 2）驱动器选型偏小	1）需要检查负载及机械情况 2）需要更换功率等级大的驱动器
E015	电动机过载故障	1）保护参数 PC.01 设定是否合适 2）负载过大或电动机堵转 3）驱动器选型偏小	1）需要正确设置参数 2）需要检查负载及机械情况 3）更换功率等级大的驱动器
E016	模块过热故障	1）环境温度过高 2）风道堵塞 3）风机损坏 4）模块过热器件损坏	1）需要改善环境温度 2）需要清理风道 3）需要更换风机 4）需要维修
E017	存储器故障	存储芯片损坏	
E018	外部设备故障	通过多功能数字端子 X 输入外部故障的信号	复位运行
E019	累计运行时间到达	运行时间到达设定值	
E020	累计上电时间到达	上电时间到达设定值	
E021	电流检测故障	1）电流霍尔检测损坏 2）驱动板故障	1）需要检查霍尔传感器以及插头线是否松动 2）需要维修
E022	电动机过热故障	1）电动机温度过高 2）电动机温度传感器故障	1）需要对电动机进行散热处理 2）需要检查电动机温度传感器及接线
E023	接触器故障	1）接触器不正常 2）驱动板和电源不正常	1）需要更换接触器 2）需要维修
E024	通信故障	1）上位机不正常 2）通信线不正常 3）通信参数组设置不正确	1）需要检查上位机及连线 2）需要检查通信线 3）需要正确设置参数
E025	编码器故障	1）编码器型号不匹配 2）编码器连线错误 3）编码器损坏 4）PG 卡异常	1）需要正确设置编码器参数 2）需要检查连线 3）需要更换编码器 4）需要更换 PG 卡
E026	电动机识别故障	1）电动机参数设置不当 2）参数识别时间过长	1）需要重新设置电动机参数 2）需要检查驱动器到电动机是否连好
E027	初始位置故障	电动机参数与实际偏差过大	重新确认电动机参数是否正确，重点关注额定电流是否设小

（续）

故障代码	故障现象/类型	故障原因	解决方法
E028	快速限流故障	1）负载过大或电动机堵转 2）没有进行参数自识别 3）驱动器选型偏小	1）需要检查电动机及负载 2）需要对电动机参数进行自识别 3）需要更换功率等级大的驱动器
E029	电动机过速度故障	1）编码器参数设定不正确 2）没有进行参数识别 3）电动机过速度参数设置不合理	1）需要重新设置编码器参数 2）需要对电动机进行参数识别 3）需要合理设置参数
E030	速度偏差过大故障	1）编码器参数设定不正确 2）没有进行参数识别 3）电动机过速度参数设置不合理	1）需要重新设置编码器参数 2）需要对电动机进行参数识别 3）需要合理设置参数
E031	运行时电动机切换故障	在运行过程中有切换电动机行为	待驱动器停机后对电动机进行切换
E032	掉载故障	驱动器的运行电流小于 PC. 50 设定的数值	确认电动机是否脱离驱动器，并检查参数设置
E033	运行时 PID 反馈丢失故障	PID 反馈小于 P9. 26 设定值	检查反馈信号或合理设置参数
E061	压力传感器故障	1）油压传感器连线是否正确 2）油压传感器供电是否正常 3）油压传感器输出是否正常	需要检查传感器连线、供电、输出情况
E062	多泵合流从机故障	多泵并机时，从机驱动器出现故障	需要检查从机驱动器
E063	CAN 通信地址故障	CAN 通信参数设置错误	需要检查 CAN 通信参数
E064	旋变 PG 断线故障	1）旋变与 PG 卡的连线是否正常 2）PG 卡是否正常	1）需要检查插头与连线情况 2）需要检查 PG 卡是否正常
E065	多泵合流主机故障	多泵合流时，主机驱动器出现故障	需要检查主机驱动器

★★★4. 18. 2 科沃 AS850 系列伺服驱动器

科沃 AS850 系列伺服驱动器故障信息与代码见表 4-59。

表 4-59 科沃 AS850 系列伺服驱动器故障信息与代码

故障代码	故障现象/类型	故障原因	处理方法
E001	加速过电流故障	1）加速时间太短 2）驱动器的输出接地或短路 3）矢量控制方式下没有对电动机进行参数识别 4）加速过程中有突变负载 5）手动转矩提升过大或 V/F 曲线设置不当 6）电压偏低 7）驱动器选型偏小 8）对旋转中的电动机再启动	1）需要加速时间加长 2）需要检查电动机和电缆线的绝缘 3）需要对电动机进行参数识别 4）需要检查负载是否突变 5）需要减小转矩提升值或修改 V/F 曲线值 6）需要检查电源电压或查看母线电压 7）需要选用功率等级更大的驱动器 8）需要减小电流限定值或采用转速追踪启动

（续）

故障代码	故障现象/类型	故障原因	处理方法
E002	减速过电流故障	1）减速时间太短 2）驱动器的输出接地或短路 3）矢量控制方式下没有对电动机进行参数识别 4）减速过程中有突变负载 5）手动转矩提升过大或 V/F 曲线设置不当 6）负载惯性太大 7）电压偏低	1）需要减速时间加长 2）需要检查电动机和电缆线的绝缘 3）需要对电动机进行参数识别 4）需要检查负载 5）需要减小转矩提升值或修改 V/F 曲线值 6）需要加大减速时间或采用自由停车 7）需要检查电源电压或查看母线电压
E003	恒速过电流故障	1）驱动器的输出接地或短路 2）矢量控制方式下没有对电动机进行参数识别 3）运行过程中有突变负载 4）电压偏低 5）驱动器选型偏小	1）需要检查电动机和电缆线的绝缘 2）需要对电动机进行参数识别 3）需要检查负载 4）需要检查电源电压或查看母线电压 5）需要选用功率等级更大的驱动器
E004	加速过电压故障	1）输入电压偏高 2）加速时间太短 3）加速过程中存在外力拖动电动机运行 4）没有加装制动单元和制动电阻 5）输出接地	1）需要将电压调到正常范围 2）需要增大加速时间 3）需要检查负载 4）需要加装制动单元和制动电阻 5）需要检查电动机和电缆线是否接地
E005	减速过电压故障	1）输入电压偏高 2）减速时间太短 3）减速过程中存在外力拖动电动机运行 4）没加装制动单元和制动电阻	1）需要将电压调到正常范围 2）需要增大减速时间 3）需要检查负载 4）需要加装制动单元和制动电阻
E006	恒速过电压故障	1）输入电压偏高 2）运行过程中存在外力拖动电动机运行	1）需要将电压调到正常电压 2）需要调整负载或加装制动单元和制动电阻
E007	控制电源故障	输入电压不在规范规定的范围内	需要将电压调到正常范围内
E008	欠电压故障	1）输入电压偏低或接点接触不良 2）母线电压不正常 3）继电器或接触器不吸合 4）控制板异常	1）需要检查输入电源电压及主电路接点 2）需要检查查看母线电压 3）需要更换接触器 4）需要维修
E009	逆变单元故障	1）驱动器的输出短路 2）驱动器到电动机间的接线太长 3）模块过热 4）模块损坏 5）驱动板异常	1）需要检查电动机和电缆的绝缘，断开电动机线查看故障是否依旧 2）需要加装输出电抗器 3）需要维修 4）需要维修 5）需要维修
E010	输入断相故障	1）三相输入电源断相或接点不良 2）检测异常	1）需要检查电源 2）需要维修
E011	输出断相故障	1）驱动器到电动机的引线不正常 2）驱动器输出三相不平衡或断相 3）电流传感器连接线异常 4）模块异常	1）需要检查电动机和电缆 2）需要维修 3）需要维修 4）需要维修

（续）

故障代码	故障现象/类型	故障原因	处理方法
E012	对地短路故障	1）电动机对地短路 2）驱动器误动作	1）需要检查电动机和电缆 2）E0.36 设为0
E014	驱动器过载故障	1）VF 控制时转矩提升值过大 2）加/减速时间太短 3）电动机参数设置不当 4）对旋转中的电动机实施再起动 5）电网电压过低 6）负载太大或发生堵转 7）驱动器选型偏小	1）需要减小转矩提升值 2）需要加大加/减速时间 3）需要对电动机参数重新校对 4）需要减小电流限定值或采用转速追踪起动 5）需要检查电网电压 6）需要检查负载 7）需要更换加大驱动器选型
E015	电动机过载故障	1）电动机参数设置不当 2）电网电压过低 3）负载太大或发生堵转	1）需要对电动机参数重新校对 2）需要检查电网电压 3）需要检查负载
E016	模块过热故障	1）环境温度过高 2）风道堵塞 3）风机损坏 4）模块过热器件损坏	1）需要改善环境温度 2）需要清理风道 3）需要更换风机 4）需要维修
E017	存储器故障	存储芯片损坏	需要维修
E018	外部设备故障	1）通过多功能数字端子 X 输入外部故障的信号 2）端子误动作	1）需要复位运行 2）需要维修
E019	累计运行时间到达	运行时间到达设定值	
E020	累计上电时间到达	上电时间到达设定值	
E021	电流检测故障	1）电流霍尔检测损坏 2）驱动板故障	1）需要检查霍尔传感器以及插头线是否松动 2）需要维修
E022	电动机过热故障	1）电动机温度过高 2）电动机温度传感器故障	1）需要对电动机进行散热处理 2）需要检查电动机温度传感器及接线
E023	接触器故障	1）接触器不正常 2）驱动板和电源不正常 3）输入电源是否断相	1）需要更换接触器 2）需要维修 3）需要检查输入电源
E024	通信故障	1）上位机不正常 2）通信线不正常 3）通信参数组设置不正确	1）需要检查上位机及连线 2）需要检查通信线 3）需要正确设置参数
E025	编码器故障	1）编码器型号不匹配 2）编码器连线错误 3）编码器损坏 4）PG 卡异常	1）需要正确设置编码器参数 2）需要检查连线 3）需要更换编码器 4）需要更换 PG 卡
E026	电动机识别故障	1）电动机参数设置不当 2）参数识别时间过长 3）编码器异常	1）需要重新设置电动机参数 2）需要检查驱动器到电动机是否连好 3）需要检查编码器
E027	初始位置故障	电动机参数与实际偏差过大	需要重新确认电动机参数是否正确，重点关注额定电流是否设小
E028	硬件过电流保护故障	1）负载过大或电动机堵转 2）电动机参数没有识别或不准 3）驱动器选型偏小	1）需要检查电动机及负载 2）需要尝试用 VF 控制模式运行 3）需要更换功率等级大的驱动器

（续）

故障代码	故障现象/类型	故障原因	处理方法
E029	电动机过速度故障	1）编码器参数设定不正确 2）没有进行参数识别 3）电动机过速度参数设置不合理	1）需要重新设置编码器参数 2）需要对电动机进行参数识别 3）需要合理设置参数
E030	速度偏差过大故障	1）编码器参数设定不正确 2）没有进行参数识别 3）电动机过速度参数设置不合理	1）需要重新设置编码器参数 2）需要对电动机进行参数识别 3）需要合理设置参数
E050	参数设定错误	执行位置控制时，控制方式没有设为2	需要合理设置参数

4.19 蓝海华腾系列伺服驱动器

★★★4.19.1 蓝海华腾 TS-I 系列伺服驱动器

蓝海华腾 TS-I 系列伺服驱动器故障信息与代码见表 4-60。

表 4-60 蓝海华腾 TS-I 系列伺服驱动器故障信息与代码

故障代码	故障现象/类型	故障代码	故障现象/类型
E. oc1	加速运行中过电流故障	E. CUr	电流检测故障
E. oc2	减速运行中过电流故障	E. GdF	输出对地短路故障
E. oc3	恒速运行中过电流故障	E. LV1	运行中异常掉电故障
E. oV1	加速运行中过电压故障	E. ILF	输入电源故障
E. oV2	减速运行中过电压故障	E. oLF	输出断相故障
E. oV3	恒速运行中过电压故障	E. EEP	EEPROM 故障
E. PCU	干扰故障	E. dL3	继电器吸合故障
E. rEF	比较基准故障	E. dL2	温度采样断线故障
E. AUt	自整定故障	E. dL1	编码器断线故障
E. FAL	模块故障	E. P10	+10V 电源输出故障
E. oH1	散热器 1 过热故障	E. AIF	模拟输入故障
E. oH2	散热器 2 过热故障	E. Ptc	电动机过热故障（PTC/KTY）
E. oL1	驱动器过载故障	E. SE1	通信故障 1（操作面板 485）
E. oL2	电动机过载故障	E. SE2	通信故障 2（端子 485）
E. oUt	外设故障	E. VEr	版本兼容故障
E. PEr	压力传感器故障	E. CPy	拷贝故障
E. dsr	电动机失速故障	E. dL4	扩展卡连接故障
E. UV0	相序故障	E. IoF	端子互斥性检查未通过
E. oL3	硬件过载故障	-LU-	电源欠电压故障

★★★4.19.2 蓝海华腾 TS-K 系列伺服驱动器

蓝海华腾 TS-K 系列伺服驱动器故障信息与代码见表 4-61。

表 4-61　蓝海华腾 TS-K 系列伺服驱动器故障信息与代码

故障代码	故障现象/类型	故障代码	故障现象/类型
E. oc1	加速运行中过电流故障	E. ILF	输入电源故障
E. oc2	减速运行中过电流故障	E. oLF	输出断相故障
E. oc3	恒速运行中过电流故障	E. EEP	EEPROM 故障
E. oV1	加速运行中过电压故障	E. dL3	继电器吸合故障
E. oV2	减速运行中过电压故障	E. dL2	温度采样断线故障
E. oV3	恒速运行中过电压故障	E. dL1	编码器断线故障
E. PCU	干扰故障	E. P10	+10V 电源输出故障
E. rEF	比较基准故障	E. AIF	模拟输入故障
E. AUt	自整定故障	E. Ptc	电动机过热故障（PTC）
E. FAL	模块故障	E. SE1	通信故障 1（操作面板 485）
E. oH1	散热器 1 过热故障	E. SE2	通信故障 2（端子 485）
E. oH2	散热器 2 过热故障	E. VEr	版本兼容故障
E. oL1	驱动器过载故障	E. CPy	复制故障
E. oL2	电动机过载故障	E. dL4	扩展卡连接故障
E. oUt	外设故障	E. IoF	端子互斥性检查未通过故障
E. PEr	压力传感器故障	E. oL3	硬件过载故障
E. dsr	同步电动机失速故障	E. dL5	PT100 断线故障
E. CUr	电流检测故障	E. dL6	PT1000 断线故障
E. GdF	输出对地短路故障	– LU –	电源欠电压故障
E. LV1	运行中异常掉电故障		

★★★4. 19. 3　蓝海华腾 VA-M 系列伺服驱动器

蓝海华腾 VA-M 系列伺服驱动器故障信息与代码见表 4-62。

表 4-62　蓝海华腾 VA-M 系列伺服驱动器故障信息与代码

故障代码	故障现象/类型	故障代码	故障现象/类型
E. oc1	加速运行中过电流故障	E. EEP	EEPROM 故障
E. oc2	减速运行中过电流保护	E. dL3	继电器吸合故障
E. oc3	恒速运行中过电流故障	E. dL2	温度采样断线故障
E. oV1	加速运行中过电压故障	E. dL1	编码器断线故障
E. oV2	减速运行中过电压故障	E. P10	+10V 电源输出故障
E. oV3	恒速运行中过电压故障	E. AIF	模拟输入故障
E. PCU	干扰故障	E. Ptc	电动机过热故障（PTC）
E. rEF	比较基准故障	E. SE1	通信故障 1（外接键盘 485）
E. AUt	自整定故障	E. SE2	通信故障 2（端子 485）
E. FAL	模块故障	E. VEr	版本兼容故障
E. oH1	散热器 1 过热故障	E. CPy	复制故障
E. oH2	散热器 2 过热故障	E. dL4	扩展卡连接故障
E. oL1	驱动器过载故障	E. IoF	端子互斥性检查未通过
E. oL2	电动机过载故障	E. oL3	硬件过载故障
E. oUt	外设故障	E. Ur5	IC 片间通信故障 1
E. CUr	电流检测故障	E. Ur6	IC 片间通信故障 2
E. GdF	输出对地短路故障	E. SPH	IC 片间通信故障 3
E. LV1	运行中异常掉电故障	E. SPE	IC 片间通信故障 4
E. ILF	输入电源故障	E. EEP	EEPROM 故障
E. oLF	输出断相故障	– LU –	电源欠电压故障

★★★4.19.4　蓝海华腾 VY-JY 系列伺服驱动器

蓝海华腾 VY-JY 系列伺服驱动器故障信息与代码见表 4-63。

表 4-63　蓝海华腾 VY-JY 系列伺服驱动器故障信息与代码

故障代码	故障现象/类型	故障代码	故障现象/类型
E. oc1	加速运行中过电流故障	E. ILF	输入电源故障
E. oc2	减速运行中过电流故障	E. oLF	输出断相故障
E. oc3	恒速运行中过电流故障	E. EEP	EEPROM 故障
E. oV1	加速运行中过电压故障	E. dL3	继电器吸合故障
E. oV2	减速运行中过电压故障	E. dL2	温度采样断线故障
E. oV3	恒速运行中过电压故障	E. dL1	编码器断线故障
E. PCU	干扰故障	E. P10	+10V 电源输出故障
E. rEF	比较基准故障	E. AIF	模拟输入故障
E. AUt	自整定故障	E. Ptc	电动机过热故障（PTC）
E. FAL	模块故障	E. SE1	通信故障 1（外接键盘 485）
E. oH1	散热器 1 过热故障	E. SE2	通信故障 2（端子 485）
E. oH2	散热器 2 过热故障	E. VEr	版本兼容故障
E. oL1	驱动器过载故障	E. CPy	复制故障
E. oL2	电动机过载故障	E. dL4	扩展卡连接故障
E. oUt	外设故障	E. IoF	端子互斥性检查未通过
E. CUr	电流检测故障	E. oL3	硬件过载故障
E. GdF	输出对地短路故障	-LU-	电源欠电压故障
E. LV1	运行中异常掉电故障		

4.20　乐邦、力川系列伺服驱动器

★★★4.20.1　乐邦 LB90ZS-4T0750BEV 系列伺服驱动器

乐邦 LB90ZS-4T0750BEV 系列伺服驱动器故障信息与代码见表 4-64。

表 4-64　乐邦 LB90ZS-4T0750BEV 系列伺服驱动器故障信息与代码

故障代码	故障现象/类型	故障原因	处理方法
Er. 01	驱动器加速运行过电流故障	1）参数设置不当 2）初始位置学习不正确	1）检查驱动器速度闭环 PI 参数的设置 2）重新进行初始位置自学习
Er. 02	驱动器减速运行过电流故障	1）参数设置不当 2）初始位置学习不正确	1）检查驱动器速度闭环 PI 参数的设置 2）重新进行初始位置自学习
Er. 03	驱动器恒速运行过电流故障	1）参数设置不当 2）初始位置学习不正确	1）检查驱动器速度闭环 PI 参数的设置 2）重新进行初始位置自学习
Er. 04	驱动器加速运行过电压故障	1）泄放 IGBT 故障 2）未接制动能量泄放电阻 3）CPU 板故障	1）检查 IGBT 模块的泄放管 2）检查制动电阻阻值以及绝缘性能 3）检查实际母线电压与显示的母线电压
Er. 05	驱动器减速运行过电压故障	1）未接制动能量泄放电阻 2）CPU 板故障 3）泄放 IGBT 故障	1）检查制动电阻阻值以及绝缘性能 2）检查实际母线电压与显示的母线电压 3）检查 IGBT 模块的泄放管

（续）

故障代码	故障现象/类型	故障原因	处理方法
Er. 06	驱动器恒速运行过电压故障	1）未接制动能量泄放电阻 2）CPU 板故障 3）泄放 IGBT 故障	1）检查制动电阻阻值以及绝缘性能 2）检查实际母线电压与显示的母线电压 3）检查 IGBT 模块的泄放管
Er. 10	功率模块故障	1）驱动器三相输出相间或接地短路 2）驱动器通风不良或风扇损坏 3）功率模块桥臂直通	1）检查输出连线，重新配线 2）疏通风道或更换风扇 3）维修
Er. 11	功率模块散热器过热故障	1）环境温度超过规格要求 2）驱动器通风不良 3）风扇故障 4）温度检测电路损坏	维修
Er. 12	软件判断过电压故障	1）CPU 板故障 2）泄放 IGBT 故障 3）参数设置不当 4）未接制动能量泄放电阻	1）检查实际母线电压与显示的母线电压 2）检查 IGBT 模块的泄放管 3）查看参数过压点设置 4）检查制动电阻阻值以及绝缘性能
Er. 13	驱动器过载故障	1）参数设置不当 2）初始位置学习不正确	1）检查驱动器的功率等级设定 2）重新进行初始位置自学习
Er. 14	内部故障		维修
Er. 15	EEPROM 读写故障	1）干扰造成参数的读写发生错误 2）EEPROM 损坏	维修
Er. 16	压力传感器断线故障	1）压力传感器连接线断线 2）电动机反转没有抽油 3）泄压阀打开	1）检查压力传感器连接线 2）确认电动机旋转方向 3）确认泄压阀是否关闭
Er. 17	油泵电动机温度过高故障	1）环境温度超过规格要求 2）电动机风扇故障 3）温度检测电路损坏	维修
Er. 20	相序故障（含断相故障）	1）UVW 输出与电动机相序不匹配 2）输出断相	1）任意交换三相中的两相 2）检查 UVW 三相线的连接情况
Er. 32	编码器故障	1）编码器没有连接 2）编码器损坏	1）检查编码器连接电缆 2）更换编码器
Er. 33	电动机超速故障	1）参数设置不当 2）编码器未连接 3）编码器损坏	1）检查 B-05 最高转速设置 2）检查编码器连接电缆 3）更换编码器

★★★4.20.2 力川 A6 系列伺服驱动器

力川 A6 系列伺服驱动器故障信息与代码见表 4-65。

表 4-65 力川 A6 系列伺服驱动器故障信息与代码

故障代码	故障现象/类型	故障原因
1	系统故障	系统错误
2	DI 配置故障	参数两个值相同
3	通信故障	CANopen 通信异常、Modbus 通信异常
4	控制电源掉电故障	控制板故障、控制电源掉电
5	FPGA 内部错误故障	FPGA 内部错误
6	回零超时故障	长时间还没找到原点
12	过电压故障	制动能量太大、电阻制动功能没启动、外部源输入电压远大于 AC 220V、接线断开、制动电阻损伤、制动管损伤
13	欠电压故障	外部主电源输入电压太小、主电源没电压有输入
14	过电流和接地故障	硬件电路有损伤、电动机线 UVW 间短路、电动机线 UVW 与大地（金属外壳）短路
15	过热故障	IPM 或 IGBT 损伤、驱动器选型功率偏小、使用内部制动电阻且制动能量大于 25W
16	过载故障	加速得太快、系统振荡、电角度测量不对、实际转矩长时间过大超过 P72 设定值
18	再生放电电阻过载故障（制动率过大）	制动能量太大、接线断开、制动管损伤、制动电阻损伤
21	编码器故障	编码器损伤、存在干扰、编码器接线有问题、编码器接线断开
24	位置偏差过大故障	电动机卡死、转矩不足、位置偏差水平设置太小、指令的加速度太快、电动机本身不能转、位置指令跟随不够快增益太小、指令脉冲频率太高超过系统能力范围
26	过速故障	编码器接线不对、电动机超调、电动机 UVW 接线不对
27	指令脉冲分倍频出错	电子齿轮设置不对
29	偏差计数器溢出	电动机卡死、指令脉冲异常
36	EEPROM 参数出错	EEPROM 读写出错
38	行程限位输入信号出错	PA_r04 设置为 0 或 2、行程限位信号有效
39	模拟量指令过电压故障	输入的模拟量电压大于 PA_71 的设定值
40	绝对值编码器断电故障	编码器电池电压不足、编码器电池线断开

★★★4.20.3 力川 A4 系列伺服驱动器

力川 A4 系列伺服驱动器故障信息与代码见表 4-66。

表 4-66 力川 A4 系列伺服驱动器故障信息与代码

故障代码	故障现象/类型	故障原因
1	系统错误	系统错误
2	DI 配置错误	PA_080 ~ PA_085 各参数设定出错
3	通信错误	Modbus 通信异常
4	控制电源掉电	控制电源掉电

（续）

故障代码	故障现象/类型	故障原因
5	FPGA 内部错误	FPGA 内部错误
6	回零超时故障	长时间还没找到原点
12	过电压故障	电阻制动功能没启动、制动能量太大、外部源输入电压远大于 AC 220V、接线断开、制动电阻损伤、制动管损伤
13	欠电压故障	主电源没电压有输入、外部主电源输入电压太小
14	过电流和接地故障	硬件电路有损伤、电动机线 UVW 与大地（金属外壳）短路、电动机线 UVW 间短路
15	过热故障	使用内部制动电阻且制动能量大于 25W、驱动器选型功率偏小、IPM 或 IGBT 有损伤
16	过载故障	系统振荡、加速得太快、电角度测量不对、实际转矩长时间过大超过 P72 设定值
18	再生放电电阻过载故障（制动率过大）	制动能量太大、接线断开、制动管损伤、制动电阻损伤
21	编码器出错	编码器损伤、编码器接线有问题或断开、存在干扰
24	位置偏差过大故障	电动机卡死、电动机本身不能转、转矩不足、位置偏差水平设置太小、指令的加速度太快、指令脉冲频率太高（超过系统能力范围）、位置指令跟随不够快（增益太小）
26	过速故障	编码器接线不对、电动机 UVW 接线不对、电动机超调
27	指令脉冲分倍频出错	电子齿轮设置不对
29	偏差计数器溢出	电动机卡死、指令脉冲异常
36	EEPROM 参数出错	EEPROM 读写出错
38	行程限位输入信号出错	PA_003 设置出错
39	模拟量指令过电压故障	输入的模拟量电压大于 P71 的设定值

4.21 力士乐、迈信系列伺服驱动器

★★★4.21.1 力士乐 DKC03 系列伺服驱动器

力士乐 DKC03 系列伺服驱动器故障信息与代码见表 4-67。

表 4-67 力士乐 DKC03 系列伺服驱动器故障信息与代码

故障代码	故障现象/类型	故障代码	故障现象/类型
E219	驱动器温度监控有故障	E255	进给量倍率，S-0-108 = 0
E221	电动机温度监控有故障	E257	连接电流极限有效预警
E225	电动机过载故障	E259	指令速度极限有效预警
E226	电流部分欠电流故障	E261	连接电流极限预警
E247	插补速度 =0	E263	速度指令值 > 极限 S-0-0091
E248	插补加速度 =0	E324	可选模块电源错误
E249	定位速度 S-0-0259≥S-0-0091	E325	制动器的制动转矩太低
E250	驱动器过热预警	E326	总线过载故障
E251	电动机过热预警	E350	热交换超温预报警
E253	目标位置超出行程范围	E352	旁路器过载预报警

（续）

故障代码	故障现象/类型	故障代码	故障现象/类型
E353	电源诊断信息	F273	急停开关电源故障
E387	控制电压故障	F276	绝对编码器超出允许窗口
E410	客户端未被扫描或地址为0	F280	与地短路故障
E825	功率级过电压故障	F294	电源检查和故障
E826	电源部分欠电压故障	F316	电源软启动故障
E829	超过正位置极限	F318	电源过热故障
E830	超过负位置极限	F320	旁路器过载故障
E834	紧急停机故障	F360	电源过电流故障
E843	启用正限位开关	F369	电源的24V、15V、5V电压故障
E844	启用负限位开关	F380	电源对地短路故障
F207	切换到未初始化运行模式	F381	主回路故障
F208	UL电动机类型已变	F383	线电压故障
F209	PL负载参数默认值	F384	电源连接故障
F218	放大器过热关机	F385	线电压频率故障
F219	电动机过热关机	F386	主回路电压消失
F221	电动机温度监视缺陷	F401	双MST故障关机
F226	电源部分欠电压故障	F402	双MDT故障关机
F228	过大偏差故障	F403	通信阶段关机
F229	编码器故障：象限错误	F404	阶段前进过程中出现错误
F233	外部电源错误	F405	阶段后退过程中出现错误
F236	位置反馈差过大故障	F406	无就绪信号阶段切换
F237	位置指令差过大故障	F434	紧急停机故障
F242	编码器故障：信号过小故障	F629	超过正行程极限
F245	外部编码器故障：象限错误	F630	超过负行程极限
F248	蓄电池电压过低故障	F634	紧急停机故障
F249	主驱动器编码器故障：信号太小故障	F643	探测出正行程限位开关
F252	主驱动编码器故障：象限错误	F644	探测出负行程限位开关
F253	增量编码调制器：脉冲频率太高故障	F822	编码器1故障：信号幅度错误
F254	增量编码器，硬件故障	F827	驱动进给时，驱动互锁
F255	外部电源DAE 02错误	F860	过电流故障：电源短路
F267	内部硬件同步故障	F861	过电流故障：对地短路
F268	制动器故障	F869	直流15V电源故障
F270	回零开关电源故障	F870	+24V直流故障
F271	移动限位开关电源故障	F871	10V直流电源故障
F272	探头输入电源故障	F878	速度环错误

★★★4.21.2　迈信EP1C Plus系列伺服驱动器

迈信EP1C Plus系列伺服驱动器故障信息与代码见表4-68。

表 4-68　迈信 EP1C Plus 系列伺服驱动器故障信息与代码

故障代码	故障现象/类型	故障原因	故障检查
Err1	超速故障	电动机接线 U、V、W 相序错误	检查 U、V、W 接线
		电动机速度超调	检查运行状态、查看参数
		编码器接线错误	检查编码器接线
Err11	功率模块过电流故障	电动机接线 U、V、W 间短路	检查 U、V、W 接线
		电动机绕组绝缘损坏	检查电动机
		驱动器损坏	检查驱动器
		接地不良	检查接地线
		受到干扰	检查干扰源
Err12	过电流故障	电动机接线 U、V、W 间短路	检查 U、V、W 接线
		电动机绕组绝缘损坏	检查电动机
		驱动器损坏	检查驱动器
Err13	过载故障	超过额定负载连续运行	查看负载率
		系统不稳定	检查电动机运行是否振荡
		加/减速太快	检查电动机运行是否平顺
		编码器零点变动	检查编码器零点
Err14	制动峰值功率过载故障	输入交流电源偏高	检查电源电压
		再生制动故障	检查再生制动电阻、制动管、接线情况
		再生制动能量过大	检查制动负载率
Err16	电动机热过载故障	超过额定负载长时间运行	检查负载率和电动机温升
		编码器零点变动	检查编码器零点
Err17	制动平均功率过载故障	输入交流电源偏高	检查电源电压
		再生制动能量过大	查看制动负载率
Err18	功率模块过载故障	超过额定负载长时间运行	检查电流
		编码器零点变动	检查编码器零点
Err2	主电路过电压故障	输入交流电源过高	检查电源电压
		再生制动故障	检查再生制动电阻、制动管、接线情况
		再生制动能量过大	检查制动负载率
Err20	EEPROM 故障	EEPROM 芯片损坏	重新上电检查
Err21	逻辑电路故障	控制电路故障	重新上电检查
Err23	A-D 转换故障	电流传感器问题、接插件问题	检查主电路
		A-D 转换器异常、模拟放大电路异常	检查控制电路
Err27	断相故障	动力电源断相	检查 L1、L2、L3 接线
		动力电源欠电压	检查供电电压
		断相检查回路异常	检查光耦合器，重新上电
Err29	过转矩故障	意外大负载发生	检查负载情况
		参数 P070、P071、P072 设置错误	检查参数
Err30	编码器 Z 信号丢失故障	编码器错误	检查编码器 Z 信号
		编码器电缆与接插件错误	检查电缆与接插件
Err31	编码器 UVW 信号故障	编码器错误	检查线数、极数、编码器 UVW 信号、编码器等情况

（续）

故障代码	故障现象/类型	故障原因	故障检查
Err32	编码器UVW信号非法编码故障	编码器错误	检查编码器UVW信号
Err35	板间连接故障	板间连接的排线错误	检查排线、端子
		连接通路异常	检查光耦合器
Err36	风扇故障	散热风扇异常	检查风扇
		风扇检测回路异常	检查接线
		风扇检测回路异常	检查光耦合器
Err4	位置超差故障	电动机接线U、V、W相序错误	检查U、V、W接线
		编码器零点变动	检查编码器零点
		电动机卡死	检查电动机、机械连接部分
		指令脉冲频率太高	检查输入频率、脉冲分倍频参数
		位置环增益太小	检查参数P009
		超差检测范围太小	检查参数P080
		转矩不足	检查转矩
Err40	编码器通信故障	编码器接线异常	检查编码器接线
		编码器电缆与接插件异常	检查电缆、接插件
		编码器异常	检查编码器
Err42	编码器内部计数故障	编码器电缆和接插件异常	检查电缆、接插件
		编码器异常	检查编码器
Err43	编码器通信应答故障	编码器异常	检查编码器
Err44	编码器校验故障	编码器电缆和接插件异常	检查电缆、接插件
		编码器异常	检查编码器
Err45	编码器EEPROM故障	编码器电缆和接插件异常	检查电缆、接插件
		编码器EEPROM异常	检查编码器
Err46	编码器参数故障	编码器电缆和接插件异常	检查电缆、接插件
		编码器EEPROM异常	检查编码器
Err47	绝对值编码器外接电池故障	外部电池没电	检查外部电池电压
		更换电池后第一次上电	检查电池电压
Err50	电动机参数与驱动器不匹配故障	电动机和驱动的功率不匹配	检查驱动器的电动机适配表
Err51	编码器自动识别失败故障	编码器接线异常	检查编码器接线
		编码器自动识别失败	检查编码器种类
Err63	内部故障	内部错误1	检查伺服固件是否为测试版本或者不兼容版本
Err7	驱动禁止异常	伺服使能时CCWL、CWL驱动禁止输入都无效	检查CCWL、CWL接线
Err8	位置偏差计数器溢出	电动机卡死	检查电动机、机械连接部分
		指令脉冲异常	检查脉冲指令

★★★4.21.3 迈信 EP3E 系列伺服驱动器

迈信 EP3E 系列伺服驱动器故障信息与代码见表 4-69。

表 4-69 迈信 EP3E 系列伺服驱动器故障信息与代码

故障代码	故障现象/类型	故障原因	故障检查
Err24	控制电源电压低	控制电路 LDO 故障	检查控制板电源
Err48	绝对值编码器外接电池报警	外部电池没电	检查外部电池电压
		更换电池后第一次上电	检查电池电压
Err60	以太网通信中断	工业以太网通信中断	检查以太网线缆

注：其他故障代码的相关信息可以参见迈信 EP1C Plus 系列伺服驱动器，在此不再重复。

★★★4.21.4 迈信 EPR6-S 系列伺服驱动器

迈信 EPR6-S 系列伺服驱动器故障信息与代码见表 4-70。

表 4-70 迈信 EPR6-S 系列伺服驱动器故障信息与代码

故障代码	序号	603Fh 值	故障现象/类型	故障内容	故障清除
Err--	0	FF00h	无报警	工作正常	
Err1	1	FF01h	超速	电动机速度超过最大限制值	可
Err2	2	FF02h	主电路过电压	主电路电源电压超过规定值	可
Err3	3	FF03h	主电路欠电压	主电路电源电压低于规定值	可
Err4	4	FF04h	位置超差	位置偏差计数器的数值超过设定值	可
Err7	7	FF07h	驱动禁止异常	CCWL、CWL 驱动禁止输入都无效	可
Err8	8	FF08h	位置偏差计数器溢出	位置偏差计数器的数值的绝对值超过 2^{30}	可
Err11	11	FF0Bh	功率模块过电流	功率模块发生故障	否
Err12	12	FF0Ch	过电流	电动机电流过大	否
Err13	13	FF0Dh	过负载	电动机过负载	否
Err14	14	FF0Eh	制动峰值功率过载	制动短时间瞬时负载过大	否
Err16	16	FF10h	电机热过载	电动机热值超过设定值（I^2t 检测）	否
Err17	17	FF11h	制动平均功率过载	制动长时间平均负载过大	否
Err18	18	FF12h	功率模块过载	功率模块输出平均负载过大	否
Err20	20	FF14h	EEPROM 错误	EEPROM 读写时错误	否
Err21	21	FF15h	逻辑电路出错	处理器外围逻辑电路故障	否
Err22	22	FF16h	功率版和控制板不匹配	更换功率板或者控制板	否
Err23	23	FF17h	A-D 转换错误	电路或电流传感器错误	否
Err25	25	FF19h	FPGA 校验错误	FPGA 校验出错	否
Err29	29	FF1Dh	转矩过载报警	电动机负载超过用户设定的数值和持续时间	可
Err35	35	FF23h	板间连接故障	驱动内连接通路故障	否
Err40	40	FF28h	绝对值编码器通信错误	驱动与编码器无法通信	否
Err41	41	FF29h	绝对值编码器握手错误	绝对值编码器握手错误	否
Err42	42	FF2Ah	绝对值编码器内部计数错误	绝对值编码器计数异常	否

（续）

故障代码	序号	603Fh 值	故障现象/类型	故障内容	故障清除
Err43	43	FF2Bh	绝对值编码器通信应答错误	绝对值编码器通信应答异常	否
Err44	44	FF2Ch	绝对值编码器校验错误	绝对值编码器通信内容错误	否
Err45	45	FF2Dh	绝对值编码器 EEPROM 错误	绝对值编码器的 EEPROM 故障	否
Err46	46	FF2Eh	绝对值编码器参数错误	绝对值编码器参数被破坏	否
Err47	47	FF2Fh	绝对值编码器外接电池故障	电池电压过低	否
Err48	48	FF30h	绝对值编码器外接电池报警	电池电压偏低	否
Err49	49	FF31h	编码器过热	编码器过热	否
Err50	50	FF32h	电动机参数与驱动器不匹配	电动机和驱动的功率不匹配	否
Err51	51	FF33h	编码器自动识别失败	编码器自动识别失败	否
Err53	53	FF35h	编码器盒通信失败	编码器盒通信失败	否
Err54	54	FF36h	编码器盒通信校验错误	编码器盒通信校验错误	否
Err60	60	FF3Ch	Op 状态下数据接收异常	以太网通信中断	是
Err61	61	FF3Dh	以太网通信周期偏差过大	以太网通信周期偏差过大	否
Err62	62	FF3Eh	以太网指令数据超出范围	以太网指令数据超出范围	否
Err65	65	FF41h	SYNC 信号初始化错误	SYNC 信号初始化错误	否
Err66	66	FF42h	SYNC 信号与数据接收节拍错误	SYNC 信号与数据接收相位错误	否
Err68	68	FF44h	EtherCAT 操作 EEPROM 失败	EtherCAT 操作 EEPROM 失败	否
Err80	80	FF50h	内部错误 1	内部计数出错，电子齿轮设置不合法	否
Err81	81	FF51h	内部错误 2	内部计算出错，参数设置为 0 异常	否
Err82	82	FF52h	内部错误 3	内部计算出错，回零参数设置不合法	否
Err84	84	FF54h	内部错误 4	伺服使能时主继电器未能成功关闭	否
Err88	88	FF58h	操作模式错误 1	使能时没有设置操作模式	可
Err89	89	FF59h	操作模式错误 2	设置无效的操作模式	可
Err95	95	FF5Fh	功率模块 ID 通信错误	功率模块 ID 读取通信故障	否
Err96	96	FF60h	功率模块 ID 不匹配	功率模块 ID 不支持电动机总功率超限	否
Err97	97	FF61h	IO 模块通信错误	IO 模块发生通信故障	否

4.22 欧瑞系列伺服驱动器

★★★4.22.1 欧瑞 SD15 系列伺服驱动器

欧瑞 SD15 系列伺服驱动器故障信息与代码见表 4-71。

表 4-71　欧瑞 SD15 系列伺服驱动器故障信息与代码

故障代码	故障现象/类型	故障原因
AL-01	过电流故障	智能模块故障、输出短路
AL-02	过电压故障	主电路直流侧电压过高
AL-03	欠电压故障	主电路直流侧电压过低
AL-04	硬件故障	伺服驱动器硬件故障
AL-05	电角度识别故障	电动机线序错误
AL-06	过载故障	连续长时间输出大电流
AL-07	超速故障	速度过大
AL-09	位置环跟踪误差过大故障	位置环跟踪误差过大
AL-10	保留	—
AL-11	紧急停止	外部紧急停止端子有效
AL-12	驱动器过热故障	驱动器散热片温度过高
AL-13	主电路电源断相故障	三相输入中某相电压过低
AL-14	能耗制动故障	能耗制动参数设置错误、连续长时间制动
AL-16	输入端子设置重复	输入端子重复定义
AL-17	编码器断线故障	编码器断线
AL-18	转动惯量识别错误	转动惯量识别错误时报警
AL-19	保留	—
AL-20	保留	—
AL-22	编码器 Z 信号丢失故障	编码器 Z 信号未出现
AL-23	转矩失调保护	输出转矩与给定转矩偏差太大
AL-24	保留	—
AL-25 ~27	保留	—
AL-28	EEPROM 故障	EEPROM 错误
AL-29	保留	—
AL-30	堵转故障	伺服电动机出现堵转
AL-31	全闭环混合误差	全闭环混合误差过大
AL-32	保留	—
AL-33	保留	—
AL-34	保留	—
AL-35	找原点超时故障	找原点超时
AL-36	参数复制故障	—
AL-41	8 芯编码器信号故障	8 芯编码器上电时序中无高阻态
AL-44	编码器 UVW 信号故障	UVW 信号存在全高电平或全低电平等现象

★★★4.22.2　欧瑞 SD20 系列伺服驱动器

欧瑞 SD20 系列伺服驱动器故障信息与代码见表 4-72。

表 4-72　欧瑞 SD20 系列伺服驱动器故障信息与代码

故障代码	故障现象/类型	故障原因
AL-01	过电流故障	输出短路、智能模块故障
AL-02	过电压故障	主电路直流侧电压过高

（续）

故障代码	故障现象/类型	故障原因
AL-03	欠电压故障	主电路直流侧电压过低
AL-04	硬件故障	伺服驱动器硬件故障
AL-05	电角度识别错误	电动机线序错误
AL-06	电动机过载故障	连续长时间输出大电流
AL-07	超速故障	速度过大
AL-08	驱动器过载故障	连续长时间输出大电流
AL-09	位置环跟踪误差过大故障	位置环跟踪误差过大
AL-10	编码器故障	伺服电动机编码器发生严重故障
AL-11	紧急停止	外部紧急停止端子有效
AL-12	驱动器过热故障	驱动器散热片温度过高
AL-13	主电路电源断相故障	三相输入中某相电压过低
AL-14	能耗制动故障	能耗制动参数设置错误、连续长时间制动
AL-16	输入端子设置重复	输入端子重复定义
AL-17	编码器断线故障	编码器断线
AL-18	转动惯量识别错误	转动惯量识别错误时报警
AL-19	编码器电池警告	编码器电池警告
AL-20	伺服电动机 EEPROM 未初始化	伺服电动机 EEPROM 未初始化
AL-21	零漂过大故障	伺服驱动器零漂过大
AL-23	转矩失调保护	输出转矩与给定转矩偏差太大
AL-24	编码器电池报警	编码器电池报警
AL-25	电动机过热故障	电动机温度过高
AL-26	温度断线故障	电动机温度检测电路断线
AL-27	超程保护	超程保护
AL-28	EEPROM 故障	EEPROM 错误
AL-29	漏电保护	伺服驱动器出现漏电、电动机出现漏电
AL-30	堵转保护	伺服电动机出现堵转
AL-31	全闭环混合误差	全闭环混合误差过大
AL-32	龙门同步故障	龙门同步错误
AL-33	电子凸轮故障	电子凸轮错误
AL-34	PLC 指令故障	PLC 指令错误
AL-35	找原点超时故障	找原点超时
AL-36	参数复制故障	参数复制错误
AL-39	CANopen 掉线故障	CANopen 掉线
AL-49	软件过电流故障	软件过电流

★★★4.22.3 欧瑞 SDE20 系列伺服驱动器

欧瑞 SDE20 系列伺服驱动器故障信息与代码见表 4-73。

表 4-73 欧瑞 SDE20 系列伺服驱动器故障信息与代码

故障代码	故障现象/类型	故障原因
AL-01	过电流故障	智能模块故障、输出短路
AL-02	过电压故障	主电路直流侧电压过高

（续）

故障代码	故障现象/类型	故障原因
AL-03	欠电压故障	主电路直流侧电压过低
AL-04	硬件故障	伺服驱动器硬件故障
AL-05	电角度识别故障	电动机线序错误
AL-06	电动机过载故障	连续长时间输出大电流
AL-07	超速故障	速度过大
AL-08	驱动器过载故障	驱动器负载过大
AL-09	位置环跟踪误差过大故障	位置环跟踪误差过大
AL-10	编码器故障	伺服电动机编码器发生严重故障
AL-11	紧急停止	外部紧急停止端子有效
AL-12	驱动器过热故障	驱动器散热片温度过高
AL-13	主电路电源断相故障	三相输入中某相电压过低
AL-14	能耗制动错误	能耗制动参数设置错误、连续长时间制动
AL-16	输入端子设置重复	输入端子重复定义
AL-17	编码器断线故障	编码器断线
AL-18	转动惯量识别错误	转动惯量识别错误时报警
AL-19	编码器电池警告	编码器电池警告
AL-20	伺服电动机 EEPROM 未初始化	伺服电动机 EEPROM 未初始化
AL-21	零漂过大故障	零漂超出设定值
AL-22	增量编码器 Z 相信号缺失故障	增量编码器 Z 相信号缺失
AL-23	转矩失调保护	输出转矩与给定转矩偏差太大
AL-24	编码器电池报警	编码器电池报警
AL-25	电动机过热故障	电动机发热严重
AL-26	电动机温度检测断线故障	电动机温度检测线缆断
AL-27	超程故障	超程保护
AL-28	EEPROM 故障	EEPROM 错误
AL-30	堵转故障	伺服电动机出现堵转
AL-31	全闭环混合误差	全闭环混合误差过大
AL-32	龙门同步错误	龙门同步驱动器出现不同步情况
AL-33	电子凸轮错误	电子凸轮错误
AL-34	PLC 指令错误故障	PLC 指令出现错误
AL-35	找原点超时故障	找原点超时
AL-36	参数复制故障	参数复制错误
AL-41	未检测到高阻态故障	8 芯编码器线错误
AL-44	UVW 编码器信号丢失故障	2500 线型编码器的 UVW 编码器信号丢失
AL-45	绝对值编码器分辨率故障	17 位和 23 位编码器读取分辨率、设置参数不符
AL-46	绝对值编码器超速报警	编码器启动角加速度超过其允许最大加速值
AL-48	主电掉电故障	主电断电，一定时间后外部仍给使能信号

★★★4.22.4 欧瑞 SDE15 系列伺服驱动器

欧瑞 SDE15 系列伺服驱动器故障信息与代码见表 4-74。

表 4-74 欧瑞 SDE15 系列伺服驱动器故障信息与代码

故障代码	故障现象/类型	故障原因
AL-01	过电流故障	智能模块故障、输出短路
AL-02	过电压故障	主电路直流侧电压过高
AL-03	欠电压故障	主电路直流侧电压过低
AL-04	硬件故障	伺服驱动器硬件故障
AL-05	电角度识别故障	电动机线序错误
AL-06	电动机过载故障	连续长时间输出大电流
AL-07	超速故障	速度过大
AL-08	驱动器过载故障	驱动器负载过大
AL-09	位置环跟踪误差过大故障	位置环跟踪误差过大
AL-10	编码器故障	伺服电动机编码器发生严重故障
AL-11	紧急停止	外部紧急停止端子有效
AL-12	驱动器过热故障	驱动器散热片温度过高
AL-13	主电路电源断相故障	三相输入中某相电压过低
AL-14	能耗制动错误	能耗制动参数设置错误、连续长时间制动
AL-16	输入端子设置重复	输入端子重复定义
AL-17	编码器断线故障	编码器断线
AL-18	转动惯量识别错误	转动惯量识别错误时报警
AL-19	编码器电池警告	编码器电池警告
AL-20	伺服电动机 EEPROM 未初始化	伺服电动机 EEPROM 未初始化
AL-21	零漂过大故障	零漂超出设定值
AL-22	增量编码器 Z 相信号缺失故障	增量编码器 Z 相信号缺失
AL-23	转矩失调保护	输出转矩与给定转矩偏差太大
AL-24	编码器电池报警	编码器电池报警
AL-25	电动机过热故障	电动机发热严重
AL-26	电动机温度检测断线故障	电动机温度检测线缆断
AL-27	超程保护	超程保护
AL-28	EEPROM 故障	EEPROM 错误
AL-30	堵转故障	伺服电动机出现堵转
AL-35	找原点超时故障	找原点超时
AL-36	参数复制故障	参数复制错误
AL-45	绝对值编码器分辨率故障	17 位和 23 位编码器读取分辨率、设置参数不符
AL-46	绝对值编码器超速报警	编码器启动角加速度超过其允许最大加速值
AL-48	主电掉电故障	主电断电，一定时间后外部仍给使能信号

4.23 欧姆龙系列伺服驱动器

★★★4.23.1 欧姆龙 DRAGON 系列伺服驱动器

欧姆龙 DRAGON 系列伺服驱动器故障信息与代码见表 4-75。

表 4-75 欧姆龙 DRAGON 系列伺服驱动器故障信息与代码

故障代码	故障现象/类型
Er-0	过电流保护、过热保护、电源电压过低保护
Er-2	过电压
Er-7	用 0 做除法时的错误
Er-8	死循环错误、CPU 机器语言错误、干扰造成的错误
Er-9	看门狗、定时中断子程序、机器语言子程序没有到达返回命令的情况

（续）

故障代码	故障现象/类型
Er-80	跳转命令中，其行数超过了2048的情况（BRV为512）
Er-81	数据里有CA、CB的命令
Er-82	数据输入错误
Er-83	程序开始的部分，有D1~DB、CE或CF的命令
Er-84	显示命令的编程错误
Er-85	没有“=”的命令
Er-86	程序的开始部分，有0~9的数字
Er-87	十六进制数里混入十六进制数A~F
Er-88	显示位的指定错误
Er-90	子程序中没有返回命令
Er-91	没有程序的返回点
Er-96	串行通信的数据输入错误

使用欧姆龙DRAGON SERVO系列伺服驱动器发生故障时，需要立即停止运转，进行检查，具体的一些检查方法见表4-76。

表4-76 检查方法

故障现象	故障原因	维修方法与维修解说
接上电源时DRAGON SERVO不工作（无显示、CPU不运转）	没有接上符合要求的电源	接上符合要求的电源
	CPU的红色LED没有亮	电源部件异常、CPU的硬件异常
	没有设定符合要求的程序	设定正确的符合要求的程序
	DIS/KEY的连接器没有插上	插上连接器
	输入/输出异常	检查输入/输出
电动机不能运转	电动机配线没有接上	检查配线
	电动机制动器松开	释放制动器、检查I/O输出
	机械锁住	将锁打开
	超越工作范围	回到预定的位置
	输入/输出信号异常	检查输入/输出
电动机停止	DRAGON SERVO保护动作	查出保护的原因，并采取相应措施
	起动转矩不够	通过参数设定提高转矩
	没有接上VEO系列编码器	接上编码器
	DRAGON SERVO保护动作	找出保护的原因，并采取相应措施
	与机械相碰	排除相碰
	超过超程等的极限	重新调整动作范围
	低速转矩不够	调整转矩
	矢量控制时，编码器的输入异常	检查编码器输入
	停电	重新恢复输入
定位不工作	编码器异常	检查编码器
	定位时的参数设定不合适	调整到合适值
	PLS响应不在范围内	检查最高速度PLS数
	PLS计数不在范围内	调整到范围内
定位的位置	定位时的参数设定不合适	调整到合适值
	编码器连接器的安装不良好	检查安装
	原点错位	修正原点
	编码器的信号上存在干扰	采用屏蔽电缆等防干扰措施
运转中，产生其他错误信息，并且不能重新复位	保护以外的错误	软件错误
	DIS的左端显示数字	程序停止有停止指令、干扰引起故障
	重新接上电源也不能起动	需要等CPU的LED或DIS熄灭，数秒后再接入
	显示Er—0不能复位	硬件异常
	显示Er—2不能复位	硬件不异常

★★★4.23.2　欧姆龙某系列伺服驱动器

欧姆龙某系列伺服驱动器故障信息与代码见表4-77。

表4-77　欧姆龙某系列伺服驱动器故障信息与代码

故障代码	故障现象/类型	故障发生状况	故障原因	处理方法
11	电源电压不足故障	伺服机构ON时发生	发生瞬间停电；电源容量不足；电源电压较低；主电源关闭引起电压降低；没有接通主电源	需要增加电源容量；需要变更电源；需要接通电源
			电源容量不足	需要增加电源容量
			断相	需要正确连接电源各相（L1、L2、L3）
			主电路电源破损；控制基板异常	需要更换驱动器
12	过电压故障	接通电源时发生	超过主电路电源电压的容许范围	需要改变到主电源电压的容许范围内
		电动机减速时发生	负载惯量较大	需要计算出再生能源，连接具有所必需的再生吸收能力的外部再生电阻器，延长减速时间
			主电路电源电压超过容许范围	需要改变到主电源电压的范围内
		下降时发生（垂直轴）	重力转矩过大	需要减小下降速度；需要向设备添加平衡装置；需要计算出再生能源，连接具有所必需的再生吸收能力的外部再生电阻
13	主回路电源电压不足故障	接通伺服时发生	电源容量不足；电源电压较低；发生瞬间停电；主电源关闭引起电压降低；没有接通主电源	需要增加电源容量；需要变更电源；需要接通电源；电源电压较低；需要延长瞬间停电保持时间
		接通电源时发生	断相	需要正确连接电源电压的各相
				需要正确连接单相
			主电路电源破损；控制基板异常	需要更换伺服驱动器
14	过电流故障	接通伺服时发生	控制基板异常	需要更换伺服驱动器
			电动机动力线相间短路、接地	需要修复动力线的短路、接地；需要通过电动机单体测量绝缘电阻。如果有短路，则需要更换电动机
			U、V、W相和GR相发生配线错误	需要正确配线
			电动机线圈烧毁	测量线圈电阻，如果有烧毁，则需要更换电动机
			动态制动器用继电器熔接	勿频繁输入运转指令（RUN）；通知伺服ON/OFF运转
			电动机不一致	需要与驱动器进行适当组合
			脉冲输入定时较快	输入运转指令（RUN）后等待100ms以上再输入脉冲
			驱动器内部电阻异常过热	将驱动器周围温度降至55℃以下；接通电源后没有发生驱动器声音，则需要更换驱动器

（续）

故障代码	故障现象/类型	故障发生状况	故障原因	处理方法
15	驱动器过热故障	运转中发生	周围温度过高、负载过大	需要增大驱动器、电动机的容量；需要减轻负载；需要降低周围温度；需要延长加/减速时间
16	过载故障	伺服机构 ON 时发生	专机配线异常（配线不良、连接不良）	需要对电动机动力电缆正确配线
			电磁制动器已设定	需要释放制动器
			伺服驱动器发生故障	需要更换驱动器
		运行过程中发生	初次转矩超过额定转矩	需要重新研究负载条件、运行条件
			启动转矩超过最大转矩	需要重新研究电动机容量
			增益调整不良引起的异常声音、振荡、振动	需要正确调整增益
			伺服驱动器发生故障	需要更换驱动器
18	过载故障	电动机减速时发生	负载惯量较大	需要计算出再生能源，连接具有所必需的再生吸收能力的外部再生电阻器，延长减速时间
			减速时间短；电动机旋转速度较快	需要增长减速时间；需要降低电动机旋转速度；需要计算出再生能源，连接具有所必需的再生吸收能力的外部再生电阻
			外部再生电阻器的动作界限被限制在 10% 负载率内	需要将 pn6C 设定为 2
		下降时发生（垂直轴）	重力转矩过大	需要减小下降速度；需要向设备添加平衡装置；需要计算出再生能源，连接具有所必需的再生吸收能力的外部再生电阻器
			外部再生电阻器的动作界限被限制在 10% 负载率内	需要将 pn6C 设定为 2
21	检测出编码器断线故障	运行过程中发生	编码器断线	需要修复断线
			连接器接触不良	需要正确配线
			编码器误配线	需要正确配线
			编码器破损	需要更换电动机
			驱动器发生故障	需要更换驱动器
			机械性锁定	如果机械轴被锁定，则需要进行修正
23	编码器数据故障	施加电源时发生或运行过程中发生	编码器信号线误配线	需要正确配线
			编码器线被干扰、发生误动作	需要对编码器配线实施防干扰措施
			编码器电源电压降低（尤其是电缆长度较长时）	需要确保编码器电源电压（DC5V ±5%）
24	偏差计数器溢出故障	即使输入指令脉冲，电动机也不旋转时发生	电动机动力线、编码器线误配	需要正确配线
			机械锁定	如果机械轴被锁定，则需要进行修正；需要释放电磁制动器
			控制基板异常	需要更换驱动器

（续）

故障代码	故障现象/类型	故障发生状况	故障原因	处理方法
24	偏差计数器溢出故障	高速旋转时发生	电动机动力线、编码器线误配	需要正确配线
		若输入较长指令脉冲则发生	增益调整不充分	需要调整增益
			加/减速过于猛烈	需要延长加/减速时间
			负载过大	需要减轻负载；需要重新选择电动机
		运行过程中发生	超过偏差计数器溢出级别（pn70）的设定值	需要减慢旋转速度；需要减轻负载；需要增大 pn70 的设定值；需要延长加速时间
26	超速故障	高速旋转时发生	速度指令输入过大	需要把指令脉冲降到 500kP/s 以下
			电子齿轮比分子（pn48、pn49）设定不恰当	需要通过对 pn48、pn49 进行设定，使指令脉冲降到 500kP/s 以下
			过冲运行，造成超出了最高转速	需要调谐增益；需要降低指令最高速度
			编码器线误配线	需要正确配线
		使用转矩限制切换功能时发生	超出超速检查级别设定（pn70）的值	需要通过对 pn48、pn49 进行设定，使指令脉冲降到 500kP/s 以下
27	电子齿轮设定故障	控制信号输入时或指令输入时发生	电子齿轮比分子（pn48、pn49）设定不恰当	需要通过对 pn48、pn49 进行设定，使指令脉冲降到 500kP/s 以下
34	越程界限故障	运行过程中发生	运行超出了越程限位设定（pn26）的值	需要把 pn26 的设定值变大；需要调整增益；需要把 pn26 值设定为 0，使功能无效
36	参数故障	电源接通时发生	所读出的参数数据有异常	需要重新设定所有的参数
			驱动器故障	需要更换驱动器
37	参数破坏故障	电源接通时发生	所读出的参数有破坏	需要更换驱动器
38	驱动禁止输入故障	伺服机构开启时发生或运行中发生	正转侧驱动禁止（POT）输入和反转侧驱动禁止（NOT）输入被同时关闭	需要正确进行配线；需要更换退位传感器
				需要确认所输入的控制用电源是否正确；需要确认驱动禁止输入选择（Pn04）的设定是否正确
39	模拟量输入过大故障 1	运行过程中发生	输入到引脚 14 的电压过高	需要降低输入电压，变更 pn71 的值
40	绝对值系统死机故障 ABS	施加电源时发生；运行过程中发生	供应到绝对值编码器的电压降低	需要设定绝对值编码器；需要连接电池用电源
41	绝对值计数器溢出故障	运行过程中发生	绝对值编码器多旋转计数器超过规定值	需要恰当设定绝对值编码器使用时的动作（pn0B）

（续）

故障代码	故障现象/类型	故障发生状况	故障原因	处理方法
42	绝对值超速故障	接通电源时发生	接通电池电源时，电动机转速超过规定值	需要降低电动机转速，供应电源；需要确认配线
44	绝对值1旋转计数器故障	施加电源时发生	编码器的故障	需要更换伺服电动机
45	绝对值多旋转计数器故障	施加电源时发生	编码器的故障	需要更换伺服电动机
46	编码器数据故障	施加电源时发生	电动机的故障	需要更换伺服驱动器；需要更换电动机
47	绝对值状态故障	施加电源时发生	接通电源后电动机运行	需要确保接通电源后电动机不运行
48	编码器Z相故障	运行过程中发生	编码器Z相脉冲发生流失	需要更换伺服电动机
49	编码器PS信号故障	运行过程中发生	检测到编码器PS信号逻辑异常	需要更换伺服电动机
58	CPU故障1	施加电源时发生	驱动器的故障	需要更换驱动器
60	CPU故障2	施加电源时发生	驱动器的故障	需要更换驱动器
61	CPU故障3	施加电源时发生	驱动器的故障	需要更换驱动器
62	CPU故障4	施加电源时发生	驱动器的故障	需要更换驱动器
63	CPU故障5	施加电源时发生	驱动器的故障	需要更换驱动器
65	模拟量输入过大故障2	运行过程中发生	输入到引脚16的电压过高	需要降低输入电压，变更pn71的值
66	模拟量输入过大故障3	运行过程中发生	输入到引脚18的电压过高	需要降低输入电压，变更pn71的值
73	CPU故障6	施加电源时发生	驱动器的故障	需要更换驱动器
77	CPU故障7	施加电源时发生	驱动器的故障	需要更换驱动器
81	CPU故障8	施加电源时发生	驱动器的故障	需要更换驱动器
94	编码器故障	施加电源时发生	电动机的故障	需要更换伺服驱动器；需要更换电动机
95	电动机不一致故障	施加电源时发生	电动机、驱动器组合不相配	需要正确进行组合
			编码器电缆发生断线	需要对编码器断线进行布线，修复断线处
96	CPU故障9	施加电源时发生	驱动器的故障	需要更换驱动器
97	CPU故障10	施加电源时发生	驱动器的故障	需要更换驱动器
99	CPU故障11	施加电源时发生	驱动器的故障	需要更换驱动器

4.24 日鼎系列伺服驱动器

★★★4.24.1 日鼎FB系列伺服驱动器

日鼎FB系列伺服驱动器故障信息与代码见表4-78。

表 4-78 日鼎 FB 系列伺服驱动器故障信息与代码

故障代码	故障现象/类型	故障代码	故障现象/类型
AH	驱动器过热故障	LOT	绝对值编码器多圈报警故障
BAT1	电池故障 1	LU	低电压故障
BAT2	电池故障 2	ND	未设电动机代码故障
CE	电动机代码故障	OC1	过电流故障 1
CO01	402 状态机不正常切换故障	OC2	过电流故障 2
CO02	301 状态机不正常切换故障	OF	偏差超出故障
DE	存储器故障	OL	过载故障
EC	编码器通信故障	OS	过速度故障
EH	电流采样回路损坏故障	PLD	CPLD 故障
EP	泄放回路故障	PNOT	负软限位报警故障
FB	FPGA 故障	PPOT	正软限位报警故障
GOH	回零错误故障	PST	点对点位置规划故障
HU	过电压故障	RH1	再生电阻过热故障

★★★4.24.2 日鼎 DHE 380V 系列伺服驱动器

日鼎 DHE 380V 系列伺服驱动器故障信息与代码见表 4-79。

表 4-79 日鼎 DHE 380V 系列伺服驱动器故障信息与代码

故障代码	故障现象/类型	故障代码	故障现象/类型
AH	驱动器过热故障	OC1	过电流故障 1
CE	电动机代码故障	OC2	过电流故障 2
CE	电动机选择故障	OF	偏差超出
DE	存储器故障	OL	过载故障
EC	编码器通信故障	OS	过速度故障
EC2	编码器通信故障 2	PLD	CPLD 错误故障
EH	电流采样回路故障	PNOT	负软限位报警故障
EP	泄放回路故障	POL	掉电故障
GOH	回零错误	PPOT	正软限位报警故障
HU	过电压故障	RH1	再生电阻过热故障
LU	低电压故障	SE	速度超差故障
ND	未设电动机代码故障		

★★★4.24.3 日鼎 FS-E 系列伺服驱动器

日鼎 FS-E 系列伺服驱动器故障信息与代码见表 4-80。

表 4-80 日鼎 FS-E 系列伺服驱动器故障信息与代码

故障代码	故障现象/类型	故障代码	故障现象/类型
AH	驱动器过热故障	CO01	402 状态机不正常切换故障
BAT1	电池故障 1	CO02	301 状态机不正常切换故障
BAT2	电池故障 2	DE	存储器故障
CE	电动机代码错误故障	EC	编码器通信故障

（续）

故障代码	故障现象/类型	故障代码	故障现象/类型
EH	电流采样回路故障	OC2	过电流故障 2
EP	泄放回路故障	OF	偏差超出
FB	FPGA 故障	OL	过载故障
GOH	回零错误故障	OS	过速度故障
HU	过电压故障	PLD	CPLD 错误故障
LOT	绝对值编码器多圈报警故障	PNOT	负软限位报警故障
LU	低电压故障	PPOT	正软限位报警故障
ND	未设电动机代码故障	PST	点对点位置规划错误故障
OC1	过电流故障 1	RH1	再生电阻过热故障

4.25 睿能系列伺服驱动器

★★★4.25.1 睿能 RS2 系列伺服驱动器

睿能 RS2 系列伺服驱动器故障信息与代码见表 4-81。

表 4-81 睿能 RS2 系列伺服驱动器故障信息与代码

故障代码	故障现象/类型	故障原因
Er23.0	IPM 过电流故障	1）存在噪声并且产生误动作 2）伺服单元的再生电阻过小 3）伺服单元内部发生短路，或发生对地短路 4）伺服电动机内部发生短路，或发生对地短路 5）再生电阻接线错误、接触不良 6）主回路电缆接线错误、接触不良 7）主回路电缆内部短路，或发生对地短路
Er23.1	U 相过电流故障	1）脉冲输入和伺服开启的时间同步或者脉冲输入过快 2）伺服单元内部发生短路，或发生对地短路 3）伺服电动机内部发生短路，或发生对地短路 4）主回路电缆接线错误、接触不良 5）主回路电缆内部短路，或发生对地短路
Er23.2	V 相过电流故障	1）主回路电缆接线错误，或接触不良 2）主回路电缆内部短路，或发生对地短路 3）伺服电动机内部发生短路，或发生对地短路 4）伺服单元内部发生短路，或发生对地短路 5）脉冲输入和伺服开启的时间同步或者脉冲输入过快
Er23.5	再生电阻短路故障	1）驱动器再生驱动晶体管故障 2）外置再生电阻器接线不良 3）外置再生电阻器接线断线 4）外置再生电阻器接线脱落
Er23.6	再生电阻过小故障	使用外接制动电阻时，电阻值小于驱动器允许的最小值（P002E 出厂值）

（续）

故障代码	故障现象/类型	故障原因
Er31.0	控制电源掉电	1）控制电电源工作异常 2）控制电线缆和驱动器连接不良
Er31.1	动力电源断相故障	1）三相电源不平衡 2）三相电线接线不良 3）未设置单相 AC 电源输入而输入了单相电源
Er32.0	直流母线过电压故障	1）AC 电源电压超过规格范围时进行了加/减速 2）电源处于不稳定状态 3）电源电压超过规格范围 4）电源受到了雷击影响 5）外置再生电阻比运行条件大 6）在容许转动惯量比或质量比以上的状态下运行
Er32.1	再生过载故障	1）电源电压超过规格范围 2）外置再生电阻或容量设置小于外置再生电阻的实际值 3）外置再生电阻或再生电阻容量不足，或处于连续再生状态
Er32.4	直流母线欠电压故障	1）电源电压低于规格范围 2）运行中电源电压下降
Er32.7	驱动器过载故障	1）机械受到碰撞 2）机械突然变重 3）机械突然扭曲 4）驱动器负载过大 5）增益调整不良导致发振，摆动动作 6）制动器未打开，电动机动作
Er32.8 Er32.9	电动机过载故障	1）电动机运行超过了过载保护特性 2）机械性因素导致电动机不驱动，造成运行时的负载过大
Er32.A	驱动器电动机功率不匹配故障	驱动器功率与电动机功率不匹配
Er43.0	IPM 过温故障	1）环境温度过高 2）机械受到碰撞 3）机械突然变重 4）机械突然扭曲 5）驱动器负载过大 6）通过关闭电源而多次对过载警报复位后进行了运行 7）增益调整不良导致发振、摆动动作 8）制动器未打开，电动机动作
Er43.5	风扇故障	伺服单元内部的风扇停止转动
Er51.0	软启动继电器故障	伺服单元故障
Er52.0	相电流传感器故障	伺服单元故障
Er52.3	模拟量输入电压过大故障	1）AI 模拟量输入电压过高 2）AI 模拟量输入接线异常 3）AI 模拟量输入信号存在干扰
Er52.4	模拟量输入转换器故障	1）AI 模拟量输入信号存在干扰 2）伺服单元故障

（续）

故障代码	故障现象/类型	故障原因
Er55.0	写驱动器 EEPROM 超时故障	AI 模拟量输入接线异常
Er55.1	读驱动器 EEPROM 超时故障	AI 模拟量输入信号存在干扰
Er55.2	驱动器 EEPROM 读写数据个数超限故障	非常频繁并且大量修改参数，以及存储 EEPROM（P0005 =1）
Er55.7	磁极辨识结果写入编码器 EEP-ROM 失败	1）编码器故障 2）编码器线缆异常
Er63.0	厂家参数初始化失败	1）控制电电源异常导致驱动器读取参数失败 2）驱动器固件更新
Er63.0	厂家参数初始化失败	1）控制电电源异常导致驱动器读取参数失败 2）驱动器固件更新 3）驱动单元故障
Er63.1	用户参数初始化失败	1）控制电电源异常导致驱动器读取参数失败 2）驱动单元故障 3）驱动器固件更新
Er63.2	参数值异常	1）参数设置范围外 2）驱动单元故障 3）驱动器固件更新
Er63.3	需要重新接通电源的参数变更	变更了需要重新上电才能够生效的参数
Er63.7	编码器 EEPROM 中的检查字数据校验错误	1）驱动器与电动机不匹配 2）编码器故障 3）编码器线缆异常
Er71.0	电动机堵转故障	1）编码器线缆连接异常 2）机械原因导致电动机堵转 3）驱动器 UVW 输出线缆连接异常
Er71.1	电动机电缆断线故障	驱动器 UVW 输出线缆脱落、UVW 输出线缆损坏
Er71.2	电动机 UVW 接线故障	电动机 UVW 电缆线序连接错误
Er73.0	绝对值编码器多圈计数器故障	1）编码器发生异常 2）多圈绝对式编码器第一次上电
Er73.1	编码器电池故障	1）电池电压低于规定值（3V） 2）电池连接不良 3）电池未连接 4）多圈绝对式编码器第一次上电
Er73.2	编码器单圈计数故障	1）编码器电缆包层损坏 2）编码器电缆被夹住 3）编码器电缆与大电流电线捆在一起或者相距过近 4）编码器故障 5）编码器信号线受到干扰
Er73.3	编码器电池故障	电池电压低于规定值（3V）
Er73.4	编码器过热故障	1）伺服电动机的环境温度过高 2）伺服电动机以超过额定值的负载运行

（续）

故障代码	故障现象/类型	故障原因
Er74.0	处理器故障1	伺服单元故障
Er74.1	处理器故障2	伺服单元故障
Er74.2	处理器故障3	伺服单元故障
Er74.3	处理器故障4	伺服单元故障
Er75.0	编码器超时故障	1）编码器电缆包层损坏 2）编码器电缆被夹住 3）编码器电缆与大电流电线捆在一起或者相距过近 4）编码器故障 5）编码器信号线受到干扰
Er75.1	编码器计数增量故障	1）编码器电缆包层损坏 2）编码器电缆被夹住 3）编码器电缆与大电流电线捆在一起或者相距过近 4）编码器故障 5）编码器信号线受到干扰
Er75.2	编码器通信故障1	1）编码器电缆是否被夹住，包层损坏，信号线受到干扰 2）确认编码器电缆是否与大电流电线捆在一起或者相距过近 3）编码器故障
Er75.3	编码器通信故障2	1）编码器电缆包层损坏 2）编码器电缆被夹住 3）编码器电缆与大电流电线捆在一起或者相距过近 4）编码器故障 5）编码器信号线受到干扰
Er84.0	过速故障	1）电动机接线的U、V、W相序错误 2）电动机速度超过了最高速度 3）指令输入值超过了过速
Er84.1	飞车故障	1）电动机接线的U、V、W相序错误 2）电动机初始磁极角度值错误
Er85.0	正向超程故障	正向运行禁止功能有效
Er85.1	反向超程故障	反向运行禁止功能有效
Er85.2	绝对值编码器多圈计数溢出故障	编码器多圈计数值超过规定值
Er85.3	位置限制值设置故障	软件位置限制值设置错误
Er86.1	位置偏差过大故障	1）伺服单元的增益较低 2）伺服电动机的U、V、W的接线错误 3）位置指令加速度过大 4）位置指令脉冲的频率较高 5）相对于运行条件，位置偏差过大警报值（P0523）较低
Er86.2	位置脉冲指令异常1	脉冲指令频率大于最大指令脉冲频率设置值（P9131）
Er86.3	位置指令输入异常	位置指令值输入错误（CSP，PP，IP模式下）
Er86.4	电子齿轮比设置超限故障	1）电子齿轮比参数（P0508，P050A，P050C，P050E）设置过大 2）电子齿轮比参数（P0508，P050A，P050C，P050E）设置过小

（续）

故障代码	故障现象/类型	故障原因
ErF1. 0	产品组合故障	1）驱动器功率板型号无法识别 2）驱动器功率板与控制板连接不良 3）驱动器故障
ErF1. 1	电动机识别失败	1）编码器故障 2）驱动器与电动机不匹配
ErF1. 2	电动机代号或编码器类型设置故障	1）电动机代号（P9001）设置错误 2）编码器类型（P9026）设置错误
ErF1. 5	紧急停止故障	DI 紧急停止信号有效
ErF1. 6	电动机角度搜索失败故障	机械原因导致电动机轴振动
ErF1. 7	共振频率搜索失败故障	1）负载过大导致共振频率搜索失败 2）指令加/减速度过快导致共振频率搜索失败
ErF2. 0	编码器异常故障	编码器故障
ErF2. 1	分频脉冲输出设置故障	编码器分频脉冲数（P0016，P0017）设置过大
ErF2. 2	分频脉冲输出过速故障	1）电动机速度过高，分频脉冲的输出频率超过了限制值 2）分频脉冲的输出频率过大，超过了限制值（1MHz）
ErF2. 5	DI 功能配置故障	DI 功能重复配置
ErF2. 6	DO 功能配置故障	DO 功能重复配置
ErF2. 7	伺服 ON 指令无效故障	使用辅助功能使能伺服驱动器时，外部 DI 端子伺服 ON 信号有效
ErF4. 1	原点复位模式设置故障	原点复位模式选择错误
ErF4. 2	原点复位动作失败	原点复位动作中发生异常
ErF4. 6	全闭环位置控制误差过大故障	1）伺服单元的增益较低 2）伺服电动机的 U、V、W 的接线异常 3）位置指令加速度过大 4）位置指令脉冲的频率较高 5）相对于运行条件，混合偏差过大警报值（P1104）较低
ErFA. 0	网线断开故障	EtherCAT 通信的物理连接断开
ErFA. 1	DC 同步故障	EtherCAT DC 同步信号丢失
ErFA. 2	同步周期设置故障	EtherCAT 总线的同步周期不是 250μs 整数倍
ErFA. 3	同步周期误差过大故障	控制器同步误差过大
ErFA. 5	EEPROM 加载出错故障	更新 EEPROM 后需要重新启动
ErFA. 6	RxPDO 配置故障	RxPDO 内容配置错误
ErFA. 6	RxPDO 配置故障	RxPDO 内容配置错误
ErFA. 7	TxPDO 配置故障	TxPDO 内容配置错误
ErFA. 8	RxPDO 看门狗故障	对于 RxPDO 看门狗配置错误
ErFA. 9	MailBox 配置故障	SDO 发送与应答配置错误
ErFA. A	状态机跳转故障	1）非法的状态跳转指令 2）Bootstrap 不支持

★★★4. 25. 2 睿能 RA1 系列伺服驱动器

睿能 RA1 系列伺服驱动器故障信息与代码见表 4-82。

表4-82 睿能RA1系列伺服驱动器故障信息与代码

故障代码	故障现象/类型	故障原因
Er23.0	IPM过电流故障	1）伺服单元的再生电阻过小 2）伺服单元内部发生短路，或发生对地短路 3）伺服电动机内部发生短路，或发生对地短路 4）再生电阻接线错误、接触不良 5）噪声产生误动作 6）主回路电缆接线错误、接触不良 7）主回路电缆内部短路，或发生对地短路
Er23.1	U相过电流故障	1）脉冲输入和伺服开启的时间同步、脉冲输入过快 2）伺服单元内部发生短路，或发生对地短路 3）伺服电动机内部发生短路，或发生对地短路 4）主回路电缆接线错误、接触不良 5）主回路电缆内部短路，或发生对地短路
Er23.2	V相过电流故障	1）脉冲输入和伺服开启的时间同步、脉冲输入过快 2）伺服单元内部发生短路，或发生对地短路 3）伺服电动机内部发生短路，或发生对地短路 4）主回路电缆接线错误、接触不良 5）主回路电缆内部短路，或发生对地短路
Er23.5	再生电阻短路故障	1）驱动器的再生驱动晶体管故障 2）外置再生电阻器的接线不良 3）外置再生电阻器的接线断线 4）外置再生电阻器的接线脱落
Er23.6	再生电阻过小故障	使用外接制动电阻时，电阻值小于驱动器允许的最小值（P002E出厂值）
Er31.0	控制电源掉电故障	1）控制电电源工作异常 2）控制电线缆与驱动器连接不良
Er31.1	动力电源断相故障	1）三相电线接线不良 2）三相电源不平衡 3）没有设置单相AC电源输入而输入了单相电源
Er32.0	直流母线过电压故障	1）AC电源电压超过规定范围时进行了加/减速 2）电源处于不稳定状态 3）电源电压超过来规定的范围 4）电源受到了雷击的影响 5）容许转动惯量比或质量比以上的状态下运行 6）外置再生电阻比运行条件大
Er32.1	再生过载故障	1）电源电压超过规格范围 2）外置再生电阻处于连续再生状态 3）外置再生电阻或再生电阻容量不足 4）外置再生电阻（P002E）或容量（P002F）设置小于外置再生电阻的实际值
Er32.4	直流母线欠电压故障	1）电源电压低于规定的范围 2）运行中电源电压下降

（续）

故障代码	故障现象/类型	故障原因
Er32. 7	驱动器过载故障	1）机械受到碰撞 2）机械突然变重 3）机械突然扭曲 4）驱动器负载过大 5）增益调整不良导致发振、摆动动作 6）制动器没有打开，电动机动作
Er32. 8	电动机过载故障	1）电动机运行超过了过载保护特性
Er32. 9	电动机过载故障	2）机械性因素导致电动机不驱动，造成运行时负载过大
Er32. A	驱动器电动机功率不匹配	电动机功率与驱动器功率不匹配
Er43. 0	IPM 过温故障	1）环境温度过高 2）机械受到碰撞 3）机械突然变重 4）机械突然扭曲 5）驱动器负载过大 6）通过关闭电源而多次对过载警报复位后进行了运行 7）增益调整不良导致发振、摆动动作 8）制动器没有打开，电动机动作
Er43. 5	风扇故障	伺服单元内部的风扇停止转动
Er51. 0	软启动继电器故障	伺服单元故障
Er52. 0	相电流传感器故障	伺服单元故障
Er52. 3	模拟量输入电压过大故障	1）AI 模拟量输入电压过高 2）AI 模拟量输入接线错误 3）AI 模拟量输入信号存在干扰
Er52. 4	模拟量输入转换器故障	1）AI 模拟量输入信号存在干扰 2）伺服单元故障
Er52. 5	模拟量输入零漂过大故障	1）AI 模拟量输入接线异常 2）AI 模拟量输入信号存在干扰 3）驱动单元故障
Er55. 0	写驱动器 EEPROM 超时故障	驱动单元故障
Er55. 1	读驱动器 EEPROM 超时故障	驱动单元故障
Er55. 2	驱动器 EEPROM 读写数据个数超限	非常频繁并且大量的修改参数，以及存储入 EEPROM（P0005 = 1）
Er55. 6	读写编码器 EEPROM 失败故障	1）编码器故障 2）编码器线缆异常
Er55. 7	磁极辨识结果写入编码器 EEPROM 失败故障	1）编码器故障 2）编码器线缆异常
Er63. 0	厂家参数初始化失败故障	1）控制电电源异常，导致驱动器读取参数失败 2）驱动单元故障 3）驱动器固件更新
Er63. 1	用户参数初始化失败故障	1）控制电电源异常，导致驱动器读取参数失败 2）驱动单元故障 3）驱动器固件更新

（续）

故障代码	故障现象/类型	故障原因
Er63.2	参数值故障	1）参数设置范围外 2）驱动单元故障 3）驱动器固件更新
Er63.3	需要重新接通电源的参数变更	变更了需要重新上电才能生效的参数
Er63.7	编码器 EEPROM 中的检查字数据校验错误	1）编码器故障 2）编码器线缆异常 3）驱动器与电动机不匹配
Er71.0	电动机堵转故障	1）编码器线缆连接异常 2）机械原因导致电动机堵转 3）驱动器 UVW 输出线缆连接异常
Er71.1	电动机电缆断线故障	1）驱动器 UVW 输出线缆脱落 2）驱动器 UVW 输出线缆损坏
Er71.2	电动机 UVW 接线故障	电动机 UVW 电缆线序连接错误
Er73.0	绝对值编码器多圈计数器故障	1）编码器发生异常 2）多圈绝对式编码器第一次上电
Er73.0	绝对值编码器多圈计数器故障	编码器异常
Er73.1	编码器电池故障	1）电池电压低于规定值（3V） 2）电池连接不良 3）电池未连接 4）多圈绝对式编码器第一次上电
Er73.1	编码器电池故障	1）电池连接不良 2）电池未连接 3）电池电压低于规定值（3V）
Er73.2	编码器单圈计数故障	1）编码器电缆包层损坏 2）编码器电缆被夹住 3）编码器电缆与大电流电线捆在一起或者相距 4）编码器故障 5）编码器信号线受到干扰
Er73.3	编码器电池故障	电池电压低于规定值（3V）
Er73.4	编码器过热故障	1）伺服电动机的环境温度过高 2）伺服电动机以超过额定值的负载运行
Er74.0	处理器故障 1	伺服单元故障
Er74.1	处理器故障 2	伺服单元故障
Er74.2	处理器故障 3	伺服单元故障
Er74.3	处理器故障 4	伺服单元故障
Er75.0	编码器超时故障	1）编码器电缆包层损坏 2）编码器电缆被夹住 3）编码器电缆与大电流电线捆在一起或者相距 4）编码器故障 5）编码器信号线受到干扰

（续）

故障代码	故障现象/类型	故障原因
Er75.1	编码器计数增量故障	1）编码器电缆包层损坏 2）编码器电缆被夹住 3）编码器电缆与大电流电线捆在一起或者相距 4）编码器故障 5）编码器信号线受到干扰
Er75.2	编码器通信故障1	1）编码器电缆包层损坏 2）编码器电缆被夹住 3）编码器电缆与大电流电线捆在一起或者相距 4）编码器故障 5）编码器信号线受到干扰
Er75.3	编码器通信故障2	1）编码器电缆包层损坏 2）编码器电缆被夹住 3）编码器电缆与大电流电线捆在一起或者相距 4）编码器故障 5）编码器信号线受到干扰
Er84.0	过速故障	1）电动机接线的U、V、W相序错误 2）电动机速度超过了最高速度 3）指令输入值超过了过速
Er84.1	飞车故障	1）电动机初始磁极角度值错误 2）电动机接线的U、V、W相序错误
Er85.0	正向超程故障	正向运行禁止功能有效
Er85.1	反向超程故障	反向运行禁止功能有效
Er85.2	绝对值编码器多圈计数溢出故障	编码器多圈计数值超过规定值
Er85.3	位置限制值设置故障	软件位置限制值设置错误
Er86.1	位置偏差过大故障	1）伺服单元的增益较低 2）伺服电动机U、V、W接线错误 3）位置指令加速度过大 4）位置指令脉冲的频率较高 5）相对于运行条件，位置偏差过大警报值（P0523）较低
Er86.2	位置脉冲指令故障1	脉冲指令频率大于最大指令脉冲频率设置值（P9131）
Er86.3	位置指令输入故障	位置指令值输入异常（CSP，PP，IP模式下）
Er86.4	电子齿轮比设置超限故障	1）电子齿轮比参数（P0508，P050A，P050C，P050E）设置过小 2）电子齿轮比参数（P0508，P050A，P050C，P050E）设置过大
ErF1.0	产品组合故障	1）驱动器功率板型号无法识别 2）驱动器功率板与控制板连接不良 3）驱动器故障
ErF1.1	电动机识别失败故障	1）编码器故障 2）驱动器与电动机不匹配
ErF1.2	电动机代号或编码器类型设置错误	1）电动机代号（P9001）设置错误 2）编码器类型（P9026）设置错误

（续）

故障代码	故障现象/类型	故障原因
ErF1.5	紧急停止	DI 紧急停止信号有效
ErF1.6	电动机角度搜索失败	机械原因导致电动机轴振动
ErF1.7	共振频率搜索失败	1）负载过大，导致共振频率搜索失败 2）指令加/减速度过快，导致共振频率搜索失败
ErF2.0	编码器异常故障	编码器故障
ErF2.1	分频脉冲输出设定异常故障	编码器分频脉冲数（P0016，P0017）设置过大
ErF2.2	分频脉冲输出过速故障	1）分频脉冲的输出频率过大 2）分频脉冲的输出频率超过了限制值
ErF2.5	DI 功能配置故障	DI 功能重复配置
ErF2.6	DO 功能配置故障	DO 功能重复配置
ErF2.7	伺服 ON 指令无效故障	使用辅助功能使能伺服驱动器时，外部 DI 端子伺服 ON 信号有效
ErF4.1	原点复位模式设定故障	原点复位模式选择错误
ErF4.2	原点复位动作失败	原点复位动作中发生异常
ErF4.6	全闭环位置控制误差过大故障	1）伺服单元的增益较低 2）伺服电动机的 U、V、W 的接线错误 3）位置指令加速度过大 4）位置指令脉冲的频率较高 5）相对于运行条件，混合偏差过大警报值（P1104）较低
ErF4.7	全闭环功能设置故障	中断定长功能和全闭环功能同时打开
ErF4.A	STO 故障	1）安全选购模块故障 2）伺服单元和安全选购模块连接不良

4.26　赛孚德系列伺服驱动器

★★★4.26.1　赛孚德 ASD630E 系列伺服驱动器

赛孚德 ASD630E 系列伺服驱动器故障信息与代码见表 4-83。

表 4-83　赛孚德 ASD630E 系列伺服驱动器故障信息与代码

故障代码	故障现象/类型	故障原因
A.01	参数破坏	参数的“和数校验”结果异常
A.03	超速故障	电动机失控
A.04	过载故障	超过额定转矩连续运转
A.05	位置偏差计数器溢出	内部计数器溢出
A.06	位置偏差脉冲溢出	位置偏差脉冲超出了 Pn504
A.07	电子齿轮设置与给定脉冲频率配置故障	1）电子齿轮设置错误 2）脉冲频率太高
A.08	电流检测第一通道故障	1）第一通道电流检测零偏太大 2）电流检测电路异常
A.09	电流检测第二通道故障	1）第二通道电流检测零偏太大 2）电流检测电路异常

（续）

故障代码	故障现象/类型	故障原因
A. 11	增量编码器断线故障	1）编码器未插好 2）编码器连线断线
A. 12	硬件过电流故障	电流过大
A. 13	过电压故障	1）母线电压过高 2）加/减速时过电压 3）制动电阻选择不合适
A. 14	欠电压故障	电源电压低
A. 16	制动过载故障	1）功率过小 2）制动电阻阻值过大
A. 18	模块过热故障	模块温度过高
A. 19	电动机过热故障	电动机温度过高
A. 20	电源线断相故障	电源有一相没接
A. 21	瞬间停电报警	交流电中，有超过一个电源周期的停电发生
A. 23	制动过电流故障	1）泄放电阻过小 2）泄放模块损坏
A. 24	模块过电流故障	1）电流过大 2）输出短路
A. 26	速度偏差过大故障	1）给定速度与反馈速度偏差大 2）速度偏差值调整设置错误
A. 42	电动机型号错误	1）电动机型号设置错误 2）驱动器参数与电动机不匹配
A. 43	伺服驱动器/编码器型号出错	驱动器参数与电动机不匹配
A. 44	写编码器 EEPROM 异常	写编码器 EEPROM 超时
A. 45	绝对值编码器多圈信息出错	多圈信息出错
A. 46	绝对值编码器多圈溢出	多圈信息溢出
A. 47	电池电压低于 2.5V	多圈信息丢失
A. 48	电池电压低于 3.1V	电池电压偏低
A. 50	串行编码器通信超时故障	1）编码器解码电路损坏 2）编码器没连接 3）编码器损坏 4）编码器信号受干扰
A. 51	绝对值编码器检测到超速故障	1）未接电池 2）电池电压不足 3）电池电压正常的情况下驱动器未接电，电动机因外部原因转动加速度过大
A. 52	串行编码器绝对状态出错	1）编码器解码电路损坏 2）编码器损坏
A. 53	串行编码器计算出错	1）编码器解码电路损坏 2）编码器损坏
A. 54	串行编码器控制域中奇偶位、截止位错误	1）编码器解码电路损坏 2）编码器损坏

（续）

故障代码	故障现象/类型	故障原因
A. 55	串行编码器通信数据校验错误	1）编码器解码电路损坏 2）编码器损坏
A. 56	串行编码器状态域中截止位错误	1）编码器解码电路损坏 2）编码器损坏
A. 58	串行编码器数据为空	串行编码器 EEPROM 数据为空
A. 59	上电检测串行编码器 EEPROM 数据格式不对	编码器 EEPROM 没有写入参数
A. 60	侦测不到通信模块	1）通信模块没插好 2）通信模块异常
A. 61	与通信模块握手不成功	通信模块 CPU 异常
A. 62	伺服驱动器接收不到通信模块周期性数据	1）伺服驱动器数据接收通道异常 2）通信模块发送通道异常
A. 63	通信模块接收不到伺服驱动器的应答数据	通信模块异常
A. 64	通信模块与总线无连接	总线通信异常
A. 66	CAN 通信故障	1）通信连接异常引起 CAN 通信出错 2）干扰引起 CAN 通信出错
A. 67	接收心跳超时故障	主站发送心跳时间超时
A. 69	同步信号监测周期与设定周期相比过长	设置的差补时间与同步信号的周期不匹配

★★★4. 26. 2　赛孚德 ASD620B 系列伺服驱动器

赛孚德 ASD620B 系列伺服驱动器故障信息与代码见表 4-84。

表 4-84　赛孚德 ASD620B 系列伺服驱动器故障信息与代码

故障代码	故障现象/类型	故障原因
A. 00	无错误显示	显示正常动作状态
A. 01	参数破坏	参数的“和数校验”结果异常
A. 02	ADC 转换通道故障	A-D 相关电路损坏
A. 03	超速故障	电动机失控
A. 04	过载故障	超过额定转矩连续运转
A. 05	位置偏差计数器溢出	内部计数器溢出
A. 06	位置偏差脉冲溢出	位置偏差脉冲超出了 Pn504
A. 07	电子齿轮设置和给定脉冲频率配置故障	1）电子齿轮设置不合理 2）脉冲频率太高
A. 08	电流检测第一通道故障	1）第一通道电流检测零偏太大 2）电流检测电路异常
A. 09	电流检测第二通道故障	1）第二通道电流检测零偏太大 2）电流检测电路异常
A. 11	增量编码器断线故障	1）编码器未插好 2）编码器断线

（续）

故障代码	故障现象/类型	故障原因
A.12	过电流故障	电流过大
A.13	过电压故障	1）母线电压过高 2）制动电阻选择不合适，减速时过电压
A.14	欠电压故障	电源电压低
A.16	制动过载故障	1）制动电阻阻值过大 2）功率过小
A.17	旋转变压器故障	旋转变压器通信异常
A.18	模块过热故障	模块温度过高
A.19	电动机过热故障	电动机温度过高
A.20	电源线断相故障	电源有一相没接
A.21	瞬间停电故障	交流电中，有超过一个电源周期的停电发生
A.23	制动过电流故障	1）泄放电阻过小 2）泄放模块损坏
A.24	模块短路故障	1）电流过大 2）输出短路
A.42	电动机型号出错	1）电动机型号设置错误 2）驱动器参数与电动机不匹配
A.43	伺服驱动器/编码器型号错误	驱动器参数与电动机不匹配
A.44	写编码器 EEPROM 故障	写编码器 EEPROM 超时
A.45	绝对值编码器多圈信息出故障	多圈信息出错
A.46	绝对值编码器多圈溢出故障	多圈信息溢出
A.47	电池电压低于2.5V	多圈信息丢失
A.48	电池电压低于3.1V	电池电压偏低
A.50	串行编码器通信超时故障	1）编码器没连接 2）编码器信号受干扰 3）编码器损坏 4）编码器解码电路损坏
A.51	绝对值编码器检测到超速故障	1）未接电池 2）电池电压不足 3）电池电压正常的情况下驱动器未接电，电动机因外部原因转动加速度过大
A.52	串行编码器绝对状态出错	1）编码器解码电路损坏 2）编码器损坏
A.53	串行编码器计算出错	1）编码器解码电路损坏 2）编码器损坏
A.54	串行编码器控制域中奇偶位、截止位错误	1）编码器解码电路损坏 2）编码器损坏 3）编码器信号受干扰
A.55	串行编码器通信数据校验错误	1）编码器解码电路损坏 2）编码器损坏 3）编码器信号受干扰

（续）

故障代码	故障现象/类型	故障原因
A. 56	串行编码器状态域中截止位错误	1）编码器解码电路损坏 2）编码器损坏 3）编码器信号受干扰
A. 58	串行编码器数据为空	串行编码器 EEPROM 数据为空
A. 59	串行编码器数据格式错误	串行编码器 EEPROM 数据格式不对
A. 60	侦测不到 EtherCAT 通信模块故障	驱动器内部的 EtherCAT 通信模块异常
A. 65	位置插补指令累计溢出故障	伺服驱动器根据控制器发送的位置插补指令计算出的指令速度大于电动机最大转速
A. 70	EtherCAT 同步故障	1）EtherCAT 主站设置的周期不符合要求 2）SYNC0 与驱动器没有同步
A. 80	外部数据地址故障、RAM 故障	1）外部数据线或地址线异常 2）RAM 损坏

★★★4.26.3　赛孚德 ASD660E 系列伺服驱动器

赛孚德 ASD660E 系列伺服驱动器故障信息与代码见表 4-85。

表 4-85　赛孚德 ASD660E 系列伺服驱动器故障信息与代码

故障代码	故障现象/类型	故障原因
A. 01	参数破坏	参数的“和数校验”结果异常
A. 03	超速故障	电动机失控
A. 04	过载故障	超过额定转矩连续运转
A. 05	位置偏差计数器溢出	内部计数器溢出
A. 06	位置偏差脉冲溢出	位置偏差脉冲超出了 Pn504
A. 07	电子齿轮设置和给定脉冲频率配置错误	1）电子齿轮设置不合理 2）脉冲频率太高
A. 08	电流检测第一通道故障	1）第一通道电流检测零偏太大 2）电流检测电路异常
A. 09	电流检测第二通道故障	1）第二通道电流检测零偏太大 2）电流检测电路异常
A. 11	增量编码器断线故障	1）编码器未插好 2）编码器断线
A. 12	过电流故障	电流过大
A. 13	过电压故障	1）母线电压过高 2）制动电阻选择不合适，减速时过电压
A. 14	欠电压故障	电源电压低
A. 16	制动过载故障	1）制动电阻阻值过大 2）功率过小
A. 18	模块过热故障	模块温度过高
A. 19	电动机过热故障	电动机温度过高
A. 20	电源线断相故障	电源有一相没接

（续）

故障代码	故障现象/类型	故障原因
A. 21	瞬间停电故障	在交流电中，有超过一个电源周期的停电发生
A. 23	制动过电流故障	1）泄放电阻过小 2）泄放模块损坏
A. 24	模块过电流故障	1）电流过大 2）输出短路
A. 42	电动机型号错误	1）电动机型号设置错误 2）驱动器参数与电动机不匹配
A. 43	伺服驱动器/编码器型号错误	驱动器参数与电动机不匹配
A. 44	写编码器 EEPROM 故障	写编码器 EEPROM 超时
A. 45	绝对值编码器多圈信息出故障	多圈信息出错
A. 46	绝对值编码器多圈溢出故障	多圈信息溢出
A. 47	电池电压低于 2.5V	多圈信息丢失
A. 48	电池电压低于 3.1V	电池电压偏低
A. 50	串行编码器通信超时故障	1）编码器没连接 2）编码器信号受干扰 3）编码器损坏 4）编码器解码电路损坏
A. 51	绝对值编码器检测到超速故障	1）未接电池 2）电池电压不足 3）电池电压正常的情况下驱动器未接电，电动机因外部原因转动加速度过大
A. 52	串行编码器绝对状态出错故障	1）编码器解码电路损坏 2）编码器损坏
A. 53	串行编码器计算出错	1）编码器解码电路损坏 2）编码器损坏
A. 54	串行编码器控制域中奇偶位、截止位故障	1）编码器解码电路损坏 2）编码器损坏 3）编码器信号受干扰
A. 55	串行编码器通信数据校验故障	1）编码器解码电路损坏 2）编码器损坏 3）编码器信号受干扰
A. 56	串行编码器状态域中截止位故障	1）编码器解码电路损坏 2）编码器损坏 3）编码器信号受干扰
A. 58	串行编码器数据为空	串行编码器 EEPROM 数据为空
A. 59	串行编码器数据格式故障	串行编码器 EEPROM 数据格式不对
A. 60	侦测不到通信模块故障	通信模块没插或通信模块异常
A. 61	与通信模块握手不成功	通信模块 CPU 异常
A. 62	伺服驱动器接收不到通信模块周期性数据	1）伺服驱动器数据接收通道异常 2）通信模块发送通道异常

（续）

故障代码	故障现象/类型	故障原因
A. 63	通信模块接收不到伺服驱动器的应答数据	通信模块异常
A. 64	通信模块与总线无连接故障	总线通信异常
A. 66	CAN 通信故障	1）通信连接异常引起 CAN 通信出错 2）干扰引起 CAN 通信出错
A. 67	接收心跳超时故障	主站发送心跳时间超时
A. 69	同步信号监测周期与设定周期相比过长	设置的差补时间与同步信号的周期不匹配

★★★4. 26. 4　赛孚德 MSD200A 系列伺服驱动器

赛孚德 MSD200A 系列伺服驱动器故障信息与代码见表 4-86。

表 4-86　赛孚德 MSD200A 系列伺服驱动器故障信息与代码

故障代码	故障现象/类型	故障原因
Err01	逆变单元故障	1）电动机与主轴伺服驱动器接线过长 2）模块过热 3）逆变模块异常 4）驱动板异常 5）主控板异常 6）主轴伺服驱动器内部接线松动 7）主轴伺服驱动器输出回路短路
Err02	加速过电流故障	1）电压偏低 2）对正在旋转的电动机进行起动 3）加速过程中突加负载 4）加速时间太短 5）控制方式为矢量且没有进行参数调谐 6）手动转矩提升或 V/F 曲线不合适 7）主轴伺服驱动器输出回路存在接地、短路 8）主轴伺服驱动器选型偏小
Err03	减速过电流故障	1）电压偏低 2）减速过程中突加负载 3）减速时间太短 4）控制方式为矢量且没有进行参数调谐 5）没有加装制动单元、没有加制动电阻 6）主轴伺服驱动器输出回路存在接地、短路
Err04	恒速过电流故障	1）电压偏低 2）控制方式为矢量且没有进行参数调谐 3）运行中有突加负载 4）主轴伺服驱动器输出回路存在接地、短路 5）主轴伺服驱动器选型偏小

（续）

故障代码	故障现象/类型	故障原因
Err05	加速过电压故障	1）加速过程中存在外力拖动电动机运行 2）加速时间过短 3）没有加装制动单元、没有加制动电阻 4）输入电压偏高
Err06	减速过电压故障	1）减速过程中存在外力拖动电动机运行 2）减速时间过短 3）没有加装制动单元、没有加制动电阻 4）输入电压偏高
Err07	恒速过电压故障	1）输入电压偏高 2）运行过程中存在外力拖动电动机运行
Err08	控制电源故障	输入电压不在规定的范围
Err09	欠电压故障	1）缓冲电阻异常 2）控制板异常 3）母线电压异常 4）驱动板异常 5）瞬时停电 6）整流桥异常 7）主轴伺服驱动器输入端电压不在规定要求范围
Err10	主轴伺服驱动器过载故障	1）发生电动机堵转 2）负载过大 3）主轴伺服驱动器选型偏小
Err11	电动机过载故障	1）电动机保护参数 PnC. 01 设定异常 2）发生电动机堵转异常 3）负载过大异常 4）主轴伺服驱动器选型偏小
Err12	输入断相故障	1）防雷板异常 2）驱动板异常 3）三相输入电源异常 4）主控板异常
Err13	输出断相故障	1）电动机运行时主轴伺服驱动器三相输出不平衡异常 2）模块异常 3）驱动板异常 4）主轴伺服驱动器到电动机的引线异常
Err14	模块过热故障	1）风道堵塞 2）风扇损坏 3）环境温度过高 4）模块热敏电阻损坏 5）逆变模块损坏

（续）

故障代码	故障现象/类型	故障原因
Err15	外部设备故障	1）通过多功能端子 DI 输入外部故障的信号 2）通过虚拟 IO 功能输入外部故障的信号
Err16	通信故障	1）上位机工作异常 2）通信参数 PnA 组设置异常 3）通信扩展卡 PnA. 00 设置异常 4）通信线异常
Err17	接触器故障	1）电源异常 2）接触器异常 3）驱动板异常
Err18	电流检测故障	1）检查霍尔器件异常 2）驱动板异常
Err19	电动机调谐故障	1）电动机参数没有根据铭牌设置 2）参数调谐过程超时
Err20	码盘故障	1）PG 卡异常 2）编码器连线异常 3）编码器型号不匹配 4）编码器异常
Err21	EEPROM 读写故障	EEPROM 芯片损坏
Err22	主轴伺服驱动器硬件故障	1）存在过电压 2）存在过电流
Err23	对地短路故障	电动机对地短路
Err26	累计运行时间到达故障	累计运行时间达到设定值
Err27	用户自定义故障 1	1）通过多功能端子 DI 输入用户自定义故障 1 的信号 2）通过虚拟 IO 功能输入用户自定义故障 1 的信号
Err28	用户自定义故障 2	1）通过多功能端子 DI 输入用户自定义故障 2 的信号 2）通过虚拟 IO 功能输入用户自定义故障 2 的信号
Err29	累计上电时间到达故障	累计上电时间达到设定值
Err40	逐波限流故障	1）发生电动机堵转 2）负载过大 3）主轴伺服驱动器选型偏小
Err42	速度偏差过大故障	1）编码器参数设定错误 2）检测参数 PnC. 36、PnC. 37 设置错误 3）没有进行参数调谐 4）速度偏差过大

（续）

故障代码	故障现象/类型	故障原因
Err43	电动机过速度故障	1）编码器参数设定错误 2）参数 PnC. 34、PnC. 35 设置错误 3）电动机过速度检测 4）没有进行参数调谐
Err54	零点丢失故障	1）DI 做零点且零点检索频率设定过大 2）DI 做零点且主轴传动比设定错误 3）PnE. 23 零点判断偏差脉冲设定过小 4）分度定位零点信号错误 5）零点信号受到干扰
Err55	脉冲偏差过大故障	1）脉冲位置同步电子齿轮比设置错误 2）脉冲位置同步时随动偏差过大
Err56	定位控制脉冲偏差过大故障	定位控制时跟随偏差过大

4.27 三菱系列伺服驱动器

★★★4.27.1 三菱 M60、M65、M66、M50、M520A、M500 系列伺服驱动器

三菱 M60、M65、M66、M50、M520A、M500 系列伺服驱动器故障信息与代码见表 4-87。

表 4-87 三菱 M60、M65、M66、M50、M520A、M500 系列伺服驱动器故障信息与代码

故障代码	故障简称	故障现象/类型	故 障 原 因
1E	SOHE	解码器温度故障	闭回路系统中，该解码器内部的温度检知感应器发生异常
1A	STEI	串列检出器初期通信故障（SUB）	高速串列检出器初期通信发生异常
1B	SCPU	CPU 故障（SUB）	闭回路系统中，当 EEROM 所规范的高速通信解码器的资料发生异常
1C	SLED	LED 故障（SUB）	闭回路系统中，常高速通信解码器内部的光学感应 LED 劣化
1D	SDAT	资料故障（SUB）	闭回路系统中，高速通信解码器 1 回转的位置发生异常
1F	STRE	高速通信检出器通信故障（SUB）	闭回路系统中所连接的高速通信解码器和 AMP 的通信中途被切断
2A	SINC	相对位置检出回路故障	光学尺绝对位置系统中，其光学尺的移动超越最大移动速度 60m/min 时检出
2B	SCPU	检出器 CPU 故障	绝对位置线性尺的 CPU 没有正常动作
2C	SLED	解码器 LED 故障	在 HA-FH 内的检出器检出 LED 异常

(续)

故障代码	故障简称	故障现象/类型	故障原因
2D	SDAT	检出器资料故障	高速串列传输方式检出器内部资料传输异常
2F	STRE	串列检出器通信故障	与高速串列检出器不能通信
3A	OC	过电流故障	电动机驱动用的电流，有过大的电流
3B	PMOH	IPM 晶体过热故障	IPM 晶体过热检知动作
3C		回生回路故障	回生晶体或回生电阻发生异常检出
10	UV	AMP 电压不足故障	AMP 内部的 P、N 电压不足
11	ASE	轴选择故障	使用 MS-A-V2 AMP 时，当轴选择的开关 2 轴都设定同值时
12	ME	记忆体故障	AMP 电源投入时，会自我诊断，当检查出 P 板记忆体 ARAM 或 FLROM 异常
13	SWE	S/W 处理故障	S/W 资料的处理，在正常时间内无法终了
16	RD1	磁极位置检查出故障 1	相对系统解码器磁极位置检查出 U、V、W 相位异常
17	ADE	A-D 转换器故障	电源投入时，AMP 在初期状态下自行诊断出电流 A-D 转换器 IC 异常
18	RD2	磁极位置检查出故障	磁极系统解码器或闭回路由于使用高速通信解码器，因此当检出器的初期通信发生异常时，其磁极位置便无法作用
20	NS1	无回授信号故障 1	OHE25K、OSE104、OSE105 解码器之 A、B、Z 信号无输出
21	NS2	无回授信号故障 2	OHE25K—ET、OSE104—ET 闭回路系统解码器无回授信号时检出，另外对于有光学尺装置时，光学尺的回授信号不良时检出
25	ABSE	绝对位置消失故障	绝对位置检出器内部保持资料用的电源过低，以致使绝对位置无法保存
26	NAE	未使用轴故障	轴选择用开关设定在“F”上未使用的轴，其 AMP 内的 IPM 晶体管异常
28	SOSP	绝对位置过速度故障	在光学尺的绝对位置系统中，当 NC 电源投入时光学尺为 450mm/s 以上速度移动时，或是在 AMP 电源关闭中，其解码器回转 500r/min 以上时发生
29	SABS	绝对位置检出回路故障	在光学尺式的绝对位置系统上，其光学尺或光学尺侧的 AMP 回路发生异常检出
30	OR	过回生故障	回生电阻过热检出或回生回路不良
31	OS	过速度故障	超出电动机的容许回转数
32	PME	IPM 晶体（过电流）故障	AMP 内的 IPM 晶体发生异常
33	OV	过电流故障	AMP 内部的 PN 电源过电压检出
34	DP	CNC 通信 CRC 故障	从 NC 侧所送到的 AMP 的资料盒异常
35	DE	CNC 通信资料故障	从 NC 侧所送到的移动指令异常
36	TE	NC 通信故障	从 NC 侧所送到的通信资料中途被切断
37	PE	初期参数故障	NC 电源投入时，由 NC 侧送到 AMP 的参数中发现不正确的参数
38	TP1	NC 通信协定故障 1	从 NC 所送出的通信架构发生异常
39	TP2	NC 通信协定故障 2	从 NC 所送出的轴情报资料异常
42	FE1	回授故障 1	位置解码器的回授信号被拔除，或 Z 相有异常检出
43	FE2	回授故障 2	在半闭回路系统上，其电动机端及机械端侧的解码器，其回授量发生偏差。在半闭回路系统上 FBIC 的异常检出
46	OHM	电动机过热故障	电动机或解码器内部的过热感知器动作
50	OL1	过载故障 1	流过电动机的电流，以连续定格来换算，当超过参数 SV022 的时间或超出 SV021（过载时定数）以上时
51	OL2	过载故障 2	当电流指令流过 AMP 的最大电流 95% 以上连续 1s 以上。AMP P/N 间端子被切断

（续）

故障代码	故障简称	故障现象/类型	故障原因
52	OD1	误差过大故障 1	在伺服 ON 状态下，指令值和实际移动值超过参数 SV023：OD1（有时为 SV053：003）值时
53	OD2	误差过大故障 2	在伺服关闭状态下，指令值和实际值超过参数 SV026：OD2 值时。一般该报警为无指令值状态下电源刚投入后，轴自行移动

★★★4.27.2 三菱 MR-J2-B 系列伺服驱动器

三菱 MR-J2-B 系列伺服驱动器故障信息与代码见表 4-88。

表 4-88 三菱 MR-J2-B 系列伺服驱动器故障信息与代码

故障代码	故障类型	
	英 文	中 文
10	Undervoltage	欠电压
11	Board error 1	板错误 1
12	Memory error 1	内存错误 1
13	Clock error	时钟误差
15	Memory error 2	内存错误 2
16	Encoder error 1	编码器错误 1
17	Board error 2	板错误 2
18	Board error 3	板错误 3
20	Encoder error 2	编码器错误 2
24	Ground fault	接地故障
25	Absolute position erase	绝对位置擦除
30	Regenerative error	再生错误
31	Overspeed	超速
32	Overcurrent	过电流
33	Overvoltage	过电压保护
34	CRC error	CRC 错误
35	Command F T error	指令 Ft 误差
36	Transfer error	传输错误
37	Parameter error	参数错误
46	Servo motor overheat	伺服电动机过热
50	Overload 1	过载 1
51	Overload 2	过载 2
52	Error excessive	错误过多
8E	RS-232C error	RS232 错误
88	Watchdog	看门狗
92	Open battery cable warning	打开电池电缆警告
96	Zero setting error	零设定错误
E0	Excessive regenerative load warning	再生警告
E1	Overload warning	过载警告
E3	Absolute position counter warning	绝对位置计数器警告
E4	Parameter warning	参数警告
E6	Servo emergency stop	伺服紧急停止
E7	Controller emergency stop	紧急停止控制器
E9	Main circuit off warning	主回路关闭警告

★★★4.27.3 三菱 EZMOTION MR-E 系列伺服驱动器

三菱 EZMOTION MR-E 系列伺服驱动器报警时，报警（ALM）开关断开，动态制动器开始作用停止伺服电动机，并显示报警代码，见表4-89。

表4-89 三菱 EZMOTION MR-E 系列伺服驱动器故障信息与代码

故障代码	故障现象/类型	故障内容	故障原因	维修方法
AL.10	欠电压故障	电源电压下降到AC160V以下	1）电源电压过低 2）瞬时断电60ms以上 3）电源功率不足 4）直流母线电压降低到DC200V以下	检查电源
			伺服驱动器异常	维修伺服驱动器
AL.12	内存故障	RAM内存故障	伺服驱动器异常	维修伺服驱动器
AL.13	电路板故障	印刷电路板故障	伺服驱动器异常	维修伺服驱动器
AL.15	内存故障	EEPROM故障	1）伺服驱动器异常 2）EEPROM写入次数超过100000	维修伺服驱动器
AL.16	通信错误	编码器与伺服驱动器间出现通信错误	编码器接头（CN2）断开	正确连接
			编码器故障	更换伺服电动机
			编码器电缆故障（线缆断裂或短路）	修理或更换电缆
AL.17	CPU/部件故障	CPU/部件异常	伺服驱动器异常	维修伺服驱动器
	输入端子未连接	伺服驱动器的输出端子U、V、W与伺服电动机的输入端子U、V、W未连接	U、V、W接线断开或者没有连接	正确连接端子
AL.19	内存故障	ROM内存异常	伺服驱动器异常	维修伺服驱动器
AL.1A	电动机组合错误	伺服驱动器与伺服电动机的组合错误	伺服驱动器与伺服电动机组合错误	正确组合
AL.20	编码器故障2	编码器与伺服驱动器间出现通信错误	编码器接头（CN2）断开	正确连接
			编码器电缆故障（断路或短路）	修复或更换电缆
			编码器故障	更换伺服电动机
AL.24	主电路故障	伺服驱动器的伺服电动机电源U、V、W相出现接地故障	电源输入线与伺服电动机电源线接线有短路现象	正确连接
			伺服电动机电源线绝缘损坏	更换电缆
			伺服驱动器的主电路异常	维修伺服驱动器
AL.30	再生故障	1）超过内置再生制动电阻 2）超过再生制动选件的允许再生功率	参数No.PA02的错误设置	正确设置
			内置再生制动电阻或再生制动选件没有连接	正确接线
			高负载运行或连续再生操作导致超过允许的再生制动选件的再生功率。可以通过状态显示检查再生制动使用率	1）降低定位频率 2）采用大容量的再生制动选件 3）减小负载
			电源电压异常，MR-E-□A-KH003-B：AC260V或以上	检查电源
			内置再生制动电阻或再生制动选件异常	1）维修伺服驱动器 2）更换再生制动选件

（续）

故障代码	故障现象/类型	故障内容	故障原因	维修方法
AL. 30	再生故障	再生电阻故障	1）再生制动选件异常过热 2）拆下内置再生制动电阻或再生制动选件后仍出现报警	1）维修伺服驱动器 2）更换再生制动选件
AL. 31	过速故障	速度超过瞬时允许速度	输入指令脉冲频率过高	正确设定指令脉冲频率
			加/减速时间过小，导致超调过大	提高加/减速时间常数
			伺服系统不稳定导致超调	1）重新设置伺服增益为正确值 2）不能重新设定增益的场合降低负载惯量比 3）重新检查加/减速时间常数
			电子齿轮比过大	正确设置
			编码器异常	更换伺服电动机
AL. 32	过电流故障	电流高于伺服驱动器的允许电流	1）伺服电动机电源 U、V、W 出现短路 2）伺服驱动器的晶体管(IPM)故障 3）伺服电动机电源 U、V、W 出现接地故障 4）外部噪声导致过电流检测电路误操作	1）正确接线 2）维修或者更换伺服驱动器 3）正确接线 4）采取噪声抑制措施
AL. 33	过电压故障	直流母线电压超过 DC400V	未采用再生制动选件	采用再生制动选件
			采用了再生制动选件，但是参数 No. 0 设置为“□□0□（未使用）”	正确设置
			内置再生制动电阻或再生制动选件的导线断路或接触不良	更换导线、正确连接
			再生电阻异常	维修伺服驱动器
			内置再生制动电阻或再生制动选件线缆断路	1）内置再生制动电阻线缆断路，需要维修伺服驱动器 2）再生制动选件线缆断路，更换再生制动选件
			内置再生制动电阻或再生制动选件容量不足	增加再生制动选件或加大容量
			电源电压高	检查电源
AL. 35	指令脉冲频率错误	指令脉冲的输入脉冲频率过高	指令脉冲的脉冲频率太高	改变指令脉冲频率使其到达一个适当的值
			噪声进入指令脉冲	采取噪声抑制措施
			指令元件异常	更换指令元件
AL. 37	参数故障	参数设置错误	伺服驱动器故障导致参数设定值发生改变	维修伺服驱动器
			参数 No. 0 中选择伺服驱动器未使用再生选件或伺服电动机	正确设置参数 No. 0
			写入参数等，EEPROM 的写入次数超过 100000	维修伺服驱动器
AL. 45	主电路过热故障	主电路器件异常过热	伺服驱动器异常	维修伺服驱动器
			过载状态下，连续接通和断开电源	检查驱动方法
			伺服驱动器的冷却风扇停止	1）更换伺服驱动器的冷却风扇 2）降低环境温度

（续）

故障代码	故障现象/类型	故障内容	故障原因	维修方法
AL. 46	电动机过热故障	伺服电动机温度上升热保护动作	伺服电动机的环境温度超过40℃	使环境温度在0～40℃范围内
			伺服电动机过载	1）降低负载 2）检查运行模式 3）采用更大功率的伺服电动机
			编码器内的热传感器异常	更换伺服电动机
AL. 50	过载故障1	超过了伺服驱动器的过载能力	伺服驱动器在负载超出其连续输出能力时使用	1）降低负载 2）检查运行模式 3）采用更大功率的伺服电动机
			伺服系统不稳定且发生振动	1）重复加/减速以执行自动调整 2）更换自动调整响应速度设置 3）停止自动调整，并手动进行增益调整
			机器碰撞	1）检查运行模式 2）安装限位开关
			1）伺服电动机连接错误 2）伺服驱动器的输出端子U、V、W与伺服电动机的输入端子U、V、W不匹配	正确连接
			1）编码器故障 2）检查方法：当伺服电动机为OFF状态下旋转伺服电动机轴时，反馈脉冲累积不随轴的旋转角度成比例变化，但数值跳跃或中途反向	更换伺服电动机
AL. 51	过载故障2	由于机械故障导致伺服放大器连续数秒钟以最大电流输出。伺服电动机锁定1s以上。旋转期间：2.5s以上	机械碰撞	检查运行模式、安装限位开关
			1）伺服电动机的错误连接 2）伺服驱动器的输出端子U、V、W与伺服电动机的输入端子U、V、W不匹配	正确连接
			伺服系统不稳定且发生振动	1）重复加/减速以执行自动调整 2）更改自动调整响应速度设置 3）进行增益调整
			编码器故障检查方法：当伺服电动机为OFF状态下旋转伺服电动机轴时，反馈脉冲累积不随轴的旋转角度成比例变化，但数值跳跃或中途反向	更换伺服电动机
AL. 52	误差过大故障	模型位置和实际伺服电动机位置间的偏差超过2.5转	加/减速时间常数过小	提高加/减速时间常数
			驱动器设置的转矩限制值过小	提高转矩限制值
			由于电源电压下降引起的转矩不足使电动机不能起动	1）检查电源容量 2）更换更大功率的伺服电动机
			位置环增益1（参数No.6）值过小	增加设置值并调整以确保正确运行

（续）

故障代码	故障现象/类型	故障内容	故障原因	维修方法
AL. 52	误差过大故障	模型位置和实际伺服电动机位置间的偏差超过 2.5 转	伺服电动机轴受外力而旋转	1）限制转矩时，提高限制值 2）降低负载 3）更换更大功率的伺服电动机
			机械碰撞	检查运行模式、安装限位开关
			编码器异常	更换伺服电动机
			1）伺服电动机接线错误 2）伺服驱动器的输出端子 U、V、W 与伺服电动机的输入端子 U、V、W 不匹配	正确连接
AL. 8A	串行通信超时故障	RS232C 或 RS422 通信因为超出参数 No. 56 设置的时间而停止	1）USB 电缆断路 2）通信周期大于参数 No. 56 设置值 3）错误的通信协议	1）更换 USB 电缆 2）正确设置参数 3）改正通信协议
AL. 8E	串行通信故障	伺服驱动器与通信设备（如个人计算机）间出现串行通信错误	1）USB 电缆故障（断路或短路） 2）通信设备（如个人计算机）异常	1）更换 USB 电缆 2）更换通信设备（如个人计算机）
88888	看门狗故障	CPU 等部件异常	伺服驱动器内部器件异常	维修伺服驱动器
AL. E0	再生制动电流过大故障	1）可能再生功率超过允许的内置再生制动电阻 2）再生制动选件的再生功率偏小	1）再生功率增加到允许的内置再生制动电阻 2）再生制动选件的再生功率 85% 以上	1）降低定位频率 2）更换一个较大容量的再生制动选件，或降低负载
AL. E1	过载故障 1	可能出现过载报警 1 或 2	负载增加到过载 1 或 2 报警阈值的 85% 以上	
AL. E6	伺服紧急停止故障	EMG-SG 开路	外部紧急停止有效（EMG-SG 开路）	确保安全且使强制停止无效
AL. E9	欠电压故障	当伺服电动机速度随着母线电压的下降而降低到低于 50r/min 时出现警告		检查电源

注：三菱 EZMOTION MR-E 系列包括 MR-E-□A-KH003、MR-E-□AG-KH003。

★★★4.27.4 三菱 S51、S52 系列伺服驱动器

三菱 S51、S52 系列伺服驱动器故障信息与代码见表 4-90。

表 4-90 三菱 S51、S52 系列伺服驱动器故障信息与代码

故障代码	故障简称	故障现象/类型
9E	WAR	高速解码器多回转计数器故障
E0	WOR	过回生故障
E1	WOL	过载故障
E3	WAC	绝对位置计数器故障
E4	WPE	参数设定故障
E6	WAOF	伺服轴取出中故障
E7	NCE	NC 非常停止故障
E8	WPOL	过回生故障
E9	WPPF	瞬停故障
9F	WAB	电池电压过低故障

（续）

故障代码	故障简称	故障现象/类型
90	WAT	低速序列初期通信故障
91	WAS	低速串列通信故障
92	WAF	低速串列协定故障
93	WAM	绝对位置变动故障
96	MPE	MP 型光学尺回授故障
97	MPO	MP 型光学尺辅正故障

★★★4.27.5　三菱 60/60S 系列伺服驱动器

三菱 60/60S 系列伺服驱动器故障信息与代码见表 4-91。

表 4-91　三菱 60/60S 系列伺服驱动器故障信息与代码

故障代码	故障简称	故障现象/类型
1E	SOHE	串列检出器热误差故障（SUB）
6E	PME	电源供应器记忆体故障
9E	WAN	检出器的回转计数故障
E0	WOR	过回生故障
E1	WOL	过载故障
E3	WAC	绝对位置计数器故障
E4	WPE	参数异常故障
E6	WAOF	伺服轴取出中故障
E8	WPOL	辅助回生循环过高故障
E9	WPOF	瞬间停止故障
EA		外部紧急停止输入故障
EB		过高回生故障
1A	STEI	串列检出器通信故障（SUB）
1B	SCPU	CPU 误差故障
1C	SLED	LED 故障（SUB）
1D	SDAT	资料误差故障（SUB）
1F	STRE	串列检出器通信故障
2A	SINC	相对位置检测回路故障
2B	SCPU	检出器 CPU 故障
2C	SLED	检出器 LED 故障
2D	SDAT	检出器资料故障
2F	STRE	检出器通信故障
3A	OC	过电流故障
3B	PMOH	电源模组过热故障
3C		回生电路异常
4F		瞬时中断故障
5A	CLE2	冲突检出故障 2
5F		触点熔化故障
6A	PMCM	电源供应器外部接触器检测故障
6B	PRAM	电源供应器内部继电器损坏检测故障
6C		电源供应器主回路故障
6D		电源供应器参数值故障
6F	PADE	电源供应器 A-D 转换器故障
7F		关掉电源重开（伺服驱动器更新判断）
9F	WAB	电池电压不足故障
10	UV	电压过低故障
11	AE	轴选择故障

（续）

故障代码	故障简称	故障现象/类型
12	ME	记忆体故障
13	SWE	软体处理故障
16	RD1	极性位置检测故障 1
17	ADE	A-D 变换器故障
18	WAT	检出器最初通信故障
20	NS1	无信号检测故障 1
21	NS2	无信号检测故障 2
22		LSI 故障
24		U、V、W 对地短路故障
25	ABSE	绝对位置资料丢失故障
26	NA	未使用轴故障
28	SOSP	绝对位置过速度故障
29	SABS	绝对位置检测回路故障
30	OR	回生过热故障
31	OS	过速度故障
32	PME	电源模组故障（过电流）
33	OV	过电流故障
34	DP	NC 通信/CRC 故障
35	DE	NC 通信资料故障
36	TE	NC 通信传输故障
37	PE	初期参数故障
38	TP1	NC 通信协定故障 1（格式）
39	TP2	协定故障 2（资讯）
42	FE1	回馈故障 1
43	FE2	回馈故障 2
50	OL1	过载故障 1
51	OL2	过载故障 2
52	OD1	误差过大故障 1
53	OD2	误差过大故障 2
54	OD3	误差过大故障 3
55		外部非常停止故障
58	CLE0	冲突检出故障 0
59	CLE1	冲突检出故障 1
60		电源瞬间中断故障（DV24V）
61	PDC	电源供应器回生过电流故障
63	PORI	电源供应器辅助回生故障
65	PRAE	电源供应器内部继电器故障
67	PPHL	电源供应器欠相检测故障
68	PWD	电源供应器监控回路检测故障
69	PPNG	电源供应器接地检测故障
71	PINL	电源供应器瞬时停电检测故障
73		电源供应器回生过载故障
74		电源供应器回生电阻器过热故障
75	POV	电源供应器过电压故障
76		电源供应器外部紧急停止设定故障
77		电源模组或 PC 板过热故障
88	WD	监控回路故障
90	WST	低速串列格式的初期通信故障
91	WAS	低速串列的通信故障
92	WAF	低速串列格式的协定故障
93	WAM	绝对位置变动故障
96	WPE	MP 型光学尺回授故障
97	MPO	MP 型光学尺补正故障

★★★4.27.6 三菱 MR-J2S-B 系列伺服驱动器

三菱 MR-J2S-B 系列伺服驱动器故障信息与代码见表 4-92 和表 4-93。

表 4-92 三菱 MR-J2S-B 系列伺服驱动器故障信息与代码 1

故障代码	故障现象/类型	故障内容	故障原因	处理方法
A1.10	欠电压电源故障	电压过低 MR-J2S □A：160V 以下 MR-J2S □A1：83V 以下	电源电压太低	需要检查电源系统
			控制电源瞬间停电在 60ms 以上	
			由于电源容量过小，导致起动电源电压下降	
			直流母线下降到 200V 后恢复供电（主电路电源切断 5s 以内再接通）	
			伺服放大器内部故障	需要更换伺服放大器
A1.12	存储器故障 1	RAM 故障	伺服放大器内部故障	需要更换伺服放大器
A1.13	时钟故障	印刷电路板故障		
A1.15	存储器故障 2	EEPROM 故障		
A1.16	编码器故障 1	编码器和伺服放大器间通信故障	接头 CN2 没有连接好	需要正确接线
			编码器故障	需要更换伺服电动机
			编码器电缆故障	需要修理或更换电缆
A1.17	电路板故障	CPU 零部件故障	伺服放大器内部故障	需要更换伺服放大器
A1.19	存储器故障 2	ROM 存储器故障		
A1.1A	电动机配合故障	伺服放大器和伺服电动机间配合有误	伺服放大器和伺服电动机之间配合有误	需要使用正确的伺服放大器和伺服电动机
A1.20	编码器故障 2	编码器和伺服放大器间通信故障	接通 CN2 没有连接插好	需要正确连接
			编码器电缆故障	需要修理或更换电缆
A1.24	电动机输出接地故障	伺服电动机输出端（U、V、W 相）接地故障	在主电路端子（TE1）上电源输入和输出接线有短路	需要更换电缆
			伺服电动机动力线绝缘损坏	
A1.25	绝对位置丢失故障	绝对位置数据丢失故障	编码器中的电容电压过低	报警发生时，等待 23min 后断开电源，再接通电源重新进行原点复归
			电池电压过低	更换电池后，再次进行原点复归
			电池电缆或电池故障	
		绝对位置系统中，首次接通电源时	绝对位置编码器中的电容未充电	报警发生的状态下，等待 2～3min 后，断开电源，再接通电源。重新进行原点复归
A1.30	再生制动故障	制动电流超过内置再生制动电阻或再生制动选件的允许值	参数 NO.0 设定错误	需要正确设定
			未连接内置的再生制动电阻或再生制动选件	需要正确接线
			高频度或连接再生制动运行使再生电流超过了内置再生制动电阻或再生制动选件的允许值	需要降低制动频率，或者需要更换容量大的再生制动电阻或再生制动选件，或者需要减小负载
			电源电压异常： MR-J2S □A：260V 以上 MR-J2S □A1：135V 以上	需要检查电源

（续）

故障代码	故障现象/类型	故障内容	故障原因	处理方法
A1.30	再生制动故障	再生制动晶体管故障	再生制动晶体管故障	需要更换伺服放大器
			内置的再生制动电阻或再生制动选件故障	需要更换伺服放大器或再生制动选件
		冷却风扇停止运行（MR-J2S 200A/350A）	由于冷却风扇停止运行，从而导致异常过热	需要更换伺服放大器过冷却风扇，或者需要降低周围的温度
A1.31	超速故障	速度超出了瞬时允许速度故障	输入指令脉冲频率过高	需要正确设定指令脉冲频率
			加/减速时间过小导致超调时间过大	需要增大加/减速时间常数
			伺服系统不稳定导致超调	1）重新设定增益 2）不能重新设定增益的场合： ① 负载转动质量比设定的小些 ② 重新检查加/减速时常数的设定
			电子齿轮比太大（参数NO.3～4）	需要正确的设定
			编码器出现故障	需要更换伺服电动机
A1.32	过电流故障	伺服放大器的输出电流超过了允许电流故障	伺服放大器输出侧U、V、W相存在短路	需要正确连线
			伺服放大器晶体管（IPM）故障	需要更换伺服放大器
			伺服放大器U、V、W的接地	需要正确连线
			由于外来噪声的干扰，过电流检测电路出现错误	需要使用滤波器
A1.33	过电压故障	直流母线电压的输入在400V以上故障	内置再生制动电阻或再生制动选件的连线断路或接触不良	需要更换电线、需要正确接线
			再生制动晶体管故障	需要更换伺服放大器
			内置再生制动电阻或再生制动选件的接线断路	使用内置再生制动电阻时更换伺服放大器、使用再生制动选件时更换再生制动选件
			内置再生制动电阻或再生制动选件容量不足	使用再生制动选件或更换容量大大的再生制动选件
			电源电压太高引起的	需要检查电源
A1.35	指令脉冲频率故障	输入的指令的脉冲频率太高故障	指令脉冲频率太高	需要改变指令脉冲频率使其达到合适的值
			指令脉冲中混入了噪声	需要实施抗干扰处理
			指令装置故障	需要更换指令装置

（续）

故障代码	故障现象/类型	故障内容	故障原因	处理方法
A1.37	参数故障	参数设定值故障	伺服放大器的故障使参数设定值发生改变	需要更换伺服放大器
			没有连接参数 NO.0 选择的再生制动选件	需要正确设定参数 NO.0
A1.45	主电流过热故障	主电路期间异常过热故障	伺服放大器异常	需要更换伺服放大器
			过载状态下反复通过“切断-接通电源”来继续运行	需要检查运行方法
			伺服放大器冷却风扇停止运行	需要修理伺服放大器的冷却风扇
A1.46	电动机过热故障	伺服电动机温度上升保护动作故障	伺服电动机环境温度超过40℃	需要使伺服电动机工作环境温度在0～40℃间
			伺服电动机过载	1）需要减小负载 2）需要检查运行模式 3）需要更换功率更大的伺服电动机
			编码器中的热保护期间故障	需要更换伺服电动机
A1.50	过载故障1	超过了伺服放大器的过载能力：300%时2.5s以上；200%时100s以上	伺服放大器用于负载大于其连接输出能力的场合	1）需要减小负载 2）需要检查运行模式 3）需要更换功率更大的伺服电动机
			伺服系统不稳定，发生振动	1）进行几次加/减速来完成自动增益调整 2）修改自动增益调整设定的响应速度 3）修改自动增益调整，该用手动方式进行增益调整
			机械故障	1）需要检查运行模式 2）需要检查安装限位开关
			伺服电动机界线错误	需要正确接线
			编码器故障	需要更换伺服电动机
A1.51	过载故障2	由于机械故障导致伺服放大器连续数秒钟以最大电流输出。伺服电动机的锁定时间在1s以上	机械故障	1）需要检查运行模式 2）需要安装限位开关
			伺服电动机接线错误	需要正确接线
			伺服系统不稳定，发生振动	1）需要进行几次加/减速来完成自动增益调整 2）需要修改自动增益调整设定的响应速度

（续）

故障代码	故障现象/类型	故障内容	故障原因	处理方法
A1.51	过载故障2	由于机械故障导致伺服放大器连续数秒钟以最大电流输出。伺服电动机的锁定时间在1s以上	伺服系统不稳定，发生振动	3）修改自动增益调整，改用手动方式进行增益调整
			编码器故障	需要更换伺服电动机
A1.52	误差过大故障	偏差计数器中的滞留脉冲超出了编码器分辨率能力×10（脉冲）	加/减速时间常数大小	需要增大加/减速时间常数
			转矩限制值大小	需要增大转矩限制值
			由于电源电压下降，致使转矩不足，伺服电动机不能起动	1）需要检查电源的容量 2）需要更换功率更大的伺服电动机
			位置环增益1过小	需要将设定值调整到伺服系统能正确运行的范围
			由于外力，伺服发电动机的轴发生旋转	1）达到转矩的场合，需要增大转矩限定值 2）需要减小负载 3）需要选择输出更大的伺服电阻
			机械故障	1）需要检查运行模式 2）安装限位开关
			编码器故障	需要更换伺服电动机
			伺服电动机接线错误	需要正确接线
A1.8A	串行通信超时故障	RS232或RS422通信中断的时间超过了参数的设定值	通信电缆断路	需要修理或更换通信电缆
			通信周期长于参数NO.56的设定值	需要正确设定参数
			通信协议错误	需要修改协议
A1.8E	串行通信故障	伺服放大器和通信设备间出现通信出错故障	通信接头未连接好	需要正确连接
			通信电缆故障	需要修理或更换通信电缆设备
			通信设备故障	
88888	看门狗故障	CPU部件故障	伺服放大器内部故障	需要更换伺服放大器

注：发生报警，故障信号（ALM）处于OFF状态。同时动态制动器开始动作，显示器将显示报警（故障）代码。

表4-93　三菱MR-J2S-B系列伺服驱动器故障信息与代码2

故障代码	LED显示	故障现象/类型	故障说明	故障代码	LED显示	故障现象/类型	故障说明
2092	92	电池电缆线报警	绝对地址检测系统的电池电压低	2140	E0	再生负载超额故障	再生电源超过内置再生制动电阻器或再生制动装置的再生电源允许值是有可能的
2096	96	OPR设置错误的故障	OPR未被顺利地执行				
2102	9F	电池故障	绝对地址探测系统的电池电压减少	2143	E3	绝对地址计数故障	绝对地址编码器脉冲出错

（续）

故障代码	LED显示	故障现象/类型	故障说明	故障代码	LED显示	故障现象/类型	故障说明
2144	E4	参数故障	参数超出设置范围	2149	E9	主回路故障	当主回路电源关时，“伺服开”信号置“开”
2146	E6	伺服的紧急停止故障	EMG1-SG 断开				
2147	E7	控制器紧急停止故障	一个紧急停止信号输入 QD75	2141	E1	过载故障	过载报警 1（错误代码 2050）或 2（错误代码 2051）的发生是可能的

★★★4.27.7　三菱 MR-J2S-Jr 系列伺服驱动器

三菱 MR-J2S-Jr 系列伺服驱动器故障信息与代码见表 4-94。

表 4-94　三菱 MR-J2S-Jr 系列伺服驱动器故障信息与代码

故障代码	LED显示	故障现象/类型	故障说明	故障代码	LED显示	故障现象/类型	故障说明
2010	10	低电压故障	电源供应的电压降至 DC20V 或更少	2016	16	编码器故障 1	发生于编码器和伺服放大器间的通信故障
2011	11	主板故障 1	印制板故障	2017	17	主板故障 2	CPU 或部分主回路故障
2012	12	存储器故障 1	ROM 或 RAM 存储器故障	2020	20	编码器故障 2	发生于编码器和伺服放大器间的通信故障
2013	13	时钟故障	印制板故障	2024	24	电动机输出接地故障	伺服电动机输出（U、V、W 相）接地故障
2015	15	存储器故障 2	EEPROM 故障				

★★★4.27.8　三菱 MR-J2S 系列伺服驱动器

三菱 MR-J2S 系列伺服驱动器故障信息与代码见表 4-95。

表 4-95　三菱 MR-J2S 系列伺服驱动器故障信息与代码

故障代码	故障现象/类型	故障代码	故障现象/类型
AL10	欠电压故障	AL45	主电路器件过热故障
AL12	存储器故障 1	AL46	电动机过热故障
AL13	时钟故障	AL50	过载故障 1
AL15	存储器故障 2	AL51	过载故障 2
AL16	编码器故障 1	AL52	误差过大故障
AL17	电路故障	AL8A	串行通信超时故障
AL19	存储器故障 3	AL8E	串行通信故障
AL1A	电动机配合故障	AL92	电池断线故障
AL20	编码器故障 2	AL96	原点设定错误故障
AL24	电动机接地故障	AL9F	电池故障
AL25	绝对位置丢失故障	ALE0	再生制动电流过大故障
AL30	再生制动故障	ALE1	过载故障
AL31	超速故障	ALE3	绝对位置计数器故障
AL32	过电流故障	ALE5	ABS 超时故障
AL33	过电压故障	ALE6	伺服电动机异常停止故障
AL35	指令脉冲频率故障	ALE9	主电路 OFF 故障
AL37	参数故障	ALEA	ABS 伺服 ON 故障

4.28　三洋、深川系列伺服驱动器

★★★4.28.1　三洋 R 系列伺服驱动器

三洋 R 系列伺服驱动器故障信息与代码见表 4-96。

表 4-96　三洋 R 系列伺服驱动器故障信息与代码

故障代码	故障现象/类型	故障原因
21H	电源模块异常/过电流故障	1）电源模块故障 2）检测到电源模块（IPM）过热 3）控制 PC 板故障 4）驱动器的 U、V、W 相与驱动器电动机间的连线短路，或者 U、V、W 相接地 5）伺服电动机的 U、V、W 相短路或接地
22H	电流检测故障 0	1）电源模块的故障 2）控制 PC 板故障 3）伺服驱动器与电动机的组合错误
23H、24H	电流检测故障 1、电流检测故障 2	1）伺服驱动器内部电路异常 2）噪声引起错误操作
2H	绝对信号断开故障	1）编码器接线故障 2）参数设置是全闭环伺服系统 3）驱动器编码器分类设置错误 4）驱动器的编码器分类不同于实际电动机编码器 5）伺服电动机的编码器故障 6）伺服驱动器控制电路故障
41H	超载故障 1	1）编码器脉冲数设置和电动机不符 2）机械干扰 3）驱动器和电动机的组合错误 4）驱动器和电动机间的 U、V、W 相接线错误 5）驱动器和电动机间的 U、V、W 相接线中的一相，或全部断开 6）伺服电动机抱闸没有松开 7）伺服电动机编码器异常 8）伺服驱动器控制板故障、电源模块故障 9）有效转矩超过额定转矩
42H	过载故障 2	1）编码器脉冲数设置和电动机不符 2）回转数未满 50min，并且转矩指令超过定格转矩约 2 倍 3）机械干扰 4）驱动器和电动机的组合有误 5）驱动器和电动机间的 U、V、W 相接线错误 6）驱动器和电动机间的 U、V、W 相接线中的一相或全部断开 7）伺服电动机抱闸没有松开 8）伺服电动机编码器异常 9）伺服驱动器控制板故障、电源模块故障
43H	再生异常	1）超过内置再生电阻允许的再生功率 2）负载惯量过大、导电时间太短 3）尽管在系统参数再生电阻选择中，选择了使用外部再生电阻（02），但是并没有安装 4）驱动器控制电路异常 5）输入电源电压超过范围 6）外置再生电阻的阻抗值太大 7）再生电阻断线 8）指定了内置再生电阻单元，但是再生电阻的接线错误 9）指定了外置再生电阻隔单元，但是再生电阻的接线错误

（续）

故障代码	故障现象/类型	故障原因
51H	驱动器温度故障	1）紧急停止时再生功率太大 2）驱动器内部电路异常 3）驱动器周边温度异常 4）再生电力过大
52H	冲入防止电阻过热故障	1）电源打开的频率高 2）伺服驱动器内部电路故障 3）周围温度高
53H	DB 过热故障	1）DB 操作频率太高 2）驱动器内电路故障
54H	内部过热故障	1）再生电力过大 2）驱动器内电路故障 3）再生电阻接线异常
55H	外部过热故障	1）伺服驱动器的控制板故障 2）有效地设置外部跳闸功能的有效条件
61H	过电压故障	1）负载惯量过大 2）内部再生电阻电路异常 3）伺服驱动器的控制板故障 4）再生电阻接线异常 5）主电源电压超过允许值
62H	主电路不足电压故障	1）电源电压低于指定的电压 2）输入电压下降、出现瞬间停止 3）伺服驱动器内部电路故障 4）指定的低电压送给了主电路（R、S、T） 5）主电路的整流器破损
63H	主电源失相故障	1）三相输入 R、S、T 有一相没有输入 2）伺服驱动器的内部电路不良 3）伺服驱动器没有指定为单相
71H	控制电源的不足电压故障	1）输入电压波动、出现瞬间停止 2）输入电源电压不在规定范围 3）伺服驱动器内部电路故障
72H	±12V 电源故障	1）外部电路故障 2）伺服驱动器内部电路故障
81H	A 相、B 相的脉冲信号故障 1	1）编码器接线故障 2）参数设置是全闭环伺服系统 3）驱动器编码器分类设置错误 4）驱动器的编码器分类不同于实际电动机编码器 5）伺服电动机的编码器故障 6）伺服驱动器控制电路故障
83H	外部编码器 A 相、B 相信号故障	1）编码器接线故障 2）参数设置是全闭环伺服系统 3）驱动器编码器分类设置错误 4）驱动器的编码器分类不同于实际电动机编码器 5）伺服电动机的编码器故障 6）伺服驱动器控制电路故障

（续）

故障代码	故障现象/类型	故障原因
84H	编码器和驱动器间的通信故障	1）编码器接线故障 2）参数设置是全闭环伺服系统 3）驱动器编码器分类设置错误 4）驱动器的编码器分类不同于实际电动机编码器 5）伺服电动机的编码器故障 6）伺服驱动器控制电路故障
85H	编码器初期处理故障	1）编码器电缆过长 2）编码器电缆过细 3）编码器接线错误 4）编码器接线连接器松动 5）编码器连接器接触不良 6）驱动器编码器分类设置错误 7）伺服电动机的编码器故障 8）伺服驱动器控制电路故障
87H	CS 断开故障	1）编码器接线故障 2）参数设置是全闭环伺服系统 3）驱动器编码器分类设置错误 4）驱动器的编码器分类不同于实际电动机编码器 5）伺服电动机的编码器故障 6）伺服驱动器控制电路故障
91H	编码器指令故障	1）编码器故障 2）噪声引起的故障
92H	编码器 FORM 故障	1）编码器故障 2）噪声引起的故障
93H	编码器 SYNC 故障	1）编码器故障 2）噪声引起的故障
94H	编码器 CRC 故障	1）编码器故障 2）噪声引起的故障
A1H	编码器故障 1	编码器内部电路故障
A2H	绝对编码器的电池故障	1）电池电压下降 2）电池电缆接触不良
A3H	编码器过热故障	1）编码器内部电路故障 2）电动机过热 3）编码器周围温度过高
A5H	编码器故障 3	1）编码器内部电路故障 2）运转数超过允许运转数 3）噪声引起错误操作
A6H	编码器故障 4	1）编码器内部电路故障 2）多运转数据溢出 3）噪声引起错误操作
A7H	编码器故障 5	1）编码器内部电路故障 2）噪声引起错误操作

（续）

故障代码	故障现象/类型	故障原因
A8H	编码器故障 6	1）编码器内部电路故障 2）噪声引起错误操作
A9H	编码器故障	1）编码器内部电路故障 2）噪声引起错误操作
B2H	编码器故障 2	1）编码器内部电路故障 2）噪声引起错误操作
B3H	绝对编码器转数计数器故障	1）编码器内部电路故障 2）噪声引起错误操作
B4H	绝对编码器单转计数器故障	1）编码器内部电路故障 2）噪声引起错误操作
B5H	超速度、多运转产生异常	1）电动机运转数超过允许速度 2）编码器内部电路故障 3）噪声引起错误操作
B6H	编码器存储器故障	1）编码器内部电路故障 2）噪声引起错误操作
B7H	加速度故障	1）电动机运转加速度超过允许加速度 2）编码器内部电路故障 3）噪声引起错误操作
C1H	超速度故障	1）起动时的过冲太大 2）伺服电动机的编码器故障 3）伺服驱动器和电动机之间的 U、V、W 相接线错误 4）伺服驱动器控制板故障
C2H	速度控制故障	1）INC-E 和 ABS-E 编码器连接的 A、B 相接线异常 2）电动机振动（波动） 3）过冲和/或下冲太大 4）伺服驱动器和电动机之间的 U、V、W 相接线错误 5）伺服驱动器控制电路故障
C3H	速度反馈故障	1）电动机不转 2）电动机振动（波动） 3）伺服驱动器内部电路故障
D1H	位置偏差过大故障	1）抱闸没有松开 2）不合适的伺服参数设置（位置环增益等） 3）电源电压下降 4）负荷惯量大或者电动机量太小 5）机械的电动机死锁或机械干涉 6）尽管功能指令输入有效，但前电流限制值不充足 7）偏差设置太小 8）驱动器和电动机之间的 U、V、W 相中有一相全部断开 9）驱动器控制板故障 10）设置的编码器脉冲数和电动机不合 11）伺服电动机编码器故障 12）停止时（或完成定位后）电动机被重力或类似的外力强迫转动 13）位置指令的频率太高，或者加/减速时间太短

（续）

故障代码	故障现象/类型	故障原因
D2H	位置脉冲频率故障 1	指令脉冲输入的数字滤波器设置以上的指令被输入
D3H	位置脉冲频率故障 2	1）电子齿轮设置值过大 2）指令脉冲输入的频率过高
DFH	测试模式关闭	清除报警到原状，正常运转
E1H	EEPROM 故障	1）CPU 不能从内置于伺服驱动器的永久存储器内读正确值 2）伺服驱动器控制基板故障
E2H	EEPROM 内部数据故障	1）CPU 不能从内置于伺服驱动器的永久存储器内读正确值 2）上次关闭电源时不能写入永久存储器
E3H	内部 RAM 故障	伺服驱动器控制板故障
E5H	参数故障 1	1）伺服驱动器故障 2）系统参数设置值和实际的硬件不匹配 3）系统参数设置组合错误
F1H	任务处理故障	伺服驱动器的控制电路故障
F2H	初始化超时故障	1）伺服驱动器内部电路故障 2）噪声引起的故障

★★★4.28.2 深川 SV20、SV30 系列伺服驱动器

深川 SV20、SV30 系列伺服驱动器故障信息与代码见表 4-97。

表 4-97 深川 SV20、SV30 系列伺服驱动器故障信息与代码

故障代码	故障现象/类型	故障原因
A.00	位置偏差过大故障	积存的位置偏差脉冲超过了设定的比例
A.10	过载故障	即将达到过载报警前的警告显示。如果继续运行，则有可能发生该报警
A.20	再生过载故障	即将达到再生过载报警前的警告显示。如果继续运行，则有可能发生该报警
A.30	17 位串行编码器电池故障	电池电压低于 3.1V
A.70	过电压故障	即将达到过电压报警前的警告显示。如果继续运行，则有可能发生该报警
A.71	欠电压故障	即将达到欠电压报警前的警告显示。如果继续运行，则有可能发生该报警
Al.020	参数错误	参数和校验异常
Al.021	参数格式异常	伺服驱动器内部参数的数据格式错误
Al.040	编码器断线故障	省线式编码器信号线断线
Al.041	编码器 AB 脉冲丢失故障	增量型编码器 AB 脉冲丢失
Al.042	编码器 Z 脉冲丢失故障	编码器 Z 脉冲丢失
Al.043	编码器 UVW 故障	编码器 UVW 错误
Al.044	编码器状态出错故障	省线式编码器初始状态错误
Al.100	电子齿轮故障	电子齿轮比值设置太大
Al.110	内部数据计算故障	内部数据数值较大，计算超过 32 位
Al.120	驱动禁止输入故障	有限位信号输入
Al.130	全闭环偏差过大故障	外部光栅尺脉冲与电动机编码器反馈脉冲偏差太大

（续）

故障代码	故障现象/类型	故障原因
Al. 140	编码器电气相位故障	编码器电气相位不符
Al. 300	再生故障	再生处理回路异常
Al. 310	再生电阻异常故障	再生电阻故障
Al. 320	再生过载故障	再生电阻过载保护
Al. 330	主电路电源配线故障	三相输入的主电路电源有一相没连接
Al. 400	过电压故障	主回路 DC 电压异常高
Al. 410	欠电压故障	主回路 DC 电压不足
Al. 500	过速故障	电动机速度超过其最高转速的 1.2 倍
Al. 510	电动机失速故障	电动机速度长时间与给定速度不匹配
Al. 520	电动机失控故障	1）编码器线出错 2）电动机动力线出错 3）驱动器与电动机不匹配
Al. 600	驱动器和电动机不匹配故障	驱动器和电动机型号（Pn011）不匹配
Al. 610	电动机型号错误	驱动器不匹配该型号的电动机
Al. 620	伺服驱动器故障	电动机不匹配该伺服驱动器
Al. 630	模块温度过高故障	模块温度太高
Al. 640	软限位故障	运行距离超过软件设置的距离
Al. 650/ Al. 660	电动机温度过高故障	驱动器检测到电动机的温度太高（Un47 为电动机温度）
Al. 700	功率模块故障	功率模块异常
Al. 710	过载故障	电动机以超过额定值的转矩进行了连续运行
Al. 720	大电流故障	存在大电流现象
Al. 800	17 位串行编码器通信故障	伺服驱动器与编码器无法进行通信
Al. 811	17 位串行编码器控制域中校验故障	1）编码器解码电路损坏 2）编码器信号受到干扰 3）奇偶位、截止位错误
Al. 812	17 位串行编码器通信数据校验故障	1）编码器解码电路损坏 2）编码器信号受干扰
Al. 813	17 位串行编码器状态域中截止位故障	1）编码器解码电路损坏 2）编码器信号受干扰
Al. 814	17 位串行编码器 SFOME 截止位故障	1）编码器解码电路损坏 2）编码器信号受干扰
Al. 815	17 位串行编码器过速故障	电源关断后，编码器高速旋转了或者绝对值编码器未接电池
Al. 816	17 位串行编码器绝对状态故障	1）编码器解码电路损坏 2）编码器损坏 3）串行通信受到干扰
Al. 817	17 位串行编码器计数故障	1）编码器解码电路损坏 2）编码器损坏 3）串行通信受到干扰
Al. 818	17 位串行编码器多圈信息溢出故障	电动机往一个方向运行的距离超过 65535 圈，多圈信息溢出

（续）

故障代码	故障现象/类型	故障原因
Al. 819	17 位串行编码器过热故障	绝对值编码器过热
Al. 820	17 位串行编码器多圈信息出错故障	多圈信息出错
Al. 830	17 位串行编码器电池故障	电池电压低于 3.1V
Al. 831	17 位串行编码器电池故障	电池电压低于 2.5V，多圈位置信息丢失
Al. 840	17 位串行编码器数据未初始化	17 位串行编码器存储区数据错误
Al. 850	17 位串行编码器数据和数校验故障	17 位串行编码器存储区数据和数校验异常
Al. 860	测试出绝对值编码器计数故障	测试出绝对值编码器计数错误
Al. b31	电流检测第 1 通道故障	内部电路异常
Al. b32	电流检测第 2 通道故障	内部电路异常
Al. b33	内部通信故障	伺服驱动器内部通信异常
Al. d00	输入脉冲频率过高故障	输入脉冲频率大于电动机最高运行速度
Al. d01	偏差计数器溢出故障	内部位置偏差计数器溢出
Al. d02	位置超差故障	位置偏移脉冲超出用户参数 Pn528 的设定值

4.29 盛迈系列伺服驱动器

★★★4.29.1 盛迈 SM22 系列伺服驱动器

盛迈 SM22 系列伺服驱动器故障信息与代码见表 4-98。

表 4-98 盛迈 SM22 系列伺服驱动器故障信息与代码

故障代码	故障现象/类型	故障原因
Err 12	过电流故障	电流过大、电动机接线和参数设置错误
Err 13	IGBT 故障	电动机接线异常、IGBT 温度异常等
Err 14	过载故障、堵转故障	负载过大、电动机发生堵转、电动机零位不准
Err 15	制动过电流故障	制动电阻过小、加/减速时间设置错误
Err 16	IGBT 温度故障	NTC 异常、硬件电路异常
Err 19	压力传感器故障	压力传感器损坏、压力传感器供电异常、接线异常
Err 23	硬件过电压故障	制动电阻异常、加/减速度异常
Err 24	硬件欠电压故障	供电电压异常
Err 25	断相故障	三相交流输入断相、硬件电路异常
Err 31	内部 +15V 过电压故障	外部强电干扰、硬件电路异常
Err 32	内部 +15V 欠电压故障	外部强电干扰、硬件电路异常
Err 33	内部 -15V 过电压故障	外部强电干扰、硬件电路异常
Err 34	内部 -15V 欠电压故障	外部强电干扰、硬件电路异常
Err 35	内部 +5V 过电压故障	外部强电干扰、硬件电路异常
Err 36	内部 +5V 欠电压故障	外部强电干扰、硬件电路异常
Err 37	内部 +24V 过电压故障	外部强电干扰、硬件电路异常
Err 38	内部 +24V 欠电压故障	外部强电干扰、硬件电路异常
Err 41	驱动器过热故障	温度传感器损坏、驱动器散热通道异常、风扇异常

（续）

故障代码	故障现象/类型	故障原因
Err 42	电动机过热故障	温度传感器损坏、电动机散热异常、温度保护
Err 61	过速故障	编码器故障、电磁干扰、电动机异常、过速保护
Err 71	位置反馈故障	旋变信号受到较大干扰、旋变芯片损坏
Err 75	编码器故障	可能编码器电路损坏，导致 UVW 信号全为低电平
Err 76	编码器故障	可能编码器线未接、电路损坏，导致 UVW 信号全为高电平
Err 78	旋变故障	旋变角度读取异常、旋变芯片损坏、旋变电路损坏
Err 81	自动调零故障	自动调零找不到编码器 Z 信号
Err 82	自动调零故障	UVW 线序不正确、正反向定义参数设置不匹配
Err 83	自动调零故障	电动机极设置不对、编码器参数设置不对、编码器损坏、电动机负载过大引起堵转
Err 84	自动调零故障	电动机零位找到试运行时速度波动太大、电动机负载异常、PI 参数设置错误
Err 99	主机通信故障	从机通信地址设置错误
Err100	从机通信故障	从机 CAN 通信线连接错误
Err10X	主机通信故障	从机状态异常、通信接线异常
Err120	商务定时故障	商务定时时间到达

★★★4.29.2 盛迈 SM30 系列伺服驱动器

盛迈 SM30 系列伺服驱动器故障信息与代码见表 4-99。

表 4-99 盛迈 SM30 系列伺服驱动器故障信息与代码

故障代码	故障现象/类型	故障原因
Err 12	过电流故障	电流过大、电动机接线和参数设置错误
Err 13	IGBT 故障	电动机接线异常、IGBT 温度异常
Err 14	过载故障、堵转故障	负载过大、电动机发生堵转、电动机零位不准
Err 15	制动过电流故障	制动电阻过小、加/减速时间设置错误
Err 16	IGBT 温度故障	NTC 异常、硬件电路异常
Err 19	压力传感器故障	压力传感器损坏、压力传感器供电异常、接线异常
Err 23	硬件过电压故障	制动电阻异常、加/减速度异常
Err 24	硬件欠电压故障	供电电压异常
Err 25	断相故障	三相交流输入断相、硬件电路异常
Err 31	内部 +15V 过电压故障	外部强电干扰、硬件电路异常
Err 32	内部 +15V 欠电压故障	外部强电干扰、硬件电路异常
Err 33	内部 -15V 过电压故障	外部强电干扰、硬件电路异常
Err 34	内部 -15V 欠电压故障	外部强电干扰、硬件电路异常
Err 35	内部 +5V 电压故障	外部强电干扰、硬件电路异常
Err 36	内部 +5V 欠电压故障	外部强电干扰、硬件电路异常
Err 37	内部 +24V 过电压故障	外部强电干扰、硬件电路异常
Err 38	内部 +24V 欠电压故障	外部强电干扰、硬件电路异常

（续）

故障代码	故障现象/类型	故障原因
Err 41	驱动器过热故障	温度传感器损坏、驱动器散热通道异常、风扇异常
Err 42	电动机过热故障	温度传感器损坏、电动机散热异常、温度保护
Err 61	过速故障	编码器故障、电磁干扰、电动机异常、过速保护
Err 66	IN 口触发报错功能	IN 口功能配置错误
Err 70	位置误差过大故障	最大位置误差参数设置错误、电流环调整错误、速度环和位置环增益错误
Err 71	位置反馈故障	旋变信号受到较大干扰、旋变芯片损坏
Err 72	编码器故障	编码器电路损坏，UVW 信号一直全为低电平
Err 73	编码器故障	可能编码器电路损坏，UVW 信号一直全为高电平
Err 74	编码器故障	可能编码器电路损坏，UVW 电平状态切换错误
Err 75	编码器故障	可能编码器电路损坏，导致 UVW 信号全为低电平
Err 76	编码器故障	可能编码器线未接、电路损坏，导致 UVW 信号全为高电平
Err 77	旋变故障	旋变芯片损坏、旋变电路损坏
Err 78	旋变故障	旋变芯片损坏、旋变电路损坏
Err 81	自动调零故障	自动调零找不到编码器 Z 信号
Err 82	自动调零故障	UVW 线序不正确、正反向定义参数设置不匹配
Err 83	自动调零故障	电动机极设置不对、编码器参数设置不对、编码器损坏、电动机负载过大引起堵转
Err 84	自动调零故障	电动机零位找到试运行时速度波动太大、电动机负载异常、PI 参数设置错误
Err 99	主机通信故障	从机通信地址设置错误
Err009 Err090 Err900 Err099 Err909 Err990 Err999	三相零漂过大故障	个位为 9 表示 A 相电流采样零漂过大 十位为 9 表示 B 相电流采样零漂过大 百位为 9 表示 C 相电流采样零漂过大 例如： Err009 表示 A 相电流采样零漂过大 Err099 表示 A 相与 B 相电流采样零漂过大 Err909 表示 A 相与 C 相电流采样零漂过大
Err100	从机通信故障	从机 CAN 通信线连接错误
Err10X	主机通信故障	从机状态异常、通信接线异常
Err115	参数设置故障	内外部参数输入错误，超出输入值的上下界
Err120	商务定时保护	商务定时时间到达
Err130	编码器电池无效故障	电池损坏
Err131	编码器电池电压低故障	电池损坏
Err132	多圈溢出故障	编码器设置错误
Err133	IN 口重复配置部分功能参数	IN 口重复配置部分功能参数时，即会出现该报错
Err134	路径号跳转入口超出范围故障	检查参数，路径跳转入口超出了 0～63 的范围
Err135	路径格式设置故障	路径控制码参数类型错误
Err139	编码器 CRC 校验故障	编码器接线错误、外部干扰过大
Err140	绝对值编码器故障 1	编码器接线错误

（续）

故障代码	故障现象/类型	故障原因
Err141	绝对值编码器故障2	编码器较大干扰
Err142	绝对值编码器故障3	编码器线数设置错误
Err143	绝对值编码器故障4	编码器线数设置错误
Err150	Ethercat 通信故障1	Ethercat 通信芯片异常
Err151	Ethercat 通信故障2	Ethercat 通信芯片异常
Err152	Ethercat 通信故障3	Ethercat 通信芯片异常、通信芯片 XML 配置文件异常
Err153	Ethercat 通信故障4	Ethercat 通信芯片异常、通信芯片 XML 配置文件异常

★★★4.29.3　盛迈 SM10 系列伺服驱动器

盛迈 SM10 系列伺服驱动器故障信息与代码见表4-100。

表4-100　盛迈 SM10 系列伺服驱动器故障信息与代码

故障代码	故障现象/类型	故障代码	故障现象/类型
Err 12	过电流故障	Err 38	内部 +24V 欠电压故障
Err 13	IGBT 故障	Err 41	驱动器过热故障
Err 14	过载故障、堵转故障	Err 42	电动机过热故障
Err 15	制动过电流故障	Err 61	过速故障
Err 16	IGBT 温度故障	Err 71	位置反馈故障
Err 19	压力传感器故障	Err 75	编码器故障
Err 23	硬件过电压故障	Err 76	编码器故障
Err 24	硬件欠电压故障	Err 78	旋变故障
Err 25	断相故障	Err 81	自动调零故障
Err 31	内部 +15V 过电压故障	Err 82	自动调零故障
Err 32	内部 +15V 欠电压故障	Err 83	自动调零故障
Err 33	内部 -15V 过电压故障	Err 84	自动调零故障
Err 34	内部 -15V 欠电压故障	Err 99	主机通信故障
Err 35	内部 +5V 过电压故障	Err100	从机通信故障
Err 36	内部 +5V 欠电压故障	Err10X	主机通信故障
Err 37	内部 +24V 过电压故障	Err120	商务定时保护

4.30　施耐德系列伺服驱动器

★★★4.30.1　施耐德 Lexium23 系列伺服驱动器

施耐德 Lexium23 系列伺服驱动器故障信息与代码见表4-101。

表4-101　施耐德 Lexium23 系列伺服驱动器故障信息与代码

故障代码	故障现象/类型	故障内容	清除报警
ALE01	过电流故障	主回路电流超越电动机瞬间最大电流的1.5倍时动作	需要 DI ARST 清除
ALE02	过电压故障	主回路电压高于规格值时动作	需要 DI ARST 清除
ALE03	低电压故障	主回路电压低于规格电压时动作	电压恢复自动清除
ALE04	保留	保留	—
	电动机匹配故障	驱动器型号与电动机无法支持	需要重新上电

（续）

故障代码	故障现象/类型	故障内容	清除报警
ALE05	再生故障	再生控制动作异常时动作	需要 DI ARST 清除
ALE06	过载故障	电动机及驱动器过载时动作	需要 DI ARST 清除
ALE07	过速度故障	电动机控制速度超过正常速度过大时动作	需要 DI ARST 清除
ALE08	异常脉冲控制命令	脉冲命令的输入频率超过硬件界面容许值时动作	需要 DI ARST 清除
ALE09	位置控制误差过大故障	位置控制误差量大于设定容许值时动作	需要 DI ARST 清除
ALE10	芯片执行超时故障	芯片异常时动作	无法清除
ALE11	编码器故障	编码器产生脉冲信号异常时动作	需要重上电清除
ALE12	校正故障	执行电气校正时校正值超越容许值时动作	需要移除 CN1 接线并执行自动校正后清除
ALE13	紧急停止故障	紧急按钮按下时动作	需要 DI EMGS 解除自动清除
ALE14	反向极限故障	反向极限开关被按下时动作	需要 DI ARST 清除或 Servo Off 清除
ALE15	正向极限故障	正向极限开关被按下时动作	需要 DI ARST 清除或 Servo Off 清除
ALE16	IGBT 温度故障	IGBT 温度过高时动作	需要 DI ARST 清除
ALE17	存储器故障	常存储器（EEPROM）存取异常时动作	需要 DI ART 清除
ALE18	芯片通信故障	芯片通信异常时动作	需要 DI ARST 清除
ALE19	串行通信故障	RS-232/485 通信异常时动作	需要 DI ARST 清除
ALE20	串行通信故障	RS-232/485 通信超时时动作	需要 DI ARST 清除
ALE21	命令写入故障	控制命令下达异常时动作	需要 DI ARST 清除
ALE22	主回路电源断相故障	主回路电源断相输入	需要 DI ARST 清除
ALE23	预先过载故障	电动机及驱动器根据参数 P1-56 过载输出准位设定的百分比，预先产生过载警告动作	需要 DI ARST 清除
ALE24	编码器故障	编码器初始磁场错误	需要将电动机轴心转动后，重新上电
ALE25	编码器故障	编码器内部错误	需要重新上电
ALE97	内部命令执行故障	内部命令执行异常	需要 DI ARST 清除
ALE98	芯片通信故障	硬件故障导致芯片通信错误	需要 DI ARST 清除
ALE99	芯片通信故障	硬件故障导致芯片通信错误	需要 DI ARST 清除

★★★4.30.2　施耐德 LXM32M 系列伺服驱动器

施耐德 LXM32M 系列伺服驱动器 7 段显示屏的上方的四个状态 LED 的显示信息功能见表 4-102。

表 4-102　四个状态 LED 的显示信息功能

显示为故障	显示为编辑	显示为数值	单位	解　说
红灯亮起				说明为运行状态故障
	黄灯亮起	黄灯亮起		说明为可以编辑的参数值
		黄灯亮起		说明为参数值
			黄灯亮起	选定参数的单位

施耐德 LXM32M 系列伺服驱动器用于识别菜单级别的三个状态 LED 的显示信息功能见表 4-103。

表 4-103 三个状态 LED 的显示信息功能

LED	功能信息
Op	操作（英文为 Operation）
Mon	监测（英文为 Monitoring）
Conf	设置（英文为 Configuration）

出现报警时 LED 会闪烁，例如超过极限值时的图例如图 4-1 所示。

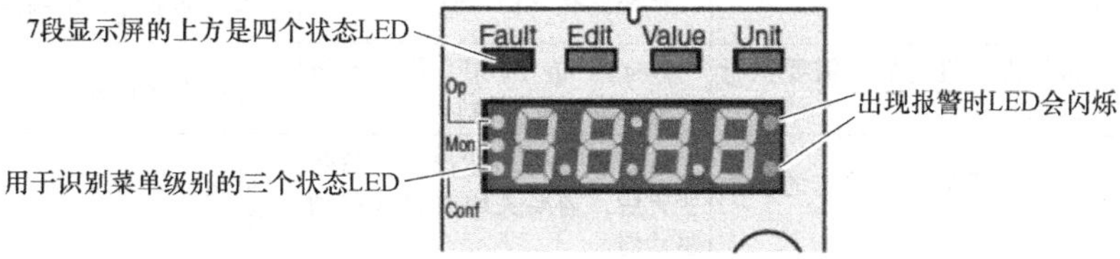

图 4-1 超过极限值时的图例

施耐德 LXM32M 系列伺服驱动器集成的 HMI 上的信息功能见表 4-104。

表 4-104 施耐德 LXM32M 系列伺服驱动器集成的 HMI 上的信息功能

信息	解说
CArd	存储卡上的数据与驱动器中的数据存在偏差
di S	驱动器处于运行状态 3 Switch On Disabled。DC 总线无电压或输入 STO_A 和 STO_B 没有通电
di SP	已连接一个外部 HMI，集成的 HMI 失灵
FLt	显示屏交替闪烁 Flt（FLT）与一个 4 位故障代码
FSu	需要执行 First Setup
hALt	输出级激活的情况下电动机被停住
MOt	识别出一个新的电动机
nrdY	驱动器没有做好接通电源的准备
Prot	集成的 HMI 的零件被通过参数 HMIlocked 锁定
rdY	输出级已准备就绪，可以接通电源
run	驱动器在所设置的运行模式下工作
SLt1 ... SLt3	驱动器识别出插件装备发生变更
StoP	驱动器显示屏交替闪烁 stop（STOP）与一个 4 位故障代码
uLou	初始化时，控制系统电源的电压过低

施耐德 LXM32M 系列伺服驱动器故障信息与代码见表 4-105。

表 4-105 施耐德 LXM32M 系列伺服驱动器故障信息与代码

故障代码	故障级别	故障现象/类型	故障原因	维修方法与维修解说
E 1100		超出参数允许范围	输入的值超出该参数允许值的范围	正确设定参数
E 1101		参数不存在	参数管理发出故障报告：参数不存在	选择其他的参数（索引）
E 1102		参数不存在	参数管理发出故障报告：参数（子索引）不存在	选择其他的参数（子索引）
E 1103		不允许改写该参数（READonly）	Read-Only 参数的写访问	仅写入可写的参数
E 1104		写访问被拒绝（没有访问权限）	参数仅可在专家模式下访问	写访问必须由专家完成

（续）

故障代码	故障级别	故障现象/类型	故障原因	维修方法与维修解说
E 1106		输出级处于启用状态时，不允许执行指令	输出级处于启用状态时，不允许执行指令	禁用输出级，再重复指令
E 1107		禁止其他接口访问	访问被其他通道占据	检查阻塞访问的通道
E 110B	3	配置错误参数_SigLatched Bit 30	参数检查时识别出故障	根据附加故障信息中的数值 Modbus 寄存器地址来识别出初始化的错误
E 110D	1	进行出厂设置后，需要执行驱动器基准设置	First Setup（FSU）没有被执行或没有被完全执行	需要执行 First Setup
E 110E		某个需要驱动器重启的参数已被变更	由调试软件显示出来。参数变更后，需要关闭并再次启动驱动器	重新启动驱动器，以启用参数的功能
E 1110		不明的上传或下载文件 ID	特定的设备规格不支持该种类型的文件	检查使用的设备型号，或配置文件是否正确
E 1112		无法锁定配置	外部工具试图锁定上传或下载的驱动器配置	如果其他工具已锁定了驱动器的配置，或驱动器处于某个运行状态中，而在该运行状态中无法进行锁定，则配置就无法被锁定
E 1114	4	配置的下载被中断（参数_SigLatched Bit 5）	在下载配置时出现了一个通信故障或外部工具故障。配置仅被部分传输到驱动器，可能存在冲突	关闭并重新启动驱动器，以及尝试重新执行配置下载，或者将驱动器参数复位到出厂设置
E 1118		配置数据与设备不匹配	配置数据含有其他设备的数据	检查设备型号与输出级的类型
E 111B	4	配置下载故障（辅助信息 = Modbus 寄存器地址）	下载配置时，有一个或多个配置值没有被驱动器采用	检查配置文件是否有效，是否与驱动器的型号、版本匹配。根据故障辅助信息中的数值 Modbus 寄存器地址可以识别出初始化错误
E 1300	3	STO 安全功能已启用（STO_A，STO_B）（参数_SigLatched Bit 10）	STO 安全功能已在运行状态 Operation Enabled 中被启用	检查 STO 安全功能输入的布线，以及将故障复位
E 1301	4	STO_A 和 STO_B 电平不同（参数_SigLatched Bit 11）	输入 STO_A 与 STO_B 的电平相差超过 1s	关闭驱动器，以及再次启动前排除故障原因
E 1302	0	STO 安全功能已启用（STO_A，STO_B）（参数_WarnLatched Bit 10）	STO 安全功能已在输出级禁用时被启用	一旦 STO 安全功能被禁用，警告就被自动复位
E 1310	3	控制信号的频率太高（参数_SigLatched Bit 28）	脉冲信号（A/B、脉冲/方向、CW/CCW）的频率高于允许的数值	调整控制器的输出频率以适应驱动器的输入频率，以及调整运行模式 Electronic Gear 的传动系数，以适应应用的需求（位置精度与速度）
E 1311		无法配置所选出的信号输入或信号输出功能	在已启用的运行模式中无法使用所选出的信号输入或信号输出功能	需要选择其他功能或变更运行模式
E 1312		未为信号输入功能定义限位开关信号或基准开关信号	基准点定位运行需要限位开关。未给输入分配限位开关	需要分配正向限位开关（Positive Limit Switch）、反向限位开关（Negative Limit Switch）以及基准开关（Reference Switch）的信号输入功能
E 1313		该信号输入功能无法使用已配置的去抖动时间	该输入的信号输入功能不支持所选的去抖动时间	将去抖动时间设为一个有效值

（续）

故障代码	故障级别	故障现象/类型	故障原因	维修方法与维修解说
E 1314	4	有至少两个信号输入拥有相同的信号输入功能	至少有两个信号输入配置了相同的信号输入功能	重新配置输入
E 160C	1	转动惯量在允许的范围之外	负载转动惯量过高	1）检查系统是否能够自由移动 2）检查负载
E 160F	1	无法启用输出级	在运行状态 Ready to Switch On 中未启动自动	驱动器处于运行状态 Ready to Switch On 中时，启动自动调整
E 1610	1	处理已结束	自动调整被指令结束，或由于驱动器中的故障而中断	排除停止的原因，以及重新启动自动调整
E 1611	1	内部写访问的自动调整	启用停止时，将写入自动调整参数。当自动调整启动时，将出现该故障信息	排除停止的原因，以及重新启动自动调整
E 1613	1	已超出最大允许运动范围（参数_SigLatched Bit 2）	自动调整时，有运动超出设置的运动范围	增加运动范围的值，或通过 AT_DIS =0 禁用范围监测
E 1614		已启用自动调整	自动调整同时启动两次或自动调整参数在自动调整期间改变（参数 AT_dis 和 AT_dir）	等自动调整结束，以及重新启动自动调整
E 1615		只要自动调整处于启用状态，该参数就不可修改	参数 AT_gain 或 AT_J 将在自动调整时被写入	等自动调整结束，再修改参数
E 1617	1	摩擦转矩或负载转矩过高	已达到最大电流（参数 CTRL_I_max）	1）检查系统是否能够自由移动 2）检查负载 3）使用不同尺寸的设备
E 1618	1	优化已中断	内部自动调整过程没有被完成	检查存储器中故障的辅助信息
E 1619		参数 AT_n_ref 中的速度跳跃高度与参数 T_n_tolerance 相比太小	参数 AT_n_ref <2 * AT_n_tolerance。在首次速度跳跃时检查一次	更改参数 AT_n_ref 和/或 AT_n_tolerance，以便达到需要的状态
E 1620	1	负载转矩过高	1）采用了不适合机器负载 2）识别出的机器转动惯量与电动机转动惯量相比过高	减小负载，检查尺寸
E 1622		无法执行自动调整	只有当未启用任何运行模式时，才能执行自动调整	结束启用的运行模式或禁用输出级
E 1A01	3	电动机已更换参数_SigLatched Bit 16	识别出的电动机并非此前识别出的电动机	确认电动机更换
E 1B04	2	编码器模拟的分辨率过高（参数_SigLatched Bit 30）	参数 CTRL_v_max 过小或编码器模拟的分辨率过高	降低编码器模拟的分辨率或参数 CTRL_v_max 中的最大速度
E 1B0C	3	电动机的实际速度过高		
E 2300	3	输出级过电流参数_SigLatched Bit 27	1）电动机短路及输出级被禁用 2）电动机相线接错	检查电动机的电源接头
E 2301	3	制动电阻过电流参数_SigLatched Bit 27	制动电阻短路	1）使用内部制动电阻时，需要维修 2）使用外部制动电阻时，需要检查制动电阻的布线、尺寸是否符合要求
E 3100	par.	一个或多个电源相线缺失或电源电压错误（参数_SigLatched Bit 15）	1）电源电压过低 2）电源频率不在有效范围内 3）电源电压或参 Umains_reduced 的值不合适（电源电压为 230V、Umains_reduced 为 1，或电源电压为 115V、Umains_reduced 为 0）	检查供电电源的电压是否符合要求，检查被减小的电源电压的参数设置

（续）

故障代码	故障级别	故障现象/类型	故障原因	维修方法与维修解说
E 3200	3	低电压 DC-Bus（参数_SigLatched Bit 14）	在制动时反馈过高	1）检查减速斜坡 2）检查驱动与制动电阻的尺寸
E 3201	3	DC 总线低电压（断电阈值）（参数_SigLatched Bit 13）	电源电压损耗，电压供给差	检查电源
E 3202	2	DC 总线低压（Quickstop 阈值）（参数_SigLatched Bit 13）	电源电压损耗，电压供给差	检查电源
E 3206	0	DC 总线低电压（警告）（参数_WarnLatched Bit 13）	电源电压缺失，电压供给不足	检查电源
E 4100	3	输出级过热（参数_SigLatched Bit 18）	1）晶体管过热 2）环境温度过高 3）通风器故障，有灰尘	检查通风器，改善控制柜散热条件
E 4101	0	输出级过热警告（参数_WarnLatched Bit 18）	1）晶体管过热 2）环境温度过高 3）通风器故障，有灰尘	检查通风器，改善控制柜散热条件
E 4102	0	输出级过载（I2t）（参数_WarnLatched Bit 30）	电流长时间超出标称值	检查尺寸，减小循环周期
E 4200	3	设备过热（参数_SigLatched Bit 18）	电路板过热，环境温度过高	检查通风器，改善控制柜散热条件
E 4300	2	电动机过热（参数_SigLatched Bit 17）	1）环境温度过高 2）占空因数过高 3）电动机安装不正确（隔热） 4）电动机过载（损耗功率过大）	检查电动机安装情况、降低环境温度、保证通风
E 4301	0	电动机过热温度警告（参数_WarnLatched Bit 17）	1）温度传感器电阻过高 2）过载 3）环境温度异常	检查电动机安装情况
E 4302	0	电动机过载（I2t）（参数_WarnLatched Bit 31）	电流长时间超出标称值	1）检查系统是否能够自由移动 2）检查负载
E 4402	0	制动电阻过载（I2t > 75%）（参数_WarnLatched Bit 29）	制动电阻接通时间过长，导致其过载能力的 75% 被耗尽	1）减小外部负载 2）减小电动机速度
E 4403	par.	制动电阻过载（I2t > 100%）	制动电阻接通时间过长	1）减小外部负载 2）减小电动机速度
E 5101	0	Modbus 的 12V 电压供给缺失		
E 5102	4	电动机编码器电源电压（参数_SigLatched Bit 16）	1）编码器的电压供给不在允许的范围 8V ~ 12V 内 2）硬件异常	检查电压，维修驱动器
E 5200	4	电动机和编码器连接故障（参数_SigLatched Bit 16）	1）编码器电缆不正确 2）电缆没有连接	检查电缆连接与屏蔽情况
E 5201	4	电动机编码器通信故障（参数_SigLatched Bit 16）	编码器自行识别出编码器故障	检查电缆连接与屏蔽情况
E 5202	4	不支持电动机编码器（参数_SigLatched Bit 16）	连接了不兼容的编码器	更改为兼容的配件
E 5204	3	与电动机编码器的连接丢失（参数_SigLatched Bit 16）	编码器电缆存在问题	检查电缆连接
E 5206	0	编码器通信错误（参数_WarnLatched Bit 16）	通信干扰	检查连接、检查电磁兼容性板、检查屏蔽情况

（续）

故障代码	故障级别	故障现象/类型	故障原因	维修方法与维修解说
E 5302	4	连接的电动机需要 16kHz 的 PWM 频率，驱动器输出级不支持该 PWM 频率	连接的电动机只能在 16kHz 的 PWM 频率下工作	改为使用以 8kHz 的 PWM 频率工作的电动机
E 5600	3	电动机连接相位错误（参数_SigLatched Bit 26）	电动机相线缺失	检查电动机相位连接
E 5603	3	整流换向出错（参数_SigLatched Bit 26）	1）电动机电缆布线错误 2）干扰耦合，编码器信号丢失 3）负载转矩高于电动机转矩 4）编码器的 EEPROM 含有无效数据 5）电动机没有调准	根据具体原因，选择相应解决方法： 1）检查电动机相线，检查编码器布线 2）检查电磁兼容性 3）检查电动机 4）维修
E 610D		选定参数中有错误	选择了错误的参数值	检查要写入的参数值
E 610E	4	系统故障：DC24V 低于断电阈值		维修
E 7100	4	输出级数据无效（参数_SigLatched Bit 30）	1）存储的输出级数据错误（CRC 错误） 2）内部存储器数据错误	维修
E 7111		无法变更参数值，因为外部制动电阻处于活动状态	外部制动电阻处于活动状态，仍然进行了变更 RESext_ton、RESext_P 或 RESext_R 中某一个参数值的尝试	如果变更 RESext_ton、RESext_P 或 RESext_R 中某一个参数，外部制动电阻就不得处于活动状态
E 7112	2	没有连接外部制动电阻	虽然外部制动电阻已被激活（参数 RESint_ext），但没有识别出外部制动电阻	检查外部制动电阻的布线与电阻值是否正确
E 7120	4	无效的电动机数据（参数_SigLatched Bit 16）	电动机数据错误（CRC 错误）	维修或更换电动机
E 7121	2	电动机与编码器间通信故障（参数_SigLatched Bit 16）	电磁兼容性	编码器故障存储器中查找
E 7122	4	无效的电动机数据（参数_SigLatched Bit 30）	1）编码器中存储的电动机数据错误（CRC 错误） 2）内部存储器数据错误	维修或更换电动机
E 7124	4	电动机编码器有错误（参数_SigLatched Bit 16）	编码器发出内部故障信号	维修或更换电动机
E 712D	4	未找到电动机的电子铭牌（参数_SigLatched Bit 16）	1）电动机数据错误（CRC 错误） 2）电动机无电子铭牌	维修或更换电动机
E 7133	0	无法写入电动机配置		
E 7134	4	电动机配置不完整（参数_SigLatched Bit 16）		
E 7328	4	位置评估时出现故障（参数_SigLatched Bit 16）	编码器在位置评估时识别出故障	维修或更换电动机
E 7329	0	电动机编码器警告（参数_WarnLatched Bit 16）	电动机编码器发出内部警告信号	维修或更换电动机
E 7500	0	RS485/Modbus 超出存储容量（参数_WarnLatched Bit 5）	电磁兼容性与布线问题	检查电缆
E 7501	0	RS485/Modbus 成帧误差（参数_WarnLatched Bit 5）	电磁兼容性与布线问题	检查电缆

（续）

故障代码	故障级别	故障现象/类型	故障原因	维修方法与维修解说
E 7502	0	RS485/Modbus 传输校验位故障（参数_WarnLatched Bit 5）	电磁兼容性与布线问题	检查电缆
E 7503	0	RS485/Modbus 接收故障（参数_WarnLatched Bit 5）	电磁兼容性与布线问题	检查电缆
E 7900	4	在识别现场总线模块插槽中的插件时出现故障（参数_SigLatched Bit 21）	1）现场总线模块没有正确安装在插槽中 2）不支持插入的现场总线模块 3）现场总线模块有错误 4）存在电磁兼容性问题	1）更换现场总线模块 2）改善电磁兼容性
E 7901	4	识别出现场总线模块插槽中存在不明现场总线模块类型（参数_SigLatched Bit 21）	1）驱动器不支持在现场总线模块 2）插槽中为识别不出的插件类型	使用支持类型的现场总线模块
E 7903	3	插槽 3 中缺失现场总线模块（参数_SigLatched Bit 21）	1）现场总线模块被移除 2）现场总线模块有错误	1）在 HMI 上确认或中断现场总线模块的更换 2）安装新的现场总线模块
E 7904	0	现场总线模块参数访问故障	1）现场总线模块参数不存在 2）现场总线模块无法被写入	
E 7905	3	插槽 3 中的现场总线模块已被更换（参数_SigLatched Bit 21）	现场总线模块被其他的现场总线模块替换	通过 HMI 对话确认现场总线模块的更换
E 8120	0	CANopen：CAN 控制器处于 Error Passive 状态（参数_WarnLatched Bit 21）	错误结构过多	检查 CAN 总线的安装
E 8130	2	CANopen：Heartbeat 或 Life Guard 出错（参数_SigLatched Bit 21）	CANopen 主站节奏的总线脉冲高于编程的 Heartbeat 时间或 Nodeguard 时间	检查 CANopen 配置，增加 Heartbeat 或 Nodeguard 时间
E 8131	0	CANopen：Heartbeat 或 Life Guard 出错（参数_WarnLatched Bit 21）		
E 8140	0	CANopen：CAN 控制器曾处于 Bus Off 状态，可重新通信（参数_WarnLatched Bit 21）		
E 8141	2	CANopen：CAN 控制器处于 Bus Off 状态（参数_SigLatched Bit 21）	过多结构错误，CAN 设备带不同波特率	检查 CAN 总线的安装
E 8142	0	CANopen：CAN 控制器处于 Bus Off 状态（参数_WarnLatched Bit 21）	过多结构错误，CAN 设备带不同波特率	检查 CAN 总线的安装
E 8281	0	CANopen：无法对 RxPDO1 进行处理（参数_WarnLatched Bit 21）	PDO1 含有无效数值	检查 RxPDO1 内容
E 8282	0	CANopen：无法对 RxPDO2 进行处理（参数_WarnLatched Bit 21）	PDO2 含有无效数值	检查 RxPDO2 内容

（续）

故障代码	故障级别	故障现象/类型	故障原因	维修方法与维修解说
E 8283	0	CANopen：无法对 RxPDO3 进行处理（参数_WarnLatched Bit 21）	PDO3 含有无效数值	检查 RxPDO3 内容
E 8284	0	CANopen：无法对 RxPDO4 进行处理（参数_WarnLatched Bit 21）	PDO4 含有无效数值	检查 RxPDO4 内容
E 8294	0	CANopen：无法对 TxPdo 进行处理（参数_WarnLatched Bit 21）		
E A060	2	计算出的运行模式 Electronic Gear 的速度过高（参数_SigLatched Bit 4）	传动系数或速度值过高	减小传动系数或给定值
E A061	2	运行模式 Electronic Gear 中给定值的位置变更过大（参数_SigLatched Bit 4）	1）给定位置变更过大 2）给定值信号输入出现故障	1）降低主站的分辨率 2）检查参比量信号的信号输入
E A300		发出停止要求后的制动过程依旧启用	1）停止被过早地取消 2）在发出停止要求后，未达到电动机停止前，已发出一个新的指令	1）取消停止信号前等待电动机完全停止 2）等到电动机完全停止
E A301		驱动放大器处于运行状态（Quick Stop Active）	1）出现故障级别 1 的故障 2）驱动装置通过 Quick Stop 而停止	
E A302	1	通过正向限位开关停止（参数_SigLatched Bit 1）	已离开运动范围，正向限位开关被启用，限位开关或信号出现异常	检查应用与检查限位开关的功能与连接情况
E A303	1	通过反向限位开关停止（参数_SigLatched Bit 1）	离开运动范围，反向限位开关被启用，限位开关或信号出现异常	检查应用与检查限位开关的功能与连接情况
E A305		无法在当前运行状态中启用输出级	运行状态 Not Ready to Switch On 中启用输出级	
E A306	1	通过用户触发软件停止来停止（参数_SigLatched Bit 3）	软件发出停止要求后，驱动状态处于运行状态 Quick Stop Active 中。无法启用新的运行模式	使用 Fault Reset 指令结束状态
E A307		被内部软件停止指令而停止	运行模式 Homing 与 Jog 中，运动可以通过内部软件停止来中断。无法启用新的运行模式，故障编码被作为启用指令的答复而发出	使用 Fault Reset 指令结束状态
E A308		驱动器处于运行状态 Fault 或 Fault Reaction Active 中	出现故障级别 2 或更高的故障	检查故障编码，排除故障原因后使用 Fault Reset 指令结束故障
E A309		驱动装置没有处于运行状态（Operation Enabled）	一个指令被发出，执行该指令的前提是驱动器处于运行状态 Operation Enabled 中	将驱动装置置于运行状态 Operation Enabled 中，以及重复指令
E A310		输出级没有启用	指令不能执行，因为输出级没有启用（运行状态 Operation Enabled 或 Quick Stop Active）	需要进入带输出级启用的状态

（续）

故障代码	故障级别	故障现象/类型	故障原因	维修方法与维修解说
E A313		开过位置，基准点不再定义（ref_ok =0）	运动范围的界限被驶过，导致基准点丢失	在运行模式 Homing 下设置新的基准点
E A314		无基准点	指令需要已定义的基准点（ref_ok =1）	在运行模式 Homing 下设置新的基准点
E A315		运行模式 Homing 已启用	只要运行模式 Homing 处于启用状态，就不允许执行指令	等到基准点定位运行结束
E A317		电动机不在静止状态	一个指令被发出，只要电动机没有处于静止状态，就不允许执行该指令	等到电动机处于静止状态（x_end =1）
E A318		运行方式启用（x_end = 0）	只要当前的运行模式处于启用状态，就无法变更新的运行模式	等到指令在运行模式下处理完毕（x_end =1），或者通过停机指令结束当前的运行模式
E A319	1	运动超出允许的范围（参数_SigLatched Bit 2）	运动超出参数设定的最大允许运动范围	检查允许的运动范围与时间间隔
E A31A		幅度/偏移量过高	调整的幅度加偏移量超过速度或者电流的内部临界值	需要选择较低的幅度与偏移量数值
E A31B		已发出停止请求	当停止要求存在时，不允许执行指令	结束停止要求再重复指令
E A31C		软件限位开关的位置设置非法	反向（正向）软件限位开关的值大于（小于）正向（反向）软件限位开关	更正位置数值
E A31D		超出速度范围（参数 CTRL_n_max、M_n_max）	速度被设定在一个高于最大允许速度的数值，参数 CTRL_n_max 或 M_n_max 中较低的值	参数 M_n_max 的值大于参数 CTRL_n_max 值时，增大参数 CTRL_n_max 的值或降低速度值
E A31E	1	通过正向软件限位开关停止（参数_SigLatched Bit 2）	指令可以因为开过正向软件限位开关而不执行	返回允许的范围
E A31F	1	通过反向软件限位开关停止（参数_SigLatched Bit 2）	指令可以因为开过反向软件限位开关而不执行	返回允许的范围
E A320	par.	跟踪偏差（参数_SigLatched Bit 8）	外部负载或加速度过高	1）降低负载或加速度 2）使用不同尺寸的驱动器 3）通过参数 ErrorResp_p_dif 设置故障响应
E A324	1	基准点定位时的故障（附加信息 = 详细的故障代码）（参数_SigLatched Bit 4）	出现故障后，基准点定位运行被结束	故障的可能子码为 E A325、E A326、E A327、E A328 、E A329
E A325	1	所逼近的限位开关没有启用（参数_SigLatched Bit 4）	朝向正向限位开关或反向限位开关的基准点定位已被禁用	限位开关通过 IOsigLimP 或 IOsigLimN 启用
E A326	1	在正向限位开关和反向限位开关间没有找到基准开关（参数_SigLatched Bit 4）	基准开关有错误或没有正确连接	检查基准开关的功能与布线情况
E A329	1	有一个以上的正向限位开关/反向限位开关/基准开关的信号处于激活状态（参数_SigLatched Bit 4）	基准开关或限位开关没有正确连接，或开关的电源电压过低	检查 DC24V 电源的布线情况

（续）

故障代码	故障级别	故障现象/类型	故障原因	维修方法与维修解说
E A32A	1	运动时，正向限位开关被沿着反方向触发（参数_SigLatched Bit 4）	以反向运动方向启动基准点定位运行，以及启用正向限位开关	检查限位开关的功能与连接情况
E A32B	1	在运动时，反向限位开关被沿着正方向触发（参数_SigLatched Bit 4）	以正向运动方向启动基准点定位运行，以及启用反向限位开关	检查限位开关的功能与连接情况
E A32C	1	基准开关出错（参数_SigLatched Bit 4）	1）限位开关信号异常 2）电动机位于振动或撞击负载下，如果电动机在开关信号启用后停止	1）检查电源电压、布线、开关功能 2）检查电动机在停止后的反应，以及优化控制器设置
E A32D	1	正向限位开关出错（参数_SigLatched Bit 4）	1）限位开关信号异常 2）电动机位于振动或撞击负载下，如果电动机在开关信号启用后停止	1）检查电源电压、布线、开关功能 2）检查电动机在停止后的反应，以及优化控制器设置
E A32E	1	反向限位开关出错（参数_SigLatched Bit 4）	1）限位开关信号异常 2）电动机位于振动或撞击负载下，如果电动机在开关信号启用后停止	1）检查电源电压、布线、开关功能 2）检查电动机在停止后的反应，以及优化控制器设置
E A330	0	朝向标志脉冲的基准点定位运行无法复制。标志脉冲距离开关过近（参数_WarnLatched Bit 4）	开关信号发生变化和产生标志脉冲间的位置区别过小	改变限位开关的安装位置
E A332	1	运行模式 Jog 中的运动故障（附加信息 = 详细故障代码）（参数_SigLatched Bit 4）	运行模式 Jog 中的运动由于故障而停止	根据故障存储器中的附加信息来采取相应措施
E A334	2	停止范围监测超时	运动结束后的位置偏差大于停止范围。也可能是外部负载	1）检查负载 2）检查停止范围的设置（参数 MON_p_win、MON_p_winTime 和 MON_p_winTout） 3）优化控制器的设置
E A337	0	无法继续执行该运行模式（参数_WarnLatched Bit 4）	中断的运动不能在运行模式 Profile Position 下继续	重新启动运行模式
E A33A	0	未定义基准（ref_ok = 0）（参数_WarnLatched Bit 4）	1）没有在运行模式 Homing 下定义基准点 2）基准点不再有效 3）电动机无绝对编码器	1）在运行模式 Homing 下定义一个基准点 2）重新设定有效的基准点 3）使用有绝对编码器的电动机
E A33D	0	混杂式运动已经启用（参数_WarnLatched Bit 4）	启用混杂式运动期间的混杂式运动发生改变	设置下一位置前，等待混杂式运动结束
E A33E	0	未启用运动（参数_WarnLatched Bit 4）	启用不带运动的混杂式运动	启用混杂式运动前，需要启动运动
E A33F	0	混杂式运动位置不在已启用运动的范围内（参数_WarnLatched Bit 4）	混杂式运动的位置在当前运动范围以外	检查混杂式运动的位置与当前运动范围
E A340	1	运动序列运行方式中的故障（附加信息 = 详细故障代码）（参数_SigLatched Bit 4）	运行模式 Motion Sequence 由于故障而停止	根据故障存储器中的附加信息来采取相应措施
E A341	0	已经超出混杂式运动位置（参数_WarnLatched Bit 4）	混杂式运动位置已经被当前的运动超出	

（续）

故障代码	故障级别	故障现象/类型	故障原因	维修方法与维修解说
E A342	1	在混杂式运动的位置上没有达到目标速度（参数_SigLatched Bit 4）	混杂式运动的位置已被驶过，没有达到目标速度	降低斜坡速度
E A344	3	超过电动机编码器与外部编码器间的最大位置偏差（参数_SigLatched Bit 8）	1）编码器电缆有错误 2）没有正确连接外部编码器或者没有正确供电 3）电动机编码器与外部编码器的计数方向不同 4）用于外部编码器的分辨率系数设置错误	检查编码器接线，或者正确设定外部编码器参数
E A347	0	已达到位置偏差警告的阈值（参数_WarnLatched Bit 8）	外部负载或加速度过高	1）降低负载或加速度 2）通过参数 MON_p_dif_warn 设置阈值
E B100	0	RS485/Modbus：未知的服务（参数_WarnLatched Bit 5）	接收到不支持的 Modbus 服务	检查 Modbus 主站上的应用情况
E B101	1	E/A 数据错误（附加信息＝Modbus 寄存器地址）（参数_SigLatched Bit 21）	E/A 数据配置或 Modbus I/O Scanning 的配置含有一个无效的参数	检查 E/A 数据的配置
E B102	1	现场总线模块，一般故障（参数_SigLatched Bit 21）		
E B103	2	现场总线模块，控制通信通道被关闭（参数_SigLatched Bit 21）		
E B104	2	现场总线模块，内部通信故障（参数_SigLatched Bit 21）		
E B105	2	现场总线模块，E/A 数据超时（参数_SigLatched Bit 21）		
E B106	2	现场总线模块，E/A 数据映射故障（参数_SigLatched Bit 21）		
E B107	4	现场总线模块：插件 EEPROM 故障（参数_SigLatched Bit 21）		
E B200	0	RS485/Modbus：记录故障（参数_WarnLatched Bit 5）	逻辑记录长度错误或不支持子功能	检查 Modbus 主站上的应用情况
E B201	2	RS485/Modbus：Nodeguard 故障（参数_SigLatched Bit 5）	连接监测（参数 MBnode_guard）＜＞0ms，识别出一个 Nodeguard 事件	检查或改变 Modbus 主站上的应用
E B202	0	RS485/Modbus：Nodeguard 警告（参数_WarnLatched Bit 5）	连接监测（参数 MBnode_guard）＜＞0ms，识别出一个 Nodeguard 事件	检查或改变 Modbus 主站上的应用
E B312	2	Profibus：清理指令引发故障响应（参数_SigLatched Bit 21）	主站发送清理指令，总线异常	检查应用
E B314	2	Profibus：带故障响应的 Watchdog 故障（参数_SigLatched Bit 21）	Profibus 主站的循环周期大于编程的 Watchdog 时间	提高 Profibus 主站中的 Watchdog 时间

（续）

故障代码	故障级别	故障现象/类型	故障原因	维修方法与维修解说
E B316	2	Profibus：带故障响应的通信故障（参数_SigLatched Bit 21）	系统故障或总线故障，电磁兼容性问题	检查 Profibus 连接，检查屏蔽情况
E B400	2	CANopen：在启用输出级时 NMT 复位（参数_SigLatched Bit 21）	在驱动器处于运行状态 Operation Enabled 中时，接收到 NMT 复位指令	发送 NMT 复位指令前，禁用输出级
E B401	2	CANopen：在启用输出级时 NMT 复位（参数_SigLatched Bit 21）	在驱动器处于运行状态 Operation Enabled 中时，接收到 NMT 复位指令	发送 NMT 停止指令前，禁用输出级
E B402	0	CAN PLL 启用（参数_WarnLatched Bit 2）	虽然同步机械装置已经启用，依旧尝试启动	禁用同步机械装置
E B403	2	Sync 周期与理想值偏差过高（参数_SigLatched Bit 21）	SYNC 信号的周期不稳定，偏差大于 100μs	运动控制器的 SYNC 信号需要精确
E B404	2	Sync 信号故障（参数_SigLatched Bit 21）	SYNC 信号曾超过两次出现不可用	检查 CAN 连接，检查运动控制器
E B405	2	无法调整驱动放大器以适应主脉冲（参数_SigLatched Bit 21）	SYNC 目标的抖动过大，或 Motionbus 的要求没有得到满足	检查关于插入时间与设备数量的计时要求
E B407	0	驱动放大器与主脉冲不同步（参数_WarnLatched Bit 21）	当驱动放大器不同步时，无法启用运行模式 Cyclic Synchronous Mode	1）检查运动控制器 2）运动控制器需要周期性地发送 SYNC 信号，以同步化
E B600	2	Ethernet：网络过载（参数_SigLatched Bit 21）		
E B601	2	Ethernet：丢失 Ethernet 运营商（参数_SigLatched Bit 21）		
E B602	2	Ethernet：双重 IP 地址（参数_SigLatched Bit 21）		
E B603	2	Ethernet：IP 地址无效（参数_SigLatched Bit 21）		
E B604	2	Ethernet：DHCP/BOOTP（参数_SigLatched Bit 21）		
E B605	2	Ethernet FDR：没有配置故障（参数_SigLatched Bit 21）		
E B606	2	Ethernet FDR：无法排除的故障（参数_SigLatched Bit 21）		
E B607	2	Ethernet：E/A 数据闲置（参数_SigLatched Bit 21）	PLC 已停止，却仍然在继续传输 E/A 数据	停止 PLC 前，禁用已连接驱动器的输出级

注：1. 参数_WarnLatched 与_SigLatched 保存着警告、故障信息。其中，警告故障位可以在参数_WarnLatched 中读取。故障位可以在参数_SigLatched 中读取。
2. 故障代码没有被列出，可能是固件版本更新或出现了系统故障。

施耐德 LXM32M 系列伺服驱动器故障级别的特点见表 4-106。

表 4-106 施耐德 LXM32M 系列伺服驱动器故障级别的特点

故障级别	响应	解 说
0	警告	监控功能识别出一个问题。运行没有中止
1	快速停止	通过“快速停止”停止电动机，输出级保持启用状态
2	通过切断以快速停止	通过“快速停止”停止电动机，输出级在停止运转时被禁用

（续）

故障级别	响应	解　　说
3	致命故障	不事先使电动机停止就禁用输出级
4	操作失控	不事先使电动机停止就禁用输出级。只能通过关闭驱动器才能够复位故障

4.31　四方系列伺服驱动器

★★★4.31.1　四方 CA150 系列伺服驱动器

四方 CA150 系列伺服驱动器故障信息与代码见表 4-107。

表 4-107　四方 CA150 系列伺服驱动器故障信息与代码

故障代码	故障现象/类型	故障代码	故障现象/类型
ER. 001	过电流故障	ER. 019	编码器 UVW 信号故障
ER. 002	IPM 故障	ER. 020	编码器故障
ER. 003	过载故障（超出瞬时最大负载）	ER. 021	分频输出故障
ER. 004	伺服驱动器母线校准故障	ER. 022	编码器初始信号被干扰故障
ER. 005	U 相电流采样通道故障	ER. 023	电磁干扰故障 1
ER. 006	V 相电流采样通道故障	ER. 024	电磁干扰故障 2
ER. 007	W 相电流检出故障	ER. 025	电磁干扰故障 3
ER. 008	再生制动器过载故障或过电流故障	ER. 026	电磁干扰故障 4
ER. 009	直流母线欠电压故障	ER. 027	电动机连接故障
ER. 010	直流母线过电压故障	ER. 028	主回路输入 L1、L2、L3 断相故障
ER. 011	电动机超速故障	ER. 029	驱动器 24V 故障
ER. 012	驱动器散热器过热故障	ER. 030	通信故障
ER. 013	保留	ER. 031	单板工装测试 QC 标签 NG
ER. 014	EPROM 读写故障	ER. 032	老化前测试 QC 标签 NG
ER. 015	参数复制故障	ER. 033	12h 老化测试标签 NG
ER. 016	位置偏差过大故障	ER. 034	老化后整机测试标签 NG
ER. 017	串行编码器故障	ER. 039	控制板故障 ID
ER. 018	编码器 ABZ 信号故障	ER. 040	电动机选择逻辑故障

★★★4.31.2　四方 CD100P 系列伺服驱动器

四方 CD100P 系列伺服驱动器故障信息与代码见表 4-108。

表 4-108　四方 CD100P 系列伺服驱动器故障信息与代码

故障代码	故障现象/类型	故障原因
Er-001	过电流故障	外部短路、IPM 损坏
Er-003	过载故障	电动机堵转、负载过大

（续）

故障代码	故障现象/类型	故障原因
Er-004	温度检测采样通道故障	温度传感器未接入
Er-005	U 相电流采样通道故障	U 相电流检测电路故障
Er-006	V 相电流采样通道故障	V 相电流检测电路故障
Er-008	再生制动器过载故障	制动功率过大
Er-009	母线欠电压故障	主回路电源电压太低
Er-010	母线过电压故障	主回路电源电压太高、频繁制动
Er-011	电动机超速故障	驱动器动力线线序错误
Er-012	温度过高故障	环境温度过高、风扇故障
Er-013	EEPROM 频繁写入故障	频繁对 EEPROM 进行写入操作
Er-014	EEPROM 存取故障	EEPROM 芯片损坏
Er-015	脉冲输入频率过高故障	脉冲指令输入频率高于额定输入频率
Er-016	位置跟踪超差故障	目标位置与实际位置偏差过大
Er-017	编码器未连接	编码器连接线断线
Er-019	编码器初始磁场故障	驱动器与编码器通信受到干扰、编码器损坏
Er-020	编码器内部数据故障	驱动器与编码器通信受到干扰、编码器损坏
Er-022	电子齿轮比设定超限故障	电子齿轮比的分子与分母比值超过范围
Er-023	电磁干扰故障	开关回路受到干扰
Er-027	驱动器输出断相故障	主回路 UVW 动力线开路
Er-028	主回路电源输入断相故障	主回路电源开路
Er-029	控制回路电源 24V 故障	驱动器 24V 电源故障、内部排线没有可靠接入
Er-030	系统电源 15V 故障	驱动器内部 15V 电源故障
Er-031	QC 测试标签故障 1	单板测试未通过
Er-032	QC 测试标签故障 2	老化前测试未通过
Er-033	QC 测试标签故障 3	12h 老化测试未通过
Er-034	QC 测试标签故障 4	老化后测试未通过
Er-036	全闭环编码器断线故障	全闭环编码器连接线断开
Er-037	全闭环位置偏差过大故障	全闭环的连接器松动或脱落、Pn-704 设置太小
Er-038	原点回归超时故障	原点回归开始后，在 Pn-339 设定的时间内未搜寻到原点
Er-039	驱动器代码错误	驱动器 ID 码错误
Er-040	电动机代码错误	电动机代码与驱动器不匹配
Er-045	DI 功能重复分配	DI 功能分配时，同一功能重复分配给多个 DI 端子
Er-060	EtherCAT 通信中断故障	EtherCAT 通信断线
Er-070	绝对位置模式电动机不匹配故障	增量型电动机开启绝对位置功能

★★★4.31.3 四方 CA200-P、CA200-E 系列伺服驱动器

四方 CA200-P、CA200-E 系列伺服驱动器故障信息与代码见表 4-109。

表 4-109 四方 CA200-P、CA200-E 系列伺服驱动器故障信息与代码

故障代码	故障现象/类型	故障原因
Er-001	过电流故障	外部短路、IPM 损坏
Er-003	过载故障	电动机堵转、负载过大
Er-004	温度检测采样通道故障	温度传感器未接入
Er-005	U 相电流采样通道故障	U 相电流检测电路故障
Er-006	V 相电流采样通道故障	V 相电流检测电路故障
Er-008	再生制动器过载故障	制动功率过大
Er-009	母线欠电压故障	主回路电源电压太低
Er-010	母线过电压故障	主回路电源电压太高、频繁制动
Er-011	电动机超速故障	驱动器动力线线序错误
Er-012	温度过高故障	环境温度过高或风扇故障
Er-013	EEPROM 频繁写入故障	频繁对 EEPROM 进行写入操作
Er-014	EEPROM 存取故障	EEPROM 芯片损坏
Er-015	脉冲输入频率过高故障	脉冲指令输入频率高于额定输入频率
Er-016	位置跟踪超差故障	目标位置与实际位置偏差过大
Er-017	编码器未连接故障	编码器连接线断线
Er-019	编码器初始磁场故障	驱动器与编码器通信受到干扰、编码器损坏
Er-020	编码器内部数据故障	驱动器与编码器通信受到干扰、编码器损坏
Er-022	电子齿轮比设定超限故障	电子齿轮比的分子与分母比值超过范围
Er-023	电磁干扰故障	开关回路受到干扰
Er-027	驱动器输出断相故障	主回路 UVW 动力线开路
Er-028	主回路电源输入断相故障	主回路电源开路
Er-029	控制回路电源 24V 故障	驱动器 24V 电源故障、内部排线未可靠接入
Er-030	系统电源 15V 故障	驱动器内部 15V 电源故障
Er-031	QC 测试标签故障 1	单板测试未通过
Er-032	QC 测试标签故障 2	老化前测试未通过
Er-033	QC 测试标签故障 3	12h 老化测试未通过
Er-034	QC 测试标签故障 4	老化后测试未通过
Er-037	全闭环位置偏差过大故障	全闭环的连接器松动或脱落、Pn-704 设置太小
Er-038	原点回归超时故障	原点回归开始后，在 Pn-339 设定的时间内未搜寻到原点
Er-039	驱动器代码故障	驱动器 ID 码错误
Er-040	电动机代码故障	电动机代码与驱动器不匹配

（续）

故障代码	故障现象/类型	故障原因
Er-060	EtherCAT 通信中断故障	EtherCAT 通信断线
Er-070	绝对位置模式电动机不匹配故障	增量型电动机开启绝对位置功能

★★★4.31.4　四方 VD80 系列伺服驱动器

四方 VD80 系列伺服驱动器故障信息与代码见表4-110。

表4-110　四方 VD80 系列伺服驱动器故障信息与代码

故障代码	故障现象/类型	故障原因
ER.001	伺服驱动器过电流故障	检查参数设置不合理
ER.002	IPM 故障	IPM 短路、过热
ER.003	过载故障（超出瞬时最大负载）	电动机堵转、负载过大
ER.004	保留	保留
ER.005	U 相电流采样通道故障	U 相电流检出电路故障、驱动器 U 相断线
ER.006	V 相电流采样通道故障	U 相电流检出电路故障、驱动器 V 相断线
ER.007	W 相电流检出故障	控制板排线未可靠连接、输出开路
ER.008	再生制动器过载故障、过电流故障	制动功率过大
ER.009	直流母线欠电压故障	直流母线低于 230V
ER.010	直流母线过电压故障	直流母线电压超过 390V
ER.011	电动机超速故障	编码器连接不可靠、编码器损坏
ER.012	驱动器散热器过热故障	环境温度过高、散热风扇故障
ER.013	保留	保留
ER.014	EPROM 读写故障	校验错误
ER.015	参数复制故障	通信线缆没连接、通信线缆连接不可靠
ER.016	位置偏差过大故障	设定位置与实际位置偏差过大
ER.017	串行编码器故障	未接入编码器、编码器接触不良、编码器故障
ER.018	编码器 ABZ 信号故障	未接入 ABZ 信号、接触不良
ER.019	编码器 UVW 信号故障	未接入 UVW 信号、接触不良
ER.020	编码器故障	逻辑编码错误
ER.021	测速故障	编码器测速结果过大
ER.022	编码器初始信号被干扰	编码器受到干扰
ER.023	电磁干扰 1	电动机未通电、驱动封锁电路被干扰
ER.024	电磁干扰 2	电动机运行时驱动封锁干扰
ER.025	电磁干扰 3	电动机未通电驱动器过电流信号触发
ER.026	电磁干扰 4	电动机未通电时，且散热器温度 <70°，IPM 报警
ER.027	电动机连接故障	未接入
ER.028	主回路输入断相故障	电源线开路
ER.029	驱动器 24V 故障	驱动器 24V 电源故障、驱动器内部排线未可靠接入
ER.030	通信故障	通信受到干扰
ER.031	单板工装测试 QC 标签 NG	属于厂家组参数
ER.032	老化前测试 QC 标签 NG	属于厂家组参数

（续）

故障代码	故障现象/类型	故障原因
ER. 033	12h 老化测试标签 NG	属于厂家组参数
ER. 034	老化后整机测试标签 NG	属于厂家组参数
ER. 039	控制板错误 ID	属于厂家组参数
ER. 040	电动机选择逻辑错误	属于厂家组参数

★★★4.31.5　四方 CA500 系列伺服驱动器

四方 CA500 系列伺服驱动器故障信息与代码见表 4-111。

表 4-111　四方 CA500 系列伺服驱动器故障信息与代码

故障代码	故障现象/类型	故障代码	故障现象/类型
Fu. 001	加速中过电流故障	Fu. 032	三相输入电压不平衡（可屏蔽）故障
Fu. 002	减速中过电流故障	Fu. 036 Fu. 037 Fu. 038	AI1 输入断线故障 AI2 输入断线故障 AI3 输入断线故障
Fu. 003	运行中过电流故障		
Fu. 004	加速中过电压故障	Fu. 039	Fin 输入断线故障
Fu. 005	减速中过电压故障	Fu. 040	转速检测回路断线故障
Fu. 006	运行中过电压故障	Fu. 041	电动机参数识别时电动机未接入故障
Fu. 007	停机时过电压故障	Fu. 042	U 相输出断线或参数严重不平衡故障
Fu. 008	运行中欠电压（可屏蔽）故障	Fu. 043	V 相输出断线或参数严重不平衡故障
Fu. 009	驱动保护动作故障	Fu. 044	W 相输出断线或参数严重不平衡故障
Fu. 010	输出接地（可屏蔽）故障	Fu. 045	电动机过温故障
Fu. 011	电磁干扰故障	Fu. 046	电动机堵转故障
Fu. 012	伺服驱动器过载故障	Fu. 047	PG 反馈信号 U、V、W 故障
Fu. 013	电动机过载保护动作故障	Fu. 048	转子磁极初始位置错误故障
Fu. 014	伺服驱动器过热（传感器 1）故障	Fu. 049	Z 信号辨识故障
Fu. 015	伺服驱动器过热（传感器 2）故障	Fu. 051	U 相电流检测故障（传感器或电路）
Fu. 016	伺服驱动器过热（传感器 3）故障	Fu. 052	V 相电流检测故障（传感器或电路）
Fu. 017	外部设备故障或面板强制停机故障	Fu. 053	W 相电流检测故障（传感器或电路）
Fu. 018	转速偏差过大保护（DEV）故障	Fu. 054	温度传感器 1 故障（可屏蔽保护）
Fu. 019	过速故障（OS）故障	Fu. 055	温度传感器 2 故障（可屏蔽保护）
Fu. 020	PG 卡 A、B 相脉冲反接故障	Fu. 056	温度传感器 3 故障（可屏蔽保护）
Fu. 021	主接触器吸合不良或主回路晶闸管未导通故障	Fu. 067	功能扩展单元 1 故障
Fu. 022	内部数据存储器错误故障	Fu. 068	功能扩展单元 2 故障
Fu. 023	R 相输入电压缺失（可屏蔽）故障	Fu. 071	控制板通信故障
Fu. 024	S 相输入电压缺失（可屏蔽）故障	Fu. 072	附件连接故障
Fu. 025	T 相输入电压缺失（可屏蔽）故障	Fu. 130	扩展功能专用故障码
Fu. 026 Fu. 027 Fu. 028	U 相输出电流缺失/偏小 V 相输出电流缺失/偏小 W 相输出电流缺失/偏小	Fu. 201	参数设置冲突故障
		Fu. 301 ~ Fu. 311	控制板故障

（续）

故障代码	故障现象/类型	故障代码	故障现象/类型
aL. 003	供电电压过高故障	aL. 059	不能在运行中恢复上电时的数值故障
aL. 008	输入电压偏低故障（欠电压预警）	aL. 061	扩展通信模块与主控板链接异常中断故障
aL. 011	电磁环境恶劣	aL. 062	功能扩展单元1硬件冲突故障
aL. 012	负载过重故障，可能发生保护	aL. 063	功能扩展单元2硬件冲突故障
aL. 014	INV 过热故障	aL. 064	功能扩展单元资源冲突故障
aL. 018	转速偏差过大故障（DEV）	aL. 065	无法与功能扩展单元1建立通信联系故障
aL. 019	过速故障（OS）	aL. 066	无法与功能扩展单元2建立通信联系故障
aL. 023 aL. 024 aL. 025	U 相输入电压缺失故障 V 相输入电压缺失故障 W 相输入电压缺失故障	aL. 067	功能扩展单元1通信链接异常中断故障
aL. 026 aL. 027 aL. 028	U 相输出电流缺失或偏小故障 V 相输出电流缺失或偏小故障 W 相输出电流缺失或偏小故障	aL. 068	功能扩展单元2通信链接异常中断故障
aL. 031	启动允许信号缺失故障	aL. 071	参数下载失败故障
aL. 032	三相输入电压不平衡故障	aL. 072	面板存储器操作失败故障
aL. 036 aL. 037 aL. 038	AI1 输入断线故障 AI2 输入断线故障 AI3 输入断线故障	aL. 073	面板存储器禁止写入，不能下载参数
aL. 039	Fin 输入断线故障	aL. 074	参数上传失败（自动恢复到上传前数值）
aL. 040	转速检测回路断线故障	aL. 075	面板参数版本与设备参数版本不同，不能上传故障
aL. 041	空载运行辨识电动机参数失败故障	aL. 076	面板没有有效参数，不能上传故障
aL. 042 aL. 043 aL. 044	电动机 U 相参数故障 电动机 V 相参数故障 电动机 W 相参数故障	aL. 077	面板参数超过 INV 允许设定范围，上传失败故障
aL. 045	电动机过热长期低速运行故障	aL. 099	操作面板连接故障
aL. 046	同步机转子磁极位置动态跟踪超界故障	aL. 100	电磁干扰导致控制程序失控故障
aL. 047	Z 信号丢失或参数辨识中故障	aL. 101	设置参数冲突故障
aL. 048	反馈 UVW 信号偏差过大故障	aL. 102	所设置的参数没有连接对应扩展卡故障
aL. 049	驱动电路异常不平衡故障	aL. 103	电动机参数设置冲突（额定频率、转速冲突）故障
aL. 050	可能未正确接入电动机故障	aL. 104	电动机参数设置冲突（空载电流、额定电流、额定转速、额定频率及转子时常）故障
aL. 054	温度传感器1 故障	aL. 105	电动机定子电感参数溢出（电动机参数人为设置错误）故障
aL. 055	温度传感器2 故障	aL. 106	同步电动机额定频率、转速、极对数设置冲突故障
aL. 056	温度传感器3 故障	aL. 130	扩展专用故障
aL. 058	不能在运行中批恢复参数故障	aL. 201	参数设置冲突故障，即将停机

4.32 松下系列伺服驱动器

★★★4.32.1 松下 A5 系列伺服驱动器

松下 A5 系列伺服驱动器故障信息与代码见表4-112。

表 4-112　松下 A5 系列伺服驱动器故障信息与代码

故障代码主码	故障代码辅码	故障现象/类型	故障代码主码	故障代码辅码	故障现象/类型
11	0	控制电源不足电压保护	34	0	电动机可动范围设定异常故障
12	0	过电压故障	36	0~2	EEPROM 参数异常故障
13	0	主电源不足电压保护（PN 间电压不足）	37	0~2	EEPROM 代码异常故障
	1	主电源不足电压保护（AC 断开检出）	38	0	驱动禁止输入故障
14	0	过电流故障	39	0	模拟量输入 1 过大故障
	1	IPM 异常故障		1	模拟量输入 2 过大故障
15	0	过热故障		2	模拟量输入 3 过大故障
16	0	过载故障	40	0	绝对式编码器系统断电异常故障
18	0	再生放电过载故障	41	0	绝对式编码器计数异常故障
	1	再生驱动用晶体管异常故障	42	0	绝对式编码器过速异常故障
21	0	编码器通信断线故障	43	0	初始化失败
	1	编码器通信异常故障	44	0	绝对式编码器单周计数异常故障
23	0	编码器通信数据异常故障	45	0	绝对式编码器多周计数异常故障
24	0	位置偏差过大故障	47	0	绝对式编码器状态异常故障
	1	速度偏差过大故障	48	0	编码器 Z 相异常故障
25	0	混合偏差过大故障	49	0	编码器 CS 信号异常故障
26	0	过速度故障	50	0	光栅尺连线异常故障
	1	第 2 过速度故障		1	光栅尺通信异常故障
27	0	指令脉冲输入频率异常故障	51	0	光栅尺状态 0 异常故障
	2	指令脉冲分倍频异常故障		1	光栅尺状态 1 异常故障
28	0	脉冲再生界限故障		2	光栅尺状态 2 异常故障
29	0	位置偏差计数器溢出故障		3	光栅尺状态 3 异常故障
30	0	安全检出		4	光栅尺状态 4 异常故障
33	0	IF 重复分配故障 1		5	光栅尺状态 5 异常故障
	1	IF 重复分配故障 2	55	0	A 相连线异常故障
	2	IF 输入功能号码故障 1		1	B 相连线异常故障
	3	IF 输入功能号码故障 2		2	Z 相连线异常故障
	4	IF 输出功能号码故障 1	87	0	强制警报输入故障
	5	IF 输出功能号码故障 2	95	0~4	电动机自动识别异常故障
	6	CL 分配故障	99	0	其他异常故障
	7	INH 分类故障	其他号码		

★★★4.32.2　松下 Minas A4 系列伺服驱动器

松下 Minas A4 系列伺服驱动器具有不同的保护功能。当任一功能激活时，驱动器会切断电流，报警输出信号（ALM）没有输出。显示面板上的 7 段 LED 会闪烁显示相应的报警代码。

松下 Minas A4 系列伺服驱动器故障信息与代码见表 4-113。

表 4-113　松下 Minas A4 系列伺服驱动器故障信息与代码

故障代码	故障现象/类型	故障原因	维修方法与维修解说
11	控制电源欠电压故障	1）控制电源逆变器上 P、N 间电压低于规定值 2）交流电源电压太低、瞬时失电 3）电源容量太小 4）电源接通瞬间的冲击电流导致电压跌落：驱动器（内部电路）异常	根据具体原因，选择相应的排除方法： 1）检测 L1C、L2C 与 r、t 间的电压 2）提高电源电压、更换电源 3）增大电源容量 4）维修驱动器

（续）

故障代码	故障现象/类型	故障原因	维修方法与维修解说
12	过电压故障	1）逆变器上 P、N 间电压超过了规定值 2）电源电压太高 3）存在容性负载或 UPS（不间断电源），使得线电压升高 4）没有接再生放电电阻 5）外接的再生放电电阻不匹配，不能够吸收再生能量 6）驱动器（内部电路）异常	根据具体原因，选择相应的排除方法： 1）检测 L1、L2 与 L3 间的相电压 2）配电压正确的电源 3）排除容性负载 4）检测驱动器上 P、B 间外接电阻阻值。如果万用表读数是“∞”，说明电阻没有良好接入 5）更换一个阻值与功率符合规定的外接电阻 6）维修驱动器
13	主电源欠电压故障	1）参数 Pr65（主电源关断时欠电压报警触发选择）设成 1 时，L1、L3 相间电压发生瞬时跌落，但至少是参数 Pr6D（主电源关断检测时间）所设定的时间 2）伺服使能（Servo-ON）状态下主电源逆变器 P-N 间相电压下降到规定值以下 3）主电源电压太低 4）发生瞬时失电 5）电源容量太小 6）断相 7）驱动器（内部电路）异常	根据具体原因，选择相应的排除方法： 1）检测 L1、L2、L3 端子间的相电压 2）提高电源电压 3）更换新的电源 4）检查 Pr6D 设定值，纠正各相接线 5）增大电源容量 6）正确连接电源的各相（L1、L2、L3）线路。单相电源只接 L1、L3 端子 7）维修驱动器
14 *	过电流故障与接地错误	1）驱动器（内部电路、IGBT 等部件）异常 2）电动机电缆（U、V、W）短路 3）电动机电缆（U、V、W）接地 4）电动机烧坏 5）电动机电缆接触不良 6）频繁的伺服 ON/OFF（SRV-ON）动作导致动态制动器的继电器触点熔化而粘连 7）电动机与驱动器不匹配 8）脉冲输入与伺服 ON 动作同时激活，甚至更早	根据具体原因，选择相应的排除方法： 1）断开电动机电缆，激活伺服 ON 信号 2）检查电动机电缆，确保 U、V、W 没有短路，以及正确连接电动机电缆 3）检查 U、V、W 与地线各自的绝缘电阻，如果绝缘破坏，需要维修 4）检查电动机电缆 U、V、W 间的阻值。如果阻值不平衡，需要维修驱动器 5）检查电动机的 U、V、W 端子是否有松动、未接，需要保证可靠的电气接触 6）不要用伺服 ON/OFF 信号（SRV-ON）来起动或停止电动机 7）采用匹配的电动机 8）在伺服 ON 后至少等待 100ms 再输入脉冲指令
15 *	电动机和/或驱动器过热故障	伺服驱动器的散热片或功率器件的温度高过了规定值，可能的原因如下： 1）驱动器环境温度超过了规定值 2）驱动器出现过载	根据具体原因，选择相应的排除方法： 1）降低环境温度，改善温度条件 2）增大驱动器与电动机的容量，或者延长加/减速时间、减轻负载
16	过载故障	转矩指令实际值超过参数 Pr72 设定的过载水平，可能的原因如下： 1）电动机长时间重载运行，其有效转矩超过额定值 2）增益设置错误，电动机出现震动、异常响声，以及参数 Pr20（惯量比）设置错误 3）电动机电缆连接错误、断开 4）机器碰到重物、负载变重、机器被缠绕住 5）电磁制动器被接通制动（ON） 6）多个电动机接线时，一些电动机电缆接错到别的轴上	可以用 PANATERM 波形图功能监测转矩（电流）的振荡、波动。 1）增大驱动器与电动机的容量、延长加/减速时间、减轻负载 2）重新调整增益 3）正确连接电动机电缆 4）清除缠绕物、减轻负载 5）测量施加到制动器上的电压 6）电缆正确地连接到对应轴上

（续）

故障代码	故障现象/类型	故障原因	维修方法与维修解说
18 *	再生放电电阻过载故障	再生能量超过了放电电阻的容量，可能的原因如下： 1）惯量很大的负载在减速中产生的能量抬高了逆变器电压，以及放电电阻无法有效吸收再生能量而继续升高 2）电动机转速太高，无法在规定时间内吸收产生的再生能量 3）外接电阻被限制为工作周期的10%	可以用PANATERM波形图监测放电电阻负载率。 1）检查运行状况、检查电阻负载率与过载报警显示内容 2）增大驱动器与电动机的容量、延长加/减速时间。外接一个电阻放电 3）将参数Pr6C值设为2
21 *	编码器通信出错	编码器与驱动器间的通信中断	正确连接编码器
23 *	编码器通信数据出错	噪声引起错误数据	1）确保编码器电源电压是DC 5(1±5%)V(4.75~5.25V) 2）如果电动机电缆与编码器电缆捆绑在一起，需要分隔开来布线 3）屏蔽线接到FG上
24	位置偏差过大故障	1）位置偏差脉冲计数器之值大于参数Pr70（位置偏差过大水平）的设定值，也就是Pr70值设得太小 2）电动机没有根据指令脉冲正确运转	根据具体原因，选择相应的排除方法： 1）增大Pr70值 2）确保电动机根据指令脉冲正确运转
25 *	混合控制位置偏差过大	外部反馈装置检测出负载位置与编码器检测出的电动机位置不吻合，超过了参数Pr7B（混合控制偏差过大水平）的设定值	根据具体原因，选择相应的排除方法： 1）检查电动机与负载的连接情况 2）检查外部反馈装置与驱动器的连线情况 3）当负载运转时，电动机位置的变化与负载位置的变化是否是同一极性（+/-） 4）检查参数Pr74、Pr75和Pr76以及Pr7C设置是否正确
26	过速故障	电动机的转速超过了参数Pr73（过速水平）的设定值	根据具体原因，选择相应的排除方法： 1）避免指令速度过高 2）检查指令脉冲频率与分倍频比率 3）对不恰当的增益引起的过冲，需要正确地调整增益 4）正确连接编码器
27	指令脉冲分倍频出错	参数Pr48~Pr4B（电子齿轮的第一、第二分子、分母）设置错误	1）检查参数Pr48~Pr4B的值 2）设置正确的分倍频比率
28 *	外部反馈装置通信数据出错	1）外部反馈装置的数据出现通信异常 2）噪声导致数据出错 3）连接线路错误	根据具体原因，选择相应的排除方法： 1）确保外部反馈装置的电源电压是DC 5(1±5%)V(4.75~5.25V) 2）如果电动机电缆与外部反馈装置的连接线捆绑在一起，则需要分隔开来布线 3）将屏蔽线接到FG上
29	偏差计数器溢出故障	位置偏差计数器的数值超过了2^{27}(134217728)	1）确保电动机根据指令脉冲正确运转 2）确保输出转矩不饱和 3）调整增益 4）将Pr5E、Pr5F设为最大 5）正确连接编码器的线路
35 *	外部反馈装置通信出错	外部反馈装置与驱动器间的通信中断	检查外部反馈装置的接线，纠正接线错误

（续）

故障代码	故障现象/类型	故障原因	维修方法与维修解说
36 *	EEPROM 参数出错	电源接通瞬间从 EEPROM 读取数据时，存储在内存里的数据受损	1）重新设置所有的参数 2）维修驱动器
37 *	EEPROM 校验码出错	电源接通瞬间从 EEPROM 读取数据时，EEPROM 的校验码受损	维修驱动器
38	行程限位禁止输入信号出错	1）参数 Pr04（行程限位禁止输入无效）值设为 0 时，CW 与 CCW 方向行程禁止输入端子（CWL：X5 第 8 引脚，CCWL：X5 第 9 引脚）与 COM-端子的连接都是开路 2）Pr04 设为 2 时，CWL、CCWL 与 COM-的连接有一个是开路	检查限位开关、连接电缆、CW 与 CCW 限位开关的电源。需要注意检查控制信号用的直流电源（12～24V），确保信号接通（ON）时没有延时
39	模拟量指令过电压	输入到模拟量速度指令端子 SPR（X5 第 14 引脚）的电压超过了参数 Pr71 所设定的数值	1）正确设置参数 Pr71（模拟量指令偏差水平）值 2）检查插头 X5 的接线情况 3）提高参数 Pr57（速度指令滤波器）的设定值
40 *	绝对式编码器系统断电	绝对式编码器电源断电	重新接上电池，将绝对式编码器的数据清 0
41 *	绝对式编码器计数器溢出	编码器多圈计数器的数据超过了规定值	1）正确设置 Pr0B 参数值 2）调整从原点开始的运动，使得脉冲数不超过 32 767
42 *	绝对式编码器过速	只用电池供电时，编码器转速超过规定值	1）检查编码器侧的电源电压[DC 5(1 ±5%)V] 2）检查插头 X5 接线是否有误
44 *	绝对式编码器单圈数据出错	编码器检测到其单圈计数器有一个错误	电动机可能有故障，需要更换电动机
45 *	绝对式编码器多圈数据出错	编码器检测到其多圈计数器有一个错误	电动机可能有故障，需要更换电动机
47	绝对式编码器状态出错	电源接通时，编码器转速超过规定值	避免电动机在接通电源一刻运动
48 *	编码器 Z 相信号出错	没有检测到 Z 相脉冲信号、编码器异常	电动机可能有故障，需要更换电动机
49 *	编码器通信信号出错	编码器 CS 信号逻辑异常、编码器异常	电动机可能有故障，需要更换电动机
50 *	外部反馈装置 0 号报警	外部装置反馈出来的数据的校验码的第 0 位数据变成了 1	1）检查外部反馈装置 2）排除问题后，清除外部反馈装置的数据 3）关断控制电源再重启
51 *	外部反馈装置 1 号报警	外部装置反馈出来的数据的校验码的第 1 位数据变成了 1	1）检查外部反馈装置 2）排除问题后，清除外部反馈装置的数据 3）关断控制电源再重启
52 *	外部反馈装置 2 号报警	外部装置反馈出来的数据的校验码的第 2 位数据变成了 1	1）检查外部反馈装置 2）排除问题后，清除外部反馈装置的数据 3）关断控制电源再重启
53 *	外部反馈装置 3 号报警	外部装置反馈出来的数据的校验码的第 3 位数据变成了 1	1）检查外部反馈装置 2）排除问题后，清除外部反馈装置的数据 3）关断控制电源再重启
54 *	外部反馈装置 4 号报警	外部装置反馈出来的数据的校验码的第 4 位数据变成了 1	1）检查外部反馈装置 2）排除问题后，清除外部反馈装置的数据 3）关断控制电源再重启

（续）

故障代码	故障现象/类型	故障原因	维修方法与维修解说
55 *	外部反馈装置5号报警	外部装置反馈出来的数据的校验码的第5位数据变成了1	1）检查外部反馈装置 2）排除问题后，清除外部反馈装置的数据 3）关断控制电源再重启
65	CCWTL 指令过电压	输入到端子 CCWTL（X5 第16引脚）的模拟量转矩指令超过了规定值（+10V 或 -10V）	1）检查插头 X5 的接线 2）可输入 CCWTL 的最高电压为±10V 3）可输入 CWTL 的最高电压为±10V
66	CWTL 指令过电压	输入到端子 CWTL（X5 第18引脚）的模拟量转矩指令超过了规定值（+10V 或 -10V）	1）检查插头 X5 的接线 2）可输入 CCWTL 的最高电压为±10V 3）可输入 CWTL 的最高电压为±10V
95 *	电动机自动识别出错	电动机与驱动器不匹配	更换匹配的电动机
其他数字*	其他出错信息	1）噪声过大导致控制电路异常 2）伺服驱动器内部异常	1）关断电源，再重新上电 2）维修或者更换电动机、驱动器

注：1. 带*号的报警代码，无法用报警清除输入（A-CLR）来清除。

2. 激活报警清除输入（A-CLR：X5 第31引脚），或者在显示面板上进行相关操作，可以清除保护功能。

3. 排除故障原因后，关断控制电源再重启，可以清除掉报警。

4. 过载保护一旦激活，需要等待10s后才可以清除。

5. 控制电源欠电压、主电源欠电压、EEPROM 参数出错、EEPROM 校验码出错、行程限位禁止输入信号出错、电动机自动识别出错等故障信息，不会存储在报警的历史记录里。

★★★4.32.3 松下 A6 系列伺服驱动器

松下 A6 系列伺服驱动器故障信息与代码见表4-114。

表4-114 松下 A6 系列伺服驱动器故障信息与代码

故障代码		故障现象/类型	属性		
主码	辅码		历史记录	可清除	立即停止
11	0	控制电源不足电压保护		●	
12	0	过电压故障	●	●	
13	0	主电源不足电压故障（PN 间电压不足）		●	
13	1	主电源不足电压故障（AC 切断检出）		●	●
14	0	过电流故障	●		
14	1	IPM 故障	●		
15	0	过热故障	●		●
15	1	编码器过热故障	●		●
16	0	过载故障	●		
16	1	转矩饱和故障	●		
18	0	再生过载故障	●		●
18	1	再生晶体管故障	●		
21	0	编码器通信断线故障	●		
21	1	编码器通信故障	●		

（续）

故障代码		故障现象/类型	属性		
主码	辅码		历史记录	可清除	立即停止
23	0	编码器通信数据故障	●		
24	0	位置偏差过大故障	●	●	●
24	1	速度偏差过大故障	●	●	●
25	0	混合偏差过大故障	●		●
26	0	过速度故障	●	●	●
26	1	第 2 过速度故障	●	●	
27	0	指令脉冲输入频率故障	●	●	●
27	1	绝对式清零故障	●		
27	2	指令脉冲倍频故障	●	●	●
28	0	脉冲再生界限故障	●	●	●
29	0	偏差计数器溢出故障	●	●	
29	1	计数器溢出故障 1	●		
29	2	计数器溢出故障 2	●		
31	0	安全功能故障 1	●		
31	2	安全功能故障 2	●		
33	0	I/F 输入重复分配故障 1 保护	●		
33	1	I/F 输入重复分配故障 2 保护	●		
33	2	I/F 输入功能编号故障 1	●		
33	3	I/F 输入功能编号故障 2	●		
33	4	I/F 输出功能编号故障 1	●		
33	5	I/F 输出功能编号故障 2	●		
33	6	计数器清除分配故障	●		
33	7	指令脉冲禁止输入分配故障	●		
34	0	电动机可动范围设定故障	●	●	
36	0～1	EEPROM 参数故障			
37	0～2	EEPROM 检验代码故障			
38	0	驱动禁止输入保护		●	
39	0	模拟输入 1（AI1）过大故障	●	●	●
39	1	模拟输入 2（AI2）过大故障	●	●	●
39	2	模拟输入 3（AI3）过大故障	●	●	●
40	0	绝对式系统停机故障	●	●	
41	0	绝对式计数器溢出故障	●		
42	0	绝对式过速度故障	●	●	
44	0	单圈计数故障	●		
45	0	多圈计数故障	●		
47	0	绝对式状态故障	●		

（续）

故障代码		故障现象/类型	属性		
主码	辅码		历史记录	可清除	立即停止
50	0	外部位移传感器接线故障	●		
50	1	外部位移通信故障	●		
50	2	外部位移传感器通信数据故障	●		
51	0	外部位移传感器状态故障 0	●		
51	1	外部位移传感器状态故障 1	●		
51	2	外部位移传感器状态故障 2	●		
51	3	外部位移传感器状态故障 3	●		
51	4	外部位移传感器状态故障 4	●		
51	5	外部位移传感器状态故障 5	●		
55	0	A 相接线故障	●		
55	1	B 相接线故障	●		
55	2	Z 相接线故障	●		
70	0	U 相电流检出器故障	●		
70	1	W 相电流检出器故障	●		
72	0	热保护器故障	●		
80	0	Modbus 通信超时故障	●		
87	0	强制报警输入故障		●	●
92	0	编码器数据恢复故障	●		
92	1	外部位移传感器复原故障	●		
92	3	多圈数据上限值不一致故障	●		
93	0	参数设定故障 1	●		
93	1	Block 数据设定故障	●	●	
93	2	参数设定故障 2	●		
93	3	外部位移传感器接线故障	●		
93	8	参数设定故障 6	●		
94	0	Block 数据动作故障	●	●	
94	2	原点复位故障	●	●	
95	0~4	电动机自动识别故障			
96	2	控制单元故障 1	●		
97	0	控制模式设定故障			

注：1. “历史记录”—留下该报警的历史记录。

2. “可清除”—通过报警清除输入即可解除。除此以外的报警，消除报警原因后，请断电重启。

3. “立即停止”—发生报警时，控制动作状态立即停止。

4. Err16.0 动作时，发生 10s 后可以清除。

5. Err40.0、Err42.0 发生时，直到执行绝对式编码器清零为止都无法进行报警清除。

6. Err16.0 可以通过 Pr.6.47 的 bit11 切换有效/无效。出厂值设定为无效。

★★★4.32.4 松下某系列伺服驱动器

松下某系列伺服驱动器常见故障信息与代码见表 4-115。

表 4-115 松下某系列伺服驱动器常见故障信息与代码

故障代码	故障现象/类型
11	控制电源欠电压故障
12	过电压故障
13	主电源欠电压故障
15	电动机和驱动器过热故障
16	过载故障
18	再生放电电阻过载故障

4.33 台达系列伺服驱动器

★★★4.33.1 台达 ASDA-A 系列伺服驱动器

台达 ASDA-A 系列伺服驱动器故障信息与代码见表 4-116。

表 4-116 台达 ASDA-A 系列伺服驱动器故障信息与代码

故障代码	故障现象/类型	故障内容	故障原因	故障检查	故障处置	解决警告的方法
RLE01	过电流故障	主回路电流超越电动机瞬间最大电流的 1.5 倍	1）驱动器输出短路 2）电动机接线异常 3）IGBT 异常 4）控制参数设定错误 5）控制命令设定错误	1）检查电动机与驱动器接线状态，以及检查导线本身 2）检查电动机连接到驱动器的接线顺序 3）散热片温度错误 4）设定值大于出厂默认值 5）检查控制输入命令是否变动过大	根据具体原因，选择相应的排除方法： 1）排除短路异常情况 2）正确配线 3）检修 4）恢复到原出厂默认值，再逐量修正 5）修正输入命令变动率或开启滤波功能	需 DI ARST 清除
RLE02	过电压故障	主回路电压高于规格值	1）主回路输入电压大于额定容许电压 2）电源输入错误（非正确电源系统） 3）驱动器硬件异常	1）检测主回路输入电压是否在额定容许电压内 2）检测电源系统是否符合要求 3）检测主回路输入电压是否在额定容许电压内	根据具体原因，选择相应的排除方法： 1）使用正确电压源或串接稳压器 2）检修驱动器	需 DI ARST 清除
RLE03	低电压故障	主回路电压低于要求电压	1）主回路输入电压低于额定容许电压 2）主回路无输入电压源 3）电源输入错误（非正确电源系统）	1）检查主回路输入电压接线情况 2）检测主回路电压是否正常 3）检测电源系统	根据具体原因，选择相应的排除方法： 1）确认接线情况 2）确认电源开关是否正常 3）使用正确的电压源或串接变压器	电压回复自动清除

（续）

故障代码	故障现象/类型	故障内容	故障原因	故障检查	故障处置	解决警告的方法
RLE04	保留	保留				
RLE05	回生异常	回生控制作动异常	1）回生电阻没有接好或过小 2）回生切换晶体管失效 3）参数设定错误	1）回生电阻连接好正确、牢靠 2）检查回生切换晶体管 3）确认回生电阻参数（P1-52）设定与回生电阻容量参数（P1-53）设定是否正确	根据具体原因，选择相应的排除方法： 1）重新连接回生电阻或重新计算回生电阻值 2）检修 3）重新正确设定	需 DI AR-ST 清除
RLE06	过载故障	电动机及驱动器过载	1）超过驱动器额定负载连续使用 2）控制系统参数设定错误 3）电动机、编码器接线错误 4）电动机编码器不良	1）驱动器状态显示 P0-02 设定为 11 后，通过监视平均转矩［%］是否持续一直超过 100% 以上来判断 2）机械系统是否存在摆振 3）加/减速设定常数过快 4）U、V、W 与编码器接线异常 5）驱动器故障	根据具体原因，选择相应的排除方法： 1）提高电动机容量 2）降低负载 3）调整控制回路增益值 4）加/减速设定时间减慢 5）正确接线	需 DI AR-ST 清除
RLE07	过速度故障	电动机控制速度超过正常速度过大	1）速度输入命令变动过大 2）过速度判定参数设定错误	1）检测输入的模拟电是否异常 2）检查过速度设定参数 P2-34 是否太小	根据具体原因，选择相应的排除方法： 1）调整输入变信号动率或开启滤波功能 2）正确设定过速度 P2-34 参数	需 DI AR-ST 清除
RLE08	异常脉冲控制命令	脉冲命令的输入频率超过硬件界面容许值	脉冲命令频率大于额定输入频率	检测计检测输入频率是否超过额定输入频率	正确设定输入脉冲频率	需 DI AR-ST 清除
RLE09	位置控制误差过大故障	位置控制误差量大于设定容许值	1）最大位置误差参数设定过小 2）增益值设定过小 3）转矩限制过低 4）外部负载过大	1）确认最大位置误差参数 P2-35 的设定值是否正确 2）确认转矩限制值是否正确 3）检查外部负载	根据具体原因，选择相应的排除方法： 1）加大 P2-35 参数的设定值 2）正确调整增益值 3）正确调整转矩限制值 4）减少外部负载 5）重新评估电动机容量	需 DI AR-ST 清除

（续）

故障代码	故障现象/类型	故障内容	故障原因	故障检查	故障处置	解决警告的方法
RLE10	芯片执行超时故障	芯片异常	芯片动作异常	电源复位检测	根据具体原因，选择相应的排除方法： 1）复位 2）检修	无法清除
RLE11	编码器异常故障	编码器产生脉冲信号异常	1）编码器接线错误 2）编码器松脱 3）编码器接线不良 4）编码器损坏 5）位置检出回路异常	1）确认接线是否正确 2）检视驱动器上CN2与编码器接头 3）检查驱动器上的CN2与伺服电动机编码器两端接线是否松脱 4）电动机异常 5）驱动器异常	根据具体原因，选择相应的排除方法： 1）正确接线 2）重新安装 3）重新连接接线 4）更换电动机 5）维修驱动器	重上电清除
RLE12	校正故障	执行电气校正时校正值超越容许值	1）模拟输入接点没有正确归零 2）检测组件损坏	1）检测输入接点的电压准位是否同接地电位 2）电源复位检测	根据具体原因，选择相应的排除方法： 1）模拟输入接点正确接地 2）复位 3）维修驱动器	移除CN1接线并执行自动更正后清除
RLE13	紧急停止故障	紧急按钮按下时动作	紧急停止开关按下	确认开关位置	开启紧急停止开关	DI EMGS解除自动清除
RLE14	逆向极限故障	逆向极限开关被按下时动作	1）逆向极限开关按下 2）伺服系统稳定度不够	1）确认开关位置 2）控制参数设定错误 3）负载惯量异常	根据具体原因，选择相应的排除方法： 1）开启逆向极限开关 2）重新修正参数 3）重新评估电动机容量	需DI ARST清除或Servo Off清除
RLE15	正向极限故障	正向极限开关被按下时动作	1）正向极限开关按下 2）伺服系统稳定度不够	1）确认开关位置 2）控制参数设定错误 3）负载惯量异常	根据具体原因，选择相应的排除方法： 1）开启正向极限开关 2）重新修正参数 3）重新评估电动机容量	需DI ARST清除或Servo Off清除
RLE16	IGBT温度故障	IGBT温度过高	1）超过驱动器额定负载连续使用 2）驱动器输出短路	1）检查负载 2）检查驱动器输出接线	根据具体原因，选择相应的排除方法： 1）提高电动机容量或降低负载 2）正确接线	需DI ARST清除
RLE17	存储器故障	存储器EEPROM存取异常	1）存储器数据存取异常 2）通信长时间写入	1）参数复位或电源复位 2）使用长时间通信写入时，是否将P2-30设为5	根据具体原因，选择相应的排除方法： 1）复位 2）检修驱动器	需DI ARST清除
RLE18	芯片通信故障	芯片通信异常	控制电源异常	检测及复位控制电源	根据具体原因，选择相应的排除方法： 1）复位 2）检修驱动器	需DI ARST清除

（续）

故障代码	故障现象/类型	故障内容	故障原因	故障检查	故障处置	解决警告的方法
RLE19	串行通信故障	RS-232/485 通信异常	1）通信参数设定错误 2）通信地址错误 3）通信数值错误	1）检视通信参数设定值 2）检查通信地址 3）检查存取数值	根据具体原因，选择相应的排除方法： 1）正确设定参数； 2）正确设定通信地址	需 DI ARST 清除
RLE20	串行通信故障	RS-232/485 通信超时	1）超时参数设定错误 2）长时间没有接收通信命令	1）检查超时参数的设定 2）检查通信线是否松脱、断线	根据具体原因，选择相应的排除方法： 1）正确设定参数； 2）正确接线	需 DI ARST 清除
RLE21	命令写入故障	控制命令下达异常	控制电源异常	检测及复位控制电源	根据具体原因，选择相应的排除方法： 1）复位 2）检修驱动器	需 DI ARST 清除
RLE22	主回路电源断相故障	主回路电源断相，仅单相输入	主回路电源异常	检查 U、V、W 电源线是否松脱，仅单相输入	1）检查电源 2）检修驱动器	需 DI ARST 清除
RLE23	预先过载警告故障	电动机及驱动器根据参数 P1-56 过负载	预先过载警告	1）确定是否已经过载 2）参数 P1-56 设定是否正确	根据具体原因，选择相应的排除方法： 1）检查负载 2）正确设定参数	需 DI ARST 清除
RLE97	内部命令执行超时故障	内部命令执行发生问题	内部命令执行发生问题	检测及复位控制电源	根据具体原因，选择相应的排除方法： 1）复位 2）检修驱动器	需 DI ARST 清除
RLE98	芯片通信故障	硬件故障	硬件故障导致芯片通信错误	检测及复位控制电源	根据具体原因，选择相应的排除方法： 1）复位 2）检修驱动器	需 DI ARST 清除
RLE99	芯片通信故障	芯片通信错误	硬件故障导致芯片通信错误	检测及复位控制电源	根据具体原因，选择相应的排除方法： 1）复位 2）检修驱动器	需 DI ARST 清除

★★★4.33.2 台达 ASDA-B 系列伺服驱动器

台达 ASDA-B 系列伺服驱动器故障信息与代码见表 4-117。

表 4-117 台达 ASDA-B 系列伺服驱动器故障信息与代码

故障代码	故障现象/类型	故障内容	故障原因	故障检查	维修方法与维修解说	故障显示清除方式
驱动器故障						
ALE1	过电流故障	主回路电流超越电动机瞬间最大电流的 1.5 倍	SERVO OFF，但电源开启状态时，驱动器输出（U、V、W）短路	检查电动机与驱动器接线状态或导线情况	排除短路状态，以及防止金属导体外露	ARST 或重新上电
			电动机接线异常	检查电动机连接到驱动器的接线顺序	配线顺序重新配线	ARST 或重新上电
			1）驱动器输出（U、V、W）短路 2）电动机接线异常 3）IGBT 异常 4）伺服硬件异常	1）检查电动机与驱动器接线状态或检查导线本身 2）检查电动机连接到驱动器的接线顺序 3）散热片温度异常	根据具体原因，选择相应的排除方法： 1）排除短路状态，以及防止金属导体外露 2）正确配线 3）检修	ARST 或重新上电

（续）

故障代码	故障现象/类型	故障内容	故障原因	故障检查	维修方法与维修解说	故障显示清除方式
ALE2	过电压故障	主回路电压大于规定值	SERVO OFF 时，但电源开启状态时		检查主回路电压	ARST 或重新上电
			SERVO ON 时： 1）主回路输入电压大于额定允许值 2）电源输入错误（非正确电源系统） 3）驱动器硬件异常	1）检测主回路输入电压是否在额定允许电压内 2）检测电源系统是否与要求的相符 3）检查驱动器硬件	根据具体原因，选择相应的排除方法： 1）使用正确电压源或串接稳压器 2）检修驱动器	ARST 或重新上电
ALE3	低电压故障	主回路电压小于规定电压	1）主回路输入电压小于额定允许电压 2）主回路无输入电压源 3）电源输入错误 4）驱动器硬件异常	1）检查主回路输入电压接线是否正常 2）检测主回路电压是否正常 3）检测电源系统是否与规格定义相符 4）检查驱动器	根据具体原因，选择相应的排除方法： 1）重新确认电压接线 2）重新确认电源开关 3）使用正确电压源或串接变压器 4）检修驱动器	电压恢复后自动清除
ALE4	磁场位置故障	Z 脉冲所对应磁场角度异常	1）编码器损坏 2）编码器松脱	1）编码器异常 2）查看编码器连接器	根据具体原因，选择相应的排除方法： 1）更换电动机 2）重新安装	重新上电
ALE5	回生故障	回生控制异常	在电源开启状态时，驱动器硬件异常		检修驱动器	ARST 或重新上电
			伺服电动机运行过程中发生： 1）回生电阻没有接 2）回生用切换晶体管失效 3）参数设定错误 4）驱动器硬件异常	1）回生电阻的连接状况 2）检查回生用切换晶体管是否短路 3）确认回生电阻参数设定值与回生电阻规格 4）检修驱动器	根据具体原因，选择相应的排除方法： 1）重新连接回生电阻 2）检修驱动器 3）重新正确设定参数	ARST 或重新上电
ALE6	过载故障	电动机与驱动器过载	伺服电动机一运行立即发生（30min 内）： 1）超过驱动器额定负载，连续使用 2）控制系统参数设定错误 3）电动机编码器接线错误 4）电动机的编码器不良 5）驱动器的输出 U、V、W 接错	1）检查是否负载过大 2）机械系统是否摆振、加/减速设定常数过快 3）检查 U、V、W 与编码器接线 4）检修驱动器 5）确认电动机的 U、V、W 是否正确连接到驱动器的输出 U、V、W	根据具体原因，选择相应的排除方法： 1）提高电动机容量或降低负载 2）调整控制回路增益值、加/减速设定时间减慢 3）正确接线 4）检修驱动器 5）正确接线	ARST 或重新上电
			伺服电动机长时间运行发生（3min 以上）： 1）超过驱动器额定负载连续使用 2）控制系统参数设定错误 3）电动机的编码器接线错误	1）检查是否负载过大 2）机械系统是否摆振、加/减速设定常数过快 3）检查 U、V、W 与编码器接线	根据具体原因，选择相应的排除方法： 1）提高电动机容量或降低负载 2）调整控制回路增益值、加/减速设定时间减慢 3）正确接线	ARST 或重新上电

（续）

故障代码	故障现象/类型	故障内容	故障原因	故障检查	维修方法与维修解说	故障显示清除方式
ALE7	过速度故障	电动机控制速度超过正常速度过大	SERVO ON 时发生： 1）伺服电动机接线错误 2）电动机的编码器不良	1）检查 U、V、W 与编码器接线 2）检修	正确接线	ARST 或重新上电
			伺服电动机快速加/减速运行中： 1）速度输入命令变动过剧 2）过速度判定参数设定错误	1）检测输入信号是否异常 2）检查过速度设定参数是否太小	根据具体原因，选择相应的排除方法： 1）调整输入信号变动率或开启滤波功能 2）正确设定过速度参数 P2-34	ARST 或重新上电
ALE8	异常脉冲控制命令	脉冲命令的输入频率超过允许值	脉冲命令频率大于额定输入频率	检测输入频率	正确设定输入脉冲频率	ARST 或重新上电
ALE9	位置控制误差过大故障	位置控制误差量大于设定允许值	伺服电动机运行过程中： 1）最大位置误差参数设定过小 2）最大位置误差参数设定过小 3）外部负载或外力干扰过大	1）确认最大位置误差参数设定值，以及检测运动过程中的位置误差值 2）检测转矩限制值 3）检查外部负载 4）检查是否有干扰现象	根据具体原因，选择相应的排除方法： 1）加大设定值 P2-35 2）正确调整转矩限制值 3）减小外部负载 4）重新评估电动机容量	ARST 或重新上电
			脉冲命令输入但伺服不激活或激活很小： 1）增益值设定过小 2）转矩限制过低 3）外部负载异常 4）存在外力干扰	1）确认设定值是否正确 2）确认转矩限制值是否正确 3）检查外部负载 4）排除外力干扰	根据具体原因，选择相应的排除方法： 1）正确调整增益值 2）正确调整转矩限制值 3）减少外部负载 4）重新评估电动机容量	ARST 或重新上电
			脉冲命令一下达立即发生 1）最大位置误差参数设定过小 2）瞬间脉冲命令变化过大	1）确认最大位置误差参数设定值，并检查运动中的位置误差值 2）检查脉冲命令频率	根据具体原因，选择相应的排除方法： 1）加大设定值 P2-35 2）调整脉冲频率 3）开启滤波功能	ARST 或重新上电
ALE10 /ALER	串口通信故障	RS232/485 通信异常时激活	1）通信参数设定不当 2）通信地址不正确 3）通信数值不正确	1）查看通信参数设定值 2）检查通信地址 3）检查存取数值	根据具体原因，选择相应的排除方法： 1）正确设定参数值 2）正确设定通信地址 3）正确设定数值	ARST 或通信正常后自动清除
ALE11 /ALEb	编码器故障	脉冲信号异常	1）编码器接线错误 2）编码器松脱 3）编码器接线不良 4）编码器损坏	1）确认接线是否正确 2）查看编码器连接器是否正常 3）检查接线是否松脱 4）检查电动机是否异常	根据具体原因，选择相应的排除方法： 1）正确接线 2）重新安装 3）重新连接接线 4）更换电动机	重新上电

（续）

故障代码	故障现象/类型	故障内容	故障原因	故障检查	维修方法与维修解说	故障显示清除方式
ALE12 /ALEC	校正故障	执行电气校正时校正值超越允许值	1）电动机运行中模拟输入接点无正确归零 2）检测组件损坏	1）检查输入接点的电压准位是否与接地电位相同 2）电源复位检测	根据具体原因，选择相应的排除方法： 1）模拟输入接点正确接地 2）检修	移除CN1接线并执行自动更正后清除
ALE13 /ALEd	紧急停止故障	紧急按钮按下时激活	紧急停止开关按下	确认开关位置	开启紧急停止开关	ARST或重新上电
ALE14 /ALEE	CWL极限故障	CWL极限开关被按下时激活	1）正向极限开关按下 2）伺服系统稳定度不够	1）确认开关位置 2）确认设定的控制参数与负载惯量	根据具体原因，选择相应的排除方法： 1）开启正向极限开关 2）重新修正参数 3）重新评估电动机容量	ARST或重新上电
ALE15 /ALEF	CCWL极限故障	CCWL极限开关被按下时激活	1）反向极限开关按下 2）伺服系统稳定度不够	1）确认开关位置 2）确认设定的控制参数与负载惯量	根据具体原因，选择相应的排除方法： 1）开启反向极限开关 2）重新修正参数 3）重新评估电动机容量	ARST或重新上电
ALE16 /ALEg	IGBT温度故障	IGBT温度过高	1）超过驱动器额定负载连续使用 2）驱动器输出短路	1）检查是否负载过大 2）检查电动机电流是否过高 3）检查驱动器输出接线是否异常	根据具体原因，选择相应的排除方法： 1）提高电动机容量 2）降低负载 3）正确接线	ARST或重新上电
ALE17 /ALEh	存储器故障	EEPROM存取异常	存储器数据存取异常	参数复位或电源复位	根据具体原因，选择相应的排除方法： 1）复位 2）检修	ARST重新上电
ALE18 /ALEi	串口通信超时故障	RS232/485通信超时	1）超时参数设定错误 2）长时间没有接收通信命令	1）检查超时参数的设定 2）检查通信线是否松脱、断线	根据具体原因，选择相应的排除方法： 1）正确设定数值P3-07 2）正确接线	ARST或通信正常后自动清除
ALE19 /ALEJ	电动机形式错误故障	电动机瓦特数与驱动器设定不同	电动机形式错误	检查伺服驱动器与电动机是否匹配	更换伺服驱动器或更换电动机	重新上电
ALE20 /ALEe	主回路电源断相故障	主回路电源断相，仅单相输入	主回路电源异常	检查R、S、T电源线是否松脱、仅单相输入	根据具体原因，选择相应的排除方法： 1）检查电源 2）维修	断相问题解决后自动清除
数字操作器故障						
ALE30	LCM硬件故障	LCM字符显示异常	1）屏幕无任何反应 2）显示错误字符	1）检查LCM的第4脚位准位是否正常 2）检查相关脚位是否短路 3）检查IC是否正常	检修	

（续）

故障代码	故障现象/类型	故障内容	故障原因	故障检查	维修方法与维修解说	故障显示清除方式
ALE31	LED 硬件故障	测试功能开启时，LED 指示灯显示异常	指示灯没有起动	1）检查 LED 是否正常 2）检查晶体管是否异常 3）检查 IC	检修	
ALE32	KEY 硬件故障	测试功能开启时，按键功能异常	按键没有激活	检查 IC	执行测试功能、检修	
ALE33	RAM 硬件故障	测试功能开启时，数据存储器异常	1）LCM 显示异常 2）按键激活异常	1）检查 RAM 的工作电压是否正常 2）检查晶体管是否异常 3）检查 IC	执行测试功能、检修	
ALE34	EEPROM 硬件故障	数据存储器异常	数据存取错误	检查 MCU、EEPROM	执行测试功能、检修	
ALE35	COMM 硬件故障	通信初始化时，通信异常	1）硬件错误 2）通信参数设定错误	1）检查串口通信信号是否正常 2）查看通信参数设定值	1）执行测试功能、检修 2）正确设定参数值	
ALE36	保留					
ALE37	保留					
ALE38	保留					
ALE39	保留					
ALE40	初始化故障	通信初始化未完成	1）初始化时通信错误 2）初始化时参数读取错误 3）通信机种错误	1）通信连接没有完成 2）检查串口通信信号是否正常 3）检查 EEPROM 4）检查伺服驱动器型号是否正确	根据具体原因，选择相应的排除方法： 1）正确设定通信相关参数 2）执行测试功能、检修 3）更换相应的伺服驱动器	
ALE41	通信接收超时故障	通信接收数据超时（连续通信次数 3 次）	1）长时间没有收到回传数据 2）数据接收没有完成	1）检查通信线是否松脱、断线 2）检查串口通信信号是否正常	正确接线、检修	
ALE42	通信接收故障	通信接收数据检查码错误	检查码错误	1）检查接收数据检查码是否正确 2）检查通信质量是否良好	根据具体原因，选择相应的排除方法： 1）使用其他通信软件来检验传送、回传数据格式是否正确 2）维修	
ALE43	通信响应错误站号故障	响应错误的通信站号	接收到错误的站号	检查传送和接收的通信站号是否相同	根据具体原因，选择相应的排除方法： 1）检查通信设置是否正确 2）使用其他通信软件来检验传送、回传数据格式是否正确	

（续）

故障代码	故障现象/类型	故障内容	故障原因	故障检查	维修方法与维修解说	故障显示清除方式
ALE44	通信响应错误命令故障	响应错误的通信命令	响应错误的通信命令	回应错误的 Modbus 命令	使用其他通信软件来检验传送、回传数据格式是否正确	
ALE45	通信参数地址故障	响应错误的参数通信地址	回应错误的参数地址	检查传送与接收的通信码是否相同	使用其他通信软件来检验传送、回传数据格式是否正确	
ALE46	通信参数内容故障	响应错误的参数内容	1）参数读取时回应错误的参数内容 2）参数写入时回应错误的参数内容	1）数据内容长度错误 2）数据内容错误	使用其他通信软件来检验传送、回传数据格式是否正确	
ALE47	驱动器规格故障	参数存储与写出时，与驱动器规格不同	1）参数存储错误 2）参数写出错误	1）在执行参数存储功能时，存储区块所存储的规格与驱动器规格不符 2）在执行参数写出功能时，存储区块所存储的规格与驱动器规格不符	根据具体原因，选择相应的排除方法： 1）选择没有使用的存储区块存储参数，并将该存储区块删除 2）选择正确的存储区块	
ALE48	快速编辑功能故障	静态增益计算与动态谐调功能设定异常	1）静态增益计算异常 2）动态自动谐调异常	1）P2-32 增益调整方式设定错误 2）执行超时 3）功能没有完成	1）将 P2-32 设定为手动模式 2）检修	

★★★4.33.3 台达 ASDA-M 系列伺服驱动器

台达 ASDA-M 系列伺服驱动器故障信息与代码见表 4-118 和表 4-119。

表 4-118 台达 ASDA-M 系列伺服驱动器故障信息与代码 1

故障代码	故障现象/类型	报警动作内容	指示 DO	伺服状态切换
RL001	过电流故障	主回路电流超越电动机瞬间最大电流的 1.5 倍	ALM	Servo Off
RL002	过电压故障	主回路电压高于规定电压	ALM	Servo Off
RL003	低电压故障	主回路电压低于规定电压	WARN	Servo Off
RL004	电动机匹配异常	驱动器所对应的电动机不相符	ALM	Servo Off
RL005	回生故障	回生控制作动异常	ALM	Servo Off
RL006	过载故障	电动机及驱动器过载	ALM	Servo Off
RL007	过速度故障	电动机控制速度超过正常速度过大	ALM	Servo Off
RL008	异常脉波控制命令	脉波命令之输入频率超过硬件接口容许值	ALM	Servo Off
RL009	位置控制误差过大故障	位置控制误差量大于设定容许值	ALM	Servo Off
RL010	保留	保留		
RL011	位置检出器故障	位置检出器产生脉波信号异常	ALM	Servo Off
RL012	校正故障	执行电气校正时校正值超越容许值	ALM	Servo Off
RL013	紧急停止故障	紧急按钮按下时动作	WARN	Servo Off
RL014	反向极限故障	逆向极限开关被按下时动作	WARN	Servo Off
RL015	正向极限故障	正向极限开关被按下时动作	WARN	Servo Off
RL016	IGBT 过热故障	IGBT 温度过高	ALM	Servo Off
RL017	参数内存故障	内存 EEPROM 存取异常	ALM	Servo Off
RL018	检出器输出故障	检出器输出高于额定输出频率	ALM	Servo Off

（续）

故障代码	故障现象/类型	异警动作内容	指示 DO	伺服状态切换
RL019	串行通信故障	RS-232/485 通信异常	ALM	Servo Off
RL020	串行通信逾时故障	RS-232/485 通信逾时	WARN	Servo On
RL021	保留	保留		
RL022	主回路电源断相故障	主回路电源断相，仅单相输入	WARN	Servo Off
RL023	预先过载故障	预先过载警告	WARN	Servo On
RL024	编码初始磁场故障	编码器磁场位置 U、V、W 错误	ALM	Servo Off
RL025	编码器内部故障	编码器内部存储器异常，内部计数器异常	ALM	Servo Off
RL026	编码内部资料可靠度故障	内部数据连续三次异常	ALM	Servo Off
RL027	电动机内部故障	编码器内部重置错误	ALM	Servo On
RL028	电动机内部故障	编码器内部 U、V、W 错误	ALM	Servo On
RL029	电动机内部故障	编码器内部地址错误	ALM	Servo On
RL030	电动机碰撞故障	电动机撞击硬设备，达到 P1-57 的转矩	ALM	Servo Off
RL031	电动机 U、V、W 接线故障	电动机电源线 U、V、W、GND 接线错误	ALM	Servo Off
RL040	全闭环位置控制误差过大故障	全闭环位置控制误差过大	ALM	Servo Off
RL041	光学尺断线故障	光学尺通信断线	ALM	Servo Off
RL099	DSP 固件升级故障	是否有做固件升级	ALM	Servo Off
RL185	CAN Bus 硬件故障	CAN Bus 断线或 Error Rx/Tx Counter 超过 128	ALM	Servo On
RL111	CANopenSDO 接收溢位	SDO Rx Buffer 溢位（1ms 之内接收到两笔以上 SDO）	ALM	Servo On
RL112	CANopenPDO 接收溢位	PDO Rx Buffer 溢位（1ms 内接收到两笔以上相同 COBID 的 PDO）	ALM	Servo On
RL121	CANopenPDO 存取时，Index 错误	信息中指定的 Index 不存在	ALM	Servo On
RL122	CANopenPDO 存取时，Sub-Index 错误	信息中指定的 Sub-Index 不存在	ALM	Servo On
RL123	CANopenPDO 存取时，数据 Size 错误	信息中数据长度与指定的对象不符	ALM	Servo On
RL124	CANopenPDO 存取时，数据范围错误	信息中的数据超出指定对象的范围	ALM	Servo On
RL125	CANopenPDO 物件是只读，不可写入	信息中指定对象不可写入	ALM	Servo On
RL126	CANopenPDO 物件，不允许 PDO	信息中指定的对象不支持 PDO	ALM	Servo On
RL127	CANopenPDO 物件，Servo On 时，不允许写入	信息中指定的对象不可在 Servo On 状态写入	ALM	Servo On
RL128	CANopenPDO 物件，由 EEPROM 读取时错误	开机时由 ROM 中载入初值发生错误，所有 CAN 对象自动回复初始值	ALM	Servo On
RL129	CANopenPDO 物件，写入 EEPROM 时错误	将目前值存入 ROM 时发生错误	ALM	Servo On
RL130	CANopenPDO 物件，EEPROM 的地址超过限制	ROM 中的数据数量，超出固件规划的空间	ALM	Servo On
RL131	CANopenPDO 物件，EEPROM 的 CRC 计算错误	ROM 中存储数据已毁损，所有 CAN 对象自动恢复初始值	ALM	Servo On
RL132	CANopenPDO 物件，写入密码错误	利用 CAN 写入操作参数时，该参数已被密码保护，必须先解除密码	ALM	Servo On
RL201	CANopen 资料初始错误	EEPROM 加载数据发生错误	ALM	Servo On
RL213	写入参数：超出范围	PR 程序写参数：数值超出范围	ALM	Servo On

（续）

故障代码	故障现象/类型	异警动作内容	指示 DO	伺服状态切换
RL215	写入参数：只读	PR 程序写参数：参数是只读	ALM	Servo On
RL217	写入参数：参数锁定	PR 程序写参数：伺服 ON 不可写入，或数值不合理	ALM	Servo On
RL219	写入参数：参数锁定	PR 程序写参数：伺服 ON 不可写入，或数值不合理	ALM	Servo On
RL235	PR 命令溢位	位置命令计数器溢位，之后执行绝对寻址命令	ALM	Servo On
RL245	PR 定位超时	定位命令执行超过时间限制	ALM	Servo On
RL249	PR 路径编号太大	PR 路径编号为 0 ~ 63，否则超过限制	ALM	Servo On
RL261	CAN 物件存取时，Index 错误	信息中指定的 Index 不存在	ALM	Servo On
RL263	CAN 物件存取时，Sub-Index 错误	信息中指定的 Sub-Index 不存在	ALM	Servo On
RL265	CAN 物件存取时，资料 Size 错误	信息中数据长度与指定的物件不符	ALM	Servo On
RL267	CAN 物件存取时，数据范围错误	信息中的数据超出指定对象的范围	ALM	Servo On
RL269	CAN 物件是只读，不可写入	信息中指定对象不可写入	ALM	Servo On
RL26b	CAN 物件，不允许 PDO	信息中指定的对象不支持 PDO	ALM	Servo On
RL26d	CAN 物件，Servo On 时，不允许写入	信息中指定的对象不可在 Servo On 状态写入	ALM	Servo On
RL26F	CAN 物件，由 EEPROM 读取时错误	开机时由 ROM 中载入初值发生错误，所有 CAN 对象自动恢复初始值	ALM	Servo On
RL271	CAN 物件，写入 EEPROM 时错误	将目前值存入 ROM 时发生错误	ALM	Servo On
RL273	CAN 物件，EEPROM 的地址超过限制	ROM 中的数据数量，超出软件规划的空间	ALM	Servo On
RL275	CAN 物件，EEPROM 的 CRC 计算错误	表示 ROM 中存储数据已毁损，所有 CAN 对象自动恢复初始值	ALM	Servo On
RL277	CAN 物件，写入密码错误	利用 CAN 写入操作参数时，该参数已被密码保护，必须先解除密码	ALM	Servo On
RL283	软件正向极限	位置命令大于软件正向极限	WARN	Servo On
RL285	软件负向极限	位置命令小于软件负向极限	WARN	Servo On
RL289	位置计数器溢位	位置命令计数器发生溢位	WARN	Servo On
RL291	Servo Off 异常	运动路径尚未完成时，却 Servo Off	WARN	Servo On
RL301	CANopen 同步失效	CANopen IP 模式，与上位机同步机制失效	WARN	Servo On
RL302	CANopen 同步信号太快	CANopen 的 SYNC 同步信号太早收到	WARN	Servo On
RL303	CANopen 同步信号超时	CANopen 的 SYNC 同步信号在时限内没收到	WARN	Servo On
RL304	CANopen IP 命令失效	CANopen IP 模式，命令无法发送	WARN	Servo On
RL305	SYNC Period 错误	CANopen 301 Obj 0x1006 数据错误	WARN	Servo On
RL380	DO：MC_ OK 之位置偏移警报	当 DO：MC_ OK 已经 ON 后，因 DO：TPOS 变成 OFF，导致 DO：MC_ OK 也变为 OFF	WARN	Servo On

表 4-119　台达 ASDA-M 系列伺服驱动器故障信息与代码 2

故障代码、故障名称	故障原因	故障检查	维修方法与解说
RL001：过电流	驱动器输出短路	1）检查电动机与驱动器接线状态 2）导线是否异常	1）排除短路状态 2）防止金属导体外露
	电动机接线异常	检查电动机连接到驱动器接线的顺序	配线顺序正确
	IGBT 异常	散热片温度异常	维修
	控制参数设定异常	设定值是否远大于出厂默认值	恢复到原出厂默认值，然后逐量修正
	控制命令设定异常	检查控制输入命令是否变动过大	1）修正输入命令变动率 2）开启滤波功能

（续）

故障代码、故障名称	故障原因	故障检查	维修方法与解说
RL002：过电压	主回路输入电压大于额定容许电压	检测主回路输入电压是否在额定容许电压内	使用正确电压源或串接稳压器
	电源输入错误（非正确电源系统）	检测电源系统是否与要求的相符	使用正确电压源或串接变压器
	驱动器硬件异常	检测主回路输入电压在额定容许电压内依旧发生该错误	检修
RL003：低电压	主回路输入电压低于额定容许电压	检查主回路输入电压接线是否正常	正确接线
	主回路无输入电压源	检测主回路电压是否正常	正确接线
	电源输入错误（非正确电源系统）	检测电源系统是否与要求的相符	使用正确电压源或串接变压器
RL004：电动机匹配错误	位置检出器损坏	位置检出器异常	更换电动机
	位置检出器松脱	检视位置检出器接头	重新安装
	电动机匹配错误	换上与之匹配的电动机	更换电动机
RL005：回生错误	回生电阻没有连接或过小	确认回生电阻的连接情况	重新连接回生电阻或计算回生电阻所需要的数值
	不使用回生电阻时，没有将回生电阻容量参数（P1-53）设为0	确认回生电阻容量参数（P1-53）是否设定为0	如果不使用回生电阻，需要将回生电阻容量参数（P1-53）设定为0
	参数设定错误	确认回生电阻参数（P1-52）设定值与回生电阻容量参数（P1-53）设定是否正确	正确设定参数
RL006：过载	超过驱动器额定负载连续使用	P0-02 设定为 11 后，监视平均转矩［%］是否持续一直超过100%以上	1）提高电动机容量 2）降低负载
	控制系统参数设定错误	1）机械系统是否摆振 2）加/减速设定常数过快	1）调整控制回路增益值 2）加/减速设定时间减慢
	电动机、位置检出器接线错误	检查 U、V、W 及位置检出器接线	正确接线
	电动机的位置检出器不良	位置检出器异常	维修
RL007：过速度	速度输入命令变动过剧	检测输入模拟电压信号是否异常	1）调整输入信号变动率 2）开启滤波功能
	过速度判定参数设定错误	检查过速度设定参数 P2-34 是否太小	正确设定过速度设定 P2-34 参数
RL008：异常脉波控制命令	脉波命令频率大于额定输入频率	检测输入频率是否超过额定输入频率	正确设定输入脉波频率
RL009：位置控制误差过大	最大位置误差参数设定过小	确认最大位置误差参数 P2-35 的设定值	需要加大 P2-35 的设定值
	增益值设定过小	确认设定值是否适当	正确调整增益值
	转矩限制过低	确认转矩限制值	正确调整转矩限制值
	外部负载过大	检查外部负载	1）减少外部负载 2）重新评估电动机容量
RL011：位置检出器异常	位置检出器接线错误	接线错误	正确接线
	位置检出器松脱	检查驱动器上 CN2 与位置检出器接头	重新安装
	位置检出器接线不良	检查驱动器上的 CN2 与伺服电动机位置检出器两端接线是否松脱	连接好接线
	位置检出器损坏	电动机异常	更换电动机

（续）

故障代码、故障名称	故障原因	故障检查	维修方法与解说
RL012：校正异常	模拟输入接点无正确归零	检测模拟输入接点的电压准位是否同接地电位	模拟输入接点正确接地
	检测组件损坏	电源重置检测	维修
RL013：紧急停止	紧急停止开关按下	确认开关位置	开启紧急停止开关
RL014：反向运转极限异常	反向极限开关按下	确认开关位置	开启逆向极限开关
	伺服系统稳定度不够	确认设定的控制参数及负载惯量	1）重新修正参数 2）重新评估电动机容量
RL015：正向运转极限异常	正向极限开关按下	确认开关位置	开启正向极限开关
	伺服系统稳定度不够	确认设定的控制参数及负载惯量	1）重新修正参数 2）重新评估电动机容量
RL016：IGBT 过热	过驱动器额定负载连续使用	1）检查是否负载过大 2）电动机电流过大	1）提高电动机容量 2）降低负载
	驱动器输出短路	检查驱动器输出接线	正确接线
RL017：内存异常	参数资料写入异常	按下面板 Shift 键，显示 EXGAB。其中：X = 1，2，3；G = 参数的群组码；AB = 参数的编号十六进制码。如果显示 E320A，代表该参数为 P2-10；如果显示 E3610，代表该参数为 P6-16	发生在送电时，代表某一参数超出合理范围
	隐藏参数异常	按下面板 Shift 键显示 E100X	发生工厂参数重置，驱动器型式设定错误
	ROM 中数据毁损	按下面板 Shift 键显示 E0001	1）发生在送电时，通常是 ROM 中资料毁损或 ROM 中无数据 2）维修
RL018：检出器输出异常	因编码器错误引发检出器输出异常	检查错误历史记录（P4-00 ~ P4-05），确认是否伴随编码器错误 AL011、AL024、AL025、AL026	进行 AL011、AL024、AL025、AL026 的处理流程
RL019：串行通信异常	通信参数设定错误	检视通信参数设定值	正确设定参数
	通信地址错误	检查通信地址	正确设定通信地址
	通信数值错误	检查存取数值	正确设定数值
RL020：串行通信逾时	逾时参数设定错误	检查逾时参数的设定	正确设定数值
	长时间没有接收通信命令	检查通信线是否松脱或断线	正确接线
RL022：主回路电源断相	主回路电源异常	1）检查 U、V、W 电源线是否松脱 2）仅单相输入	根据具体原因，选择相应的排除方法： 1）确定是否接入三相电源 2）维修
RL023：预先过载警告	预先过载警告	1）确定是否已经过载使用 2）负载输出准位设定的百分比是否设置过小	正确设定参数 P1-56 的设定值
RL024：编码器初始磁场错误	编码器初始磁场错误（磁场位置 U、V、W 错误）	1）电动机接地端是否正常接地 2）编码器信号线异常 3）位置检出器的线材是否使用了隔离网	根据具体原因，选择相应的排除方法： 1）正确接地 2）检查编码器信号线 3）正确选择线材
RL025：编码器内部错误	编码器内部错误（内部存储器异常、内部计数异常）	1）电动机接地端是否正常接地 2）编码器信号线异常 3）位置检出器的线材是否使用了隔离网	根据具体原因，选择相应的排除方法： 1）正确接地 2）检查编码器信号线 3）正确选择线材

（续）

故障代码、故障名称	故障原因	故障检查	维修方法与解说
RL026：编码器内部数据可靠度错误	编码器错误（内部数据连续三次异常）	1）电动机接地端是否正常接地 2）编码器信号线异常 3）位置检出器的线材是否使用了隔离网	根据具体原因，选择相应的排除方法： 1）正确接地 2）检查编码器信号线 3）正确选择线材
RL027：电动机内部错误	编码器内部重置错误	1）电动机接地端是否正常接地 2）编码器信号线异常 3）位置检出器的线材是否使用了隔离网	根据具体原因，选择相应的排除方法： 1）正确接地 2）检查编码器信号线 3）正确选择线材
RL028：电动机内部错误	编码器内部 U、V、W 错误	1）电动机接地端是否正常接地 2）编码器信号线异常 3）位置检出器的线材是否使用了隔离网	根据具体原因，选择相应的排除方法： 1）正确接地 2）检查编码器信号线 3）正确选择线材
RL029：电动机内部错误	编码器内部地址错误	1）电动机接地端是否正常接地 2）编码器信号线异常 3）位置检出器的线材是否使用了隔离网	根据具体原因，选择相应的排除方法： 1）正确接地 2）检查编码器信号线 3）正确选择线材
RL030：电动机碰撞错误	电动机碰撞错误	1）P1-57 是否有开启 2）P1-57 是否设定过低 3）P1-58 时间是否设定过短	根据具体原因，选择相应的排除方法： 1）如果误开，需要将 P1-57 设为 0 2）根据真实的扭力设定
RL031：电动机 U、V、W、GND 断线侦测	电动机 U、V、W、GND 断线	电动机 U、V、W、GND 断线	正确配线
RL040：全闭环位置控制误差过大	全闭环位置控制误差过大	1）P1-73 设定是否过小 2）连接器是否松脱 3）其他机构连接异常	根据具体原因，选择相应的排除方法： 1）将 P1-73 值加大 2）检查连接器与其他机构
RL041：光学尺断线	光学尺断线	检查光学尺通信线路是否异常	重新确认光学尺接线

★★★4.33.4 台达 ASDA-B2 系列伺服驱动器

台达 ASDA-B2 系列伺服驱动器故障信息与代码见表 4-120。

表 4-120 台达 ASDA-B2 系列伺服驱动器故障信息与代码

故障代码	故障现象/类型	故障原因
AL001	过电流故障	主回路电流超越电动机瞬间最大电流的 1.5 倍
AL002	过电压故障	主回路电压高于规定值
AL003	低电压故障	主回路电压低于规定电压
AL004	电动机匹配故障	驱动器所对应的电动机不对
AL005	再生错误	再生错误时动作
AL006	过载故障	电动机过载、驱动器过载
AL007	过速度故障	电动机控制速度超过正常速度过大

（续）

故障代码	故障现象/类型	故障原因
AL008	异常脉冲控制命令	脉冲命令的输入频率超过硬件接口容许值
AL009	位置控制误差过大故障	位置控制误差量大于设定容许值
AL011	位置检出器故障	位置检出器产生脉冲信号异常
AL012	校正故障	执行电气校正时校正值超越容许值
AL013	紧急停止	紧急按钮按下
AL014	反向极限故障	逆向极限开关被按下
AL015	正向极限故障	正向极限开关被按下
AL016	IGBT 过热故障	IGBT 温度过高
AL017	参数内存故障	内存（EEPROM）存取异常
AL018	检出器输出故障	检出器输出高于额定输出频率
AL019	串行通信故障	RS232/485 通信异常
AL020	串行通信超时故障	RS232/485 通信超时
AL022	主回路电源断相故障	主回路电源断相
AL023	预先过载故障	预先过载警告
AL024	编码器初始磁场错误	编码器磁场位置 UVW 错误
AL025	编码器内部故障	编码器内部存储器异常、内部计数器异常
AL026	编码器内部数据可靠度错误	内部数据连续三次异常
AL027	编码器内部故障	编码器内部重置错误
AL028	编码器内部故障	编码器内部 UVW 错误
AL029	编码器内部故障	编码器内部地址错误
AL030	电动机碰撞故障	电动机撞击硬设备，达到 P1-57 的转矩设定在经过 P1-58 的设定时间
AL031	电动机 UVW 接线故障、断线故障	电动机的 UVW、GND 接线错误；电动机的 UVW、GND 接线断线
AL035	编码器超温保护上限	编码器温度超过上限值
AL048	检出器多次输出异常	编码器错误、编码器输出脉冲超过硬件容许范围
AL067	编码器温度故障	编码器温度超过警戒值，但是还在温度保护上限值内
AL083	驱动器输出过电流故障	IGBT 温度过高
AL085	再生异常	再生控制作动异常时动作
AL099	DSP 固件升级	固件版本升级后，没有执行 EEPROM 重整
AL555	系统故障	驱动器处理器异常
AL880	系统故障	驱动器处理器异常

★★★4.33.5 台达 ASDA-B2-F 系列伺服驱动器

台达 ASDA-B2-F 系列伺服驱动器故障信息与代码见表 4-121。

表 4-121 台达 ASDA-B2-F 系列伺服驱动器故障信息与代码

故障代码	故障现象/类型	故障原因
AL028	编码器高电压故障、编码器内部故障	驱动器充电电路未移除造成电池电压高于规定数值（>3.8V）、编码器信号错误
AL029	格雷码故障	一圈绝对位置错误

（续）

故障代码	故障现象/类型	故障原因
AL034	编码器内部通信故障	绝对型位置检出器芯片内部通信异常、其他类型位置检出器内部异常
AL060	绝对位置遗失故障	绝对型编码器电池低电压或供电中断，而遗失内部所记录的圈数
AL061	编码器低电压故障	绝对型编码器的电池电压低于规定数值、电池电压
AL062	绝对型位置圈数溢位故障	绝对型位置圈数超出最大范围（－32768～＋32767）
AL069	电动机型式故障	增量型电动机不支持绝对型功能
AL289	位置计数器溢位故障	位置命令计数器发生溢位

★★★4.33.6　台达 ASDA-A2-E 系列伺服驱动器

台达 ASDA-A2-E 系列伺服驱动器故障信息与代码见表 4-122。

表 4-122　台达 ASDA-A2-E 系列伺服驱动器故障信息与代码

故障代码	故障现象/类型	故障代码	故障现象/类型
AL001	过电流故障	AL030	电动机碰撞故障
AL002	过电压故障	AL031	电动机 U、V、W 接线故障
AL003	低电压故障	AL040	全闭环位置控制误差过大故障
AL004	电动机匹配故障	AL099	DSP 固件升级
AL005	再生异常	AL1 22	存取 CANopen PDO 对象时，sub-index 发生错误
AL006	过载故障		
AL007	过速度故障	AL1 23	存取 CANopen PDO 对象时，数据长度发生错误
AL008	异常脉波控制命令		
AL009	位置控制误差过大故障	AL1 24	存取 CANopen PDO 对象时，数据范围发生错误
AL010	保留		
AL011	位置检出器故障	AL1 25	CANopen PDO 对象是只读，不可写入故障
AL012	校正故障	AL1 26	CANopen PDO 对象无法支持 PDO 故障
AL013	紧急停止	AL1 27	CANopen PDO 对象在 Servo On 时，不允许写入故障
AL014	反向极限故障		
AL015	正向极限故障	AL1 28	EEPROM 读取 CANopen PDO 对象时发生错误
AL016	IGBT 过热故障	AL1 29	CANopen PDO 对象写入 EEPROM 时发生错误
AL017	参数内存故障	AL1 30	EEPROM 的地址超过限制故障
AL018	检出器输出故障	AL1 31	EEPROM 数据内容错误
AL019	串行通信故障	AL1 32	密码错误
AL020	串行通信超时故障	AL180	Node guarding 或 heartbeat 错误故障
AL021	保留	AL185	EtherCAT 通信中断故障
AL022	主回路电源故障	AL201	CANopen 数据初始故障
AL023	预先过载警告	AL201	CANopen 数据初始错误
AL024	编码器初始磁场故障	AL283	软件正向极限故障
AL025	编码器内部故障	AL285	软件负向极限故障
AL026	编码器内部数据可靠度错误	AL3E1	CANopen 同步失败故障
AL027	编码器内部重置故障	AL3E2	CANopen 同步信号故障

（续）

故障代码	故障现象/类型	故障代码	故障现象/类型
AL3E3	CANopen 同步信号超时故障	AL501	STO_A 无信号故障
AL3E4	CANopen IP 命令失效故障	AL502	STO_B 无信号故障
AL3E5	同步信号周期故障	AL503	STO 故障
AL500	STO 功能被启动故障		

★★★4.33.7 台达 ASDA-B3 系列伺服驱动器

台达 ASDA-B3 系列伺服驱动器故障信息与代码见表 4-123。

表 4-123 台达 ASDA-B3 系列伺服驱动器故障信息与代码

故障代码	故障现象/类型	故障代码	故障现象/类型
AL111	SDO 接收溢位故障	AL132	写入参数功能受限故障
AL112	PDO 接收溢位故障	AL170	总线通信超时故障
AL121	PDO 存取时，Index 错误	AL180	总线通信超时故障
AL122	PDO 所欲存取的对象字典 sub-index 故障	AL185	总线硬件故障
AL123	PDO 所欲存取的对象字典长度故障	AL186	总线数据传输故障
AL124	PDO 所欲存取的对象字典范围故障	AL201	对象字典或数据数组数据初始故障
AL125	PDO 所欲存取的对象字典属性为只读，不可写入故障	AL301	CANopen 同步失效故障
		AL302	CANopen 同步信号太快故障
AL126	指定的对象字典无法映像到 PDO 故障	AL303	CANopen 同步信号超时故障
AL127	PDO 所欲存取的对象字典 Servo On 时，不允许写入故障	AL304	插补模式命令失效故障
		AL305	SYNC Period 故障
AL128	EEPROM 读取 PDO 对象字典时发生故障	AL3E1	通信同步失效故障
AL129	PDO 对象字典写入 EEPROM 时发生故障	AL3E2	通信同步信号太快故障
AL130	EEPROM 的地址超过限制故障	AL3E3	通信同步信号超时故障
AL131	EEPROM 的 CRC 计算故障		

★★★4.33.8 台达 ASDA-A3 系列伺服驱动器

台达 ASDA-A3 系列伺服驱动器故障信息与代码见表 4-124。

表 4-124 台达 ASDA-A3 系列伺服驱动器故障信息与代码

故障代码	故障现象/类型	故障代码	故障现象/类型
AL001	过电流故障	AL011	位置检出器故障
AL002	过电压故障	AL012	校正故障
AL003	低电压故障	AL013	紧急停止
AL004	电动机匹配故障	AL014	反向极限故障
AL005	再生错误	AL015	正向极限故障
AL006	过载故障	AL016	IGBT 温度故障
AL007	速度控制误差过大故障	AL017	内存故障
AL008	异常脉波控制命令	AL018	位置检出器输出故障
AL009	位置控制误差过大故障	AL020	串行通信超时故障
AL010	再生状态下电压故障	AL022	主回路电源故障

（续）

故障代码	故障现象/类型	故障代码	故障现象/类型
AL023	预先过载故障	AL066	绝对型位置圈数溢位故障（驱动器）
AL024	编码器初始磁场故障	AL067	编码器温度故障
AL025	编码器内部故障	AL068	绝对型数据 I/O 传输故障
AL026	编码器内部数据可靠度故障	AL069	电动机型式故障
AL027	编码器内部重置故障	AL06A	绝对位置遗失故障
AL028	编码器高电压故障、编码器内部故障	AL06B	驱动器内部坐标与编码器坐标误差过大故障
AL029	编码器格雷码故障	AL06E	编码器型号无法识别故障
AL02A	编码器圈数计数故障	AL06F	绝对位置建立未完成故障
AL02B	电动机数据故障	AL070	编码器处置未完成故障
AL030	电动机碰撞故障	AL071	编码器圈数故障
AL031	电动机动力线故障、断线侦测故障	AL072	编码器过速度故障
AL032	编码器振动故障	AL073	编码器内存故障
AL033	转接盒 26 PIN 端断线故障、编码器故障	AL074	编码器单圈绝对位置故障
AL034	编码器内部通信故障	AL075	编码器绝对圈数故障
AL035	编码器温度超过保护上限故障	AL077	编码器内部故障
AL036	编码器异警状态故障	AL079	编码器参数设置故障
AL040	全闭环位置控制误差过大故障	AL07A	编码器 Z 相位置遗失故障
AL041	CN5 断线故障	AL07B	编码器内存忙碌故障
AL042	模拟速度电压输入过高故障	AL07C	电动机转速超过 200r/min 时，下达清除绝对位置命令
AL044	驱动器功能使用率故障		
AL045	电子齿轮比设定故障	AL07E	编码器清除程序故障
AL048	位置检出器输出故障	AL07F	编码器版号故障
AL050	电动机参数识别完成故障	AL083	驱动器输出电流过大故障
AL051	电动机参数自动侦测故障	AL085	再生设定故障
AL052	初始磁场侦测故障	AL086	再生电阻过载故障
AL053	电动机参数未确认故障	AL088	驱动器功能使用率故障
AL054	电动机类型切换造成参数超出范围故障	AL089	电流感测遭受干扰故障
AL055	电动机磁场故障	AL08A	自动增益调整命令故障
AL056	电动机速度过高故障	AL08B	自动增益调整停止时间过短故障
AL057	回授脉波遗失故障	AL08C	自动增益调整惯量估测故障
AL058	上电初始磁场侦测完成后位置误差过大故障	AL095	再生电阻断线故障
AL05B	电动机类型设定不匹配故障	AL09C	参数重置失败故障
AL05C	电动机位置回授故障	AL0A6	驱动器与电动机的绝对位置坐标不匹配故障
AL05D	绝对型编码器零点与电动机磁场零点偏移量（PM. 010）侦测故障	AL130	EEPROM 的地址超过限制故障
		AL132	写入参数功能受限故障
AL05E	位置信号转接盒通信故障	AL170	总线通信超时故障
AL060	绝对位置遗失故障	AL180	总线通信超时
AL061	编码器电压过低故障	AL185	总线硬件故障
AL062	绝对型位置圈数溢位故障（编码器）	AL186	总线数据传输错误
AL063	光学尺信号故障	AL201	对象字典数据初始故障
AL064	编码器振动故障	AL289	位置计数器溢位故障

（续）

故障代码	故障现象/类型	故障代码	故障现象/类型
AL304	插补模式命令失效故障	AL3F1	通信型绝对位置命令故障
AL35F	紧急停止（减速过程中）	AL422	控制电源断电写入失败故障
AL3CF	紧急停止	AL510	驱动器内部更新参数程序故障
AL3E1	通信同步失效故障	AL521	挠性补偿参数异常
AL3E2	通信同步信号太快故障	AL555	系统故障
AL3E3	通信同步信号超时故障	ALF22	密码匹配故障

4.34　台金、西门子系列伺服驱动器

★★★4.34.1　台金 TK-B/TK-D 系列伺服驱动器

台金 TK-B/TK-D 系列伺服驱动器故障信息与代码见表 4-125。

表 4-125　台金 TK-B/TK-D 系列伺服驱动器故障信息与代码

故障代码	故障现象/类型	故障代码	故障现象/类型
Err-01	参数故障	Err-28	编码器类型错误
Err-02	EEPROM 故障	Err-29	增量编码器故障
Err-03	电流检测故障	Err-30	检测到通信式增量编码器故障
Err-04	断相故障	Err-31	编码器通信数据错误
Err-05	功率模块保护	Err-32	无编码器故障
Err-08	驱动器过电流故障	Err-33	编码器过速故障
Err-09	运行电流故障	Err-35	编码器计数故障
Err-10	驱动器过电压故障	Err-36	编码器计数溢出故障
Err-11	驱动器欠电压故障	Err-37	编码器过热故障
Err-12	能耗制动故障	Err-38	编码器多圈信息故障
Err-13	过载故障	Err-39	编码器电池故障
Err-14	驱动器过热故障	Err-40	编码器电池故障
Err-15	电动机过热故障	Err65	过速故障
Err-16	位置偏差过大故障	Err66	未达到输出精度故障
Err-17	指令脉冲频率太高故障	Err67	计数故障
Err-18	CW 限位故障	Err68	计数溢出故障
Err-19	CCW 限位保护	Err69	多圈数据故障
Err-20	超速故障	Err70	电池故障
Err-21	速度偏差过大故障	Err71	电池故障

★★★4.34.2　西门子 SIMODRIVE 611U 系列伺服驱动器

西门子 SIMODRIVE 611U 系列伺服驱动器控制板前面板上的 FAULT LED（故障发光二极管）亮了，可能发生的原因见表 4-126。

表 4-126　故障发光二极管

故障发光二极管状态	原　因
控制板前面板上的 FAULT LED（故障发光二极管）亮了	1）至少出现了一个故障（故障代码小于 800，则故障代码在显示器中显示） 2）控制模块正在运行（大约 2s）。在成功开始运行后，LED 熄灭 3）首次启动 4）存储器模块没被插在控制模块中或插入得不正确 5）控制板异常

西门子 SIMODRIVE 611U 系列伺服驱动器故障信息与代码见表 4-127。

表 4-127　西门子 SIMODRIVE 611U 系列伺服驱动器故障信息与代码

故障代码	故障现象/类型	故障原因	维修方法与解说	解　决	停止响应
000	无故障				
001	驱动器没有系统专用软件	存储器中没有驱动的系统专用软件	1）需要通过 SimoCom U 工具软件装载驱动系统专用软件 2）插入带系统专用软件的存储器模块	POWER ON（电源通）	STOP（停止响应）Ⅱ（SRM，SLM），STOP（停止响应）Ⅰ（ARM）
002	计算时间溢出	驱动处理器的计算时间对于在指定的循环次数中所选择的功能不再够用	1）占用很多计算时间的不使能功能，例如：变量发信号功能（P1620）、跟踪功能、转速向前进给控制（P0203）、最小/最大存储器（P1650.0）、DAC 输出（最大一个通道）等 2）增加循环次数：电流控制器循环（P1000）、转速控制器循环（P1001）、位置控制器循环（P1009）、插补循环（P1010）等	POWER ON（电源通）	STOP（停止响应）Ⅱ（SRM，SLM），STOP（停止响应）Ⅰ（ARM）
003	由于监视器的 NMI	控制模块上的监视计时器已经到时间了	可能是控制模块硬件异常，需要维修或者更换控制模块	POWER ON（电源通）	STOP（停止响应）Ⅱ（SRM，SLM），STOP（停止响应）Ⅰ（ARM）
004	堆栈溢出	违反了内部处理器硬件堆栈、在数据存储器中的软件堆栈的限制	可能是控制模块硬件异常： 1）关闭电源/给驱动模块通电 2）维修/更换控制模块	POWER ON（电源通）	STOP（停止响应）Ⅱ（SRM，SLM），STOP（停止响应）Ⅰ（ARM）
005	不合法的 OP 操作代码，跟踪，SWI，NMI（DSP）	处理器检测到了程序存储器中有不合法的指令	维修更换控制模块	POWER ON（电源通）	STOP（停止响应）Ⅱ（SRM，SLM），STOP（停止响应）Ⅰ（ARM）
006	检和式误差检验	在连续地在程序/数据存储器中检和式误差的检查过程中，识别出来了参考和实际检和间的差异	维修/更换控制模块	POWER ON（电源通）	STOP（停止响应）Ⅱ（SRM，SLM），STOP（停止响应）Ⅰ（ARM）
007	在初始化时的错误	装载存储器模块的系统专用软件时出现了故障。可能原因有数据传输错误、FEPROM 存储器磁泡损坏	1）尝试执行 RESET（复位）或者 POWER-ON（电源通）操作 2）更换存储器模块 3）维修或者更换控制模块	POWER ON（电源通）	STOP（停止响应）Ⅱ（SRM，SLM），STOP（停止响应）Ⅰ（ARM）
020	由于循环故障的 NMI	不能做基本循环。可能原因：EMC 故障、硬件故障、控制模块损坏	1）检查插接连接处 2）完善噪声抑制措施 3）维修或者更换控制模块	POWER ON（电源通）	STOP（停止响应）Ⅱ（SRM，SLM），STOP（停止响应）Ⅰ（ARM）
025	SSI 中断（SSI：同步串行接口）	发生不合法的处理器中断。可能原因：控制模块上的 EMC 故障、硬件异常	1）检查插接连接处 2）维修或者更换控制模块	POWER ON（电源通）	STOP（停止响应）Ⅱ（SRM，SLM），STOP（停止响应）Ⅰ（ARM）

（续）

故障代码	故障现象/类型	故障原因	维修方法与解说	解决	停止响应
026	SCI 中断	发生不合法的处理器中断。可能原因：控制模块上的 EMC 故障、硬件异常	1）检查插接连接处 2）维修或者更换控制模块	POWER ON（电源通）	STOP（停止响应）Ⅱ（SRM，SLM），STOP（停止响应）Ⅰ（ARM）
027	HOST 中断	发生不合法的处理器中断。可能原因：控制模块上的 EMC 故障、硬件异常	1）检查插接连接处 2）维修或者更换控制模块	POWER ON（电源通）	STOP（停止响应）Ⅱ（SRM，SLM），STOP（停止响应）Ⅰ（ARM）
028	电源通期间的实际电流测量	电流实际值测量开始时或者在脉冲禁止的循环操作过程中希望得到的电流为 0。驱动系统此时要识别是否有无电流流动。可能原因：电流实际值测量硬件异常	1）检查插接连接处 2）检查控制模块插得是否正确 3）维修或者更换控制模块 4）维修或者更换功率模块	POWER ON（电源通）	STOP（停止响应）Ⅱ（SRM，SLM），STOP（停止响应）Ⅰ（ARM）
029	测量电路的评价错误	测量电路评价要做识别	1）检查插接连接处 2）执行噪声抑制措施 3）控制模块和编码器需要型号相同 4）维修或者更换控制模块	POWER ON（电源通）	STOP（停止响应）Ⅱ（SRM，SLM），STOP（停止响应）Ⅰ（ARM）
030	S7 通信错误	识别出致命的通信错误、驱动软件不协调、不一致。可能原因：错误的通信、控制模块硬件异常	1）执行噪声抑制措施 2）维修或者更换控制模块	POWER ON（电源通）	STOP（停止响应）Ⅱ（SRM，SLM），STOP（停止响应）Ⅰ（ARM）
031	内部数据错误	内部数据错误、驱动软件不协调、不一致。可能原因：控制模块硬件异常	1）重新装载驱动软件 2）维修或者更换控制模块	POWER ON（电源通）	STOP（停止响应）Ⅱ（SRM，SLM），STOP（停止响应）Ⅰ（ARM）
032	电流设定点滤波器数错误	输入了不合法的电流设定点滤波器数（>4）（最大数=4）	输入合法的电流设定点滤波器数（P1200）	POWER ON（电源通）	STOP（停止响应）Ⅱ（SRM，SLM），STOP（停止响应）Ⅰ（ARM）
033	转速设定点滤波器数错误	输入了不允许的转速设定点滤波器数（>2）（最大数=2）	输入合法的转速设定点滤波器数（P1500）	POWER ON（电源通）	STOP（停止响应）Ⅱ（SRM，SLM），STOP（停止响应）Ⅰ（ARM）
034	轴计数功能失效	决定功率模块上的轴的数量的功能已计算出非法值	1）检查控制模块是否正确插入到功率模块上 2）功率模块异常	POWER ON（电源通）	STOP（停止响应）Ⅱ（SRM，SLM），STOP（停止响应）Ⅰ（ARM）
035	保存数据时出现错误	存储器模块 FEPROM 保存数据时出现错误。可能原因： 数据传输错误、存储器模块 FEPROM 磁泡失效	1）尝试对支持数据进行初始化 2）更换存储器模块	POWER ON（电源通）	STOP（停止响应）Ⅱ（SRM，SLM），STOP（停止响应）Ⅰ（ARM）

（续）

故障代码	故障现象/类型	故障原因	维修方法与解说	解决	停止响应
036	下载系统专用软件时错误	装载新版系统专用软件时出现错误。可能原因：数据传输错误、存储器模块FEPROM磁泡失效	1）尝试执行复位或电源通操作 2）更换存储器模块 3）维修控制模块	POWER ON（电源通）	STOP（停止响应）Ⅱ（SRM，SLM），STOP（停止响应）Ⅰ（ARM）
037	用户数据初始化时出现错误	从存储器模块装载数据时出错。可能原因：数据传输错误、存储器模块FEPROM磁泡失效	1）尝试执行电源通操作 2）更换存储器模块 3）维修控制模块	POWER ON（电源通）	STOP（停止响应）Ⅱ（SRM，SLM），STOP（停止响应）Ⅰ（ARM）
039	功率模块识别时出错	补充信息： 0x 100000：识别到多于1个的功率模块类型 0 x200000：识别到0个的功率模块类型 0x 30xxxx：识别的功率模块不同于输入的PM（功率模块）（P1106） 0 x400000：输入不同的功率模块代码（P1106）	1）执行复位操作 2）检查控制模块是否正确插进电源模块中	POWER ON（电源通）	STOP（停止响应）Ⅱ（SRM，SLM），STOP（停止响应）Ⅰ（ARM）
040	所希望的任选模块得不到	参数化（P0875）希望有1个任选模块，但是在控制模块上得不到	1）比较所希望的任选模块（P0875）与插入的任选模块（P0872）型号 2）检查或者更换插入的任选模块或者设P0875 = 0，将此任选模块取消	POWER ON（电源通）	STOP（停止响应）Ⅱ（SRM，SLM），STOP（停止响应）Ⅰ（ARM）
041	系统专用软件不支持任选模块	插入任选模块（P0872）或者将其参数化（P0875）。该任选模块不被系统专用软件支持	1）更新系统专用软件 2）使用合法的任选模块	POWER ON（电源通）	STOP（停止响应）Ⅱ（SRM，SLM），STOP（停止响应）Ⅰ（ARM）
042	内部软件错误	存在一个内部软件错误	1）执行电源通-复位操作 2）将软件重新装载到存储器模块中 3）更换存储器模块 4）维修或者更换控制模块	POWER ON（电源通）	STOP（停止响应）Ⅱ（SRM，SLM），STOP（停止响应）Ⅰ（ARM）
043	任选模块的系统专用软件	该任选模块不包含当前所需要的系统专用软件	1）使用一个带相应的系统专用软件的模块 2）更新系统专用软件	POWER ON（电源通）	STOP（停止响应）Ⅱ（SRM，SLM），STOP（停止响应）Ⅰ（ARM）
044	PROFIBUS连接不上	PROFIBUS连接不上	1）执行电源通-复位操作 2）更换任选模块	POWER ON（电源通）	STOP（停止响应）Ⅱ（SRM，SLM），STOP（停止响应）Ⅰ（ARM）
045	希望的任选模块对两个轴是不等同的	参数化所期望的任选模块类型对于一个2轴模块的2个轴实际是不同的	1）在参数P0875中设置所期望的任选模块类型对两个轴来说应设成相同的 2）将参数P0875设置为0，取消用于B轴的模块	POWER ON（电源通）	STOP（停止响应）Ⅱ（SRM，SLM），STOP（停止响应）Ⅰ（ARM）

（续）

故障代码	故障现象/类型	故障原因	维修方法与解说	解 决	停止响应
048	不合法的PROFIBUS硬件状态	识别出了PROFIBUS控制器的不合法状态	1）执行电源通-复位操作 2）检查PROFIBUS单元的螺钉连接情况 3）维修或者更换驱动模块	POWER ON（电源通）	STOP（停止响应）Ⅱ
101	目标位置程序段\%u>正向软件限位开关（\%u数据类型：无符号整数型）	程序段中指定的目标位置超出了由参数P0316（正向软件限位开关）设置的限制范围	1）改变程序段中的目标位置 2）设置不同的软件限位开关位置	RESET FAULT MEMORY（将故障存储器复位）	STOP（停止响应）Ⅵ
102	目标位置程序段\%u<负方向软件限位开关	程序段中指定的目标位置超出了参数P0315（负方向软件限位开关）设置的限制范围	1）改变程序段中的目标位置 2）设置不同的软件限位开关位置	RESET FAULTMEMORY（将故障存储器复位）	STOP（停止响应）Ⅵ
103	程序段号\%u：直接输出功能不可能	SET_ O或者RESET_ O指令，在参数P0086：64（指令参数）中输入了不合法的数值	参数P0086：64（指令参数）中输入数值1、2或者3	RESET FAULT MEMORY（将故障存储器复位）	STOP（停止响应）Ⅴ
104	程序段号\%u：跳转的目标位不存在	该移动程序段中，跳转被编成了一个不存在的程序段号	将其编入到实际存在的程序段号中	RESET FAULT MEMORY（将故障存储器复位）	STOP（停止响应）Ⅵ
105	在程序段\%u中指定了不合法的方式	在参数P0087：64（方式）出现不合法信息。参数P0087：64的一个位置中有不合法数值	检查参数P0087：64，以及改正错误设定	RESET FAULT MEMORY（将故障存储器复位）	STOP（停止响应）Ⅵ
106	程序段\%u：用于直线轴的ABS_ POS方式是不可能的	一个直线轴来说，程序中编入了定位方式ABS_ POS（只用于旋转轴）	改变参数P0087：64（方式）	RESET FAULT MEMORY（将故障存储器复位）	STOP（停止响应）Ⅵ
107	程序段\%u：用于直线轴的ABS_ NEG方式是不可能的	一个直线轴来说，程序中编入了定位方式ABS_ NEG（只用于旋转轴）	改变参数P0087：64（方式）	RESET FAULT MEMORY（将故障存储器复位）	STOP（停止响应）Ⅵ
108	得到两次程序段号\%u（\%u数据类型：无符号整数型）	程序存储器中有几个有着同样程序段号的移动程序段。所有的移动程序段中，程序段号必须是唯一的	指定唯一的程序段号	RESET FAULT MEMORY（将故障存储器复位）	STOP（停止响应）Ⅵ
109	在程序段\%u中没有请求外部程序段改变（\%u数据类型：无符号整数型）	一个带程序段阶段使能CONTINUE EXTERNAL（外部继续）与参数P0110=0（外部程序段改变的配置）的移动程序段，不请求外部程序段改变	分别消除在输入端子处尤其在PROFIBUS总线的控制信号STW1.13处丢失边沿的病因	RESET FAULT MEMORY（将故障存储器复位）	STOP（停止响应）Ⅴ
110	选择的程序段号\%u不存在	选择的程序段号在程序存储器中不存在，被抑制了	选择实际存在的程序段号，用所选择的程序段号对移动程序段编程	RESET FAULT MEMORY（将故障存储器复位）	STOP（停止响应）Ⅵ

（续）

故障代码	故障现象/类型	故障原因	维修方法与解说	解决	停止响应
111	程序段号\%u中的GOTO不合法	不能给这个程序段号编入带跳转指令GOTO的操作步	用其他指令编程	RESET FAULT MEMORY（将故障存储器复位）	STOP（停止响应）Ⅵ
112	同时启动移动作业与开始回参考点	在通电时、在POWER-ON RESET（电源通复位）时，输入信号均为1，则两个信号的0/1边沿就同时被识别了	将两个输入信号复位	RESET FAULT MEMORY（将故障存储器复位）	STOP（停止响应）Ⅵ
113	启动移动作业与点动操作同时进行	通电时、POWER-ON RESET（电源复位）时，如果输入信号均为1，那么，两个信号的0/1边沿就同时被识别了	将两个输入信号复位	RESET FAULT MEMORY（将故障存储器复位）	STOP（停止响应）Ⅳ
114	在所期望的程序段号\%u中跳转使能END	带有最高程序号的移动程序段没有作为程序段跳转使能的结束符END	1）用带有程序段跳转使能结束符END来编这个移动程序段 2）给该移动程序段编进GOTO指令 3）使用更高的程序段号编其余的移动程序段，并在最后程序段中编入程序段跳转使能结束符END	RESET FAULT MEMORY（将故障存储器复位）	STOP（停止响应）Ⅵ
115	到达移动范围开始处	轴已经移动到了有ENDLOS_ NEG（-200 000 000 MSR）指令的程序段中的移动范围极限	1）按故障存储器复位钮清除故障 2）以正方向移开	RESET FAULT MEMORY（将故障存储器复位）	STOP（停止响应）Ⅴ
116	到达移动范围终点处	轴已经移动到了有ENDLOS_ POS（200 000 000 MSR）指令的程序段中的移动范围极限	1）按故障存储器复位钮清除故障 2）在负方向离开	RESET FAULT MEMORY（将故障存储器复位）	STOP（停止响应）Ⅴ
117	程序段目标位置\%u<移动范围开始处（数据类型：无符号整数型）	在该程序段中指定的目标位置在绝对移动范围（-200 000 000 MSR）外	改变程序段中的目标位置	RESET FAULT MEMORY（将故障存储器复位）	STOP（停止响应）Ⅵ
118	程序段的目标位置\%u<移动范围终点处（\%u数据类型：无符号整数型）	在该程序段中指定的目标位置位于绝对移动范围（200 000 000 MSR）外	改变程序段中的目标位置	RESET FAULT MEMORY（将故障存储器复位）	STOP（停止响应）Ⅵ
119	PLUS（正方向）软件限位开关激活	对带ENDLOS_ POS指令的程序段，为了以绝对方式或者相对方式进行定位，轴已经对PLUS（正方向）软件限位开关进行激活（P0316）	1）按故障存储器复位钮清除故障 2）在负方向离开	RESET FAULT MEMORY（将故障存储器复位）	STOP（停止响应）Ⅴ

（续）

故障代码	故障现象/类型	故障原因	维修方法与解说	解　决	停止响应
120	负方向软件限位开关激活	对带 ENDLOS_ NEG 指令的程序段，为了以绝对或者相对方式进行定位，轴已经对 MINUS 软件限位开关进行激活（P0315）	1）按故障存储器复位钮清除故障 2）以正方向移开	RESET FAULT MEMORY（将故障存储器复位）	STOP（停止响应）Ⅴ
121	点动操作 1 与点动操作 2 同时有效	点动操作 1 与点动操作 2 输入信号同时被激活	1）将 2 个输入信号复位 2）按故障存储器复位钮清除故障 3）激活所需要的输入信号	RESET FAULT MEMORY（将故障存储器复位）	STOP（停止响应）Ⅱ
122	参数 \ % u：违反了数值范围限制	当尺寸制式从英制换算到毫米时，违反参数的数值范围极限	需要将参数值置于数值范围内	POWER ON（电源通）	STOP（停止响应）Ⅱ（SRM，SLM），STOP（停止响应）Ⅰ（ARM）
123	所选择尺寸制式用的线性编码器错误	对于线性编码器、尺寸制式被设置为度	改变尺寸制式的设定（P0100）	POWER ON（电源通）	STOP（停止响应）Ⅱ（SRM，SLM），STOP（停止响应）Ⅰ（ARM）
124	回参考点与点动操作同时被启动	对于开始回参考点与点动操作 1、点动操作 2 输入信号，同时识别了一个正边沿	将 2 个输入信号复位	RESET FAULT MEMORY（将故障存储器复位）	STOP（停止响应）Ⅴ
125	参考挡铁的下降沿没有被识别	从参考挡铁离开时，到达移动范围极限，因为 1/ 0 参考挡铁的边沿没有被识别	需要检查参考挡铁输入信号	RESET FAULT MEMORY（将故障存储器复位）	STOP（停止响应）Ⅱ（SRM，SLM），STOP（停止响应）Ⅰ（ARM）
126	程序段 \ % u：用于不带模数转换的旋转轴的 ABS_ POS 是不可能的	ABS_ POS 定位方式只允许在激活模数转换（P0241 = 1）时用于旋转轴	对于该种轴类型应使用有效的定位方式	RESET FAULT MEMORY（将故障存储器复位）	STOP（停止响应）Ⅵ
127	程序段 \ % u：用于不带模数转换的旋转轴的 ABS_ NEG 是不可能的	ABS_ NEG 定位方式只允许在激活模数转换（P0241 = 1）时用于旋转轴	对于该种轴类型，应使用有效的定位方式	RESET FAULT MEMORY（将故障存储器复位）	STOP（停止响应）Ⅵ
128	程序段 \ % u：目标位置超出了模数范围（\ % u 数据类型：无符号整数型）	编入程序中的目标位置（P0081：64）超出了模数设定范围（P0242）	编入有效的目标位置	RESET FAULT MEMORY（将故障存储器复位）	STOP（停止响应）Ⅵ
129	对于带模数转换的旋转轴的最大速度太高	编入程序中的最大速度（P0102）太高	减小最大速度（P0102）	RESET FAULT MEMORY（将故障存储器复位）	STOP（停止响应）Ⅴ

（续）

故障代码	故障现象/类型	故障原因	维修方法与解说	解决	停止响应
130	控制器、脉冲使能在运动中撤销	可能的原因是： 1）使能信号中的某个信号在运动中被撤除 2）其他故障导致控制器或者脉冲使能的撤除	设定使能信号，检查故障原因，并排除	RESET FAULT MEMORY（将故障存储器复位）	STOP（停止响应）Ⅱ
131	跟随误差太高	可能的原因是： 1）超过了驱动的转矩、加速度的能力 2）位置测量系统故障 3）位置控制方向错误（P0231） 4）机械系统有阻塞 5）过大的快移速度、过大的位置设定点差异	根据原因进行检查、排除	RESET FAULT MEMORY（将故障存储器复位）	STOP（停止响应）Ⅱ
132	驱动位于负方向软件限位开关后	轴以点动操作方式移动到了负方向软件限位开关上（P0315）。如果软件限位开关无效，故障也可能产生	使用点动操作按钮1或者点动操作按钮2，使驱动返回到移动范围内	RESET FAULT MEMORY（将故障存储器复位）	STOP（停止响应）Ⅲ
133	驱动位于正方向软件限位开关之后	轴以点动操作方式移动到了正方向软件限位开关上（P0316）。如果软件限位开关无效，故障也可能产生	使用点动操作按钮1或者点动操作按钮2，使驱动返回到移动范围内	RESET FAULT MEMORY（将故障存储器复位）	STOP（停止响应）Ⅲ
134	定位监测已有响应	定位监测时间（P0320）已到后，驱动尚没有到达定位窗口（P0321）。可能的原因有： 1）定位监测时间（P0320）参数设定太低 2）定位窗口参数（P0321）设定太低 3）位置环增益（P0200）太高 4）机械阻塞	检查P0320、P0321、P0200参数	RESET FAULT MEMORY（将故障存储器复位）	STOP（停止响应）Ⅱ
135	静态监测已有响应	静态监测时间（P0325）已到，驱动已经离开了静态窗口（P0326）。可能的原因有： 1）位置实际值转换（P0231）被设定错误 2）静态监测时间（P0325）参数设定太低 3）静态窗口（P0326）参数设定太低 4）位置环增益（P0200）太低 5）位置环增益（P0200）太高 6）机械负载太大 7）检查连接电缆	检查P0325、P0326、P0200参数	RESET FAULT MEMORY（将故障存储器复位）	STOP（停止响应）Ⅱ

（续）

故障代码	故障现象/类型	故障原因	维修方法与解说	解　决	停止响应
136	转换系数，向前进给控制器转速，参数设定不能显示出来	速度与转速间的位置控制器中的转换系数不能显示。可能的原因有： 1）线性轴的主轴节距（P0236）设定错误 2）齿轮箱的传动比（P0238：8/P0237：8）设定错误	检查 P0236、P0238：8、P0237：8 参数	RESET FAULT MEMORY（将故障存储器复位）	STOP（停止响应）Ⅱ（\%d 数据类型：十进制型）
137	转换系数，位置控制器输出，参数设定\%d 不能显示出来	跟随误差与转速设定点间的位置控制器中的转换系数不能被显示。可能的原因有： 1）线性轴的主轴节距（P0236）设定错误 2）齿轮箱的传动比（P0238：8/P0237：8）设定错误 3）位置控制环增益 P0200：8 设定错误	检查 P0236、P0238：8、P0237：8、P0200：8 参数	RESET FAULT MEMORY（将故障存储器复位）	STOP（停止响应）Ⅱ
138	电动机与负载间的转换系数太高	电动机与负载间的转换系数对于功率 24 应是大于 2，对于功率 -24 是小于 2	检查 P0236、P0237、P0238、P1005、P1024 参数	RESET FAULT MEMORY（将故障存储器复位）	STOP（停止响应）Ⅱ（SRM，SLM），STOP（停止响应）Ⅰ（ARM）
139	模数范围与传动比率不匹配	对多转绝对值编码器来说，编码器与负载间的传动比的选择要使得整个编码器的范围是模数范围的整数倍。参数 P1021 * P0238：8/P0237：8 * 360/P0242 需要是整数	检查 P1021、P0238：8、P0237：8 参数	POWER ON（电源通）	STOP（停止响应）Ⅱ（SRM，SLM），STOP（停止响应）Ⅰ（ARM）
140	负方向硬件限位开关	在负方向硬件限位开关输入信号处的 1/0 边沿被识别	使用点动操作按钮 1 或者点动操作按钮 2，使驱动返回到移动范围内	RESET FAULT MEMORY（将故障存储器复位）	STOP（停止响应）Ⅲ
141	正方向硬件限位开关	在正方向硬件限位开关输入信号处的 1/0 边沿被识别	使用点动操作按钮 1 或者点动操作按钮 2 使驱动返回到移动范围内	RESET FAULT MEMORY（将故障存储器复位）	STOP（停止响应）Ⅲ
142	输入端子 I0.x 没有被作为等效零位标记进行参数化（\%x 数据类型：十六进制型）	输入一个外部信号作为等效零位标记（P0174 = 2）时，需要对输入端子 I0.x 指定“等效零位标记”功能（功能号 79）。如果使用了直接测量系统，需要给端子 I0.B 指定“等效零位标记”功能（功能号 79）	1）电动机测量系统：参数 P0660 = 79 2）直接测量系统：参数 P0672 = 79	RESET FAULT MEMORY（将故障存储器复位）	STOP（停止响应）Ⅳ
143	无终止符的程序段\%u 中移动与外部程序段更换	对指令 ENDLESS_ POS 或者 ENDLESS_ NEG 来说，程序段改变使 CONTINUE_ EXTERNAL 只允许用参数 P0110 = 0 或者 1	程序段改变使能或者改变参数 P0110	RESET FAULT MEMORY（将故障存储器复位）	STOP（停止响应）Ⅵ

（续）

故障代码	故障现象/类型	故障原因	维修方法与解说	解决	停止响应
144	错误地接通或者断开 MDI	1）在有效的移动程序中，MDI 被接入 2）有效的 MDI 程序段中，MDI 被断开	根据故障存储器复位键清除故障	RESET FAULT MEMORY（将故障存储器复位）	STOP（停止响应）Ⅱ
145	没有到达固定终点停止器	在一个带有固定终点停止器指令的移动程序段中，没有到达固定终点停止器。固定终点停止器超出了该程序段中的编程位置	检查程序	RESET FAULT MEMORY（将故障存储器复位）	STOP（停止响应）V
146	固定终点停止器，轴超出了监测窗口	在到达了固定终点停止器状态中，轴已经超出了已定义的监测窗口	1）检查参数 P0116：8 2）检查机械系统	RESET FAULT MEMORY（将故障存储器复位）	STOP（停止响应）Ⅱ
147	在固定终点停止器的使能信号撤除	可能的原因有： 1）在向固定终点停止器的移动中，端子 48、63、64、663、65. x，PROFIBUS 使能信号撤除 2）故障出现，导致控制器或者脉冲使能撤除	设定使能信号，检查故障并且排除故障	RESET FAULT MEMORY（将故障存储器复位）	STOP（停止响应）Ⅱ
150	外部位置参考值 < 最大移动范围补充信息 \ %u（数据类型：无符号整数型）	外部位置参考值已经超过了上区的移动范围极限	将外部位置参考值返回到数值范围内	RESET FAULT MEMORY（将故障存储器复位）	STOP（停止响应）Ⅱ
151	外部位置参考值 < 最小移动范围补充信息 \ %u	外部位置参考值已经低于了下区的移动范围极限	将外部位置参考值带回到数值范围内	RESET FAULT MEMORY（将故障存储器复位）	STOP（停止响应）Ⅱ
152	通过 PROFIBUS 的位置参考值与实际值输出受限制补充信息 \ %X	位置参考值、位置实际值、位置偏置值的输出，可通过 PROFIBUS 进行参数化。可是，要被输出的值不再用 32 位来显示，而是被限制到最大值 0xffffffff 或者 0x80000000	1）将驱动移动到可表示的移动范围内 2）使用参数 P884、P896 使上限、下限适合要求	RESET FAULT MEMORY（将故障存储器复位）	STOP（停止响应）Ⅲ
160	没有到达参考挡铁	在参考点趋进开始后，轴移动了参数 P0170 指定的距离，而没有找到参考挡铁	1）检查“参考挡铁”信号 2）检查参数 P0170 3）如果是一个无参考挡铁的轴，则设置 P0173 为 1	RESET FAULT MEMORY（将故障存储器复位）	STOP（停止响应）V
161	参考挡铁太短	轴移动到参考挡铁时，在参考挡铁处不停止，之后发出故障信号，即参考挡铁太短	1）设定参数 P0163 为一个低区数值 2）增加参数 P0104（最大减速度） 3）使用大一些的参考挡铁	RESET FAULT MEMORY（将故障存储器复位）	STOP（停止响应）V
162	无零位参考脉冲出现	离开参考挡铁后，轴移动了 P0171（参考挡铁/零脉冲间的最大距离）定义的距离，没有找到零脉冲	1）用到零位标记的参考值来检查编码器 2）将参数 P0171 设置为一个较高的数值	RESET FAULT MEMORY（将故障存储器复位）	STOP（停止响应）V

（续）

故障代码	故障现象/类型	故障原因	维修方法与解说	解决	停止响应
163	无编码器操作与操作方式不匹配	将无编码器的操作参数化（P1006），以及选择“定位”方式	正确设定操作方式“转速/转矩设定点”（P0700=1）	POWER ON（电源通）	STOP（停止响应）V
164	在移动作业中偶联释放	移动作业正在进行时，偶联作业断开	先退出移动任务，再断开偶联	RESET FAULT MEMORY（将故障存储器复位）	STOP（停止响应）Ⅲ
165	绝对位置程序段不可能	轴偶联被启动时，带有绝对位置数据的移动程序段是不允许的	修改移动程序段	RESET FAULT MEMORY（将故障存储器复位）	STOP（停止响应）Ⅳ
166	偶联不可能	实际操作状态中，建立不起偶联	1）检查偶联的配置（P0410） 2）正确设定角度编码器接口（P0890、P0891）	RESET FAULT MEMORY（将故障存储器复位）	STOP（停止响应）Ⅵ
167	启动偶联信号出现	得到“启动偶联”输入信号。启动偶联需要一个输入信号边沿	复位启动偶联输入信号	RESET FAULT MEMORY（将故障存储器复位）	STOP（停止响应）Ⅱ
168	缓存器溢出	与排序功能偶联时出现。在参数P0425：16中，最大可保存16个位置	确保最多只保存16个位置	POWER ON（电源通）	STOP（停止响应）Ⅳ
169	偶联触发脉冲丢失	使用KOPPLUNG_ ON（偶合_ 连）指令时需要同步，并且识别到已经超过偶联被接入的位置	确保位置存储器的下一个元件用的偶联被接入前，需要令从驱动保持静止至少一个IPO（插补）时钟循环（P1010）	RESET FAULT MEMORY（将故障存储器复位）	STOP（停止响应）Ⅳ
170	移动程序执行中断开了偶联	在驱动执行一个移动程序段过程中，激活偶联输入信号被复位	只有在移动程序运行结束后才能断开偶联	RESET FAULT MEMORY（将故障存储器复位）	STOP（停止响应）Ⅳ
171	偶联不可能	在驱动正执行一个移动程序时，设定了启动偶联输入信号	只有在移动程序运行结束后才能接通偶联	RESET FAULT MEMORY（将故障存储器复位）	STOP（停止响应）Ⅳ
172	偶联用的外部程序段更换不可能	如果已有了一个偶联，那么，只有参数P0110=2时带外部程序段使能的移动程序段才是允许的	1）改正移动程序段 2）修改参数P0110（外部程序段更换的配置）	RESET FAULT MEMORY（将故障存储器复位）	STOP（停止响应）Ⅳ
173	偶联与移动到终点停止同时进行	偶联与快移到终点停止同时进行是不允许的	改正移动程序段	RESET FAULT MEMORY（将故障存储器复位）	STOP（停止响应）Ⅳ
174	被动参考不可能	为了进行被动参考，编码器接口需要作为输入进行接入，且定位方式必须正确设定	1）设定定位方式（P0700） 2）设定角度编码器接口（P0890、P0891）	RESET FAULT MEMORY（将故障存储器复位）	STOP（停止响应）Ⅳ
175	被动参考实现不了	主驱动修正零位标记偏置时，从驱动需要将一个零位标记忽略掉	确保从驱动的挡铁位于主驱动的挡铁和参考点间	RESET FAULT MEMORY（将故障存储器复位）	STOP（停止响应）Ⅳ
176	绝对编码器需要调整	用绝对编码器的被动参考只有在编码器已经被调整后才有可能	用设定绝对值来调整驱动	RESET FAULT MEMORY（将故障存储器复位）	STOP（停止响应）Ⅳ

（续）

故障代码	故障现象/类型	故障原因	维修方法与解说	解决	停止响应
177	启动被动参考P179不可能	被动参考用的启动帮助决定了从驱动中由参数P0162定义的参考点偏置量。需要的先决条件： 1）位置偶联对主驱动存在 2）主驱动必须准确地在其参考点上 3）从驱动已经过了零位标	1）在从驱动处建立一个偶联：PosStw. 4或者输入端子功能72/73 2）主驱动做回参考点操作：STW1. 11或者在主动处用功能号65的输入端子 3）"写入"检查：被动参考的请求需要从主驱动传输给从驱动，主驱动通过ZSW1.15、QZSW. 1或者用功能号69的输出端子输出。从驱动通过STW1. 15、QSTW. 1或者用功能号69的输入端子读入	RESET FAULT MEMORY（将故障存储器复位）	STOP（停止响应）Ⅱ
180	无参考点的示教	示教只适用于已被参考的轴	先请求参考轴再示教	RESET FAULT MEMORY（将故障存储器复位）	STOP（停止响应）Ⅳ
181	示教程序段无效	指定的示教程序段是无效的	指定有效的与现存的移动程序段	RESET FAULT MEMORY（将故障存储器复位）	STOP（停止响应）Ⅳ
182	示教标准程序段无效	指定的示教标准程序段无效	指定有效的与现存的移动程序段	RESET FAULT MEMORY（将故障存储器复位）	STOP（停止响应）Ⅳ
183	示教程序段没有找到	指定的示教程序段没有找到	指定有效的与现存的移动程序段	RESET FAULT MEMORY（将故障存储器复位）	STOP（停止响应）Ⅳ
184	示教标准程序段没有找到	指定的示教标准程序段没有找到	为指定的程序段号生成所需要的标准程序段	RESET FAULT MEMORY（将故障存储器复位）	STOP（停止响应）Ⅳ
185	定位方式无效	对于主轴定位功能，定位方式（P0087）无效	给移动程序段的定位进行编程时，可按绝对的、绝对正或绝对负进行	RESET FAULT MEMORY（将故障存储器复位）	STOP（停止响应）Ⅱ
186	主轴不能被参考补充信息\%d（数据类型：十进制数）	对于主轴定位功能，在定位时出现错误	检查电缆、连接	RESET FAULT MEMORY（将故障存储器复位）	STOP（停止响应）Ⅱ
187	主轴定位用的转换系数不能被表示补充信息\%d（数据类型：十进制数）	主轴定位用的转换系数不能被初始化。有关补充信息如下： 00：速度对转速的转换系数太小 01：速度对转速的转换系数太高 02：适配滤波器的转换系数太低 03：适配滤波器的转换系数太高 04：预控制平衡滤波器的转换系数太低 05：预控制平衡滤波器的转换系数太高 06：求和延时转换系数太低 07：求和延时转换系数太大 08：跟随误差模型的转换系数太小 09：跟随误差模型的转换系数太大	检查、修正指定的参数	RESET FAULT MEMORY（将故障存储器复位）	STOP（停止响应）Ⅱ

（续）

故障代码	故障现象/类型	故障原因	维修方法与解说	解　决	停止响应
188	主轴定位：P\ %d 不合法	主轴定位需要下列参数化设置： P0241 = 1 P0100 = 3	修正指定的参数或者用设定 P0125 为 0 来取消主轴定位	RESET FAULT MEMORY（将故障存储器复位）	STOP（停止响应）Ⅱ
189	点动增量的操作无效	1）点动增量操作无效 2）试图用增量点动操作方式从 SW/ HW（软件/硬件）终端开关处移开	1）定位方式调试驱动 2）用点动操作键 1 或者操作键 2 以一定的转速移动回来	RESET FAULT MEMORY（将故障存储器复位）	STOP（停止响应）Ⅵ
190	系统专用软件不支持主轴定位	系统专用软件不支持主轴定位功能	正确设定参数 P0125 为 0	POWER ON（电源通）	STOP（停止响应）Ⅱ
191	零位标记设定不成功	设定了输入信号主轴定位接通。还找不到零位，则设定内部零位标记是不可能的	保持顺序： 1）执行第一主轴定位→找到零位标记 2）撤除输入信号主轴定位接通 3）设定内部零位标记（P0127 = 1）	RESET FAULT MEMORY（将故障存储器复位）	STOP（停止响应）Ⅱ
192	最大搜寻速度太大	主轴定位的最大搜寻速度大于最大电动机转速	1）减小参数 P0133 2）降低移动程序段中的速度	RESET FAULT MEMORY（将故障存储器复位）	STOP（停止响应）Ⅱ
193	零位标记找不到	齿轮箱的传动比（机械系统）没有正确地使用参数 P0237/P0238 进行参数化	1）检查等效零位标记（BERO）功能 2）使用 BERO 时，需要重新调整间隙 3）检查电缆接线 4）正确设定参数 P0237/P0238	RESET FAULT MEMORY（将故障存储器复位）	STOP（停止响应）Ⅱ
194	主轴定位只在用电动机 1 时才可能	主轴定位只在用电动机 1 时才可能	主轴定位指令前，应对电动机数据组 1 激活	RESET FAULT MEMORY（将故障存储器复位）	STOP（停止响应）Ⅱ
195	转速预控制不许可	用主轴定位的转速预控制是不允许的	取消转速预控制（P0203）	RESET FAULT MEMORY（将故障存储器复位）	STOP（停止响应）Ⅱ
501	绝对电流的测量电路误差	1）平滑的绝对电流（P1254）大于许用功率模块电流（P1107）的 120% 2）有效的转子位置识别，超过了许用电流的阈值 3）控制器的 P 增益（P1120）设置太高	1）电动机或者控制器数据不正确 2）正确设定识别 P1019 参数 3）减少电流控制器的 P 增益（P1120）、检查电流控制器适配程度（P1180、P1181、P1182） 4）维修或者更换控制模块、功率模块	POWER ON（电源通）	可参数化的
504	电动机测量系统的测量电路误差	编码器信号水平太低、电缆折断	1）正确连接电缆 2）带同步轮的编码器，需要检查同步轮与传感器间的间隙 3）检查控制模块的前面板上的屏蔽连接 4）检查控制模块、编码器、电动机	POWER ON（电源通）	可参数化的

（续）

故障代码	故障现象/类型	故障原因	维修方法与解说	解决	停止响应
505	电动机测量系统绝对轨道的测量电路误差	1）导线断裂 2）对于带 EnDat 接口的绝对值编码器，该故障显示一个初始化错误	1）可能是选择了不正确的编码器电缆型号 2）检查间歇式的中断 3）检查编码器电缆、编码器、电动机、控制模块	POWER ON（电源通）	可参数化的
507	转子位置的同步误差	1）实际转子与新转子位置间的差异，用精密同步确定时，大于45°电气角度 2）在调试带有转子位置识别的直线电动机时，没有对精密同步进行调整	1）使用 P1017（调试帮助功能）调整精密同步 2）检查编码器电缆、接地问题、屏蔽、控制模块、编码器、电动机	POWER ON（电源通）	可参数化的
508	电动机测量系统的零位标记监测	测量的转子位置在两个编码器零位标记间浮动，编码器的刻度线可能丢失	1）正确安装编码器电缆 2）检查间歇式的中断、检查编码器、检查电动机、检查控制模块、检查连接接头、检查屏蔽接触、检查控制模块	POWER ON（电源通）	可参数化的
509	超过了驱动变频器的极限频率	转速实际值超过了最大许用值	1）编码器脉冲数太低，在参数 P1005 中输入实际编码器脉冲数 2）开环转矩控制方式中停止传动带滑动 3）检查参数 P1400（电动机的额定转速）、P1146（最大电动机转速）、P1147（转速极限）、P1112（电动机的极对数）、P1134（电动机的额定频率）	POWER ON（电源通）	可参数化的
512	直接测量系统的测量电路错误	编码器信号电平太低、电缆折断	1）正确安装编码器电缆 2）检查间歇式的中断、检查编码器、检查电动机、检查控制模块、检查连接接头、检查屏蔽接触、检查控制模块、检查电动机	POWER ON（电源通）	可参数化的
513	直接测量系统的绝对轨道的测量电路错误	对于带 EnDat 接口的绝对值编码器来说，该故障显示一个初始化错误。有关附加信息包含在参数 P1033（DM 直接测量系统的诊断）中	1）正确安装编码器电缆 2）检查间歇式的中断、检查编码器、检查电动机、检查控制模块、检查连接接头、检查屏蔽接触、检查控制模块 3）更换不正确的编码器类型的配置	POWER ON（电源通）	可参数化的
514	直接测量系统的零位标记监测	测量的数值在2个编码器零位标记间浮动，编码器的脉冲可能已丢失了。可以使用参数 P1600.14 使编码器的监测功能不使能	1）正确安装编码器电缆 2）检查间歇式的中断、检查编码器、检查电动机、检查控制模块、检查连接接头、检查屏蔽接触、检查控制模块	POWER ON（电源通）	可参数化的

（续）

故障代码	故障现象/类型	故障原因	维修方法与解说	解决	停止响应
515	电源模块的温度超过了允许值	1）散热器上的温度传感器异常 2）散热器出现超温度报警后20s内，驱动器报警，以防过高的温度损坏功率模块	提高电柜内部的空气流动、防止一个接着一个的加速和制动操作、检查功率模块的容量、环境温度太高、超过了许用的安装海拔、脉冲频率太高、检查电扇、检查功率模块	POWER ON（电源通）	可参数化的
591	位置控制的时钟循环不等于DP时钟循环、主控制器应用的时钟循环	1）一个2轴模块，一个轴是在n-设定方式中，另一个轴是在定位方式中 2）在n-设定方式中的轴，位置控制器时钟循环是通过时钟循环同步总线PROFIBUS输入的，不同于轴在定位方式中经可参数化的位置控制器时钟循环（P1009） 3）在n-设定方式中主驱动的位置控制器时钟循环是用DP时钟循环倍乘时间格T_{mapc}得到的	时钟循环同步PROFIBUS，在总线被参数化时，时钟循环需要与来自定位轴和n-设定轴的位置控制器时钟循环P1009协调一致	POWER ON（电源通）	STOP（停止响应）Ⅱ
592	主轴定位：位置控制不等于主驱动应用的时钟循环	时钟循环同步PROFIBUS主轴定位功能，需要主驱动的位置控制器时钟循环与可参数化的位置控制器时钟循环P1009协调一致。主驱动的位置控制器时钟循环是用DP时钟循环T_{dp}倍乘时间格T_{mapc}得到的	时钟循环同步PROFIBUS来自总线可参数化的时钟循环，需要与位置控制器时钟循环P1009协调一致	POWER ON（电源通）	STOP（停止响应）Ⅱ
596	PROFIBUS：与发布器\%u的连接中断了	该从-从间的通信的发布器间的循环数据传输中断了，可能原因有循环报文丢失、总线连接被中断、发布器故障、主驱动再次启动、给从驱动的响应监测被通过参数化报文（SetPrm）取消使能了（诊断：P1783：1位3=0）	检查发布器与总线到发布器的连接、到主驱动的连接、与主驱动和发布器间的连接情况	POWER ON（电源通）	STOP（停止响应）Ⅱ
597	PROFIBUS：驱动不同步	可以查看补充信息来了解一些故障原因	1）检查通信是简短中断，还是连续中断 2）检查PROFIBUS主总线模块 3）检查有效识别符（STW2，位12～15）	POWER ON（电源通）	STOP（停止响应）Ⅱ
598	PROFIBUS：同步误差	可以查看补充信息来了解一些故障原因	1）检查PROFIBUS主总线模块 2）检查时钟同步 3）检查参数 4）检查主控制器软件中定义的时间T_{dx}与对所有从驱动的实际数据传输时间相对应，以及小于构成的时间（T_o～125μs）	POWER ON（电源通）	STOP（停止响应）Ⅱ

（续）

故障代码	故障现象/类型	故障原因	维修方法与解说	解决	停止响应
599	PROFIBUS：循环数据传输被中断	主驱动与从驱动间的循环数据传输被中断。可能原因有循环结构丢失、收到了参数化或构成结构、总线连接中断、主驱动再次启动运行、主驱动已经进入了清除状态等	检查主驱动和总线与主驱动的连接	POWER ON（电源通）	STOP（停止响应）Ⅱ
601	端子 56. x/14. x、24. x/20. x 进行 A/D 转换出现定时错误	1）对端子 56. x/14. x、24. x/20. x 读取 A-D 转换器数值时，识别定时错误 2）读取数值不正确故障	维修、更换闭环控制模块	RESET FAULT MEMORY（将故障存储器复位）	可参数化的
602	不带编码器的开环转矩控制的操作是不可能的	在 IM 间接测量方式中，开环转矩控制的操作是通过输入端子或者通过 PROFIBUS-DP 总线模块来选择的	1）取消选择转矩控制的操作 2）离开 IM 方式（转换转速 P1456）	RESET FAULT MEMORY（将故障存储器复位）	可参数化的
603	转换到非参数化的电动机数据组	试图转换到没有经参数化的电动机数据组	参数化电动机数据组	RESET FAULT MEMORY（将故障存储器复位）	可参数化的
604	没有调整电动机编码器	EnDat 电动机测量系统识别出来系列号与保存的系列号不相配	正确设定参数 P1075、P1016、P1017 等	RESET FAULT MEMORY（将故障存储器复位）	可参数化的
605	位置控制器输出受限	可能原因有： 1）编程的速度（P0082：64）太高 2）最大加速度（P0103）或减速度（P0104）太高 3）轴处于过载状态或被阻塞	检查、修正参数 P0103、P0104 等	RESET FAULT MEMORY（将故障存储器复位）	可参数化的
606	磁通控制器输出受限制	可能原因有： 1）电动机数据错误 2）电动机数据与电动机连接类型不匹配 3）电动机数据不准确 4）电动机电流极限太低（0.9·P1238·P1103 < P1136） 5）功率模块太小	1）修改电动机数据 2）更换较大的功率模块	RESET FAULT MEMORY（将故障存储器复位）	可参数化的
607	电流控制器输出受限制	1）电动机没有被连上 2）电动机丢失了某相位	检查连接电缆、检查电动机接触器、检查 DC 连接总线条、检查功率模块的 Uce 监测功能、检查电源模块、检查控制模块	RESET FAULT MEMORY（将故障存储器复位）	可参数化的
608	转速控制器输出受限制	1）转速控制器处在其极限上时间过长 2）参数 P1605、P1606 等设定错误 3）通过模拟输入点或者通过 PROFIBUS 输入的转矩减量不合要求	检查连接电缆、检查电动机接触器、检查转矩减量（P1717）、检查 DC 连接电压、检查电动机、检查电动机接地情况、检查编码器脉冲数（P1005）、检查编码器轨道的旋转方向、检查电源、检查功率模块、检查控制模块、检查参数的设定	RESET FAULT MEMORY（将故障存储器复位）	可参数化的

（续）

故障代码	故障现象/类型	故障原因	维修方法与解说	解　决	停止响应
609	编码器限制频率超过允许值	可能原因有： 1）不正确的编码器 2）P1005 没有与编码器的脉冲数相对应 3）编码器失效 4）电动机电缆失效、没有良好地连接 5）没有连接电动机编码器电缆的屏蔽 6）检查控制模块	1）输入正确的编码器数据或更换编码器 2）检查编码器脉冲数（P1005） 3）正确地连接电动机电缆 4）连接好电动机编码器电缆屏蔽 5）减小转速设定点输入（P1401） 6）维修、更换控制模块	RESET FAULT MEMORY（将故障存储器复位）	可参数化的
610	转子位置识别失败	1）参数 P1075、P1734 等设定错误 2）电流增加太低 3）超过了最大许用持续时间 4）找不到明确的转子位置	1）正确设定参数 2）检查电枢电感、检查连接电缆、检查电动机接触器、检查 DC 连接总线、检查电源模块、检查功率模块、检查控制模块、排除干扰、减小过高的轴摩擦	RESET FAULT MEMORY（将故障存储器复位）	可参数化的
611	在转子位置识别过程中的不合法运动	1）转子位置识别过程中（电动机电流测量），电动机的转动速度超过了参数 P1020 中输入的数值 2）电动机转动时电源已经接通或者由识别程序	正确设定参数 P1075、P1019、P1020、P1076 等	RESET FAULT MEMORY（将故障存储器复位）	可参数化的
612	在转子位置识别过程中的不合法电流	1）转子位置识别有效时，电流应≥1.2·1.05·P1107 2）转子位置识别有效时，电流应≥参数 P1104	正确设定 P1011.12、P1011.13、P1019 参数	RESET FAULT MEMORY（将故障存储器复位）	可参数化的
613	电动机温度超过参数 P1607 值限制	1）过温度传感器异常 2）电缆异常 3）参数 P1607 设定错误	1）检查负载、检查电动机、检查电动机数据、检查温度传感器、检查电动机电扇、检查电动机编码器电缆、检查电动机电源连接接头、检查动力电缆、检查系统接头 2）正确设定参数 P1230、P1235、P1601、P1602、P1603、P1607、P1608 等	RESET FAULT MEMORY（将故障存储器复位）	可参数化的
614	电动机超温（P1602/P1603）的延迟断开	1）过温度传感器异常 2）电缆异常 3）参数 P1602、P1603 设定错误	1）检查负载、检查电动机、检查电动机数据、检查温度传感器、检查电动机电扇、检查电动机编码器电缆、检查电动机电源连接接头、检查动力电缆、检查系统接头 2）正确设定参数 P1230、P1235、P1601、P1602、P1603、P1607、P1608 等	RESET FAULT MEMORY（将故障存储器复位）	可参数化的

（续）

故障代码	故障现象/类型	故 障 原 因	维修方法与解说	解　决	停 止 响 应
615	DM 编码器限制频率已经超过允许值	可能原因有：编码器不正确、参数 P1007 与编码器脉冲数不符、编码器异常、电缆异常、屏蔽问题、控制模块异常	1）输入正确的编码器数据 2）维修或更换编码器 3）检查编码器脉冲数（P1007） 4）检查编码器电缆 5）减小转速设定点输入 6）维修或者更换控制模块	RESET FAULT MEMORY（将故障存储器复位）	可参数化的
616	DC 连接电压不足	DC 连接电压超过了参数 P1162 中的允许最低限制	检查线电压、检查脉冲式电阻器是否过载	RESET FAUL TMEMORY（将故障存储器复位）	可参数化的
617	DC 连接电压过高	DC 连接电压已经超过了参数 P1163 允许最高限制	检查线电压、减少负载循环、检查参数 P1163	RESET FAULT MEMORY（将故障存储器复位）	可参数化的
680	不合法的电动机代码号	得不到任何输入到参数 P1102 中的电动机代码数据	再次启动并输入正确的电动机代码号（P1102）	POWER ON（电源通）	STOP（停止响应）Ⅱ（SRM，SLM），STOP（停止响应）Ⅰ（ARM）
681	功率模块代码号不合法	功率模块代码号已经被输入到参数 P1106 中，但没有数据	1）需要将正确的功率模块代码输入到参数 P1106 中 2）对带自动识别的功率模块，可能需要更新系统软件	POWER ON（电源通）	STOP（停止响应）Ⅱ（SRM，SLM），STOP（停止响应）Ⅰ（ARM）
682	在参数 P\%u 中的编码器代码号不合法（\%u：数据类型：无符号整数型）	1）编码器代码号被输入到参数 P1106 、P1036 中，但没有数据 2）编码器在参数 P1036 中没有被指定，但启动了直接测量系统（P0250/P0879.12）	1）将正确的编码器代码输入到参数 P1006 或者 P1036 中 2）不激活直接测量系统 P0250/P0879.12	POWER ON（电源通）	STOP（停止响应）Ⅱ（SRM，SLM），STOP（停止响应）Ⅰ（ARM）
683	首次启动时计算控制器数据不成功	用计算控制器数据的首次启动时出现异常	1）正确设定参数 P1080、P1141、P1134 等 2）检查存储器 FEPROM	POWER ON（电源通）	STOP（停止响应）Ⅱ（SRM，SLM），STOP（停止响应）Ⅰ（ARM）
703	电流控制器循环无效	参数 P1000 中输入了无效的数值	参数 P1000 用的数值是：2（62.5ms）用于单轴定位或者转速设定点输入，4（125ms）用于在每种操作方式中	POWER ON（电源通）	STOP（停止响应）Ⅱ（SRM，SLM），STOP（停止响应）Ⅰ（ARM）
704	转速控制器循环无效	在参数 P1001 中输入了不合法的值	参数 P1001 的许用值应该是2（62.5ms）、4（125ms）、8（250ms）、16（500ms）。对单轴操作，只允许使用设定 2（62.5ms），以及参数 P1001 必须≥ P1000 的值	POWER ON（电源通）	STOP（停止响应）Ⅱ（SRM，SLM），STOP（停止响应）Ⅰ（ARM）
705	位置控制器循环无效	监测功能识别出的位置控制器循环 P1009 超出允许范围	参数 P1009 的许用值在 32（1 ms）、128（4ms），以及位置控制循环需要是转速控制器循环的整数倍	POWER ON（电源通）	STOP（停止响应）Ⅱ（SRM，SLM），STOP（停止响应）Ⅰ（ARM）

（续）

故障代码	故障现象/类型	故障原因	维修方法与解说	解　决	停止响应
706	插补循环无效	1）监测已识别到了插补循环 P1010 超出允许极限 2）在插补循环与位置控制器循环 P1009 间的比率不合法	在参数 P1010 中输入有效的数值或对参数 P1009 进行修正	POWER ON（电源通）	STOP（停止响应）Ⅱ（SRM，SLM），STOP（停止响应）Ⅰ（ARM）
708	在电流控制器循环中的轴向偏差	关于一个 2 轴模块的 2 个轴的电流控制器循环是不同的	检查参数 P1000，并对两个驱动设置同样的输入值	POWER ON（电源通）	STOP（停止响应）Ⅱ（SRM，SLM），STOP（停止响应）Ⅰ（ARM）
709	转速控制器循环中的轴向偏差	对于一个 2 轴模块的 2 个轴的转速控制器循环不同	检查参数 P1001，并对两个驱动设置同样的输入值	POWER ON（电源通）	STOP（停止响应）Ⅱ（SRM，SLM），STOP（停止响应）Ⅰ（ARM）
710	位置控制循环或者插补循环中的轴向偏差	对于一个 2 轴模块来说，2 个轴的位置控制器时钟循环 P1009 或者插补时钟 P1010 循环不同	检查参数 P1009、P1010，以及为 2 个驱动设定同样的输入值	POWER ON（电源通）	STOP（停止响应）Ⅱ（SRM，SLM），STOP（停止响应）Ⅰ（ARM）
716	转矩常数无效	1）参数 P1113 中的额定转矩、额定电流间的比率不正确 2）参数 P1113/P1112 中的比率大于 70	参数 P1113、P1112 设定正确	POWER ON（电源通）	STOP（停止响应）Ⅱ（SRM，SLM），STOP（停止响应）Ⅰ（ARM）
719	电动机没有对三角形操作进行参数化	使用参数 P1013 启动星形—三角形转换时，对三角形操作，电动机没有做参数化处理	检查并对三角形操作（电动机 2）输入参数	POWER ON（电源通）	STOP（停止响应）Ⅱ（SRM，SLM），STOP（停止响应）Ⅰ（ARM）
720	最大电动机转速无效	在参数 P1401 中的最高电动机转速与在参数 P1001 中的转速控制器循环的影响，局部高转速可能会出现，并将导致格式溢出	检查并修正参数 P1401、P1001	RESET FAULT MEMORY（将故障存储器复位）	STOP（停止响应）Ⅱ（SRM，SLM），STOP（停止响应）Ⅰ（ARM）
723	在 STS 构成中的轴向偏差	对于一个 2 轴模块，2 个门单元的配置（P1003）是不同的	检查参数 P1003，并将 2 个模块轴用的位均设定一样	POWER ON（电源通）	STOP（停止响应）Ⅱ（SRM，SLM），STOP（停止响应）Ⅰ（ARM）
724	电动机极对数无效	同步电动机： 1）参数 P1112 中的极对数是零或者负数 2）带 CD 轨道（P1027.6 = 0）的编码器在参数 P1112 中设的极对数大于 6 3）不带 CD 轨道的编码器或者带 Hall 传感器（P1027.6 = 1）的编码器电动机极对数取决于编码器的脉冲数（参数 P1005 ≥ 32768，最大是 4096）。感应电动机：无效的极对数是由参数 P1134、P1400 决定	1）同步电动机：检查参数 P1112、P1027、P1014 等 2）感应电动机：正确的额定转速、额定频率	POWER ON（电源通）	STOP（停止响应）Ⅱ（SRM，SLM），STOP（停止响应）Ⅰ（ARM）

（续）

故障代码	故障现象/类型	故障原因	维修方法与解说	解决	停止响应
725	编码器脉冲数无效	电动机测量系统的编码器脉冲数 P1005 被设定为 0	检查参数 P1005	POWER ON（电源通）	STOP（停止响应）Ⅱ（SRM，SLM），STOP（停止响应）Ⅰ（ARM）
726	电压常数无效	参数 P1114 中的电动机的电压常数设定为 0	检查参数 P1114、P1102	POWER ON（电源通）	STOP（停止响应）Ⅱ（SRM，SLM），STOP（停止响应）Ⅰ（ARM）
727	功率模块与同步电动机的组合无效	功率模块没有对同步电动机起作用	检查构成、使用有效的功率模块	POWER ON（电源通）	STOP（停止响应）Ⅱ（SRM，SLM），STOP（停止响应）Ⅰ（ARM）
728	转矩/电流适配系数太高	设定点转矩与转速控制器中的转矩生成电流 I_q 间的适配系数太高	1）检查参数 P1103、P1107、P1113、P1102 2）第三方电动机数值用电动机数据单来确定	POWER ON（电源通）	STOP（停止响应）Ⅱ（SRM，SLM），STOP（停止响应）Ⅰ（ARM）
729	电动机静止电流无效	电动机静止电流 P1118 小于或者等于 0	1）检查参数 P1118、P1102 2）第三方的电动机静止电流用电动机数据单来确定	POWER ON（电源通）	STOP（停止响应）Ⅱ（SRM，SLM），STOP（停止响应）Ⅰ（ARM）
731	额定输出无效	电动机的额定输出 P1130 小于或者等于 0	1）检查参数 P1130、P1102 2）第三方电动机额定输出用电动机数据单来确定	POWER ON（电源通）	STOP（停止响应）Ⅱ（SRM，SLM），STOP（停止响应）Ⅰ（ARM）
732	额定转速无效	电动机的额定转速 P1400 小于或者等于 0	1）检查参数 P1400、P1102 2）第三方电动机的额定转速用电动机数据单来确定	POWER ON（电源通）	STOP（停止响应）Ⅱ（SRM，SLM），STOP（停止响应）Ⅰ（ARM）
742	V/f 操作：电动机的驱动频率不允许	在 V/f（速度/频率）操作中，只允许变频器的频率为 4kHz 或 8kHz	检查参数 P100、P1014、P2100、P3100、P4100	POWER ON（电源通）	STOP（停止响应）Ⅱ（SRM，SLM），STOP（停止响应）Ⅰ（ARM）
744	只允许以闭环转速控制方式进行电动机更换	电动机更换 P1013 只有在闭环转速控制方式下（P0700＝1）允许	1）禁止电动机更换 P1013＝0 2）转换到闭环转速控制方式下 P0700＝1	POWER ON（电源通）	STOP（停止响应）Ⅰ
751	转速控制器增益太高	用于低转速区 P1407 与高转速区 P1408 的转速控制器的 P 增益选择太高	1）减小转速控制器的 P 增益 2）只能用适配不使能 P1413＝0 来最佳化处理	RESET FAULT MEMORY（将故障存储器复位）	STOP（停止响应）Ⅱ（SRM，SLM），STOP（停止响应）Ⅰ（ARM）
753	转子位置识别电流小于最小值	参数 P1019（转子位置识别用的电流）中被参数化的电流小于电动机用的最小允许值	检查参数 P1019、P1012	RESET FAULT MEMORY（将故障存储器复位）	STOP（停止响应）Ⅱ（SRM，SLM），STOP（停止响应）Ⅰ（ARM）
756	电流设定点平滑处理的转速磁滞无效	电流设定点平滑处理（P1246）用的转速滞后必须小于滞后 P1245 的阈值转速，否则，会得到负向低转速	检查参数 P1246、P1245	RESET FAULT MEMORY（将故障存储器复位）	STOP（停止响应）Ⅱ（SRM，SLM），STOP（停止响应）Ⅰ（ARM）

（续）

故障代码	故障现象/类型	故障原因	维修方法与解说	解　决	停止响应
757	参数 P0922 中的帧号不合法（PZD：网络处理数据）	1）参数 P0922 中输入的帧号设定不合法 2）参数 P0700 选择的当前操作方式是不允许的	检查参数 P0922	POWER ON（电源通）	STOP（停止响应）Ⅱ
758	设定点源参数化不正确	1）POSMO、单轴模块，内部偶联是不可能的 2）驱动 A 内部偶联是不可能的 3）通过 PROFIBUS DP 选择了偶联，但没有插入 PB 任选模块	检查参数 P0891	POWER ON（电源通）	STOP（停止响应）Ⅱ
759	编码器/电动机类型不匹配	1）选择直线电动机，但没有配置线性标度（P1027.4＝0） 2）选择旋转电动机，已经配置线性标度（P1027.4＝1） 3）选择旋转变压器，但旋转变压器的极对数 P1018 不合法 4）极对数为 1 或电动机的极对数 P1112 是不允许的 5）用旋转变压器不能测量最大转速 P1146	检查电动机与控制模块的类型、检查参数化编码器类型	POWER ON（电源通）	STOP（停止响应）Ⅱ（SRM，SLM），STOP（停止响应）Ⅰ（ARM）
760	极对宽度或者比例梯度不能被内部显示	直线电动机等效的极对数和编码器脉冲数是用极对宽度与栅格刻度相除来计算的。该情况下，编码器的脉冲数需要是一个或者 x 个极对宽度的整倍数	1）长移动路径：需要使用带编码器标志号的直线测量系统，并且编码器标志号需要是 $x\times$ 极对宽度的整除数 2）短移动路径：如果编码器脉冲数符合要求，在极对宽度内偏差大于 ±0.001，则可以对极对宽度稍加改变	POWER ON（电源通）	STOP（停止响应）Ⅱ（SRM，SLM），STOP（停止响应）Ⅰ（ARM）
761	参数 P0892 不能用于这个测量系统	带正弦/余弦波 1Vpp 不带 EnDat 接口的增量测量系统，不能使用参数 P0892 来对刻度系数进行设定	检查参数 P0892	POWER ON（电源通）	STOP（停止响应）Ⅱ（SRM，SLM），STOP（停止响应）Ⅰ（ARM）
762	参数 P0893 不能用于这个测量系统	带正弦/余弦波 1Vpp 不带 EnDat 接口的增量测量系统与带正弦/余弦波 1Vpp 带 EnDat 接口的直线测量系统，不能通过参数 P0893 进行零脉冲偏置设定	检查参数 P0893	POWER ON（电源通）	STOP（停止响应）Ⅱ（SRM，SLM），STOP（停止响应）Ⅰ（ARM）
764	端子 A 或 B 的多重指定 P0890	驱动 A 或驱动 B 中选择参数 P0890 中的 3 时，识别到端子 A 或 B 正在被其他驱动使用，该构成不可能	检查参数 P0890	POWER ON（电源通）	STOP（停止响应）Ⅱ（SRM，SLM），STOP（停止响应）Ⅰ（ARM）

（续）

故障代码	故障现象/类型	故障原因	维修方法与解说	解决	停止响应
765	P0890 与 P0891 构成两个设定点输入	驱动 B 接入实际值偶联（P0891 = 1）。端子 A 或 B 同时对同一个驱动进行参数化，作为位置设定点的输入（P0890 = 2 或者 3）	参数 P0890 中检查端子 A 与 B 的配置	POWER ON（电源通）	STOP（停止响应）Ⅱ（SRM，SLM），STOP（停止响应）Ⅰ（ARM）
766	阻塞频率 > Shannon 频率	一个转速设定点滤波器的带阻频率大于采样定理的 Shannon 采样频率	滤波器 1 的参数 P1514，或对于滤波器 2 的参数 P1517 的带阻频率需要小于两个转速控制器时钟循环 1/（2 · P1001 · 31.23μs）的转换值	RESET FAULT MEMORY（将故障存储器复位）	STOP（停止响应）Ⅱ（SRM，SLM），STOP（停止响应）Ⅰ（ARM）
767	自然频率 > Shannon 频率	转速设定点滤波器的自然频率大于来自采样定理的 Shannon 采样频率	一个转速设定点滤波器的自然频率需要低于两个转速控制器循环的倒数	RESET FAULT MEMORY（将故障存储器复位）	STOP（停止响应）Ⅱ（SRM，SLM），STOP（停止响应）Ⅰ（ARM）
768	分子带宽 > 两倍的阻塞频率	电流设定点滤波器或者转速设定点滤波器的分子带宽大于两倍的带阻频率	分子带宽必须小于两倍的带阻频率	RESET FAULT MEMORY（将故障存储器复位）	STOP（停止响应）Ⅱ（SRM，SLM），STOP（停止响应）Ⅰ（ARM）
769	分母带宽 > 两倍的自然频率	电流设定点滤波器或者转速设定点滤波器的分母带宽大于两倍的自然频率	电流设定点滤波器或转速设定点滤波器的分母带宽必须小于两倍的自然频率	RESET FAULT MEMORY（将故障存储器复位）	STOP（停止响应）Ⅱ（SRM，SLM），STOP（停止响应）Ⅰ（ARM）
770	格式错误	计算的带阻滤波器系数不能在内部格式中得以表达	改变滤波器设定	RESET FAULT MEMORY（将故障存储器复位）	STOP（停止响应）Ⅱ（SRM，SLM），STOP（停止响应）Ⅰ（ARM）
771	感应电动机操作：电动机驱动变频器频率不允许	在感应电动机操作中（用 P1465 < P1146 选择的），允许使用 4kHz 或者 8kHz 驱动变频器的频率	1）改变参数 P1100 2）取消感应电动机操作（P1465 > P1146）	RESET FAULT MEMORY（将故障存储器复位）	STOP（停止响应）Ⅱ（SRM，SLM），STOP（停止响应）Ⅰ（ARM）
772	感应电动机操作：电动机的转速控制器增益太高	转速控制器（P1451）的 P 增益太高	给转速控制器输入一个较低的 P 增益数值（P1451）	RESET FAULT MEMORY（将故障存储器复位）	STOP（停止响应）Ⅱ（SRM，SLM），STOP（停止响应）Ⅰ（ARM）
773	激活模拟输入不允许	特殊的硬件形式，不允许给模拟输入激活	1）设 P0607 为 0 并且设 P0612 为 0 2）使用 SIMODRIVE 611 通用控制模块	POWER ON（电源通）	STOP（停止响应）Ⅱ（SRM，SLM），STOP（停止响应）Ⅰ（ARM）

（续）

故障代码	故障现象/类型	故障原因	维修方法与解说	解　决	停止响应
774	感应电动机操作：更换电动机转速不允许	对于混合操作的 P1465 > 0，只允许闭环控制的感应电动机操作（P1466≤P1465）	1）消除错误可选择纯感应电动机操作（P1465 = 0） 2）取消感应电动机的开环控制操作（P1465 > P1466）	RESET FAULT MEMORY（将故障存储器复位）	STOP（停止响应）Ⅱ（SRM，SLM），STOP（停止响应）Ⅰ（ARM）
775	SSI 编码器参数化不正确补偿信息	SSI 绝对值编码器的参数化不正确	检查参数 P1022、P1032、P1021、P1027.12、P1028 P1027.14、P1031、P1037.12、P1041 等	POWER ON（电源通）	STOP（停止响应）Ⅰ
776	TTL 编码器对老的基本模块不适用	老的模块不支持 TTL 编码器	1）使用新的基本模块 2）带正弦/余弦波 1Vpp 的增量测量系统	POWER ON（电源通）	STOP（停止响应）Ⅰ
777	用于转子位置识别的电流太高	参数 P1019 中参数化的电流大于所用电动机、电源模块的允许电流	通过参数 P1019 减小电流	POWER ON（电源通）	STOP（停止响应）Ⅱ（SRM，SLM），STOP（停止响应）Ⅰ（ARM）
778	转子位置识别用的变频器频率不允许	选择转子位置识别 P1019 时，只允许选用 4kHz、8kHz 的驱动变频器频率 P1100	1）改变驱动变频器频率 2）取消转子位置识别	POWER ON（电源通）	STOP（停止响应）Ⅱ（SRM，SLM），STOP（停止响应）Ⅰ（ARM）
779	电动机的转动惯量，电动机无效	电动机的转动惯量 P1117 不正确（小于或者等于 0）	检查参数 P1117 、P1102	RESET FAULT MEMORY（将故障存储器复位）	STOP（停止响应）Ⅱ（SRM，SLM），STOP（停止响应）Ⅰ（ARM）
780	电动机的无负载电流 > 电动机的额定电流	电动机的无负载电流通过参数化已经变成大于电动机的额定电流 P1103	检查参数 P1136、P1103、P1102	RESET FAULT MEMORY（将故障存储器复位）	STOP（停止响应）Ⅱ（SRM，SLM），STOP（停止响应）Ⅰ（ARM）
781	电动机的无负载电流 > 额定功率模块的电流	电动机的无负载电流已经被设成大于功率模块的额定电流	检查参数 P1136、P1102、P1100 等	RESET FAULT MEMORY（将故障存储器复位）	STOP（停止响应）Ⅱ（SRM，SLM），STOP（停止响应）Ⅰ（ARM）
782	电动机电抗无效	定子的泄漏电抗 P1139 或者转子的泄漏电抗 P1140，或者电动机的磁场电抗 P1141 不正确（小于或者等于 0）	检查参数 P1139、P1140、P1141、P1102 等	RESET FAULT MEMORY（将故障存储器复位）	STOP（停止响应）Ⅱ（SRM，SLM），STOP（停止响应）Ⅰ（ARM）
783	电动机的转子电阻无效	1）电动机转子的电阻（冷时，P1138）是 0 2）存在一个内部转换用的格式溢出的问题	检查参数 P1001、P1134、P1138、P1139、P1140、P1141 等	RESET FAULT MEMORY（将故障存储器复位）	STOP（停止响应）Ⅱ（SRM，SLM），STOP（停止响应）Ⅰ（ARM）

（续）

故障代码	故障现象/类型	故障原因	维修方法与解说	解决	停止响应
784	电动机无负载电压无效	无负载电压 P1135 中有错误	检查参数 P1135 等	RESET FAULT MEMORY（将故障存储器复位）	STOP（停止响应）Ⅱ（SRM，SLM），STOP（停止响应）Ⅰ（ARM）
785	电动机的无负载电流无效	电动机（ARM）的无负载电流 P1136 不正确（小于或者等于0）	检查参数 P1136 等	RESET FAULT MEMORY（将故障存储器复位）	STOP（停止响应）Ⅱ（SRM，SLM），STOP（停止响应）Ⅰ（ARM）
786	电动机的磁场削弱转速无效	感应电动机 P1142 用的磁场削弱的转速阈值不正确（小于或者等于0）	检查参数 P1142、P1102 等	RESET FAULT MEMORY（将故障存储器复位）	STOP（停止响应）Ⅱ（SRM，SLM），STOP（停止响应）Ⅰ（ARM）
787	感应电动机操作：不能显示电动机的前馈控制增益	电动机的转动惯量与电动机的额定转矩选择得不相适应，则感应电动机的前馈控制增益不能以内部数字格式表示	检查编码器。检查参数 P1005、P1001 等	RESET FAULT MEMORY（将故障存储器复位）	STOP（停止响应）Ⅱ（SRM，SLM），STOP（停止响应）Ⅰ（ARM）
788	P0891 只用于驱动 B	实际值连接已经为驱动 A 激活（P0891 = 1）。硬件不允许该种设定	给驱动 A 将参数 P0891 设置为0	POWER ON（电源通）	STOP（停止响应）Ⅱ（SRM，SLM），STOP（停止响应）Ⅰ（ARM）
790	不合法的操作方式	所选择的操作方式 P0700 是这个模块或者操作轴所不允许的	1）选择有效的操作方式（P0700 > 0） 2）选择 N-设定方式或者使用定位模块 3）使用能支持该操作方式的系统专用软件版本 4）选择定位操作方式	POWER ON（电源通）	STOP（停止响应）Ⅰ
791	TTL 编码器接口被参数化不正确	TTL 编码器接口只能参数化用于以下特定的硬件版本。 1）驱动 A：P0890 = 0 或者4；0：接口无效，4：TTL 编码器输入 2）驱动 B：P0890 = 0	正确设定参数 P0890	POWER ON（电源通）	STOP（停止响应）Ⅱ（SRM，SLM），STOP（停止响应）Ⅰ（ARM）
792	直接测量系统被参数化得不正确	不允许对直接测量系统参数化。 1）补充信息 = 0x1：直接测量系统不能使用该控制板 2）补充信息 = 0x2：直接测量系统不能同时用驱动 B 操作 3）补充信息 = 0x3：直接测量系统是有效的，还要为无编码器操作对驱动 A 进行设定（P1027 的位5 = 1）	1）补充信息1：使用所要求的控制板 2）补充信息2：使用于驱动 A 的直接测量系统不激活（P0250/P0879.12 = 0）。或使驱动 B 转换成无效（P0700 = 0） 3）补充信息3：令用于驱动 A 的直接测量系统不激活（P0250/P0879.12 = 0）	POWER ON（电源通）	STOP（停止响应）Ⅰ

（续）

故障代码	故障现象/类型	故障原因	维修方法与解说	解　决	停止响应
793	给驱动A与B的角度编码器信号波形不同	对2个驱动的角度编码器接口用的输入信号波形需要设置成一样的	检查2个驱动的参数P0894，并设置一样	POWER ON（电源通）	STOP（停止响应）Ⅱ（SRM，SLM），STOP（停止响应）Ⅰ（ARM）
794	不允许P0890=3用于驱动B	该角度编码器接口设定对于驱动B是不允许的	检查驱动B的参数P0890，并将其设置成许用值	POWER ON（电源通）	STOP（停止响应）Ⅱ（SRM，SLM），STOP（停止响应）Ⅰ（ARM）
795	角度编码器的位置参考值标准化系数太高	角度编码器接口用的位置参考值的标准化是不允许的。 1）=1→违反了P0401·P0895<8388608的条件 2）=2→违反了P0402·P0896<8388608的条件	通过参数P0401、P0402、P0895、P0896检查参数化	POWER ON（电源通）	STOP（停止响应）Ⅱ
797	中心频率测量中的错误	中心频率测量中的转速太高。中心频率在启动运行时、在脉冲被禁止时均自动进行测量的	检查电动机转速	POWER ON（电源通）	STOP（停止响应）Ⅰ
798	测量值存储器有效	测量值存储器在通电后有效	再次启动	POWER ON（电源通）	STOP（停止响应）Ⅰ
799	要求FEPROM支持与HW硬件复位	参数被再次计算。计算后，参数需要保存，并再次启动模块	新计算的数据需要保存在闪存FEPROM中。新的参数会在下次模块启动时有效	POWER ON（电源通）	STOP（停止响应）Ⅱ（SRM，SLM），STOP（停止响应）Ⅰ（ARM）
802	驱动旋转与角度编码器输出参数响应	角度编码器接口上编入了零脉冲偏置，驱动静止不了。零脉冲位置的不精确性随着转速增加而成比例增加	需要确保驱动在静止状态中，或考虑零脉冲的较高误差	不需要	STOP（停止响应）Ⅶ
804	控制器使能，或ON/OFF 1（边沿）丢失，或者ON/OFF 2/3丢失	启动一个移动程序段时，控制器使能还没有被设定，或从静止状态再次启动轴的快移时，控制器使能丢失	设定丢失的信号，再次启动移动程序段或通过PROFIBUS输入一个信号边沿	不需要	STOP（停止响应）Ⅶ
805	脉冲使能丢失	启动一个移动程序段时，脉冲使能没有被设定，或从静止再次启动轴时，脉冲使能在移动程序中丢失	设定丢失的使能信号，再启动移动程序段	不需要	STOP（停止响应）Ⅶ
806	OC/拒绝移动作业丢失	启动一个移动程序段时，没有设定操作条件/拒绝移动作业输入信号	设定操作条件/拒绝移动作业输入信号，再启动移动程序段	不需要	STOP（停止响应）Ⅶ
807	OC/中间停止丢失	启动一个移动程序段时，操作条件/中间停止输入信号没有被设定	设定操作条件/中间停止输入信号，再启动移动程序段	不需要	STOP（停止响应）Ⅶ
808	参考点没有设定	启动一个移动程序段时，参考点没有被设定	使用设定参考点输入信号，执行回参考点，或设定一个参考点	不需要	STOP（停止响应）Ⅶ

（续）

故障代码	故障现象/类型	故障原因	维修方法与解说	解决	停止响应
809	选择暂停轴	启动一个移动程序段时，或在启动回参考点时，选择暂停轴功能	取消暂停轴功能，再重新启动所需要的功能	不需要	STOP（停止响应）Ⅶ
814	预报警电动机温度	电动机的温度是通过温度传感器（KTY84）进行测量，测后在驱动侧进行判断。如果电动机的温度到达了电动机超温 P1602 的报警阈值，那么报警信号输出	1）防止一个接一个的多次快速加速与制动操作 2）检查电动机输出情况，并检查功率模块 3）检查电动机数据 4）检查温度传感器 5）检查电动机电扇	不需要	STOP（停止响应）Ⅶ
815	预报警的功率模块温度	功率模块的散热器温度是通过主散热器上的一个热敏传感器测量判断，如果超温度条件保持大约 20s 后，驱动关闭	1）加快空气循环 2）防止一个接一个地多次快速加速与制动操作 3）检查轴、功率模块 4）检查安装环境 5）检查脉冲频率 6）检查电扇	不需要	STOP（停止响应）Ⅶ
816	旋转变压器在极限转速处进行测量	用现在用的旋转变压器判断转速非常高，可能不是真实转速。旋转变压器没有被连接到测量电路的输入上	插入测量电路接头，并输入一次复位	不需要	STOP（停止响应）Ⅶ
820	功率模块在 I^2t 限制	功率模块大于允许负载极限的操作时间太久	1）防止一个接一个地多次快速加速与制动操作 2）检查轴、检查功率模块 3）检查脉冲频率是否太高 4）检查参数 P1260、P1261	不需要	STOP（停止响应）Ⅶ
829	PROFIBUS：收到了不合法的参数化理由	通过 PROFIBUS 收到不合法的参数化结构。循环数据传输不能启动	1）检查主控制器的总线构成 2）检查模块系统软件	不需要	STOP（停止响应）Ⅶ
830	PROFIBUS：收到了不合法的配置	通过 PROFIBUS 收到了一个不合法的配置结构。循环数据传输不能开始	1）检查总线构成 2）修正参数	不需要	STOP（停止响应）Ⅶ
831	PROFIBUS 不在数据传输条件中	PROFIBUS 不在数据传输状态中（数据交换）或者数据传输被中断： 1）主驱动没有启动 2）没有建立起与从驱动的连接 3）总线地址在主驱动配置与从驱动参数化中不一致 4）总线连接中断 5）主驱动还处在清除状态 6）收到了不合法的参数化或者构成 7）一个 PROFIBUS 地址被指定给了几次	1）检查总线的指定 2）检查总线的连接	不需要	STOP（停止响应）Ⅶ

（续）

故障代码	故障现象/类型	故障原因	维修方法与解说	解决	停止响应
832	PROFIBUS 与主控制没有时钟同步	PROFIBUS 处在数据传输状态，并已经通过同步操作的参数化结构将其选择。可能原因有： 1）尽管时钟同步循环已经通过总线构成选择了，但是主控制器还没有发出等距的全局控制结构 2）主控制器使用另外的等距 DP 时钟循环，不是用参数化报文传输到从驱动 3）主控制器没有在构成的时间结构 T_{mapc} 内，增加它的有效识别符（STW2，位 12～15）	1）检查主控制器应用与总线配置 2）检查从驱动构成用的时钟循环输入值与在主控制器处的时钟循环设定值间检查其连续性 3）主控制器不传输有效识别符，则可使用 P0879 的位 8 来抑制有效识别符的判断	不需要	STOP（停止响应）Ⅶ
833	PROFIBUS：没有连接给发布器	从驱动与从-从间通信的发布器间的循环数据传输尚未开始或被中断。可能原因有： 1）总线连接中断 2）发布器异常 3）主控制器再次运行 4）通过参数化报文 SetPrm 对从驱动的响应监测使能撤销	1）检查发布器、总线间的连接 2）如果监测器撤销激活，需要通过驱动 ES 给该从驱动的响应监测激活	不需要	STOP（停止响应）Ⅶ
840	对运行移动程序的示教	在运行移动程序过程中有示教请求	退出移动程序，并再次请求示教	不需要	STOP（停止响应）Ⅶ
841	给相对移动程序段的示教	作为示教程序段的移动程序段是相对的，而不是绝对的	需要将示教程序段的移动程序段的相对方式改为绝对方式	不需要	STOP（停止响应）Ⅶ
842	相对标准程序段用的示教	作为示教标准设定的移动程序段是相对的，而不是绝对的	需要将示教标准设定的移动程序段的相对方式改为绝对方式	不需要	STOP（停止响应）Ⅶ
843	搜寻速度太高	主轴定位的搜寻速度对于所选择的最大减速度来说太高	1）减小搜寻速度 P0082：64 2）增加最大减速度 P0104	不需要	STOP（停止响应）Ⅶ
845	对于有效偶联的点动操作无效	在一个偶联闭合时，点动操作是不可能的	释放偶联，并再次使点动操作激活	不需要	STOP（停止响应）Ⅶ
849	PLUS 正方向软件限位开关激活	带 ENDLOS_ POS 指令的程序段，轴已经为绝对或者相对定位激活正向软件限位开关 P0316。软件限位开关到达的操作可使用参数 P0118.0 来设定	1）在负方向上点动操作移开关 2）在负方向上使用移动程序段移开	不需要	STOP（停止响应）Ⅶ

（续）

故障代码	故障现象/类型	故障原因	维修方法与解说	解决	停止响应
850	MINUS 负方向软件限位开关激活	带 ENDLOS_ NEG 指令的程序段，轴已经为绝对或者相对定位激活了负方向软件限位开关 P0315。软件限位开关到达的操作可使用参数 P0118.0 来设定	1）在正方向上用点动操作离开 2）在正方向上使用移动程序段离开	不需要	STOP（停止响应）Ⅶ
864	转速控制器适配中的参数化错误	上区适配转速 P1412 比下区适配值转速 P1411 用更低的值参数化了	参数 P1412 需要包含一个高于 P1411 的值	不需要	STOP（停止响应）Ⅶ
865	信号号码无效	给模拟输出信号号码是不允许的。可以输出模拟值用于诊断、服务、最佳化作业。端子 75x./15、16x./15、DAC1、DAC2	输入有效信号号码	不需要	STOP（停止响应）Ⅶ
866	电流控制器适配的参数化错误	对于电流控制器适配，上区电流限制 P1181 是用了一个比下区电流限制 P1180 更低的数值参数化。在参数化错误输出后，适配再次激活	P1181 需要包含一个高于参数 P1180 的值	不需要	STOP（停止响应）Ⅶ
867	发生器方式：响应电压 > 关闭阈值	参数 P1631 + P1632 的值与大于在参数 P1633 中的值	适当改变参数 P1631、P1632、P1633 等	不需要	STOP（停止响应）Ⅶ
868	发生器方式：响应电压 > 监测阈值	阈值电压 P1631 输入电压大于参数 P1630 中的值	改变参数 P1630、P1631 的设定	不需要	STOP（停止响应）Ⅶ
869	参考点坐标被限制到模数范围内	参考点坐标被内部限制到模数范围	在参数 P0160 中输入一个在模数范围 P0242 内的数值	不需要	STOP（停止响应）Ⅶ
870	突变时间受限	用加速度 a 与突变 r 计算突变时间 T 时，其结果是突变时间过大，即突变时间在内部受到限制。有效式为 $T = a/r$。式中，a 为加速度（P0103、P0104 中的较高值）；r 为突变 P0107	1）增加突变 P0107 2）减小最大加速度 P0103 或者最大减速度 P0104	不需要	STOP（停止响应）Ⅶ
871	感应电动机操作：电动机驱动变频器频率不允许	感应电动机操作中（由 P1465 < P1146 选择的），驱动变频器的频率 4kHz 或 8kHz 是允许的	1）改变参数 P1100 2）取消感应电动机操作（P1465 > P1146）	不需要	STOP（停止响应）Ⅶ
875	固定电压中的轴向偏差	对驱动模块的轴设定了不等的固定电压（P1161）	在所有模块轴上设定相同的固定电压（P1161）	不需要	STOP（停止响应）Ⅶ
876	实际方式中的端子功能不合法	做输入端子或分配输入（P0888）的功能号不允许用在实际方式中	1）改变参数 P0700（操作方式） 2）在 P0888 或 P0660、P0661 等参数中输入一个适合的功能号	不需要	STOP（停止响应）Ⅶ

（续）

故障代码	故障现象/类型	故障原因	维修方法与解说	解决	停止响应
877	在实际操作方式中的输出功能不允许	用作输出的功能号不能用在实际操作方式中	1）改变参数P0700（操作方式） 2）在P0680、P0681等参数中输入一个适合的功能号	不需要	STOP（停止响应）Ⅶ
878	作为等效零位标记的输入端子I0.x没有被参数化	当输入一个作为等效零位标记（P0174=2）的外部信号时，需要对输入端子I0.x指定等效零位标记功能（功能号NO：79）。如果使用了直接测量系统，需要对输入端子I0.B指定等效零位标记功能（功能号NO：79）	1）电动机测量系统：P0660=79 2）直接测量系统：P0672=79	不需要	STOP（停止响应）Ⅶ
879	时间常量的固定时间，转速前馈控制太高	参数P0250：8不能大于两个位置控制器时钟循环。更高的值受到内部限制	1）减小参数P0250：8到最大两个位置控制器时钟循环（P1009） 2）通过参数P0206：8对附加延时参数化	不需要	STOP（停止响应）Ⅶ
881	PZD构成：在参数P0915中的信号号码无效	1）当前操作方式P0700中，识别出了一个没有定义的或不合法的用于处理数据软件的信号号码 2）无编码器操作已经激活P1011.5，但对编码器1的处理数据已经构成 3）尽管直接测量系统没有被激活（P0879.12），但对编码器2的处理数据已经构成	修正参数P0915：17	不需要	STOP（停止响应）Ⅶ
882	PZD构成：在参数P0915中的双字信号号码无效	1）对于带双字（长度=32位）的信号，其相对应的信号识别器对相邻的处理数据需要构成两次 2）下面的子参数需要用相同的信号号码进行参数化	修正参数P0915：17	不需要	STOP（停止响应）Ⅶ
883	PZD构成：在参数P0916中的信号号码无效	1）当前操作方式（P0700）中，识别出了一个不明确的或不合法的用于处理数据软件的信号号码 2）无编码器操作已经激活P1011.5，但对编码器1的处理数据已经构成 3）直接测量系统没有激活P0879.12，但对编码器2的处理数据已经构成	修正参数P0916：17	不需要	STOP（停止响应）Ⅶ
884	PZD构成：在参数P0916中的双字信号号码无效	带双字（长度=32位）的信号，其相对应的信号识别器对相邻处理数据需要构成两次	修正参数P0916：17	不需要	STOP（停止响应）Ⅶ
885	不允许参数P1261大于100.0%	带磁场削弱的（PE主轴，P1015=1）永磁同步电动机不允许参数P1261大于100.0%。它被内部限制到100.0%	设置参数P1261最大为100.0%	不需要	STOP（停止响应）Ⅶ

（续）

故障代码	故障现象/类型	故障原因	维修方法与解说	解决	停止响应
889	轴已经到达了固定终点停止器，但没有达到夹紧转矩	轴已经到达了固定终点停止器，但不能建立起编程的夹紧转矩	检查对该参数的限制要求	不需要	STOP（停止响应）Ⅶ
891	激活的 PLUS（正方向）软件极限开关的偶联轴	用实际主驱动的速度移动，偶联的轴可能将要到达或者已经通过了 PLUS 正方向软件极限开关	移动主驱动，使该偶联的轴进入允许移动范围	不需要	STOP（停止响应）Ⅶ
892	激活的 MINUS（负方向）软件极限开关的偶联轴	用实际主驱动的速度移动，偶联的轴可能将要到达或已经通过了 MINUS 负方向软件极限开关	移动主驱动，使该偶联的轴进入允许的移动范围	不需要	STOP（停止响应）Ⅶ
893	功能 73 只在端子 I0. x 处有效	端子功能 73 在 I0 上的偶联只在端子 I0. x 处有效	指定端子 I0. x 给功能 73	不需要	STOP（停止响应）Ⅶ
894	任选模块的输入端子被指定两次	在任选端子模块上的输入端子只能够被一个驱动使用	检查并修正参数 P0676（A）、P0676（B）	不需要	STOP（停止响应）Ⅶ
895	任选输出端子模块被指定两次	只能够有一个驱动可以使用任选端子模块上的输出端子	检查并修正参数 P0696（A）、P0696（B）	不需要	STOP（停止响应）Ⅶ

★★★4. 34. 3　西门子 SINAMICS V80 系列伺服驱动器

西门子 SINAMICS V80 系列伺服驱动器故障信息与代码见表 4-128。

表 4-128　西门子 SINAMICS V80 系列伺服驱动器故障信息与代码

LED 显示（故障指示灯）	故障现象/类型	状况	故障原因	维修方法与维修解说
AL1 亮 AL2 灭 AL3 灭	速度故障	接通电源时发生	伺服电动机异常	更换伺服驱动器
		伺服起动时发生	电动机电缆的 U、V、W 相序异常	检查接线，并正确接线
			编码器接线异常	检查接线，并正确接线
			编码器电缆受干扰而误动作	对编码器接线进行抗干扰处理
			伺服电动机、伺服驱动器异常	维修或更换伺服电动机、伺服驱动器
		电动机开始运行时或高速旋转后发生	电动机电缆的 U、V、W 相序异常	检查接线，并正确接线
			编码器的接线错误	检查接线，并正确接线
			编码器电缆受干扰而误动作	对编码器接线进行抗干扰处理
			位置指令的输入超出了 10000P/r	输入正确的指令值
			伺服电动机、伺服驱动器异常	维修或更换伺服电动机、伺服驱动器

（续）

LED 显示（故障指示灯）	故障现象/类型	状　况	故障原因	维修方法与维修解说
AL1 灭 AL2 亮 AL3 灭	过载故障	接通电源时发生	伺服电动机异常	更换伺服电动机
		伺服起动时发生	电动机电缆的接线错误或连接不良	检查接线，并正确接线
			编码器的接线错误或连接不良	检查接线，并正确接线
			伺服电动机异常	更换伺服电动机
		从控制器输入指令电动机也不旋转	电动机电缆接线错误或连接不良	检查接线，并正确接线
			编码器接线错误或连接器连接不良	检查接线，并正确接线
			起动转矩超过了最大转矩	重新计算
			伺服电动机异常	更换伺服电动机
		通常运行时发生	实际转矩超出了额定转矩的状态下连续长时间运行或起动转矩大幅超出额定转矩	确定负载条件、运行条件，选择正确的电动机
			电源电压过低	电源电压提高到允许范围
			电动机绕组烧损	检测电动机
			确保在松闸的状态下运行	检测制动器
			伺服驱动器的环境温度超出 55℃	重新考虑安装条件
			伺服电动机异常	更换伺服电动机
		伺服停止时发生	伺服停止后 3s 以上电动机也不停止	再讨论负载条件
AL1 亮 AL2 亮 AL3 灭	编码器故障	接通电源时或运行中发生	编码器的接线错误或连接器的连接不良	检查编码器的接线并更正
			编码器电缆的规格错误或受到干扰	编码器电缆定为双绞线或双股屏蔽线
			由于编码器电缆的接线长度过长而受到干扰	编码器电缆的接线长度设在 20m 以内
			编码器电缆断线	更换编码器电缆
			编码器的原点异常	更换电动机
			编码器异常	更换电动机
AL1 灭 AL2 灭 AL3 亮	电压故障	接通电源时发生	供电电源的电压超出了允许范围	检查供电电源
			伺服驱动器的电源完全关闭前再次接通了电源	待［REF］LED 熄灭后再次接通电源
			伺服驱动器异常	更换伺服驱动器
		通常运行时发生	供电电源的电压波动过大	检查供电电源
			电动机的转速很高，负载转动惯量过大	重新考虑负载与运行条件
			没有连接再生单元	减小负载或加再生单元选件
			伺服驱动器异常	更换伺服驱动器

（续）

LED 显示 （故障指示灯）	故障现象/类型	状　况	故障原因	维修方法与维修解说
AL1 亮 AL2 灭 AL3 亮	过电流故障	接通电源时发生	U、V、W 相与接地端子连接错误	检查接线，并正确连接
			地线接入了其他端子	检查接线，并正确连接
			1）电动机电缆的 U、V、W 与地间短路 2）电动机电缆的 U、V、W 相间短路	检查电动机电缆或更换电动机
			伺服驱动器的 U、V、W 与接地间短路	维修、更换伺服驱动器
			1）电动机内部电缆的 U、V、W 与地间短路 2）电动机内部电缆的 U、V、W 相间的短路	更换伺服电动机
			负载过大，超出了再生处理能力范围	重新考虑负载与运行条件
			伺服驱动器的安装环境不良	重新考虑安装条件
			电动机在过载的状态下运行	减轻负载
			伺服驱动器内置的冷却风扇停止	更换冷却风扇
			电动机与伺服驱动器不配	正确选择驱动器与电动机
			伺服驱动器异常	更换伺服驱动器
			电动机异常	检测电动机
AL1 灭 AL2 亮 AL3 亮	伺服驱动器内置风扇停止	接通电源时或运行中发生	伺服驱动器内置的冷却风扇停止	更换冷却风扇
			冷却风扇的通风口被堵塞	检查冷却风扇
AL1 亮 AL2 亮 AL3 亮	系统故障	接通电源时发生	伺服驱动器异常	维修、更换伺服驱动器
AL1 亮　　灭 AL2 亮←→灭 AL3 亮　　灭 按一定频率闪烁	指令脉冲的设定值被改变	接通电源时或运行中发生		重新接通电源

4.35　伟创系列伺服驱动器

★★★4.35.1　伟创 SD700-MIII 系列伺服驱动器

伟创 SD700-MIII 系列伺服驱动器故障信息与代码见表 4-129。

表 4-129　伟创 SD700-MIII 系列伺服驱动器故障信息与代码

故障代码	故障现象/类型	故障代码	故障现象/类型
AL. 900	位置偏差过大警告	AL. 910	过载警告
AL. 901	伺服 ON 时位置偏差过大警告	AL. 911	振动警告

（续）

故障代码	故障现象/类型	故障代码	故障现象/类型
AL. 920	再生过载警告	Er. 720	过载故障（连续最大负载）
AL. 921	DB 过载警告	Er. 730	DB 过载故障 1
AL. 930	电池欠电压警告	Er. 7A0	散热片过热故障
AL. 941	需要重新断电的参数变更警告	Er. 810	编码器备份异常
AL. 94A	数据设定警告（用户常数）	Er. 830	电池欠电压故障
AL. 94B	数据设定警告（数据范围外）	Er. 860	编码器过热故障
AL. 94C	数据设定警告（运算异常）	Er. B6A	通信 ASIC 设定故障
AL. 94D	数据设定警告（数据大小错误）	Er. B6B	通信 ASIC 系统故障
AL. 94E	数据设定警告（闩锁模式错误）	Er. BF4	硬件过电流故障
AL. 95A	命令警告（超出条件）	Er. C10	失控报警
AL. 95B	命令警告（不支持）	Er. C90	编码器通信故障：断线故障
AL. 95D	命令警告（指令的干涉）	Er. C91	编码器通信位置数据加速度故障
AL. 95E	命令警告（子指令不支持）	Er. CA0	编码器参数故障
AL. 95F	命令警告（未定义的指令）	Er. D00	位置偏差过大故障
AL. 960	MECHATROLINK 通信警告	Er. D01	伺服 ON 时位置偏差过大故障
AL. 971	欠电压警告	Er. D02	伺服 ON 时速度限制所引起的位置偏差过大故障
AL. 97A	指令警告（层异常）		
AL. 97B	超出数据范围数据钳位警告	Er. D10	电动机-负载位置间偏差过大故障
AL. 9A0	伺服超程警告	Er. E02	MECHATROLINK 内部同步故障
Er. 020	参数和校验故障	Er. E40	MECHATROLINK 传输周期设置故障
Er. 021	参数格式化故障（版本号不一致）	Er. E41	MECHATROLINK 通信字节数设置故障
Er. 022	系统和校验故障	Er. E42	MECHATROLINK 站地址设置故障
Er. 040	参数设定故障	Er. E50	MECHATROLINK 同步传输故障
Er. 041	分频脉冲输出设定故障	Er. E51	MECHATROLINK 同步建立失败故障
Er. 042	参数组合故障	Er. E60	MECHATROLINK 通信故障（接收错误）
Er. 04A	选项参数设置故障	Er. E61	网络同步间隔错误故障
Er. 050	驱动器与电动机容量不匹配故障	Er. E62	网络 CRC 校验错误故障
Er. 0B0	伺服 ON 指令无效报警	Er. E63	数据接收错误故障
Er. 100	过电流故障	Er. E64	其他站监视数据接收故障
Er. 320	再生过载故障	Er. E6A	网络接收故障
Er. 400	过电压故障	Er. E6B	网络接收超时故障
Er. 410	欠电压故障	Er. E6C	网络传输故障
Er. 42A	电动机过温故障	Er. EA0	伺服故障
Er. 510	过速故障	Er. EA1	伺服初始化通信芯片故障
Er. 511	分频脉冲输出过速故障	Er. EA2	检查通信报文中的看门狗字节号码不连续
Er. 520	振动警报	Er. ED0	通信应答错误
Er. 550	最高速度设定异常	Er. ED1	命令未执行完成
Er. 710	过载故障（瞬时最大负载）		

★★★4.35.2　伟创 SD710 系列伺服驱动器

伟创 SD710 系列伺服驱动器故障信息与代码见表 4-130。

表 4-130　伟创 SD710 系列伺服驱动器故障信息与代码

故障代码	故障现象/类型	故障代码	故障现象/类型
ER. 020	用户功能码参数和校验故障	ER. 921	动态制动（DB）过载故障
ER. 021	功能码参数格式化故障	ER. 930	绝对值编码器的电池欠电压故障
ER. 022	厂家功能码参数格式化故障	ER. 931	外部端子点动信号故障
ER. 023	MCU 与 FPGA 通信故障	ER. 940	伺服 ON 信号故障（母线电压未建立时使能）
ER. 030	FPGA 备份程序运行	ER. 941	功能码重新上电生效
ER. 040	功能码参数设定故障	ER. 950	单管自举异常故障
ER. 042	参数组合故障	ER. 955	外部电源掉电故障
ER. 050	驱动器与电动机电压不一致或功率相差 4 倍以上故障	ER. 971	欠电压故障
		ER. 9A0	正向超程故障
ER. 051	驱动器功率等级设置故障	ER. 9A1	负向超程故障
ER. 0b0	伺服 ON 指令无效故障	ER. 9A2	伺服 ON 时速度限制中
ER. 100	驱动器过电流故障（软件）	ER. B31	U 相检出回路故障
ER. 102	单管失效故障	ER. B32	V 相检出回路故障
ER. 320	再生过载故障	ER. B33	STO 输入保护
ER. 400	过电压故障	ER. BF0	系统运行故障 1
ER. 410	欠电压故障	ER. BF1	系统运行故障 2
ER. 42A	KTY 型温度传感器过温故障	ER. BF2	MCU 数据写入 FPGA 异常故障
ER. 450	数字量输入端子 X 功能分配重复故障	ER. BF3	脉冲指令源选择故障
ER. 451	数字量输出端子 Y 功能分配重复故障	ER. BF4	驱动器过电流故障（硬件）
ER. 452	转矩模式下模拟量信号 AI 分配故障	ER. C10	飞车失控检出故障
ER. 520	振动故障	ER. C21	绝对值编码器多圈计数值溢出故障
ER. 521	免调整中出现振动故障	ER. C80	增量式编码器分频设定异常故障
ER. 710	驱动器瞬间过载故障	ER. C90	串行编码器断线故障
ER. 711	电动机瞬间过载故障	ER. C91	编码器加速度故障
ER. 720	驱动器连续过载故障	ER. C92	增量式编码器 Z 信号丢失故障
ER. 721	电动机连续过载故障	ER. C95	增量式编码器霍尔信号故障
ER. 730	DB 过载故障	ER. d00	位置偏差过大故障
ER. 7A0	驱动器过温故障	ER. d01	伺服 ON 时位置偏差过大故障
ER. 810	绝对值编码器中的多圈数据故障	ER. d02	伺服 ON 时速度限制引起位置偏差过大故障
ER. 820	绝对值编码器中的数据校验故障	ER. d03	混合偏差过大故障（电动机反馈位置、光学尺偏差过大）
ER. 830	绝对值编码器的电池欠电压故障		
ER. 840	多圈上限限制方向故障	ER. d04	电子齿轮比设置超限故障
ER. 860	绝对值编码器中温度过高故障	ER. E03	回零方式设置故障
ER. 890	电动机编码不存在故障	ER. E05	驱动器不支持的操作模式
ER. 8A1	原点回归超时故障	ER. E20	CAN 主站掉线故障（寿命因子）
ER. 900	位置偏差过大故障	ER. E21	CAN 主站掉线故障（消费者时间）
ER. 901	伺服 ON 时位置偏差过大故障	ER. F10	外部输入电源掉电故障
ER. 910	电动机或驱动器过载故障	Error	ARM 芯片故障
ER. 911	电动机振动故障	UP…	ARM 芯片进入程序升级
ER. 920	再生过载故障		

★★★4.35.3 伟创 SD700-F 系列伺服驱动器

伟创 SD700-F 系列伺服驱动器故障信息与代码见表 4-131。

表 4-131 伟创 SD700-F 系列伺服驱动器故障信息与代码

故障代码	故障现象/类型	故障代码	故障现象/类型
AL. 900	位置偏差过大警告	Er. 550	最高速度设定故障
AL. 901	伺服 ON 时位置偏差过大警告	Er. 710	过载故障（瞬时最大负载）
AL. 910	过载警告	Er. 720	过载故障（连续最大负载）
AL. 911	振动警告	Er. 730	DB 过载故障 1
AL. 920	再生过载警告	Er. 7A0	散热片过热故障
AL. 921	DB 过载警告	Er. 810	编码器备份故障
AL. 930	电池欠电压警告	Er. 830	电池欠电压故障
AL. 941	需要重新断电的参数变更警告	Er. BF4	硬件过电流故障
AL. 971	欠电压警告	Er. C10	失控故障
Er. 020	参数和校验故障	Er. C90	编码器通信故障：断线故障
Er. 021	参数格式化故障（版本号不一致）	Er. C91	编码器通信位置数据加速度故障
Er. 022	系统和校验故障	Er. CA0	编码器参数故障
Er. 040	参数设定故障	Er. D00	位置偏差过大故障
Er. 041	分频脉冲输出设定故障	Er. D01	伺服 ON 时位置偏差过大故障
Er. 042	参数组合故障	Er. D02	伺服 ON 时速度限制所引起的位置偏差过大故障
Er. 050	驱动器与电动机容量不匹配故障		
Er. 0B0	伺服 ON 指令无效故障	Er. D10	电动机-负载位置间偏差过大故障
Er. 100	过电流故障	Er. EC1	主轴数据故障
Er. 510	过速故障	Er. EC2	主轴速度故障
Er. 511	分频脉冲输出过速故障	Er. EC3	从轴速度故障
Er. 520	振动故障	Er. EC5	系统运行故障

4.36 信捷系列伺服驱动器

★★★4.36.1 信捷 DF3E 系列伺服驱动器

信捷 DF3E 系列伺服驱动器故障信息与代码见表 4-132。

表 4-132 信捷 DF3E 系列伺服驱动器故障信息与代码

故障代码	故障现象/类型	报警发生时伺服状态	属性		
			历史记录	可清除	清除报警是否需要上电生效
E-010	固件版本不匹配	伺服使能	○	○	是
E-013	FPGA 加载故障	伺服使能	○	○	是
E-015	程序运行故障	伺服使能	○	○	是
E-016	硬故障	伺服使能	○	○	否
E-017	处理器运行超时故障	伺服使能	○	○	是
E-019	系统密码故障	伺服使能	○	○	是

（续）

故障代码	故障现象/类型	报警发生时伺服状态	属性		
			历史记录	可清除	清除报警是否需要上电生效
E-020	参数加载故障	伺服使能	○	○	是
E-021	参数范围超限故障	伺服使能	○	√	否
E-022	参数冲突故障	伺服使能	√	√	否
E-023	采样通道设置故障	伺服使能	○	○	是
E-024	参数丢失故障	伺服使能	√	√	否
E-025	擦除 FLASH 故障	伺服使能	√	√	否
E-026	初始化 FLASH 故障	伺服使能	√	√	否
E-028	EEPROM 写入故障	伺服使能	√	√	否
E-030	母线电压过电压故障	伺服 off	√	√	否
E-040	母线电压欠电压、电网电压低故障	伺服使能	√	√	否
E-040	母线电压欠电压、驱动器掉电导致母线电压欠电压故障	伺服 off	○	√	否
E-041	驱动器掉电故障	伺服使能	○	√	否
E-043	母线电压充电失败故障	伺服 off	√	√	否
E-044	三相电压输入断相故障	伺服 off	√	√	否
E-060	模块温度过高故障	伺服使能	√	√	否
E-061	电动机过热故障	伺服使能	√	√	是
E-063	热电偶断线故障	伺服使能	√	√	否
E-080	超速故障	伺服 off	√	√	否
E-092	模拟量 Tref 校零超限故障	伺服使能	√	√	否
E-093	模拟量 Vref 校零超限故障	伺服使能	√	√	否
E-100	位置偏差过大故障	伺服使能	√	√	否
E-110	自检时发现外部 UVW 故障	伺服 off	√	√	否
E-150	动力线断线故障	伺服 off	√	√	否
E-161	驱动器热功率过载故障	伺服使能	√	√	否
E-165	防堵转故障	伺服使能	√	√	否
E-200	再生电阻过载故障	伺服使能	√	√	否
E-220	绝对值伺服编码器通信故障	伺服 off	√	√	否
E-221	编码器通信 CRC 错误次数过多故障	伺服 off	√	√	否
E-222	绝对值伺服编码器电池低电压故障	伺服 off	√	√	否
E-223	绝对值伺服编码器本身数据访问故障	伺服 off	√	√	否
E-227	上电编码器多圈信号数据故障	伺服 off	√	√	否
E-228	绝对值伺服编码器值溢出故障	伺服 off	√	√	否
E-240	取编码器位置数据的时序故障	伺服 off	√	√	否
E-241	编码器回应数据乱码故障	伺服 off	√	√	否
E-260	超程故障	伺服使能	√	√	否
E-261	超程信号连接故障	伺服使能	√	√	否
E-262	控制停止超时故障	伺服 off	√	√	否
E-264	振动过大故障	伺服使能	√	√	否

（续）

故障代码	故障现象/类型	报警发生时伺服状态	属性		
			历史记录	可清除	清除报警是否需要上电生效
E-265	电动机振动过大故障	伺服使能	√	√	否
E-280	访问电动机参数失败	伺服 off	√	○	是
E-281	在向编码器 EEPROM 写入数据时发生故障	伺服 off	√	○	是
E-310	电动机功率不匹配故障	伺服 off	○	○	是
E-311	电动机代码丢失故障	伺服 off	√	○	是
E-312	读取电动机参数时参数损坏故障	伺服 off	√	○	是
E-313	编码器软件版本不匹配故障	伺服 off	√	○	是
E-314	编码器软件版本不支持故障	伺服 off	√	○	是
E-315	读取不到电动机参数故障	伺服 off	√	○	是
E-316	读取电动机代码与设置代码不一致故障	伺服 off	√	○	是
E-852	与 CANopen 主站的数据交互中断故障	伺服 off	√	√	否

注：1. “历史记录”列：“√”代表可记录历史报警；“○”代表不记录。
2. “可清除”列：“√”代表可清除报警；“○”代表不可清除。

★★★4.36.2　信捷 DS5C1 系列伺服驱动器

信捷 DS5C1 系列伺服驱动器故障信息与代码见表 4-133。

表 4-133　信捷 DS5C1 系列伺服驱动器故障信息与代码

故障代码	故障现象/类型	故障原因
Err-1	电动机转矩饱和故障	最高速度过大、初始惯量过小、转矩限制过小
Err-2	推算惯量数值误差过大故障	行程过小、机构摩擦过大、最高限速过小、发生超程
Err-3	驱动器内部行程计算故障	
Err-5	惯量辨识过程中发生无法抑制的振动	发生无法处理的振动
Err-6	驱动器当前未处于 bb 状态	使能已经打开或驱动器报警
Err-7	惯量辨识过程中驱动器发生报警	驱动器报警

★★★4.36.3　信捷 DS5E、DS5L 系列伺服驱动器

信捷 DS5E、DS5L 系列伺服驱动器故障信息与代码见表 4-134。

表 4-134　信捷 DS5E、DS5L 系列伺服驱动器故障信息与代码

故障代码	故障现象/类型	属性		
		历史记录	可清除	清除报警是否需要上电生效
EEEE1	面板与 CPU 通信故障	○	○	否
EEEE2			○	否
EEEE3			○	否
EEEE4			○	否

（续）

故障代码	故障现象/类型	属性		
		历史记录	可清除	清除报警是否需要上电生效
E-010	固件版本不匹配故障	○	○	是
E-013	FPGA 加载故障	○	○	是
E-015	程序运行故障	○	○	是
E-016	硬故障	○	○	是
E-017	处理器运行超时故障	○	○	是
E-019	系统密码故障	○	○	是
E-020	参数加载故障	○	○	是
E-021	参数范围超限故障	√	√	否
E-022	参数冲突故障	○	√	否
E-023	采样通道设置故障	○	○	是
E-024	参数丢失故障	√	√	否
E-025	擦除 FLASH 故障	√	√	否
E-026	初始化 FLASH 故障	√	√	否
E-028	EEPROM 写入故障	√	√	否
E-030	母线电压过电压故障	√	√	否
E-040	母线电压欠电压、电网电压低故障	√	√	否
	母线电压欠电压、驱动器掉电导致母线电压欠电压故障	○	√	否
E-041	驱动器掉电故障	○	√	否
E-043	母线电压充电失败故障	√	√	是
E-044	三相电压输入断相故障	√	√	否
E-060	模块温度过高故障	√	√	否
E-061	电动机过热故障	√	√	否
E-063	热敏电阻断线故障	√	√	否
E-080	超速故障	√	√	否
E-082	编码器零位偏差故障	√	√	否
E-092	模拟量 Tref 校零超限故障	√	√	否
E-093	模拟量 Vref 校零超限故障	√	√	否
E-100	位置偏差过大故障	√	√	否
E-110	自检时发现外部 UVW 短路故障	√	√	否
E-112	U 相电流过电流故障	√	√	否
E-113	V 相电流过电流故障	√	√	否
E-150	动力线断线故障	√	√	否
E-161	驱动器热功率过载故障	√	√	否
E-165	防堵转故障	√	√	否
E-200	再生电阻过载故障	√	√	否
E-220	绝对值伺服编码器通信故障	√	√	否
E-221	编码器通信 CRC 错误次数过多故障	√	√	否
E-222	绝对值伺服编码器电池低电压故障	√	√	否

（续）

故障代码	故障现象/类型	属性		
		历史记录	可清除	清除报警是否需要上电生效
E-223	绝对值伺服编码器本身数据访问故障	√	√	否
E-227	上电编码器多圈信号数据故障	√	√	否
E-228	绝对值伺服编码器值溢出故障	√	√	否
E-229	编码器电角度偏差故障	√	√	否
E-240	取编码器位置数据的时序故障	√	√	否
E-241	编码器回应数据乱码故障	√	√	否
E-250	回原点错误故障	√	√	否
E-260	超程故障	√	√	否
E-261	超程信号连接故障	√	√	否
E-262	控制停止超时故障	√	√	否
E-264	振动过大故障	√	√	否
E-265	电动机振动过大故障	√	√	否
E-280	访问电动机参数失败	√	√	否
E-281	在向编码器 EEPROM 写入数据时发生故障	√	√	否
E-310	电动机功率不匹配故障	○	○	否
E-311	电动机代码丢失故障	√	√	是
E-312	读取电动机参数时参数损坏故障	○	○	否
E-313	编码器软件版本不匹配故障	○	○	否
E-314	编码器软件版本不支持故障	○	○	否
E-315	读取不到电动机参数故障	√	√	是
E-316	读取电动机代码与设置代码不一致故障	√	√	是

注：1. “历史记录”列：“√”代表可记录历史报警；“○”代表不记录。

2. “可清除”列：“√”代表可清除报警；“○”代表不可清除。

4.37　易能、英威腾系列伺服驱动器

★★★4.37.1　易能 ESS200P 系列伺服驱动器

易能 ESS200P 系列伺服驱动器故障信息与代码见表 4-135。

表 4-135　易能 ESS200P 系列伺服驱动器故障信息与代码

故障代码	故障名称	故障代码	故障名称
Er. 100	电动机和驱动器匹配故障	Er. 108	增量编码器 UVW 读取错误故障（包括总线增量编码）
Er. 101	位置模式和编码器匹配故障		
Er. 102	飞车故障	Er. 109	增量脉冲型编码器断线故障
Er. 103	逆变模块保护	Er. 110	总线型编码器断线故障
Er. 104	运行中对地短路故障	Er. 200	驱动器过载故障
Er. 105	编码器故障（Z 信号对应的角度变化过大）	Er. 201	过电流故障
Er. 106	总线编码器数据校验错误故障	Er. 202	主回路过电压故障
Er. 107	Z 脉冲丢失故障	Er. 203	主回路运行中欠电压故障

（续）

故障代码	故障名称	故障代码	故障名称
Er. 204	电动机参数自学习故障	Er. 305	电动机堵转故障
Er. 205	编码器自整定故障（包括 UVW 功率线相序出差、UVW 信号线出错，Z 脉冲未找到等）	Er. 306	编码器电池失效故障
		Er. 307	编码器多圈计数错误故障
		Er. 308	编码器多圈计数溢出故障
Er. 206	温度检测断线故障	Er. 309	A-D 采样过电压故障
Er. 207	厂内故障 1	Er. 310	位置偏差过大故障
Er. 208	厂内故障 2	Er. 311	全闭环混合位置偏差过大故障
Er. 209	厂内故障 3	Er. 312	电子齿轮比设置超限故障
Er. 210	保留	Er. 313	Modbus 通信故障
Er. 211	EEPROM 读写故障	Er. 314	制动电阻过载故障
Er. 212	外部设备故障	Er. 315	原点归零超时故障
Er. 213	命令冲突故障	Er. 316	原点归零故障
Er. 214	控制回路运行中欠电压故障	AL. 400	保留
Er. 215	输出断相故障	AL. 401	编码器电池故障
Er. 216	散热器过热故障	AL. 402	DI 紧急停机故障
Er. 217	电流检测电路故障	AL. 403	外接制动电阻过小故障
Er. 218	抱闸非正常打开故障	AL. 404	变更参数需重新上电故障
Er. 300	电动机过载故障	AL. 405	正向超程故障
Er. 301	主回路输入断相故障	AL. 406	反向超程故障
Er. 302	过速度故障	AL. 407	模块过热故障
Er. 303	脉冲输出过速故障	Er. 408	运行限制故障
Er. 304	脉冲输入过速故障		

★★★4. 37. 2　英威腾 SV-DA200 系列伺服驱动器

英威腾 SV-DA200 系列伺服驱动器故障信息与代码见表 4-136。

表 4-136　英威腾 SV-DA200 系列伺服驱动器故障信息与代码

故障代码	故障现象/类型	故障代码	故障现象/类型
Er01-0	IGBT 故障	Er02-b	编码器故障-编码器 EEPROM 写入错误
Er01-1	制动管故障（7.5kW 及以上机型）	Er02-c	编码器故障-编码器 EEPROM 无数据
Er02-0	编码器故障-编码器断线	Er02-d	编码器故障-编码器 EEPROM 数据校验错误
Er02-1	编码器故障-编码器反馈误差过大		
Er02-2	编码器故障-奇偶校验错误	Er03-0	电流传感器故障-U 相电流传感器故障
Er02-3	编码器故障-CRC 校验错误	Er03-1	电流传感器故障-V 相电流传感器故障
Er02-4	编码器故障-帧错误	Er03-2	电流传感器故障-W 相电流传感器故障
Er02-5	编码器故障-短帧错误	Er04-0	系统初始化故障
Er02-6	编码器故障-编码器报超时	Er05-1	设置故障-电动机型号不存在
Er02-7	编码器故障-多圈绝对值丢失	Er05-2	设置故障-电动机和驱动器型号不匹配
Er02-8	编码器故障-编码器电池低压报警	Er05-3	设置故障-软件限位设置故障
Er02-9	编码器故障-编码器电池欠电压故障	Er05-4	设置故障-回原点模式设置故障
Er02-a	编码器故障-编码器过热	Er05-5	设置故障-点位控制行程溢出故障

（续）

故障代码	故障现象/类型	故障代码	故障现象/类型
Er07-0	再生放电过载故障	Er19-3	速度故障-过速参数设置错误
Er08-0	模拟输入过电压故障-模拟量输入1	Er19-4	飞车故障
Er08-1	模拟输入过电压故障-模拟量输入2	Er20-0	速度超差故障
Er08-2	模拟输入过电压故障-模拟量输入3	Er21-0	位置超程故障-正向超程
Er09-0	EEPROM 故障-读写故障	Er21-1	位置超程故障-反向超程
Er09-1	EEPROM 故障-数据校验故障	Er22-0	超差故障-位置超差
Er10-0	硬件故障-FPGA 故障	Er22-1	超差故障-混合控制偏差过大
Er10-1	硬件故障-通信卡故障	Er22-2	位置增量溢出故障
Er10-2	硬件故障-对地短路故障	Er23-0	驱动器过温故障
Er10-3	硬件故障-外部输入故障	Er24-0	PROFIBUS-DP 通信故障-PWK 参数 ID 错误
Er10-4	硬件故障-紧急停机故障		
Er10-5	硬件故障-RS485 通信故障	Er24-1	PROFIBUS-DP 通信故障-PWK 参数超范围
Er11-0	软件故障-电动机控制任务重入	Er24-2	PROFIBUS-DP 通信故障-PWK 参数只读
Er11-1	软件故障-周期任务重入	Er24-3	PROFIBUS-DP 通信故障-PZD 配置参数不存在
Er11-2	软件故障-非法操作		
Er12-0	IO 故障-开关量输入分配重复	Er24-4	PROFIBUS-DP 通信故障-PZD 配置参数属性不匹配
Er12-1	IO 故障-模拟量输入分配重复		
Er12-2	IO 故障-脉冲输入频率过高	Er24-8	EtherCAT 故障-初始化故障
Er13-0	主回路过电压故障	Er24-9	EtherCAT 故障-EEPROM 故障
Er13-1	主回路欠电压故障	Er24-a	EtherCAT 故障-DC Sync0 信号故障
Er14-0	控制电源欠电压故障	Er24-b	EtherCAT 故障-断线故障
Er17-0	驱动器过载故障	Er24-c	EtherCAT 故障-PDO 数据丢失故障
Er18-0	电动机过载故障	Er25-4	应用故障-编码器偏置角度测试超时
Er18-1	电动机过温故障	Er25-5	应用故障-编码器偏置角度测试失败
Er19-0	速度故障-过速故障	Er25-6	应用故障-回原点越位
Er19-1	速度故障-正向过速故障	Er25-7	应用故障-惯量辨识失败
Er19-2	速度故障-反向过速故障		

★★★4.37.3　英威腾 DA180 系列伺服驱动器

英威腾 DA180 系列伺服驱动器故障信息与代码见表 4-137。

表 4-137　英威腾 DA180 系列伺服驱动器故障信息与代码

故障代码	故障现象/类型	故障代码	故障现象/类型
Er02-a	编码器故障-编码器过热	Er18-0	电动机过载故障
Er02-b	编码器故障-编码器 EEPROM 写入错误	Er19-0	速度故障-过速故障
Er02-c	编码器故障-编码器 EEPROM 无数据	Er20-0	速度超差故障
Er02-d	编码器故障-编码器 EEPROM 数据校验错误	Er21-0	位置超程故障-正向超程
		Er22-0	位置超差故障
Er13-0	主回路过电压故障	Er23-0	驱动器过温故障
Er14-0	控制电源欠电压故障	Er25-a	应用故障-磁极检测超出范围
Er17-0	驱动器过载故障	Er26-0	CANopen 断线故障

（续）

故障代码	故障现象/类型	故障代码	故障现象/类型
Er26-a	同步信号过快故障	Er03-1	电流传感器故障-V 相电流传感器故障
Er26-b	接收故障	Er03-2	电流传感器故障-W 相电流传感器故障
Er26-c	发送故障	Er19-3	速度故障-过速参数设置错误
Er26-d	同步信号重复故障	Er22-3	同步信号超时故障
Er26-e	总线负载率过高故障	Er26-3	SDO 数据长度故障
Er26-f	参数修改状态故障	Er19-4	过速故障-失控飞车故障
Er01-0	IGBT 故障	Er22-4	位置指令缓冲满故障
Er02-0	编码器故障-编码器通信异常	Er25-4	应用故障-编码器偏置角度测试超时
Er03-0	电流传感器故障-U 相电流传感器故障	Er26-4	SDO 写数据超出范围故障
Er04-0	系统初始化故障	Er05-1	设置故障-电动机型号不存在
Er07-0	再生制动放电过载故障	Er05-2	设置故障-电动机和驱动器型号不匹配
Er08-0	模拟输入过电压故障-模拟量输入 1	Er05-3	设置故障-软件限位设置故障
Er09-0	EEPROM 故障-读写故障	Er05-4	设置故障-回原点模式设置故障
Er10-0	硬件故障-FPGA 故障	Er05-5	设置故障-点位控制行程溢出故障
Er11-0	软件故障-电动机控制任务重入	Er25-5	应用故障-编码器偏置角度测试失败
Er12-0	IO 故障-开关量输入分配重复	Er26-5	只读不能修改
Er01-5	IPM 故障	Er25-6	应用故障-回原点越位
Er13-1	主回路欠电压故障	Er26-6	PDO 映射长度故障
Er17-1	驱动器过载故障 2	Er25-7	应用故障-惯量辨识失败
Er18-1	电动机过温故障	Er26-7	PDO 映射数据不存在故障
Er19-1	速度故障-正向过速故障	Er08-1	模拟输入过电压故障-模拟量输入 2
Er21-1	位置超程故障-反向超程	Er25-8	应用故障-磁极检测失败
Er22-1	混合控制偏差过大故障	Er26-8	PDO 不允许在操作态修改故障
Er26-1	SDO 索引不存在故障	Er09-1	EEPROM 故障-数据校验故障
Er02-1	编码器故障-编码器反馈误差过大	Er25-9	应用故障-磁极检测确认过程中超程或过速
Er02-2	编码器故障-奇偶校验错误	Er26-9	PDO 不允许映射故障
Er02-3	编码器故障-CRC 校验错误	Er10-1	硬件故障-通信卡故障
Er02-4	编码器故障-帧错误	Er10-2	硬件故障-对地短路故障
Er02-5	编码器故障-短帧错误	Er10-3	硬件故障-外部输入故障
Er02-6	编码器故障-编码器报异常	Er10-4	硬件故障-紧急停机故障
Er02-7	编码器故障-FPGA 报超时	Er10-5	硬件故障-RS485 通信故障
Er02-8	编码器故障-编码器电池低压报警	Er10-6	硬件故障-AC 电源断相
Er02-9	编码器故障-编码器电池欠电压故障	Er11-1	软件故障-周期任务重入
Er19-2	速度故障-反向过速故障	Er11-2	软件故障-非法操作
Er22-2	位置增量溢出故障	Er12-2	IO 故障-脉冲输入频率过高
Er26-2	SDO 子索引不存在故障		

★★★4.37.4 英威腾 SV-DA300 系列伺服驱动器

英威腾 SV-DA300 系列伺服驱动器故障信息与代码见表 4-138。

表 4-138　英威腾 SV-DA300 系列伺服驱动器故障信息与代码

故障代码	故障现象/类型	属性—历史记录	属性—可清除	属性—使能禁止
Er02-a	编码器故障-编码器过热	●		●
Er02-b	编码器故障-编码器 EEPROM 写入错误	●		●
Er02-c	编码器故障-编码器 EEPROM 无数据			●
Er02-d	编码器故障-编码器 EEPROM 数据校验错误			●
Er10-a	硬件故障-STO DPIN1 故障	●	●	●
Er10-b	硬件故障-STO DPIN2 故障	●	●	●
Er13-0	主回路过电压故障	●	●	●
Er14-0	控制电源欠电压故障		●	●
Er17-0	驱动器过载故障	●	●	●
Er18-0	电动机过载故障	●	●	●
Er19-0	速度故障-过速故障	●	●	●
Er20-0	速度超差故障	●	●	●
Er21-0	位置超程故障-正向超程		●	
Er22-0	位置超差故障	●	●	●
Er23-0	驱动器过温故障	●	●	●
Er25-a	应用故障-磁极检测超出范围	●	●	●
Er26-0	CANopen 故障-CANopen 断线		●	
Er26-a	CANopen 故障-同步信号过快		●	
Er26-b	CANopen 故障-接收故障		●	
Er26-c	CANopen 故障-发送故障		●	
Er26-d	CANopen 故障-同步信号重复		●	
Er26-e	CANopen 故障-总线负载率过高		●	
Er26-f	CANopen 故障-参数修改状态错误		●	
Er01-0	IGBT 故障	●		●
Er02-0	编码器故障-编码器通信异常	●		●
Er03-0	电流传感器故障-U 相电流传感器故障	●		●
Er04-0	系统初始化故障			●
Er07-0	再生放电过载故障	●	●	●
Er08-0	模拟输入过电压故障-模拟量输入 1	●	●	●
Er09-0	EEPROM 故障-读写故障			●
Er10-0	硬件故障-FPGA 故障	●		●
Er11-0	软件故障-电动机控制任务重入	●		●
Er12-0	IO 故障-开关量输入分配重复	●	●	●
Er01-5	IPM 故障	●		●
Er13-1	主回路欠电压故障		●	●
Er17-1	驱动器过载故障 2	●	●	●
Er18-1	电动机过温故障	●	●	●
Er19-1	速度故障-正向过速故障	●	●	●
Er21-1	位置超程故障-反向超程		●	
Er22-1	混合控制偏差过大故障	●	●	●

（续）

故障代码	故障现象/类型	属性—历史记录	属性—可清除	属性—使能禁止
Er26-1	CANopen 故障-SDO 索引不存在		●	
Er02-1	编码器故障-编码器反馈误差过大	●		●
Er02-2	编码器故障-奇偶校验错误	●		●
Er02-3	编码器故障-CRC 校验错误	●		●
Er02-4	编码器故障-帧错误	●		●
Er02-5	编码器故障-短帧错误	●		●
Er02-6	编码器故障-编码器报异常	●		●
Er02-7	编码器故障-第 2 编码器超时	●		●
Er02-8	编码器故障-编码器电池低压报警	●		●
Er02-9	编码器故障-编码器电池欠电压故障	●		●
Er19-2	速度故障-反向过速故障	●		●
Er22-2	位置增量溢出故障	●		●
Er26-2	CANopen 故障-SDO 子索引不存在		●	
Er03-1	电流传感器故障-V 相电流传感器故障	●		●
Er03-2	电流传感器故障-W 相电流传感器故障	●		●
Er19-3	速度故障-过速参数设置错误	●	●	●
Er22-3	CANopen 故障-同步信号超时	●	●	●
Er26-3	CANopen 故障-SDO 数据长度错误		●	
Er19-4	速度故障-失控飞车故障	●		●
Er22-4	CANopen 故障-位置指令缓冲满	●	●	●
Er25-4	应用故障-编码器偏置角度测试超时	●	●	●
Er26-4	CANopen 故障-SDO 写数据超出范围		●	
Er05-1	设置故障-电动机型号不存在	●		●
Er05-2	设置故障-电动机和驱动器型号不匹配	●		●
Er05-3	设置故障-软件限位设置故障	●	●	●
Er05-4	设置故障-回原点模式设置故障	●		●
Er05-5	设置故障-点位控制行程溢出故障	●	●	●
Er25-5	应用故障-编码器偏置角度测试失败	●	●	●
Er26-5	CANopen 故障-只读不能修改		●	
Er25-6	应用故障-回原点越位	●	●	●
Er26-6	CANopen 故障-PDO 映射长度错误		●	
Er25-7	应用故障-惯量辨识失败	●	●	●
Er26-7	CANopen 故障-PDO 映射数据不存在		●	
Er08-1	模拟输入过电压故障-模拟量输入 2	●	●	●
Er25-8	应用故障-磁极检测失败	●	●	●
Er26-8	CANopen 故障-PDO 不允许在操作态修改		●	
Er09-1	EEPROM 故障-数据校验故障			●
Er25-9	应用故障-磁极检测确认过程中超程或过速	●	●	●
Er26-9	CANopen 故障-PDO 不允许映射		●	
Er10-1	硬件故障-通信卡故障	●	●	●

（续）

故障代码	故障现象/类型	属性—历史记录	属性—可清除	属性—使能禁止
Er10-2	硬件故障-对地短路故障	●		●
Er10-3	硬件故障-外部输入故障	●	●	●
Er10-4	硬件故障-紧急停机故障	●	●	●
Er10-5	硬件故障-RS485 通信故障	●	●	●
Er10-6	硬件故障-AC 电源断相	●	●	●
Er10-7	硬件故障-风扇故障	●		●
Er10-8	硬件故障-再生晶体管故障	●	●	●
Er10-9	硬件故障-STO 断相故障	●	●	●
Er11-1	软件故障-周期任务重入	●		●
Er11-2	软件故障-非法操作	●		●
Er12-2	IO 故障-脉冲输入频率过高	●	●	●

★★★4.37.5 英威腾 SV-DL310 系列伺服驱动器

英威腾 SV-DL310 系列低压伺服驱动器红色状态指示灯报警分类见表 4-139。

表 4-139 英威腾 SV-DL310 系列低压伺服驱动器红色状态指示灯报警分类

红色状态指示灯闪烁逻辑	故障代码意义	对应交流伺服故障代码
1 短 0 长-灭	过电流类故障	Er01
2 短 0 长-灭	过载类故障	Er07、Er18
3 短 0 长-灭	电压类故障、温度类故障	Er13、Er14、Er23
4 短 0 长-灭	位置偏差故障	Er22-1、Er22-2
5 短 0 长-灭	速度偏差故障	Er19、Er20
0 短 1 长-灭	编码器故障	Er02
1 短 1 长-灭	硬件故障	Er03、Er08、Er09、Er10
2 短 1 长-灭	软件故障	Er04、Er05、Er11、Er12、Er25
3 短 1 长-灭	通信故障	Er22-3、Er22-4、Er24、Er26

英威腾 SV-DL310 系列伺服驱动器故障信息与代码见表 4-140。

表 4-140 英威腾 SV-DL310 系列伺服驱动器故障信息与代码

故障代码	故障现象/类型	故障代码	故障现象/类型
Er01-0	IGBT 故障	Er02-9	编码器故障-编码器电池欠电压故障
Er02-0	编码器故障-编码器断线	Er02-a	编码器故障-编码器过热
Er02-1	编码器故障-编码器反馈误差过大	Er02-b	编码器故障-编码器 EEPROM 写入错误
Er02-2	编码器故障-奇偶校验错误	Er02-c	编码器故障-编码器 EEPROM 无数据
Er02-3	编码器故障-CRC 校验错误	Er02-d	编码器故障-编码器 EEPROM 数据校验错误
Er02-4	编码器故障-帧错误	Er03-0	电流传感器故障-U 相电流传感器故障
Er02-5	编码器故障-短帧错误	Er03-1	电流传感器故障-V 相电流传感器故障
Er02-6	编码器故障-编码器报超时	Er03-2	电流传感器故障-W 相电流传感器故障
Er02-7	编码器故障-FPGA 报超时	Er04-0	系统初始化故障
Er02-8	编码器故障-编码器电池低压报警	Er05-1	设置故障-电动机型号不存在

（续）

故障代码	故障现象/类型	故障代码	故障现象/类型
Er05-2	设置故障-电动机和驱动器型号不匹配	Er19-4	速度故障-失控飞车故障
Er05-3	设置故障-软件限位设置故障	Er20-0	速度超差故障
Er05-4	设置故障-回原点模式设置故障	Er21-0	位置超程故障-正向超程
Er05-5	设置故障-点位控制行程溢出故障	Er21-1	位置超程故障-反向超程
Er07-0	再生制动放电过载故障	Er22-0	位置超差故障
Er08-1	模拟输入过电压故障-模拟量输入	Er22-1	混合控制偏差过大故障
Er09-0	EEPROM 故障-读写故障	Er22-2	位置增量溢出故障
Er09-1	EEPROM 故障-数据校验故障	Er23-0	驱动器过温故障
Er10-0	硬件故障-FPGA 故障	Er25-4	应用故障-编码器偏置角度测试超时
Er10-2	硬件故障-对地短路故障	Er25-5	应用故障-编码器偏置角度测试失败
Er10-3	硬件故障-外部输入故障	Er25-6	应用故障-回原点越位
Er10-4	硬件故障-紧急停机故障	Er25-7	应用故障-惯量辨识失败
Er10-5	硬件故障-RS485 通信故障	Er22-3	同步信号超时故障
Er10-8	硬件故障-再生晶体管故障	Er22-4	位置指令缓冲满故障
Er11-0	软件故障-电动机控制任务重入	Er26-0	CANopen 断线故障
Er11-1	软件故障-周期任务重入	Er26-1	SDO 索引不存在故障
Er11-2	软件故障-非法操作	Er26-2	SDO 子索引不存在故障
Er12-0	IO 故障-开关量输入分配重复	Er26-3	SDO 数据长度故障
Er12-2	IO 故障-脉冲输入频率过高	Er26-4	SDO 写数据超出范围故障
Er13-0	主回路过电压故障	Er26-5	只读不能修改
Er13-1	主回路欠电压故障	Er26-6	PDO 映射长度故障
Er14-0	控制电源欠电压故障	Er26-7	PDO 映射数据不存在故障
Er17-0	驱动器过载故障 1	Er26-8	PDO 不允许在操作态修改故障
Er17-1	驱动器过载故障 2	Er26-9	PDO 不允许映射故障
Er18-0	电动机过载故障	Er26-a	同步信号过快故障
Er18-1	电动机过温故障	Er26-b	接收故障
Er19-0	速度故障-过速故障	Er26-c	发送故障
Er19-1	速度故障-正向过速故障	Er26-d	同步信号重复故障
Er19-2	速度故障-反向过速故障	Er26-e	总线负载率过高故障
Er19-3	速度故障-过速参数设置错误	Er26-f	参数修改状态故障

4.38 正弦系列伺服驱动器

★★★4.38.1 正弦 EA350 系列伺服驱动器

正弦 EA350 系列伺服驱动器故障信息与代码见表 4-141。

表 4-141 正弦 EA350 系列伺服驱动器故障信息与代码

故障代码	故障现象/类型	故障代码	故障现象/类型
RL001	输出短路故障	RL004	存储器异常故障
RL002	硬件过电流故障 1	RL005	系统参数异常
RL003	硬件过电流故障 2	RL006	零漂故障

故障代码	故障现象/类型	故障代码	故障现象/类型
RL007	编码器故障 1	RL01F	系统需要重启
RL008	编码器故障 2	RL01R	绝对值编码器电池电压过低故障
RL009	编码器故障 3	RL027	UVW 对地短路故障
RL00A	欠电压故障	RL028	负载惯量辨识失败故障
RL00b	过电压故障	RL02C	伺服驱动器温度传感器故障
RL00C	软件过电流故障	RL032	电子齿轮比设置范围错误
RL00d	电动机过载故障	RL033	输入脉冲频率过高故障
RL00E	驱动器过载故障	RL034	模拟量零漂校正错误
RL010	驱动器过热故障	RL038	继电器未完全吸合故障
RL011	辅助电源电压过低故障	RL039	串行编码器线数设置故障
RL012	过速故障	RL040	写电动机编码器 EEPROM 故障
RL013	位置偏差过大故障	RL042	读电动机编码器 EEPROM 校验故障
RL014	输入断相故障	RL045	全闭环位置偏差过大故障
RL015	电动机相序故障	RL046	全闭环外部编码器断线故障
RL016	参数设定故障	RLE02	驱动器过热故障
RL017	制动电阻过载故障	RLE03	电动机过载故障
RL018	编码器过热故障	RLE04	驱动器过载故障
RL019	绝对值编码器电池电压偏低故障	RLE05	位置偏差过大故障
RL01b	驱动器与电动机匹配故障	RLE06	制动过载故障
RL01C	原点回归失败	RLE09	通信写参数存 EEPROM 次数过多故障
RL01d	主电源掉电故障	RLE0R	请求重新上电

★★★4.38.2 正弦 EA180 系列伺服驱动器

正弦 EA180 系列伺服驱动器故障信息与代码见表 4-142。

表 4-142 正弦 EA180 系列伺服驱动器故障信息与代码

故障代码	故障现象/类型	故障代码	故障现象/类型
RL001	短路故障	RL011	辅助电源电压过低故障
RL002	硬件过电流故障	RL012	过速故障
RL003	A-D 初始化警报	RL013	位置偏差过大故障
RL004	存储器异常警报	RL014	输入断相故障
RL005	系统参数故障	RL015	电动机相序错误
RL006	A-D 采样故障	RL016	参数设定故障
RL007	编码器故障 1	RL017	制动电阻过载故障
RL008	编码器故障 2	RL018	编码器过热故障
RL009	编码器故障 3	RL019	绝对值编码器电池电压偏低故障
RL00A	欠电压故障	RL01b	驱动器与电动机匹配错误故障
RL00b	过电压故障	RL01C	原点回归失败故障
RL00C	软件过电流故障	RL01d	主电源掉电故障
RL00d	电动机过载故障	RL01F	系统需要重启
RL00E	驱动器过载故障	RL01R	绝对值编码器电池电压过低故障
RL010	驱动器过热故障	RL027	UVW 对地短路故障

（续）

故障代码	故障现象/类型	故障代码	故障现象/类型
RL028	负载惯量辨识故障	RL046	全闭环外部编码器断线故障
RL032	电子齿轮比设置范围故障	RL048	伺服电动机堵转故障
RL033	输入脉冲频率过高故障	RLE02	驱动器过热故障
RL034	模拟量零漂校正故障	RLE03	电动机过载故障
RL036	PID 反馈断线故障	RLE04	驱动器过载故障
RL038	继电器未完全吸合故障	RLE05	位置偏差过大故障
RL039	串行编码器线数设置故障	RLE06	制动过载故障
RL040	写电动机编码器 EEPROM 故障	RLE09	通信写参数存 EEPROM 次数过多故障
RL042	读电动机编码器 EEPROM 校验故障	RLE0R	请求重新上电
RL045	全闭环位置偏差过大故障		

★★★4. 38. 3 正弦 EA200A 系列伺服驱动器

正弦 EA200A 系列伺服驱动器故障信息与代码见表 4-143。

表 4-143 正弦 EA200A 系列伺服驱动器故障信息与代码

故障代码	故障现象/类型	故障原因
E01（SC）	短路故障、EMC 干扰	1）电动机高速运行中编码器断线 2）对地短路 3）加/减速时间太短 4）逆变模块损坏 5）外接制动电阻短路 6）现场干扰过大 7）相间短路
E02（HOC）	瞬时过电流故障	1）电动机参数不合适，需参数辨识 2）负载太重 3）加/减速时间太短 4）启动时电动机处于旋转状态 5）驱动器输出侧相间短路 6）驱动器损坏 7）使用超过驱动器容量的电动机
E03（HOU）	瞬时过电压故障	1）电源电压太高 2）减速时间太短，电动机再生能量太大 3）制动单元或制动电阻不匹配 4）制动单元或制动电阻开路
E04（SOC）	稳态过电流故障	1）电动机参数不合适，需参数辨识 2）负载太重 3）加/减速时间太短 4）启动时电动机处于旋转状态 5）驱动器输出侧相间短路 6）驱动器损坏 7）使用超过驱动器容量的电动机

（续）

故障代码	故障现象/类型	故障原因
E05 （SOU）	稳态过电压故障	1）电源电压太高 2）减速时间太短，电动机再生能量太大 3）制动单元或制动电阻不匹配 4）制动单元或制动电阻开路
E06 （SLU）	稳态欠电压故障	1）输入电源电压降低太多 2）输入电源接线端子松动 3）输入电源断相 4）输入电源上的开关触点老化
E07 （ILP）	输入断相故障	1）输入电源波动大 2）输入电源断相
E08 （OLP）	输出断相故障	输出 U、V、W 断相
E09 （OL）	驱动器过载故障	负载太重
E10 （OH）	驱动器过热故障	1）冷却风扇故障 2）驱动器通风不良 3）载波过高 4）周围环境温度过高
E11	A-D 零漂自学习异常	1）AI1 或者 AI2 输入侧有电压 2）模拟输入电路损坏
E12	电动机过热故障	1）电动机冷却风扇故障 2）电动机温度传感器短路 3）负载过重 4）环境温度过高
E13	电动机过载故障	1）负载太重 2）电动机参数设置有误
E14	外部故障	外部设备故障端子动作
E15	驱动器存储器故障	1）干扰使存储器读写错误 2）控制器反复写内部存储器，导致存储器损坏
E16	通信故障	1）非连续通信的系统中，启用了通信超时 2）通信断线
E17	驱动器温度传感器故障	1）驱动器温度传感器断开 2）驱动器温度传感器短路
E18	软启动继电器未吸合故障	1）输入电源电压降低太多 2）输入电源接线端子松动 3）输入电源断相 4）输入电源上的开关触点老化 5）运行中断电

（续）

故障代码	故障现象/类型	故障原因
E19	电流检测电路故障	1）驱动板损坏 2）控制板检测电路损坏
E21	ABZ 信号线干扰故障	1）编码器安装位置同心度差 2）编码器固定螺钉松动 3）编码器输出信号受到干扰 4）编码器损坏
E22	编码器故障	1）PG 卡没有装好 2）PG 卡选型不对或 F14.24（或 F14.29）编码器类型选择错误 3）编码器损坏 4）编码器与 PG 卡间的线没有接好 5）现场干扰
E23	键盘存储器故障	1）存储器损坏 2）干扰使存储器读写错误
E24	自辨识异常	1）参数辨识过程中按下 STOP/RESET 键 2）参数辨识过程中外部端子自由停车动作 FRS = ON 3）电动机故障 4）未接电动机 5）旋转自学习电动机未脱开负载
E25	电动机超速故障	1）未接 PG 卡 2）负载过大造成电动机实际速度比驱动器给定速度大或者负载将电动机拉反了 3）编码器线数 F14.25（或 F14.30）设置错误 4）AB 相序 F14.27（或 F14.32）错误
E27	累计上电时间到达故障	驱动器维护保养时间到
E28	累计运行时间到达故障	驱动器维护保养时间到
E31	AB 相序故障	1）AB 线有短路 2）现场干扰
E32	原点回归失败故障	1）F13.00 时间设置错误 2）原点回归方式 F13.02 选择错误 3）原点开关损坏或安装错误
E33	位置误差跟随故障	1）电动机轴被卡住 2）负载太重 3）位置误差判断阈值设置太小
E34	全闭环位置误差跟随故障	1）PG 卡异常 2）编码器与 PG 卡间的线异常 3）位置反馈编码器异常 4）位置反馈部分的机械打滑 5）位置误差判断阈值设置太小

（续）

故障代码	故障现象/类型	故障原因
E35	电动机堵转故障	1）电动机被卡住 2）电动机类型设置错误
E50	编码器方向故障	编码器方向错误
E51	编码器线数故障	编码器线数设置错误

4.39 之山智控系列伺服驱动器

★★★4.39.1 之山智控 SEA07CAR2-42-W01 系列伺服驱动器

之山智控 SEA07CAR2-42-W01 系列伺服驱动器故障信息与代码见表 4-144。

表 4-144 之山智控 SEA07CAR2-42-W01 系列伺服驱动器故障信息与代码

故障代码	故障现象/类型	故障代码	故障现象/类型
4	过电压故障	12	过载故障
5	欠电压故障	15	堵转故障
6	位置超差故障	55	撞针故障
9	硬件过电流故障	77	掉电故障
10	过温故障（温度超过 40 号参数设置值）		

注：SSB20CBR1-60-V02 系列伺服驱动器故障信息与代码可参考本表。

★★★4.39.2 之山智控 iK2 系列 M3 系列伺服驱动器

之山智控 iK2 系列 M3 系列伺服驱动器故障信息与代码见表 4-145。

表 4-145 之山智控 iK2 系列 M3 系列伺服驱动器故障信息与代码

故障代码	故障现象/类型	故障原因
□001	编码器 PA、PB、PC 断线故障	编码器没有接或电缆焊接异常
□002	编码器 PU、PV、PW 断线故障	编码器没有接或电缆焊接异常
□003	过载故障	超过额定扭矩连续运转
□004	A-D 转换通道故障	A-D 转换通道异常
□005	PU、PV、PW 非法代码故障	PU、PV、PW 信号全高或全低
□006	PU、PV、PW 相位不对故障	PU、PV、PW 信号全高或全低
□009	堵转故障	P□148 设置堵转力矩，P□149 设置堵转时间，电动机力矩持续大于堵转力矩且速度小于 10r/min
□010	过电流故障	伺服驱动器 IPM 电流过大
□011	过电压故障	伺服驱动器主电路电压过高
□012	欠电压故障	伺服驱动器主电路电压过低
□013	参数破坏故障	伺服驱动器内 EEROM 数据异常
□014	超速故障	伺服电动机转速异常高
□015	偏差计数器溢出故障	内部位置偏差计数器溢出
□016	位置偏移过大故障	位置偏移脉冲超出用户参数 P□504 的设置值
□017	电子齿轮错故障	电子齿轮设置不合理、脉冲频率太高

（续）

故障代码	故障现象/类型	故障原因
□018	电流检测第1通道故障	电流检测异常
□019	电流检测第2通道故障	电流检测异常
□020	电动机适配表故障	电动机型号错误
□022	电动机型号故障	电动机型号错误
□023	伺服驱动器与电动机不匹配故障	伺服驱动器与电动机不匹配
□025	总线式编码器多圈信息出错故障	多圈信息出错
□026	总线式编码器多圈信息溢出故障	多圈信息溢出
□027	总线式编码器电池故障1	电池电压低于2.5V，多圈位置信息丢失
□028	总线式编码器电池故障2	电池电压低于3.1V，电池电压偏低
□030	泄放电阻断线故障	泄放电阻损坏
□031	再生过载故障	再生处理回路异常
□033	瞬间停电故障	交流电中，有超过一个电源周期的停电发生
□034	旋转变压器故障	旋转变压器通信异常
□040	总线式编码器通信故障	伺服驱动器与编码器无法进行通信
□041	总线式编码器过速故障	电源ON时，编码器高速旋转
□042	总线式编码器绝对状态故障	编码器损坏、编码器解码电路损坏
□043	总线式编码器计数故障	编码器损坏、编码器解码电路损坏
□044	总线式编码器控制域中校验故障	编码器信号受干扰、编码器解码电路损坏
□045	总线式编码器通信数据校验故障	编码器信号受干扰、编码器解码电路损坏
□046	总线式编码器状态域中截止位故障	编码器信号受干扰、编码器解码电路损坏
□047	总线式编码器SFOME截止位故障	编码器信号受干扰、编码器解码电路损坏
□048	总线式编码器数据未初始化故障	总线式编码器EEPROM数据为空
□049	总线式编码器数据和数校验故障	总线式编码器EEPROM数据异常、数校验异常
□070	驱动器过热故障	驱动器内部IPM模块温度过高
□090	软件与硬件不匹配故障	参数设置错误、软件与硬件不匹配
□091	FPGA版本与编码器类型不匹配故障	设置P□004编码器类型错误
□E60	MECHATROLINK通信故障	MECHATROLINK通信中发生了通信错误
□--	无错误显示	显示正常动作状态

★★★4.39.3 之山智控K5系列伺服驱动器

之山智控K5系列伺服驱动器故障信息与代码见表4-146。

表4-146 之山智控K5系列伺服驱动器故障信息与代码

主码	辅码	故障现象/类型
12	0	过电压故障
13	0	主电源不足电压故障（PN）
	1	主电源不足电压故障（AC）
14	0	过电流故障
	1	IPM（智能功率模块）故障
16	0	过载故障
	1	转矩饱和异常保护

（续）

主码	辅码	故障现象/类型
21	0	编码器通信断线故障
24	0	位置偏差过大故障
	1	速度偏差过大故障
26	0	过速度故障
	1	第2过速度故障
28	0	脉冲再生界限保护
33	0	I/F输入重复分配故障1保护
	1	I/F输入重复分配故障2保护
	2	I/F输入功能编号故障1
	3	I/F输入功能编号故障2
	4	I/F输出功能编号故障1
	5	I/F输出功能编号故障2
	6	CL分配故障
	7	INH分配故障
38	0	驱动禁止输入故障
39	0	模拟输入1（AI1）过大故障
	1	模拟输入2（AI2）过大故障
	2	模拟输入3（AI3）过大故障
40	0	绝对式系统停机故障
87	0	强制警报输入故障
99	0	编码器校零失败故障
	1	POWERID故障
	2	惯量学习失败故障
	3	电动机匹配故障

4.40　挚驱系列伺服驱动器

★★★4.40.1　挚驱S2系列伺服驱动器

挚驱S2系列伺服驱动器故障信息与代码见表4-147。

表4-147　挚驱S2系列伺服驱动器故障信息与代码

故障代码	故障现象/类型	故障原因	处理方法
Er-01	过电流故障	加速时间太短	需要延长加速时间
		电动机U、V、W接线错误或者编码器接线错误	需要检查电动机U、V、W输出接线与编码器接线
		编码器初始位置错误	需要重新启动
Er-02	电动机过载故障	电动机U、V、W接线错误或者编码器接线错误	需要检查电动机U、V、W输出接线与编码器接线
		驱动器设定电动机参数与电动机实际参数不相符	需要重新设定电动机参数
		电动机堵转或负载突变过大	在许可范围内延长加/减速时间，降低伺服的转动惯量
		运转时电磁制动没有放开	需要检查电磁制动接线
		输入电压异常	需要检查输入电源

（续）

故障代码	故障现象/类型	故障原因	处理方法
Er-03	直流母线过电压故障	输入电压发生了异常变动	需要安装输入电抗器
		减速时间太短	需要延长减速时间
		功能码设定出错	需要调整功能码E1-03（过电压保护电压），然后根据泄放电阻大小正确设定A2-15（泄放电阻阻值）、A2-16（泄放电阻功率）、A2-17（泄放电压大小）等
Er-04	直流母线欠电压故障	输入电压过低	需要检查电网电压、接线等
		泄放单元故障	检查泄放电压设置是否正确，检查泄放电阻是否存在故障
		欠电压电压设置过高	需要重新设定欠电压
Er-05	驱动器过热故障	环境温度过高	需要降低环境温度
		泄放单元故障或者泄放能量过大	需要检查泄放电阻阻值和功率值设置是否正确，需要检查泄放电压设置是否正确，需要检查泄放电阻是否存在故障
		驱动器安装不合理	需要改变驱动器安装方式，改善通风
Er-06	电动机过热故障	电动机负载过大	需要查看电动机负载是否异常，或者需要更换容量更大的电动机
Er-07	外部急停	DI 端子 ESP 有效	需要正确设置参数
Er-08	输出短路故障	IPM 故障	需要检查电动机 U、V、W 三相接线与编码器接线
		UVW 相间或对地短路	需要检查电动机绝缘是否良好
Er-09	逆变单元驱动被封锁故障		需要重新启动驱动器
Er-10	编码器初始位置检测出错	编码器接线错误	需要检查编码器接线
		驱动器故障	需要重新启动驱动器
Er-11	位置脉冲误差过大故障	电动机 U、V、W 接线错误或者编码器接线错误	需要检查接线
		驱动器增益过低	需要调整控制增益
		位置脉冲指令频率过高	需要降低位置脉冲指令输入频率或调整电子齿轮比
Er-12	禁止正反转信号故障	DI 端子 FSTOP 和 RSTOP 同时有效	需要检查 DI 端子 FSTOP 和 RSTOP 的接线
Er-13	速度过高故障	位置脉冲指令频率过高	需要降低位置脉冲指令输入频率或调整电子齿轮比
		电动机 U、V、W 接线错误或者编码器接线错误	需要检查接线
		速度环增益设置异常	需要调整速度环增益
Er-14	输入位置脉冲频率过高故障		需要降低输入位置脉冲频率
Er-15	三相供电电源时有效	输入断相	需要检查 L1、L2、L3 输入电源接线
Er-16	绝对值式有效	绝对值编码器通信错误	需要检查电动机编码器是否有损害；需要 检查驱动器编码器类型参数设置是否正确；需要检查编码器反馈线是否链接正确
Er-17	绝对值式有效	绝对值编码器通信错误	需要检查电动机编码器是否有损害；需要 检查驱动器编码器类型参数设置是否正确；需要检查编码器反馈线是否链接正确

（续）

故障代码	故障现象/类型	故障原因	处理方法
Er-18	绝对值式有效	绝对值编码器通信错误	需要检查电动机编码器是否有损害；需要检查驱动器编码器类型参数设置是否正确；需要检查编码器反馈线是否链接正确
Er-19	增量式有效	增量式编码器 abz 断线	需要检查电动机编码器反馈线是否链接正确
Er-20	内部错误故障		需要维修
Er-53	PN 过电压故障		需要检查 L1、L2、L3 输入电源电压
Er-54	控制电源欠电压故障		需要检查 L1C、L2C 电源电压
Err1	功能码修改故障	没有打开用户密码	打开用户密码后，再进行功能码修改
Err2	功能码修改故障	功能码数值超出范围	需要设定正确的功能码数值
Err3	功能码修改故障	功能码在运行状态不能修改	先停机，变频器停机后，再修改功能码
Err4	功能码修改故障	功能码写入 EEPROM 出错	需要重新设定
Err5	功能码修改故障	用户密码错误	打开用户密码时，输入的用户密码错误
Err6	功能码修改故障	输入端子功能重复	将同一功能分配给多个输入端子

★★★4.40.2 挚驱 T 系列伺服驱动器

挚驱 T 系列伺服驱动器故障信息与代码见表 4-148。

表 4-148 挚驱 T 系列伺服驱动器故障信息与代码

故障代码	故障现象/类型	故障内容
Er-01	过电流故障	伺服驱动器输出电流超过电动机额定电流 3 倍
Er-02	电动机过载故障	伺服驱动器输出电流超过伺服电动机额定电流 2 倍并维持 60s 以上，伺服驱动器输出电流超过伺服电动机额定电流 2.4 倍并维持 10s 以上
Er-03	过电压故障	母线电压超过 E1-03（过电压保护电压）
Er-04	欠电压故障	母线电压低于 E1-05（欠电压保护电压）
Er-05	伺服器过热故障	散热片温度过高
Er-06	电动机过热故障	伺服电动机温度过高
Er-07	急停报警故障	DI 端子 ESP 有效或者受干扰
Er-08	模块直通故障	逆变单元故障
Er-09	模块驱动封锁	IGBT 驱动信号被封锁
Er-10	上电后编码器 UVW 定位不准确故障	编码器反馈信号异常
Er-11	脉冲误差过大故障	输入位置脉冲数和反馈脉冲数差值过大
Er-12	正反向禁止故障	DI 端子 FSTOP 和 RSTOP 同时有效
Er-13	超速故障	电动机速度高于 A2-10（最大速度限制值）
Er-14	输入脉冲频率过高故障	输入位置脉冲频率高于 600KEr-15
Er-15	断相故障	三相供电时有效
Er-16	与编码器通信故障	绝对值编码器有效
Er-17	与编码器通信中断码检测出错	绝对值编码器有效
Er-18	断线故障	绝对值编码器有效
Er-19	全线编码器断线故障	绝对值编码器有效

（续）

故障代码	故障现象/类型	故障内容
Er-20	FPGA 内部故障	FPGA 与 DSP 通信错误
Er-21	自学习磁偏角出错故障	UVW 接线有误
Er-22	读写编码器 EEPROM 故障	绝对值编码器有效
Er-23	电动机与驱动器型号不匹配	绝对值编码器有效
Er-30	编码器内部错误/电动机过速故障	绝对值编码器有效
Er-31	编码器内部错误/电动机绝对状态故障	绝对值编码器有效
Er-32	编码器内部错误/计数故障	绝对值编码器有效
Er-33	编码器内部错误/计数溢出故障	绝对值编码器有效
Er-34	编码器内部错误/电动机过热故障	绝对值编码器有效
Er-35	编码器内部错误/多圈数据故障	绝对值编码器有效
Er-36	编码器内部错误/电池故障	绝对值编码器有效
Er-37	编码器内部错误/电池预警	绝对值编码器有效
Er-38	编码器内部错误/其他故障	绝对值编码器有效
Er-40	UVW 相序故障	动力线 UVW 接线错误
Er-41	磁偏角故障	电动机匹配错误
Er-42	UVW 信号故障	电动机匹配错误（增量式有效）
Er-43	Z 信号故障	电动机匹配错误（增量式有效）
Er-44	未检测到 Z 信号	电动机编码器反馈线异常（增量式有效）
Er-50	内部故障	需要维修
Er-53	软件过电压故障	PN 电压超过 390V（观测 Ln-09）
Er-54	控制电源过电压故障	L1C、L2C 输入电压欠电压（观测 Ln-14）

4.41 中创天勤、中控系列伺服驱动器

★★★4.41.1 中创天勤 MSD 系列伺服驱动器

中创天勤 MSD 系列伺服驱动器故障信息与代码见表 4-149。

表 4-149 中创天勤 MSD 系列伺服驱动器故障信息与代码

故障代码	故障现象/类型	故障代码	故障现象/类型
1	参数校验故障	13	软件过电流故障
2	A-D 采样板故障	15	堵转故障
3	超速故障	26	Z 脉冲错误故障
4	过电压故障	27	速度检测参数设置错误故障
5	欠电压故障	34	分频参数设置错误故障
6	位置环跟踪误差过大故障	36	脉冲模式设置错误故障
7	制动电阻过载故障	37	编码器错误（A+A- B+B- Z+ZU+U- V+V-W+W-故障）
8	参数初始化时密码出错故障	50	输入脉冲故障
9	硬件过电流故障	51	反馈脉冲故障
11	编码器未连	52	滤波参数设置故障
12	过载故障	54	Z 脉冲丢失故障

★★★4.41.2 中控 SUP-DL 系列伺服驱动器

中控 SUP-DL 系列伺服驱动器故障信息与代码见表 4-150。

表 4-150　中控 SUP-DL 系列伺服驱动器故障信息与代码

故障代码	报警 ALM 输出	故障现象/类型	故障内容
A00	H	读故障	EEPROM 读错误
A01	H	写故障	EEPROM 写错误
A02	H	过电流或散热片过热故障	有过电流通过 IGBT 逆变器
A03	H	过电压故障	主电路 DC 电压异常高
A04	H	电压不足故障	主电路 DC 电压异常低
A05	H	超速度故障	电动机速度异常高，且大于最高转速
A06	H	位置偏移过大故障	位置偏移脉冲超过参数 PN502 的设定
A07	H	读写校验故障	读写校验错误
A08	H	编码器断线故障	A、B、Z、U、V、W 其中至少一根断线
A09	H	放电过载故障	驱动器制动太频繁
A10	H	继电器故障	继电器不能释放或不能吸合
A11	H	EEPROM 损坏故障	不能存储或读取数据
A12	H	相电流过大故障	U、V、W 至少其中一相电流过大
A13	H	SPI 通信失败故障	电动机初始位置、指令脉冲读取失败
A14	H	电动机功率过载故障	电动机长时间输出电流转矩百分比超过 150%

4.42　众为兴系列伺服驱动器

★★★4.42.1　众为兴 QXE 系列伺服驱动器

众为兴 QXE 系列伺服驱动器故障信息与代码见表 4-151。

表 4-151　众为兴 QXE 系列伺服驱动器故障信息与代码

故障代码	故障现象/类型	故障代码	故障现象/类型
E01	急停报警	E1A	辅助编码器未连接
E02	电动机相对地短接故障	E1B	IPM 故障
E03	主编码器未连接故障	E1C	主编码器不支持
E06	霍尔输入未连接故障	E1D	辅助编码器不支持
E07	电动机堵转故障	E22	安全转矩 2 被激活
E08	母线电压过高故障	E23	驱动器的供电电源被断开故障
E09	母线电压过低故障	E24	电动机参考电流太高故障
E0C	母线电流过高故障	E25	电动机超过 1.2 倍过载故障
E0D	A 相电流过高故障	E26	电动机超过 1.5 倍过载故障
E0E	B 相电流过高故障	E27	电动机超过 2 倍过载故障
E0F	C 相电流过高故障	E28	电动机超过 2.5 倍过载故障
E10	电动机电流过高故障	E29	电动机超过 3 倍过载故障
E12	IPM 温度过高故障	E2A	备用电池低电压报警
E13	速度过高故障	E2B	编码器数据 CRC 校验错误
E14	位置误差超限故障	E2C	主编码器 A 相断线故障
E15	速度误差超限故障	E2D	主编码器 B 相断线故障
E16	CPU 温度过高故障	E2E	主编码器 C 相断线故障
E17	母线电压超出绝对限制	E2F	辅助编码器 A 相断线故障
E18	安全转矩功能 1 被激活	E30	辅助编码器 B 相断线故障
E19	过电流故障	E31	辅助编码器 C 相断线故障

（续）

故障代码	故障现象/类型	故障代码	故障现象/类型
E32	制动电阻过载故障	E3E	NetX 发送邮箱字节超限
E33	NetX 芯片上电不正常	E3F	NetX 发送邮箱数据超时
E34	回零过程出错故障	E40	NetX 接收邮箱数据超时
E35	回零选择不匹配故障	E41	NetX 读 OD 失败
E37	换向未成功超时故障	E46	节点地址设置失败
E38	编码器选择错误故障	E47	EtherCAT 通信断线故障
E39	回零选择不匹配故障	E48	写对象字典子索引不存在
E3A	STO 功能故障	E49	写对象字典数据长度不匹配故障
E3C	NetX 热启动失败	E4A	主站写对象字典数据超限
E3D	NetX 创建 OD 失败		

★★★4.42.2 众为兴 QS7 系列伺服驱动器

众为兴 QS7 系列伺服驱动器故障信息与代码见表 4-152。

表 4-152 众为兴 QS7 系列伺服驱动器故障信息与代码

故障代码	故障现象/类型	故障代码	故障现象/类型
ER0-00	正常	ER0-07	CW 电动机正向限位
ER0-01	电动机转速过高故障	ER0-08	CCW 电动机反向限位
ER0-02	主电路电源电压过高故障	ER0-09 ER0-19	编码器故障
ER0-03	主电路电源电压过低或驱动器温度过高故障		
ER0-04	超差报警	ER0-10	电动机过载故障
ER0-05	驱动器温度过高故障	ER0-11	模块故障
ER0-06	驱动器写 EEPROM 内存故障	ER0-12	电流过大故障

★★★4.42.3 众为兴 QS8 系列伺服驱动器

众为兴 QS8 系列伺服驱动器故障信息与代码见表 4-153。

表 4-153 众为兴 QS8 系列伺服驱动器故障信息与代码

故障代码	故障现象/类型	故障代码	故障现象/类型
AL 41A0	制动电阻过载故障	AL3F80	电动机电流过大故障
AL 4230	固件版本不匹配故障	AL3FA0	温度过高故障
AL3E90	急停报警故障	AL3FB0	速度过高故障
AL3EA0	电动机相对地短接故障	AL3FB0	速度过高故障
AL3EB0	主编码器未连接	AL3FC0	位置误差超限故障
AL3EE0	霍尔输入未连接	AL3FD0	速度误差超限故障
AL3EF0	电动机堵转故障	AL3FE0	CPU 温度过高故障
AL3F10	母线电压过低故障	AL3FF0	母线电压超出绝对限制
AL3F40	母线电压过高故障	AL4030	IPM 故障
AL3F50	A 相电流过大故障	AL40B0	主电源断电故障
AL3F60	B 相电流过大故障	AL40C0	电动机参考电流过高故障
AL3F70	C 相电流过大故障	AL40D0	电动机超过 1.2 倍过载故障

（续）

故障代码	故障现象/类型	故障代码	故障现象/类型
AL40E0	电动机超过 1.5 倍过载故障	AL4180	编码器 V 断线故障
AL40F0	电动机超过 2 倍过载故障	AL4190	编码器 W 断线故障
AL4100	电动机超过 2.5 倍过载故障	AL41B.0	Modbus 断线故障
AL4110	电动机超过 3 倍过载故障	AL41F0	相序故障
AL4130	编码器数据 CRC 校验故障	AL4200	编码器类型选择故障
AL4140	编码器 A 断线故障	AL4210	脉冲输入速度过大故障
AL4150	编码器 B 断线故障	AL4220	RS232 断线故障
AL4160	编码器 Z 断线故障	AL4240	数据与地址总线故障
AL4170	编码器 U 断线故障		

4.43　ABB 系列伺服驱动器

★★★4.43.1　ABB MicroFlex 系列伺服驱动器

ABB MicroFlex 系列伺服驱动器故障信息与代码见表 4-154。

表 4-154　ABB MicroFlex 系列伺服驱动器故障信息与代码

错误代码（红灯闪烁次数）	故障现象/类型
1	直流总线过电压故障
2	IPM（智能功率模块）故障
3	过电流故障
4	超速故障
5	反馈故障
6	电动机过载（I^2t）故障
7	温度过高故障
8	驱动器过载（It）故障
9	跟随误差故障
10	错误输入触发故障
11	相位搜索故障
12	所有其他故障，包括内部电源故障、编码器电源故障、参数恢复故障障、电源未被识别故障

注：1. MicroFlex 状态指示灯用于表示其一般状态信息。

2. 红灯闪烁，说明存在 Powerbase 故障或错误。闪烁的次数表示错误的类型。例如，表示错误 3（过电流跳停）时，指示灯会以 0.1s 的时间间隔闪烁 3 次，然后暂停 0.5s。然后连续重复上述过程。

★★★4.43.2　ABB MotiFlexe100 系列伺服驱动器

ABB MotiFlexe100 系列伺服驱动器故障信息与代码见表 4-155。

表 4-155　ABB MotiFlexe100 系列伺服驱动器故障信息与代码

错误代码（红灯闪烁次数）	故障现象/类型
状态指示灯常绿	驱动器使能（正常运行）
状态指示灯绿灯快闪/闪烁	固件下载/正在刷新
状态指示灯常红	驱动器禁用，但是没有发现错误

（续）

错误代码（红灯闪烁次数）	故障现象/类型
状态指示灯红灯闪烁	错误代码　　　　含义 （闪烁次数） 1 . . . . 直流总线过电压故障 2 . . . . IPM（智能功率模块）故障 3 . . . . 过电流故障 4 . . . . 超速故障 5 . . . . 反馈故障 6 . . . . 电动机过载（I^2t）故障 7 . . . . 温度过高故障 8 . . . . 驱动器过载（It）故障 9 . . . . 跟随误差故障 10 . . . . 错误输入触发 11 . . . . 相位搜索故障 12 . . . . 所有其他故障，包括内部电源故障、编码器电源故障、参数恢复故障、电源未被识别故障
状态指示灯红/绿交替闪烁	欠电压故障（无交流电源），但是没有发现错误
CAN 指示灯绿灯保持常亮，不闪烁	节点处于运行状态
CAN 指示灯绿灯关	节点初始化、节点未加电
CAN 指示灯绿灯闪烁	错误代码　　　　含义 （闪烁次数） 1 闪烁 . . . . 节点处于停止状态 3 闪烁 . . . . 正在向节点中下载软件 连续闪烁 . . . . 节点处于预运行状态 快闪（快速闪烁） . . . . 正在进行自动波特率检测或者 LSS 服务；中间交替显示红色
CAN 指示灯红色灯关	无错误或者未加电
CAN 指示灯红色灯闪烁	错误代码　　　　含义 （闪烁次数） 1 闪烁 . . . . 警告-错误帧过多 2 闪烁 . . . . 出现防护事件 3 闪烁 . . . . 在超时时间段内没有接收到同步消息 快闪（快速闪烁） . . . . . . 正在进行自动波特率检测或者 LSS 服务；中间交替显示绿色
CAN 指示灯红色灯保持常亮，不闪烁	节点的 CAN 控制器处于“总线关闭”状态，避免加入到任意 CANopen 通信中
以太网指示灯绿灯关	节点处于“未激活”状态。受控节点等待管理节点的触发

（续）

错误代码（红灯闪烁次数）	故障现象/类型
以太网指示灯绿灯闪烁	错误代码（闪烁次数）　含义 1 闪烁……节点处于“预运行 1”状态。正在使能 EPL 模式 2 闪烁……节点处于“预运行 2”状态。正在使能 EPL 模式 3 闪烁……节点处于“准备运行”状态。节点指示其运行就绪 闪亮（连续闪烁）……节点处于“停止”状态。受控节点已被禁用 快闪（快速闪烁）……节点处于“基本以太网”状态（EPL 未运行，但可能使用了其他以太网协议）
以太网指示灯绿灯保持常亮，不闪烁	节点处于“运行”状态。EPL 运行正常
以太网指示灯红色灯关	EPL 工作正常
以太网指示灯红色常亮	有错误、故障发生

注：1. CAN 指示灯显示使能过程结束后关于 CANopen 接口的总体状态。
2. 以太网指示灯显示使能过程结束后以太网接口的总体状态。
3. 状态指示灯用于表示 MotiFlexe100 的一般状态信息。

4.44　FANUC 系列伺服驱动器

★★★4.44.1　FANUC-0 系列伺服驱动器

FANUC-0 系列伺服驱动器故障信息与代码见表 4-156。

表 4-156　FANUC-0 系列伺服驱动器故障信息与代码

故障代码	故障现象/类型
4N0	表示 N 轴停止时的位置误差超过设定值。故障代码中的 N 代表轴号（如 1 代表 X 轴、2 代表 Y 轴等，下同）
4N1	表示 N 轴运动时，位置跟随误差超过了允许范围
4N3	表示 N 轴误差寄存器超过最大允许值（±32767）、D-A 转换器达到输出极限
4N4	表示 N 轴速度给定太大
4N6	表示 N 轴位置测量系统不良
940	表示系统主板故障、速度控制单元电路板故障

注：FANUC 模拟式交流伺服驱动器常与 FANUC 0A/B、FANUC 10/11/12 等系统配套使用，当伺服驱动器发生报警时，在 CNC 上一般有相应的报警显示。不同的系统中，故障代码与意义不同。

★★★4.44.2　FANUC 10/11/12 系列伺服驱动器

FANUC 10/11/12 系列伺服驱动器故障信息与代码见表 4-157。

表 4-157　FANUC 10/11/12 系列伺服驱动器故障信息与代码

故障代码	故障现象/类型
SV00	测速发电动机断线故障
SV01	伺服内部发生过电流（过载）故障

（续）

故障代码	故障现象/类型
SV02	速度控制单元主回路断路器跳闸故障
SV03	伺服内部发生异常电流故障
SV04	驱动器发生过电压故障
SV05	来自电动机释放的能量过高，发生再生放电回路故障
SV06	电源电压过低故障
SV08	停止时位置偏差过大故障
SV09	移动过程中，位置跟随误差过大故障
SV23	发生伺服过载故障
SV10	漂移量补偿值过大故障
SV12	指令速度超过了512kP/s故障
SV13	驱动器未准备好报警
SV14	PRDY断开时，VRDY信号已接通故障
SV15	发生脉冲编码器断线故障
SV11	位置偏差寄存器超过了最大允许值（±32767）、D-A转换器达到了输出极限

★★★4.44.3 FANUC C/α/αi系列（SVU型）伺服驱动器

FANUC C/α/αi系列（SVU型）伺服驱动器故障信息与代码见表4-158。

表4-158 FANUC C/α/αi系列（SVU型）伺服驱动器故障信息与代码

故障代码（数码管显示）	故障现象/类型
—	速度控制单元未准备好
0	速度控制单元准备好
1	速度控制单元过电压故障
2	速度控制单元欠电压故障
3	直流母线欠电压故障
4	再生制动回路故障
5	直流母线过电压故障
6	动力制动回路故障
8	L轴电动机过电流故障
9	M轴电动机过电流故障
b	L/M轴电动机过电流故障
8.	L轴的IPM过热、过电流、控制电压低故障
9.	M轴的IPM过热、过电流、控制电压低故障
b.	L/M轴的IPM过热、过电流、控制电压低故障

★★★4.44.4 FANUC S系列伺服驱动器

FANUC S系列数字式交流伺服驱动器有11个状态与报警指示灯。指示灯的状态与含义见表4-159。

表 4-159　FANUC S 系列驱动器状态指示灯与含义

故障代码	故障现象/类型	备注	故障代码	故障现象/类型	备注
PRDY	位置控制准备好	绿色	DC	直流母线过电压故障报警	红色
VRDY	速度控制单元准备好	绿色	LV	驱动器欠电压故障报警	红色
HC	驱动器过电流故障报警	红色	OH	速度控制单元过热	
HV	驱动器过电压故障报警	红色	OFAL	数字伺服存储器溢出	
OVC	驱动器过载故障报警	红色	FBAL	脉冲编码器连接出错	
TG	电动机转速太高	红色			

注：1. 状态指示灯中，HC、HV、OVC、TG、DC、LV 的含义与模拟式交流速度控制单元相同，主回路结构与原理也与模拟式速度控制单元相同。

2. OH、OFAL、FBAL 为 S 系列伺服驱动器增加的报警指示灯。

4.45　MOTEC 系列伺服驱动器

★★★4.45.1　MOTEC-β 系列伺服驱动器

MOTEC-β 系列伺服驱动器故障信息与代码见表 4-160。

表 4-160　MOTEC-β 系列伺服驱动器故障信息与代码

故障代码	故障含义	故障代码	故障含义
01	系统故障	21	驱动器进入过载故障
02	系统启动过程故障	HL	正转限位保护
03	初始化参数故障	LL	反转限位保护
04	欠电压故障	24	保留
05	过电压故障	25	IPM 温度超过二级限值故障
06	驱动器过载故障	26	保留
07	电流达到峰值电流故障	27	保留
08	位置偏差过大故障	28	保留
09	编码器信号故障	29	保留
10	速度偏差过大故障	30	保留
11	IPM 温度超过一级限值故障	31	保留
12	IPM 温度超过二级限值故障	32	保留
13	STO 保护启动故障	17	IPM 保护故障
14	Flash 读写故障	18	超速故障
15	电流检测零点故障	19	三相电源断相故障
16	保留	20	电动机温度超过一级限值故障

★★★4.45.2　MOTEC-α 系列 SED 型伺服驱动器

MOTEC-α 系列 SED 型伺服驱动器故障信息与代码见表 4-161。

表 4-161　MOTEC-α 系列 SED 型伺服驱动器故障信息与代码

故障代码	故障含义	故障代码	故障含义
Err-12	过电压故障	Err-20	编码器故障
Err-13	欠电压故障	Err-21	编码器通信数据故障
Err-14	过电流故障	Err-22	未检测到编码器
Err-15	过热故障	Err-23	编码器信号故障
Err-16	过载故障	Err-24	位置偏差过大故障
Err-18	电压能耗制动超时	Err-25	速度偏差过大故障

（续）

故障代码	故障含义	故障代码	故障含义
Err-26	超速故障	Err-37	EEPROM 故障
Err-50	CanBus 通信超时故障	Err-38	CWL 正转限位保护
Err-51	同步偏差角度太大故障	Err-39	CCWL 反转限位保护
Err-65	模块保护故障	Err-44	电流检测存在错误，如电流传感器损坏
Err-27	输入脉冲频率太高	Err-45	电动机过热故障
Err-30	断相故障	Err-46	电动机电流故障
Err-36	初始化参数故障	Err-47	软件过流故障

4.46　其他系列伺服驱动器

★★★4.46.1　servostar 601-620 系列伺服驱动器

servostar 601-620 系列伺服驱动器故障信息与代码见表 4-162。

表 4-162　servostar 601-620 系列伺服驱动器故障信息与代码

故障代码	故障现象/类型	说　明
E\S\A\P	状态信息	状态信息，没错误
...	状态信息	需要更新启动配置
-	状态信息	编程模式
F01 *	散热片温度故障	散热片温度太高
F02 *	过电压故障	直流总线过电压，主要取决于电源电压
F03 *	跟踪故障	信息来源于位置控制器
F04	反馈电缆故障	电缆断裂、短路、接地
F05 *	欠电压故障	直流总线欠电压
F06	电动机温度故障	电动机温度太高或者温度传感器误差
F07	内部电压故障	内部放大器供电超公差
F08 *	超速故障	电动机位置偏离、速度太快
F09	可擦存储器故障	自检错误
F10	闪存故障	自检错误
F11	制动故障（电动机）	电缆断裂、短路、接地
F12	电动机相位故障	电动机相位错位
F13 *	内部温度故障	内部温度太高
F14	输出级故障	输出功率级错误
F15	负载特性最大故障	负载超出允许量
F16 *	驱动 BTB/RTO 故障（驱动状态继电接点）	输入主电源两相或三相太弱
F17	A-D 转换器故障	A-D 转换错误、电磁干扰
F18	制动故障（耗能再生）	制动能量再生回路有故障或设置不正确
F19 *	供电相位故障	主供给电源单相太弱
F20	插槽故障	插槽错误
F21	处理故障	在扩展卡里的程序错误
F22	地线短路故障	需要检查驱动器型号
F23	总通信关闭故障	严重的总通信错误
F24	警告	当错误时显示
F25	换向故障	换向错误

（续）

故障代码	故障现象/类型	说　明
F26	限位开关故障	回位错误
F27	分配故障	AS是操作性的错误
F28	外部跟踪故障	外部位置发生器创建的一步，就是溢出的最大量
F29	插槽故障	取决于扩展卡
F30	应急超时故障	超时急停
F31	宏	宏程序错误（主要程序错误）
F32	系统故障	系统程序不能正确反应

注：1. 出错信息：任何出现的错误都以一个错误代码的形式在前面板的LED显示屏上显示。所有错误消息都会导致BTB/RTO触点打开，放大器的输出级关闭（电动机失去全部转矩）。

2. 标＊号表示该错误信息可以通过ASC Ⅱ命令取消，除非执行复位。只要该错误显现，复位按钮或I/O功能复位被使用，消除错误的命令都会被执行。

★★★4.46.2　TAC SDPLC系列伺服驱动器

TAC SDPLC系列伺服驱动器故障信息与代码见表4-163。

表4-163　TAC SDPLC系列伺服驱动器故障信息与代码

故障代码	故障名称/故障原因
EI-01	低电压故障：直流电压低于224V，相当于电源电压低于160V（见注1）
EI-02	过电压（Over voltage）：直流电压超过390V（见注1）。发生过电压的情况，大多是加/减速快，负载又大，可以用外加回生电阻解决
EI-03	过载（Overload）：两倍额定负载大约10s跳机，三倍额定负载大约4s跳机
EI-04	智能型模块（IPM）发出错误信号。大多是温度过高、短路、过电流、低电压
EI-05	编码器错误（Encoder error）：编码器故障或连接编码器的电缆不良
EI-06	DSP看门狗超时
EI-07	参数错误：电子齿轮比没有在0.02～50倍的范围内
EI-08	参数错误
EI-09	紧急停止
EI-10	过电流：4倍额定电流。发生过电流可能是接电动机的UVW端子短路或接地
EI-11	差异值过大：输入脉波与编码器回授脉波差距超过设定值P25
EI-12	过速度故障
EI-13	瞬间输入脉波过大：输入脉波超过600kP/s
EI-14	驱动禁止异常：两个极限开关同时开路
EI-15	驱动禁止触发SERVO OFF，开路且设定为开路时SERVO OFF
EI-16	电流感应器回馈错误
EI-17	DSP看门狗超时
EI-18	开机时电压过高
EI-32	JMP、CAL或THN指令找不到对应的LAB号码
EI-33	堆栈用尽，调用太多次
EI-34	堆栈取尽，返回太多次（超过调用次数）
EI-35	PLC TIMER参数必须为160～167
EI-36	PLC COUNTER参数必须为170～177
EI-37	LOOP指令超过8层
EI-38	LOE指令的前面并无LOP指令
EI-39	运动程序检查码核对不通过，必须重灌程序
EI-40	PLC程序检查码核对不通过，必须重灌程序
EI-41	使用PLC人机画面显示变量超过70个

（续）

故障代码	故障名称/故障原因
EI-42	碰到负极限开关
EI-43	碰到正极限开关
EI-44	运动将超越负软件极限
EI-45	运动将超越正软件极限
EI-46	参数超过范围
EI-47	运动距离过大超过控制器能计算的范围

注：1. 电压侦测由于电阻的误差，最大会有2.02%的误差，电压侦测的刻度约为1.8V。100V电动机的各种电压为200V电动机的一半（低电压DC112V，过电压DC195V）。

2. 重置有电源重开、面板操作Fn004、控制连接器的第2脚等三种方法。但需要先排除警报号码产生的因素。

第 5 章 应用与维护维修

5.1 应　　用

★★★5.1.1 伺服驱动参数的特点

不同的伺服驱动器参数不同，因此，选择代换时，需要考虑伺服驱动器的参数。一些伺服驱动器的参数见表 5-1。

表 5-1 一些伺服驱动器的参数

型　号	输出电流/A	输出功率/kW	输出转矩/(N·m)	通道数	电源电压/V
DS202	2×20	2×1.2	0.1~6	2	~220
DS302	2×30	2×2.3	1~15	2	
DS201	20	1.2	0.1~6	2	
DS301	30	2.3	1~15	1	
DS501	50	3.7	1~18	1	
DS253	25	3.7	1~27	1	~380
DS503	50	7.5	1~55	1	
DS753	75	11	1~70	1	

★★★5.1.2 伺服驱动器软件的特点

伺服驱动器软件的一些特点如下：

1）伺服驱动器软件程序主要包括主程序、中断服务程序、数据交换程序。

2）伺服驱动器主程序主要用来完成系统的初始化、I/O 接口控制信号、DSP 内各个控制模块寄存器的设置等。

3）伺服驱动器初始化主要包括 DSP 内核的初始化、电流环与速度环周期设定、PWM 初始化、PWM 启动、ADC 初始化与启动、QEP 初始化、矢量与永磁同步电动机转子的初始位置初始化、多次伺服电动机相电流采样、求出相电流的零偏移量、电流与速度 PI 调节初始化等。

4）伺服驱动器所有的初始化工作完成后，主程序才进入等待状态，以及等待中断的发生，以便电流环与速度环的调节。

5）中断服务程序主要包括 PWM 定时中断程序、光电编码器零脉冲捕获中断程序、功率驱动保护中断程序、通信中断程序。

6）PWM 定时中断程序有的用来对霍尔电流传感器采样 A、B 两相电流 i_a、i_b 进行采样、定标，以及根据磁场定向控制原理，计算转子磁场定向角，再生成 PWM 信号对位置环与速度环进行控制。

7）光电编码器零脉冲捕获中断程序可实现对编码器反馈零脉冲精确地捕获，从而可以得到交流永磁同步电动机矢量变换定向角度的修正值。

8）功率驱动保护中断程序主要用于检测智能功率模块的故障输出。

9）数据交换程序主要包括与上位机的通信程序、EEPROM 参数的存储、控制器键盘值的读取、数码管显示程序等。

伺服驱动器软件主程序流程图图例如图 5-1 所示。

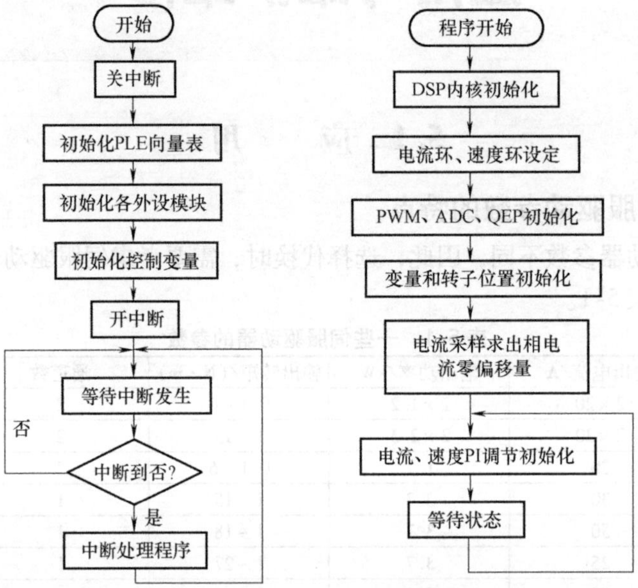

图 5-1　主程序流程图

★★★5.1.3　伺服驱动器的应用情况

伺服驱动器的应用情况见表 5-2。

表 5-2　伺服驱动器的应用情况

名称	图　例
RS232电流控制典型电路图	利用 RS232 接口通过 PC 或用户控制板控制电流。RS232 电流控制典型电路图如下图所示： 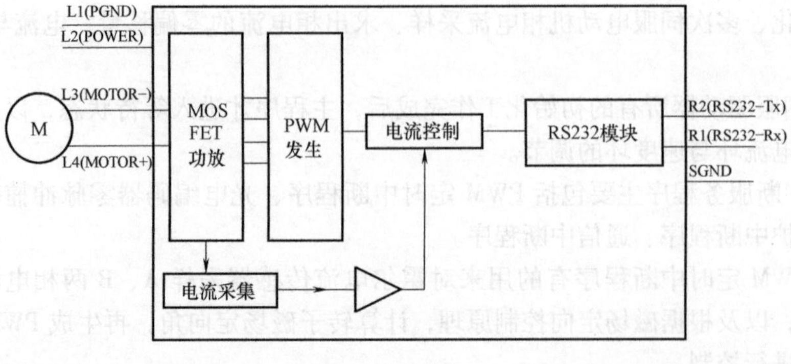
模拟速度控制典型电路图	模拟速度控制是指在控制器的模拟控制输入端输入一定范围（如 ±10V）变化的模拟电压，由此电压值确定电动机的转速。在模拟速度控制模式下不需要 RS232 串口通信，但可以通过它来修改驱动器的配置。模拟速度控制典型电路图如下图所示，其中模拟输入端 R8、R9 作为差分输入，可以不必将模拟负与电源地共地

（续）

名称	图例
模拟速度控制典型电路图	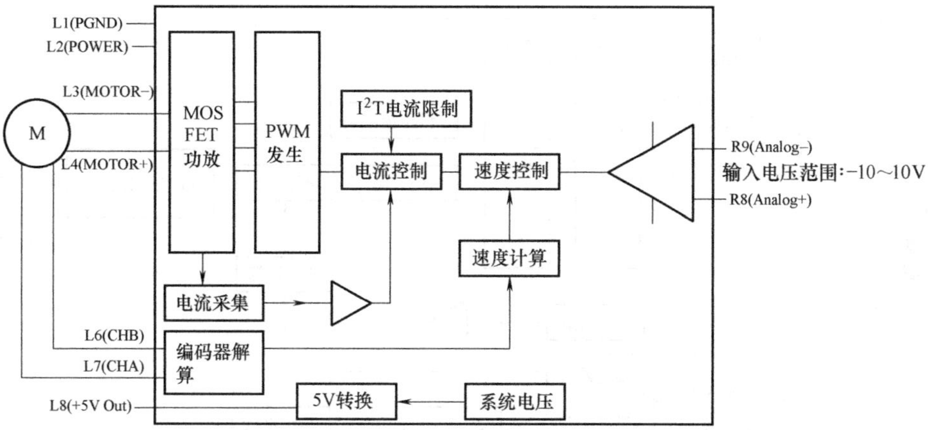
RS232速度控制典型电路	有的伺服驱动器可以直接利用RS232接口通过PC或用户控制板控制。例如RS232速度控制典型电路图如下图所示： 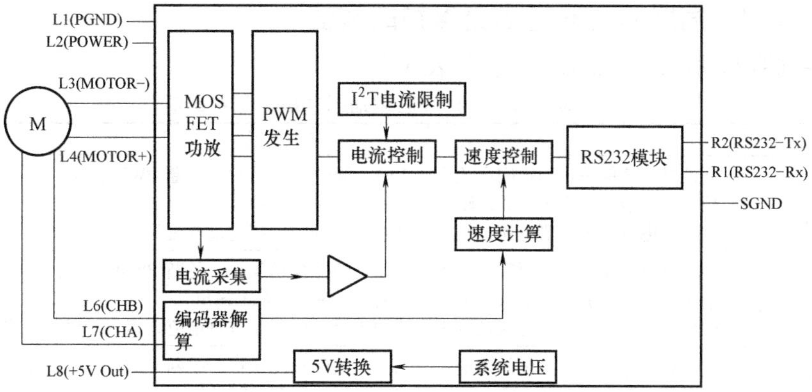
PWM速度控制	PWM速度控制是输入占空比可调的PWM波，由该占空比确定电动机的转速。PWM速度控制模式下不需要RS232串口通信，但可以通过它来修改驱动器的配置。PWM速度控制典型电路图如下图所示，其中PWM输入端选择R7与Pulse输入端复用 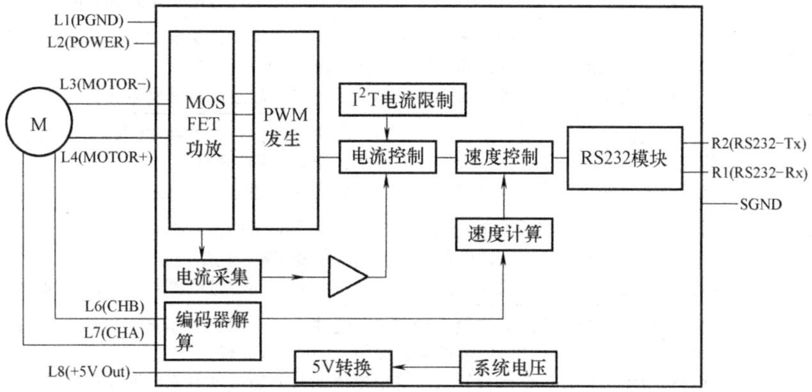
PPM速度控制	PPM速度控制是接收PPM调制信号，根据高脉宽确定电动机的转速。PPM速度控制模式下不需要RS232串口通信，但可以通过它来修改驱动器的配置。PPM速度控制典型电路图如下图所示，其中PPM输入端与R7（Pulse）输入端复用

（续）

名称	图　　例
PPM速度控制	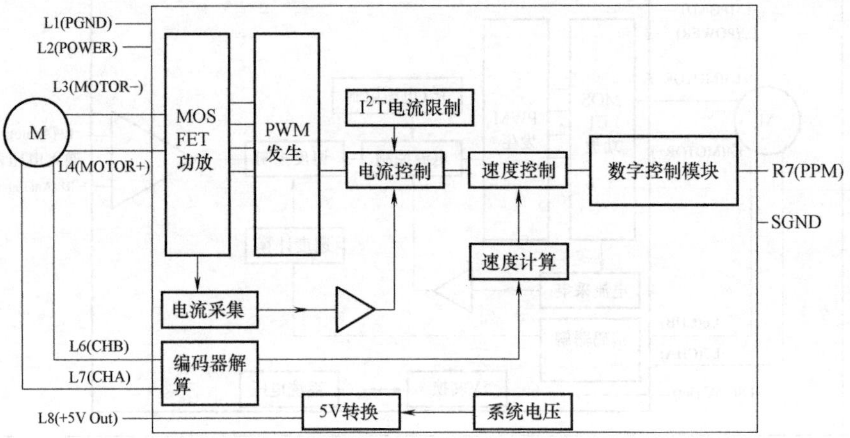

★★★5.1.4　伺服驱动器过电流保护的阈值

一些伺服驱动器过电流保护阈值见表5-3。

表5-3　一些伺服驱动器过电流保护阈值

型号	解　　说
铭朗科技 MLDS 2410-A	硬件过电流保护：当瞬间电流大于13A，硬件自动保护，关断PWM输出，此保护并不影响故障状态信息位；当电流小于13A，硬件保护关闭，使能PWM输出 软件过电流保护：当电流持续大于峰值电流的时间超过过电流延迟保护时间，将产生过电流保护
科亚 MMT-DC24DPS10AL-A	硬件过电流保护：当瞬间电流大于13A，硬件自动保护，关断PWM输出，此保护并不影响故障状态信息位；当电流小于13A，硬件保护关闭，使能PWM输出 软件过电流保护：当电流持续大于峰值电流的时间超过过电流延迟保护时间，将产生过电流保护
科亚 MMT-DC36DPS05AL	硬件过电流保护：当瞬间电流大于13A，硬件自动保护，关断PWM输出，此保护并不影响故障状态信息位；当电流小于13A，硬件保护关闭，使能PWM输出 软件过电流保护：当电流持续大于峰值电流的时间超过过电流延迟保护时间，将产生过电流保护
科亚 MMT-DC36DPS05AL-E	硬件过电流保护：当瞬间电流大于13A，硬件自动保护，关断PWM输出，此保护并不影响故障状态信息位；当电流小于13A，硬件保护关闭，使能PWM输出 软件过电流保护：当电流持续大于峰值电流的时间超过过电流延迟保护时间，将产生过电流保护
铭朗科技 MLDS 2402	硬件过电流保护：当瞬间电流大于13A，硬件自动保护，关断PWM输出，此保护并不影响故障状态信息位；当电流小于13A，硬件保护关闭，使能PWM输出 软件过电流保护：当电流持续大于峰值电流的时间超过过电流延迟保护时间，将产生过电流保护
铭朗科技 MLDS 2410-A1	硬件过电流保护：当瞬间电流大于13A，硬件自动保护，关断PWM输出，此保护并不影响故障状态信息位；当电流小于13A，硬件保护关闭，使能PWM输出 软件过电流保护：当电流持续大于峰值电流的时间超过过电流延迟保护时间，将产生过电流保护
铭朗科技 MLDS 3605-C	硬件过电流保护：当瞬间电流大于13A，硬件自动保护，关断PWM输出，此保护并不影响故障状态信息位；当电流小于13A，硬件保护关闭，使能PWM输出 软件过电流保护：当电流持续大于峰值电流的时间超过过电流延迟保护时间，将产生过电流保护
铭朗科技 MLDS2410	硬件过电流保护：当瞬间电流大于26A，硬件自动保护，关断PWM输出，此保护并不影响故障状态信息位；当电流小于26A，硬件保护关闭，使能PWM输出 软件过电流保护：当电流持续大于峰值电流的时间超过过电流延迟保护时间，将产生过电流保护
铭朗科技 MLDS2410E	硬件过电流保护：当瞬间电流大于26A，硬件自动保护，关断PWM输出，此保护并不影响故障状态信息位；当电流小于26A，硬件保护关闭，使能PWM输出 软件过电流保护：当电流持续大于峰值电流的时间超过过电流延迟保护时间，将产生过电流保护

（续）

型号	解　说
铭朗科技 MLDS3605	硬件过电流保护：当瞬间电流大于13A，硬件自动保护，关断PWM输出，此保护并不影响故障状态信息位；当电流小于13A，硬件保护关闭，使能PWM输出 软件过电流保护：当电流持续大于峰值电流的时间超过过电流延迟保护时间，将产生过电流保护
铭朗科技 MLDS3605A	硬件过电流保护：当瞬间电流大于13A，硬件自动保护，关断PWM输出，此保护并不影响故障状态信息位；当电流小于13A，硬件保护关闭，使能PWM输出 软件过电流保护：当电流持续大于峰值电流的时间超过过电流延迟保护时间，将产生过电流保护
铭朗科技 MLDS3605AE	硬件过电流保护：当瞬间电流大于13A，硬件自动保护，关断PWM输出，此保护并不影响故障状态信息位；当电流小于13A，硬件保护关闭，使能PWM输出 软件过电流保护：当电流持续大于峰值电流的时间超过过电流延迟保护时间，将产生过电流保护
铭朗科技 MLDS3605E	硬件过电流保护：当瞬间电流大于13A，硬件自动保护，关断PWM输出，此保护并不影响故障状态信息位；当电流小于13A，硬件保护关闭，使能PWM输出 软件过电流保护：当电流持续大于峰值电流的时间超过过电流延迟保护时间，将产生过电流保护
铭朗科技 MLDS3610	硬件过电流保护：当瞬间电流大于26A，硬件自动保护，关断PWM输出，此保护并不影响故障状态信息位；当电流小于26A，硬件保护关闭，使能PWM输出 软件过电流保护：当电流持续大于峰值电流的时间超过过电流延迟保护时间，将产生过电流保护
铭朗科技 MLDS3610E	硬件过电流保护：当瞬间电流大于26A，硬件自动保护，关断PWM输出，此保护并不影响故障状态信息位；当电流小于26A，硬件保护关闭，使能PWM输出 软件过电流保护：当电流持续大于峰值电流的时间超过过电流延迟保护时间，将产生过电流保护
铭朗科技 MLDS3810、MLDS3810T	硬件过电流保护：当瞬间电流大于26A，硬件自动保护，关断PWM输出，此保护并不影响故障状态信息位；当电流小于26A，硬件保护关闭，使能PWM输出 软件过电流保护：当电流持续大于峰值电流的时间超过过电流延迟保护时间，将产生过电流保护
铭朗科技 MLDS3810E、MLDS3810TE	硬件过电流保护：当瞬间电流大于26A，硬件自动保护，关断PWM输出，此保护并不影响故障状态信息位；当电流小于26A，硬件保护关闭，使能PWM输出 软件过电流保护：当电流持续大于峰值电流的时间超过过电流延迟保护时间，将产生过电流保护

★★★5.1.5　伺服驱动器过电压、欠电压保护的阈值

一些伺服驱动器过电压、欠电压保护的阈值见表5-4。

表5-4　一些伺服驱动器过电压、欠电压保护的阈值

型　号	解　说
博创 BDMC3606S	当系统电压高于42V或者低于10.5V时，启动保护动作。如果系统电压低于10.5V，驱动器自动切断功放输出，其余部分正常工作，在状态输出端输出故障信号，以及置相应的故障标志位。电压恢复正常范围后，驱动器继续正常工作 系统电压高于42V但小于54V时，驱动器自动切断功放输出，其余部分正常工作，在状态输出端输出故障信号，以及置相应的故障标志位。电压恢复正常范围后，驱动器继续正常工作 如果系统电压高于54V，并且持续时间超过10s，会导致驱动器损坏 可以通过GSV指令查询系统电压，返回值为真实电压值，单位为mV
科亚 MMT-DC24DPS10AL-A	当电源电压低于19.4V时启动欠电压保护；当电源电压高于39.5V时启动过电压保护
科亚 MMT-DC36DPS05AL	当电源电压低于10.5V时启动欠电压保护；当电源电压高于54V时启动过电压保护
科亚 MMT-DC36DPS05AL-E	当电源电压低于10.5V时启动欠电压保护；当电源电压高于54V时启动过电压保护
铭朗科技 MLDS3620	当电源电压低于10.5V时产生欠电压保护；当电源电压高于54V时产生过电压保护
铭朗科技 MLDS3620E	当电源电压低于10.5V时产生欠电压保护；当电源电压高于54V时产生过电压保护
铭朗科技 MLDS4810E	当电源电压低于33V时产生欠电压保护；当电源电压高于71V时产生过电压保护
铭朗科技 MLDS 2402	当电源电压低于18V时启动欠电压保护；当电源电压高于32V时启动过电压保护
铭朗科技 MLBL4810	当电源电压低于18V时产生欠电压保护；当电源电压高于71V时产生过电压保护
铭朗科技 MLBLDS3610	当电源电压低于10.5V时产生欠电压保护；当电源电压高于54V时产生过电压保护
铭朗科技 MLBLDS3610E	当电源电压低于10.5V时产生欠电压保护；当电源电压高于54V时产生过电压保护
铭朗科技 MLDS 2410-A	当电源电压低于19.4V时启动欠电压保护；当电源电压高于39.5V时启动过电压保护
铭朗科技 MLDS 2410-A1	当电源电压低于19.4V时启动欠电压保护；当电源电压高于39.5V时启动过电压保护

（续）

型　　号	解　　说
铭朗科技 MLDS 3605-C	当电源电压低于10.5V时启动欠电压保护；当电源电压高于54V时启动过电压保护
铭朗科技 MLDS2410	当电源电压低于18V时启动欠电压保护；当电源电压高于32V时启动过电压保护
铭朗科技 MLDS2410E	当电源电压低于18V时启动欠电压保护；当电源电压高于32V时启动过电压保护
铭朗科技 MLDS3605	当电源电压低于10.5V时启动欠电压保护；当电源电压高于54V时启动过电压保护
铭朗科技 MLDS3605A	当电源电压低于10.5V时启动欠电压保护；当电源电压高于54V时启动过电压保护
铭朗科技 MLDS3605AE	当电源电压低于10.5V时启动欠电压保护；当电源电压高于54V时启动过电压保护
铭朗科技 MLDS3605D	当电源电压低于10.5V时产生欠电压保护；当电源电压高于54V时产生过电压保护
铭朗科技 MLDS3605DE	当电源电压低于10.5V时产生欠电压保护；当电源电压高于54V时产生过电压保护
铭朗科技 MLDS3605E	当电源电压低于10.5V时启动欠电压保护；当电源电压高于54V时启动过电压保护
铭朗科技 MLDS3610	当电源电压低于10.5V时启动欠电压保护；当电源电压高于54V时启动过电压保护
铭朗科技 MLDS3610B	当电源电压低于10.5V时产生欠电压保护；当电源电压高于54V时产生过电压保护
铭朗科技 MLDS3610BE	当电源电压低于10.5V时产生欠电压保护；当电源电压高于54V时产生过电压保护
铭朗科技 MLDS3610E	当电源电压低于10.5V时启动欠电压保护；当电源电压高于54V时启动过电压保护
铭朗科技 MLDS3810、MLDS3810T	当电源电压低于10.5V时启动欠电压保护；当电源电压高于54V时启动过电压保护
铭朗科技 MLDS3810E、MLDS3810TE	当电源电压低于10.5V时启动欠电压保护；当电源电压高于54V时启动过电压保护
铭朗科技 MLDS4810	当电源电压低于33V时产生欠电压保护；当电源电压高于71V时产生过电压保护
铭朗科技 MLDS4820	当电源电压低于18V时产生欠电压保护；当电源电压高于71V时产生过电压保护
铭朗科技 MLDS4820E	当电源电压低于18V时产生欠电压保护；当电源电压高于71V时产生过电压保护
铭朗科技 MLDS4830	当电源电压低于33V时产生欠电压保护；当电源电压高于71V时产生过电压保护
铭朗科技 MLDS4830E	当电源电压低于33V时产生欠电压保护；当电源电压高于71V时产生过电压保护
铭朗科技 MLDS9020	当电源电压低于69V时产生欠电压保护；当电源电压高于140V时产生过电压保护
铭朗科技 MLDS9020E	当电源电压低于69V时产生欠电压保护；当电源电压高于140V时产生过电压保护
铭朗科技 MLDS9030	当电源电压低于69V时产生欠电压保护；当电源电压高于140V时产生过电压保护
铭朗科技 MLDS9030E	当电源电压低于69V时产生欠电压保护；当电源电压高于140V时产生过电压保护

★★★5.1.6　伺服驱动器保护温度的阈值

一些伺服驱动器保护温度阈值见表5-5。

表5-5　一些伺服驱动器保护温度阈值

型　　号	解　　说
科亚 MMT-DC36DPS05AL	驱动器温度超过70℃或低于－10℃将产生保护
科亚 MMT-DC36DPS05AL-E	驱动器温度超过85℃或低于－40℃将产生保护
铭朗科技 MLADS22030	驱动器温度超过70℃或低于－10℃将产生保护
铭朗科技 MLADS22030E	驱动器温度超过85℃或低于－40℃将产生保护
铭朗科技 MLBLDS3610	驱动器温度超过70℃或低于－10℃将产生保护
铭朗科技 MLBLDS3610E	驱动器温度超过85℃或低于－40℃将产生保护
铭朗科技 MLDS2410	当驱动器温度超过65℃时产生温度报警；恢复后自动清除报警标志
铭朗科技 MLDS2410E	当驱动器温度超过80℃时产生温度报警；恢复后自动清除报警标志
铭朗科技 MLDS3605	当驱动器温度超过65℃或低于－10℃时产生温度报警，恢复后自动清除报警标志
铭朗科技 MLDS3605A	驱动器温度超过70℃或低于－10℃将产生保护
铭朗科技 MLDS3605AE	驱动器温度超过85℃或低于－40℃将产生保护
铭朗科技 MLDS3605D	驱动器温度超过70℃或低于－10℃将产生保护
铭朗科技 MLDS3605DE	驱动器温度超过85℃或低于－40℃将产生保护
铭朗科技 MLDS3605E	驱动器温度超过85℃或低于－40℃将产生保护
铭朗科技 MLDS3610	驱动器温度超过70℃或低于－10℃将产生保护
铭朗科技 MLDS3610B	驱动器温度超过70℃或低于－10℃将产生保护
铭朗科技 MLDS3610BE	驱动器温度超过85℃或低于－40℃将产生保护

（续）

型　　号	解　　说
铭朗科技 MLDS3610E	驱动器温度超过 85℃或低于 -40℃将产生保护
铭朗科技 MLDS3620	驱动器温度超过 70℃或低于 -10℃将产生保护
铭朗科技 MLDS3620E	驱动器温度超过 85℃或低于 -40℃将产生保护
铭朗科技 MLDS3810、MLDS3810T	驱动器温度超过 70℃或低于 -10℃将产生保护
铭朗科技 MLDS3810E、MLDS3810TE	驱动器温度超过 85℃或低于 -40℃将产生保护
铭朗科技 MLDS4810	驱动器温度超过 70℃或低于 -10℃将产生保护
铭朗科技 MLDS4810E	驱动器温度超过 85℃或低于 -40℃将产生保护
铭朗科技 MLDS4820	驱动器温度超过 70℃或低于 -10℃将产生保护
铭朗科技 MLDS4820E	驱动器温度超过 85℃或低于 -40℃将产生保护
铭朗科技 MLDS4830	驱动器温度超过 70℃或低于 -10℃将产生保护
铭朗科技 MLDS4830E	驱动器温度超过 85℃或低于 -40℃将产生保护
铭朗科技 MLDS9020	驱动器温度超过 70℃或低于 -10℃将产生保护
铭朗科技 MLDS9020E	驱动器温度超过 85℃或低于 -40℃将产生保护
铭朗科技 MLDS9030	驱动器温度超过 70℃或低于 -10℃将产生保护
铭朗科技 MLDS9030E	驱动器温度超过 85℃或低于 -40℃将产生保护

★★★5.1.7　使用伺服驱动器的注意事项

使用伺服驱动器的一些注意事项如下：

1）不能够在送电中实施配线工作。

2）输入电源切离后，伺服驱动器的状态显示没有熄灭前，不要触摸电路或更换零件。

3）伺服驱动器的输出端 U、V、W 不可接到 AC 电源。

4）伺服驱动器安装于控制盘内，如果环境温度过高，则需要加装散热风扇。

5）不可随意对已投入使用的伺服驱动器进行耐压测试。

6）机械开始运转前，需要确认是否可以随时启动紧急开关停机。

7）机械开始运转前，需要配合机械来改变使用参数设定值。没有调整到相符的正确设定值，可能会导致机械失去控制或发生故障。

8）机械开始运转前，需要选取正确的驱动器与电动机相匹配。

9）驱动器 U、V、W 的接线端子需要与电动机端子 U、V、W 一一对应。不能够采用调换三相端子的方法来使电动机反转，这与异步电动机完全不同。

10）伺服电动机流过高频开关电流，因此，其漏电流相对较大，电动机接地端子需要与伺服驱动器接地端子 PE 连接一起并良好接地。

11）伺服驱动器内部有大容量的电解电容，因此，即使切断了电源，内部电路中仍有高电压。为此，电源被切断后，最少等待 5min 以上，才能够接触驱动器与电动机。

5.2　维护与维修

★★★5.2.1　伺服驱动器的日常检查

日常检查伺服驱动器的一些项目如下：

1）环境温度、湿度是否正常，环境是否有尘、粒、异物等。

2）电动机是否存在异常声音与振动。

3）伺服驱动器是否异常发热、异味。

4）伺服驱动器面板是否清洁。

5）伺服驱动器是否有松脱的连接、不正确的引脚位置。

6）输出电流监视是否与通常值相差大。

7）伺服驱动器安装的冷却风扇是否正常运转。

★★★5.2.2 伺服驱动器的定期检查

定期检查伺服驱动器的一些项目见表5-6。

表5-6 定期检查伺服驱动器的一些项目

检查项目	检查内容	检查方法	判定标准
操作面板	1）显示是否看不清楚 2）缺少字符	目测	1）能显示 2）没有异常
电压	主电路、控制电路电压是否正常	万用表等测量	满足技术数据
控制电路——控制电路板连接器	1）螺钉类、连接器是否有松动 2）是否有怪味、变色 3）是否有裂纹、破损、变形、生锈 4）电容是否有漏液、变形痕迹	1）拧紧 2）根据嗅觉、目视来判断 3）、4）项根据目视来判断	没有异常
框架、前面板等	1）是否有异常声音、异常振动 2）螺栓（紧固部位）是否松动 3）是否有变形损坏 4）是否有过热引起的变色 5）是否有沾着灰尘、污损	1）依据目视、听觉 2）拧紧 3）、4）、5）项目视	没有异常
冷却系统——冷却风扇	1）是否有异常声音，异常振动 2）螺栓类是否有松动 3）是否因过热变色	1）根据听觉、目视来判断 2）拧紧 3）根据目视来判断	1）平稳旋转 2）、3）项没有异常
冷却系统——通风道	散热片、给气排气口的间隙是否堵塞、是否有附着异物	目视	没有异常
周围环境	1）确认环境温度、湿度、振动、空气等 2）周围有否放置工具、螺钉、螺母等异物、危险品	用目视、仪器测量	1）满足参数 2）没放置异物
主电路——变压器、电抗器	是否有异常的声音、怪味	听觉、目视、嗅觉	没有异常
主电路——导体、导线	1）导体过热是否有变化、变形现象 2）电线外皮是否有破裂、变色等异常现象	目视	没有异常
主电路——电磁接触继电器	1）工作时是否有振动声 2）接点是否有虚焊	1）根据听觉来判断 2）根据目视来判断	没有异常
主电路——电阻	1）是否有由过热引起的怪味、绝缘体裂纹 2）是否有断线	1）依据嗅觉、目视来判断 2）根据目视或卸开连接的一端，再用万用表测量	1）没有异常 2）标明的电阻值在±10%内
主电路——端子台	没有损伤	目视	没有异常
主电路——公用电路	1）螺栓类是否有松动、脱落 2）机器、绝缘体是否有变形、裂纹、破损或由过热老化引起的变色 3）是否有附着污损、灰尘	1）拧紧 2）、3）项目测	没有异常
主电路——滤波电容	是否有漏液、变色、裂纹、外壳膨胀	目视	没有异常

有关伺服驱动器的检修时期见表5-7。

表5-7　有关伺服驱动器的检修时期

项　目	检修时期	检修要领	异常的处理
机身、电路板的清洁	至少每年一次	没有垃圾、灰尘、油迹等	可以用布擦拭、气枪清洁
螺钉松动	至少每年一次	接线板、连接器安装螺钉等不得有松动	进一步紧固
机身、电路板上的零件是否有异常	至少每年一次	不得有因发热引起的变色、破损、断线等	

★★★5.2.3　伺服驱动器与电动机部件替换的周期

伺服驱动器与电动机部件替换一般周期见表5-8。

表5-8　伺服驱动器与电动机部件替换一般周期

设　备	零　件	替换周期
电动机	轴承	3~5年
电动机	油封	5000h
电动机	编码器	3~5年
伺服驱动器	滤波电容	约5年
伺服驱动器	冷却风扇	约3年
伺服驱动器	印制电路板上的铝电解电容	约3年

注：提示的替换周期仅供参考。任何零件一经发现失效，需要立即替换或维修。

★★★5.2.4　伺服驱动器的故障类型

伺服驱动器的故障常分为一般性故障、严重故障。一般性故障包括跟踪误差超差保护等。严重故障包括过电流故障、过电压故障、断逆相故障、编码器脱落故障等。

伺服驱动器出现一般性故障，伺服驱动器往往会停机，并且提示相应故障代码。遇到一般性故障，可以通过调试工具清除故障。

伺服驱动器出现严重故障时，驱动器往往会停机，并且提示相应故障代码。遇到严重性故障，需要断电，查明原因后，才可以重新上电。

★★★5.2.5　伺服驱动器常见故障与其处理方法

伺服驱动器常见故障及其处理方法见表5-9。

表5-9　伺服驱动器常见故障及其处理方法

故障现象	可能原因	解决方法
上电无显示	1）伺服驱动器没有输入电源 2）驱动板与控制板连接的排线接触不良 3）伺服驱动器内部器件损坏	1）检查输入电源 2）重新拔插排线 3）维修伺服驱动器
上电显示“HC”	1）驱动板与控制板连接的排线接触不良 2）伺服驱动器损坏	1）重新拔插排线 2）维修伺服驱动器
上电伺服驱动器显示正常，运行后显示“HC”并立即停机	风扇损坏或堵转	更换风扇
频繁报模块过热故障	1）载频设置太高 2）风扇损坏、风道堵塞 3）伺服驱动器内部器件损坏	1）降低载频 2）更换风扇、清理风道 3）维修伺服驱动器
伺服驱动器运行后电动机不转动	1）电动机损坏或堵转 2）参数设置不对	1）更换电动机或清除机械故障 2）检查并重新设置参数

（续）

故障现象	可能原因	解决方法
DI 端子失效	1）参数设置错误 2）OP 与 +24V 短路片松动 3）控制板故障	1）检查并重新设置相关参数 2）重新接线 3）维修伺服驱动器
闭环矢量控制时，电动机速度起不来	1）编码器损坏或连线接错 2）伺服驱动器内部器件损坏	1）更换编码器、重新确认接线 2）维修伺服驱动器
伺服驱动器频繁报过电流、过电压故障	1）电动机参数设置不对 2）加/减速时间不合适 3）负载波动	1）重新设置参数或进行电动机调谐 2）设置合适的加/减速时间 3）检查负载
动力电源断相	1）三相电线接线不良 2）三相电源不平衡 3）未设定单相 AC 电源输入而输入了单相电源	1）电源接线接好 2）修正电源的不平衡 3）设定正确的电源输入与参数
再生过载	1）电源电压超过规定范围 2）外置再生电阻值不足、再生电阻容量不足、处于连续再生状态	1）将电源电压设定在规定范围内 2）更换再生电阻值、更换再生电阻容量、再次进行运行条件的调整
电动机过载警告	1）电动机运行超过了过载保护特性 2）机械性因素导致电动机不驱动，造成运行时的负载过大	1）确认电动机的过载特性与运行指令 2）改善机械性因素
IPM 过电流	1）主回路电缆接线错误、接触不良 2）主回路电缆内部短路，或发生了接地短路 3）伺服电动机内部发生短路，或发生了接地短路 4）伺服单元内部发生短路，或发生了接地短路 5）再生电阻接线错误、接触不良 6）伺服单元的再生电阻值过小	1）改接线、修整接触 2）电缆有短路，则更换电缆 3）检修、更换伺服电动机 4）检修、更换伺服单元 5）修改接线 6）更换再生电阻
IGBT 故障	1）驱动电路、IGBT 故障 2）电动机电缆 U、V、W 短路、电动机电缆接地或接触不良 3）电动机烧毁 4）电动机线 U、V、W 相序接反 5）参数不合适导致系统发散 6）起停过程加/减速时间太短 7）瞬间负载过大	1）检修、更换驱动器 2）检查电动机电缆、接线 3）更换电动机 4）正确接线 5）正确设置参数 6）将加/减速时间适当设长 7）更换更大功率驱动器
输出模块（IGBT）损坏	IGBT 损坏，往往其驱动电路都同时损坏	需要详细检查其驱动电路上的光耦合器、电阻、二极管等元器件。如果只是直接更换 IGBT 试机，可能会再次损坏 IGBT
过电压保护	1）外置再生电阻不匹配，导致无法吸收再生能量 2）驱动器故障（电路故障） 3）连接外置再生电阻后，无论是否能够吸收再生能力都会发生 4）电源电压超过允许输入电压范围 5）再生电阻的断线	1）需要更换指定瓦数的再生电阻值 2）检修驱动器 3）确认设置值 4）输入正确的电压，拆除无功补偿电容 5）用万用表测量驱动器外置电阻。如果为∞，则说明该电阻断线，需要更换外置电阻

（续）

故障现象	可能原因	解决方法
过电流保护	1）电动机烧损 2）电动机线接触不良 3）频繁进行伺服的开启、关闭，导致动态制动器的继电器故障 4）脉冲输入和伺服开启的时间同步或者脉冲输入过快 5）动态制动器电路过热导致温度熔丝断线 6）功率模块过热保护 7）驱动器故障（电路、IGBT 不良等） 8）电动机电缆 U、V、W 短路 9）电动机线接地	1）检查电动机各线间的电阻是否平衡、检查电动机的情况 2）检查电动机连接部分 U、V、W 的连接器端子是否脱落。如果松动、脱落，则需要紧固 3）检查驱动器 4）伺服使能开启 100ms 后，再输入指令 5）检查驱动器 6）提升驱动器容量、电动机容量、减小负载 7）检修驱动器 8）检查电动机线连接是否短路，连接器导线是否有毛刺 9）检查电动机电缆的 U、V、W 与电动机线间的绝缘电阻。如果绝缘不良，则更换新电动机
上电后，驱动器的 LED 灯不亮	供电电压太低，小于最小电压值的要求	检查、提高供电电压

★★★5.2.6　伺服驱动器时好时坏故障的检修

伺服驱动器时好时坏故障的原因与维修方法见表 5-10。

表 5-10　伺服驱动器时好时坏故障的原因与维修方法

原　　因	具体表现
电路板上有湿气、积尘等	湿气与积尘会导电，具有电阻效应，该电阻值与其他元器件会存在并联效果，使电路一些参数改变
接触不良	1）板卡与插槽接触不良 2）缆线内部折断时通时不通 3）线插头、接线端子接触不好 4）元器件虚焊
软件因素	电路中一些参数使用软件来调整，某些参数的裕量调得太低，引发故障报警
信号受到干扰	1）外界存在干扰 2）电路板上个别元器件参数或整体表现参数出现变化
元器件热稳定性差	电解电容、其他电容、晶体管、二极管、IC、电阻热稳定性差

★★★5.2.7　伺服驱动器易坏元器件与故障

伺服驱动器易坏元器件与故障，见表 5-11。

表 5-11　伺服驱动器易坏元器件与故障

伺服驱动器易坏元器件	故障现象、原因与检修
电源熔丝烧断	整机没电等
电源压敏电阻异常	可能是输入电压太高，压敏电阻被击穿，往往也会烧断熔丝
开关电源芯片损坏	开关电源芯片损坏，则会引起开关电源不工作、POWER 指示灯不亮、各组电压均无输出等现象
开关电源变压器层间击穿	开关电源变压器层间击穿，则会引起开关电源启动不了等现象
IGBT 栅极击穿	IGBT 栅极击穿，则会引起电动机失步、IGBT 触发波形失真等现象
单片机 CPU 坏了或者引脚接触不好	单片机 CPU 坏了或者引脚接触不好，则会引起电动机失步、加入脉冲电动机不转、失去欠电压保护/过电流保护等某些功能

（续）

伺服驱动器易坏元器件	故障现象、原因与检修
D-A 转换器异常	D-A 转换器异常，可能引起电动机失步、加入脉冲电动机不转等现象
PWM 输出电路无 PWM 输出	可能需要检查复位芯片电路、短路帽设置情况、使能信号输入电路的元器件、PWM 输出电路的元器件等
数码管异常	1）如果是单个数码管不显示，则需要检查对应的信号连接是否存在虚焊现象 2）如果是数码管均不显示，则需要检查电源、显示数据译码芯片是否存在虚焊或损坏等情况 3）如果是数码管有显示，但是按键无效，则可能需要更换数码管

★★★5.2.8 伺服驱动器损坏异常部位与对应故障现象

伺服驱动器损坏异常部位与对应故障现象，见表 5-12。

表 5-12 伺服驱动器损坏异常部位与对应故障现象

损坏或者异常位置（部位）	引发的故障或者现象
三相输入 R、S、T 有一相没有输入	主电源失相故障
编码器电缆过长	编码器初期处理故障
编码器电缆过细	编码器初期处理故障
编码器损坏或者异常	外部编码器 A 相、B 相信号故障
	编码器和驱动器间的通信故障
	编码器初期处理故障
	CS 断开故障
	编码器指令故障
	编码器 FORM 故障
	编码器 SYNC 故障
	编码器 CRC 故障
编码器接线错误	编码器初期处理故障
	绝对信号断开故障
	A 相、B 相的脉冲信号故障 1
	外部编码器 A 相、B 相信号故障
	编码器和驱动器间的通信故障
	CS 断开故障
编码器接线连接器松动	编码器初期处理故障
编码器连接的 A 相、B 相接线异常	速度控制故障
编码器连接器接触不良	编码器初期处理故障
编码器内部电路损坏或者异常	编码器故障 1
	编码器过热故障
	编码器故障 3
	编码器故障 4
	绝对编码器转数计数器故障
	超速度、多运转产生异常
	编码器存储器故障
	加速度故障

（续）

损坏或者异常位置（部位）	引发的故障或者现象
超过内置再生电阻允许的再生功率	再生异常
电池电缆接触不良	绝对编码器的电池故障
电动机过热	编码器过热故障
电源电压低于指定的电压	主电路不足电压故障
电源模块（IPM）过热	电源模块异常、发生过电流等故障或者现象
电源模块损坏或者异常	电流检测故障
	过载故障 2
	电源模块异常、发生过电流等故障或者现象
控制板故障损坏或者异常	电源模块异常、发生过电流等故障或者现象
	电流检测故障
	DB 过热故障
	超电压故障
	过载故障 2
	绝对信号断开故障
	A 相、B 相的脉冲信号故障 1
	外部编码器 A 相、B 相信号故障
	编码器和驱动器间的通信故障
	编码器初期处理故障
	超速度故障
	内部 RAM 故障
	超载故障 1
	速度控制故障
	EEPROM 故障
	任务处理故障
	参数故障 1
	CS 断开故障
内部电路不良或者故障	主电源失相故障
	主电路不足电压故障
	控制电源的不足电压故障
	±12V 电源故障
内部再生电阻电路异常	超电压故障
驱动器 U、V、W 相接地、短路、接线错误	电源模块异常、发生过电流等故障或者现象
	超载故障 1
	过载故障 2
驱动器和电动机间的 U、V、W 相接线中的一相，或全部断开	超载故障 1
	过载故障 2
驱动器控制板损坏或者异常	位置偏差过大故障
	再生异常
	驱动器温度故障
	DB 过热故障
	内部过热故障

（续）

损坏或者异常位置（部位）	引发的故障或者现象
伺服电动机编码器损坏或者异常	位置偏差过大故障
	过载故障2
	绝对信号断开故障
	超速度故障
伺服电动机的U、V、W相短路或接地	电源模块异常、发生过电流等故障或者现象
伺服驱动器和电动机之间的U、V、W相接线错误	超速度故障
伺服驱动器和电动机之间的U、V、W相接线错误	速度控制故障
伺服驱动器内部电路损坏或者异常	冲入防止电阻过热故障
	速度反馈故障
	初始化超时故障
	电流检测故障1、电流检测故障2
再生电力过大	驱动器温度故障
再生电阻接线异常	再生异常
	内部过热故障
	超电压故障
再生电阻没有安装	再生异常
噪声引起错误操作	电流检测故障1、电流检测故障2
主电路的整流器破损	主电路不足电压故障

★★★5.2.9 伺服驱动器故障现象常见原因

伺服驱动器故障现象常见原因，见表5-13。

表5-13 伺服驱动器故障现象常见原因

故障现象	故障原因
±12V电源故障	内部电路异常
A相、B相的脉冲信号故障1	控制电路异常
	编码器接线异常
CS断开故障	编码器接线异常
	编码器异常
	控制电路异常
DB过热故障	控制板异常
	驱动器内电路异常
EEPROM故障	伺服驱动器控制基板异常
编码器CRC故障	编码器异常
编码器FORM故障	编码器异常
编码器SYNC故障	编码器异常
编码器初期处理故障	编码器电缆过长
	编码器电缆过细
	编码器接线错误
	编码器接线连接器松动

（续）

故障现象	故障原因
编码器初期处理故障	编码器连接器接触不良
	编码器异常
	控制电路异常
编码器存储器故障	编码器内部电路异常
编码器故障 1	编码器内部电路异常
编码器故障 3	编码器内部电路异常
编码器故障 4	编码器内部电路异常
编码器过热故障	编码器内部电路异常
	电动机过热
编码器和驱动器间的通信故障	编码器接线异常
	控制电路异常
	编码器异常
编码器指令故障	编码器异常
参数故障 1	伺服驱动器异常
超电压故障	内部再生电阻电路异常
	控制板异常
	再生电阻接线异常
	主电源电压超过允许值
超速度、多运转产生异常	编码器内部电路异常
超速度故障	伺服电动机的编码器异常
	伺服驱动器和电动机之间的 U、V、W 相接线错误
	伺服驱动器控制板异常
超载故障 1	驱动器和电动机间的 U、V、W 相接线错误
	驱动器和电动机间的 U、V、W 相接线中的一相，或全部断开
	伺服驱动器控制板异常、电源模块异常
冲入防止电阻过热故障	伺服驱动器内部电路异常
初始化超时故障	伺服驱动器内部电路异常
电流检测故障	电源模块的异常
	控制 PC 板异常
	伺服驱动器内部电路异常
	噪声引起错误操作
电源模块异常、发生过电流等故障或者现象	电源模块异常
	电源模块（IPM）异常
	驱动器 U、V、W 相与驱动器电动机间的连线短路
	驱动器 U、V、W 相接地
	伺服电动机的 U、V、W 相短路或接地
	控制 PC 板异常
过载故障 2	驱动器和电动机间的 U、V、W 相接线错误
	驱动器和电动机间的 U、V、W 相接线中的一相或全部断开
	伺服电动机编码器异常
	控制板异常
	电源模块异常

（续）

故障现象	故障原因
加速度故障	编码器内部电路异常
绝对编码器的电池故障	电池电缆接触不良
绝对编码器转数计数器故障	编码器内部电路异常
绝对信号断开故障	编码器接线异常
	伺服电动机的编码器异常
	控制电路异常
控制电源的不足电压故障	内部电路异常
内部 RAM 故障	伺服驱动器控制板异常
内部过热故障	驱动器内电路异常
	再生电阻接线异常
驱动器温度故障	驱动器内部电路异常
	再生电力过大
任务处理故障	伺服驱动器的控制电路异常
速度反馈故障	伺服驱动器内部电路异常
速度控制故障	编码器连接的 A、B 相接线异常
	伺服驱动器和电动机之间的 U、V、W 相接线错误
	伺服驱动器控制电路异常
外部编码器 A 相、B 相信号故障	编码器接线异常
	控制电路异常
	编码器异常
位置偏差过大故障	驱动器控制板异常
	伺服电动机编码器异常
再生异常	超过内置再生电阻允许的再生功率
	再生电阻没有安装
	驱动器控制电路异常
	再生电阻的接线错误
主电路不足电压故障	电源电压低于指定的电压
	内部电路异常
	主电路的整流器破损
主电源失相故障	内部电路不良
	三相输入 R、S、T 有一相没有输入

★★★5.2.10　伺服驱动器故障检修实例

伺服驱动器故障检修实例见表 5-14。

表 5-14　伺服驱动器故障检修实例

现　　象	分析与检查	维　　修
一台西门子 802C 系统 611U 伺服驱动器加工中报警 E-A607，有时能够重启工作，有时开机就报警	西门子 611U 伺服驱动器报警 E-A607 信息表示双轴模块一个通道异常，可能原因是控制该轴的电流控制器输出超过允许极限，具体一些原因如下： 1）电动机电缆的接头情况 2）电动机是否断相 3）驱动器直流母线的连接情况 4）检查该轴的控制单元 5）检查该轴的功率单元 6）轴电动机与工作台丝杠的连接可靠情况、间隙情况 7）导轨、丝杠润滑油路是否正常	经检查发现功率单元异常，更换后试机，故障排除

（续）

现　　象	分析与检查	维　　修
一台西门子 611U 交流伺服驱动器报警 E-A515	西门子 611U 交流伺服驱动器报警 E-A515 故障信息说明该台伺服驱动器存在超温度现象，也就是功率模块的散热槽的感温电阻检测到功率单元的温度超过设定阈值。故障的原因与排除方法如下： 1）环境温度高，需要增大空气流量，加强散热 2）加工中，应避免频繁的加速、制动等操作 3）功率模块的选型要正确 4）功率模块散热风扇是否损坏、叶片是否被灰尘油渍堵住	经过检查发现该台伺服驱动器散热风扇损坏，更换后试机，故障排除
一台西门子 6RA26 × ×系列直流伺服驱动器报警 ERR22	西门子 6RA26 × ×系列直流伺服驱动器报警 ERR22 故障信息表示是跟随误差超差故障。故障原因可能是伺服驱动器不良、机械故障等	更换 N7 LM348 后试机，故障排除
一台西门子 6RA26 × ×系列直流伺服驱动器报警 ERR22	经检查发现 6RA26 × ×直流驱动器的 A2 板上的电压比较器 N7 LM348 不良	更换 N7 LM348 后试机，故障排除
一台西门子 611U 伺服驱动器报警 501	西门子 611U 伺服驱动器报警 501，说明该台伺服驱动器测量电路异常。可能的原因如下： 1）主轴电动机编码器的信号幅值水平过低、错误 2）电缆的信号屏蔽不好 3）电缆破损 经检查发现编码器电缆异常，需要更换	更换具有良好屏蔽的编码器电缆后，故障排除
试机时一上电，电动机振动以及具有很大的噪声，并且松下伺服驱动器出现 16 号报警	松下伺服驱动器出现 16 号报警，说明驱动器的增益设置过高，产生了自激振荡	适当设定（降低）伺服驱动器增益后试机，故障排除
一台松下交流伺服驱动器上电就出现 22 号报警	松下交流伺服驱动器出现 22 号报警，说明编码器异常。故障原因如下： 1）编码器接线异常 2）电动机上的编码器异常 经检查发现是编码器接线断线引起的	重新接好编码器接线后试机，故障排除
一台配套 FANUC 15MA 数控系统开机时 Y 轴伺服一接通，系统就出现过电流报警（报警 SV003）	检查 X、Y、Z 伺服驱动器的状态指示，发现 Y 轴伺服驱动器的过电流报警灯 HC（红色）亮，说明 Y 伺服驱动器存在过电流 故障的原因可能有： 1）控制板的直流母线电流检测环节、反馈环节异常 2）逆回路的大功率晶体管损坏 经检查发现 Y 轴驱动器控制板上有两个厚膜集成电路 DV47HA6640 损坏	更换 DV47HA6640 后试机，故障排除

第6章

结构图与维修参考图

6.1 结构图

★★★6.1.1 伺服驱动器的构成

伺服驱动器的构成，如图6-1所示。

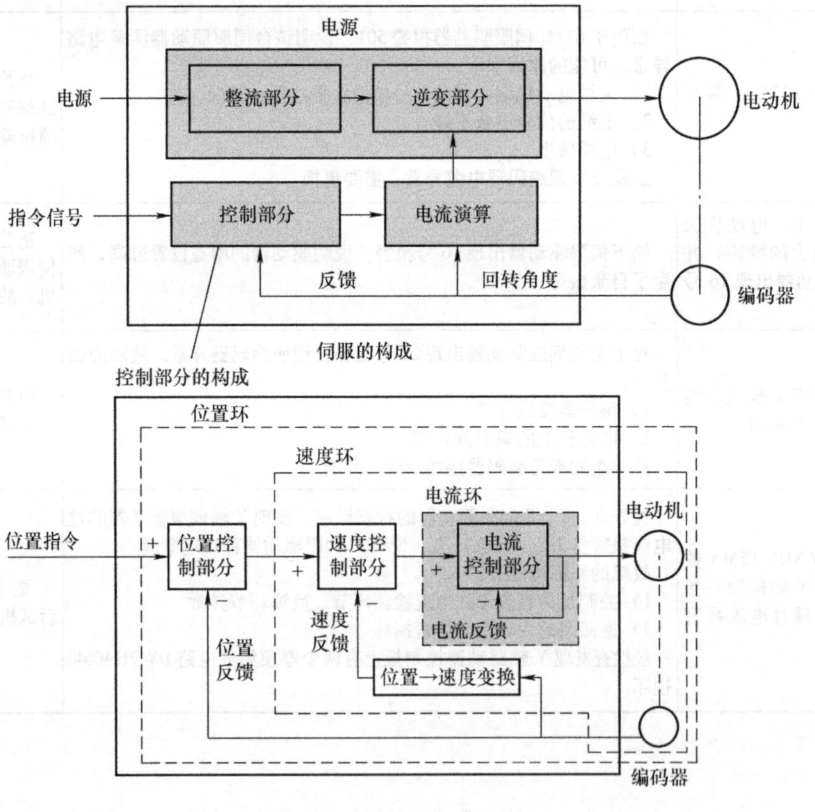

图6-1 伺服驱动器的构成

★★★6.1.2 伺服驱动器结构图

伺服驱动器结构图，如图6-2所示。

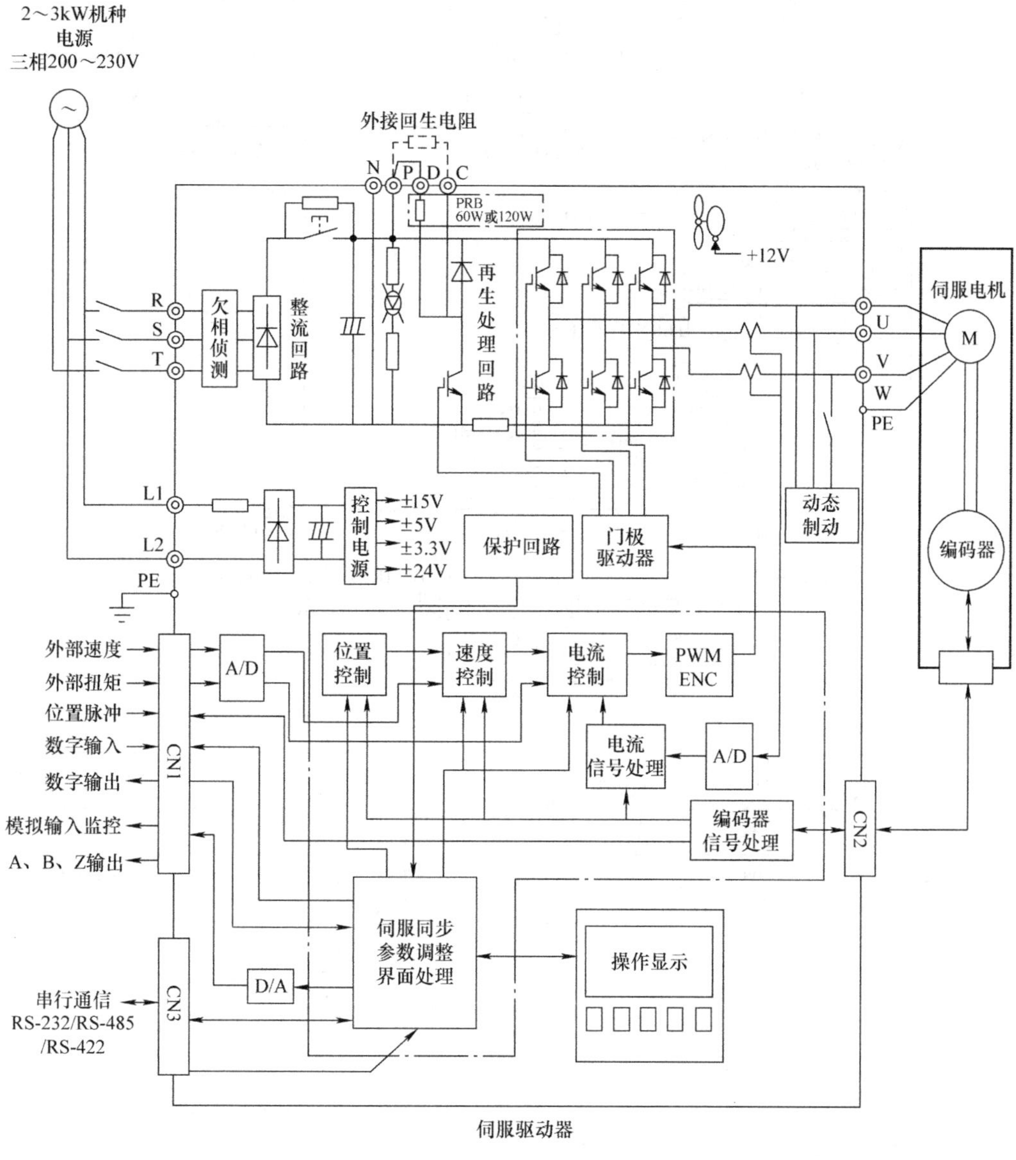

图 6-2 伺服驱动器结构图

6.2 维修参考图

★★★6.2.1 FANUC SV6130 伺服驱动器维修参考线路图

FANUC SV6130 伺服驱动器维修参考线路图，如图 6-3 所示。

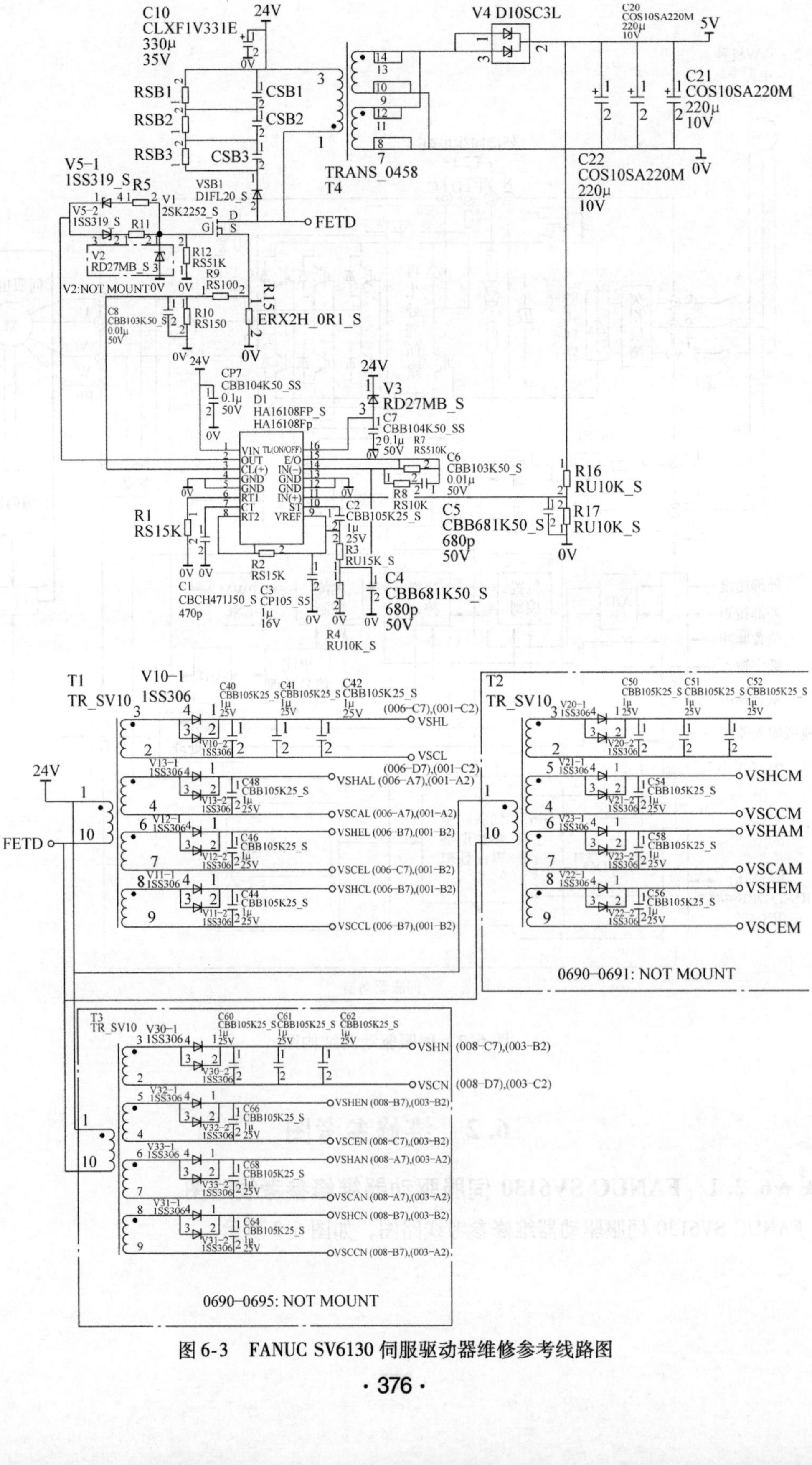

图 6-3　FANUC SV6130 伺服驱动器维修参考线路图

★★★6.2.2　FANUC SVM1 伺服驱动器维修参考线路图

FANUC SVM1 伺服驱动器维修参考线路图，如图 6-4 所示。

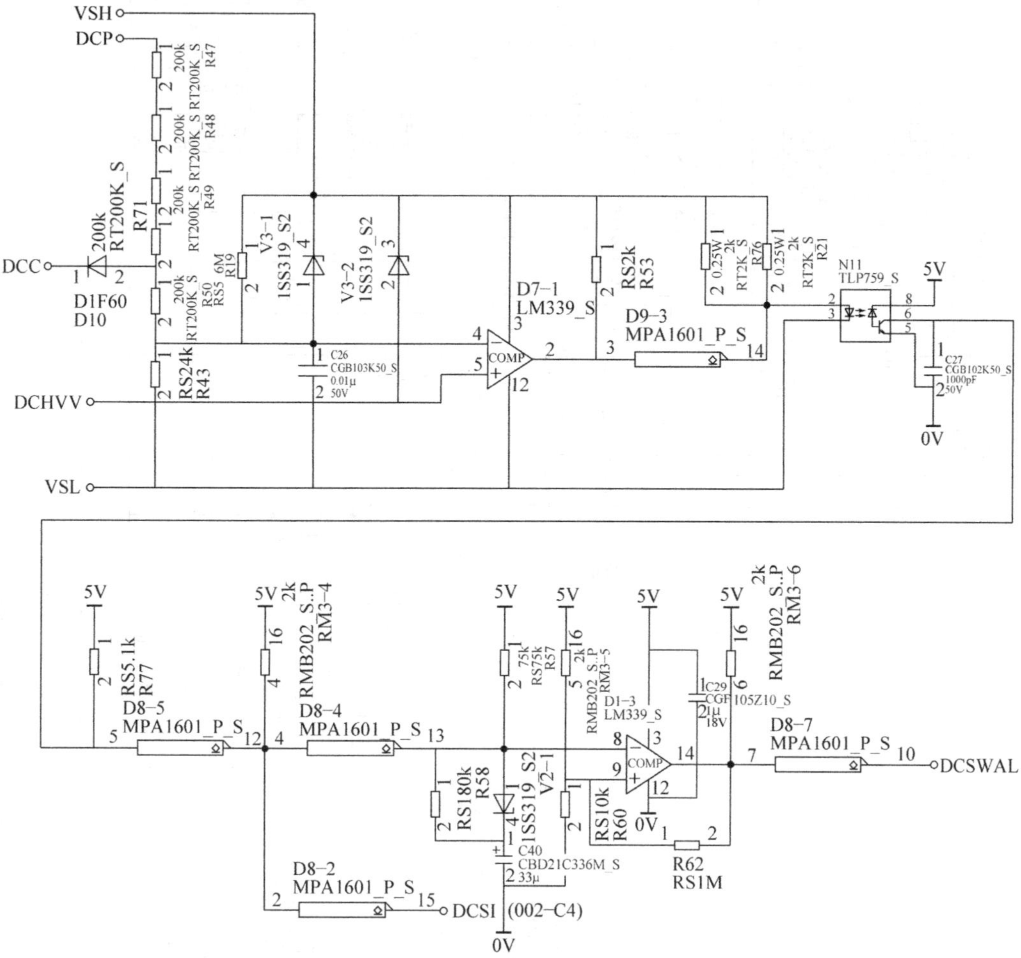

图 6-4　FANUC SVM1 伺服驱动器维修参考线路图

★★★6.2.3　FANUC 某型号伺服驱动器维修参考线路图

FANUC 某型号伺服驱动器维修参考线路图，如图 6-5 所示。

★★★6.2.4　安川 SGD7S 伺服驱动器维修参考线路图

安川 SGD7S 伺服驱动器维修参考线路图，如图 6-6 所示。

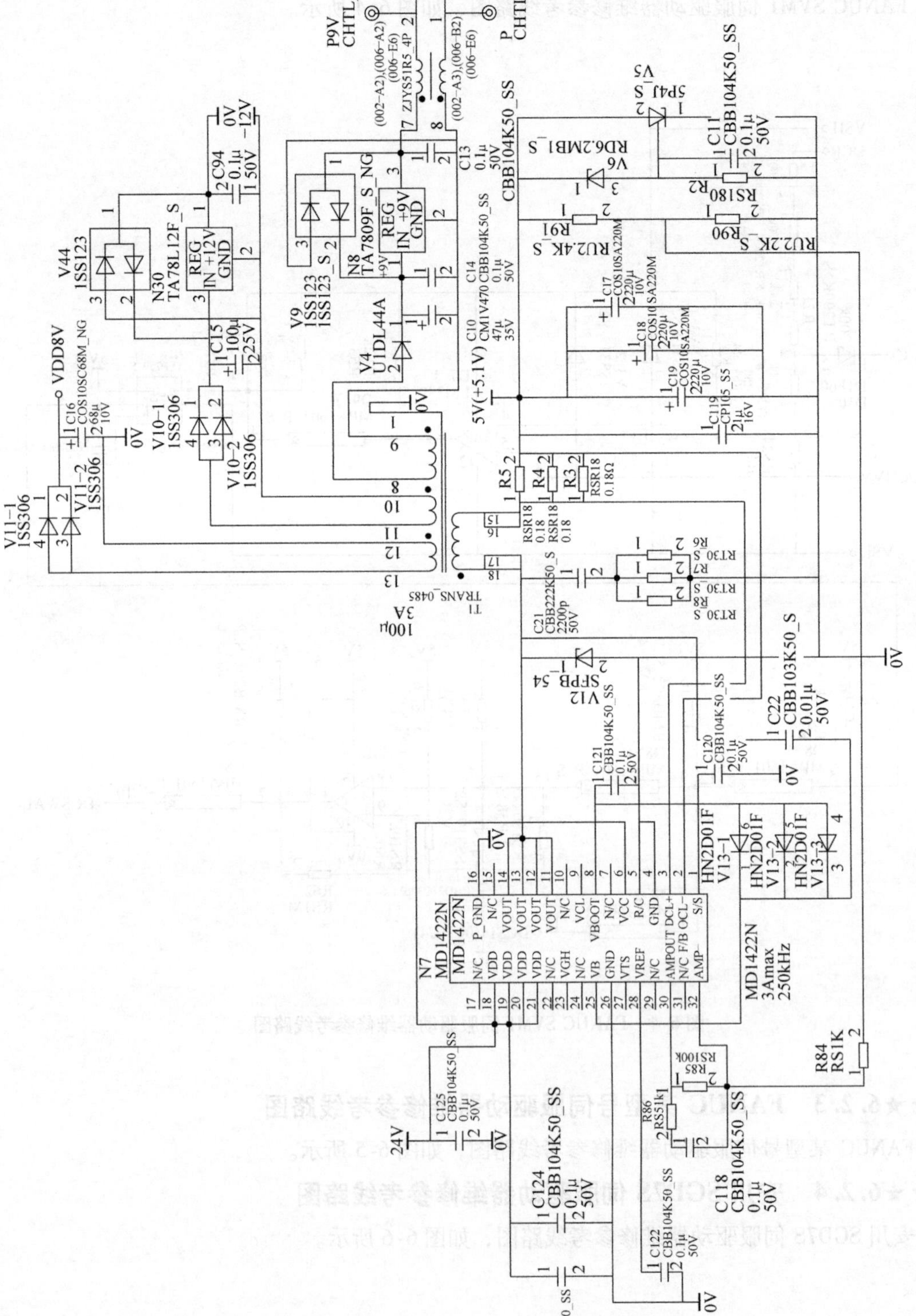

图 6-5　FANUC 某型号伺服驱动器维修参考线路图

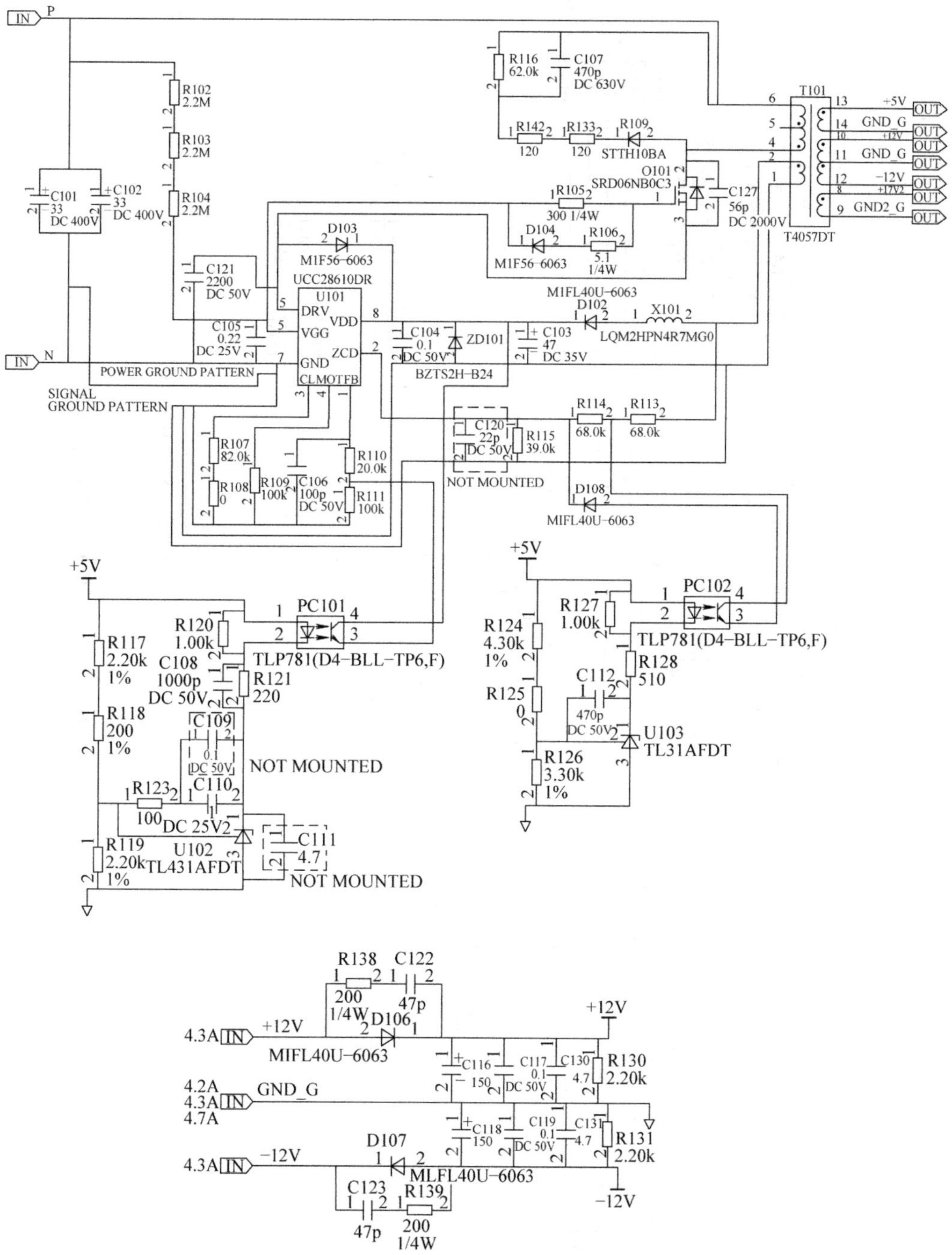

图 6-6　安川 SGD7S 伺服驱动器维修参考线路图

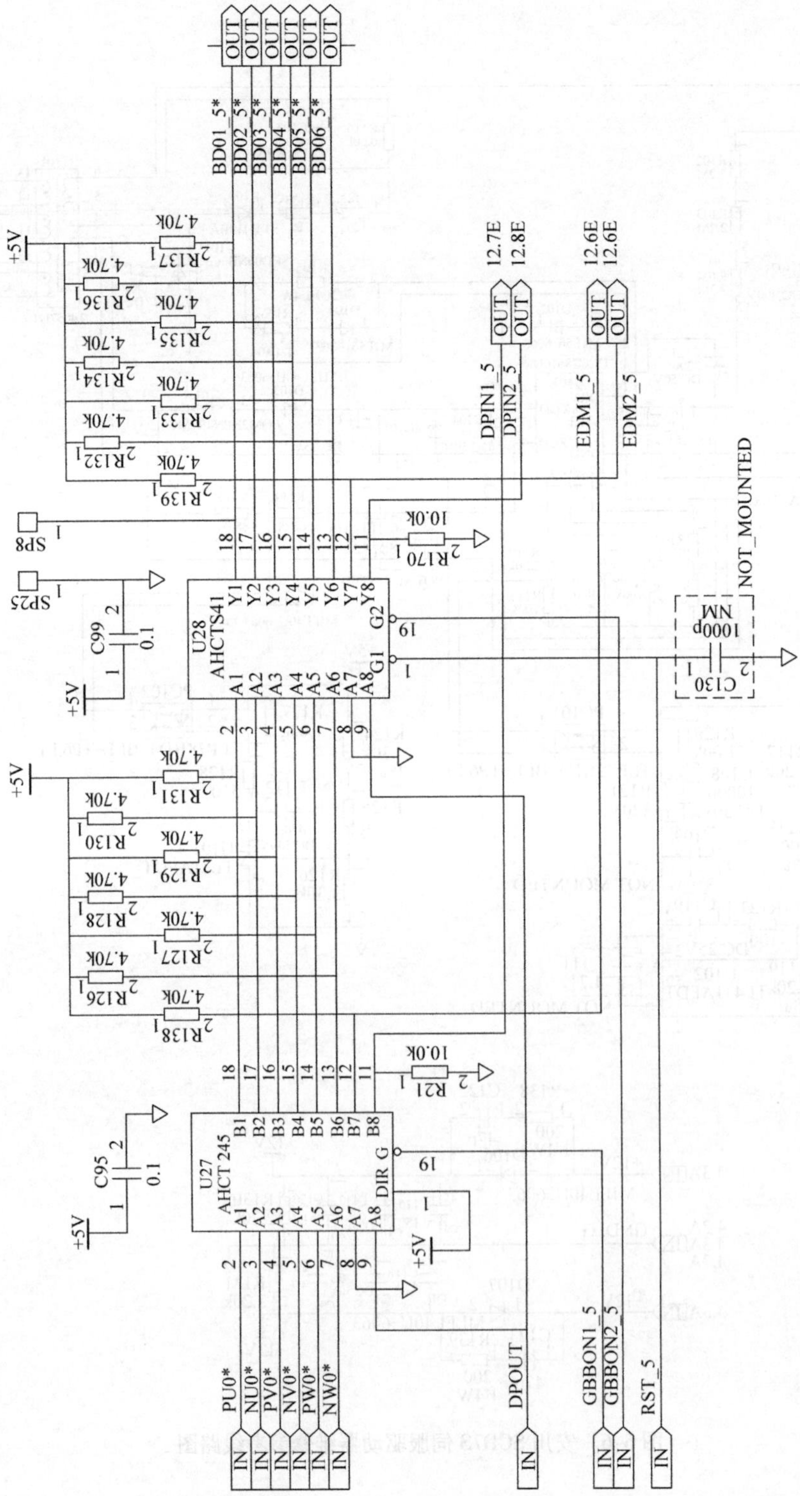

图 6-6 安川 SGD7S 伺服驱动器维修参考线路图（续）

★★★6.2.5　安川 SGDV 伺服驱动器维修参考线路图

安川 SGDV 伺服驱动器维修参考线路图，如图 6-7 所示。

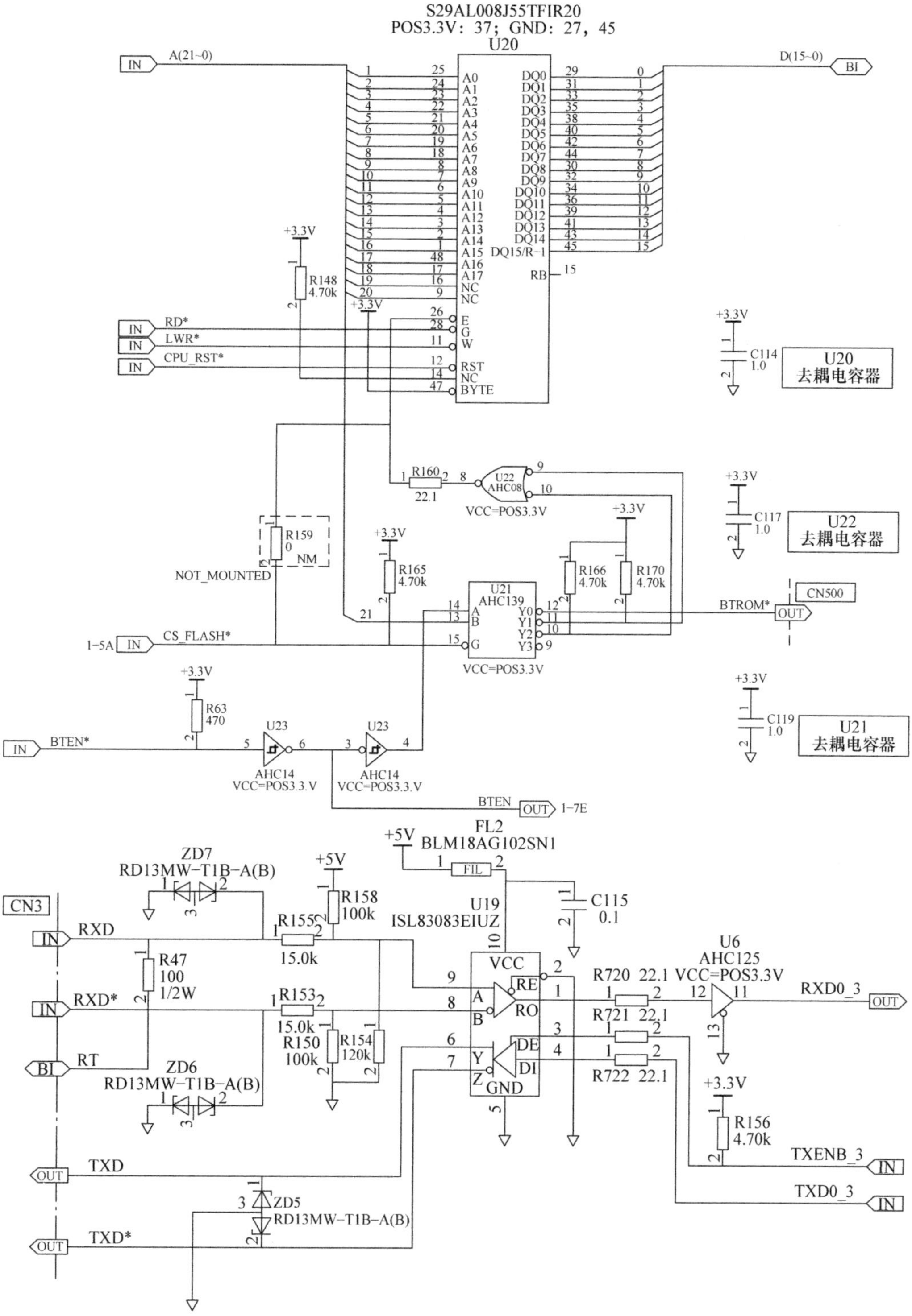

图 6-7　安川 SGDV 伺服驱动器维修参考线路图